POLAROGRAPHIE

THEORETISCHE GRUNDLAGEN, PRAKTISCHE AUSFÜHRUNG UND ANWENDUNGEN DER ELEKTROLYSE MIT DER TROPFENDEN QUECKSILBERELEKTRODE

VON

PROFESSOR DR. J. HEYROVSKY
PRAG

MIT 252 ABBILDUNGEN IM TEXT

WIEN
SPRINGER-VERLAG
1941

Published and distributed in the Public Interest by Authority of the Alien Property Custodian under License No. A-392

Published by
J. W. EDWARDS

Lithoprinted by
EDWARDS BROTHERS, INC.
Ann Arbor, Michigan, U.S.A.
1944

ISBN-13: 978-3-7091-5223-2 e-ISBN-13: 978-3-7091-5371-0
DOI: 10.1007/978-3-7091-5371-0

Vorwort.

Das vorliegende Buch stellt die kritische Zusammenfassung derjenigen Forschungsarbeiten dar, die in den letzten 20 Jahren auf dem Gebiete der Elektrolyse mit der tropfenden Quecksilberelektrode durchgeführt wurden. Die weite Anwendung dieser Methode in den verschiedensten Zweigen der Chemie und ihre Bewährung lassen es gerechtfertigt erscheinen, das in den letzten Jahren außerordentlich stark angewachsene Schrifttum kritisch zu besprechen. Dieses ist bis Ende 1940 fast vollständig berücksichtigt, einige Arbeiten aus dem Jahre 1941 konnten ebenfalls noch erwähnt werden. Wenn einige Arbeiten aus der jüngsten Zeit nicht erfaßt wurden, so liegt dies daran, daß einige Zeitschriften dem Verfasser schwer zugänglich gewesen sind. Um bei einer eventuellen zukünftigen Auflage solche Mängel zu vermeiden, ersucht der Verfasser alle Fachgenossen um Zusendung ihrer Sonderdrucke, sowie um freundlichen Hinweis auf sonstige Unzulänglichkeiten.

Der Umfang der Monographie ist infolge der zahlreichen polarographischen Arbeiten doppelt so groß geworden als der einer als Vorläufer anzusehenden, 1933 in tschechischer Sprache erschienenen Monographie („Anwendung der polarographischen Methode in der praktischen Chemie“ und deren erweiterte russische Auflage, übersetzt von E. Varasova, 1937, 225 Seiten).

Zur Einteilung des Werkes sei gesagt, daß im ersten theoretischen Teil nur so viel erörtert wird, wie zum Verständnis der praktisch angewendeten Elektrodenvorgänge nötig ist. Ein vollkommenes Erfassen dieses Teiles setzt Beherrschung der Grundzüge der Elektrochemie voraus. Der praktische Teil dagegen ist so geschrieben, daß er auch einem theoretisch weniger Ausgebildeten, der nur gewisse Kenntnisse der analytischen Chemie besitzt, für seine Arbeiten dienen kann. Dieser Teil ist für den Betriebsanalytiker und selbständigen Forscher geschrieben und soll dem reinen Praktiker vollständig, ohne Zuhilfenahme der theoretischen Erörterungen des ersten Teiles genügen.

Der Verfasser dankt allen, die ihn bei der Abfassung des Manuskripts unterstützten, insbesondere den Herren Dr. J. V. A. Novák vom Forschungsinstitut Baťa, Zlin, welcher einige unveröffentlichte Vorschriften zur Verfügung stellte, Dr. V. Kalousek, der mehrere Zeichnungen anfertigte und Ing. W. Mättig, der das Manuskript korrigierte.

Prag, im Oktober 1941

J. Heyrovský.

Inhaltsverzeichnis.

Theoretischer Teil.

Praktischer Teil.

Theoretischer Teil.

I. Das Prinzip der Elektrolyse mit der tropfenden Quecksilberelektrode.

Historischer Ursprung der Meßmethode.

Die bei der polarographischen Methode als Hauptbestandteil dienende langsam tropfende Quecksilberelektrode hat eine zwar kurze, jedoch lehrreiche Entwicklung durchgemacht, die tief mit den fundamentalen Problemen der Elektrochemie verknüpft ist. Schon seit FARADAYS Zeiten pflegen die Elektrochemiker mit Vorliebe Quecksilber als geeignetstes Elektrodenmaterial zu benutzen. Die hervorragenden Eigenschaften des Quecksilbers sehen wir heutzutage einerseits in der Überspannung, die sich der Wasserstoffabscheidung gegenüberstellt, anderseits in der Leichtigkeit, mit der sich Quecksilber sowohl kathodisch abscheidet, wie anodisch auflöst, d. i. sich vollkommen reversibel verhält; dazu tritt noch der Vorteil des flüssigen Zustandes des Quecksilbers, durch den es imstande ist, immer dieselbe Oberflächenbeschaffenheit aufrechtzuerhalten, wobei der edle Charakter des Quecksilbers seine chemische Unangreifbarkeit bewirkt.

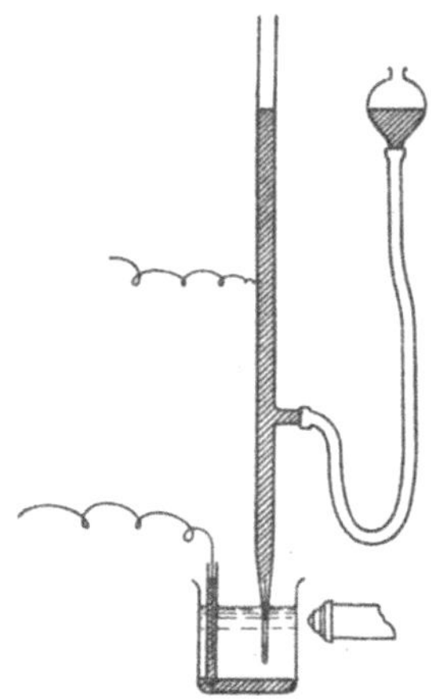

Abb. 1. LIPPMANNsche Kapillarelektrode zur Messung der Oberflächenspannung von polarisiertem Quecksilber.

Im Jahre 1873 hat G. LIPPMANN[1] für die Messung der Oberflächenspannung des polarisierten Quecksilbers seine Kapillarelektrode eingeführt, welche sich für Untersuchungen der Elektrokapillarität

[1] Pogg. Ann. **149**, 547 (1873).

am besten erwiesen hat und in dem bekannten „Kapillarelektrometer“ häufig angewendet wurde. Im LIPPMANNschen Gerät (Abb. 1) finden wir die sinnreiche Einführung einer sehr kleinen Elektrode — des Quecksilbermeniskus in der Kapillare — gegenüber einer weit größeren Elektrode, welche durch die Oberfläche des sich am Boden des Elektrolytgefäßes befindenden Quecksilbers gebildet wird. Beim Stromdurchgang wirkt die an dieses Elektrodenpaar angelegte elektromotorische Kraft nur auf die kleine Elektrode, welche dabei physikalische und chemische Änderungen erleidet und deswegen

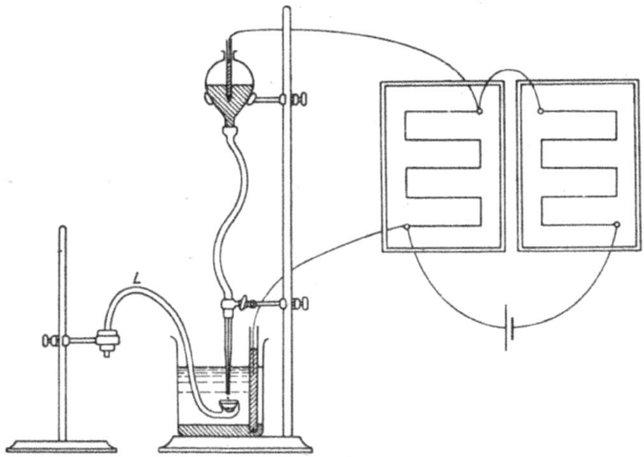

Abb. 2. Die tropfende Elektrode von KUČERA zur Messung der Oberflächenspannung von polarisiertem Quecksilber.

„polarisierbar“ ist; dagegen bleibt die physikalische und chemische Beschaffenheit der großen Elektrode beim Stromdurchgang — dank der geringen an ihr herrschenden Stromdichte — unverändert, so daß diese Elektrode als „unpolarisierbar“ betrachtet wird. Im Jahre 1903 modifizierte G. KUČERA[1] die LIPPMANNsche Methode, indem er durch Heben des Quecksilberbehälters den Druck bis zum langsamen Austropfen des Quecksilbers steigerte und die Oberflächenspannung des polarisierten Quecksilbers durch Wägen der Tröpfchen bestimmte. KUČERAS Anordnung ist in Abb. 2 wiedergegeben. Die elektromotorische Kraft[2] wurde von einem 2-V-Ak-

[1] Drud. Ann. (4), **11**, 529, 698 (1903).

[2] Die elektromotorische Kraft (E.M.K.) sowie die Potentialdifferenz oder Spannung wird entweder in Volt (V) oder in Milli-

kumulator durch zwei Stöpselrheostaten zu je 1000 Ω abgezweigt, um bei bestimmten Werten der E. M. K. das Gewicht der Quecksilbertropfen zu ermitteln. Dazu wurden 30 bis 60 Tröpfchen im Löffel *L*, Abb. 2, aufgefangen und gewogen. Es zeigte sich, daß das Gewicht bei langsamem Abtropfen (je 3 bis 4 sec.) der Oberflächenspannung des polarisierten Quecksilbers proportional ist. Trägt man nun im Diagramm die Tropfengewichte an der Ordinate gegen die betreffenden Spannungen an der Abszisse auf, erhält man die bekannte Elektrokapillarkurve, welche LIPPMANN durch die Größen des Quecksilberdruckes bei konstant gehaltener Höhe des Quecksilbermeniskus ermittelt hat. In den meisten Fällen stimmten die durch LIPPMANNS „statische“ und KUČERAS „dynamische“ Methode erhaltenen Kurven befriedigend überein, manche Kurven KUČERAS zeigten jedoch bemerkenswerte Abweichungen, die sich durch „sekundäre Maxima“ auszeichneten. Abb. 3 zeigt eine solche anomale Kurve *b* und die normale „elektrokapillare Parabel“ *a* von LIPPMANN. KUČERA fand sekundäre Maxima meistens, wenn er als Elektrolyte verdünnte Lösungen benutzte. Besonders auffallend waren seine „sekundären Maxima“ an Kurven, welche mit wäßrigen Lösungen der niederen Fettsäuren erhalten wurden. KUČERA beschrieb diese Anomalien in einer Mitteilung an die böhmische Akademie[1], jedoch ohne ihre Ursache aufzuklären. Bis zum Jahre 1918 wurde diese Erscheinung nicht weiter untersucht. Erst zu Ende 1918 machte Professor KUČERA den damaligen Cand. phil. J. HEYROVSKÝ auf die oben erwähnten Anomalien aufmerksam und forderte ihn auf, das Wesen dieser Erscheinung näher zu untersuchen. Während der Untersuchungen der „sekundären Maxima“, welche später durch Adsorption des Luftsauerstoffes an der tropfenden Quecksilberelektrode erklärt werden konnten, fand J. HEYROVSKÝ, daß eine die

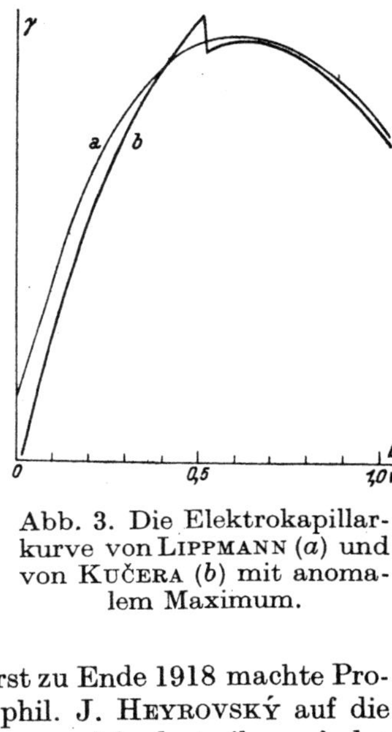

Abb. 3. Die Elektrokapillarkurve von LIPPMANN (*a*) und von KUČERA (*b*) mit anomalem Maximum.

volt (mV) angegeben; die Stromstärke oder -intensität in Ampere (A) und der Widerstand in Ohm (Ω).

[1] Bull. int. Acad. Sci. de Boheme, 1903.

elektrochemischen Vorgänge an der tropfenden Quecksilberelektrode viel genauer als die Oberflächenspannung charakterisierende Größe die Stromstärke ist (*1, 2*).[1] HEYROVSKÝ schaltete deshalb in den Stromkreis der Anordnung KUČERAS ein empfindliches Galvanometer ein und widmete sich ausschließlich Untersuchungen der so erhaltbaren Stromspannungskurven, deren strenge Reproduzierbarkeit ein genaues Studium der mannigfaltigsten Elektroden- und Lösungsvorgänge versprach (*3, 6*).

Meßanordnung.

Abb. 4 zeigt schematisch die einfachste Anordnung zur Ermittlung der Stromspannungskurven bei der Elektrolyse mit der tropfenden Quecksilberelektrode. Die Lösung, welche als Elektrolyt dienen soll, befindet sich in einem Becherglas von 5 bis 20 cm³ oder in einem anderen Gefäße von geeigneter Form. Die am Boden des Gefäßes ruhende Quecksilberschicht wirkt als die unpolarisierbare Elektrode *A* von konstantem Potential, während die in die Lösung tauchende, mit Quecksilber gefüllte, dickwandige Glaskapillare *K* als die polarisierbare Tropfelektrode dient. Der innere Durchmesser der Kapillarspitze beträgt 0,03 bis 0,10 mm und der mit der Kapillare durch einen Gummischlauch verbundene Quecksilberbehälter *B* befindet sich 30 bis 60 cm hoch über der Kapillarspitze. Durch diese Höhe wird der Druck der Quecksilbersäule so geregelt, daß die Tropfzeit bei Kurzschluß der beiden Elektroden (also bei der E. M. K. = 0) etwa 2 bis 4 sec. beträgt. Die Quecksilberelektroden sind mittels Platinkontakte mit dem äußeren Stromkreis verbunden. Dieser besteht aus einem potentiometrischen Meßdraht *CD*, dessen Enden mit einem Akkumulator direkt

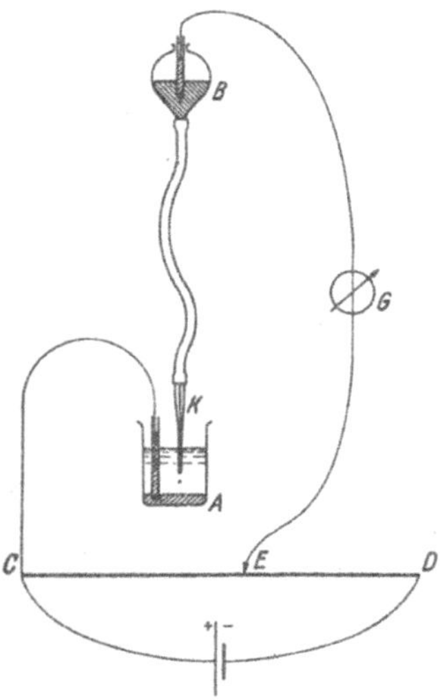

Abb. 4. Schaltungsschema zur Messung von Stromspannungskurven bei der Elektrolyse mit der tropfenden Quecksilberelektrode.

[1] Die Nummern in runden Klammern beziehen sich auf das am Ende dieses Buches angegebene Schrifttum der polarographischen Arbeiten.

verbunden sind. Der Schleifkontakt E ermöglicht die Abzweigung einer beliebigen Spannung von dem Meßdraht. Diese Spannung wird an die beiden Quecksilberelektroden angelegt und wirkt dort als die den Strom treibende E.M.K. In diesem Zweige ist ein Galvanometer G eingeschaltet, an dem man die Stromstärke i abliest.

Das Prinzip der Messung ist wie folgt: Jedem Punkt der Einstellung des Schleifkontakts E entspricht eine gewisse E.M.K., die sich als der Bruchteil $\frac{CE}{CD}$ der zwischen den beiden Klemmen des potentiometrischen Meßdrahtes herrschenden Spannung berechnet. Befindet sich also der Schleifkontakt am Anfang des Meßdrahtes, bei C, so ist die an die Elektroden angelegte Spannung gleich Null (E.M.K. $= 0$); nähert man sich mit dem Schleifkontakt dem Ende des Meßdrahtes D, so wächst demgemäß die an die Elektroden angelegte E.M.K. bis zur Spannung zwischen den beiden Klemmen C und D. Durch die Lage des Schleifkontakts bestimmt man bei den Untersuchungen die angelegte Spannung E und liest am Galvanometer die Stromstärke i des dabei durch die Zelle fließenden Stromes ab. Die beiden experimentell beobachteten Größen i und E bilden, in Diagramme eingetragen, die gesuchte Stromspannungskurve. Man pflegt die Spannung an der Abszisse und die entsprechende Stromstärke an der Ordinate aufzutragen.

Die Polarisation der tropfenden Quecksilberelektrode und die Depolarisationsvorgänge.

Der durch die Quecksilberelektroden und den Elektrolyten fließende Strom folgt im allgemeinen nicht dem einfachen Ohmschen Gesetz, nach dem die Stromstärke i dem Quotienten aus der an die Elektroden angelegten Spannung E und dem Widerstande der Zelle R gleich wäre $\left(\text{also } i = \frac{E}{R}\right)$. Daher ist die erhaltene Stromspannungskurve (d. i. die „i-E-Kurve"), außer in besonderen Fällen, nie eine Gerade, sondern in der Regel eine verschiedenartig gekrümmte Kurve. Das ist durch die Le Blancsche Theorie der „Polarisation" oder „elektromotorischen Gegenkraft" der Zelle leicht verständlich, da der Stromübergang vom Elektrolyten an die Elektroden daselbst Produkte der Elektrolyse erzeugt und dadurch die chemische und physikalische Beschaffenheit der Elektroden ändert. Es bildet sich an den Elektroden ein Potentialunterschied, welcher gegen die an die Elektroden angelegte Spannung gerichtet ist und durch die „Polarisation" P bezeichnet ist. Die an die Zelle wirkende elektromotorische Kraft ist nun nicht mehr E, sondern $E - P$, und demnach erhält das OHMsche Gesetz die Form:

$$i = \frac{E - P}{R} \tag{1}$$

dabei ist die Polarisation P, wie schon erwähnt, als die Potentialdifferenz der beiden Elektroden aufzufassen, also $P = \pi_A - \pi_k$,[1] wo π_A das Potential der Anode und π_k das der Kathode bezeichnet.

Betrachten wir die Anordnung, welche am häufigsten benutzt wird, nämlich die, bei welcher die tropfende Elektrode als Kathode dient. Da es sich bei unseren Untersuchungen nur um schwache Ströme (unter 10^{-5} A) handelt, ist die Stromdichte an der verhältnismäßig großen (einige Quadratzentimeter) ruhenden Quecksilberanode gering und deshalb sind die durch Elektrolyse verursachten Änderungen unbedeutend. Es bildet sich z. B. an der Quecksilberoberfläche in Chloridlösungen etwas Kalomel, so daß die Anode das Potential einer Kalomelelektrode aufrechthält. Dieses Anodenpotential bleibt während des Stromdurchganges konstant, weswegen an der großen Elektrode keine gegen die angelegte Spannung gerichtete Kraft, d. i. Polarisation, entstehen kann; um eine solche Eigenschaft der großen Quecksilberelektrode zu bezeichnen, nennt man sie „unpolarisierbar". Wesentlich anders gestalten sich die Verhältnisse beim Durchgang des Stromes durch die tropfende Quecksilberelektrode. Die Stromdichte ist an der kleinen (etwa 0,01 cm²) Oberfläche der Tröpfchen so bedeutend, daß sich die Elektrolysenprodukte an der Quecksilberoberfläche ziemlich geltendmachen können. So bildet sich z. B. in einer Kaliumchloridlösung an der Kathode beim Stromdurchgang infolge der Abscheidung der Kaliumionen ein verdünntes Kaliumamalgam, dessen Potential gegen die Kalomelelektrode stark negative Werte annehmen kann. Die tropfende Quecksilberelektrode ändert also beim Stromdurchgang ihr Potential, welches durch seine Differenz vom Potential der großen Elektrode eine gegen die angelegte Spannung gerichtete Kraft, d. i. die Polarisation, ausübt; man betrachtet deshalb die tropfende Elektrode

---

[1] Da die von außen an die Elektroden der Zelle angelegte treibende Kraft (E. M. K. oder Spannung) in dieser Schrift immer im positiven Sinne gemeint ist, wird ihr Vorzeichen nicht bezeichnet. Die Potentiale der beiden Elektroden dagegen können positiver oder negativer als jenes der 1 n-Kalomelelektrode sein, und demnach wird in dieser Schrift bei jedem Potentialwert das Vorzeichen + oder — angegeben.

als „polarisierbar". Das Potential der polarisierten tropfenden Elektrode kann aber nie das an sie von außen angelegte Potential übersteigen, denn schon beim Erreichen dieses Potentials wäre die Gegenkraft gleich der angelegten elektromotorischen Kraft und der Strom müßte aufhören. Aus der Gleichung $i = \frac{E - P}{R}$ folgt nämlich $P = E - i \cdot R$, woraus ersichtlich ist, daß die Polarisation P immer etwas kleiner als die angelegte Spannung E sein muß. Um zu entscheiden, wie groß die Polarisation der Zelle ist,

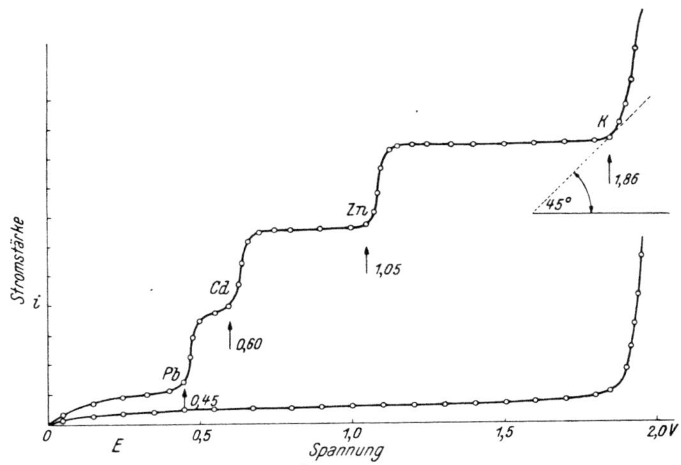

Abb. 5. Mit freier Hand gezeichnete Stromspannungskurve einer reinen 1 n-KCl-Lösung und einer solchen, welche Spuren von Pb^{2+}-, Cd^{2+}- und Zn^{2+}-Ionen enthält.

d. i. wie weit sich die Gegenkraft P der angelegten Spannung E nähert, betrachten wir den Zahlenwert des Produktes $i \cdot R$. Bei Benutzung von konzentrierteren Elektrolytlösungen ist der Widerstand R der Zelle etwa 100 Ω; der Strom i übersteigt selten 10^{-5} A; das Produkt $i \cdot R$ ist daher der Größenordnung nach etwa 0,001 V. Die Polarisation kann sich also in solchen Fällen bis auf ein Millivolt der angelegten Spannung nähern und ist hier ihrem Maximalwerte ziemlich nahe. Auf diese Weise können wir die Größe der Polarisation nach der obigen Formel aus der Stromspannungskurve immer berechnen.

Auch wenn die tropfende Quecksilberelektrode als Anode dient, ist sie wegen der an ihr herrschenden großen Stromdichte polarisierbar; dagegen bleibt die große Quecksilberelektrode, auch wenn sie Kathode ist, meistens unpolarisierbar. Im allgemeinen Falle, wenn das Potential der kleinen, tropfenden Elektrode — abgesehen davon, ob sie als Kathode oder Anode dient — durch π_k und das Potential der großen Elektrode durch π_A bezeichnet wird, können wir die Gleichung $i = \frac{E - (\pi_A - \pi_k)}{R}$ als $i = \frac{E - K + \pi_k}{R}$ schreiben. Am Anfang der Stromspannungskurve (s. z. B. Abb. 5), wo $E = 0$ und $i = 0$, gleicht das Potential der tropfenden Elektrode dem konstanten Potential der ruhenden Elektrode. Das letztere können wir in unserem Diagramm als Null wählen; dann gilt für die Stromspannungskurve die Gleichung $i = \frac{E + \pi_k}{R}$ oder $\pi_k = i \cdot R - E$. Bei Anwesenheit von konzentrierterem Elektrolyt in der Zelle kann das Produkt $i \cdot R$, wie oben gezeigt, vernachlässigt werden. Wir erhalten dann für das Potential der polarisierten tropfenden Elektrode die Gleichung $\pi_k = -E$, welche bedeutet, daß die ganze an die Zelle von außen angelegte Spannung nur auf die tropfende Elektrode einwirkt und ihr das Potential $-E$ erteilt. Die Stromspannungskurve stellt daher in diesem Falle auch die Strom-Potential-Kurve vor (d. i. die „$i - \pi_k$-Kurve“). Wählt man anstatt der sich am Boden des Gefäßes befindenden großen Quecksilberelektrode eine andere unpolarisierbare Elektrode von konstantem Potential, welches sich von dem der ersten ruhenden Elektrode um π_B unterscheidet, und legt die Spannung an diese und an die tropfende Quecksilberelektrode, erhält man die Stromspannungskurve entsprechend der Gleichung $i = \frac{E - \pi_B + \pi_k}{R}$. Wenn hier wiederum das Potential der neuen Elektrode konstant ist und das Produkt $i \cdot R$ vernachlässigt werden kann, vereinfacht sich die Gleichung für das Potential der tropfenden Elektrode zu $\pi_k = -E + K$. Die neue Kurve ist deshalb von der gleichen Form wie die vorige, nur ist sie um den Wert des Potentialunterschiedes K der beiden unpolarisierbaren Elektroden an der Abszissenachse verschoben. Der Verlauf der Strompotentialkurve ist von dem Potentiale der unpolarisierbaren Elektrode unabhängig und ist nur durch die Zusammensetzung der Lösung gegeben. Für eine gesonderte unpolarisierbare Elektrode benutzt man z. B. eine in dieselbe Zelle wie die tropfende Elektrode tauchende Silberelektrode oder man verbindet von außen durch einen Elektrolytheber eine mit Sulfatlösung gefüllte Mercurosulfatelektrode.

Die Form der Stromspannungs- (oder Potential-) Kurve hängt in erster Linie von den chemischen Bestandteilen der die tropfende

Elektrode umgebenden Lösung ab. Um den Einfluß der Zusammensetzung der Lösung auf die Polarisation der tropfenden Quecksilberelektrode zu erörtern, betrachten wir z. B. die untere der in Abb. 5 gezeichneten Kurven, welche mit einer wäßrigen Lösung von 1 n-KCl erhalten wurde. Man bemerkt, daß bis zum Erreichen der angelegten Spannung $E = 1{,}86$ V die Stromstärke nur sehr wenig ansteigt, über 1,86 V dagegen rasch anwächst; bis zu 1,86 V wächst die Polarisation P genau gemäß der angelegten Spannung E, über 1,86 V bleibt die Polarisation um den nun beträchtlich werdenden Wert $i \cdot R$ [nach $P = E - i \cdot R$] unter der angelegten Spannung zurück, d. h. die Elektrode wird um diesen Betrag weniger vollkommen polarisiert. Zur Erklärung dieser Erscheinung gehen wir von der Vorstellung aus, daß die Ursache jeder Polarisationsänderung nur in einem an der tropfenden Quecksilberelektrode verlaufenden elektrolytischen Vorgang zu suchen ist; bleibt nämlich das Potential der ruhenden Elektrode während des Stromdurchganges unverändert, so kann kein an ihr verlaufender Vorgang auf die Polarisation der Zelle und daher auch auf die Kurvengestalt irgendeinen Einfluß ausüben. Deswegen pflegt man jeden Stromanstieg durch einen die Polarisation der tropfenden Quecksilberelektrode hemmenden Vorgang, d. h. durch einen dort verlaufenden „Depolarisationsvorgang", zu deuten. Der Stromanstieg bei 1,86 V Spannung, d. h. wenn das Potential der tropfenden Elektrode — 1,86 V erreicht, ist — wie später ausführlich erörtert wird — durch die elektrolytische Abscheidung der Kaliumionen verursacht. Der Depolarisationsvorgang ist hier also durch die Reaktionsgleichung

$$K^{+} + \ominus = K$$

ausgedrückt. Dabei kann man die Kaliumionen, deren Anwesenheit die Polarisationssteigerung über 1,86 V hemmt, als „Depolarisatoren" auffassen. An der oberen Kurve bemerken wir mehrere Stromanstiege: den ersten bei der Spannung 0,45 V, den zweiten bei 0,60 V und den dritten bei 1,05 V. Bei den Potentialen — 0,45 V, — 0,60 V und — 1,05 V müssen daher an der tropfenden Quecksilberkathode Depolarisationsvorgänge auftreten. Der erste Anstieg erscheint nur nach Zugabe von einer verdünnten Bleisalzlösung, der zweite nach Zugabe von etwas Kadmiumsalz und der dritte nach Zugabe von Zinksalz zu der ursprünglichen Kaliumchloridlösung; daraus ist ersichtlich, daß beim Potential — 0,45 V die Abscheidung der Bleiionen $Pb^{2+} + 2 \ominus = Pb$, bei — 0,60 V die Abscheidung der Kadmiumionen $Cd^{2+} + 2 \ominus = Cd$ und bei — 1,05 V die Abscheidung der Zinkionen $Zn^{2+} + 2 \ominus = Zn$

an der tropfenden Quecksilberelektrode einsetzt. Da nur Spuren der betreffenden Ionen in der Lösung vorhanden sind, umfaßt ihre depolarisierende Wirkung nur einen engen Spannungsbereich; bei größeren Spannungen, z. B. über 1,1 V, wächst die Polarisation der tropfenden Elektrode, wie man aus dem horizontalen Verlauf der Kurve ersieht, ähnlich wie in der reinen Kaliumchloridlösung, mit der Steigerung der angelegten Spannung rasch an. Das ist nun durch einen Polarisationsvorgang zu erklären, und zwar durch Erschöpfung der sich ausscheidenden Ionen; diese Verarmung an elektrolytisch sich betätigenden Ionen, welche dicht an der Elektrodenoberfläche eintritt, hat eine Potentialsteigerung zur Folge, die man als ,,Konzentrationspolarisation" bezeichnet.

Die Anstiege und flachen Teile einer Stromspannungskurve belehren uns also über den Verlauf der verschiedenen Elektrodenvorgänge, bei denen sich die Anwesenheit der Depolarisatoren in der Lösung und deren Erschöpfung geltendmachen. Das Studium solcher Vorgänge und ihre wissenschaftlichen und technischen Anwendungen bilden den eigentlichen Inhalt dieser Schrift.

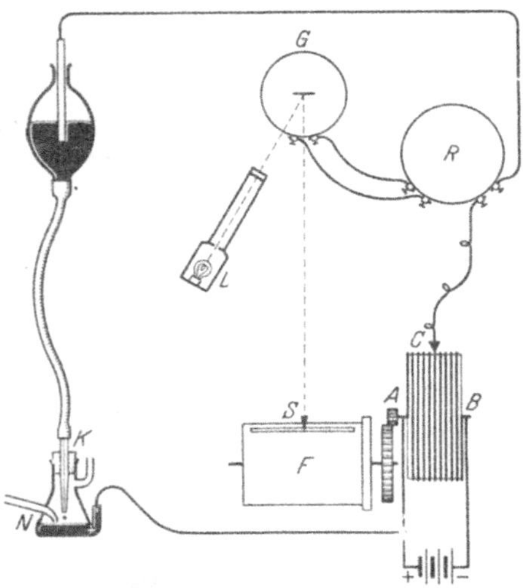

Abb. 6. Schema des Polarographen.

Prinzip des Polarographen.

Um die langwierigen Messungen der einzelnen Stromstärken und die zeitraubenden Zeichnungen der Diagramme zu ersparen, bauten J. Heyrovský und M. Shikata im Jahre 1925 einen Apparat zum selbsttätigen Aufzeichnen der Stromspannungskurven, welchen sie ,,Polarograph" nannten (*17*). Der Name soll anzeigen, daß mit Hilfe des Instruments elektrochemische Polarisation graphisch dargestellt werden kann.

Das Prinzip des Polarographen ist in Abb. 6 schematisch veranschaulicht. Die Anordnung besteht aus einem Rad von nichtleitendem Material in der Form einer Kohlrausch-Trommel, auf welche einige Windungen des potentiometrischen Meßdrahtes *AB* aufgewickelt sind. Das Rad wird durch einen Motor in langsame Drehung versetzt, wodurch sich ein Schleifkontakt *C* auf dem Draht entlang bewegt. Gleichzeitig treibt das Rad eine photographische Trommel *F* durch eine Übersetzung derart an, daß die Trommel beim Durchlaufen des Schleifkontakts von *A* bis *B* eine Umdrehung macht. Die Stromleitung führt von den Polen eines 2- oder 4-V-Bleiakkumulators zu den Enden des potentiometrischen Meßdrahtes *A* und *B*. Die an die Zelle angelegte Spannung wird an eine Elektrode *K* durch den Schleifkontakt abgezweigt, wobei die andere Elektrode *N* mit einem Pol des Akkumulators fest verbunden ist. In diesen Stromkreis ist ein empfindliches Spiegelgalvanometer *G* mit einem Nebenschluß *R* eingeschaltet. Durch Drehen des Rades wird die an die Elektroden angelegte Spannung zwischen 0 und 2 bzw. 4 V kontinuierlich geändert. Die dabei auftretende Stromstärke wird mittels des vom Galvanometerspiegel *G* reflektierten Strahles auf das photographische Papier der beweglichen Trommel *F* aufgezeichnet, indem der Lichtstrahl der Lampe *L* auf einen horizontalen Spalt *S* im unbeweglichen Deckel der photographischen Trommel auffällt. Am entwickelten photographischen Papier erscheint dann die Kurve, auf deren Abszissenachse die Spannungen und auf deren Ordinatenachse die Galvanometerausschläge aufgetragen sind. Man nennt diese Diagramme „Polarogramme".

Die polarographische Kurvenzeichnung bietet alle Vorteile einer automatischen Registrierung, namentlich die schnelle Durchführung und objektive Dokumentierung der experimentellen Ergebnisse. Für die Untersuchungen mit der tropfenden Quecksilberelektrode wird daher fast ausschließlich nur der Polarograph angewendet. Man nennt deshalb die Untersuchungen mit der tropfenden Quecksilberelektrode „polarographische", auch wenn man die Kurven mit der Hand zeichnet, und pflegt die Lehre von den Ergebnissen solcher Studien als „Polarographie" zu bezeichnen.

Vorteile der tropfenden Quecksilberelektrode.

Ein Vorteil der tropfenden Elektrode, der in den obigen Zeilen näher erklärt wurde, liegt in ihrer kleinen Oberfläche, wodurch die Elektrode im hohen Grade polarisierbar ist. Das wäre aber noch kein hinreichender Grund für eingehendere wissenschaftliche Forschungen, denn viel länger ist schon z. B. das Studium der Polarisation nach W. Nernst an einer feinen Platinspitze bekannt (W. Nernst und L. Glaser)[1], ohne daß ein Bedarf der selbsttätigen

[1] Z. Elektrochem. **4**, 355, 373, 397 (1898).

Registrierung der Stromspannungskurven entstehen würde. Der größte Vorteil der tropfenden Elektrode, den die festen Elektroden entbehren, liegt in der genauen Reproduzierbarkeit der Stromfaktoren (Stromstärke, Potential und Widerstand), welche mit dem regelmäßigen Abtropfen des Quecksilbers aufs engste verknüpft ist. Über diese Regelmäßigkeit können wir uns entweder durch wiederholte genaue Tropfzeitmessung von 10 bis 20 Tropfen oder, noch viel genauer, durch Wägen von z. B. 60 Tropfen überzeugen; deren Gewicht (rund 0,3 g) stimmt bei konstant gehaltener, angelegter Spannung in Zehntelmilligramm, also in Bruchteilen von Promille überein. Das Abtropfen ist bei der Funktion der tropfenden Quecksilberelektrode das Wesentlichste, denn nur dadurch wird erzielt, daß in der Lösung stets eine neue, durch vorhergehende Elektrodenvorgänge unbeeinflußte, ideal glatte Elektrodenoberfläche vorhanden ist. Jeder Vorgang, welcher sich bei irgendeinem Potential am Quecksilbertropfen abspielt, wiederholt sich genau am nächsten Tropfen. Diese vollständig regelmäßig sich wiederholende Erneuerung der Elektrodenvorgänge hat zur Folge, daß der Strom bei jedem Tropfen nur von der äußeren angelegten Spannung und nicht von der Zeitdauer der Elektrolyse abhängig ist. Die Stromspannungskurve ist deshalb die gleiche, ob man sie mit wachsender oder abnehmender Spannung, schnell oder langsam, aufnimmt. Bei dem äußerst geringen Stromverbrauch dieser Elektrolyse wird nur eine zu vernachlässigende Menge der Bestandteile der Lösung zersetzt, so daß die Aufnahme der Stromspannungskurven beliebig wiederholt werden kann, ohne daß sich die Zusammensetzung der Lösung merklich verändert. Die große Wasserstoffüberspannung, welche an der frischen Quecksilberoberfläche herrscht, ermöglicht das Erreichen von sehr negativen Potentialen, ohne das störende Einwirken der Wasserstoffentwicklung; so können aus neutralen Lösungen auch die Alkalimetalle glatt ohne Wasserstoff abgeschieden werden. Am Quecksilber können die als verdünnte Amalgame ausgeschiedenen Metalle ihre höchste Aktivität ausüben und somit eine vollkommene chemische Polarisation bewirken. Man kann auch in der tropfenden Elektrode anstatt des reinen Quecksilbers verdünnte Amalgame benutzen und dadurch die mit anodischer Auflösung der unedlen Metalle verknüpften Vorgänge untersuchen.

Das tropfende Quecksilber dient auch als eine unangreifbare Redoxelektrode zum Studium der Reduktions- und Oxydationsvorgänge, wobei es — dank der sich stets erneuernden Oberfläche — keinen Passivitätserscheinungen oder Vergiftungen unterliegt.

Ferner erlaubt die dünn ausgezogene Kapillarelektrode Messungen auch in sehr kleinem Lösungsvolumen (0,01 bis 0,005 cm^3), was für die Mikroanalyse von Wert ist.

Wenn man im Vergleich mit der tropfenden Quecksilberelektrode Stromspannungskurven mit einer Platindrahtspitze zu erhalten versucht, stößt man auf Unregelmäßigkeiten, die von Änderungen der Polarisation mit der Zeit, zufälligen Störungen der Diffusionsvorgänge und Wasserstoffentwicklung herrühren. Vor jeder Wiederholung der Kurve müßte die Platinspitze von den Elektrolysenerzeugnissen gereinigt werden. Deswegen erzielt man bei polarographischer Zeichnung von Stromspannungskurven mit keiner festen Elektrode reproduzierbare Ergebnisse.

Der Potentialbereich, welcher mit einer tropfenden Quecksilberelektrode erreichbar ist, erstreckt sich — je nach der Zusammensetzung der Lösung — von + 0,4 V bis zu — 2,6 V (von der n-Kalomelelektrode); über + 0,4 V löst sich das Quecksilber anodisch auf und unter — 2,6 V setzt eine dauernde Zersetzung des Wassers ein.

II. Mathematische Analyse der Stromspannungskurven.

Die exponentielle Form der Kurven.

In den meisten Ableitungen der algebraischen Form der Stromspannungskurven benutzt man die Vereinfachung, daß man vom Abtropfen der Quecksilberelektrode absieht und die tropfende Elektrode bloß als eine frische, konstante Oberfläche betrachtet. In Wirklichkeit muß sich aber an jedem Tropfen durch Anhäufen von Elektrolysenprodukten die Polarisation von neuem ausbilden und demgemäß durch jeden Tropfen ein von Null bis zu einer gewissen Grenze wachsender Strom durchgehen; dies wird tatsächlich mittels eines Galvanometers von genügend kurzer Schwingungszeit (des oszillographischen Typus) beobachtet. Eine in jeder physikalischen Hinsicht genaue Stromspannungskurve müßte demnach im Koordinatensystem noch den zeitlichen Ladungsstrom jedes Tropfens veranschaulichen, was zu einem Diagramm mit drei veränderlichen Faktoren (Strom, Spannung und Zeit) führen würde. Experimentell beobachtet man aber, wenn die Schwingungsperiode des Galvanometers ungefähr gleich oder größer ist als die Tropfzeit (2 bis 4 sec.), nur größere oder kleinere Oszillationen des Stromes, die an polarographisch registrierten Kurven als kleine Zacken erscheinen. Man mißt den

Mittelwert der Stromschwankungen als die mittlere Stromstärke und betrachtet ihn als die wahre Funktion der angelegten Spannung. Dieser Strom hängt zwar von der Ausströmungsgeschwindigkeit des Quecksilbers und der Tropfzeit ab — die bei jeder Kurve als konstant angenommen werden können —, ist aber von der Zeitdauer der Polarisation unabhängig.

Von diesem Gesichtspunkt aus können wir nun eine Stromspannungskurve ableiten, welche durch kathodische Polarisation der tropfenden Quecksilberelektrode in einer konzentrierteren Elektrolytlösung (z. B. von 1-n-KCl, Abb. 5, untere Kurve) entsteht. Wir nehmen an, daß die Kurve mit einer hohen Galvanometerempfindlichkeit (etwa 10^{-8} bis 10^{-7} A pro Millimeter Ausschlag) erhalten wurde, so daß die eingezeichnete Stromstärke gering und deshalb auch das Produkt $i \cdot R$ sowie die Zersetzung des Elektrolyten zu vernachlässigen sind.

Der an der Kathode sich abspielende Vorgang, welcher allgemein $Me^{n+} + n \ominus \rightarrow Me$ geschrieben werden kann, hat eine chemische Polarisation der Quecksilbertropfen zur Folge, indem er das reine Quecksilber in ein verdünntes Amalgam verwandelt. Das Potential des Amalgams ist durch die bekannte NERNSTsche Formel

$$\pi_k = -\frac{RT}{nF} \ln \frac{k \cdot C}{[Me^{n+}]} \tag{2}$$

gegeben, worin C die Konzentration des Metalls im Quecksilber, $[Me^{n+}]$ jene der Kationen in der Lösung und k eine die Lösungstension des amalgamierten Metalls charakterisierende Konstante bezeichnen.

Die Konzentration des Amalgams ist, gemäß dem elektrolytischen Gesetz von FARADAY, der Stromstärke i proportional; also $C = k' \cdot i$. Durch Einsetzen in die NERNSTsche Formel erhalten wir

$$\pi_k = -\frac{RT}{nF} \ln k \cdot k' \frac{i}{[Me^{n+}]}$$

als die Gleichung der Strompotentialkurve, die aber — da $i \cdot R$ vernachlässigt wird und $\pi_k = -E$ ist — mit der Stromspannungskurve identisch ist, also auch

$$E = \frac{RT}{nF} \ln k \cdot k' \frac{i}{[Me^{n+}]} \tag{3}$$

lautet. Wenn man die Stromstärke i als Funktion der Spannung E ausdrücken will, erhält man

$$i = \frac{[Me^{n+}]}{k \cdot k'} \cdot e^{\frac{E n F}{R T}} \tag{4}$$

Die i-E-Kurve ist also eine Exponentialkurve. Die beobachteten experimentellen Kurven stimmen mit dieser Form genau überein. Davon überzeugt man sich, wenn man zu den Spannungswerten die Logarithmen der Stromstärke graphisch aufträgt; man findet, daß die Abhängigkeit eine lineare ist und daß die Neigung der Geraden genau dem Faktor $\frac{R\,T}{n\,F}$ entspricht; aus diesem Werte kann man auch die Ionenvalenz n mit genügender Genauigkeit ableiten.

Die exponentielle polarographische Kurve hat keinen scharfen Knickpunkt, durch welchen man die Ionenabscheidung einfach charakterisieren könnte. Es wurde deshalb die dem Tangentialpunkt einer 45°-Tangente entsprechende Spannung willkürlich als die praktische Zersetzungsspannung vorgeschlagen (2). Wenn man die Potentialwerte der tropfenden Elektrode nicht gegen das zufällige Potential der ruhenden Quecksilberelektrode (als Spannung), sondern gegen die normale Kalomelelektrode (als Potential) ausdrückt, bezeichnet man den 45°-Tangentialpunkt der Kurve als das „Abscheidungspotential" des betreffenden Ions. In praktischen Messungen ist das Abscheidungspotential derjenige Wert der Spannung, bei welchem einer Erhöhung um 10 mV ein Zuwachs der Stromstärke um 10^{-8} A entspricht, denn die Galvanometerempfindlichkeit ist gewöhnlich 10^{-8} pro Millimeter und 10 mV an der Abszissenskala entsprechen einem Millimeter. Die Tropfzeit soll bei diesen Messungen beim Potential Null (d. i. bei dem der normalen Kalomelelektrode) 3 sec. betragen. Die in einer molaren oder normalen Lösung beobachteten Abscheidungspotentiale wurden als „molare" oder „normale" Abscheidungspotentiale bezeichnet (Tabelle 1).

Die so definierten Abscheidungspotentiale haben nur einen relativen Wert, denn sie ändern sich je nach dem Maßstabe der Koordinaten und sind von den Konstanten der Kapillare abhängig. G. SEMERANO (*153*) hat nach J. B. WESTHAVER[1] anstatt den Berührungspunkt einer 45°-Tangente den Punkt der größten Krümmung an der Exponentiale zur Bestimmung des Abscheidungspotentiales vorgeschlagen, welcher einer Tangente von 36° 16′ entspricht; jedoch ändert sich auch dieser Wert je nach der Wahl der Koordinaten und dem Tropfencharakter.

Eine einfache Regel gilt von den Verschiebungen der Kurven und der Abscheidungspotentiale, wenn man die Konzentration der Kationen oder die Empfindlichkeit des Galvanometers ändert. Die Beziehung erhält man, wenn man die Neigung der Tangente

[1] Z. physik. Ccem. **51**, 65 (1905).

aus Formel (4) berechnet, indem man das Potential der tropfenden Elektrode durch π bezeichnet:

$$\frac{di}{d\pi} = \frac{[Me^{n+}]}{k \cdot k'} \cdot \left(-\frac{nF}{RT}\right) \cdot e^{\frac{-\pi n F}{RT}}$$

Betrachten wir zwei Kurven, die den Konzentrationen $[Me^{n+}]_1$ und $[Me^{n+}]_2$ entsprechen, und ziehen wir parallele Tangenten, welche die Kurven in Punkten bei den Potentialwerten π_1 und π_2 berühren; die Richtung der Tangenten ist dann

$$\frac{di}{d\pi} = \frac{[Me^{n+}]_1}{k \cdot k'} \cdot \left(-\frac{nF}{RT}\right) \cdot e^{\frac{-\pi_1 n F}{RT}} = \frac{[Me^{n+}]_2}{k \cdot k'} \cdot \left(-\frac{nF}{RT}\right) \cdot e^{\frac{-\pi_2 n F}{RT}}.$$

Daraus folgt

$$\pi_1 - \pi_2 = \frac{RT}{nF} \ln \frac{[Me^{n+}]_1}{[Me^{n+}]_2} \qquad (5)$$

als die Verschiebung des Potentials eines Tangentialpunktes. Dieselbe Verschiebung gilt für die ganze Exponentiale, denn bei gleicher Ordinate, $i_1 = i_2$, bekommen wir, nach P. HERASYMENKO (*46*), aus (4) die Gleichung

$$\frac{[Me^{n+}]_1}{k \cdot k'} \cdot e^{\frac{-\pi_1 n F}{RT}} = \frac{[Me^{n+}]_2}{k \cdot k'} \cdot e^{\frac{-\pi_2 n F}{RT}},$$

aus welcher wiederum

$$\pi_1 - \pi_2 = \frac{RT}{nF} \ln \frac{[Me^{n+}]_1}{[Me^{n+}]_2}$$

folgt. Die Beziehung (5) zeigt, daß, je konzentrierter die Kationen sind, desto positiver ihr Abscheidungspotential ist, und zwar genau nach der Beziehung der Konzentrationsketten. Man kann also aus den Verschiebungen der Kurven dieselben Schlüsse ziehen wie aus den Messungen der E.M.K. der Konzentrationsketten, z. B. kann man die Aktivitäten der Ionen, ihre Gleichgewichtskonstanten und ihre Valenz n bestimmen (S. 22 u. 53). Die hier anwendbaren Fälle sind aber zahlreicher als die der Konzentrationsketten, denn in den frischen Amalgamen an der tropfenden Quecksilberelektrode behalten die Metalle ihre vollständige Aktivität auch bei denjenigen Metallen, welche sonst zu Passivität neigen (wie Chrom, Eisen, Nickel, Kobalt, Mangan) oder mit Wasser reagieren (wie die Metalle der Alkalien und alkalischen Erden).

Zu denselben Verschiebungen der Stromspannungskurven kommt man, wenn man die Galvanometerempfindlichkeit von S_1 bis S_2 ändert. Dadurch werden die Galvanometerausschläge, die ja die Stromstärke messen, im Verhältnis $S_1 : S_2$ geändert. Wir haben dann bei der Empfindlichkeit S_1

$$i_1 = \frac{[\mathrm{Me}^{n+}]}{k \cdot k'} \cdot e^{\frac{-\pi_1 n F}{R T}},$$

bei der Empfindlichkeit S_2 an der gleichen Ordinate, welche nun die Stromstärke $i_1 \cdot \frac{S_1}{S_2}$ vorstellt, das Potential π_2; es gilt also

$$i_1 \cdot \frac{S_1}{S_2} = \frac{[\mathrm{Me}^{n+}]}{k \cdot k'} \cdot e^{\frac{-\pi_2 n F}{R T}}.$$

Aus den letzten zwei Gleichungen folgt wieder

$$\pi_1 - \pi_2 = \frac{R T}{n F} \ln \frac{S_1}{S_2}.$$

In der gleichen Weise verschieben sich die Kurven auch, wenn man einen anderen Abszissenmaßstab wählt oder wenn die Ausströmungsgeschwindigkeit des Quecksilbers oder die Tropfengröße geändert wird. Die folgende Tabelle gibt die oben definierten molaren Abscheidungspotentiale, aus denen man die Abscheidungspotentiale für andere Ionenkonzentrationen berechnen kann.

Tabelle 1. Molare Abscheidungspotentiale der Kationen (bezogen auf n-Kalomelelektrode).

$N(CH_3)_4^+$, $N(C_2H_5)_4^+$	(—2,6)	Al^{3+}	—1,66
Ca^{2+}	—2,047	Mn^{2+}	—1,326
Li^+	—2,023	Fe^{2+}	—1,114
Mg^{2+}	—2,0	H^+	—1,10
Sr^{2+}	—1,964	Co^{2+}	(—0,9)
K^+	—1,883	Ni^{2+}	(—0,7)
Na^+	—1,860	Zn^{2+}	—0,865
Cs^+	—1,837	In^{3+}	—0,503
Rb^+	—1,796	Cd^{2+}	—0,348
NH_4^+	—1,787	Sn^{2+}	—0,285
NHR_3^+	—1,8—1,9	Pb^{2+}	—0,264
$NH_2R_2^+$	—1,8—1,9	Tl^+	—0,151
NH_3R^+	—1,8—1,9	Sb^{3+}	—0,04
Ba^{2+}	—1,761	Bi^{3+}	+0,09
Ra^{2+}	—1,718	Cu^{2+}	+0,21

Die Reihenfolge dieser Potentiale stimmt mit der Spannungsreihe der Metalle zwar im groben überein, numerisch ergibt sie jedoch wesentlich verschiedene Werte. Der Unterschied zwischen dem molaren Abscheidungspotential eines Ions an der Quecksilberelektrode und dem normalen Elektrodenpotential des

Metalls ist in der Affinität der Amalgambildung zu suchen, welcher die am Quecksilber abgeschiedenen Atome der Metalle unterliegen. Eine Berechnung der Affinität der Metalle zu Quecksilber aus den Abscheidungs- und Normalpotentialen ist hier wegen des ziemlich willkürlich definierten Wertes der Abscheidungspotentiale nicht durchgeführt, namentlich da sich eine viel genauere Berechnungsweise aus den genau definierten „Halbstufenpotentialen" die zunächst erörtert werden, ergibt (S. 35).

Stufen an den Stromspannungskurven.

In Abb. 5 zeigt die Kurve drei stufenartige Biegungen, deren Anstiege durch Depolarisationsvorgänge und deren bei höherer Spannung folgenden flachen Teile durch Erschöpfung des Depolarisators erklärt wurden. Solcher Verlauf ist in der Polarographie sehr häufig und von größter theoretischer und praktischer Bedeutung; man spricht von „Stufen" (oder „Wellen"). Die beschriebenen Stufen treten nur auf, wenn die Depolarisatoren in großer Verdünnung in der Lösung anwesend sind, wie z. B. in Abb. 7 bei hoher Galvanometerempfindlichkeit; bei größeren Konzentrationen der Depolarisatoren kommen die Stufen zum Vorschein, wenn die Empfindlichkeit des Galvanometers entsprechend herabgesetzt wird. Als Beispiel dafür kann das Polarogramm in Abb. 161 dienen, in welchem die Stromspannungskurve einer Lösung mit immer kleinerer Galvanometerempfindlichkeit wiederholt aufgenommen wurde. Die erste, mit größter Empfindlichkeit erhaltene Kurve zeigt nur den exponentiellen Anstieg der Bariumabscheidung. Mit einer kleineren Empfindlichkeit aufgenommen, zeigt Kurve *2* bzw. *3* das Ende der Bariumstufe und einen neuen exponentiellen Anstieg des Stromes, welcher der kathodischen Abscheidung des Strontiums zuzuschreiben ist. In Abb. 191 zeigen z. B. kleinere Empfindlichkeiten die Stufen der Reduktion des Bromations. Bei solchen Stufen wächst die Stromstärke — wie in Abb. 7 — bis zu einem Höchst-

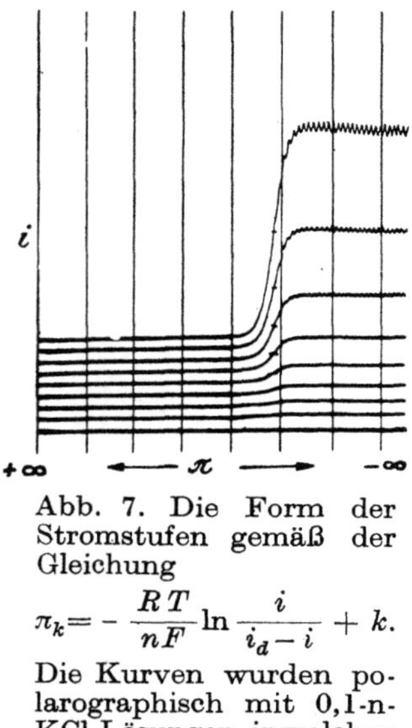

Abb. 7. Die Form der Stromstufen gemäß der Gleichung

$$\pi_k = -\frac{RT}{nF}\ln\frac{i}{i_d - i} + k.$$

Die Kurven wurden polarographisch mit 0,1-n-KCl-Lösungen, in welchen die Konzentration des $CdCl_2$ bis zu 0,001 n gesteigert wurde, erhalten.

wert, welcher als „Grenzstrom“ bezeichnet ist. Bei dieser Stromstärke macht sich an der Kathodenoberfläche eine Beschränkung des Reduktionsvorganges bemerkbar; dieser ist nämlich durch die Anzahl der reduzierbaren Teilchen, welche zur Elektrodenoberfläche gelangen können, gegeben. Der Grenzstrom ist daher durch die Geschwindigkeit, mit welcher sich die Teilchen zur Oberfläche der tropfenden Elektrode bewegen, definiert. Die Bewegung der reduzierbaren Kationen kann auf zweierlei Art geschehen: durch Diffusion und durch Überführung der elektrisch geladenen Teilchen im elektrischen Felde. Die letztgenannte Bewegung können wir beliebig vermindern, indem wir den OHMschen Potentialabfall ($i \cdot R$) in der Lösung praktisch auf Null herabsetzen. Dazu genügt ein Überschuß eines „indifferenten Elektrolyten“, d. i. eines solchen, dessen Zersetzungsspannung im untersuchten Bereiche der Potentiale nicht stört. Ein etwa 50- bis 100facher Überschuß des indifferenten Elektrolyten über die reduzierbare Substanz hat zur Folge, daß praktisch nur der Zusatzelektrolyt die Stromleitung übernimmt und daß die reduzierbaren Ionen sich tatsächlich nur durch Diffusion zur Elektrode bewegen. Die in Abb. 5 als Zusatzelektrolyt dienende Salzlösung war 1-n-KCl, in Abb. 7 wurde 0,1-n-KCl benutzt. Der indifferente Elektrolyt soll eine möglichst große Zersetzungsspannung haben, sein Kation soll also ein sehr negatives und sein Anion ein positives Depolarisationspotential besitzen. Am besten eignen sich als indifferente Elektrolyte solche, deren Kationen am Kopfe der Tabelle 1 angegeben sind, also insbesondere jene der quartären organischen Basen und der Alkalien mit Chloraten, Perchloraten oder Sulfaten als Anionen. Chloride und Hydroxyde eignen sich zwar auch gut, haben aber schon ein negativeres Depolarisationspotential.

Ein nur durch Diffusion der depolarisierend wirkenden Teilchen beschränkter Grenzstrom wird in der Polarographie als „Diffusionsstrom“ bezeichnet. Jede Betrachtung des Diffusionsstromes setzt die Anwesenheit eines Überschusses des indifferenten Elektrolyten voraus, wofür man in den experimentellen Messungen immer sorgen muß. Die Rolle des indifferenten Elektrolyten ist also eine zweifache, da dieser Zusatzelektrolyt nicht nur — wie früher erörtert wurde — die Stromspannungskurve in eine Strompotentialkurve verwandelt, sondern auch die Größe des sehr wichtigen Diffusionsstromes festsetzt.

In der früheren Ableitung der Stromspannungskurve wurde der Teil des beim Stromdurchgang zersetzten Elektrolyten gegen die in der Lösung anwesende Menge vernachlässigt; dadurch konnte nur der exponentielle Anstieg einer Stufe abgeleitet werden. Es handelt sich nun um die Ableitung der algebraischen Form der ganzen Stufe, bei welcher der Vorgang an der Elektrodenoberfläche bis zur völligen Erschöpfung des Depolarisators fortschreitet. Zu diesem Zwecke können wir von den zwei folgenden, gut begründeten Voraussetzungen ausgehen, wobei zunächst nur ein konkreter Fall der Kationenabscheidung berücksichtigt wird. Diese lauten nach D. ILKOVIČ (*203*):

1. Die Gültigkeit der NERNSTschen Gleichung (3) für die durch den Vorgang $Me^{n+} + n \ominus \rightarrow Me$ polarisierte tropfende Quecksilberelektrode

$$\pi_k = -\frac{R\,T}{n F} \ln \frac{k \cdot k' \cdot i}{[Me^{n+}]_0},$$

wobei $[Me^{n+}]_0$ die dicht an der Elektrodenoberfläche herrschende Konzentration bezeichnet; für die ursprüngliche Konzentration im Inneren der Lösung wird $[Me^{n+}]$ vorbehalten.

2. Die Bedingung, daß die Menge der abgeschiedenen Kationen immer durch Diffusion ersetzt wird, so daß die Ionenkonzentration $[Me^{n+}]_0$ dicht an der Elektrodenoberfläche bei konstanter Stromstärke immer konstant bleibt. Die Geschwindigkeit, mit welcher sich die Kationen abscheiden, ist durch die Stromstärke i gegeben; die Diffusionsgeschwindigkeit, mit welcher die Kationen zur Elektrode kommen, ist — wie später eingehend begründet wird — durch k'' $([Me^{n+}] - [Me^{n+}]_0)$ ausgedrückt. Bedingung 2 ergibt also

$$i = k'' \, ([Me^{n+}] - [Me^{n+}]_0).$$

Durch Einsetzen von $[Me^{n+}]_0$ aus der letzten Gleichung in Gleichung (3) erhalten wir

$$\pi_k = -\frac{R\,T}{n F} \ln \frac{k \cdot k' \cdot i}{[Me^{n+}] - \frac{i}{k''}}.$$

Diese Beziehung stellt die Strompotentialkurve der polarographischen Stufe, welche bei der Metallabscheidung entsteht, dar. Die Gleichung läßt sich vereinfachen, wenn man anstatt der Konzentration $[Me^{n+}]$ den Wert des Diffusionsstromes i_d einsetzt. Der letztere wird nämlich erreicht, wenn an der tropfenden Quecksilberkathode die Lösung an Depolarisator erschöpft ist, wenn also $[Me^{n+}]_0 = 0$. Dann ist nach J. TOMEŠ (*377*)

$$i_d = k'' \, [Me^{n+}]$$

und wir erhalten

$$\pi_k = -\frac{R\,T}{n F} \ln k \cdot k' \cdot k'' \, \frac{i}{i_d - i}. \tag{6}$$

In dieser Form stellt die Stufengleichung (6) den ganzen Verlauf einer Stromspannungskurve am einfachsten dar. Setzen wir $i = 0$, wird $\pi_k = +\infty$, das Potential hat also einen sehr positiven Wert; für $i = i_d$ wird $\pi_k = -\infty$, d. h. das Potential nimmt bei vollem Erreichen des Diffusionsstromes einen sehr negativen Wert an. Den Zwischenwerten von i entsprechen reale Potentiale, wie es durch die in Abb. 7 gegebenen Kurven veranschaulicht ist. Die experimentell erhaltenen polarographischen Stufen stimmen mit der durch Gleichung (6) ausgedrückten Form der Kurven genau überein. J. TOMEŠ hat die Gültigkeit dieser Formel an Stromstufen der Abscheidung von freien Ionen Tl^+, Pb^{2+}, Cd^{2+} und In^{3+} geprüft, indem er den Wert $\log_{10} \frac{i}{i_d - i}$ zu den entspre-

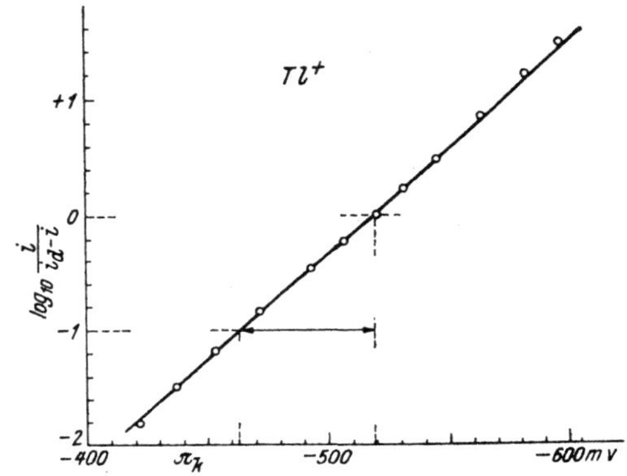

Abb. 8. Die Beziehung zwischen $\log_{10} \frac{i}{i_d - i}$ und π_k bei einer Thalliumstufe; die Werte von π_k wurden bei den Stromstärken von $i = i_d \cdot {}^1/_{64}$ bis $i = i_d \cdot {}^{63}/_{64}$ gemessen.

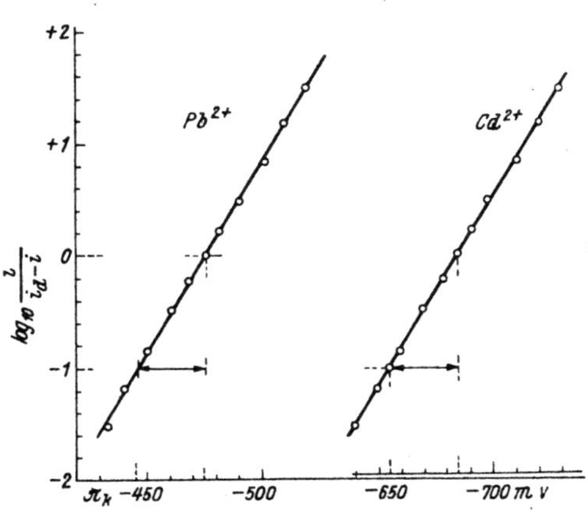

Abb. 9. Die Beziehung zwischen $\log_{10} \frac{i}{i_d - i}$ und π_k bei einer Blei- und bei einer Kadmiumstufe.

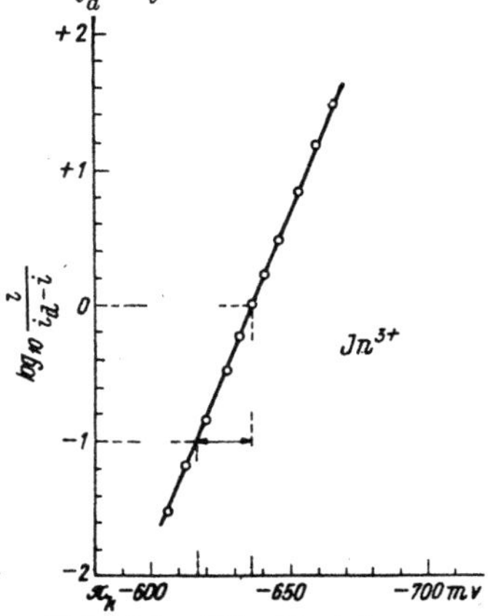

Abb. 10. Die Beziehung zwischen $\log_{10} \frac{i}{i_d - i}$ und π_k bei einer Indiumstufe.

chenden Werten von π_k auftrug (Abb. 8, 9 und 10). Die Abhängigkeit ist eine streng lineare und die Neigung der Geraden $\Delta\pi/\Delta \log \frac{i}{i_d - i}$ gibt den Koeffizienten $\frac{R\,T}{n\,F}$ richtig an. So fand J. TOMEŠ für $\frac{R\,T}{n\,F}$ den Wert bei Tl^+ 56, bei Pb^{2+} 29, bei Cd^{2+} 30 und bei In^{3+} 20 mV, wobei theoretisch für einwertige Kationen bekanntlich 58, für zweiwertige 29 und für dreiwertige 19 (bei Zimmertemperatur) zu erwarten sind. J. J. LINGANE (*529*), welcher diese Messungen wiederholte, fand bei 25° C für Tl^+ 59, Pb^{2+} 33, In^{3+} 23 mV (theoretisch 59, 30, 20 mV). Dagegen beobachtete J. J. LINGANE bei der Nickelstufe, die man bei Benutzung einer ammoniakalischen Nickelsalzlösung erhält, die Neigung der Geraden etwas kleiner, was zu kleineren Werten der Valenzzahl n führt. Dieser und ähnliche Fälle zeigen, daß die Polarisation während der elektrolytischen Abscheidung nicht streng durch die NERNSTsche Gleichung ausdrückbar ist, und lassen vermuten, daß sich dabei eine andere Art von Polarisation als die Konzentrationspolarisation geltend macht. Das Wesen einer solchen Polarisation wird in dem Absatze über Irreversibilität eingehender erörtert.

Die Form der Stufenkurve zeigt, daß sie eine Symmetrie um ihren Inflexionspunkt besitzt. Durch die Bedingung $\frac{d^2\pi}{d\,i^2} = 0$ erhalten wir für den Inflexionspunkt den Wert $i^* = \frac{i_d}{2}$; er liegt also beim Erreichen des halben Diffusionsstromes. Das diesem Werte entsprechende Potential ist

$$\pi_k = -\frac{R\,T}{n\,F} \ln k \cdot k' \cdot k'' \frac{\frac{i_d}{2}}{\frac{i_d}{2}}$$

$$= -\frac{R\,T}{n\,F} \ln k \cdot k' \cdot k'' = K.$$

Wir erhalten somit das wichtige Ergebnis, daß das Potential, bei welchem die Stromstärke die Hälfte des Diffusionsstromes erreicht, eine von der Konzentration unabhängige Konstante ist. Dieses Potential nennt man das „Halbstufenpotential“ (auch „Halbwellenpotential“). Seine physikalische Bedeutung kann erst nach Erörterung der Konstanten k, k' und k'' erklärt werden, wozu der sich an einem anwachsenden Quecksilbertropfen abspielende Diffusionsvorgang in Betracht gezogen werden muß.

Die Gleichung des Diffusionsstromes.

D. Ilkovič hat die mathematisch verwickelte Aufgabe gelöst und berechnet, wie viele von den depolarisierend wirkenden Teilchen an die Oberfläche des anwachsenden Quecksilbertropfens gelangen, um dort ihre Ladung der Elektrode zu übergeben. Er ging von der Voraussetzung aus, daß sich die Teilchen zur Elektrode nur durch Diffusionskräfte bewegen, denn der Überschuß am indifferenten Elektrolyten setzt die Überführung im elektrischen Felde praktisch auf Null herab. Zu einer festen Elektrode soll — nach der sogenannten ersten Fickschen Gleichung — in der Zeit $d\tau$ eine Menge des Depolarisators

$$\frac{D \cdot C}{\sqrt{D \cdot \pi \cdot \tau}} \cdot q \cdot d\tau$$

zudiffundieren. Diese Menge verbraucht an der Elektrodenoberfläche eine Elektrizitätsmenge dQ, die durch

$$dQ = n \cdot F \frac{D \cdot C}{\sqrt{D \cdot \pi \cdot \tau}} \cdot q \cdot d\tau$$

gegeben ist. Hier bezeichnen nF das elektrochemische Äquivalent eines depolarisierend wirkenden Grammions oder -molekels, D die Diffusionskonstante und C die Konzentration des Depolarisators in Grammionen oder -molekülen ausgedrückt, q die Elektrodenoberfläche. Diese Oberfläche ist jedoch an der tropfenden Quecksilberelektrode nicht konstant, sondern periodisch erneuert. Bezeichnen wir durch m die Ausströmungsgeschwindigkeit des Quecksilbers, also die Menge, welche in 1 sec. aus der Kapillare herausfließt, ergibt sich der Radius des Tropfens r aus der einfachen Gleichung

$$\frac{4}{3} \pi r^3 \cdot 13{,}6 = m \cdot \tau,$$

wo 13,6 die Dichte des Quecksilbers bedeutet. Daraus erhalten wir für die Oberfläche des Tropfens

$$q = 4 \pi r^2 = 4 \pi \left(\frac{3 m \tau}{4 \pi \cdot 13{,}6} \right)^{\frac{2}{3}} = 0{,}85 \ (m \tau)^{\frac{2}{3}}.$$

Die in der Zeit $d\tau$ an die Elektrode übergebene Elektrizitätsmenge ist dann

$$dQ = n \cdot F \frac{D \cdot C}{\sqrt{D \cdot \pi \cdot \tau}} \cdot 0{,}85 \, (m \tau)^{\frac{2}{3}} \, d \cdot \tau;$$

somit wäre die Stromstärke in jedem Moment durch

$$\frac{dQ}{d\tau} = n \cdot F \frac{D \cdot C}{\sqrt{D \cdot \pi \cdot \tau}} \cdot 0{,}85 \, (m \cdot \tau)^{\frac{2}{3}}$$

gegeben. Diese Abhängigkeit des Stromes von der Zeit während des Anwachsens eines Tropfens wurde von D. ILKOVIČ (*283*) mit Hilfe eines schnellschwingenden Torsionsgalvanometers bestätigt. Beim Diffusionsstrom messen wir aber die Stromstärke in der Regel mit einem Galvanometer von größerer Schwingungsdauer und erhalten dadurch nur die durchschnittliche mittlere Stromstärke. Diese wird aus der während der ganzen Tropfzeit t durchgeflossenen Elektrizitätsmenge durch den Ausdruck

$$i = \frac{1}{t}\int_0^t dQ$$

berechnet.

Wir bekommen also für die experimentell gemessene mittlere Stromstärke die Gleichung

$$i = \frac{1}{t}\int_{\tau=0}^{\tau=t} n\cdot F\,\frac{D\cdot C}{\sqrt{D\cdot\pi\cdot\tau}}\cdot 0{,}85\,(m\cdot\tau)^{\frac{2}{3}}\,d\tau$$

$$= \frac{6}{7}\cdot\frac{1}{\sqrt{\pi}}\cdot n\cdot F\cdot C\cdot D^{\frac{1}{2}}\cdot 0{,}85\cdot m^{\frac{2}{3}}\cdot t^{\frac{1}{6}}.$$

Diesen Ausdruck muß man mit einem theoretisch abgeleiteten (*203*) Koeffizienten $\sqrt{\frac{7}{3}}$ multiplizieren, welcher das wachsende Konzentrationsgefälle am wachsenden Tropfen in Betracht zieht; somit erhält man die grundlegende ILKOVIČsche Gleichung für den Diffusionsstrom

$$i_d = 0{,}627\,n\cdot F\cdot C\cdot D^{\frac{1}{2}}\cdot m^{\frac{2}{3}}\cdot t^{\frac{1}{6}}. \qquad (7)$$

Diese Gleichung gilt nicht nur für den Höchststrom (Diffusionsstrom), sondern auch für jeden Wert der Stromstärke (*203, 419*), wenn beim Stromdurchgang die Konzentration C_0 an der Oberfläche der tropfenden Quecksilberelektrode aufrechterhalten wird; die Gleichung hat dann die Form

$$i = 0{,}627\cdot n\cdot F\cdot(C - C_0)\cdot D^{\frac{1}{2}}\cdot m^{\frac{2}{3}}\cdot t^{\frac{1}{6}}. \qquad (8)$$

Somit haben wir in Gleichung (7) einen Grenzfall der zuletzt angegebenen allgemeinen Gesetzmäßigkeit, indem für $C_0 = 0$ der Grenzwert i_d erreicht wird.

Die Diffusionsstromgleichung (8) gilt für jeden der Depolarisationsvorgänge, abgesehen davon, ob sie reversibel oder irreversibel sind, unter der Voraussetzung, daß die depolarisierend wirkenden Teilchen nur durch reine Diffusionskräfte an die Elektrodenoberfläche gelangen. Bei Adsorptionsvorgängen oder bei solchen, welche zu katalysierten Elektrodenreaktionen führen (S. 131), gelten Gleichungen (7) und (8) nicht, da sich bei ihnen hauptsächlich Adsorption von dipolartigen Teilchen im elektrischen Felde an der Elektrodenoberfläche (S. 176) betätigt. Die Depolarisationsvorgänge können wir — wie später eingehend erörtert wird — in die vier folgenden Gruppen unterteilen:

1. Die kathodische Abscheidung der Kationen, gemäß der Reaktionsgleichung

$$Me^{n+} + n \ominus \rightarrow Me.$$

2. Die anodische Auflösung des Quecksilbers oder der unedleren Metalle aus ihren Amalgamen, nach der Gleichung

$$Me \rightarrow Me^{n+} + n \ominus.$$

3. Die kathodische Reduktion der Kationen, Anionen oder der neutralen Moleküle, z. B.

$$Cr^{3+} + \ominus \rightarrow Cr^{++}$$
$$JO_3' + 6 \ominus \rightarrow J' + 3\,O''$$
$$(CN)_2 + 2 \ominus \rightarrow 2\,CN'.$$

4. Die anodische Oxydation der Kationen, Anionen oder der neutralen Moleküle, z. B.

$$Cr^{2+} \rightarrow Cr^{3+} + \ominus$$
$$Fe(C_2O_4)_3'''' \rightarrow Fe(C_2O_4)_3''' + \ominus$$
$$\underset{\text{Hydrochinon.}}{C_6H_4(OH)_2} \rightarrow \underset{\text{Chinon.}}{C_6H_4O_2} + 2\,H^+ + 2 \ominus.$$

In allen Vorgängen der hier genannten Arten ist nämlich der Diffusionsstrom — solange die Tropfzeit größer als 3 sec. ist — der Konzentration des Depolarisators streng linear proportional. Nur in sehr verdünnten Lösungen (unterhalb 10^{-4} molar) findet man in manchen Lösungen kleine Abweichungen, indem der Strom größer ist, als gemäß der einfachen Proportionalität zu erwarten wäre. Die Ursache dieser Abweichung ist nicht geklärt, wahrscheinlich macht sich bei großen Verdünnungen und schnellem Tropfen eine Adsorption des Depolarisators in der Elektrodenoberfläche und der später erörterte Ladungsstrom geltend.

Die Gültigkeit der Proportionalität zwischen dem Diffusionsstrom und der Konzentration des Depolarisators ist für quantitative analytische Untersuchungen von grundlegender Bedeutung. Es wird deshalb nicht nur aus theoretischen Gründen der experimentellen Bestätigung der ILKOVIČschen Gleichung viel Aufmerksamkeit gewidmet. In erster Reihe prüfte D. ILKOVIČ selbst seine Gleichung, indem er aus den Absolutwerten *D*, *m*, *t*, *C*, *n*, *F* den Diffusionsstrom für Cd^{2+}- und H^+-Ionen bis auf 10% richtig berechnete. Jedoch behaupten I. M. KOLTHOFF und J. J. LINGANE (*522*) einerseits und D. MACGILLAVRY und E. K. RIDEAL (*334*) anderseits, daß mit genaueren Werten der betreffenden Diffusionskonstanten eine noch bessere Übereinstimmung mit der Theorie zu erwarten wäre. J. J. LINGANE (*531*) hat in ähnlicher Weise die Diffusionsströme der Ionen Tl^+, Pb^{2+}, Cd^{2+}, Zn^{2+}, I' und $Fe(CN)_6'''$ berechnet, in der gleichen Übereinstimmung mit der Theorie.

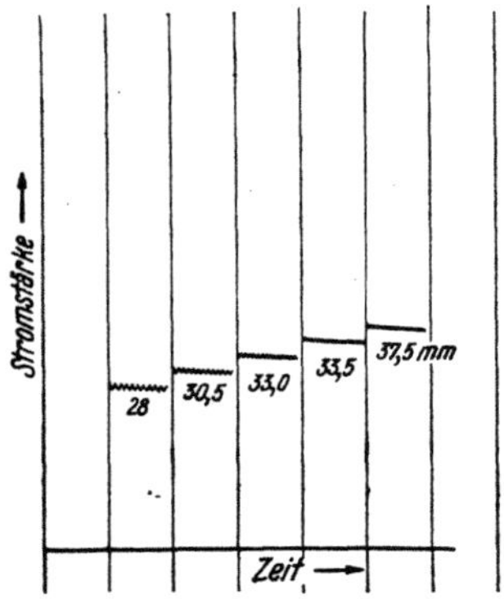

Abb. 11. Die Höhen einer Quecksilberstufe bei verschiedener Ausströmungsgeschwindigkeit. Unten ist die Galvanometernullpunktslinie aufgezeichnet. Der Diffusionsstrom wurde bei konstant gehaltener Spannung 1,4 V mit einer 0,001-m-$HgCl_2$- und 0,01-m-NaCl-Lösung in Wasserstoffatmosphäre erhalten; Galvanometerempfindlichkeit 1:30.

Eine andere Art, die Gleichung zu prüfen, besteht in der Änderung der Höhe des Quecksilberbehälters, wodurch *m* und *t* variiert werden. Da die Ausströmungsgeschwindigkeit des Quecksilbers der Höhe *h* des Behälters über der Mündung der tropfenden Elektrode proportional ist, und beim konstanten Potential das Tropfgewicht *g* konstant ist, haben wir $m = k \cdot h$ und $\frac{g}{m} = t$, so daß $t = \frac{g}{k \cdot h}$ und die Gleichung (7) nun die Form

$$i_d = 0{,}63\, n \cdot F \cdot C \cdot D^{\frac{1}{2}} (k \cdot h)^{\frac{2}{3}} \left(\frac{g}{k\, h}\right)^{\frac{1}{6}} = k' \cdot h^{\frac{1}{2}}$$

annimmt. Die den verschiedenen Höhen des Behälters entsprechenden Diffusionsströme sind in Abb. 11 polarographisch aufgezeichnet und die sich darauf beziehenden Berechnungen in der folgenden Tabelle angegeben:

i_d in mm	28,0	30,5	33,0	35,5	37,5
h in cm	39,1	46,3	53,2	62,4	70,1
$i/h^{\frac{1}{2}}$	4,48	4,49	4,46	4,49	4,48

Tatsächlich ist der letzte Quotient praktisch konstant. Bei einem in größerem Spannungsbereiche beobachtbaren Diffusionsstrom (wie z. B. bei dem des 0,001-mol-$HgCl_2$ in 0,1-n-NaCl in Abb. 12) vermindert sich die Stromstärke infolge des schnelleren Abtropfens bei negativeren Potentialwerten. Da bei konstant gehaltener Höhe des Behälters die Ausströmungsgeschwindigkeit m konstant bleibt, soll $i_d = k \cdot t^{\frac{1}{6}}$ sein. Die folgenden Zahlen beweisen die Konstanz der aus Abb. 11 berechneten Werte $i/t^{\frac{1}{6}}$. Wir haben bei der Spannung:

	0,8	1,0	1,2	1,4	1,6	1,8 V
die Zeit von zehn Tropfen t......	20,3	19,7	18,55	17,5	15,7	13,65 sec.
die Stromstärke i.	31,2	31,0	30,8	30,4	30,0	29,5 mm Ausschlag
$i/t^{\frac{1}{6}}$	18,89	18,88	18,93	18,87	18,96	19,06

Formel (7) erklärt auch die empirische Regel von W. KEMULA (*424*), welcher beobachtete, daß Kapillaren, deren Behälter so aufgestellt sind, daß man gleiche Ausströmungsgeschwindigkeiten erzielt, in derselben Lösung gleiche Diffusionsströme ergeben. Empirisch sollte demnach der Diffusionsstrom nur von m abhängig sein. Der dabei vernachlässigte Tropfzeiteinfluß ist tatsächlich gering, denn in der Polarographie benutzt man Tropfzeiten nur im Bereiche von etwa 2,5 bis 5 sec. Dann soll nach (7) der Diffusionsstrom bei gleichem m nur von $t^{\frac{1}{6}}$ abhängen, also nicht mehr als um 12% variieren. Gewöhnlich ist aber der Einfluß der Tropfzeit noch geringer, da man Tropfzeiten von circa 3 sec. wählt.

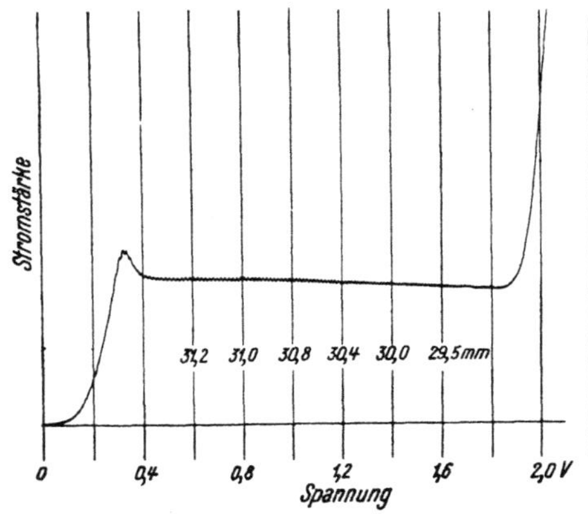

Abb. 12. Die Stromspannungskurve mit dem Diffusionsstrom einer 0,001-m-$HgCl_2$- und 0,01-m-NaCl-Lösung in H_2-Atm.; Empf. $^1/_{30}$; 4-V-Akkumulator.

Eine eingehende experimentelle Untersuchung der Gültigkeit der ILKOVIČschen Gleichung unternahm J. MAAS (*354*, *435*). Aus zahlreichem Material berechnete er das Produkt $m^{\frac{2}{3}} \cdot t^{\frac{1}{6}}$, um daraus die Konstante $K = \frac{i_d}{m^{\frac{2}{3}} \cdot t^{\frac{1}{6}}}$ zu erhalten, welche nach Gleichung (7) nicht von der polarographischen Anordnung, sondern nur von der Zusammensetzung der Lösung abhängen soll. In der Tat erhielt er bei weit geänderten Tropfzeiten und Ausströmungsgeschwindigkeiten eine bis auf 1,5% genaue Konstanz. J. J. LINGANE (*522*) wiederholte einige der Messungen von J. MAAS und konnte sich über die Genauigkeit der aus Formel (7) folgenden Gesetzmäßigkeiten gleichfalls überzeugen. So erhielt J. J. LINGANE in einer 0,005-n-$CdSO_4$-Lösung in 0,1-n-KCl bei 25° C für $\frac{i_d}{m^{\frac{2}{3}} \cdot t^{\frac{1}{6}}}$ den Wert 8,77, während J. MAAS 9,04 angibt.

Hinsichtlich der zahlreichen Bestätigungen der Gültigkeit der Gleichung von ILKOVIČ kann wohl als begründet gelten, daß Diffusionsströme, welche mit den einzelnen Kapillaren erhalten werden, dem Produkte $m^{\frac{2}{3}} \cdot t^{\frac{1}{6}}$ proportional sind, so daß nur diejenigen Diffusionsstrommessungen direkt verglichen werden können, welche mit Kapillaren von denselben $m^{\frac{2}{3}} \cdot t^{\frac{1}{6}}$-Werten erhalten wurden. Sonst müssen zu Vergleichungszwecken die Stromstärken im Verhältnis der $m^{\frac{2}{3}} \cdot t^{\frac{1}{6}}$-Werte umgerechnet werden.

Die ILKOVIČsche Gleichung wurde später von D. MACGILLAVRY und E. K. RIDEAL (*334*) durch eine andere Rechnungsweise (beim Diffusionsvorgang mit anfänglicher Berücksichtigung der jedoch später vernachlässigten Krümmungsoberfläche) mit einer übereinstimmenden Endform abgeleitet. Die zugrunde liegenden Diffusionsgleichungen hat auch D. ILKOVIČ in einer ausführlichen mathematischen Mitteilung später veröffentlicht (*419*). Eine mehr elementare und anschaulichere Ableitung der Gleichung (8) gibt M. v. STACKELBERG (*555*) in seinem Sammelreferat an.

Die Bedeutung der Halbstufenpotentiale.

Eine vorläufige Ableitung der Gleichung für die polarographische Stufe wurde am speziellen Falle der kathodischen Amalgambildung vorgeführt, denn eine allgemeine Erörterung der Gleichung und der daraus folgenden Bedeutung der Halbstufenpotentiale ist nur durch Kenntnis des Diffusionsvorganges möglich. Theoretisch und experimentell ist nachgewiesen, daß nebst den Metallabscheidungen viele andere an der tropfenden Quecksilberelektrode verlaufenden Vorgänge die durch Gleichung (6) angegebene Form der Stromspannungskurve hervorrufen, und zwar dann, wenn sie die beiden folgenden Bedingungen erfüllen:

1. Der Elektrodenvorgang muß genügend schnell verlaufen,

so daß sich der Gleichgewichtszustand in einer gegen die Tropfzeit bedeutend kürzeren Zeit einstellen kann.

2. Der Elektrodenvorgang muß reversibel sein, d. i. der Vorgang muß bei entgegengesetzter Richtung des Stromes vollständig rückläufig sein.

Die meisten von den auf S. 25 angegebenen Elektrodenreaktionen erfüllen die beiden letztgenannten Bedingungen. Alle solchen Vorgänge können wir als „Redoxsysteme“ auffassen, womit ein unter Elektrizitätszunahme sich schnell einstellendes Elektrodengleichgewicht zwischen dem Reduktionsmittel „Red“ und dem Oxydationsmittel „Oxy“ zu verstehen ist. Der Elektrodenvorgang ist also, symbolisch ausgedrückt,

$$\mathrm{Oxy} + n \ominus \leftrightarrows \mathrm{Red}$$

und führt an der Quecksilberelektrode zum Potential nach der PETERSschen Formel

$$\pi = \pi_0 - \frac{R\,T}{n F} \ln \frac{[\mathrm{Red}]}{[\mathrm{Oxy}]}, \tag{9}$$

wobei π_0 das „normale Redoxpotential“ bezeichnet. Die den vier oben angegebenen Gruppen zugehörigen Redoxsysteme lassen sich wiederum in zwei Hauptgruppen unterteilen, je nachdem, ob sich das Reduktionsmittel getrennt in der metallischen Phase oder mit dem Oxydationsmittel in der Lösung befindet.

So unterscheiden wir an der tropfenden Quecksilberelektrode Gleichgewichtssysteme, in denen

1. die Kationen den Stoff in der höheren Oxydationsstufe vorstellen und deren Metall als Amalgam den Stoff in der niederen Oxydationsstufe bildet. Zu diesem gelangen wir entweder durch kathodische Abscheidung der Kationen an der tropfenden Quecksilberelektrode oder durch anodische Auflösung des in der tropfenden Quecksilberelektrode sich befindenden Amalgams, oder endlich durch Einführung der tropfenden Amalgamelektrode in eine das entsprechende Kation enthaltende Lösung;

2. das Oxydations- sowie das Reduktionsmittel zusammen in der Lösung enthalten sind. Dabei kann das Oxydationsmittel an der tropfenden Quecksilberanode aus dem Reduktionsmittel entstehen oder das Reduktionsmittel an der tropfenden Quecksilberkathode aus dem Oxydationsmittel bereitet werden. Es können endlich auch beide Mittel in die Elektrodenlösung eingeführt werden.

Zu der ersten Hauptgruppe gehören die schon erörterten Fälle der Kationenabscheidung. Aus der zweiten Hauptgruppe wurden die Redoxsysteme

$$Cr^{3+} + \ominus \rightarrow Cr^{2+}, \quad Fe\,(C_2O_4)_3''' + \ominus \rightarrow Fe\,(C_2O_4)_3''''$$

und das Gleichgewicht Chinon-Hydrochinon angegeben.

Da wir früher die Gleichung der Stufe der Kationenabscheidung in einer verkürzten Weise ableiteten, wollen wir zunächst die Ableitung verallgemeinern, um die Stufenform der Vorgänge der ersten Hauptgruppe genau auszudrücken. Die bei dem Strom i an der Elektrodenoberfläche herrschende Konzentration des Oxydationsmittels wird C_0 und die ursprüngliche, tiefer in der Lösung aufrechterhaltene Konzentration C bezeichnet; ähnlich wird die Konzentration des Amalgams an der Oberfläche des amalgamierten Quecksilbertropfens mit c_0 und im Inneren des Tropfens mit c bezeichnet.

Nach Formel (8) beträgt die Anzahl der Teilchen, welche pro sec. der Elektrodenoberfläche durch Diffusionskräfte zugeleitet werden, $0{,}627\, nF\, [C - C_0]\, D^{\frac{1}{2}}\, m^{\frac{2}{3}}\, t^{\frac{1}{6}}$. Dieselbe Menge wird aber an der Elektrode abgeschieden und muß — da an der Elektrodenoberfläche die Konzentrationen C_0 und c_0 bei konstant gehaltener Spannung unverändert bleiben — weiter ins Innere des Quecksilbertropfens abdiffundieren, so daß die obige Anzahl auch dem Wert $0{,}627\, nF\, [c_0 - c]\, d^{\frac{1}{2}}\, m^{\frac{2}{3}}\, t^{\frac{1}{6}}$ und auch der Stromstärke i gleicht. Hier bezeichnet d die Diffusionskonstante der amalgamierten Atome. Bezeichnen wir mit K den konstanten Ausdruck $0{,}627\, n\, F\, m^{\frac{2}{3}}\, t^{\frac{1}{6}}$, erhalten wir aus den Gleichungen

$$K \cdot D^{\frac{1}{2}}\, [C - C_0] = i \quad \text{und} \quad K \cdot d^{\frac{1}{2}}\, [c_0 - c] = i$$

die folgenden Werte der dicht an der Elektrodenoberfläche herrschenden Konzentrationen

$$C_0 = C - \frac{i}{K \cdot D^{\frac{1}{2}}} \quad \text{und} \quad c_0 = \frac{i}{K \cdot d^{\frac{1}{2}}} + c.$$

Diese Werte können wir nun in die NERNSTsche Gleichung (2)

$$\pi_k = -\frac{R\,T}{n\,F} \ln k \frac{c_0}{C_0}$$

einsetzen und erhalten somit

$$\pi_k = -\frac{R\,T}{n\,F} \ln k \frac{D^{\frac{1}{2}}}{d^{\frac{1}{2}}} \cdot \frac{i + K\,d^{\frac{1}{2}} \cdot c}{K \cdot D^{\frac{1}{2}} \cdot C - i} \tag{10}$$

als die Gleichung der Strompotentialkurve. Diese Gleichung gilt nicht nur für die Kurven, welche man bei der kathodischen Abscheidung der Kationen erhält, sondern gleichfalls für die Kurven bei anodischer Auflösung des Amalgams. Wir haben nämlich dann für die Elektroden- und Diffusionsvorgänge nur die umgekehrte Richtung auszudrücken, weil beim anodischen Stromdurchgang durch die tropfende Quecksilberelektrode während der Amalgamauflösung vom Inneren des Tropfens an seine Oberfläche $K \cdot d^{\frac{1}{2}} \cdot [c - c_0]$-Atome zudiffundieren und dabei in das Innere der Lösung $K \cdot D^{\frac{1}{2}}\ [C_0 - C]$-Kationen abdiffundieren; beide Mengen müssen der Stromstärke i gleich sein. Demnach wird im Zähler und Nenner des Bruches der obigen Formel nur das Vorzeichen geändert, wobei der Wert des Bruches unverändert bleibt. Aus denselben Gründen gilt die Gleichung auch dann, wenn die Amalgamelektrode von der Konzentration c in einer Lösung der betreffenden Kationen von der Konzentration C polarisiert wird. Nun leiten wir für den letzten und allgemeinsten Fall die Größe der Diffusionsströme ab; es muß nämlich hier zweierlei Diffusionsströme geben, deren einer durch die Erschöpfung der Lösung an Kationen bei einem sehr negativen Potential der tropfenden Quecksilberkathode und der andere durch die Erschöpfung des Amalgams an Atomen des unedleren Metalls bei einem sehr positiven Potential der tropfenden Quecksilberanode entsteht. Bezeichnen wir den kathodischen Diffusionsstrom mit I_d und den anodischen mit i_d (Abb. 13). Die Stromstärke I_d, welche bei einem sehr negativen Potential $\pi = -\infty$ erreicht wird, ist durch die Bedingung

$$\frac{i + K \cdot d^{\frac{1}{2}} \cdot c}{K \cdot D^{\frac{1}{2}} \cdot C - i} = \infty,$$

also durch

$$i = K \cdot D^{\frac{1}{2}} \cdot C$$

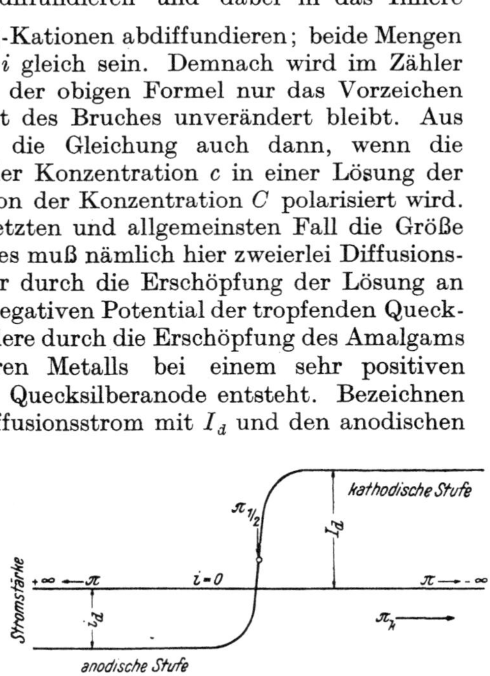

Abb. 13. Verlauf einer anodisch-kathodischen Stufe.

gegeben; die Stromstärke i_d, welche bei einem sehr positiven Potential $\pi = +\infty$ erreicht wird, ist durch die Bedingung

$$\frac{i + K \cdot d^{\frac{1}{2}} \cdot c}{K \cdot D^{\frac{1}{2}} \cdot C - i} = 0$$

also durch

$$i = -K \cdot d^{\frac{1}{2}} \cdot c$$

gegeben. Die Werte I_d und i_d sind also die gesuchten zwei Diffusionsströme; das negative Vorzeichen bei i_d bedeutet, daß dieser anodische Diffusionsstrom dem kathodischen entgegengesetzt ist.

Dasselbe Ergebnis erhalten wir aus der Bedingung des Diffusionsstromes, d. h. $C_0 = 0$ und $c_0 = 0$; dann lauten die Diffusionsgleichungen

$$I_d = K D^{\frac{1}{2}} (C - C_0) = K D^{\frac{1}{2}} C$$

und

$$i_d = K d^{\frac{1}{2}} (c_0 - c) = - K d^{\frac{1}{2}} c.$$

Durch Einsetzen der Werte I_d und i_d als Funktionen von C und c in die Gleichung (10) erhalten wir — nach D. Ilkovič*), J. Tomeš (*377*) oder J. Heyrovský und M. Kalousek (*508*) —

$$\pi_k = - \frac{R\,T}{n\,F} \ln k \sqrt{\frac{D}{d}} \cdot \frac{i - i_d}{I_d - i} \tag{11}$$

als eine einfache Form der Gleichung für die anodisch-kathodische Stufe des reversiblen Vorganges $Me^{n+} + n \ominus \rightleftarrows Me$. Nun können wir das Halbstufenpotential dieser Strompotentialkurve ableiten. Bei der halben Stufe wird die Stromstärke (nach Abb. 13)

$$i = \frac{I_d + i_d}{2}$$

erreicht. (Dabei sind für den anodischen Strom negative Werte einzusetzen.) Das Halbstufenpotential $\pi_{\frac{1}{2}}$ ist dann durch die Formel

$$\pi_{\frac{1}{2}} = - \frac{R\,T}{n\,F} \ln k \cdot \sqrt{\frac{D}{d}} \cdot \frac{I_d - i_d}{I_d - i_d} = - \frac{R\,T}{n\,F} \ln k \cdot \sqrt{\frac{D}{d}} \tag{12}$$

gegeben, wo die Konstanten D, d und k nur von der Art der Ionen und des Metalls abhängen. Somit stellt das Halbstufenpotential eines reversiblen Elektrodenvorganges einen von der Konzentration, Stromstärke, Beschaffenheit der Kapillaren und von der Wahl der Koordinaten unabhängigen Absolutwert vor (*244*)

Wir wollen nun die Bedeutung der Konstanten D, d und k erörtern. D und d standen für die Diffusionskonstanten, und zwar D für die Diffusion der abscheidbaren Ionen in der Lösung und d für die Diffusion der amalgamierten Atome des in Quecksilber gelösten unedleren Metalls. Umgekehrt hat M. v. Stackelberg (*555*) aus den Diffusionskonstanten, dem Normalpotential (Gl. 13) und der Affinität des betreffenden Metalls zu Quecksilber die $\pi_{\frac{1}{2}}$-Werte in guter Übereinstimmung berechnet. Die Gleichung für den anodischen Diffusionsstrom $I_d = 0{,}627\, n\, F\, c \cdot d^{\frac{1}{2}} \cdot m^{\frac{2}{3}} \cdot t^{\frac{1}{6}}$ ermöglicht uns die Diffusionskonstante d zu berechnen.

*) Polarographie (tschech.) Prag, 1940, s. S. 437.

Hinsichtlich des Koeffizienten d fanden M. v. STACKELBERG und H. v. FREYHOLD (*631*) bei Anwendung eines 0,005%igen Zinkamalgams in der tropfenden Quecksilberelektrode anodische Diffusionsströme derselben Größe wie bei einer 0,01-mol-Lösung der betreffenden Ionen. Aus der Konzentration des Amalgams geht hervor, daß das Amalgam, bezogen auf Grammäquivalente pro Liter, der Größenordnung nach auch centimolar war. Ähnliche Verhältnisse beobachteten auch J. HEYROVSKÝ und M. KALOUSEK mit Bleiamalgamen in 0,001-mol-Bleisalzlösungen. Daraus folgt, daß die Diffusionskonstanten im Quecksilber von derselben Größenordnung sein müssen wie im Wasser, denn die Diffusionsströme stehen im Verhältnis $I_d : i_d = C\sqrt{D} : c\sqrt{d}$. Zu demselben Schluß kam auch J. J. LINGANE (*529*). Somit können wir annäherungsweise den Ausdruck $\sqrt{\frac{D}{d}}$ in Gleichung (12) als gleich 1 betrachten.

Bei den Konzentrationen der Ionen und des Amalgams sei hier noch auf ein einfaches Verhältnis der Konzentrationen C_0 und c_0 beim Halbstufenpotential aufmerksam gemacht. Durch Einsetzen von $i = \frac{I_d + i_d}{2}$, $C = \frac{I_d}{K D^{\frac{1}{2}}}$ und $c = -\frac{i_d}{K d^{\frac{1}{2}}}$ in die Gleichungen $C_0 = C - \frac{i}{K D^{\frac{1}{2}}}$ und $c_0 = \frac{i}{K d^{\frac{1}{2}}} + c$ erhält man für die beim Halbstufenpotential an der Oberfläche der Quecksilberelektrode herrschenden Konzentrationen

$$C_0 = \frac{I_d - i_d}{2 K D^{\frac{1}{2}}} \quad \text{und} \quad c_0 = \frac{I_d - i_d}{2 K d^{\frac{1}{2}}}, \quad \text{d. i.} \quad \frac{C_0}{c_0} = \sqrt{\frac{d}{D}}.$$

Da $\sqrt{\frac{D}{d}}$ nahe bei 1 liegt, kann man beim Halbstufenpotential die in den beiden Phasen der Elektrodenoberfläche sich einstellenden Konzentrationen als gleich groß betrachten.

Was die Konstante k anbelangt, stammt sie von der NERNSTschen Formel (2) her und kann als Lösungstension des Amalgams bezeichnet werden. Sie steht in einer thermodynamischen Beziehung zu der Lösungstension des reinen Metalls Me, denn wir haben einerseits

$$\pi_{\frac{1}{2}} = -\frac{RT}{nF} \ln k \sqrt{\frac{D}{d}} = -\frac{RT}{nF} \ln k \frac{c_0^*}{C_0^*},$$

wobei c_0^* und C_0^* die beim Halbstufenpotential an der Elektrodenoberfläche herrschenden Konzentrationen bezeichnen, und anderseits

$$\pi_{\mathrm{Me}^\circ} = -\frac{RT}{nF} \ln \frac{P}{C_0^*},$$

wenn das Metall Me in die Lösung der Ionen Me^{n+} von der Konzentration C_0^* taucht. Nun können wir uns eine Zelle vorstellen, deren eine Elektrode die tropfende Amalgamelektrode von einer Konzentration c_0^* und die andere das Metall Me ist, und der gemeinsame Elektrolyt die Me^{n+}-Ionen in einer Konzentration C_0^* enthält. Die E.M.K. dieser Zelle ergibt die Affinität des Metalls Me zum Amalgam von der Konzentration c_0^* und gleicht

$$\pi_{\frac{1}{2}} - \pi_{\mathrm{Me}} = -\frac{RT}{nF} \ln k \frac{c_0^*}{C_0^*} + \frac{RT}{nF} \ln \frac{P}{C_0^*} =$$

$$= \frac{RT}{nF} \ln P - \frac{RT}{nF} \ln k - \frac{RT}{nF} \ln c_0^* = A.$$

Nach den obigen Erörterungen ist bei $\pi_{\frac{1}{2}}$ die Konzentration c_0^* annähernd dieselbe wie C_0^*; setzen wir $c_0^* = C_0^* = 1$, wird in unserer Zelle das Elektrodenpotential des Metalles π_{Me} zum „Normal-Potential" (N. P.) und wir bekommen die einfache Beziehung

$$A = \pi_{\frac{1}{2}} - \text{N. P.} = \frac{RT}{nF} \ln \frac{P}{k}, \tag{13}$$

welche besagt, daß der Unterschied zwischen dem Halbstufenpotential der Ionen und dem Normalpotential des betreffenden Metalls die Affinität des Amalgamierungsvorganges zur 1-mol-Konzentration des Amalgams angibt.

Dazu soll bemerkt werden, daß in Wirklichkeit eine so hohe Amalgamkonzentration wie 1 Mol in manchen Fällen wegen der beschränkten Löslichkeit der Amalgame in Quecksilber nicht erreicht werden kann. Dann soll die Konzentration $c_0^* = C_0^*$ der Löslichkeit des Metalls im Quecksilber, also der Konzentration S des gesättigten Amalgams gleichgesetzt werden und der Ausdruck

$$A = \pi_{\frac{1}{2}} - \text{N. P.} + \frac{RT}{nF} \ln S$$

für die Affinität des Metalls zum gesättigten Amalgam benutzt werden. Um aus den reellen Konzentrationen der sich an der tropfenden Quecksilberkathode bildenden Amalgame richtige Vorstellungen über Affinitätsgrößen abzuleiten, ist es zweckmäßig, c_0^* gleich einer 0,001-mol-Konzentration zu wählen und somit die Affinität A in bezug auf eine millimolare Amalgamkonzentration auszudrücken. Die Formel lautet dann

$$A = \pi_{\frac{1}{2}} - \text{N. P.} + \frac{0{,}058 \times 3}{n} \text{ Volt}$$

(bei Zimmertemperatur).

Die so berechneten Affinitäten sind in der folgenden Tabelle 2 angeordnet.

Tabelle 2.

Kation	$\pi_{1/2}$	N. P.	$-\frac{RT}{nF}\ln 10^3$	A in $V \cdot F$	A in Kal. pro Äquivalent
Li^+	— 2,31	— 3,24	— 0,18	— 2,31 + 3,42 = 1,11	25600
Na^+	— 2,15	— 3,00	— 0,18	— 2,15 + 3,18 = 1,03	23800
K^+	— 2,17	— 3,21	— 0,18	— 2,17 + 3,39 = 1,22	28200
Rb^+	— 2,07	— 3,21	— 0,18	— 2,07 + 3,39 = 1,32	30500
Cs^+	— 2,09	— 3,21	— 0,18	— 2,09 + 3,39 = 1,30	30000
Ca^{2+}	— 2,23	— 3,1	— 0,09	— 2,23 + 3,2 = 1,0	23100
Sr^{2+}	— 2,13	— 3,0	— 0,09	— 2,13 + 3,1 = 1,0	23100
Ba^{2+}	— 1,94	— 3,1	— 0,09	— 1,94 + 3,2 = 1,3	30000
H^+	— 1,60	— 0,28	— 0,18	— 1,60 + 0,46 = — 1,14	—
Fe^{2+}	— 1,33	— 0,72	— 0,09	— 1,33 + 0,81 = — 0,52	—
Zn^{2+}	— 1,06	— 1,05	— 0,09	— 1,06 + 1,14 = 0,08	1850
In^{3+}	— 0,63	— 0,62	— 0,06	— 0,63 + 0,68 = 0,05	1150
Cd^{2+}	— 0,63	— 0,69	— 0,09	— 0,63 + 0,78 = 0,15	3460
Sn^{2+}	— 0,47	— 0,42	— 0,09	— 0,47 + 0,51 = 0,04	925
Pb^{2+}	— 0,46	— 0,41	— 0,09	— 0,46 + 0,50 = 0,04	925
Tl^+	— 0,50	— 0,62	— 0,18	— 0,50 + 0,80 = 0,30	6920
Sb^{3+}	— 0,21	— 0,15	— 0,06	— 0,21 + 0,21 = 0,0	0
Bi^{3+}	— 0,03	— 0,05	— 0,06	— 0,03 + 0,11 = 0,08	1850
Cu^{2+}	— 0,03	+ 0,06	— 0,09	— 0,03 + 0,03 = 0,0	0

Man bemerkt die große Affinität der Metalle der Alkalien und alkalischen Erden zu Quecksilber und die geringe der edleren Metalle. Die Potentialbestimmungen der verdünnten Amalgame stehen mit diesen Ergebnissen im Einklang. In der Tabelle treten zwei bedeutungsvolle Ausnahmen hervor, nämlich bei Wasserstoff und Eisen, deren Affinitäten zu Quecksilber negativ ausfallen. Bei Wasserstoff ist diese Anomalie durch die Irreversibilität des Elektrodenvorganges — der bekannten Überspannung — verständlich; bei Eisen handelt es sich um eine hochaktive Form der frisch abgeschiedenen Atome, welche Erscheinung später noch erörtert wird.

Die Unabhängigkeit der Halbstufenpotentiale von der Konzentration setzt volle Aktivität sowohl der Ionen in der Lösung wie der Atome im Amalgam, d. i. beide Aktivitätskoeffizienten gleich 1, voraus. Obzwar dies nicht genau der Fall ist, können wir doch bei den Rechnungen mit den Halbstufenpotentialen von den Aktivitätskoeffizienten absehen, denn diese Koeffizienten

(α, α') sollen sowohl im Zähler wie im Nenner in der Formel

$$\pi_{\frac{1}{2}} = -\frac{R\,T}{n\,F} \ln k \frac{c_0{}^* \alpha'}{C_0{}^* \alpha}$$

erscheinen. Da deren Änderung mit der Konzentration in beiden Phasen etwa die gleiche ist, heben sich diese Werte im Bruch größtenteils auf, so daß die Regel der Konstanz der Halbstufenpotentiale aufrechterhalten bleibt. Dabei sei bemerkt, daß es prinzipiell selbstverständlich richtiger wäre, statt den Konzentrationen die Aktivitäten in die Formeln einzuführen, wie dies M. v. STACKELBERG (*555, 631*) und J. J. LINGANE (*530*) tun, jedoch handelt es sich bei den Grundbegriffen und praktischen Anwendungen, die in diesem Buche hauptsächlich beschrieben werden, nur um analytische Konzentrationen, für deren Bestimmungen die Lehre der elektrolytischen Dissoziation ohne Aktivitätskoeffizienten ausreicht. Das Potential der halben Stufe ist bei weitem nicht das einzige, welches von der Konzentration und den Eigenschaften der Kapillaren unabhängig ist. Nach J. TOMEŠ (*377*) behält jeder Bruchteil der Stufe sein Potential gerade so unabhängig konstant, wie dies bei der halben Stufe der Fall ist. Es sei z. B. der $\frac{1}{p}$-Teil der Stufe gewählt, bei welchem also $i = \frac{i_d}{p}$ ist. Um kompliziertere mathematische Ausdrücke zu vermeiden, benutzen wir die einfachere Gleichung (6) der Stufe, also

$$\pi = -\frac{R\,T}{n\,F} \ln K \frac{i}{i_d - i}.$$

Durch Einsetzen von $i = \frac{i_d}{p}$ erhalten wir für den $\frac{1}{p}$-Teil der Stufe das Potential

$$\pi_{\frac{1}{p}} = -\frac{R\,T}{n\,F} \ln K \frac{1}{p-1},$$

also wiederum einen konstanten Wert. Deswegen ist auch der Unterschied der Potentiale eines $\frac{1}{p}$-ten und eines $\frac{1}{q}$-ten Teiles der Stufe konstant und von der Höhe der Stufe, d. i. von der Konzentration des Depolarisators, unabhängig. Zum Beispiel beträgt der Unterschied zwischen den Potentialen der Halbstufe und Viertelstufe immer

$$\pi_{\frac{1}{2}} - \pi_{\frac{1}{4}} = -\frac{R\,T}{n\,F} \ln K + \frac{R\,T}{n\,F} \ln K \cdot \frac{1}{3} = -\frac{R\,T}{n\,F} \ln 3.$$

Diese geometrischen Beziehungen sind in Abb. 14 veranschaulicht, wo auch die durch die 45°-Tangente bestimmten „Abscheidungspotentiale" eingezeichnet sind. Man bemerkt, daß sich die letztgenannten Potentiale mit der Verdünnung zu negativen Werten verschieben.

Obzwar das Potential des im allgemeinen $\frac{1}{p}$-Teiles der Stufe unabhängig von der Größe der Stufe ist, wählen wir für den charakteristischen Punkt der Stufe immer nur das Halbstufenpotential, denn es bietet gegenüber den anderen $\frac{1}{p}$-Werten den großen Vorteil, daß es zugleich den Inflexionspunkt und den Punkt der Symmetrie der Stufe bildet und deswegen leicht zu finden ist. Aus der Abb. 14 ersieht man auch, daß das Halbstufenpotential demjenigen Punkt der Stromspannungskurve entspricht, bei welchem — sei es durch Herabsetzung der Galvanometerempfindlichkeit oder durch Verdünnung der Lösung — die Stufe verschwindend klein wird.

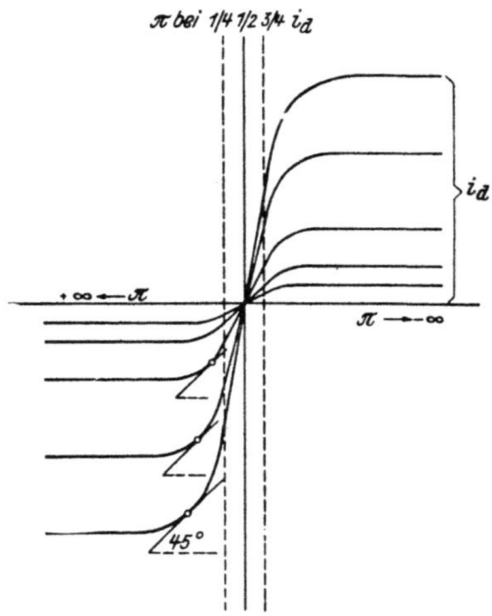

Abb. 14. Bei verschiedenen Konzentrationen des Depolarisators oder bei verschiedenen Empfindlichkeiten erhaltene Stufen. Die Verschiebung des Tangentialpunktes bei 45° entlang der Potentialachse wird hervorgehoben.

Die Konstanz der Halbstufenpotentialwerte wurde wiederholt experimentellen Untersuchungen unterworfen. So überzeugten sich J. Heyrovský und D. Ilkovič (*244*) durch ähnliche Polarogramme, wie das in Abb. 7 wiedergegebene, da $\pi_{\frac{1}{2}}$ von der Konzentration, Empfindlichkeit, Tropfgeschwindigkeit und Tropfengröße unabhängig sind. J. J. Lingane (*522*) konnte nachweisen, daß auch der Zusatzelektrolyt, solange er im Überschuß bleibt, die Lage des Halbstufenpotentials nicht ändert; J. Klumpar (*520*) kontrollierte die $\pi_{\frac{1}{2}}$-Werte für Tl^+ und Cu^{2+}. J. Tomeš (*377*) untersuchte die Konstanz auch der anderen $1/p$-Stufenpotentiale und fand ihre Werte im besten Einklang mit denen aus Gleichung (6) folgenden. Endlich fanden J. Heyrovský und M. Kalousek (*508*) die durch Gleichung (11) gegebene

Kurve in den mit verdünnten Amalgamen erhaltenen Stromspannungskurven wieder.

In allen bisher angegebenen Fällen wurden nur freie Ionen Me^{n+} in Betracht gezogen. Wenn diese Ionen im Komplex gebunden sind, muß zu ihrer Abscheidung eine größere Kraft angewendet werden, was bei entsprechend negativerem Potential eintritt. Es entsteht also eine Verschiebung der Stufe an der Stromspannungskurve, wenn die tropfende Quecksilberelektrode in der Lösung eines komplexen Salzes des Metalls Me polarisiert wird. Wir wollen nun die Größe dieser Verschiebung berechnen. Am einfachsten läßt sich die Verschiebung bei den Abscheidungspotentialen ausdrücken. Das komplexbildende Anion soll durch X^{m-} und die Anzahl der Anionen im Komplex durch p bezeichnet werden, so daß die Reaktionsgleichung

$$\mathrm{Me}^{n+} + p\,X^{m-} = \mathrm{Me}\,X_p^{(mp-n)-}$$

lautet. Die Gleichgewichtskonstante dieser Reaktion ist dann

$$K' = \frac{\left[\mathrm{Me}\,X_p^{(mp-n)-}\right]}{\left[\mathrm{Me}^{n+}\right] \cdot \left[X^{m-}\right]^p}$$

woraus sich die Konzentration der freien Ionen als

$$[\mathrm{Me}^{n+}] = \frac{\left[\mathrm{Me}\,X_p^{(mp-n)-}\right]}{K' \cdot \left[X^{m-}\right]^p}$$

ergibt. Dieser Wert ist als $[\mathrm{Me}^{n+}]_2$ in Gleichung (5) für die Verschiebung der Abscheidungspotentiale einzusetzen. Wir erhalten somit

$$\pi_1 - \pi_2 = \frac{R\,T}{n\,F} \ln K' \cdot \frac{\left[\mathrm{Me}^{n+}\right]_1 \left[X^{m-}\right]^p}{\left[\mathrm{Me}\,X_p^{(mp-n)-}\right]}.$$

Wenn nach Zusatz eines Überschusses an komplexbildenden Anionen praktisch alle freien Kationen im Komplex gebunden sind, so daß

$$\left[\mathrm{Me}\,X_p^{(mp-n)-}\right] = \left[\mathrm{Me}^{n+}\right]_1,$$

so ergibt sich für die Verschiebung die Beziehung

$$\pi_1 - \pi_2 = \frac{R\,T}{n\,F} \ln K' + \frac{R\,T}{n\,F} \ln \left[X^{m-}\right]^p,$$

welche sich noch vereinfacht, wenn man experimentell $[X^{m-}] = 1$ wählt. Die Verschiebung der Kurven gibt dann direkt die Affinitätskonstante des Komplexes an. Aus den geometrischen Beziehungen der Stufenform folgt, daß dieselbe Verschiebung auch für die Halbstufenpotentialwerte gilt. Das läßt sich auch aus

Formel (7) ableiten, denn die zur Elektrodenoberfläche hindiffundierenden Teilchen sind in diesem Falle nicht die freien, sondern die komplexen Ionen, so daß sich die Diffusionskonstante D' und die Konzentration C' in dem Ausdruck

$$K \cdot D'^{\frac{1}{2}} \cdot (C' - C_0') = i = K \cdot d^{\frac{1}{2}} \cdot c_0$$

auf den Komplex bezieht. Durch Einsetzen in Gleichung (2) erhalten wir

$$\pi_{\frac{1}{2}} = -\frac{R\,T}{n\,F} \ln k \sqrt{\frac{D'}{d}} \frac{\frac{1}{2} K\, D'^{\frac{1}{2}} \cdot C' \cdot K' \left[X^{m-}\right]^p}{K\, D'^{\frac{1}{2}}\, C' - \frac{1}{2} K\, D'^{\frac{1}{2}}\, C'} =$$

$$= -\frac{R\,T}{n\,F} \ln k \sqrt{\frac{D'}{d}}\, K' \cdot [X^{m-}]^p. \qquad (14)$$

Wenn sich also das Metall aus einem Komplex ausscheidet, ist das Halbstufenpotential nicht konstant, sondern hängt von der Konzentration des komplexbildenden Anions ab. In der Ableitung der Formel (14) wurde die an der Elektrode herrschende Konzentration der Anionen $[X^{m-}]_0$ gleich $[X^{m-}]$ gesetzt, was nur beim Überschuß der Anionen X^{m-} zulässig ist; sonst sind die an der Tropfenoberfläche frei werdenden Anionen in Betracht zu ziehen, was nach J. Tomeš (*378*) zu einer geänderten Stufenform führt.

Die Formel betreffend die Verschiebung der Abscheidungspotentiale wurde zuerst von H. Kadlcová und J. Heyrovský (*3*, *6*) an alkalischen Plumbooxydlösungen überprüft und im völligen Einklang mit den Potentialdifferenzen der Konzentrationsketten mit festen Elektroden gefunden. Später wurde diese Formel von J. Smrž (*23*) zum Bestimmen der Komplexkonstante der Stannite, von M. Dobryszycki (*74*) bei den Ammoniakaten des Kadmium und Zinks, von I. Pines (*65*) bei den Cyanidlösungen von Kadmium benutzt. In allen diesen Fällen wurde nicht nur die Konstante K', sondern auch der stoechiometrische Faktor p berechnet. Die Verschiebungen der Halbstufenpotentiale wurden von M. v. Stackelberg und H. v. Freyhold (*631*) kritisch untersucht, indem die Reversibilitätsbedingung durch das Erzielen einer glatten anodisch-kathodischen Stufe (wie in Abb. 13) geprüft wurde. So fanden die genannten Autoren, daß die Zinkabscheidung aus alkalischen Zinkaten kein reversibler Vorgang ist und daß sich die Verschiebungen des $\pi_{\frac{1}{2}}$-Wertes daher zur Berechnung der Gleichgewichtskonstante nicht eignen. Dagegen für Eisenoxalat-, Kupferammoniak- und Kupfer-I-Chlorid-Komplexe fanden sie die Reversibilitätsbedingung erfüllt und die berechneten Konstanten bestätigt. J. HEYROVSKÝ und M. KALOUSEK (*508*) erhielten eine einheitliche anodisch-kathodische Stufe des Bleiamalgams in Lösungen sowohl von freien Pb^{2+}-Ionen wie von Bleizitraten und alkalischen Plumbiten.

Wir wollen zunächst die Elektrodenvorgänge der zweiten Hauptgruppe der Redoxsysteme mathematisch ausdrücken. Diese Gleichgewichtssysteme zeichnen sich dadurch aus, daß der Stoff sowohl der höheren wie der tieferen Oxydationsstufe in der Lösung anwesend ist. Die Reaktionsgleichung sei

$$\mathrm{Oxy} + n \ominus \rightleftarrows \mathrm{Red}$$

und Konzentrationen der beiden Stoffe in der Lösung [Oxy] und [Red]. An der Elektrodenoberfläche werden beim Stromdurchgang die Konzentrationen $[\mathrm{Oxy}]_0$ und $[\mathrm{Red}]_0$ aufrechterhalten, so daß nach der PETERSschen Formel (9) der tropfenden Quecksilberelektrode das Potential

$$\pi_k = \pi_0 - \frac{R\,T}{n\,F} \ln \frac{[\mathrm{Red}]_0}{[\mathrm{Oxy}]_0}$$

erteilt wird.

π_0 ist das bekannte „normale Redoxpotential". Wieder, so wie im vorigen Falle, werden während des Stromdurchganges von einer Stromstärke i die nach der obigen Reaktionsgleichung umgesetzten Teilchen an der Elektrode durch Diffusion ersetzt; zugleich diffundiert dieselbe Anzahl der umgesetzten Teilchen von der Elektrodenoberfläche fort. Der einzige Unterschied gegenüber den Elektrodenreaktionen der ersten Hauptgruppe liegt darin, daß die Elektrodenprodukte nicht in das Innere des Quecksilbers — wie bei den Amalgamen —, sondern in das Innere der Lösung abdiffundieren. Es gilt also

$$i = 0{,}627\, n F\, ([\mathrm{Oxy}] - [\mathrm{Oxy}]_0)\, D^{\frac{1}{2}} \cdot m^{\frac{2}{3}} \cdot t^{\frac{1}{6}} =$$

$$= 0{,}627\, n F\, ([\mathrm{Red}]_0 - [\mathrm{Red}])\, d^{\frac{1}{2}} \cdot m^{\frac{2}{3}} \cdot t^{\frac{1}{6}}.$$

Somit haben wir

$$[\mathrm{Oxy}]_0 = [\mathrm{Oxy}] - \frac{i}{K\,D^{\frac{1}{2}}}$$

und

$$[\mathrm{Red}]_0 = \frac{i}{K\,d^{\frac{1}{2}}} + [\mathrm{Red}].$$

Setzt man diese Werte in die PETERSsche Gleichung ein, so erhält man:

$$\pi_k = \pi_0 - \frac{R\,T}{n\,F} \ln \frac{[\mathrm{Red}] + \dfrac{i}{K\,d^{\frac{1}{2}}}}{[\mathrm{Oxy}] - \dfrac{i}{K\,D^{\frac{1}{2}}}}.$$

Die Bedingungen für die beiden Diffusionsströme, nämlich $[\mathrm{Oxy}]_0 = 0$ und $[\mathrm{Red}]_0 = 0$ ergeben $[\mathrm{Oxy}] = \frac{I_d}{K D^{\frac{1}{2}}}$ und $[\mathrm{Red}] = -\frac{i_d}{K d^{\frac{1}{2}}}$, woraus folgt:

$$\pi_k = \pi_0 - \frac{RT}{nF} \ln \sqrt{\frac{D}{d}} \cdot \frac{i - i_d}{I_d - i},$$

d. h. identisch mit Formel (11). Den Halbstufenpotentialwert erhalten wir, wenn i durch $\frac{i_d + I_d}{2}$ ersetzt wird, zu

$$\pi_{\frac{1}{2}} = \pi_0 - \frac{RT}{nF} \ln \sqrt{\frac{D}{d}}. \tag{15}$$

Da sich die Diffusionskonstanten D und d nur auf die Oxy- und Red-Teilchen in derselben Lösung beziehen und deswegen praktisch dieselbe Größe haben müssen, kann bei den Elektrodenvorgängen der zweiten Hauptgruppe das Verhältnis $\sqrt{\frac{D}{d}}$ mit Recht gleich 1 betrachtet und hiermit die Identität

$$\pi_{\frac{1}{2}} = \pi_0$$

angenommen werden. In der Tat stimmt das Halbstufenpotential mit dem normalen Redoxpotential überein, wie dies z. B. O. H. Müller und J. P. Baumberger (*359*) nachgewiesen haben. Ihre Erörterungen seien hier als belehrendes Beispiel wiederholt. Als Stoffe Oxy und Red dienten Chinon und Hydrochinon nach der Elektrodengleichung

Chinon + 2 H^+ + + 2 ⊖ → Hydrochinon.

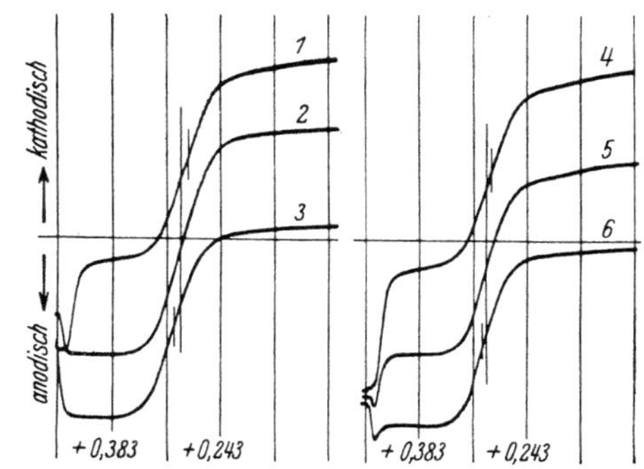

Abb. 15. Anodisch-kathodische Stufen des Redoxsystems Chinon-Hydrochinon unter verschiedenen Verhältnissen der reduzierten Form zur oxydierten.
1 Chinon, *2* Chinhydron, *3* Hydrochinon, *4* Chinon, *5* teilweise hydriertes Chinon, *6* vollkommen reduziertes Chinon. $p_H = 6{,}67$.

Da die Konzentration der Wasserstoffionen in der Lösung entweder durch Überschuß von Säure oder durch Pufferlösung auf der Quecksilberoberfläche konstant gehalten wird, bezieht sich der Diffusionsvorgang nur auf Chinon und Hydrochinon. Ist in der Elektrolytlösung nur Chinon anwesend, erhält man Kurve *1*, Abb. 15, denn die Konzentration [Red] und somit auch der anodische Diffusionsstrom i_d sind in Gleichung (11) gleich Null. Wenn Hydrochinon allein in Elektrolytlösung ist, wird [Oxy] = 0 und $I_d = 0$, somit erhält man Kurve *3*. Bemerkenswert ist die Lage der Stufe, wenn die Lösung Chinhydron enthält. Dann sind in der Lösung gleiche Mengen von Chinon und Hydrochinon vorhanden, so daß [Oxy] = [Red] und $I_d = -i_d$; infolgedessen wird beim Halbstufenpotential $i = 0$. Die Stufe nimmt die durch Kurve *2* angegebene Lage an, bei welcher das Chinon-Hydrochinon-Redoxpotential dem stromlosen Zustande, d. i. dem Eigenpotential der tropfenden Quecksilberelektrode, entspricht. Die tropfende Quecksilberelektrode hält also in einer Chinhydronlösung dasselbe Redoxpotential so wie jede andere unangreifbare Elektrode, wie z. B. die Platinelektrode, aufrecht. Das gleiche Potential ist auch bei den Kurven *1* und *3* beim $\pi_{\frac{1}{2}}$-Wert erreicht. O. H. MÜLLER und J. P. BAUMBERGER haben diese Beziehungen als genau geltend bewiesen und die tropfende Quecksilberelektrode statt der Platinelektrode zur Bestimmung der Chinhydronelektrodenpotentiale vorgeschlagen. Die tropfende Quecksilberelektrode hat gegenüber einer Platin-Chinhydron-Elektrode den Vorteil, daß sie wegen der sich stetig erneuernden Oberfläche keinen Vergiftungserscheinungen unterliegen kann, hat aber den Nachteil, daß sich in sauren Lösungen bei größeren Chloridkonzentrationen am Quecksilber das Potential einer Kalomelelektrode einstellt.

Weitere Übereinstimmungen zwischen den am Platin und an der tropfenden Quecksilberelektrode sich einstellenden Potentialen fanden R. STRUBL (*463*) und M. SPÁLENKA (*553*) bei Titan(III)-, Titan(IV)- und M. KALOUSEK (*515*) bei Chrom(II)-, Chrom(III)-Gleichgewichten; in diesen Systemen erhält man eine glatte anodisch-kathodische Redoxstufe nur im Überschuß eines komplexbildenden Anions, wie des Tartrats oder Zitrats. M. KALOUSEK (l. c.) fand unter ähnlichen Bedingungen auch die reversible Stufe des Kupfer(I)-, Kupfer(II)- und Eisen(II)-, Eisen(III)-Systems. Es besteht daher kein Zweifel, daß sich die tropfende Quecksilberelektrode zu den praktischen Messungen der Redoxpotentiale eignet und diesbezüglich auch Anwendung finden wird. Die als reversible Redoxpotentiale anerkannten Werte der an der tropfenden Quecksilberelektrode verlaufenden Vorgänge sind in Tabelle 4 (S. 204) gesammelt. Indem man das Kapitel über die Bedeutung der Halbstufenpotentiale abschließt, kann man wohl behaupten, daß jeder $\pi_{\frac{1}{2}}$-Wert, welcher sich gemäß einer Oxydation oder Reduktion zum kathodischen oder anodischen Strom unverändert überführen läßt, ein definiertes Redoxpotential vorstellt (S. 148).

Die polarographischen Grenzströme.

Eine Art der polarographischen Grenzströme lernten wir schon in den sogenannten Diffusionsströmen kennen. Diese stellen den Grenzwert vor, welcher bei steigender Konzentration eines indifferenten Elektrolyts, also bei dessen Überschuß erreicht wird und beruhen auf der allein durch Diffusionskräfte bewirkten Zuleitung der depolarisierenden Teilchen zu der Elektrodenoberfläche; die Wanderung der Teilchen durch Bewegung im elektrischen Felde wird durch den indifferenten Elektrolyten zu Null herabgesetzt. Nun wollen wir erwägen, welchen Grenzwert ein Grenzstrom (d. i. der Teil der Stromspannungskurve von konstantem i) erreichen kann, wenn der Zusatzelektrolyt praktisch abwesend ist. In solchem Falle bewegen sich die depolarisierend wirkenden Teilchen je nach ihrer elektrischen Ladung entweder zur oder von der tropfenden Quecksilberelektrode weg, so daß zu ihrer Diffusionsgeschwindigkeit noch die Ionenwanderung hinzutritt. Wenn die tropfende Elektrode als Kathode dient, muß sich die Bewegungsgeschwindigkeit der Kationen durch ihre Wanderungsgeschwindigkeit über die Diffusionsgeschwindigkeit erhöhen. Somit können wir bei Entladungen oder Abscheidungen der Kationen an der tropfenden Quecksilberkathode den ohne Zusatzelektrolyt erhaltenen Grenzstrom i_g als die Summe des Diffusionsstromes i_d und des Wanderungsstromes i_m betrachten. Es gilt also

$$i_g = i_d + i_m.$$

Da kein Zusatzelektrolyt in der Lösung anwesend ist, können wir den durch das Kation zur Elektrodenoberfläche überführten Stromanteil i_m durch die Überführungszahl ν ausdrücken, denn es gilt $i_m = i_g\,(1 - \nu) = i_g\left(1 - \frac{v}{u + v}\right)$, wo u und v die Wanderungsgeschwindigkeiten des Kations und des Anions bezeichnen. Somit haben wir:

$$i_d = i_g - i_m = i_g \cdot \frac{v}{u + v}. \tag{16}$$

J. Heyrovský (*198*) gelangte zu dieser Anschauung angesichts der experimentellen Ergebnisse von I. Šlendyk (*127*), welcher die unterdrückende Wirkung der indifferenten Elektrolyte auf die Höhe des Grenzstromes eingehend untersuchte. Der im Überschusse des indifferenten Elektrolyts erreichte Wert stimmte, namentlich bei Grenzströmen der Wasserstoffionen (s. Abb. 16),

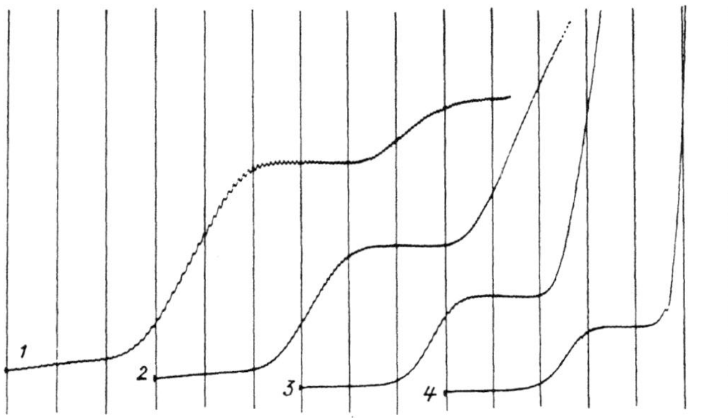

Abb. 16. Erniedrigung des Grenzstromes durch Zugabe eines indifferenten Elektrolyten. Konzentration der Salzsäure: 10^{-3} n. Konzentration des Kaliumchlorids: *1* 10^{-4}n, *2* 10^{-3}n, *3* 10^{-2}n, *4* 10^{-1}n.

mit der von A. EUCKEN gegebenen Formel für Diffusionsströme nicht überein. Gemäß der letztgenannten Formel sollten nämlich alle Diffusionsströme durch Überschuß von Zusatzelektrolyten zur Hälfte erniedrigt werden. Wie aus Abb. 16 ersichtlich ist, erniedrigt sich der Grenzstrom der H^+-Ionen auf etwa ein Viertel, wenn die Konzentration des Zusatzelektrolyts von Null auf 10^{-1}-n-KCl vergrößert wird. In 0,1-n-$BaCl_2$ wurde die Höhe der H^+-Stufe sogar auf ein Sechstel erniedrigt. Nach Formel (16) ist das Verhältnis beider Ströme durch $i_d : i_g = v : (u + v) = \nu$ gegeben und soll daher gleich 1:6 sein, wie

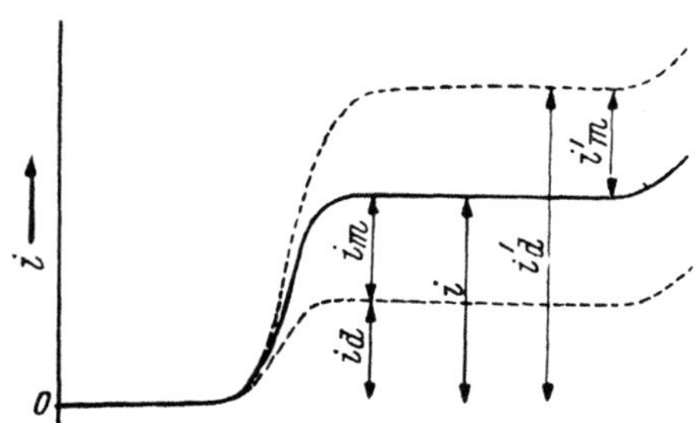

Abb. 17. Ein Kationen-Diffusionsstrom (i_d), ein Anionen-Diffusionsstrom (i_d') und ein Grenzstrom (i) bei kathodischen Vorgängen.

I. ŠLENDYK (*127*) tatsächlich gefunden hat. Da die meisten Elektrolyte die Überführungszahl nahe 0,5 haben, gleicht der Diffusionsstrom etwa der Hälfte des in Abwesenheit eines Zusatzelektrolyts erreichbaren Grenzstromes (s. Abb. 17). Dies wird auch experimentell bestätigt. Bei eingehenden Untersuchungen fanden I. M. KOLTHOFF und J. J. LINGANE (*522*) Abweichungen von den durch die einfache Formel (16) gegebenen Grenzströmen. Sie schreiben diese Unstimmigkeiten dem Umstande zu, daß die Diffusionsgeschwindigkeit in Anwesenheit eines Zusatzelektrolyten zwar durch die Diffusionskonstante des Kations D_i, in Abwesenheit des Zusatzelektrolyts dagegen durch die Diffusionskonstante des reduzierbaren Salzes D_s gegeben ist, da sich die Gegenionen eines Salzes elektrostatisch anziehen und nur gemeinsam diffundieren können. Die genannten Autoren führen deswegen in Formel (16) noch den Faktor $\frac{D_i}{D_s}$ ein. Diese Verbesserung bringt aber auch keine vollständige Übereinstimmung mit den beobachteten, allerdings ziemlich spärlichen Werten. Es machen sich wohl im Überschusse des indifferenten Elektrolyts Einflüsse von Ionenassoziationen und Viskositätsänderungen geltend. Eine noch kompliziertere Formel für $i_d : i_g$, die aber noch weniger genau den Erfahrungen entspricht, hat D. MACGILLAVRY (*335*) abgeleitet. Es sei hier bemerkt, daß Elektrolyte mit höherwertigen Kationen eine stärkere Unterdrückung des Grenzstromes ausüben, wie schon von I. ŠLENDYK (*127*) beim $BaCl_2$-Zusatze beobachtet wurde. M. TOKUOKA und J. RŮŽIČKA (*225*) fanden, daß bei 0,1-n-Konzentrationen von $LaCl_3$, $MgCl_2$ bzw. LiCl die Höhen des Grenzstromes einer 0,01-n-$MnCl_2$-Lösung im Verhältnis 1:1,49:1,59 stehen. Die dreiwertigen Kationen erniedrigen den Grenzstrom also am stärksten. Diese Wertigkeitswirkung, die offenbar mit der bei Nitratreduktion, Wasserstoffüberspannung und bei Adsorptionserscheinungen beobachteten Wirkung der Ionenwertigkeit zusammenhängt, wurde nicht näher untersucht.

Gemäß der Formel $i_g = i_d + i_m$ bringt in Abwesenheit eines Zusatzelektrolyts die Diffusion $\frac{i_g}{F}\,\nu$ Grammäquivalente Kationen pro Sekunde zur Kathodenoberfläche und eine gleiche Anzahl von Gr.-Äq. Anionen, während durch Überführung des Stromes $\frac{i_g}{F}(1 - \nu)$ Gr.-Äq. Kationen zur Kathodenoberfläche wandern und in entgegengesetzter Richtung $\frac{i_g}{F}\,\nu$ Gr.-Äq. Anionen. Pro Sekunde kommen also $\frac{i_g}{F}$ Gr.-Äq. Kationen zur Kathode, die dort abgeschieden werden, und $\left(\frac{i_g}{F}\,\nu - \frac{i_g}{F}\,\nu\right)$ Gr.-Äq. Anionen sollen abwandern, d. h. die Anionen — statisch aufgefaßt — bewegen sich nicht. In der Lösung kann dabei keine Anhäufung der Elektrizität, d. i. kein Potentialunterschied, entstehen. Das einzige

Potentialgefälle in der Lösung ist das elektrische Feld, welches durch das Produkt $i \cdot R$ gegeben ist und die elektrische Überführung der Ionen bewirkt.

Wenn die an der tropfenden Quecksilberkathode reduzierbaren Teilchen Anionen sind, erniedrigt sich der Grenzstrom bei Abwesenheit des Zusatzelektrolyts, denn die Wanderung der depolarisierend wirkenden Teilchen ist der Kathode entgegengesetzt. Den Grenzstrom i_g können wir uns dann als den Unterschied des Diffusionsstromes i_d' und des Wanderungsstromes i_m' vorstellen, so daß

$$i_g = i_d' - i_m'$$

und demgemäß

$$i_g = i_d' - i_g\,\nu, \quad \text{d. h.} \quad i_d' = i_g\,(1 + \nu) = i_g \cdot \frac{u + 2\,v}{u + v}$$

oder

$$\frac{i_d'}{i_g} = \frac{u + 2\,v}{u + v} \tag{17}$$

erhalten wird. Der Einfluß eines Zusatzelektrolyts macht sich hier also durch Erhöhung des Grenzstromes bemerkbar. Da die meisten Ionen Wanderungsgeschwindigkeiten von etwa derselben Größe aufweisen, findet man bei einem Überschuß des indifferenten Elektrolyts ungefähr $i_d' : i_g = 3:2$ (s. Abb. 17). Solche Fälle können an Stromspannungskurven von Lösungen, welche reduzierbare Anionen, wie JO_3', BrO_3', ReO_4', enthalten, beobachtet werden. Eingehender wurde aber Formel (17) nicht überprüft.

Aus der hier erörterten Theorie der Superposition der Diffusions- und Wanderungsströme folgen für die Vorgänge an der tropfenden Quecksilberanode noch zwei den Gleichungen (16) und (17) analoge Formeln:

1. Bei der Oxydation der Anionen, z. B. $Fe(C_2O_4)_3''''$ zu $Fe(C_2O_4)_3'''$ oder Depolarisation durch Anionen wie Cl', Br', CN', wo der Wanderungsstrom i_m' die Anionen der Anode zuführt, gilt

$$i_g = i_d' + i_m' = i_d' + i_g \cdot \frac{v}{u + v},$$

woraus

$$\frac{i_d'}{i_g} = \frac{u}{u + v} \tag{18}$$

folgt, und

2. bei der Oxydation der Kationen, z. B. Cr^{2+} zu Cr^{3+} oder bei der Reduktion von Kationen an der tropfenden Amalgamelektrode, wobei sich diese als Anode betätigt, führt der Wanderungsstrom i_m die Kationen von der Anode weg, und es gilt

$$i_g = i_d - i_m = i_d - i_g \cdot \frac{u}{u + v},$$

woraus sich

$$\frac{i_d}{i_g} = \frac{2u + v}{u + v} \tag{19}$$

ergibt.

Obzwar die Gültigkeit der Formeln (18), (19) zurzeit einer experimentellen Überprüfung noch nicht unterworfen wurde, können wir wohl im allgemeinen behaupten, daß sich der Strom eines depolarisierend wirkenden Ions durch Zugabe eines indifferenten Elektrolyts um etwa 50% erniedrigt, wenn das Ion beim Stromdurchgange zur Elektrode wandert, und um etwa 50% erhöht, wenn sich das Ion in entgegengesetzter Richtung bewegt (s. Abb. 17).

Wenn sich undissoziierte Molekeln, wie z. B. O_2, NO, Aldehyde, Nitrokörper, an der tropfenden Quecksilberelektrode als Depolarisatoren betätigen, gelangen diese ungeladenen Teilchen zur Elektrodenoberfläche bloß durch Diffusion. Die Grenzströme der undissoziierten Molekeln sind deshalb reine Diffusionsströme und bleiben als solche durch Zusatzelektrolyte unbeeinflußt. Experimentell bestätigt sich diese Folgerung vollkommen, wie z. B. aus der Konstanz des Luftsauerstoffstromes (s. Abb. 86) ersichtlich ist. Die Höhe des Diffusionsstromes des Sauerstoffes bleibt bis zu den größten Verdünnungen des anwesenden Elektrolyts konstant und erniedrigt sich nur bei Konzentrationen über 1 n, wahrscheinlich infolge der Herabsetzung der Löslichkeit des Sauerstoffs und wegen der Erhöhung der Viskosität.

Der Wanderungsanteil eines Grenzstromes, i_m, ist durch das Potentialgefälle in der Lösung, also durch $i \cdot R$, gegeben. Jede Vergrößerung dieses Wertes muß eine linear proportionale Erhöhung des Wanderungsstromes zur Folge haben. Davon können wir uns überzeugen, wenn wir durch Zusatz eines Depolarisators die Stromstärke i und dadurch das Produkt $i \cdot R$ vergrößern. Der beigefügte Depolarisator muß aber bei einer kleineren Spannung als der Elektrolyt einen Grenzstrom i' hervorrufen (s. Abb. 18). Wenn der ursprüngliche Grenzstrom i_1 einem sich an der Kathode reduzierenden Kation zugehört, erhöht sich i_1 zu i_2. Diese Erscheinung wurde von W. Kemula (*287*) empirisch entdeckt und

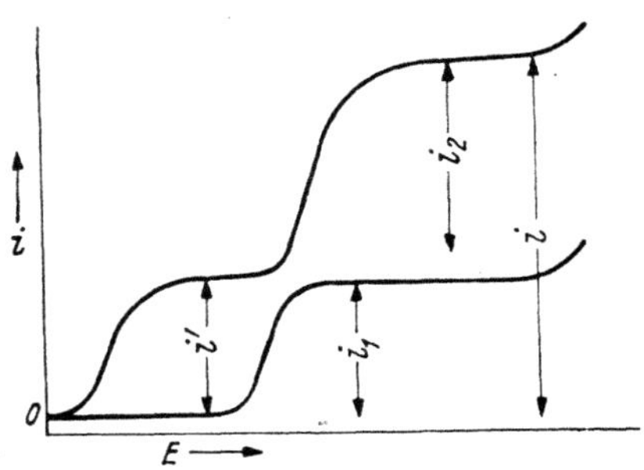

Abb. 18. Eine „Exaltation“ von i_1 auf i_2 bei der Kationenstufe.

die beobachtete Erhöhung des Grenzstromes $i_2 - i_1$ wurde „Exaltation“ benannt. Wenn der ursprüngliche Grenzstrom durch ein sich an der Kathode reduzierendes Anion hervorgerufen wird, vergrößert sich bei einer Erhöhung des $i \cdot R$-Wertes die Wanderungsgeschwindigkeit von der Kathode und es erfolgt eine Verminderung des ursprünglichen Grenzstromes. Auch diese herabsetzende Wirkung wurde experimentell beobachtet, und zwar bei der Reduktion der Nitrate und Nitrite von M. TOKUOKA und J. RŮŽIČKA (*225*). Am besten zeigt sich die oben beschriebene Exaltation, wenn man einen reduzierbaren Nichtelektrolyt als Zusatzstoff wählt, denn hierbei wird der Widerstand der Zelle R nicht vermindert und bloß die Stromstärke i vergrößert. Dieser Fall wurde von J. HEYROVSKÝ und M. BUREŠ (*282*) an Grenzströmen der Alkalimetalle unter Anwendung des Sauerstoffs, also eines depolarisierend wirkenden Nichtelektrolyts, untersucht. Die Verhältnisse waren hier ähnlich wie die in Abb. 18 gezeigten. Es wurde z. B. eine 10^{-4}-n-NaCl-Lösung einmal nach vollständiger Entfernung des Luftsauerstoffes und einmal offen an der Luft polarographisch untersucht. Der Strom i_1 entspricht der Natriumstufe in der sauerstofffreien Lösung und der Strom i_2 der exaltierten Natriumstufe. Wir können nun die Exaltation der Stufe, d. i. den Wert $i_2 - i_1$, berechnen. Nach unserer Auffassung ist

$$i_2 = i_d + i_m = i_d + i \cdot \frac{u}{u+v} = i_d + (i' + i_2)\frac{u}{u+v}$$

$$i_2\left(1 - \frac{u}{u+v}\right) = i_2 \cdot \frac{v}{u+v} = i_d + i' \cdot \frac{u}{u+v}$$

$$i_2 = i_d \cdot \frac{u+v}{v} + i' \cdot \frac{u}{v}.$$

Da aber $i_d = i_1 \cdot \frac{v}{u+v}$, ist $i_1 = i_d \cdot \frac{u+v}{v}$, und die Exaltation ist dann $i_2 - i_1 = i_d \cdot \frac{u+v}{v} - i_d \cdot \frac{u+v}{v} + i' \cdot \frac{u}{v}$. Somit ist die Exaltation

$$E = i' \cdot \frac{u}{v} = i_{0_2} \cdot \frac{1-\nu}{\nu} \tag{17}$$

wenn wir den Diffusionsstrom des Sauerstoffes als i_{0_2} bezeichnen. Die Exaltation ist hier also von der Konzentration des Salzes unabhängig. Wenn daher die Konzentration von NaCl sich Null nähert und also i_1 zu vernachlässigen ist, bleibt i_2, d. i. die Natriumstufe, in der gleichen Höhe aufrechterhalten. Dieses anscheinend paradoxe Ergebnis erklärt sich durch das mit der Verdünnung stark ansteigende Potentialgefälle in der Lösung, welches dem Na^+-Ion große Wanderungsgeschwindigkeiten erteilt. So ist z. B. bei einer 10^{-4}-n-NaCl-Lösung der Widerstand R etwa 100000 Ω und der von der Anwesenheit des Elektrolyts unabhängige Wert des Luftsauerstoffstromes etwa 10^{-5} A; der Potentialabfall ist also etwa 1 V. Bei zehnfacher Verdünnung steigt R zu 1000000 Ω, i_{0_2} bleibt aber stets 10^{-5} A; $i \cdot R$ wird dann 10 V. J. HEYROVSKÝ und M. BUREŠ haben die theoretisch abgeleitete Formel (17) experimentell nachgeprüft und eine genügende Übereinstimmung gefunden. Namentlich untersuchten sie das

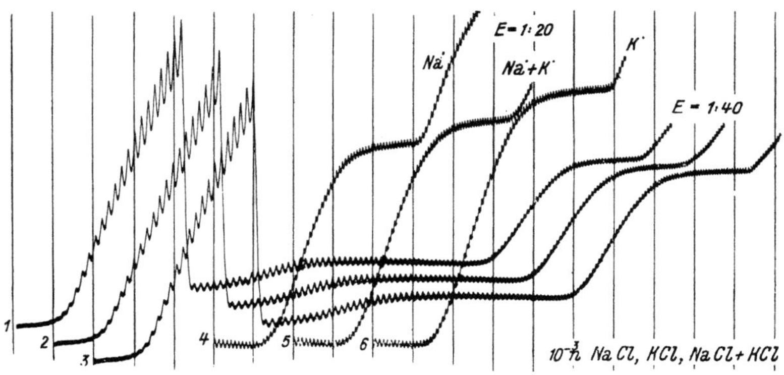

Abb. 19. „Exaltierte" Stufen der Alkalimetalle. Kurve *1* einer 0,001-n-NaCl-Lösung, Kurve *2* eines Gemisches von 0,001-n-NaCl und 0,001-n-KCl, Kurve *3* einer 0,001-n-KCl-Lösung, offen an der Luft aufgenommen. Empf. 1:40. Kurven *4, 5, 6* sind von 2-V-Spannung an mit Empf. 1:20 aufgenommen. 4-V-Akkum.

Verhältnis $\frac{E}{i_{0_2}} = \frac{u}{v}$, um die Wanderungsgeschwindigkeiten der Na^+- und K^+-Ionen unterscheiden zu können (Abb. 19). Es gilt nämlich für die Exaltationen bei K^+-Ionen E_K und bei Na^+-Ionen E_{Na} mit gleichen Anionen das Verhältnis $E_K : E_{Na} = u_K : u_{Na}$, welches gleich 65,4:43,2 sein soll. Tatsächlich wurde dieses Verhältnis auch experimentell festgestellt. I. M. KOLTHOFF und J. J. LINGANE haben die Exaltation in einer 10^{-3}-n-NaCl-Lösung, die an reinem Sauerstoff gesättigt wurde, gemessen und der berechneten sehr nahe gefunden; jedoch betonten sie, daß die von der Kathode abwandernden Anionen nicht allein die in der Lösung anwesenden Chloridionen, sondern vielmehr die sich an der Kathode durch Sauerstoffreduktion bildenden Hydroxylionen sind, deren Wanderungsgeschwindigkeit als v einzusetzen wäre. Dieselbe Berichtigung schlägt M. v. STACKELBERG (*555*) vor.

Der Einfluß des Widerstandes bei den Stromspannungskurven.

Im vorangehenden Kapitel wurde der große Einfluß des Produktes $i \cdot R$, d. i. des Potentialabfalles, in der Lösung zwischen den Elektroden hervorgehoben. Wir wollen jetzt im allgemeinen solche Fälle erörtern, in welchen das Produkt $i \cdot R$ nicht vernachlässigt werden kann. Die Gleichung der Stromspannungskurve muß dann nach (1) $P = E - i \cdot R$ lauten und, wenn $P = \pi_A - \pi_k$ und $\pi_A = 0$ gesetzt wird, bekommen wir $\pi_k = -E + i \cdot R$.

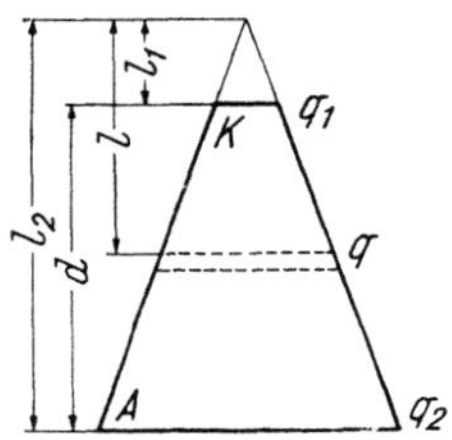

Abb. 20.

Es handelt sich in erster Reihe um die Ableitung des Widerstandes der Zelle R. D. ILKOVIČ (*144*) berechnet diesen Widerstand folgendermaßen (s. Abb. 20): Die elektrolytische Zelle stellen wir uns als ein konisches Gefäß vor, dessen höhere kleinere Mündung die kleine, polarisierbare Elektrode K und dessen große Bodenfläche die unpolarisierbare Elektrode A bedeckt. Die Elektrodenoberflächen seien q_1 und q_2. Nach Abb. 20 ist dann der Widerstand der Zelle $R = \int_{l_1}^{l_2} \frac{\varrho\, dl}{q}$, wo ϱ den spezifischen Widerstand des Elektrolyts bezeichnet. Da aber $q : q_2 = l^2 : l_2^2$ und $q_1 : q_2 = l_1^2 : l_2^2$ ist, erhalten wir

$$R = \int_{l_1}^{l_2} \varrho \frac{l_2^2}{q_2 l^2} \cdot dl = \frac{\varrho\, l_2^2}{q_2} \left(\frac{1}{l_1} - \frac{1}{l_2} \right).$$

Wenn wir $l_2 - l_1$ als d bezeichnen, vereinfacht sich die Formel für den Widerstand der Zelle zu

$$R = \frac{\varrho \cdot d}{\sqrt{q_1 \cdot q_2}}. \tag{18}$$

In der polarographischen Anordnung nimmt die Elektrode q_1 die kugelförmige Oberfläche der tropfenden Quecksilberelektrode an, deren Ausmaß gegen die zweite Elektrode sehr klein ist. Um einen solchen Widerstand zu berechnen, ist es zweckmäßig, die in Abb. 20 angegebene Zeichnung zu Hilfe zu nehmen. Dabei stellt man sich die beiden Elektroden als kugelförmig vor, so daß sich die kleine Elektrode in der Mitte der großen Elektrode befindet und der Zwischenraum mit dem Elektrolyt gefüllt ist. Dann ist

$$R = \int_{r_1}^{r_2} \varrho \frac{dr}{q}, \text{ wo } q = 4\pi r^2.$$

Es folgt

$$R = \int_{r_1}^{r_2} \varrho \frac{dr}{4\pi r^2} = \frac{\varrho}{4\pi}\left(\frac{1}{r_1} - \frac{1}{r_2}\right).$$

Da aber r_2 viel größer als r_1 ist, kann $\frac{1}{r_2}$ vernachlässigt werden und es folgt

$$R = \frac{\varrho}{4\pi r_1}.$$

Zu derselben Formel kommt man auch aus Formel (18) durch Einsetzen von $q_1 = 4\pi r_1^2$, $q_2 = 4\pi r_2^2$ und $d = r_2 - r_1$. Man erhält $R = \varrho \frac{r_2 - r_1}{4\pi r_1 r_2}$; da aber r_1 gegen r_2 sehr klein ist, folgt wieder $R = \frac{\varrho}{4\pi r_1}$. Aus beiden Arten von Berechnungen des elektrolytischen Widerstandes der Zelle ersieht man, daß — wenn die zweite Elektrode genügend groß ist und der Durchmesser der großen Elektrode etwa ihrer Entfernung von der kleinen gleicht — der Widerstand nur vom spezifischen Widerstand der Lösung und von der Tropfengröße abhängt. Der ganze Widerstand der Zelle steckt — wie auch die Polarisation — hier wiederum nur in der Oberfläche der tropfenden Quecksilberelektrode.

Sind die geometrischen Verhältnisse der elektrolytischen Zelle im oben angegebenen Sinne nicht zu vernachlässigen, gilt Formel (18), welche — je nach der Anordnung der großen Elektrode — $R = \frac{\varrho}{r_1} \cdot K$ geschrieben sein kann, wobei K einen geometrischen Koeffizienten vorstellt.

Der Widerstand der Zelle ändert sich also in jedem Moment entsprechend dem Radius des Quecksilbertropfens. Da die Ausströmungsgeschwindigkeit des Quecksilbers aus der Mündung der Kapillare konstant ist, wächst der Tropfen linear mit der Zeit τ und demgemäß sein Radius r_1 mit der Drittelpotenz der Zeit. Wir haben dann $r_1 = k \cdot \tau^{\frac{1}{3}}$. So gelangen wir zur Formel

$$R = \frac{\varrho \cdot K'}{{}_{1}},$$

welche den Widerstand für jeden Moment der Zeit des Anwachsens des Tropfens angibt. Da wir aber in der gewöhnlichen polarographischen Anordnung nur die mittlere Stromstärke messen, müssen wir dementsprechend auch den mittleren Widerstand R_m in Betracht ziehen. Diesen können wir aus der mittleren Stromstärke i mittels des OHMschen Gesetzes $i = E/R_m$ ableiten. Von der mittleren Stromstärke gilt nämlich, wenn die Tropfzeit durch t bezeichnet wird,

$$i = \frac{1}{t}\int\limits_{\tau=0}^{\tau=t} \frac{E}{R}\, d\tau = \frac{1}{t}\int\limits_{\tau=0}^{\tau=t} E \cdot \frac{\tau^{\frac{1}{3}}}{\varrho \cdot K'}\, d\tau = \frac{E}{t \cdot \varrho \cdot K'} \cdot \frac{3}{4}\, t^{\frac{4}{3}} = E \cdot \frac{3}{4}\, \frac{t^{\frac{1}{3}}}{\varrho \cdot K'}\,.$$

Da $R_m = \frac{E}{i}$, folgt $\quad R_m = \frac{4}{3} \cdot \frac{\varrho \cdot K'}{t^{\frac{1}{3}}}$;

dagegen wäre im letzten Moment, unmittelbar vor dem Abtropfen, der Widerstand $R = \frac{\varrho \cdot K'}{t^{\frac{1}{3}}}$, welcher den kleinsten Wert R_k des Widerstandes während des Anwachsens des Tropfens vorstellt.

Somit gilt

$$R_m = \frac{4}{3}\, R_k \tag{19}$$

oder mit Worten ausgedrückt: Der mittlere Widerstand der Zelle während des Tropfens ist gleich $^4/_3$ des kleinsten Widerstandes, d. h. desjenigen, welcher knapp vor dem Abtropfen erreicht ist. D. ILKOVIČ *(144)* hat diese Beziehung experimentell bestätigt. Derselbe Autor hat auch eine Berechnung des mittleren Widerstandes aus der Richtung des Stromanstieges an der Stromspannungskurve abgeleitet. Dazu geht man von der Grundgleichung $E = i \cdot R_m - P$ aus und differenziert nach i:

$$\frac{dE}{di} = R_m - \frac{dP}{di}.$$

Im Falle, daß $\frac{dP}{di}$ Null ist, d. i. wenn die tropfende Quecksilberelektrode unpolarisierbar ist, soll die Richtungskonstante $\frac{di}{dE}$ gleich dem reziproken Werte des mittleren Widerstandes, also gleich der Leitfähigkeit der Zelle sein. Das ist z. B. der Fall bei der kathodischen Polarisation der tropfenden Quecksilberelektrode in einer konzentrierteren Mercuronitratlösung. In konzentrierteren Lösungen von Depolarisatoren, deren Elektrodenvorgang der NERNSTschen (2) oder PETERSschen (9) Gleichung gehorcht — die also reversibel verlaufen —, kann die Grundgleichung als

$$E = i \cdot R_m + \frac{R\,T}{n\,F} \ln \frac{k \cdot i}{C_0}$$

geschrieben werden. Für die reziproke Richtungskonstante ergibt sich

$$\frac{d\,E}{d\,i} = R_m + \frac{R\,T}{n\,F} \cdot \frac{1}{i} - \frac{R\,T}{n\,F} \cdot \frac{1}{C_0} \cdot \frac{d\,C_0}{d\,i}.$$

Hier bedeutet C_0 die Konzentration des Depolarisators dicht an der polarisierten Elektrode; diese unterscheidet sich in konzentrierten Lösungen des Depolarisators auch bei höheren Stromdichten von der im Inneren der Lösung herrschenden Konzentration C nur wenig. Deswegen können wir das letzte Glied mit $\frac{d\,C_0}{d\,i}$ vernachlässigen. Der Quotient $\frac{d\,E}{d\,i}$ nähert sich bei größeren Stromstärken dem Werte R_m, da $\frac{R\,T}{n\,F} \cdot \frac{1}{i}$ klein wird; die Richtungskonstante $\frac{d\,i}{d\,E}$ gibt also bei größeren Stromstärken und Konzentrationen annähernd die Leitfähigkeit der Zelle an. Dies zeigt sich namentlich an den ansteigenden Ästen der Maxima der Stromspannungskurven (Abb. 74), wenn die Konzentration C durch Adsorption auch dicht an der Elektrode aufrechterhalten wird (s. weiter, Kap. VI). D. Ilkovič konnte aus der Richtungskonstante in solchen Fällen den experimentell direkt ermessenen Widerstand übereinstimmend berechnen.

Die Tangente beim Halbstufenpotential ist auch eine Funktion der Leitfähigkeit der elektrolytischen Zelle. Aus der Gleichung der Stufe

$$E = i \cdot R_m + \frac{R\,T}{n\,F} \ln \frac{i_d - i}{i}$$

bekommen wir den betreffenden Quotienten als

$$\frac{d\,E}{d\,i} = R_m + \frac{R\,T}{n\,F} \cdot \frac{i_d}{i\,(i_d - i)},$$

welcher beim Halbstufenpotential, wo $i = \frac{i_d}{2}$, zu

$$\frac{d\,E}{d\,i} = R_m + \frac{R\,T}{n\,F} \cdot \frac{4}{i_d}$$

wird.*)

Der Grenzwert des Quotienten $\frac{d\,E}{d\,i}$, wenn i_d groß wird, ist R_m.

*) Beim Überschuß von indifferenten Elektrolyten, wenn $R_m = 0$, gilt $d\,E/d\,i = \frac{4\,RT}{n\,F} / i_d$. Man kann daher — nach M. v. Stackelberg (*555*) — n leicht aus der Stufenform ableiten, wenn man denjenigen Abszissenabschnitt der Tangente beim Halbstufenpotential, welcher der Stufenhöhe i_d zugehört, in mV abliest; für $n = 1$ ist dieser gleich $4\,RT/F$, d. i. 100,7 mV.

Daher ist die Richtungskonstante beim Halbstufenpotential $\frac{di}{dE}$ bei großen Stromstärken, d. i. bei den höchsten Stufen, gleich der Leitfähigkeit $\frac{1}{R_m}$. Bei den kleinsten Stufen, also wenn i_d zu Null konvergiert, wächst $\frac{dE}{di}$ zu ∞ und daher neigt die Richtungskonstante $\frac{di}{dE}$ zu Null.

In den Ableitungen der Gleichungen der Stromspannungskurven wurde das Produkt $i \cdot R$ vernachlässigt. Dadurch erhielt man die Strompotentialkurven in der allgemeinen Form $\pi_k = -E = f(i)$. Wenn aber das Produkt $i \cdot R$, sei es durch erniedrigte Galvanometerempfindlichkeit oder durch hohen Widerstand nicht mehr zu vernachlässigen ist, kann man die polarographisch erhaltenen Stromspannungskurven nicht mehr als Strompotentialkurven ansehen, denn ihre allgemeine Gleichung ist nun $\pi_k = i \cdot R - E = i \cdot R + f(i)$; die Werte von π_k sind hier um $i \cdot R$ positiver, als durch die Spannung an der Abszisse angegeben ist. So lautet z. B. die Stufengleichung (11) im allgemeinen

$$\pi_k = -\frac{RT}{nF} \ln k \sqrt{\frac{D}{d}} \cdot \frac{i - i_d}{I_d - i} + i \cdot R.$$

Es werden also die mit kleinen Galvanometerempfindlichkeiten oder bei großem Widerstande der Zelle erhaltenen Stromspannungskurven um den Wert $i \cdot R$ nach der Abszisse in die Länge gezogen.

Die Werte $i \cdot R$, d. i. das Potentialgefälle in der Lösung, können, wie oben bemerkt wurde, bei Empfindlichkeiten von etwa 10^{-7} A pro Millimeter und bei 10^{-4}-n-Elektrolytenkonzentration 1 V erreichen und steigen mit der Verdünnung des Elektrolyts an. Wenn man von den Spannungen an der Abszissenachse der Stromspannungskurve die Potentiale bestimmt, ist es erforderlich, immer die Korrektion $+ i \cdot R$ durchzuführen.

Aus dem Ausdruck für den elektrolytischen Widerstand der tropfenden Quecksilberelektrode folgert auch, daß der Höchstwert des Spannungsabfalles in der elektrolytischen Zelle, wenn als Depolarisator ein starker Elektrolyt dient, von der Konzentration unabhängig und für jeden Elektrolyt oder auch deren Gemisch ungefähr der gleiche ist.

Nach Formel (16) gilt nämlich für den Grenzstrom $i_g = \frac{u + v}{v} \cdot i_d$, wobei der Diffusionsstrom i_d gemäß Formel (7) gleich $0{,}627\, n F C D^{\frac{1}{2}} m^{\frac{2}{3}} t^{\frac{1}{6}}$ ist.

Dann berechnet sich der Spannungsabfall $i_g \cdot R$ zu $i_g \cdot R = i_g \cdot \frac{4}{3} \cdot \frac{\varrho}{4 \pi r}$, wo r den größten Radius des Tropfens bezeichnet.

Nun ist aber nach S. 23 $r = \frac{m^{\frac{1}{3}} t^{\frac{1}{3}}}{\sqrt[3]{\frac{4}{3}\pi \cdot 13{,}6}}$, wo m die Ausströmungsgeschwindigkeit des Quecksilbers und t die Tropfzeit bezeichnet. Somit wird der Spannungsabfall

$$i_g \cdot R = \frac{u+v}{v} \cdot 0{,}627 \cdot n \cdot F \cdot C \cdot D^{\frac{1}{2}} m^{\frac{2}{3}} t^{\frac{1}{6}} \cdot \frac{4}{3} \varrho \frac{\sqrt[3]{\frac{4}{3}\pi \cdot 13{,}6}}{4\pi m^{\frac{1}{3}} t^{\frac{1}{3}}}.$$

Da aber die molekulare Leitfähigkeit λ durch $\frac{1000}{C \cdot \varrho}$ definiert ist und $n(u+v) \cdot F$ gleich ist, folgt $\varrho = \frac{1000}{(u+v)n \cdot F \cdot C}$ und wir erhalten $i_g \cdot R = \frac{1000}{v} \cdot 0{,}627 \cdot D^{\frac{1}{2}} \cdot \frac{m^{\frac{1}{3}}}{t^{\frac{1}{6}}} \cdot \frac{\sqrt[3]{\frac{4}{3}\pi \cdot 13{,}6}}{3\pi}$. Bei derselben Kapillare unter konstant gehaltenem Druck ist $i_g \cdot R = \frac{D^{\frac{1}{2}}}{v} \cdot k$. Da sich die Diffusionskonstanten sowie die Wanderungsgeschwindigkeiten aller Ionen, ausgenommen H^+ und OH', nicht viel voneinander unterscheiden, ist $\frac{D^{\frac{1}{2}}}{v}$ ungefähr konstant.

Ferner können wir noch den Diffusionskoeffizienten des depolarisierend wirkenden Kations als $D = \frac{u \cdot RT}{n \cdot F^2}$ ausdrücken und erhalten dann $i_g \cdot R = \frac{\sqrt{u}}{v} \cdot \frac{k'}{\sqrt{n}}$, in welcher nur Wanderungsgeschwindigkeiten der Ionen und die Valenz des Kations auftritt. D. Ilkovič (*144*) hat für $i_g \cdot R$ Werte zwischen 0,40 und 0,64 V gefunden.

Der Ladungs- oder Kapazitätsstrom.

Auch wenn die Lösung sorgfältig von den geringsten Spuren von Depolarisatoren (wie von Luftsauerstoff oder Quecksilberverbindungen) gereinigt ist, zeigen die Stromspannungskurven einen allerdings kleinen, aber mit großer Galvanometerempfindlichkeit genau meßbaren Strom (Abb. 21). Seine Intensität steigt allmählich mit der Spannung und erreicht z. B. bei 1 V 1 bis $2 \cdot 10^{-7}$ A. Der Ursprung dieses Stromes ist in der fortwährenden Aufladung der sich stets erneuernden Quecksilberoberfläche zu suchen. Die als Kondensator wirkende Elektrodenoberfläche bedarf nämlich, gemäß ihrer Kapazität, einer Ladung, deren Zuführung den beobachteten Strom bildet. Bei dieser Auffassung benutzt man die HELMHOLTZsche Vorstellung der elektrischen Doppelschicht, deren eine Ladungsschicht an der metallischen Elektrodenoberfläche haftet und die andere sich unmittelbar bei der Elektrode in der Lösung befindet. Die Lösungsschicht besteht aus Ionen, welche eine der Metallschicht entgegengesetzte Ladung tragen und sich bis auf Ionendimensionen der Elektrode annähern. Die zugeführte Elektrizitätsmenge bleibt an der Quecksilberoberfläche wie an einer Kondensatorschicht bestehen, ohne in die Lösungsschicht überzugehen, und ist deshalb nicht mit Elektrodenvorgängen nach den FARADAYschen Gesetzen begleitet. Wir betrachten diesen Strom als einen „nichtfaradayschen" und nennen ihn „Ladungs"- oder „Kapazitäts-", zuweilen auch „Kondensatorstrom". Ein solcher Strom ist in Abb. 21 auf-

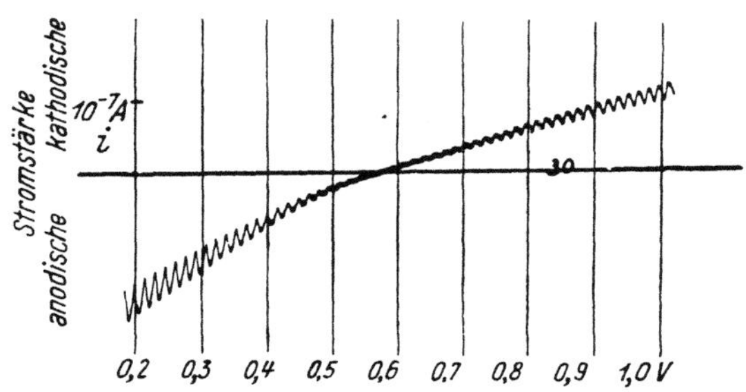

Abb. 21. Der Ladungs- oder Kapazitätsstrom in 0,1-n-KCl bei größter Galvanometerempfindlichkeit.

gezeichnet. Bei Potentialen, die positiver als etwa — 0,56 V sind, fließt ein anodischer Strom, bei negativeren als — 0,56 V ein kathodischer Strom durch die tropfende Quecksilberelektrode. Bei etwa — 0,56 V fließt kein Strom. Der Ladungsstrom bewirkt, ebenso wie der FARADAYsche Strom, Zacken an der Kurve, nur ist sein Höchstwert schon am Anfange jedes Tropfens erreicht, beim FARADAYschen Strome dagegen am Ende des Tropfens. Wegen der Umkehrung der Richtung des Ladungsstromes bei — 0,56 V ändert sich bei diesem Potential auch der Zackencharakter vom *m*- zum *u*-förmigen.

Die Kapazität K ist durch die Formel $K = \frac{Q}{q \cdot \pi}$ gegeben, wo Q die Anzahl von Coulomb an der Oberfläche q eines auf π V geladenen Kondensators bezeichnet; K ist dann in Farad angegeben. Bei Elektrodenvorgängen kann man K als Polarisationskapazität bezeichnen. Ihr Wert ist ziemlich hoch und erklärt sich durch die geringe Breite der Elektrodendoppelschicht, welche etwa der Größe der Atomdurchmesser entspricht. Nach D. ILKOVIČ (*284*) berechnet man den Kapazitätsstrom i_k folgendermaßen: Wenn, wie früher, m die Ausströmungsgeschwindigkeit des Quecksilbers aus der Kapillare und t die Tropfzeit bezeichnet, ist das Tropfengewicht gleich $m \cdot t$ und daher die Tropfenoberfläche $q = 0{,}85\, m^{\frac{2}{3}}\, t^{\frac{1}{6}}$ cm². Die zum Aufladen des Tropfens auf ein Potential π erforderliche Elektrizitätsmenge Q ist $K \cdot q \cdot \pi$; pro Sekunde müssen also $\frac{K \cdot q \cdot \pi}{t}$ Coulomb der Elektrode zugeführt werden, was dem Strom i_K gleich ist. Somit bekommen wir für die Stromstärke eines Ladungsstromes die Formel

$$i_K = 0{,}85 \frac{m^{\frac{2}{3}}}{t^{\frac{1}{3}}} \cdot K \cdot \pi .$$

Die Werte des Potentials müssen sich auf das Potential beziehen, bei welchem $i_K = 0$ ist; dieses Potential stimmt mit dem sogenannten „elektrokapillaren Nullpunkt“ des Quecksilbers überein und befindet sich, je nach der Zusammensetzung der Lösung, etwa bei — 0,56 V. Dieser Nullpunkt stimmt mit dem Potential, bei welchem die Oberflächenspannung vom polarisierten Quecksilber ihr Maximum erreicht, also mit dem Maximum der elektrokapillaren Parabel (s. Abb. 80) überein; bei diesem Potential wird die elektrische Ladung der Quecksilberschicht gleich Null betrachtet. Durch direkte experimentelle Messungen fand D. ILKOVIČ (*284*) in einer 0,1-n-KCl-Lösung bei negativen Potentialen die Polarisationskapazität $K = 22{,}3$ Mikrofarad und bei positiven Potentialen $K = 42{,}2$ Mikrofarad. Der größere Wert ist den an der positiv geladenen Quecksilberoberfläche haftenden deformierbaren Chloridionen und der kleinere den an der negativ geladenen Elektrode haftenden nichtdeformierbaren K^+-Ionen zuzuschreiben. Aus diesen Werten läßt sich der Ladungsstrom für jede Kapillare in derselben Lösung berechnen. So soll bei $m = 0{,}0012$ g pro sec., $t = 3$ sec. und $K = 22 \times 10^{-6}$ Farad die Stromstärke i_K bei — 1,0 V von dem elektrokapillaren Nullpunkte $1{,}45 \times 10^{-7}$ A erreichen, was tatsächlich gefunden wurde.

Von der praktischen Seite der Polarographie aus betrachtet, ist der Ladungsstrom ein unangenehmes Hindernis, insofern, daß er der Empfindlichkeit der Methode eine Grenze setzt. Die durch ganz geringe Mengen der Depolarisatoren (unter 10^{-5} n) verursachten kleinen Stufen werden durch diesen Strom überdeckt und werden undeutlich. Deswegen haben D. ILKOVIČ und G.

SEMERANO (*143*) den Ladungsstrom durch Kompensationsschaltung zu eliminieren versucht (weiter s. S. 276).

Der Einfluß der Temperatur auf die Stromspannungskurven.

Es gibt drei Arten von Einflüssen, die sich bei erhöhter Temperatur an den Stromspannungskurven beobachten lassen. Erstens vergrößern sich alle Diffusionsströme infolge der erhöhten Fluidität der Flüssigkeiten, zweitens ändern sich die Depolarisationspotentiale wegen den Verschiebungen der Gleichgewichtszustände der Elektrodenreaktionen und drittens entsteht bei ausgedehnten, der theoretischen Form nicht entsprechenden Stufen eine Verbesserung im Sinne der Reversibilität des Elektrodenvorganges. Der letztgenannte Temperatureinfluß ist offensichtlich durch die erhöhte Reaktionsgeschwindigkeit erklärbar und wird bei den einzelnen Vorgängen im nächsten Abschnitte näher beschrieben.

Nur der zuerst bezeichnete Temperatureinfluß kann im allgemeinen abgeleitet werden und wird hier eingehend mathematisch behandelt.

Nach D. ILKOVIČ (*420*) können in seiner Formel (7) für den Diffusionsstrom $i_d = 0{,}627\, n \cdot F \cdot C \cdot D^{\frac{1}{2}} \cdot m^{\frac{2}{3}} \cdot t^{\frac{1}{6}}$ nur D, m, und t durch Temperatur beeinflußt werden. Bezeichnen wir mit α den Temperaturkoeffizienten des ganzen Diffusionsstromes und mit β, γ, δ die Temperaturkoeffizienten der Werte D, m und t, gilt

$$\alpha = \frac{1}{i_d} \cdot \frac{d i_d}{d\vartheta}, \quad \beta = \frac{1}{D} \cdot \frac{dD}{d\vartheta}, \quad \gamma = \frac{1}{m} \cdot \frac{dm}{d\vartheta} \quad \text{und} \quad \delta = \frac{1}{t} \cdot \frac{dt}{d\vartheta}.$$

Durch partielle Differentiation der Gleichung (7) erhalten wir

$$\alpha = \frac{1}{2}\beta + \frac{2}{3}\gamma + \frac{1}{6}\delta.$$

Nun ist das Tropfengewicht $g = m \cdot t$ der Oberflächenspannung des Quecksilbers σ proportional, d. h. $m \cdot t = a \cdot \sigma$. Ferner ist die Ausströmungsgeschwindigkeit m des Quecksilbers der Viskosität η umgekehrt proportional, d. h. $m = \frac{b}{\eta}$. Daraus ergibt sich

$$\gamma = \frac{1}{m} \cdot \frac{dm}{d\vartheta} = -\frac{1}{\eta} \cdot \frac{d\eta}{d\vartheta} = -\varepsilon,$$

wo ε den Viskositätstemperaturkoeffizienten bezeichnet. Es gilt auch

$$t = \frac{a \cdot \sigma}{m} = \frac{a\,\sigma\,\eta}{b}.$$

Dann ist

$$\delta = \frac{b}{a\,\sigma\,\eta} \cdot \frac{d\left(\frac{a\,\sigma\,\eta}{b}\right)}{d\vartheta} = \frac{1}{\eta} \cdot \frac{d\eta}{d\vartheta} + \frac{1}{\sigma} \cdot \frac{d\sigma}{d\vartheta} = \varepsilon + \varphi,$$

wo φ der Temperaturkoeffizient der Oberflächenspannung des Quecksilbers bedeutet. Wenn man nun diese Resultate in die Gleichung für α einsetzt, erhält man:

$$\alpha = \frac{1}{2}\beta - \frac{2}{3}\varepsilon + \frac{1}{6}\varepsilon + \frac{1}{6}\varphi = \frac{1}{2}(\beta - \varepsilon) + \frac{1}{6}\varphi.$$

Der Temperaturkoeffizient β der Diffusionskonstante der Ionen kann aus deren Wanderungsgeschwindigkeit u abgeleitet werden, da

$$D = \frac{u\,R\,T}{n\,F^2}$$

ist, so daß

$$\beta = \frac{1}{T} + \frac{1}{u} \cdot \frac{du}{d\vartheta}$$

ist. Der Viskositätstemperaturkoeffizient ε ist bei Zimmertemperatur gleich $-0{,}48\%$; der Temperaturkoeffizient φ der Oberflächenspannung des Quecksilbers ist sehr gering, weswegen $\frac{1}{6}\varphi$ gegenüber β und ε vernachlässigt werden kann. Wir haben dann $\alpha = \frac{1}{2}(\beta + 0{,}0048)$. Nach dieser Formel sind die Werte von α in der folgenden Tabelle aus den Temperaturkoeffizienten der Ionenbeweglichkeiten abgeleitet.

	H^+	Li^+	Na^+	Zn^{2+}
$100\,\frac{1}{u_{18}} \cdot \frac{du}{d\vartheta} =$	1,54	2,65	2,44	2,54
$100\,\beta = 100\,\frac{1}{D_{18}} \cdot \frac{dD}{d\vartheta} =$	1,88	2,99	2,78	2,88
$100\,\alpha = 100\,\frac{1}{i_{d\,18}} \cdot \frac{di_d}{d\vartheta} =$	1,18	1,74	1,63	1,68

Wir können aber die Größe des Koeffizienten α auch allgemein ableiten, unter der vereinfachenden Voraussetzung, daß der Temperatureinfluß auf die Wanderungsgeschwindigkeiten der Ionen hauptsächlich der Viskositätsänderung (η') des Wassers zuzuschreiben ist, was — ausgenommen die H^+- und OH'-Ionen — sicher richtig ist. Es gilt nämlich $u \cdot \eta' = K$, unabhängig von der Temperatur. Dann ist

$$u \cdot \frac{d\eta'}{d\vartheta} + \eta' \frac{du}{d\vartheta} = 0$$

oder
$$\frac{1}{u}\cdot\frac{du}{d\vartheta} = -\frac{1}{\eta'}\cdot\frac{d\eta'}{d\vartheta} = 2{,}43\%$$
bei Zimmertemperatur.

Dann erhalten wir für den Koeffizienten β, welcher durch
$$\frac{1}{D}\cdot\frac{dD}{d\vartheta}$$
gegeben ist,
$$\beta = \frac{1}{T} + \frac{2{,}43}{100} = 2{,}77\%$$
und endlich den Wert
$$\alpha = \frac{1}{2}\,(2{,}77 + 0{,}48) = 1{,}63\%$$
für den Temperaturkoeffizienten der polarographischen Stufe aller Ionen (ausgenommen die des Wassers), welcher mit den Werten der obigen Tabelle auch übereinstimmt. Der angegebene Wert von α soll in dem Bereich der Zimmertemperatur gelten. V. NEJEDLÝ (*62*) fand zwischen 20 und 50° C bei nicht hydrolysierbaren Salzlösungen $\alpha = 1{,}7\%$. Genauere Angaben über die Temperaturkoeffizienten der Diffusionsströme liegen nicht vor.

Es soll an dieser Stelle betont werden, daß die öfters geäußerte Ansicht (*177*, *347*, *384*, *478*), der Temperaturkoeffizient α sei identisch mit den Leitfähigkeitskoeffizienten und läge zwischen 2 und 3%, nach der oben angegebenen mathematischen Analyse nicht berechtigt ist.

Obzwar der Temperaturkoeffizient der Stufenhöhe kleiner ist als gewöhnlich angenommen wird, muß bei quantitativen Bestimmungen sorgfältig auf die Konstanz der elektrolytischen Zelle geachtet werden, um mit einer Thermostateneinrichtung die Temperatur auf 0,5° C genau zu halten, damit der Beobachtungsfehler 1% nicht überschreitet.

Was den Temperaturkoeffizienten der Depolarisationspotentiale anbelangt, so gelten hier keine allgemeinen theoretischen Regeln. V. NEJEDLÝ (*62*) hat die Abscheidungspotentiale einer Reihe von verdünnten Salzlösungen mit 0,1-n-KCl als Zusatzelektrolyt bei Temperaturen zwischen 18 und 100° C bestimmt und daraus den Koeffizienten $\frac{dE}{d\vartheta}$ berechnet. Da in allen Fällen das Anodenpotential durch die 0,1-n-Kalomelelektrode gegeben wurde, handelte es sich um die Zersetzungsspannung des Vorganges
$$2\,Hg + Me^{+} + Cl' = HgCl + MeHg,$$
welche die freie Energie dieser Reaktion angibt. Bei den meisten Ionenabscheidungen ergab sich $\frac{dE}{d\vartheta} = -6\times10^{-4}$ V pro Grad, nur

bei Tl $+6 \times 10^{-4}$. Ein abnormal hoher Koeffizient zeigt sich bei der Wasserstoffabscheidung aus starken Säuren, nämlich $\frac{dE}{d\vartheta} = -3 \times 10^{-3}$ V pro Grad und bei der Abscheidung von Fe^{2+}-Ionen, $-1{,}1 \times 10^{-3}$. Der erste Wert ist der Temperaturkoeffizient der Wasserstoffüberspannung, der zweite hängt mit der kathodischen Überspannung des Eisens zusammen. Beide werden nachfolgend eingehend erörtert (S. 119 bzw. 146).

III. Hauptvorgänge an der tropfenden Quecksilberelektrode.

Bei der Erörterung der Diffusionsströme (S. 25) wurden die an der tropfenden Quecksilberelektrode verlaufenden Hauptvorgänge — in vier charakteristische Gruppen geteilt — angegeben. Ihre gemeinsame Eigenschaft ist, daß sie alle den Diffusionsgleichungen (7) und (8) gehorchen, was durch die Hauptbedingung, daß alle zur Elektrode kommenden Teilchen des Depolarisators an der Elektrode die elektrischen Ladungen auf die gleiche Art verbrauchen, erfüllt ist. Solche Elektrodenvorgänge lassen sich also alle durch die einfache Elektrodenreaktion $O + n \ominus \rightleftarrows R$ ausdrücken, wo O den Depolarisator in seiner höheren Oxydationsstufe und R seine reduzierte Form darstellt. Von diesen einfachen Hauptvorgängen, in denen die verbrauchte Elektrizitätsmenge im stöchiometrischen Verhältnis mit der Menge des Depolarisators steht, unterscheiden wir noch Vorgänge, in welchen der Depolarisator einen bedeutend höheren Elektrizitätsverbrauch hervorruft, als seinem elektrochemischen Äquivalent entspräche. Zum Beispiel bewirkt Cystein an der Kathode in einer Pufferlösung einen etwa hundertfach größeren Strom, als man nach seiner Molekularkonzentration erwarten könnte. Eine nähere Untersuchung dieser Wirkung erweist, daß Cystein überhaupt keiner Reduktion unterliegt und daß seine Anwesenheit an der Elektrodenoberfläche nur eine Beschleunigung der Wasserstoffabscheidung hervorruft. Der Elektrodenvorgang ist hier also ein verwickelter und kann daher durch eine einfache Reaktionsgleichung nicht ausgedrückt werden, obwohl er einen der erwähnten Hauptvorgänge — nämlich die Wasserstoffabscheidung — einschließt. Solche zusammengesetzte Vorgänge werden in der Gruppe der „katalysierten" Elektrodenvorgänge im nächsten Abschnitt erörtert.

Kathodische Abscheidung der Kationen.

Die meisten Kationen werden durch den Vorgang $Me^{n+} + n \ominus \rightarrow Me$ an der tropfenden Quecksilberkathode glatt abgeschieden; sofort nach der Abscheidung tritt der Amalgamierungsvorgang $Me + x\,Hg \rightarrow MeHg_x$, dessen Affinität schon erörtert wurde (S. 35), ein. Weniger häufig ist der Fall einer Reduktion des Kations zur niederen Valenzstufe; dieser Elektrodenvorgang wird im nächsten Kapitel besprochen.

Fast alle bisher polarographisch untersuchten Abscheidungen der Kationen führen zu Diffusionsströmen, welche der Formel (7) gehorchen. Nur bei neutralen Lösungen von Strontium-, Calcium- und Magnesiumsalzen wird ein viel größerer Grenzstrom als erwartet oder nur ein stetiger Stromanstieg ohne Grenzstrom erhalten. Die Metallabscheidung verläuft hier zweifellos unter gleichzeitiger Wasserstoffabscheidung und wird daher unter den katalysierten Elektrodenvorgängen erklärt. In alkalischen Lösungen dagegen zeigen sowohl Sr^{2+}- wie Ca^{2+}-Ionen gut ausgeprägte Stufen. Bei Abscheidungen von Aluminium- (*418*) und Berylliumsalzen (*176*) handelt es sich höchstwahrscheinlich auch um teilweise Wasserstoffabscheidung, doch ist dieser Vorgang nicht näher untersucht worden.

Die Kationen der Metalle, welche edler als Quecksilber sind, scheiden sich stromlos an der Quecksilberoberfläche aus, da Quecksilberionen als Austausch in die Lösung gehen. Bei kathodischer Polarisation der tropfenden Quecksilberelektrode wird aber das Auflösen des Quecksilbers verhindert und es entsteht ein regelmäßiger Grenzstrom. Dies ist der Fall bei Lösungen, welche einfache Salze von Silber, Gold oder Platin enthalten. Komplexe Cyanide von Gold und Silber zeigen jedoch Stufen der betreffenden Metallabscheidungen. Einfache Quecksilbersalze, wie $HgNO_3$ in HNO_3-Lösung, geben Stufen, deren Anstieg anders verläuft, als durch Formel (10) angegeben ist. Der Unterschied von allen anderen Metallabscheidungen liegt hier darin, daß die abgeschiedenen Quecksilberatome keine chemische Polarisation an der Elektrode hervorrufen können und deswegen ihre Diffusionsgeschwindigkeit ins Innere der Tropfen nicht in Betracht gezogen wird. Die Stromstufe der Abscheidung von freien Mercuro-Ionen wird daher nur durch die Grundgleichungen

$$\pi_k = -\frac{RT}{2F} \ln \frac{P_{Hg}}{[Hg_2^{2+}]} \quad \text{und} \quad i = K \cdot D^{\frac{1}{2}} ([Hg_2^{2+}] - [Hg_2^{2+}]_0)$$

gegeben. Daraus folgt

$$\pi_k = -\frac{R\,T}{2\,F} \ln \frac{P_{Hg}}{[Hg_2^{2+}] - \frac{i}{K\,D^{\frac{1}{2}}}}.$$

Der Diffusionsstrom wird durch die Bedingung $[Hg_2^{2+}]_0 = 0$, also $[Hg_2^{2+}] = \frac{i_d}{K\,D^{\frac{1}{2}}}$ gegeben. Dann ergibt sich die Gleichung für die Stromstufe der Abscheidung der Mercuro-Ionen

$$\pi_k = -\frac{R\,T}{2\,F} \ln \frac{k'}{i_d - i}$$

und für das Halbstufenpotential, da $i = \frac{i_d}{2}$ ist, zu

$$\pi_k = -\frac{R\,T}{2\,F} \ln \frac{2\,k'}{i_d} = \frac{R\,T}{2\,F} \ln i_d + K'.$$

Das Halbstufenpotential ist also hier ausnahmsweise von der Stufenhöhe, d. i. von der Konzentration der Mercuro-Ionen, abhängig, und zwar ist es gemäß der bekannten logarithmischen Beziehung um so positiver, je größer diese Konzentration ist. Die meisten Salze des Quecksilbers sind aber undissoziiert [wie $HgCl_2$, $Hg(CN)_2$ oder $HgSO_4$) oder komplex; in diesen Fällen bekommen die Stromstufengleichungen andere Formen, wie später abgeleitet wird (S. 195).

Lösungen, die Salze des Zr^{IV}, Th^{IV} und Ta^{V} enthalten, geben keine den betreffenden Ionen zuzuschreibende Stufe; wahrscheinlich darum, weil die Salze ziemlich hydrolysiert und die Kationen in Aquokomplexen eingeschlossen sind; man erhält nur die Stufe der Wasserstoffabscheidung.

Die Halbstufenpotentiale der bisher gemessenen Abscheidungspotentiale sind in der Tabelle 1, S. 202 angegeben.

Was die Stufenform der einzelnen Metallabscheidungen anbelangt, so verrät sie oft auf den ersten Blick, daß der Elektrodenvorgang nicht den Grundbedingungen der Reversibilität entspricht. Die Stufe ist da weniger steil und ist längs der Spannungsachse gezogen. Die Verschiebungen der Abscheidungspotentiale sind dabei größer als der Formel (5) entspricht und die Halbstufenpotentiale verschieben sich mit der Verdünnung zu negativeren Werten. Dies ist namentlich bei Lösungen von einfachen Salzen des Nickels und Kobalts (*11*, *72*) der Fall (Abb. 22). Bemerkenswert ist jedoch, daß aus Lösungen, welche Ammoniak (*572*) oder Rhodanid in Überschuß enthalten, die Abscheidung des Nickels und des Kobalts steilere Stufen hervorruft, obzwar auch hier die ideale Stufenform nicht erreicht ist (*522*). Der irreversible Vorgang, welcher die Elektrodenreaktion hier hemmt und dadurch neue Polarisation verursacht, ist in der Langsamkeit des Zerfalles der Aquokomplexe bei hydratisierten Ni^{2+}- und Co^{2+}-Ionen zu suchen. Aus solchen Lösungen können nur diejenigen Ionen abgeschieden werden, welche sich an der Elektrodenoberfläche von den gebundenen Wassermolekeln rasch trennen können. Da bei einem gegebenen Potential nicht alle hydratisierten Kationen schnell die wäßrige Lösung verlassen können, sind zwar praktisch keine freien Kationen an der Elektrodenoberfläche anwesend — was zu einer fast vollständigen Polarisation führt —, der Grenzstrom aber ist dabei noch nicht erreicht. Erst bei weiterer Steigerung der Spannung, d. i. bei negativeren Potentialen, ist es möglich, daß alle zur Elektrode kommenden Kationen schnell dehydratisiert und entladen werden. Offenbar spielt das Potential der Elektrode beim Zerfall der Aquokomplexe eine Rolle, indem es diesen Vorgang beschleunigt. Dies kann man sich so vorstellen, daß das inhomogene Feld, welches sich um anwachsenden Tropfen beim Ladungsstrom bildet (S. 176) und in die Lösung verbreitet, die Komplexe polarisiert und dadurch an deren Zerstörung mitwirkt.

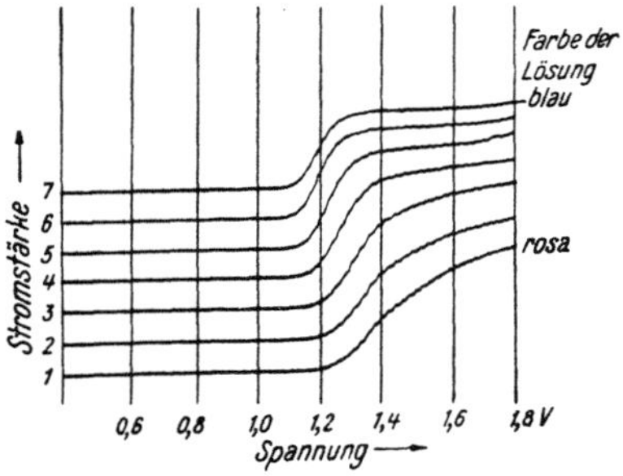

Abb. 22. Änderung der Stufenform durch ein Dehydratationsmittel. Die Lösung enthält 0,01-n-$CoCl_2$ mit $CaCl_2$ in einer Konzentration von *1* 1,7 n, *2* 7,7 n, *3* 8,4 n, *4* 9,1 n, *5* 9,8 n, *6* 10,5 n, *7* 11,2 n. Empf. 1:500, 4-V-Akkum.

Von diesem Standpunkt erklärt R. Brdička (*101*) das Vorkommen einer Stufe, welche in schwach sauren Lösungen einfacher Kobaltsalze bei einem um etwa 0,2 V positiveren Potential als die normale Co^{2+}-Stufe erscheint. Der Autor schreibt die erste Stufe einem Hydrolysenprodukt der Formel $[Co(H_2O)_5OH]^+$ zu und die zweite Stufe dem normalen hydratisierten Komplex $[Co(H_2O)_6]^{++}$. Der Zerfall des ersten Aquokomplexes muß daher leichter fortschreiten als der des zweiten, voll hydratisierten. Eine kinetische Ableitung des Zerfalles eines Komplexes im elektrischen Felde des Elektrodenpotentials wurde von W. Kemula (*86*) entworfen.

Wie schon früher angegeben wurde (S. 21), geben die Ionen Tl^{+}, Pb^{2+}, Cd^{2+}, Zn^{2+}, In^{3+} (*377*) normale Abscheidungsstufen; dasselbe gilt von den Ionen Cu^{2+}, Cu^{+} und denen der Alkalien und alkalischen Erden. Die Abscheidungsstufen der seltenen Erden scheinen nach R. H. LEACH und H. TERREY (*353*) auch die den dreiwertigen Kationen theoretisch entsprechenden Formen zu haben. Eingehend wurde der Charakter der Halbstufen durch E. T. VERDIER (*570*) bei Mn^{2+}-Ionen in verschiedenen Salzlösungen untersucht, wobei bedeutungsvolle Abweichungen von den einfachen theoretischen Beziehungen festgestellt wurden. So hat die Mn^{2+}-Stufe die normale Form und bei konstanter Tropfzeit ein konstantês Halbstufenpotential, z. B. in 1-n-KCl mit Tropfzeit 3 sec.:

$[Mn^{2+}]$ =	$7{,}5 \times 10^{-5}$	$2{,}5 \times 10^{-4}$	5×10^{-4}	5×10^{-3}	10^{-2} n,
$\pi_{\frac{1}{2}}$ =	$-1{,}546$	$-1{,}545$	$-1{,}545$	$-1{,}545$	$-1{,}543$ V;

in 0,1-n-KCl mit Tropfzeit 3 sec.:

$[Mn^{2+}]$ =	$2{,}5 \times 10^{-4}$	5×10^{-4}	5×10^{-3} n,
$\pi_{\frac{1}{2}}$ =	$-1{,}522$	$-1{,}522$	$-1{,}522$.

Die kleine Verschiebung des $\pi_{\frac{1}{2}}$-Wertes in 1-n-KCl zu negativerem Potential ist durch Assoziationen der Cl'- mit den Mn^{2+}-Ionen erklärlich. Wenn nun aber die Tropfzeit verlängert wird, verschiebt sich $\pi_{\frac{1}{2}}$ zu positiveren Werten, z. B. bei $[Mn^{2+}] = 5 \times 10^{-3}$-n in 0,1-n-KCl entsprechen

der Tropfzeit von	2	3	6 sec.
die Werte von $\pi_{\frac{1}{2}}$	$-1{,}549$	$-1{,}546$	$-1{,}535$

Die Verschiebung der Halbstufenpotentialwerte deutet auf einen langsamen Elektrodenvorgang hin, weil an der sich langsam erneuernden Elektrodenoberfläche die Depolarisationswirkung größer ist. Der Vorgang, der hier einer gewissen Zeit bedarf, liegt wahrscheinlich wieder in der Dehydratationsgeschwindigkeit der Mn^{2+}-Ionen, denn eine Zugabe von Dehydratationsmitteln verschiebt das Halbstufenpotential zu wesentlich positiveren Werten.

So fand E. T. VERDIER (l. c.) bei $[Mn^{2+}] = 2{,}5 \times 10^{-3}$-n

in 6-n-$CaCl_2$ $= -1{,}487$ V,
in 12-n-$CaCl_2$ $= -1{,}379$ V,
in 12-n-$MgCl_2$ $= -1{,}389$ V,
in 12-n-$Mg(ClO_4)_2$ $= -1{,}467$ V;

diese Werte sind von der Tropfzeit unabhängig. In den hohen Konzentrationen der starken Dehydratationsmittel handelt es sich wohl um zweierlei Wirkungen. Erstens werden die Aquokomplexe $Mn(H_2O)_x^{2+}$ dehydratisiert, was zu einem reversiblen Halbstufenpotential von etwa — 1,48 V führt, und zweitens bilden die dehydratisierten Mn^{2+}-Ionen mit den Chloridionen komplexe $MnCl_x^{(x-2)\prime}$, denen der positivste Wert, von etwa — 1,38 V, zuzuschreiben ist. Nach dieser Auffassung wären die Mn^{2+}-Ionen im dehydratisierten Chloridokomplex weniger stark gebunden als in den hydratisierten Komplexen. Ein konstantes Halbstufenpotential wurde bei Mangansalzlösungen auch in 1,5-n-KCN als $\pi_{\frac{1}{2}} = -1{,}365$ V festgestellt. Daß durch Dehydratationsmittel oder

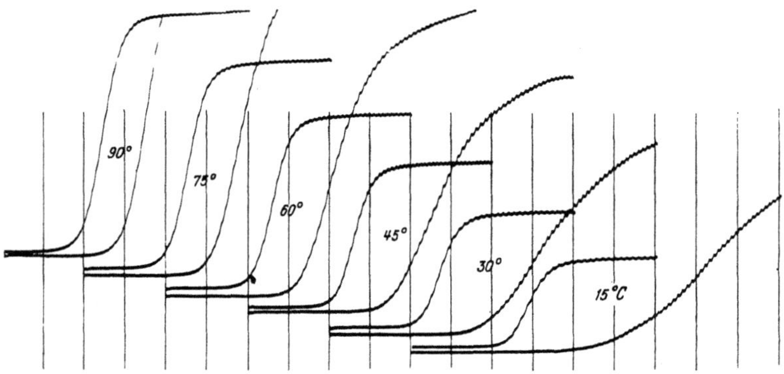

Abb. 23. Änderung der Stufenform durch Temperaturerhöhung. Die unteren Kurven wurden in Lösungen von 0,01-n-$CoCl_2$, 5-n-$CaCl_2$, die oberen in Lösungen von 0,01-n-$CoCl_2$, 10-n-$CaCl_2$ erhalten. Empf. 1:500, 4-V-Akkum.

Komplexbildner die gedehnte, irreversible Form der polarographischen Stufe in die steile, reversible übergeht, hat schon R. Brdička (*72*) an Co^{2+}-Ionen enthaltenden konzentrierten Lösungen nachgewiesen. Abb. 22 zeigt, wie sich durch Zugabe vom Dehydratationsmittel ($CaCl_2$) die normale Stufenform der Co^{2+}-Ionen ausbildet und Abb. 23 zeigt eine ähnliche Wirkung, die durch Temperaturerhöhung erzielt wird. Der letztgenannte Einfluß liegt offenbar in der Erhöhung der Geschwindigkeit, mit welcher sich das Gleichgewicht zwischen den freien und den gebundenen Ionen, also in diesem Falle der Vorgang

$$[Co(H_2O)_xX_y]^{(y-2)-} \rightarrow Co^{2+} + x\,H_2O + y\,X'$$

einstellt. Diese Reaktionsgeschwindigkeit hängt nämlich nicht nur von der Zusammensetzung des Komplexes, wobei der vorwiegende Wassergehalt einen hemmenden Einfluß ausübt, sondern — wie üblich — von der Temperatur ab. Bei Bedingungen, die zu normalen Kobaltstufen an den Stromspannungskurven führen, wurden auch normale Verschiebungen der Abscheidungspotentiale — also um 0,030 V bei zehnfacher Verdünnung des Kobaltsalzes — gefunden. Da diese und viele andere Studien der Stufenformen bei Metallabscheidungen sich nicht auf freie, sondern auf komplexe Ionen beziehen, werden die Ergebnisse solcher Studien in einem weiteren Abschnitt (S. 195) eingehender behandelt.

Die Stufen der Wasserstoffabscheidung zeigen bei freien Wasserstoffionen, also in Lösungen von starken Säuren, ein sowohl von der H^+-Ionenkonzentration, wie von der Tropfzeit abhängiges Halbstufenpotential. Die Stufen sind gedehnt, so daß sich für die Ionenvalenz n anstatt 1 der Wert $^1/_2$ ergibt. Diese Anomalien erklären sich durch den irreversiblen Vorgang der Wasserstoffabscheidung und werden im folgenden Abschnitt beschrieben.

Kathodische Reduktion der Kationen.

Einige Kationen werden an der tropfenden Quecksilberkathode nicht direkt zum Metall reduziert, sondern zu einer

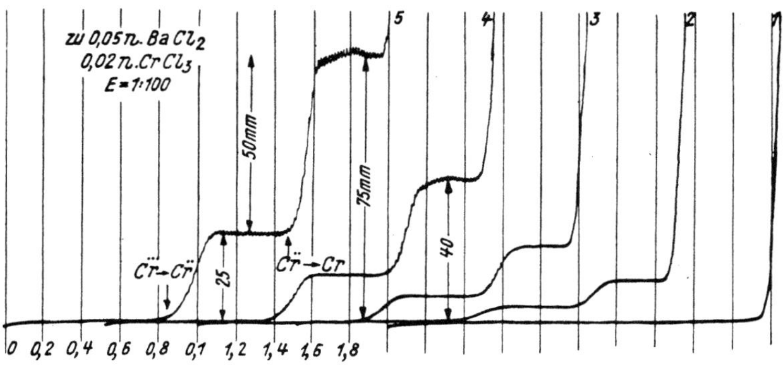

Abb. 24. Zweistufige Reduktion der Chrom(III)-salze. Zu 20 cm³ einer 0,02-n-$CrCl_3$-Lösung: *1* nichts, *2* 0,5 cm³, *3* 1,0 cm³ *4* 2,0 cm³, *5* 4 cm³ zugegeben. Empf. 1:100, 4-V-Akkum.

niederen Valenz und bleiben in dieser reduzierten Form bis zum Abscheidungspotential an der Elektrodenoberfläche bestehen. Dann entstehen an der Stromspannungskurve zwei Stufen, deren Höhen im stöchiometrischen Verhältnis der Valenzstufen stehen

(Abb. 24). Dieses einfache Verhältnis folgt aus Gleichung (7), denn die zur Elektrode hindiffundierten Teilchen verbrauchen beim ersten Potential die Anzahl n' und beim zweiten n elektrische Ladungen. Alle anderen Faktoren der Formel (7) sind in beiden Elektrodenvorgängen die gleichen, so daß das Verhältnis beider Diffusionsströme $i_d' : i_d$ durch das Verhältnis $n' : n$ gegeben ist. Dies findet sich an den Kurven in Abb. 24 tatsächlich bestätigt. Die Stufen, welche den Vorgängen $Cr^{3+} + \ominus \rightarrow Cr^{2+}$ und $Cr^{3+} + 3\ominus \rightarrow Cr$ entsprechen, sind im Verhältnis 1 : 3. Dasselbe Verhältnis findet man an den polarographischen Kurven von Lösungen, welche Verbindungen des dreiwertigen Eisens enthalten. Bei einfachen Ferrisalzen ist das Reduktionspotential des Vorganges $Fe^{3+} + \ominus \rightarrow Fe^{2+}$ nicht bestimmbar, da sein Wert (bei +0,41 V) im Bereich des Quecksilberauflösungsvorganges liegt; der Diffusionsstrom der Reduktion der Ferri-Ionen ist aber gut meßbar und gleicht wieder einem Drittel des bei —1,4 V eintretenden Diffusionsstromes, bei welchem die Ferri-Ionen zum Metall reduziert werden. Das erste Halbstufenpotential soll nach Erörterungen über Redoxsysteme (S. 29) mit dem reversiblen Redoxpotential Me^{3+}/Me^{2+} und das zweite (negativere) mit dem Abscheidungspotential der Ionen in der niederen Valenzstufe übereinstimmen. In groben Umrissen ist dies bei Chromlösungen der Fall (*53*); genauere Bestimmungen liegen hier nicht vor. Es können Abweichungen vorkommen, sowohl von dem Redoxpotentialwert wie von dem Wert des Halbstufenpotentials aus der niederen Valenzstufe, welche durch eine nicht vollkommene Reversibilität des Elektrodenvorganges zu verstehen wären. In Lösungen, welche komplexe Ionen des dreiwertigen Eisens oder Chroms enthalten, sind die $\pi_{\frac{1}{2}}$-Werte der Reduktionspotentiale mit den Redoxpotentialen identisch, wie z. B. M. KALOUSEK (*515*) in Citratpuffern oder M. v. STACKELBERG und FREYHOLD (*631*) bei Eisenoxalatlösungen nachgewiesen haben.

Ähnlich wie Cr^{3+}-Ionen werden Co^{3+}-Ionen aus ammoniakalischer Lösung der betreffenden Kobaltiake zu Co^{2+}-Ionen reduziert und bei negativeren Potentialen abgeschieden (Abb. 25). Die Reduktionsstufe ist aber ausgedehnt, d. h. vom irreversiblen Charakter. Kupfer(II)-Salzlösungen, wenn sie nicht komplex sind, wie in Sulfaten oder Nitraten, zeigen nur die Abscheidungsstufe der Cu^{2+}-Ionen; dagegen im Überschuß von Chloriden (*515, 631*) oder von Ammoniak (*376, 572*) entsteht sowohl die Reduktionsstufe des Vorganges $Cu^{2+} + \ominus \rightarrow Cu^{+}$ wie die der Abscheidung $Cu^{+} + \ominus \rightarrow Cu$ (Abb. 26); beide Stufen sind hier gleich groß. Jodkaliumlösungen welche HgJ_4'' enthalten, geben an der

Stromspannungskurve auch zwei gleich große Stufen, deren erste der Reduktion zum einwertigen Komplex und die zweite der Ab-

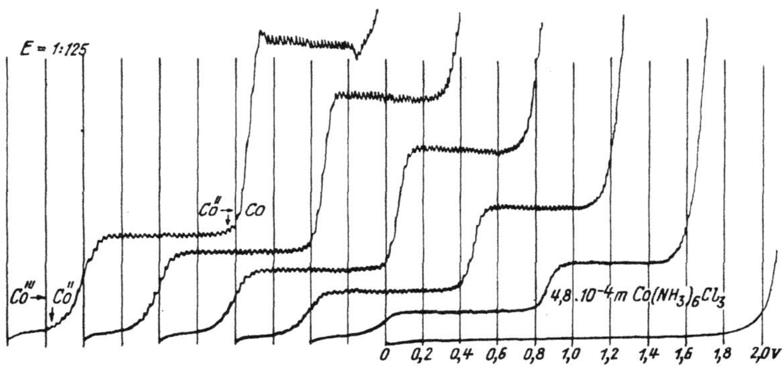

Abb. 25. Zweistufige Reduktion der Kobalt(III)-salze. Zu 20 cm³ einer 0,05-n-NH_4Cl-Lösung wurde $Co(NH_3)_6Cl_3$ bis zur 0,002-m-Konzentration zugegeben. Empf. 1:125, 4-V-Akkum.

scheidung des Quecksilbers entspricht. In Lösungen von Citraten und Tartraten des zweiwertigen Kupfers aber ergibt sich nur eine Abscheidungsstufe. Das Erscheinen beider Stufen der

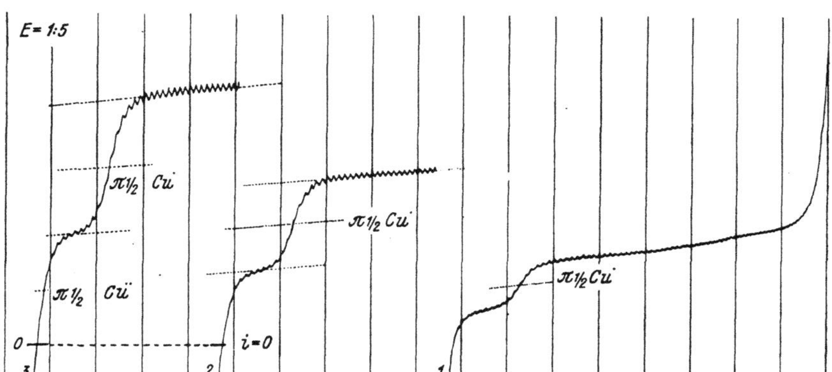

Abb. 26. Zweistufige Reduktion von Kupfer(II)-salzen in einer ammoniakalischen Lösung, welche 1-n-NH_3, 1-n-NH_4Cl, Na_2SO_3 und *1* 4×10^{-4}-n-, *2* 8×10^{-4}-n- und *3* 12×10^{-4}-n-$CuSO_4$ enthält. Empf. 1:5, 4-V-Akkum.

Kupferionen ist durch eine größere Komplexität der Cu^{+}-Ionen über die der Cu^{2+}-Ionen bedingt. In nichtkomplexen Salzlösungen ist nämlich zufälligerweise das Cu^{II}/Cu^{I}-Redoxpotential negativer als das Abscheidungspotential der Cu-Ionen. Um das Reduktionspotential vom Abscheidungspotential zu trennen, müssen die Cu-Ionen komplex gebunden werden und die Cu^{2+}-Ionen womöglich frei bleiben; dies geschieht in Chlorid- oder in ammoniakalischen Lösungen. Die Reduktionsstufe der Kupferionen ist positiver als das Cu^{II}/Cu^{I}-Redoxpotential. Im vorliegenden Falle der elektrolytischen Reduktion der Kupferionen kommt es in Lösungen von Cu^{2+}-Ionen zu zwei Stufen nur, wenn das Cu^{II}/Cu^{I}-Potential positiver als das Cu^{I}/Cu- und das Cu^{II}/Cu-Potential ist. Wäre das Reduktionspotential Cu^{II}/Cu^{I} negativer als die genannten Abscheidungspotentiale, käme man zur elektrolytischen Reduktionsstufe $Cu^{II} \rightarrow Cu^{I}$ nicht. Solcher Fall wurde von J. HERMAN (*197*) bei Cyaniden des ein- und dreiwertigen Goldes nachgewiesen. Das Gold wird nämlich aus dem Au^{III}-Komplex bei einem um 0,7 V positiveren Potential als aus dem Au^{I}-Komplex abgeschieden, so daß die Reduktionsstufe des Vorganges $Au^{III} \rightarrow Au^{I}$ nicht erreichbar ist. Auch bei den seltenen Erden kommt es nach W. NODDACK und A. BRUKL (*361*) zur Reduktionsstufe des Vorganges $Me^{3+} + \ominus \rightarrow Me^{2+}$ vor der Abscheidungsstufe der Metalle. Da aber die Salze der seltenen Erden zu erheblichem Grade hydrolysiert sind und die Wasserstoffionenstufe — nach R. H. LEACH und H. TERREY (*353*) — vor dem Abscheidungspotential der seltenen Erden (bei —1,6 V) erscheint, besteht eine Unsicherheit, ob die vermutliche Reduktionsstufe eher nicht der Wasserstoffabscheidung angehört. Für die erste Stufe des Europiums, bei —0,7 V, also bei einem weit positiveren Wert als jenes der Wasserstoffionen, kann der Elektrodenvorgang $Eu^{3+} + \ominus \rightarrow Eu^{2+}$ als erwiesen gelten. Eine einwandfreie Reduktionsstufe ist wohl auch die, welche in Ytterbiumlösungen bei —1,43 V beobachtet und dem Vorgang $Yt^{3+} + \ominus \rightarrow Yt^{2+}$ zugeschrieben wird; die angebliche Reduktionsstufe der Samariumionen bei —1,7 V befindet sich aber schon im Bereiche der Wasserstoffionenabscheidung und kann ohne eine nähere Untersuchung als solche nicht anerkannt werden. Durch die oben erwähnten Messungen von R. H. LEACH und H. TERREY ist bei Scandiumsalzlösungen das Vorkommen einer polarographischen Reduktionsstufe von Sc^{III} zu Sc^{II} ausgeschlossen.

Was Lösungen von Verbindungen höherwertiger Metalle anbelangt, ist die vierwertige Form des Zinns zur reversiblen Elektroreduktion nicht geeignet, da man nur aus konzentrierten Salzsäurelösungen eine den Vorgang $Sn^{IV} + 2\ominus \rightarrow Sn^{II}$ andeutende Stufe erhalten kann. Wahrscheinlich behindert die starke

Hydrolyse die Sn^{IV}-Ionen in ihrer Tätigkeit. Bei Ti^{IV}-Ionen wird nur die Reduktionsstufe des Vorganges $Ti^{IV} + \ominus \rightarrow Ti^{III}$ erreicht, da bei negativeren Potentialen nur Wasserstoffabscheidung erfolgt. Das Halbstufenpotential des Reduktionsvorganges stimmt mit dem Redoxpotential aber nur in Lösungen mit Überschuß von Tartraten, Citraten, Rhodaniden oder von Dehydratationsmitteln überein. Die blau- oder grüngefärbten Lösungen des Vanadinchlorids zeigen eine Reduktionsstufe, welche dem Vorgang $V^{IV} + 2\ominus \rightarrow V^{II}$ oder $V^{III} + \ominus \rightarrow V^{II}$ entspricht (*168*). Nähere Untersuchungen über Vanadinreduktionspotentiale wurden nicht unternommen. Lösungen, die fünfwertiges Vanadin enthalten, zeigen sogar zwei Reduktionsstufen, deren erste dem Vorgang $V^{V} + \ominus \rightarrow V^{IV}$ angehört.

Die Potentiale der mehrstufigen Kationenreduktionen hängen mit der Gleichgewichtskonstante der Reaktion, welche zwischen den Kationen und dem Metall verläuft, eng zusammen. Z. B. die Potentiale von $Cu^{2+} \rightarrow Cu$ und $Cu^{+} \rightarrow Cu$ lassen sich vom Gleichgewicht $Cu^{2+} + Cu \rightleftarrows 2\,Cu^{+}$, wie später (S. 157) angeführt wird, ableiten.

In manchen Lösungen sind die stöchiometrischen Verhältnisse der Stufenhöhen bei den Reduktions- und Abscheidungsvorgängen nicht genau aufrechterhalten. So findet z. B. K. Komárek (*252*) in alkalischen Lösungen, welche Komplexe von dreiwertigem Eisen mit Mannit enthalten, daß das Verhältnis der Reduktionsstufe zur Abscheidungsstufe näher zu 1 : 1 ist als zu 1 : 2. M. Voříšková (*572*) bemerkt eine ähnliche Anomalie bei den Stufen der Chromlösungen im Überschuß von Ammoniak. Diese Erscheinung wurde jedoch nicht eingehender untersucht.

In manchen Fällen entspricht der Verlauf der Stromspannungskurven nicht der bei einem elektrolytischen Vorgang erwarteten Stufe. So findet man z. B. keine Andeutung einer kathodischen Reduktion der Cyanide von zweiwertigem Nickel oder Mangan (*570*) zu einwertigem, sondern erhält nur die Abscheidungsstufe, obzwar aus diesen Lösungen die einwertigen Verbindungen durch Reduktion mittels Natriumamalgam vorbereitet werden können. Die einwertigen Cyanide des Nickels und Kobalts scheinen daher durch keinen direkten kathodischen Vorgang, sondern eher durch eine langsame sekundäre Reaktion an der Elektrodenoberfläche, etwa auf die Art $Mn + Mn(CN)_2 \rightarrow NC{-}Mn{-}Mn{-}CN$, zu entstehen.

Reduktion der Anionen.

Abgesehen von den zahlreichen komplexen Ionen der Metallatome mit z. B. Tartraten, Citraten, Oxalaten, Cyaniden, Rhodaniden und Ionen der amphoteren Hydroxyden, welche schon bei den Kationen erwähnt wurden, kommt es auch an der tropfenden Quecksilberkathode zur Reduktion einiger „echter" Anionen, d. h. solcher, die nicht weiter dissoziiert werden, wie z. B. jene

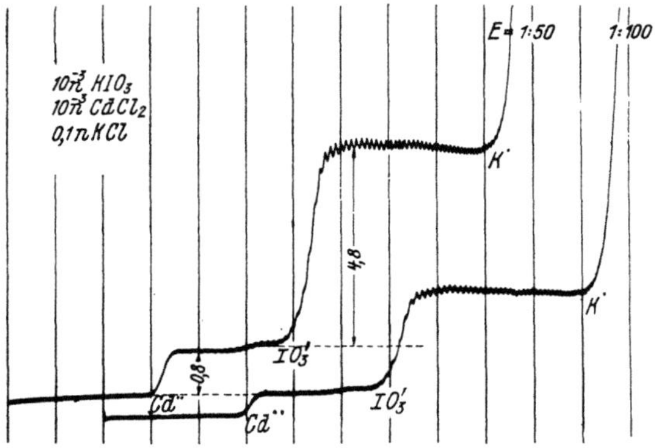

Abb. 27. Die Stufe des JO_3'- und des Cd^{2+}-Ions einer 0,1-n-KCl-Lösung, welche 0,001-n-KJO_3 und 0,001-n-$CdCl_2$ enthält. Empf. 1:50 und 1:100, 4-V-Akkum.

der Nichtmetalle JO_3', BrO_3', NO_3'. Abb. 27 zeigt die kathodische Stufe der Reduktion von Jodaten, welche dem Elektrodenvorgang

$$JO_3' + 6 \ominus \rightarrow J' + 3\,O''$$

angehört, wobei sich die Sauerstoffanionen sofort mit Wasser zu Hydroxylionen vereinigen. Das Potential dieser Reduktion sollte, beim reversiblen Elektrodenvorgang, durch die Formel eines Redoxpotentials

$$\pi = \pi_0 - \frac{RT}{6F} \ln \frac{[J'] \cdot [O'']^3}{[JO_3']}$$

gegeben sein. Das beobachtete Reduktionspotential wird aber weder durch die Jodiden- noch durch die Hydroxylionenkonzentration beeinflußt. Die Zahl der Valenzänderung $n = 6$ stimmt zwar mit der Stufenhöhe nach der Ilkovičschen Gleichung überein (s. Abb. 27), ergibt sich aber nicht aus dem Verlauf der Stufe. Diese Erscheinungen beweisen, daß es sich bei dieser und vielen ähnlichen Anionenreduktionen nicht um schnelle Reaktionsgleichgewichte, sondern um irreversible Elektrodenvorgänge handelt. Diese Ansicht bestätigt der eigenartige Einfluß der Ionenvalenz des Zusatzelektrolyts. So sind nach A. Rylich (*258*) die Reduktionspotentiale von Jodaten und Bromaten in einer 0,1-n-Lösung der Chloride oder Hydroxyde der Alkalien

$$\pi_{JO_3'} = -1{,}09\ V \text{ und } \pi_{BrO_3'} = -1{,}66\ V,$$

in einer 0,1-n-Lösung der zweiwertigen Kationen (Ca^{2+}, Sr^{2+}, Ba^{2+})

$$\pi_{JO_3'} = -0{,}84\ V \text{ und } \pi_{BrO_3'} = -1{,}31\ V,$$

in 0,01-n-$LaCl_3$

$$\pi_{JO_3'} = -0{,}40\ V \text{ und } \pi_{BrO_3'} = -0{,}63\ V,$$

in 0,1-n-H_2SO_4

$$\pi_{JO_3'} = +0{,}13\ V \text{ und } \pi_{BrO_3'} = -0{,}16\ V.$$

Noch deutlicher kommt die Ionenvalenzwirkung des Zusatzelektrolyts zum Ausdruck in der kathodischen Reduktion der Nitrate und Nitrite, welche M. Tokuoka und J. Růžička (*161*, *225*) eingehend untersuchten. Die Reduktionsstufe von NO_3' und NO_2' wird in Lösungen ohne Überschuß eines Zusatzelektrolyts, z. B. in reinen Lösungen von KNO_3 oder KNO_2, überhaupt nicht erhalten. Um die Stufe zum Vorschein zu bringen, muß die Lösung entweder einen sehr großen Überschuß von Salzen der einwertigen Kationen oder einen kleineren der zweiwertigen Kationen oder eine noch kleinere Menge der dreiwertigen Kationen enthalten. Dabei ist das Reduktionspotential desto positiver, je höher die Kationenvalenz des Zusatzelektrolyts ist. So erscheint in den 0,1-n-Chloridlösungen der betreffenden Kationen die Reduktionsstufe des Nitrations beim Potential:

La^{3+}	Ce^{3+}	Mg^{2+}	Ca^{2+}	Sr^{2+}	$(CH_3)_4N^+$	Li^+
—1,22	—1,23	—1,74	—1,78	—1,79	—2,15	—2,17 V

Höherwertige Anionen, wie SO_4'', PO_4''', wirken gegen den Einfluß der Kationen und können die NO_3'- oder NO_2'-Stufe vollkommen unterdrücken. Der höchste Diffusionsstrom wird nur in Anwesenheit von einem 50fachen Überschuß der dreiwertigen Kationen erreicht und ist dann genau achtmal größer als der einem äquivalenten Kation entsprechende Diffusionsstrom (s. Abb. 28). Demnach besteht die Reduktion in dem Elektrodenvorgang

$$NO_3' + 8 \ominus \rightarrow N''' + 3\ O''$$

und den darauf sofort folgenden Reaktionen

$$N''' + 3\ HOH \rightarrow NH_3 + 3\ OH'$$

und

$$3\ O'' + 3\ HOH \rightarrow 6\ OH'.$$

Der Diffusionsstrom des Nitritions, welcher im Überschuß der Lanthanionen erreicht wird, entspricht einer Reduktion von sechs Valenzelektronen. Der Elektrodenvorgang ist daher

$$NO_2' + 6\ominus \rightarrow N''' + 2\,O''$$

mit darauf folgenden Reaktionen

$$N''' + 3\,HOH \rightarrow NH_3 + 3\,OH'$$

und

$$2\,O'' + 2\,HOH \rightarrow 4\,OH'.$$

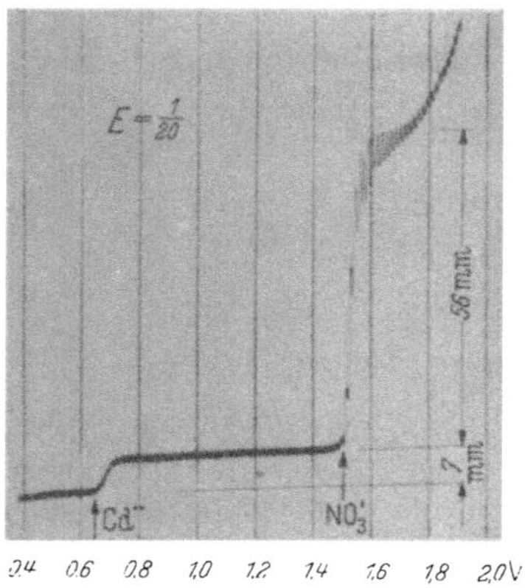

Abb. 28. Die Stufe des NO_3' und des Cd^{2+}-Ions einer 0,01-n-$LaCl_3$-Lösung, welche 0,00016-n-$Cd(NO_3)_2$ enthält. Empf. 1:20, 4-V-Akkum.

Der Stromanstieg der Nitratstufe und der Nitritstufe ist sehr steil, oft förmlich diskontinuierlich jäh, und deutet dadurch einen irreversiblen Reduktionsmechanismus an, welcher bei einem gewissen Elektrodenpotential einsetzt. Die tropfende Quecksilberkathode ist bei den Reduktionspotentialen der bisher angegebenen Anionen (JO_3', BrO_3', NO_2', NO_3') negativ geladen, wodurch begreiflich ist, daß sich die Anionen einem direkten Berühren der Elektrode wiedersetzen. Daß sie doch an der Elektrodenoberfläche gemäß dem oben angegebenen Elektrodenvorgang negative Ladungen annehmen, wird durch eine im inhomogenen elektrischen Felde der Tropfelektrode erzielte Deformation der Anionen erklärt. Das elektrische Feld wird dem ziemlich großen Spannungsabfall, welcher sich an dem anwachsenden Quecksilbertropfen in der Lösungsschicht bildet (S. 176), zugeschrieben: in dieses Feld können die mit La^{3+} oder anderen höherwertigen Kationen assoziierten Anionen eindringen (Abb. 29a), um dort zu Dipolen deformiert zu werden (Abb. 29b). Die so deformierten Anionen können dann mit ihren positiven Polen die negativ geladene Elektrode berühren und weitere Elektronen annehmen. Mathematisch lassen sich diese

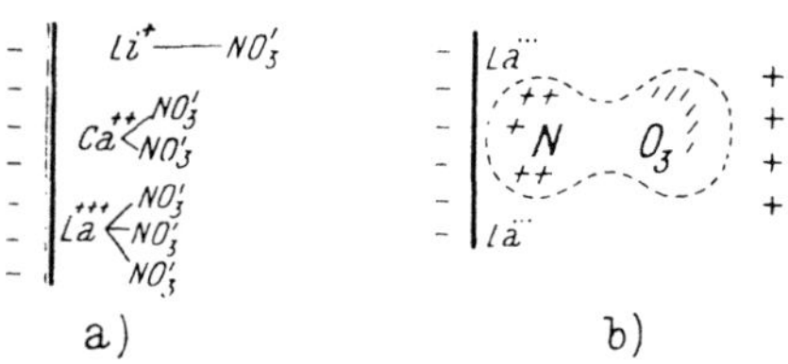

Abb. 29.

Beziehungen nicht genau formulieren, und deshalb muß man sich mit dieser in groben Zügen gegebenen Erklärung begnügen. Bemerkenswert ist auch die Wirkung der Wasserstoffionen bei der Reduktion der besprochenen Anionen. Bei Jodaten und Bromaten werden dadurch die Reduktionspotentiale zu Werten, bei denen die Quecksilberkathode schon positiv geladen ist, verschoben. Die Nitrate geben bei — 1,4 V eine der Reduktion von NO_3'- und Abscheidung von H^+-Ionen gemeinsame, jäh aufsteigende Stufe, welche beträchtlich kleiner als die NO_3'-Stufe ist und wahrscheinlich dem Vorgang

$$NO_3' + 10\,H^+ + 8\,\ominus \rightarrow NH_4^+ + 3\,H_2O$$

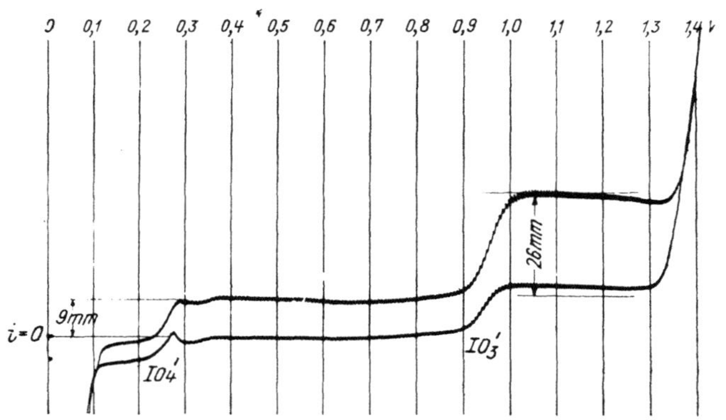

Abb. 30. Zweistufige Reduktion des Anions JO_4'. Empf. 1:30, 2-V-Akkum.

entspricht. Der Diffusionsstrom wird hier durch die Konzentration der erforderlichen Wasserstoffionen gegeben. Diese Einflüsse bedürfen jedoch noch weiterer Untersuchungen zur Klärung.

Die Perjodate zeigen zwei Reduktionsstufen (Abb. 30), deren erste den Vorgang $JO_4' + 2\ominus \rightarrow JO_3' + O''$ und die zweite die Reduktion der Jodate angibt. Die Perrhenate (*173*) dagegen geben bei — 1,2 V nur eine Stufe, welche sieben- bis achtmal höher ist als die des äquivalenten Kations und die wahrscheinlich dem Vorgange $ReO_4' + 8\ominus \rightarrow Re' + 4\,O''$ entspricht. Auch dieses Reduktionspotential bleibt durch die Konzentration der Hydroxylionen unbeeinflußt.

Die Anionen BO_2', AlO_2', CO_3'', PO_3''', PO_4''', AsO_4''', SO_3'', SO_4'', ClO_3', ClO_4' können an der tropfenden Quecksilberkathode nicht reduziert werden. Dieser Umstand erklärt sich durch den Mangel an Deformierbarkeit dieser Ionen und wird später erörtert.

Eine mehrfache Reduktion wurde bei alkalischen Lösungen von Chromaten und Ferraten[1] beobachtet. Die Chromate zeigen drei Reduktionsstufen, deren Höhen im Verhältnis 3:1:2 (also bezogen auf die ganzen Diffusionsströme 3:4:6) stehen und daher den Entladungen $Cr^{VI} \rightarrow Cr^{III} \rightarrow Cr^{II} \rightarrow Cr$ entsprechen (*611*). Die in sehr konzentrierten Laugen vorbereiteten Lösungen von Ferraten zeigen deutlich auch die den Chromaten analogen drei Stufen und geben somit die Valenzsprünge $Fe^{VI} \rightarrow Fe^{III} \rightarrow Fe^{II} \rightarrow Fe$ an.

Die Selenite und Tellurite werden nach L. SCHWARZ und K. SUCHÝ (*261*) aus sauren Lösungen in drei, aus ammoniakali-

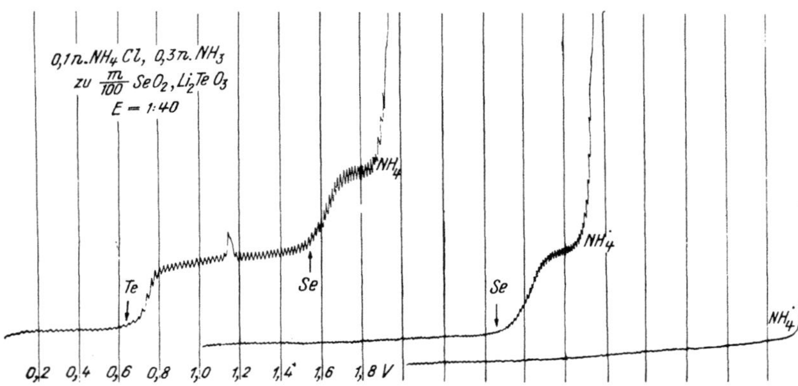

Abb. 31. Die Stufe des TeO_3''- und des SeO_3''-Anions. Die 0,1-n-NH_4- und 0,3-n-NH_3-Lösung (1. Kurve) enthält 0,001-n-SeO_2 (2. Kurve) und 0,001-n-Li_2TeO_3 (3. Kurve). Empf. 1:40, 4-V-Akkum.

schen in einer Stufe reduziert. In Säurelösungen entsprechen die drei Stufen den Valenzänderungen $Se^{IV} \rightarrow Se^{II} \rightarrow Se \rightarrow Se''$; ähnlich ist es bei Te^{IV}. In Lösungen von Ammoniak und Ammonchlorid wird Se^{IV} bzw. Te^{IV} direkt zu Se bzw. Te reduziert. Diese Reduktion ist in Abb. 31 veranschaulicht.

Anionen der reduktionsfähigen organischen Säuren verursachen an den Stromspannungskurven auch Reduktionsstufen, deren Potential — aus Gründen, die bei Reduktionen von organischen Molekeln angegeben werden — immer negativer ist als das der undissoziierten Säure. Hier sei nur bemerkt, daß — nach E. VOPIČKA (*308*) — das Reduktionspotential des Fumarat-

[1] Nach unveröffentlichten Untersuchungen von W. BRAY und J. HEYROVSKÝ.

und Maleinatanions im Gegensatz zur thermodynamischen Regel bei wachsender Hydroxylionenkonzentration positiver wird und daß hier die zweiwertigen Kationen des Zusatzelektrolyten einen ähnlichen Einfluß ausüben wie auf die Reduktion der Nitrationen.

Reduktion der nichtdissoziierten Molekeln.

Neben einigen anorganischen nichtdissoziierten Molekeln, wie O_2, NO, SO_2, $(CN)_2$, gibt es sehr viele organische Verbindungen, deren Molekeln in nichtdissoziiertem Zustande an der tropfenden Quecksilberkathode reduziert werden. Von allen Vorgängen, die an der tropfenden Quecksilberelektrode in Betracht kommen,

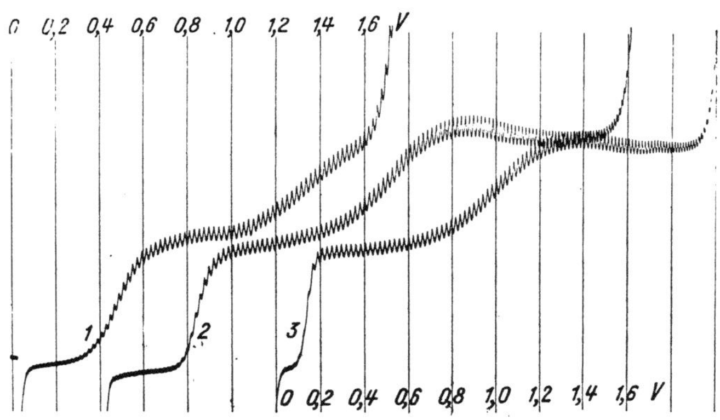

Abb. 32. Zweistufige Reduktion des Luftsauerstoffes. *1* in 1-n-H_2SO_4, *2* in 1-n-K_2SO_4, *3* in 1-n-Na_2CO_3. Empf. 1:20, 4-V-Akkum.

bietet die organische Chemie die größte Auswahl der reduktionsfähigen Körper, und demnach wachsen auch diesbezüglich die Literaturangaben stetig an.

Von den anorganischen Reduktionen ist die weit wichtigste die des Sauerstoffes, denn alle der Luft zugänglichen Lösungen sind unter dem Drucke von etwa $^1/_5$ Atm. mit Sauerstoff gesättigt. Bei Zimmertemperatur entspricht die Sauerstofflöslichkeit in verdünnten wäßrigen Lösungen 8 mg pro Liter; die Lösungen sind also an Sauerstoff als millinormal zu betrachten, was für polarographische Untersuchungen schon eine bedeutende Konzentration vorstellt. Deswegen können wir erst bei einer herabgesetzten Galvanometerempfindlichkeit die ganze depolarisierende Wirkung des Sauerstoffes beobachten, welche, wie in Abb. 32 veranschaulicht ist, aus zwei Stufen besteht (*33*, *106*, *162*). Die erste Stufe, etwa bei 0 bis — 0,2 V, entsteht durch die Reduktion der Sauerstoffmolekeln unter Zunahme von zwei Elektronen, führt also zur Valenzstufe des Wasserstoffperoxyds; die zweite Stufe, bei einem um 0,8 V negativeren Potentiale entspricht einer weiteren Zunahme von zwei Elektronen und führt daher zur Valenzstufe des Wassers. Die Elektrodenvorgänge wären darnach:

1. $$O_2 + 2 \ominus \rightarrow O_2'',$$

2. $$O_2'' + 2 \ominus \rightarrow 2\,O'',$$

wo O_2'' und O'' die Anionen des Wasserstoffperoxyds und des Wassers vorstellen. Die beiden allein unbeständigen Anionen vereinigen sich mit den H^+-Ionen der Lösung zu H_2O_2, bzw. zu H_2O, wobei sich diese Reaktion dem Elektrodenvorgang sekundär anschließt. Wir bekommen dann beim Vorgange 1

$$O_2 + 2 \ominus \rightarrow O_2'',$$

$$O_2'' + 2\,H^+ \rightarrow H_2O_2,$$

und beim Vorgange 2

$$O_2'' + 2 \ominus \rightarrow 2\,O'',$$

$$2\,O'' + 2\,H^+ \rightarrow 2\,OH'.$$

Dabei kann die sekundäre Reaktion so rasch erfolgen, daß ein Gleichgewichtszustand erreicht wird. Das Potential des ersten Elektrodenvorganges ohne Eingreifen der H^+-Ionen wäre durch die gewöhnliche Formel der Redoxpotentiale

$$\pi = -\frac{R\,T}{2\,F} \ln \frac{[O_2'']_0}{[O_2]_0} + K$$

gegeben. Da die Anzahl der reduzierten Teilchen der Stromstärke i proportional ist, gilt $[O_2'']_0 = k \cdot i$, und wir erhalten:

$$\pi = -\frac{R\,T}{2\,F} \ln \frac{i}{[O_2]_0} + K'$$

als ein von der H^+-Ionenkonzentration unabhängiges Potential. Bei Betätigung der H^+-Ionen ist der ganze Vorgang $O_2 + 2\,H^+ + 2 \ominus \rightarrow H_2O_2$ und demgemäß das Potential

$$\pi = -\frac{R\,T}{2\,F} \ln \frac{[H_2O_2]_0}{[O_2]_0 \cdot [H^+]_0^2} + K = -\frac{R\,T}{2\,F} \ln \frac{i}{[O_2]_0\,[H^+]_0^2} + K'.$$

Die Reduktion des Sauerstoffes zu H_2O_2 und H_2O kann aber auch sekundär erfolgen, indem primär die Wasserstoffatome abgeschieden werden, um dann mit den Sauerstoffatomen zu reagieren. Es gilt also für die erste Stufe $2\,H^+ + 2 \ominus \rightarrow 2\,H$ und $2\,H +$

$+ O_2 \rightarrow H_2O_2$. Das Potential der Wasserstoffabscheidung ist analog der Metallabscheidung durch

$$\pi = -\frac{RT}{F} \ln \frac{[H]}{[H^+]} + K$$

gegeben. Wenn der sekundäre Vorgang schnell nachfolgt und den Gleichgewichtszustand erreicht, können wir für $[H]^2$ den Wert $\frac{k \cdot [H_2O_2]}{[O_2]}$ einsetzen, wobei k die Gleichgewichtskonstante bezeichnet. Somit erhalten wir für das reversible Potential die Formel

$$\pi = -\frac{RT}{2F} \ln \frac{i}{[O_2]_0 \cdot [H^+]_0^2} + K,$$

also dasselbe Ergebnis wie unter der früheren Annahme einer schnellen, bis zum Gleichgewichte führenden Wirkung der H^+-Ionen in der sekundären Reaktion.

In konzentrierteren Laugen ist das Potential der Sauerstoffstufe tatsächlich von der Wasserstoffionenkonzentration unabhängig. Es handelt sich da also um den Elektrodenvorgang $O_2 + 2 \ominus \rightarrow O_2''$. In schwach alkalischen und sauren Lösungen verschiebt sich die Sauerstoffstufe zu positiveren Potentialen, bei weitem aber nicht um den nach der letztangegebenen Formel berechenbaren Wert. Die Stufe sollte nämlich bei zehnfacher Vergrößerung der H^+-Ionenkonzentration um 58 mV positiver werden. V. Vítek (*266*) fand aber nur etwa ein Viertel dieses Wertes. In stark sauren Lösungen waren die Verschiebungen gering, in schwach alkalischen relativ größer und in sauren Pufferlösungen am größten. Offenbar wird bei diesen Elektrodenvorgängen die Wirkung der H^+-Ionen gehemmt. Eine Erklärung dafür ist in der Abstoßung der sonst schnell einwirkenden H^+-Ionen von der bei diesen Potentialen positiv geladenen Quecksilberoberfläche zu suchen. Allerdings bedarf diese Wirkung eingehenderer Untersuchungen, namentlich der Halbstufenpotentiale in Pufferlösungen, deren Bestimmungen noch nicht vorliegen.

Noch weniger genau gehorcht den Verschiebungsregeln die zweite Stufe der Sauerstoffreduktion, welche der Reduktion des Wasserstoffperoxydes zu Wasser entspricht. Die Stufe ist gedehnt und wird einer langsamen Reaktion des atomaren Wasserstoffes mit dem Wasserstoffperoxyd zugeschrieben. Diese Erklärung wird namentlich durch die weiter unten beschriebenen katalytischen Einflüsse bestätigt, durch welche die Reaktionsgeschwindigkeit beschleunigt wird und die Stufe eine Verschiebung zu positiven Potentialen und einen steileren Verlauf erhält. Einen weiteren Beweis dafür, daß die erste Sauerstoffstufe nach

Gleichung $O_2 + 2 \ominus \rightarrow O_2''$, also ohne das Eingreifen der Ionen des Wassers verläuft, und daß die zweite Stufe in der Reaktion mit abgeschiedenen Wasserstoffatomen $2\,H^+ + 2 \ominus \rightarrow 2\,H$, $2\,H + O_2'' \rightarrow 2\,OH'$ besteht, ergab die Untersuchung in Lösungen von schwerem Wasser. J. Novák (*362*) fand, daß die Sauerstoffstufe in alkalischen Lösungen des leichten und des schweren Wassers bei gleichem Potential erscheint, daß dagegen die Wasserstoffperoxydstufe im schweren Wasser um 84 mV zu negativerem Potential verschoben ist. Die Unabhängigkeit der ersten Stufe von der Konzentration des schweren Wasserstoffes wird dadurch begreiflich, daß der Vorgang $O_2 + 2 \ominus \rightarrow O_2''$ mit den Wasserstoffionen nicht zusammenhängt. Die Änderung der zweiten Stufe im schweren Wasser ist zu erwarten, weil in dem betreffenden Elektrodenvorgange die primäre Abscheidung des leichten bzw. schweren Wasserstoffes und seine Reaktion mit H_2O_2 bzw. D_2O_2 vorausgesetzt wird. Die Zugabe von Wasserstoffperoxyd beeinflußt das Potential der Sauerstoffstufe nicht, obwohl durch die Formel

$$\pi = -\frac{R\,T}{2\,F} \ln \frac{[O_2'']}{[O_2]} + K$$

eine Verschiebung zu negativen Werten angegeben ist. Wahrscheinlich nimmt das sich an der tropfenden Quecksilberkathode frisch bildende Peroxydanion eine viel aktivere Form an als das zugegebene wenig dissoziierte Wasserstoffperoxyd. Gemäß solcher Zugaben wird aber die zweite Stufe erhöht, und zwar wächst sie proportional der Konzentration von H_2O_2. Auch andere Peroxyde, wie Na_2O_2, K_2O_4, BaO_2, ferner die Methyl- und Äthylperoxyde (*494*) und die Persäuren, wie Perborsäure (*148*), geben nahe bei dem Potential der Wasserstoffperoxydstufe eine der Reduktion der Peroxydgruppe zugeschriebene Stufe. Ein wichtiger Umstand bei der Sauerstoffreduktion — auf den zuerst W. Kemula aufmerksam gemacht hat (*287*) — soll immer beachtet werden, nämlich der, daß sich beim Diffusionsstrom um den Quecksilbertropfen die als Reduktionsprodukt gebildeten Hydroxylionen in derselben Konzentration wie der vorhandene Sauerstoff befinden. Diese Hydroxylionenschicht kann also an der Kathode H^+-Ionen der Säuren neutralisieren, Metallhydroxyde (z. B. die des Kobalts oder Nickels) niederschlagen und einen Einfluß auf die kathodische Reduktion der organischen Verbindungen ausüben. wie aus dem verschiedenartigen Kurvenverlauf erkennbar ist. So bekommt man in starken Säuren, welche unter 10^{-3}-n konzentriert sind, keine Stufe der Wasserstoffabscheidung, wenn die Lösung Luftsauerstoff enthält, an dem sie bekanntlich millinormal ist. Die sich bildenden Hydroxylionen neutralisieren die hinzudiffundierenden Wasserstoffionen der Säure. Bei den meisten polarographischen Untersuchungen wird deshalb Luftsauerstoff von der Lösung entfernt.

Die Reduktion des Sauerstoffes zu Wasser verläuft an der tropfenden Quecksilberelektrode unter einer großen Überspannung, da an einer reversiblen Elektrode dieser Vorgang in 1-n Säure etwa bei + 0,9 V stattfinden sollte. Es zeigt sich also eine etwa 0,7 V große Überspannung, welche beinahe so groß ist wie die der Wasserstoffentwicklung an der Quecksilberkathode. Die Ursache der beiden Überspannungen ist offenbar dieselbe, und zwar liegt sie darin, daß die abgeschiedenen Wasserstoffatome, welche sowohl in dem Vorgange $H + H \rightarrow H_2$ wie auch in $H + H + O \rightarrow H_2O$ sich betätigen sollen, am Quecksilber ihre freie Energie durch Hydrargysieren verlieren und dann nur träge reagieren (s. S. 122). Eine direkte Elektronenübergabe an die O_2-Molekeln führt zu einer anderen Reaktion, nämlich zur Bildung des Wasserstoffperoxyds: $O_2 + 2 \ominus \rightarrow O_2''$, welcher Vorgang allem Anschein nach reversibel verläuft. Für den Vorgang $O_2 + 2\,H$ dagegen wäre eine vorangehende Dissoziation $O_2 \rightarrow 2\,O$ nötig, welche jedoch ohne Anwendung einer beträchtlichen Aktivierungsenergie nicht verlaufen kann.

Interessant ist auch bei der Luftsauerstoffreduktion der Umstand, daß in den gewöhnlichen Grenzen der Lufttemperatur (0° bis 25° C) die Diffusionsgeschwindigkeit des Sauerstoffes in der Lösung in dem Grade zuzunehmen scheint, wie sich seine Löslichkeit unter dem atmosphärischen Partialdruck des Sauerstoffes erniedrigt. Es ändert sich nämlich der Sauerstoffdiffusionsstrom in Lösungen, die offen an der Luft stehen, in dem angegebenen Temperaturbereiche kaum. Der Diffusionsstrom des Luftsauerstoffes ist auch im leichten und im schweren Wasser von derselben Höhe, obzwar die Viskosität des schweren Wassers um 23% größer ist als die des leichten Wassers. Da der Diffusionsstrom der zweiten Wurzel der Fluidität proportional ist, weist die beobachtete Konstanz des Diffusionsstromes darauf hin, daß die Löslichkeit des Sauerstoffes der zweiten Wurzel der Viskosität des Wassers proportional ist.

Von den dem O_2-Molekel analogen Elementargasen sind die Halogene an der tropfenden Quecksilberelektrode reduzierbar. Ihre Reduktionspotentiale und Stufen wurden aber nicht untersucht. Elementarer Stickstoff ist nicht reduktionsfähig. Die den Peroxyden analogen Persulfide, z. B. das gelbe Ammonsulfid

$(NH_4)_2S_2$, geben Stufen, deren Verlauf und Bedeutung jedoch noch nicht studiert wurden.

Von den Stickstoffoxyden sind N_2O und NO an der tropfenden Quecksilberkathode reduzierbar. Jedoch nur die Reduktion des NO wurde eingehender untersucht (*107*, *161*). Die Stufe dieses Reduktionsvorganges erscheint nur in sauren Lösungen und ist fünfmal höher als die eines einwertigen Kations in seiner Lösung von gleicher Molarität. Der Elektrodenvorgang ist also

$$NO + 5 \ominus + 5\,H^+ \rightarrow NH_3 + H_2O.$$

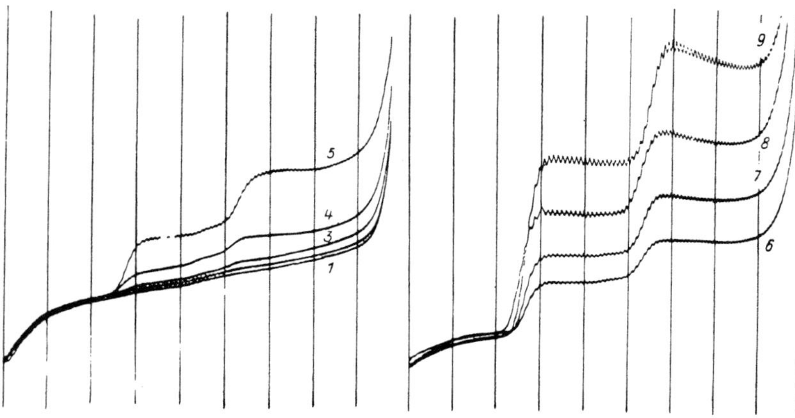

Abb. 33. Stufen, welche in einer Sulfitlösung nach kleinen Zugaben von Salzsäure entstehen. Zu 18 cm^3 0,01-n-Na_2SO_3 wurden *1* 0,3, *2* 0,6, *3* 0,6, *4* 1,2, *5* 2,1, *6* 3,0, *7* 4,0, *8* 5,0, *9* 6,0 cm^3 0,05-n-HCl zugegeben. Empf. 1:4, 4-V-Akkum.

Diese Stufe liegt bei — 0,76 V und ihre Form ist ziemlich gedehnt, so daß im angegebenen Elektrodenvorgange die Wasserstoffabscheidung als die primäre Reaktion erscheint, welcher dann eine langsamere Einwirkung des abgeschiedenen Wasserstoffes auf die NO-Molekeln folgt. Dieselbe Stufe erhält man, wenn man einer sauren Lösung eine Nitritlösung zugibt oder in die Lösung NO_2 einleitet. Es bildet sich nämlich in beiden Fällen in der sauren Lösung das Stickstoffoxyd NO.

Die Sulfite lassen sich in neutraler oder alkalischer Lösung nicht reduzieren. Wenn jedoch nach Ansäuern Schwefeldioxyd frei wird, entsteht eine polarographische Stufe bei circa — 0,4 V, die nach B. Gosman (*75*) dem Elektrodenvorgange $2\,SO_2 + 2\,H^+ + 2 \ominus \rightleftarrows H_2S_2O_4$ entspricht. In sehr schwach sauren

Lösungen kommt es zu zwei Reduktionsstufen, bei — 0,4 und — 1,0 V (Abb. 33), deren erste der Reduktion in schwach sauren, die zweite demselben Reduktionsvorgange in neutraler Lösung zuzuschreiben ist. In stark sauren Lösungen verschiebt sich die Stufe bei Änderungen der SO_2-Konzentration gemäß der Formel

$$\pi = \frac{RT}{2F} \ln \frac{[SO_2]^2 \cdot [H^+]^2}{[H_2S_2O_4]} + K.$$

Diese Formel entspricht dem angegebenen Elektrodenvorgange, wobei die Stoffe $2\,SO_2 + 2\,H^+$ als „Oxy“ und $H_2S_2O_4$ als „Red“ aufgefaßt werden. Bei zehnfacher Verdünnung der Wasserstoffionenkonzentration verschiebt sich aber die Stufe um das Zweifache des theoretischen Wertes, nämlich um zweimal 0,058 V. Es sei hier nur darauf aufmerksam gemacht, daß eine ähnliche Anomalie auch bei der Wasserstoffüberspannung beobachtet wird (s. S. 121). Die Reduktion des Dicyans $(CN)_2$ ist insofern interessant, daß sie, ähnlich wie beim Sauerstoff, nur mittels der Elektronenübernahme stattfindet. Der Elektrodenvorgang ist $(CN)_2 + 2 \ominus \rightarrow 2\,CN'$ und die Stufe erscheint in neutraler oder schwach alkalischer Lösung bei — 1,15 V, unabhängig von der Konzentration der Hydroxylionen (*275*, *328*). Die Stufe ist aber unbeständig, indem sie beim Stehen der Lösung nach einiger Zeit verschwindet, während eine neue Stufe bei 1,55 V entsteht. Diese Stufe ist einem Hydrolysenprodukt des Dicyans, dem Oxamid $CONH_2$—$CONH_2$ oder der Oxaminsäure $CONH_2 \cdot COOH$ zuzuschreiben.

Die meisten Reduktionen der organischen nichtdissoziierten Molekeln verlaufen bei gleichzeitiger Abscheidung von H^+-Ionen, denn sowohl das Potential wie auch der Verlauf der Stufe ist von der Konzentration der H^+-Ionen abhängig. Überdies werden im allgemeinen die Reduktionen in der organischen Chemie als Hydrogenisierungsvorgänge aufgefaßt, in denen sich die elektrolytisch abgeschiedenen Wasserstoffatome den Molekeln anlagern oder die Sauerstoffatome substituieren. Auf diesem Gebiete hat die Polarographie vor der präparativen Elektrochemie den Vorteil, daß sie den Mechanismus des Elektrodenvorganges ableiten kann; so läßt sich z. B. entscheiden, ob es sich um einen Elektrodengleichgewichtszustand oder um eine sekundäre Reaktion mit primär abgeschiedenem Wasserstoff handelt. Auch werden die oft vorkommenden stufenartigen Reduktionen durch Auftreten von mehreren polarographischen Stufen definiert, und zwar sowohl durch das Reduktionspotential wie durch die Anzahl der Wasserstoffatome pro Molekel.

Diese genauen Konstanten haben — abgesehen von ihrer analytischen Bedeutung — auch interessante Beziehungen zur Konstitution der Molekeln, was später noch eingehend behandelt werden wird. In der Elektrochemie werden aber die Reduktionen grundsätzlich nicht der Anlagerung der Wasserstoffatome, sondern der Annahme von Elektronen zugeschrieben. Bei den Elektrodenvorgängen ist es oft geeigneter, die Reduktionen einer primären Anlagerung der Elektronen zuzuschreiben, welche zu negativ geladenen freien Radikalen führt, die sich später in stabile Molekeln umwandeln. Von diesen Voraussetzungen ausgehend wollen wir nun einige Arten von Reduktionsvorgängen an der Kathode formulieren, um Gleichungen der entsprechenden Strompotentialkurven abzuleiten.

1. Die Reduktion verläuft nur unter Aufnahme von Elektronen, so daß der Elektrodenvorgang durch eine einzige Gleichung

$$R + 2\ominus \rightarrow R''$$

ausgedrückt ist. Der Vorgang ist reversibel und sein Potential ist durch die Formel

$$\pi = -\frac{RT}{2F}\ln\frac{[R'']_0}{[R]_0} + K = -\frac{RT}{2F}\ln\frac{i}{[R_0]_0} + K'$$

gegeben, welche unter Benutzung der Diffusionsgleichungen in der wiederholt gegebenen Weise zu

$$\pi = -\frac{RT}{2F}\ln\frac{i}{i_d - i} + K''$$

und einem konstanten Halbstufenpotentialwert führt.

Dies ist also eine Elektroreduktion, welche — wie z. B. die des Sauerstoffes zu Wasserstoffperoxyd — von der H^+-Ionenkonzentration unabhängig verläuft. Es gibt solche bei Anionen der organischen Säuren, z. B. der Fumar- oder Maleinsäure.

2. In den meisten Fällen aber vereinigen sich die negativ geladenen Radikale mit den Wasserstoffionen der Lösung zu neutralen Molekeln. Es tritt dann noch die Reaktion $R'' + 2\,H^+ \rightleftarrows RH_2$ zur Elektrodenreaktion $R + 2\ominus \rightleftarrows R''$ dazu, so daß der ganze Vorgang dann $R + 2\,H^+ + 2\ominus \rightleftarrows RH_2$ lautet. Beim schnell sich einstellenden Gleichgewichtszustand ist das Potential dieses Vorganges wie das eines Redoxpotentials durch die Formel

$$\pi = -\frac{RT}{2F}\ln\frac{[RH_2]_0}{[R]_0\cdot[H^+]_0^2} + K$$

gegeben. Wenn für eine reichliche Reserve der H^+-Ionen in der Lösung entweder durch Überschuß von einer starken Säure oder durch einen Puffer gesorgt ist, bleibt $[H^+]_0$ konstant und gleicht der H^+-Ionenkonzentration im Inneren der Lösung $[H^+]$. Beim Stromdurchgange ist immer die zur Elektrode zudiffundierende und dort reagierende Menge der Stromstärke proportional und diese wieder jener von der Elektrode abdiffundierten Menge des Reduktionsprodukts proportional. Wir haben wieder nach der Diffusionsgleichung von ILKOVIČ

$$K\,D^{\frac{1}{2}}\,([R] - [R]_0) = i = K\,d^{\frac{1}{2}}\cdot[RH_2]_0$$

und nach Einsetzen in die Formel für das Potential

$$\pi = -\frac{R\,T}{2F}\ln\frac{i}{K\,d^{\frac{1}{2}}}\cdot\frac{K\cdot D^{\frac{1}{2}}}{K\,D^{\frac{1}{2}}[R] - i} + \frac{R\,T}{F}\ln[H^+]_0 + K'.$$

Da aber bei $[R]_0 = 0$ der Wert $i = i_d$ erreicht wird, ist $K\cdot D^{\frac{1}{2}}\cdot[R] = i_d$, so daß die Gleichung der Strompotentialkurve

$$\pi = -\frac{R\,T}{2F}\ln\sqrt{\frac{D}{d}}\cdot\frac{i}{i_d - i} + \frac{R\,T}{F}\ln[H^+]_0 + K' \qquad (20)$$

lautet. Für das Halbstufenpotential gilt dann

$$\pi_{\frac{1}{2}} = -\frac{R\,T}{2F}\ln\sqrt{\frac{D}{d}} - 0{,}058\cdot p_H + K' = K'' - 0{,}058\,p_H.$$

$\pi_{\frac{1}{2}}$ stellt also ein konstantes, nur durch den p_H-Wert der Lösung gegebenes Potential dar. Diese Ergebnisse werden experimentell bestätigt, und zwar in genauer Übereinstimmung mit Formel (20) bei der schon erwähnten Reduktion des Chinons (S. 41). Später unternahm I. TACHI (*464*) eingehende Studien der Halbstufenpotentiale organischer Reduktionen und fand einen völligen Einklang mit Formel (20) bei dem bekannten reversiblen Redoxindikator „Neutralrot". Andere von I. TACHI auf die Konstanz der $\pi_{\frac{1}{2}}$-Werte untersuchte Verbindungen sind Diacetyl, Benzil, Acetophenon, Azobenzol und Benzoylaceton. Die $\pi_{\frac{1}{2}}$-Werte dieser Stoffe sind zwar von ihrer Konzentration unabhängig, zeigen aber nicht die Abhängigkeit von den p_H-Werten genau nach $\frac{R\,T}{F}\log[H^+]$. Bei Azobenzol sind z. B. die Verschiebungen etwas größer und entsprechen 0,069 p_H anstatt 0,059 p_H, was durch Irreversibilität des Elektrodenvorganges zu erklären ist. M. v. STACKELBERG und H. v. FREYHOLD (*631*) erhielten bei der Stromstufe der Reduktion von Methylenblau zu Leukomethylenblau in sauren Pufferlösungen Verschiebungen von 0,087 p_H, dagegen in alkalischen nur von 0,029 p_H. Diese Verschiebungen stehen aber mit dem Elektrodenvorgange im vollen Einklang, denn in sauren Lösungen lagert sich nur eines der drei H^+-Ionen der Molekel an, während die beiden anderen Ammoniumsalz bilden. Die Gleichung ist hier

$$M^+ + 2 \ominus + 3\,H^+ \rightarrow MH_3^{2+}.$$

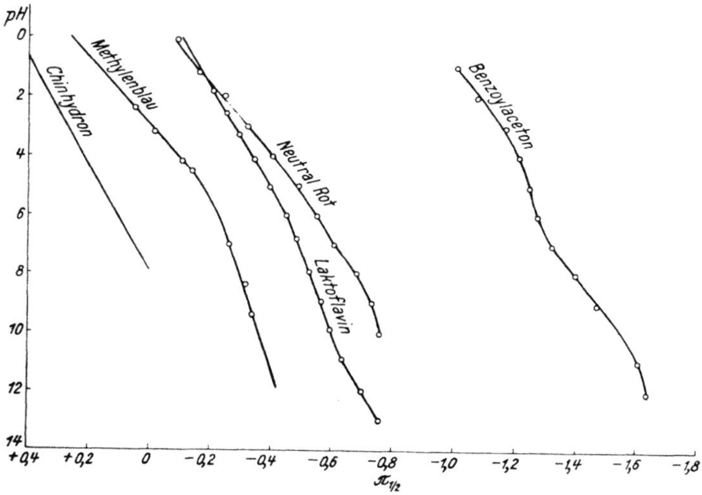

Abb. 34. Die Abhängigkeit der Werte der Halbstufenpotentiale vom p_H-Werte der Lösung.

Nach dem Massenwirkungsgesetz ist dann das Potential dieses Vorganges

$$\pi = -\frac{R\,T}{2\,F} \ln \frac{k \cdot [MH_3^{2+}]}{[M^+] \cdot [H^+]^3},$$

was zur Formel

$$\pi = -\frac{R\,T}{2\,F} \ln \frac{i}{i_d - i} + \frac{3}{2} \frac{R\,T}{F} \ln [H^+] + K'$$

führt. In alkalischen Lösungen entsteht kein Ammoniumsalz und daher wird nur ein H^+-Ion verbraucht, gemäß der Gleichung

$$M^+ + 2 \ominus + H^+ \rightarrow MH.$$

Das Potential ergibt sich zu

$$\pi = -\frac{R\,T}{2\,F} \ln \frac{k\,[MH]}{[M^+] \cdot [H^+]} =$$

$$= -\frac{R\,T}{2\,F} \ln \frac{i}{i_d - i} + \frac{1}{2} \frac{R\,T}{F} \ln [H^+] + K'.$$

Die theoretischen Verschiebungen sind also 0,087 p_H und 0,029 p_H genau so wie die gefundenen. Die von O. H. MÜLLER und J. P. BAUMBERGER (*359*), I. TACHI (*464*) und M. v. STACKELBERG und H. v. FREYHOLD (*631*) erhaltenen Beziehungen zwischen $\pi_{\frac{1}{2}}$ und p_H sind im Diagramm (Abb. 34) angegeben.

Wenn der Red- bzw. Oxy-Stoff eine schwache Säure ist, müssen seine Dissoziationskonstanten k_1, k_2 bzw. k_1', k_2' in Betracht gezogen werden. Dann gilt

$$\pi_{\frac{1}{2}} = \pi_0 + \frac{R\,T}{2F} \ln \frac{k_1 k_2 + k_1 [H^+] + [H^+]^2}{k_1' k_2' + k_1' [H^+] + [H^+]^2} + \frac{R\,T}{F} \ln [H^+].$$

Das Hydrochinon ist z. B. eine schwache zweibasische Säure von Konstanten k_1 und k_2; bei Chinon jedoch ist k_1' und k_2' gleich Null (*616*). Für Basen ist im Bruche $[OH']$ anstatt $[H^+]$ einzusetzen.

3. Die obige Formel (20) wurde unter der Voraussetzung abgeleitet, daß die H^+-Ionen der Lösung mit dem primären Reduktionsprodukt schnell zum Gleichgewichtszustand kommen. Zu demselben Gleichgewicht gelangt man aber auch unter der Voraussetzung, daß die primär abgeschiedenen Wasserstoffatome rasch mit dem organischen Stoff reagieren, wobei also der Elektrodenvorgang $2\,H^+ + 2 \ominus \rightarrow 2\,H$ und $2\,H + R \rightarrow RH_2$ ist. Bei manchen Reduktionen ist dieser in der Elektrochemie seit langem angenommene Vorgang der wahrscheinlichere. Dann können wir der Kathode bei der Abscheidung der H^+-Ionen wie bei der Abscheidung der Metallionen das Potential

$$\pi_H \doteq - \frac{R\,T}{F} \ln \frac{k\,[H]}{[H^+]}$$

zuschreiben. Wenn der Hydrogenisierungsvorgang $2\,H + R \rightarrow$ $\rightarrow RH_2$ in einem Bruchteile der Tropfzeit bis zum Gleichgewichtszustande gelangt, können wir mittels der Gleichgewichtskonstante

$$K' = \frac{[H]_0^2 \cdot [R]_0}{[RH_2]_0}$$

den Wert $[H]_0$ ausdrücken und in die obige Formel einsetzen. So erhalten wir

$$\pi_H = - \frac{R\,T}{2\,F} \ln \frac{[RH_2]_0}{[R]_0} + \frac{R\,T}{F} \ln [H^+] + K''.$$

Führt man ferner die Diffusionsbedingung ein, so erhält man dieselbe Gleichung der Reduktionsstufe, wie sie Formel (20) angibt. Wir können daher polarographisch nicht entscheiden, ob sich primär Wasserstoff abscheidet und den Stoff hydrogenisiert oder ob zuerst der Stoff Elektronen annimmt und dann erst mit den H^+-Ionen reagiert, falls beide Vorgänge zum Gleichgewichtszustande führen. Wir können aber aus den bei Änderungen der p_H-Werte beobachteten Verschiebungen der Halbstufenpotentiale über den Umfang der Betätigung der H^+-Ionen beim Elektrodenvorgang Näheres erfahren.

4. Nun wollen wir die Gleichung eines Reduktionsvorganges ableiten, bei welchem die Hydrogenisierung mittels der abgeschiedenen Wasserstoffatome so langsam erfolgt, daß der Gleichgewichtszustand während der Tropfzeit nicht erreicht wird. Die in der Lösung des organischen Stoffes R polarisierte tropfende Quecksilberkathode hält immer das ihr durch die Abscheidung der H^+-Ionen erteilte Potential

$$\pi_H = -\frac{RT}{F} \ln \frac{[H]}{[H^+]} + K$$

aufrecht. Die Wasserstoffatome reagieren aber gemäß der Gleichung $2\,H + R \rightarrow RH_2$ so, daß die in der Reaktion verbrauchten Wasserstoffatome sofort durch Abscheidung der H^+-Ionen ersetzt werden. Die Reaktionsgeschwindigkeit bestimmt daher hier die Stromstärke. Wir haben somit

$$i = \frac{d\,[RH_2]}{dt} = K'' \cdot [H]^2 \cdot [R]_0,$$

wenn wir annehmen, daß an der Elektrodenoberfläche dieselbe Formel für die Reaktionsgeschwindigkeit wie im homogenen System gilt und die Reaktion irreversibel nur in einer Richtung verläuft. Durch Einsetzen in die Formel für π_H erhalten wir

$$\pi_H = -\frac{RT}{2F} \ln \frac{i}{K''\,[R]_0} + \frac{RT}{F} \ln [H^+] + K.$$

Nun muß wiederum die Menge der zur Elektrode hindiffundierten organischen Molekeln gleich der dort reduzierten Menge sein, so daß sich

$$i = K'\,D^{\frac{1}{2}}\,([R] - [R]_0)$$

ergibt. Somit geht die obige Gleichung in

$$\pi = -\frac{RT}{2F} \ln \frac{i \cdot K' \cdot D^{\frac{1}{2}}}{K' \cdot D^{\frac{1}{2}}\,[R] - i} + \frac{RT}{F} \ln [H^+] + \frac{RT}{F} \ln K'' + K$$

über. Durch Einsetzen des Wertes $i_d = K'\,D^{\frac{1}{2}} \cdot [R]$ erhält man

$$\pi = -\frac{RT}{2F} \ln \frac{i}{i_d - i} + \frac{RT}{F} \ln [H^+] + \frac{RT}{2F} \ln K'' \cdot K' \cdot D^{\frac{1}{2}} + K.$$

Diese Gleichung stellt wieder denselben Verlauf der Stufe wie Gleichung (20) dar, das Potential hängt aber von dem Werte

$\frac{RT}{2F} \cdot \ln K''$, d. h. von der Reaktionsgeschwindigkeitskonstante K'', ab. Je langsamer die Hydrogenisierung fortschreitet, desto negativer ist das Potential der Stufe. Das Potential hängt aber von der Konzentration des Reduktionsprodukts RH_2 überhaupt nicht ab. In diesem Falle stimmt daher das Halbstufenpotential mit dem des Redoxsystems nicht überein. Die genaue Beziehung zwischen diesem Elektrodenvorgang und dem des Gleichgewichtszustandes wird im Absatze über die Reversibilität der Redoxsysteme erörtert (s. S. 149).

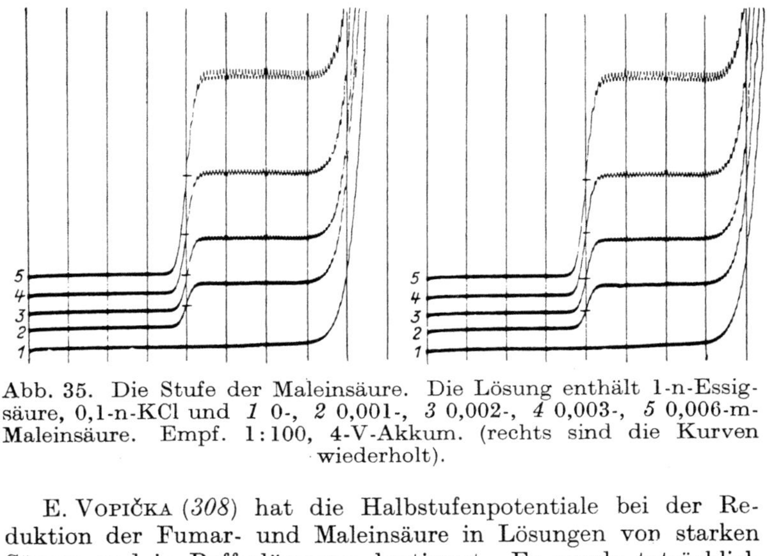

Abb. 35. Die Stufe der Maleinsäure. Die Lösung enthält 1-n-Essigsäure, 0,1-n-KCl und *1* 0-, *2* 0,001-, *3* 0,002-, *4* 0,003-, *5* 0,006-m-Maleinsäure. Empf. 1:100, 4-V-Akkum. (rechts sind die Kurven wiederholt).

E. Vopička (*308*) hat die Halbstufenpotentiale bei der Reduktion der Fumar- und Maleinsäure in Lösungen von starken Säuren und in Pufferlösungen bestimmt. Es wurde tatsächlich eine von der Konzentration der Fumar- oder Maleinsäure unabhängige Konstanz der $\pi_{\frac{1}{2}}$-Werte festgestellt (Abb. 35). Die beobachteten Verschiebungen der $\pi_{\frac{1}{2}}$-Werte waren aber größer als die mittels Formel (20) berechneten. P. Herasymenko (*342*) machte darauf aufmerksam, daß diese Differenzen teilweise durch Reduktion der Anionen zu erklären sind. Wenn man nämlich die Dissoziation der überwiegend einbasischen Maleinsäure in Betracht zieht und mit [HM] und [M'] die Konzentration ihrer Molekeln und Anionen bezeichnet, ist in der Formel

$$\pi = -\frac{RT}{2F} \ln \frac{i}{[R]_0 [H^+]^2} + K'$$

für die Konzentration der undissoziierten Molekeln des organischen Stoffes

$$[\mathrm{R}] = [\mathrm{HM}] = \frac{[\mathrm{H}^+]\cdot[\mathrm{M}']}{K_0}$$

einzusetzen. Hier bezeichnet K_0 die OSTWALDsche Dissoziationskonstante der Maleinsäure. Es folgt dann

$$\pi = -\frac{R\,T}{2\,F}\ln\frac{i\cdot K_0}{[\mathrm{M}']_0\cdot[\mathrm{H}^+]^3} + K'.$$

Die Beziehung zwischen $[\mathrm{M}']$ und der analytischen Konzentration der Maleinsäure C ist

$$[\mathrm{M}'] = \frac{C\cdot K_0}{[\mathrm{H}^+] + K_0}.$$

Somit erhalten wir

$$\pi = -\frac{R\,T}{2\,F}\ln\frac{i\cdot([\mathrm{H}^+] + K_0)}{C_0\,[\mathrm{H}^+]^3} + K'.$$

Die Diffusionsbedingung erfordert

$$i = K\,D^{\frac{1}{2}}\,([\mathrm{MH}] - [\mathrm{MH}]_0) + K\,D'^{\frac{1}{2}}\,([\mathrm{M}'] - [\mathrm{M}']_0),$$

wo D und D' die Diffusionskonstanten der Säuremolekeln bzw. der Anionen bezeichnen. Diese sind aber praktisch identisch, und somit gilt

$$i = K\cdot D^{\frac{1}{2}}\,(C - C_0).$$

Nun haben wir

$$\pi = -\frac{R\,T}{2\,F}\ln\frac{i\cdot K\,D^{\frac{1}{2}}\,([\mathrm{H}^+] + K_0)}{(K\,D^{\frac{1}{2}}\,C - i)\,[\mathrm{H}^+]^3} + K'.$$

Da der Diffusionsstrom $i_d = K\,D^{\frac{1}{2}}\cdot C$ ist, erhalten wir das Halbstufenpotential zu

$$\pi_{\frac{1}{2}} = -\frac{R\,T}{2\,F}\ln\frac{[\mathrm{H}^+] + K_0}{[\mathrm{H}^+]^3} + K''.$$

Die $\pi_{\frac{1}{2}}$-Werte sollen sich also bei kleinen Wasserstoffionenkonzentrationen um $\frac{R\,T}{2\,F}\ln[\mathrm{H}^+]^3$, d. i. um $\frac{3}{2}\cdot\frac{R\,T}{F}\ln[\mathrm{H}^+]$ verschieben. E. VOPIČKA (l. c.) hat $2\,\frac{R\,T}{F}\ln[\mathrm{H}^+]$ gefunden, bemerkt aber, daß bei höheren Temperaturen die Verschiebungen kleiner werden, d. h. dem theoretischen Werte sich nähern.

In den bisher beschriebenen Erwägungen und experimentellen Messungen wurde immer eine reichliche Reserve an H^+-Ionen in der Lösung vorausgesetzt. Deswegen konnte die dicht an der Elektrodenoberfläche herrschende H^+-Ionenkonzentration $[\mathrm{H}^+]_0$ als gleich der im Inneren der Lösung $[\mathrm{H}^+]$ angenommen werden. Es wurden aber auch Lösungen von reduzierbaren Stoffen polarographisch untersucht, in denen weder ein Überschuß an H^+-Ionen noch ein Puffergemisch anwesend war. In Abb. 36 z. B. sieht man Stufen an den Kurven, welche man durch Zugaben von Fumarsäure zu einer neutralen Lösung des Calciumchlorids erhielt. Es entstehen immer zwei Stufen, deren erste den Molekeln und die zweite — bei negativerem Potential — den Anionen zugeschrieben wird (*262*, *467*). Richtiger ist jedoch die Ansicht, daß die positivere Stufe der Reduktion sowohl den Molekeln wie deren Anionen entspricht und die negativere Stufe nur den

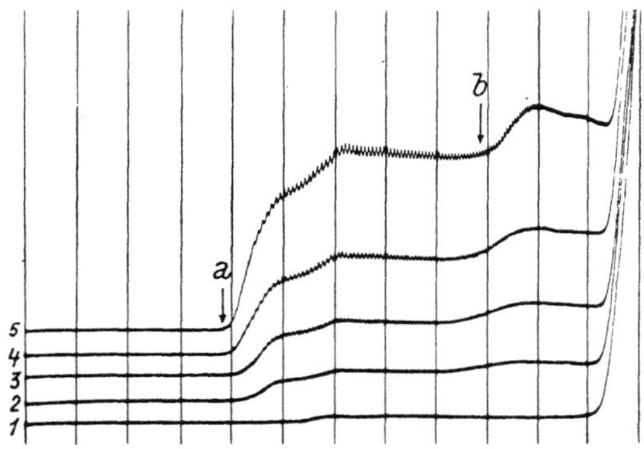

Abb. 36. Stufen, welche in einer nicht gepufferten Lösung der Fumarsäure entstehen. Die Lösung enthält 0,1-n-$CaCl_2$ und *1* 0-, *2* 0,002-, *3* 0,005-, *4* 0,009-, *5* 0,017-n-Fumarsäure. Empf. 1:200, 4-V-Akkum.

Anionen zugehört. Denn in der Lösung einer reduktionsfähigen Säure diffundieren zur Elektrode nicht nur die Molekeln, sondern — wie es HERASYMENKO (*342*) formuliert hat — auch die Anionen. Der Unterschied der Vorgänge bei den beiden Stufen liegt darin, daß sich im ersten Vorgang die aus der Säure abgeschiedenen H^+-Ionen betätigen und daß im zweiten dagegen die H^+-Ionen, falls sie überhaupt einwirken, dem neutralen Wasser entzogen werden müssen. Daß sich bei der negativeren Stufe ein anderer Vorgang abspielt, ersieht man aus dem Verhalten der Reduktion von Salzen der Fumar- bzw. Maleinsäure, wenn man diese in neutralen oder alkalischen Lösungen untersucht. Die Stufen verschieben sich bei wachsenden Konzentrationen der Salze — und auch der Hydroxyde — der Alkalien und alkalischen Erden zu positiveren Potentialen, wobei die Kationenwertigkeit — wie bei der Reduktion von NO_3', BrO_3' — einen starken Einfluß ausübt. Auch die Stufenhöhe ist von der Kationenvalenz des

Zusatzelektrolyten abhängig. Ein weiterer Beweis dafür, daß die Reduktionsstufe der Anionen in Lösungen von Neutralsalzen oder der Alkalihydroxyde einem anderen Elektrodenvorgang als dem der Säuremolekeln in Pufferlösungen entspricht, liegt in der Änderung der Potentialwerte in nichtgepufferten Lösungen. So ist in Pufferlösungen bis zu $p_H = 11$ die Reduktionsstufe der Maleinsäure beträchtlich positiver als die der Fumarsäure, in Laugen dagegen ist die Stufe des Fumarats um etwa 0,2 V positiver als die des Maleinats. E. Vopička (*308*) erklärt diesen Vorgang durch eine primäre Elektronenzunahme, nach welcher das negativ geladene Radikal den Wassermolekeln H^+-Ionen entzieht, also durch die Reaktion:

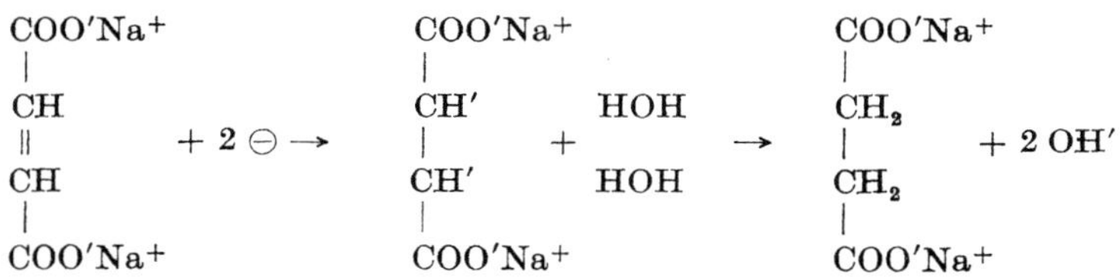

Aus den Diffusionsbedingungen des Elektrodenvorganges kann man das Entstehen der beiden Stufen ableiten, und zwar folgendermaßen: Die zur Elektrodenoberfläche pro sec. zudiffundierte Menge der reduzierbaren organischen Molekeln und Anionen, deren jedes zwei Elektronen aufnimmt, ist durch

$$i = 2\,K\,D_M^{\frac{1}{2}}\,(C - C_0)$$

gegeben, wo C die Gesamtkonzentration der organischen Säure und D_M die Diffusionskonstante ihrer Molekeln oder Anionen bezeichnet. Die zur Elektrodenoberfläche pro sec. zudiffundierten H^+-Ionen sowie die Molekeln, denen H^+-Ionen entzogen werden können, sind

$$K\,D_H^{\frac{1}{2}}\,([H^+] - [H^+]_0) + K\,D_M^{\frac{1}{2}}\,([MH] - [MH]_0);$$

die H^+-Ionen aller dieser Teilchen werden beim Elektrodenvorgang verbraucht. Wenn α den Dissoziationsgrad der organischen Säure bezeichnet, ist die Konzentration der undissoziierten Molekeln [MH] gleich $\frac{1-\alpha}{\alpha} \cdot [H^+]$. Wir haben dann

$$i = K\left\{[H^+]\left(D_{H^\cdot}^{\frac{1}{2}} + D_M^{\frac{1}{2}}\,\frac{1-\alpha}{\alpha}\right) - [H^+]_0\left(D_{H^\cdot}^{\frac{1}{2}} + D_M^{\frac{1}{2}}\,\frac{1-\alpha}{\alpha}\right)\right\}.$$

Der Diffusionsstrom, bei welchem sich die freien H^+-Ionen der Säure betätigen — also bei der ersten Stufe —, erreicht seinen

Höchstwert wenn $[H^+]_0$ praktisch Null wird, genauer 10^{-7} gleicht. Dann wird, da $[H^+] = \alpha C$,

$$i_d = K \alpha C \left(D_{H^\cdot}^{\frac{1}{2}} + D_{M^\cdot}^{\frac{1}{2}} \frac{1-\alpha}{\alpha} \right).$$

Bei negativeren Potentialen können nur die H^+-Ionen des Wassers am Elektrodenvorgang teilnehmen; dabei muß sich das Potential der Stufe stark zu negativen Werten verschieben, denn der p_H-Wert der Lösung dicht an der Elektrodenoberfläche ändert sich rasch von der sauren zur alkalischen Reaktion. Der höchste Diffusionsstrom, d. h. der Grenzwert der zweiten Stufe, wird erreicht, wenn die Lösung an reduktionsfähigen Teilchen erschöpft ist. Das geschieht, wenn $C_0 = 0$, d. i. $i_d' = 2 K \cdot D_M^{\frac{1}{2}} C$. Die beiden Stufen sind dann im Verhältnis

$$i_d' : i_d = 2 D_M^{\frac{1}{2}} : \alpha \left(D_{H^\cdot}^{\frac{1}{2}} + D_M^{\frac{1}{2}} \frac{1-\alpha}{\alpha} \right) = 2 : \left(\alpha \sqrt{\frac{D_{H^\cdot}}{D_M}} + 1 - \alpha \right).$$

Da nun $D_{H^\cdot}$ etwa neunmal größer ist als D_M, ist $\sqrt{\frac{D_{H^\cdot}}{D_M}}$ gleich 3 und das Verhältnis der Diffusionsströme beträgt $2 : (2\alpha + 1) = 1 : (\alpha + 0{,}5)$. Die Überprüfung dieses Ergebnisses durch das in Abb. 36 veranschaulichte Verhältnis der Stufenhöhen stößt auf Schwierigkeiten bei der Berechnung der Dissoziation der zweibasischen Säure. Bei der zur Kurve 5 benutzten Konzentration (0,017 n) der Fumarsäure ist nach der Leitfähigkeitsmessung $\alpha = 0{,}22$; somit wird $i_d' : i_d = 1 : 0{,}72$. Aus der Abb. 36 ergibt sich etwa 1:0,87. Die zweite Stufe sollte daher etwas höher sein. Dies ist sehr wahrscheinlich, denn E. Vopička fand den Diffusionsstrom des Fumarations in der $CaCl_2$-Lösung gegenüber einem in der HCl-Lösung um etwa 13% erniedrigt.

Bei stärkeren Säuren, wenn $\alpha > 0{,}5$ ist, erhält man nur die erste Stufe, denn die Anzahl der zur Kathode zudiffundierenden H^+-Ionen genügt zur vollständigen Reduktion der Säure.

Ähnliche Kurven mit zwei Reduktionsstufen erhält man auch bei der Reduktion einiger organischer Basen, wie Pyridin, p-Aminoazobenzol, Nitranilinen. M. Shikata und M. Watanabe (*464*) leiteten bezüglich der Reduktionspotentiale dieser Stoffe eine empirische Regel ab, nach welcher sich das reduktionsfähige Kation einer Base bei einem positiveren Potential als die undissoziierte Base reduziert, wogegen ein reduktionsfähiges Anion einer Säure sich bei negativerem Potential als die undissoziierte Säure reduzieren soll. I. Tachi (*464*) bestätigt diese Regel durch mehrere Beispiele. So zeigt z. B. eine Lösung von $1{,}25 \times 10^{-3}$-mol-Pyridin in Anwesenheit von 10^{-3}-n-HCl die Reduktionsstufe des Kations bei — 1,51 V; die der undissoziierten Molekeln bei — 1,70 V oder $3{,}0 \times 10^{-4}$-mol-Dimethylaminoazobenzol ergibt in Anwesenheit von 10^{-4}-n-H_2SO_4 die erste Reduktionsstufe bei — 0,39 und eine zweite bei — 0,80 V. Im Überschuß der Säure erhält man nur die erste Stufe. Nach der Erklärung über das Auftreten der beiden Stufen bei der Reduktion von organischen Säuren ist eine ähnliche Erscheinung bei den organischen Basen leicht zu verstehen. In Anwesenheit von starken Säuren bilden sich vorwiegend Kationen der organischen Base und hydrogenisieren sich beim Reduktionsvorgang auf Kosten der anwesenden freien H^+-Ionen. Wenn dann, bei steigender Spannung, die freien H^+-Ionen verbraucht werden, müssen auf der Elektrodenoberfläche H^+-Ionen den neutralen Wassermolekeln entzogen werden, um die Base zu reduzieren. Dabei wird die Lösung an der Elektrodenoberfläche alkalisch und die Dissoziation der Base wird dadurch zurückgedrängt, so daß es sich tatsächlich um die Reduktion der undissoziierten Molekeln handelt. Da der letzte Vorgang bei einer viel geringeren H^+-Konzentration als der erste verläuft, muß er auch bei einem beträchtlich negativeren Potential stattfinden. Damit ist auch die empirische Regel von Shikata und Watanabe erklärt, denn bei steigender Spannung wird in jeder Lösung die Konzentration der H^+-Ionen herabgesetzt, wodurch aus Kationen schwacher Basen nichtdissoziierte Basenmolekeln und aus nichtdissoziierten Säuremolekeln Anionen gebildet werden. Es sei aber betont, daß sich bei den Vorgängen der beiden Stufen die Ionen und Molekeln im Gleichgewichtszustande in der Lösung befinden, so daß sich sowohl die Molekeln wie die betreffenden Ionen bei beiden Stufen reduzieren können.

Beim Auftreten von zwei oder mehreren Stufen an der Stromspannungskurve in einer Lösung, welche einen reduktionsfähigen Stoff enthält und in welcher um einen Überschuß an H^+-Ionen oder deren Nachschub durch einen Puffer gesorgt wird, bedeuten die Stufen, falls ihre Höhen in stöchiometrischen Verhältnissen stehen, eine stufenartige Reduktion. So erhielt z. B. M. Shikata (*22*, *120*, *121*) zwei gleich große Stufen bei der Reduktion von aromatischen Nitrokörpern, welche der Reduktion der Nitro-(NO_2-) Gruppe unter Zunahme von zwei Elektronen zur Nitroso-(NO-) und bei weiterer Zunahme zur Azoxy- (NOH-) Gruppe zuzuschreiben sind. Benzophenon und Benzoin reduzieren sich nach demselben Autor (*92*) auch in zwei Stufen. Benzaldehyd und

Benzophenon geben — nach M. TOKUOKA (*264*) bzw. H. SCHWEITZER und E. LAQUER (*303*) — in sauren Lösungen zwei gleich große

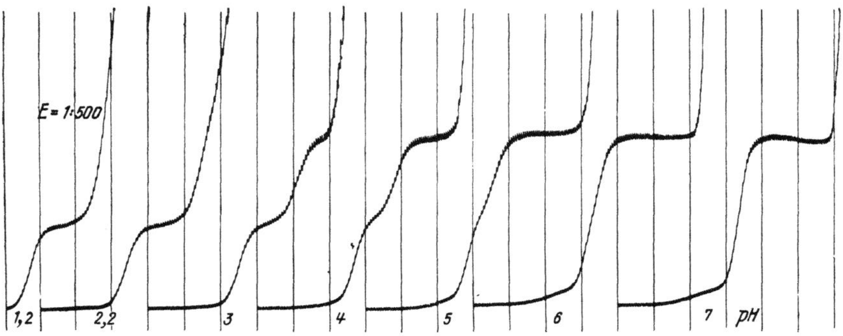

Abb. 37. Zweistufige Reduktion des Benzaldehydes in bestimmtem p_H-Bereiche. In der Lösung befinden sich 0,005-m-Benzaldehyd und ein Puffergemisch, bei welchem die Lösung einen p_H-Wert von 1,2 bis 7 hat. Empf. 1:500, 4-V-Akkum. Die Kurven sind von 0,8 V Spannung an aufgenommen.

Stufen (Abb. 37), deren jede einer Zunahme von einem Elektron entspricht. Das erste Reduktionsprodukt ist wahrscheinlich ein freies Radikal

$$C_6H_5C{\cdot}(OH)(H) \quad \text{bzw.} \quad (C_6H_5)_2C{\cdot}\,OH,$$

welches sich zu Hydrobenzoin

$$C_6H_5\text{—}C(OH)(H)\text{—}C(OH)(H)\text{—}C_6H_5$$

bzw. zu Benzpinakon

$$(C_6H_5)_2C(OH)\text{—}C(OH)(C_6H_5)_2$$

dimerisiert. Der zweite Reduktionsvorgang führt dann zu Benzylalkohol $C_6H_5CH_2OH$ bzw. zu Benzhydrol $(C_6H_5)_2CHOH$ (s. S. 155).

Bei aliphatischen Aldehyden hat dagegen F. G. JAHODA (*251*) an der Reduktion des Formaldehyds nachgewiesen, daß ein Molekel zwei Elektronen aufnimmt und deshalb direkt zum Alkohol reduziert wird. Die H^+-Ionen spielen in dieser Reduktion eine sekundäre Rolle, denn das Stufenpotential ist von deren

Konzentration unabhängig. Demgemäß ist der Reduktionsvorgang offenbar

$$CH_2O + 2\ominus + 2H_2O \rightarrow CH_3OH + 2\,OH',$$

wobei die Wasseranlagerung oder die OH'-Ionenabspaltung sekundär erfolgt.

Anodische Wirkung der Anionen.

Wenn der tropfenden Quecksilberelektrode durch die angelegte Spannung positive Potentiale erteilt werden, löst sich Quecksilber anodisch auf, indem es in die Lösung Hg_2^{2+}- und Hg^{2+}-Ionen sendet. Bei jedem Potential stellt sich ein Gleichgewichtszustand ein, bei welchem die Formel

$$\pi = -\frac{RT}{2F}\ln\frac{P_{Hg}\cdot k_1}{[Hg_2^{2+}]} = -\frac{RT}{2F}\ln\frac{P_{Hg}\cdot k_2}{[Hg^{2+}]}$$

gilt. Dabei ist $[Hg_2^{2+}]:[Hg^{2+}]$ stets 120:1, so daß in Lösungen, in welchen sich keine Komplexe mit Quecksilberionen bilden können, wie in Nitrat-, Sulfat- oder Perchloratlösungen, praktisch nur Hg_2^{2+}-Ionen anwesend sind. Dagegen ist in Anwesenheit von

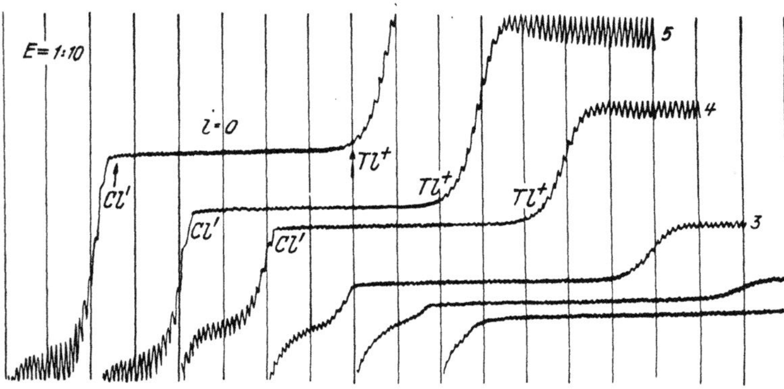

Abb. 38. Anodische Stufe der Cl'-Ionen und kathodische Stufe der Tl^+-Ionen. Die Lösung enthält 0,1-n-KNO_3 und die folgenden Konzentrationen des TlCl: *1* 0, *2* 0,0001-n-, *3* 0,0003-n-, *4* 0,001-n-, *5* 0,0016-n-. Als Anode wird eine 0,1-m-K_2SO_4, Hg_2SO_4 Bezugselektrode benutzt. Empf. 1:10, 2-V-Akkum.

Komplexbildnern wegen der starken Neigung von Mercuriionen zu Komplexen praktisch alles Quecksilber in zweiwertiger Form in Lösung.

Je positiver das Potential der tropfenden Quecksilberelektrode ist, desto mehr Quecksilberionen gehen in die Lösung. In Lösungen von Nitraten, Perchloraten oder Sulfaten entsteht ein merklicher anodischer Strom bei etwa $+0{,}4$ V (von dem Potential der normalen Kalomelelektrode), welcher sich in der Form eines exponentiellen Anstieges an der Stromspannungskurve geltend macht (s. Kurve *1*, Abb. 38). Die Gleichung dieser Kurve leitet man von der Formel

$$\pi = -\frac{RT}{2F}\ln\frac{P_{Hg}\cdot k_1}{[Hg_2{}^{++}]_0}$$

ab, indem man für $[Hg_2{}^{2+}]_0$ den Wert aus der Diffusionsbedingung $i = K\cdot D^{\frac{1}{2}}([Hg_2{}^{2+}]_0 - [Hg_2{}^{2+}])$ einsetzt, wobei $[Hg_2{}^{2+}]$, d. h. die Konzentration der Quecksilberionen in der Lösung, gleich Null anzunehmen ist. Somit erhält man:

$$\pi = -\frac{RT}{2F}\ln\frac{P_{Hg}\cdot k_1\cdot K\cdot D^{\frac{1}{2}}}{i} = \frac{RT}{2F}\ln i + K'.$$

Da das Normalpotential $Hg/Hg_2{}^{2+}$ bei $+0{,}517$ V liegt und der polarographische Stromanstieg erst bei $[Hg_2{}^{2+}]_0 = 10^{-6}$-n beobachtbar ist, fängt der Anstieg bei $+0{,}517 - 6\times 0{,}029$, d. h. bei $+0{,}34$ V an.

Wenn nun aber in der Lösung Chloridionen anwesend sind, welche mit $Hg_2{}^{2+}$-Ionen schwerlösliches Kalomel bilden, wird durch Abfangen der $Hg_2{}^{2+}$-Ionen das Elektrodengleichgewicht gestört und durch sofortigen Nachschub neuer $Hg_2{}^{2+}$-Ionen aufrechterhalten. Der anodische Strom wird dadurch bis zu einem Grenzstrom vergrößert, bei welchem alle zur Elektrodenoberfläche zudiffundierenden Cl′-Ionen durch die in Lösung tretenden $Hg_2{}^{2+}$-Ionen gefällt sind. Es entsteht so eine anodische Stufe, welche durch die beschriebene depolarisierende Wirkung des Anions verursacht ist. Mittels des Löslichkeitsprodukts $K_L = [Hg_2{}^{2+}]\cdot[Cl']$ = kann man die Gleichung der Stufe ableiten, wenn man als $[Hg_2{}^{2+}]$ den Wert $\frac{K_L}{[Cl']^2}$ in die Formel für das Potential der Mercuroelektrode einführt. Man erhält somit

$$\pi = \frac{RT}{2F}\ln\frac{K_L}{[Cl']_0^2} + K'.$$

Nun ist die Stromstärke der Geschwindigkeit, mit welcher die $Hg_2{}^{2+}$-Ionen gefällt werden, d. h. der Geschwindigkeit mit welcher die Cl′-Ionen zur Elektrodenoberfläche ankommen, proportional. Der Anodenstrom ist demnach

$$i = KD^{\frac{1}{2}}([Cl'] - [Cl']_0),$$

wo D die Diffusionskonstante der Chloridionen bezeichnet. Durch

Einsetzen von $[\mathrm{Cl}']_0 = [\mathrm{Cl}'] - \frac{i}{K D^{\frac{1}{2}}}$ erhalten wir, da der Diffusionsstrom dem Wert $[\mathrm{Cl}'] K D^{\frac{1}{2}}$ gleicht,

$$\pi = -\frac{R\,T}{2\,F} \ln \frac{(i_d - i)^2}{K_L \left(K\,D^{\frac{1}{2}}\right)^2} + K'.$$

Die Stromstärke wird Null beim Potential

$$\pi = -\frac{R\,T}{2\,F} \ln \frac{i_d^2}{K_L \left(K\,D^{\frac{1}{2}}\right)^2} + K' = \frac{R\,T}{2\,F} \ln \frac{K_L}{[\mathrm{Cl}']^2} + K',$$

d. h. bei derjenigen Konzentration der Hg_2^{2+}-Ionen, bei welcher das Löslichkeitsprodukt des Kalomels gerade erreicht ist. Der Wert, bei welchem die Stromstärke Null wird, ist also mit dem Potential einer Kalomelelektrode in der betreffenden Chloridionenkonzentration identisch. Da die Stufenkurve bei $i = 0$ die Abszissenachse schneidet, ist der Stromanstieg der Stufe jäh, wie aus Abb. 38 ersichtlich ist. Das Halbstufenpotential ist durch

$$\pi_{\frac{1}{2}} = -\frac{R\,T}{2\,F} \ln \frac{i_d^2}{4\,K_L K^2 D} + K' = -\frac{R\,T}{F} \ln \frac{[\mathrm{Cl}']}{2\,K \sqrt{K_L \cdot D}} + K'$$

gegeben, verschiebt sich also zu negativeren Werten bei steigender Konzentration der Chloridionen, wie es bei der Kalomelelektrode der Fall ist (*555*).

Auf dieselbe Weise wie Cl'-Ionen verhalten sich auch Anionen Br', J', OH' und S'', welche schwerlösliche Quecksilbersalze bilden und deshalb durch ihre depolarisierende Wirkung den anodischen Strom hervorrufen. Die Löslichkeit der betreffenden Quecksilbersalze vermindert sich von Chloriden zu Sulfiden, und demgemäß haben die Depolarisationspotentiale negativere Werte. J. Revenda, welcher diese Anionenwirkung zum erstenmal untersuchte (*215*), erhielt in millinormalen Lösungen der Anionen die folgenden Potentiale, bei denen der jähe Stromanstieg beginnt:

Cl'	Br'	OH'	J'	S''
0,17	0,04	0,0	— 0,11	— 0,70 V

Das Jodid verhält sich jedoch eigenartig, indem der anodische Strom von Null nicht jäh, sondern allmählich aufsteigt, und sein Halbstufenpotential bei kleinen Konzentrationen abnormal negative Werte annimmt. Wenn die Konzentration der J'-Ionen über 5×10^{-4} n steigt, weist der Diffusionsstrom starke Störungen auf. Offenbar entsteht an der Oberfläche der tropfenden Anode bei kleinen Stromstärken eine Übersättigung, welche erst bei größeren Diffusionsströmen zur Ausscheidung von festem Hg_2J_2 führt und durch eine Deckschicht Störungen hervorruft. Diese Störungen werden durch Zugabe von Gelatine (0,5%) beseitigt (*600*). Ähnliche Störungen beobachtet man auch an den Cl'- und Br'-Stufen, wenn diese Ionen konzentrierter als 10^{-3} n sind. Diese Erscheinungen entsprechen der von V. MAJER (*254*) untersuchten Deckschichtpassivität an kleinen Quecksilberanoden in Lösungen von Chloriden und Bromiden (S. 284).

Eine andere Gruppe von Anionen wirkt an der tropfenden Quecksilberanode depolarisierend durch Bindung der Quecksilberionen in Komplexe. Für diese Gruppe ist die depolarisierende Wirkung der Cyanidionen charakteristisch, und an ihr sei die entsprechende Stromstufe abgeleitet. Die Reaktion der Komplexbildung ist hier

$$Hg^{2+} + 3\,CN' \rightleftarrows Hg(CN)_3'$$

und die entsprechende Gleichgewichtskonstante

$$K' = \frac{[Hg(CN)_3']}{[Hg^{2+}]\cdot[CN']^3}\,.$$

Das Potential der tropfenden Quecksilberelektrode in einer Lösung, die Cyanidionen enthält, ist

$$\pi = \frac{R\,T}{2\,F}\ln k\,[Hg^{2+}]_0 = \frac{R\,T}{2\,F}\ln\frac{k}{K'}\cdot\frac{[Hg(CN)_3']_0}{[CN']_0^3}\,.$$

Der Strom ist hier durch die Anzahl der Hg^{2+}-Ionen, welche pro sec. im Komplex gebunden werden, gegeben. Nach der Diffusionsbedingung ist diese Anzahl gleich der Anzahl der zur Elektrodenoberfläche hindiffundierenden Cyanidionen und zugleich auch der Anzahl der von der Elektrode wegdiffundierenden komplexen Ionen. Wir haben somit die Gleichungen

$$i = K\,D^{\frac{1}{2}}\,([CN'] - [CN']_0) = K\,D'^{\frac{1}{2}}\,[Hg(CN)'_3]_0,$$

wobei D bzw. D' die Diffusionskonstanten der CN'- bzw. $Hg(CN)_3$-Ionen bezeichnen. Demnach wird das Potential zu

$$\pi = \frac{R\,T}{2\,F}\ln\frac{k}{K'}\cdot\frac{\dfrac{i}{K\,D'^{\frac{1}{2}}}}{\left([CN'] - \dfrac{i}{K\,D^{\frac{1}{2}}}\right)^3} =$$

$$= \frac{R\,T}{2\,F}\ln\sqrt{\frac{D}{D'}}\cdot\frac{k}{K'}\cdot\frac{i}{(i_d - i)^3}$$

und das Halbstufenpotential zu

$$\pi_{\frac{1}{2}} = \frac{R\,T}{2\,F}\ln\frac{1}{i_d{}^2} + K'' = \frac{R\,T}{F}\ln\frac{1}{[\mathrm{CN}']} + K'''.$$

Hier verschiebt sich $\pi_{\frac{1}{2}}$ wiederum, wie bei Chloridionen, mit den Log. der Anionenkonzentration (*244*).

J. Revenda (*215*) gibt diese Depolarisationswirkung bei den Anionen CN′, CNS′, SO_3'' und S_2O_3'' an und findet die Potentiale, bei denen die entsprechenden anodischen Stufen in millinormalen Lösungen der betreffenden Anionen erscheinen, als:

CNS′	SO_3''	S_2O_3''	CN′
+0,10	—0,07	—0,30	—0,42 V

Die Diffusionsströme scheinen der Gleichung von Ilkovič zu gehorchen, denn in Äquivalenzkonzentrationen sind alle gleich groß, ausgenommen den Diffusionsstrom bei Hydroxylionen, welcher etwa zweimal höher ist als bei anderen Anionen. Dies ist durch die große Diffusionsgeschwindigkeit der Hydroxylionen zu erklären, welche drei- bis viermal größer ist als die der meisten Ionen. Der Diffusionsstrom ist bekanntlich der zweiten Wurzel der Diffusionsgeschwindigkeit proportional. Die durch Ammoniak hervorgerufene anodische Stufe der Hydroxylionen ist aber normal, weil hier zur Elektrode nur die NH_3-Molekeln diffundieren und erst an der Elektrodenoberfläche durch die mit ihnen im Gleichgewicht stehenden Hydroxylionen die Mercuriionen binden.

Die anodischen Stufen der Anionen kann man auf zweierlei Arten der Anlegung von Spannung erhalten. Man kann an die tropfende Elektrode den positiven Pol und an die in derselben Lösung ruhende Quecksilberelektrode den negativen Pol der E. M. K. anlegen und die Spannung von Null an vergrößern. Dabei besteht aber die Gefahr, daß die ruhende Quecksilberelektrode, welche nun als Kathode dient, nicht unpolarisierbar bleibt, indem sie — namentlich in Wasserstoffatmosphäre, in welcher kathodische Depolarisatoren wie Quecksilberionen fast völlig abwesend sind — zu negativen Potentialen polarisiert wird. Dies wird beseitigt, wenn eine gesonderte Bezugselektrode, z. B. nach J. Revenda die Mercurosulfatelektrode, als die unpolarisierbare benutzt wird. Man wählt eine Bezugselektrode vom positiven Potentiale, damit bei äußerer Spannung Null der tropfenden Elektrode ein womöglich positives Potential erteilt wird. Um die anodische Stufe zu erhalten, braucht die tropfende Elektrode nur zu negativeren Potentialen polarisiert werden, wozu der negative Pol der äußeren E. M. K. an die tropfende Elektrode angelegt wird und die Spannung von Null an am Polarographen automatisch vergrößert wird. Wäre das Potential der gesonderten Bezugselektrode gleich oder negativer als jenes des Bodenquecksilbers, könnte man durch Anlegung des negativen Poles der E. M. K. an die tropfende Elektrode keine anodischen Stufen erhalten. Dann müßte man die im Polarographen eingebaute Schaltung „anodisch-kathodische Polarisation" benutzen (S. 228), um dadurch der tropfenden Elektrode positivere und negativere Potentiale als jenes des Bodenquecksilbers zu erteilen.

Da bei Potentialen, welche positiver als — 0,56 V sind, in Abwesenheit eines Depolarisators ein positiver Ladungsstrom durch die tropfende Elektrode fließt, ist sie in diesem Potentialbereiche als Anode zu betrachten, obzwar sie durch die äußere Spannung „kathodisch" polarisiert wird, d. h. der negative Pol der E. M. K. an die tropfende Elektrode angelegt wird. Dies ist bei der Polarisation von zwei gleichen ruhenden Elektroden nie der Fall. Dieses seltsame Verhalten der tropfenden Elektrode beruht darauf, daß ihre Ladung zu Null strebt, weshalb ein positiver Ladungsstrom nötig ist, um ihr ein positives Potential zu erteilen. Befinden sich Depolarisatoren in der Lösung, welche bei positiveren Potentialen reduziert werden (z. B. Cu^{2+}, Pb^{2+}), so lagert sich über den positiven (d. h. anodischen) Ladungsstrom ein negativer (d. h. kathodischer) Strom, so daß der mittlere Strom kathodisch wird. Gemäß dem Potentiale der ruhenden Quecksilberelektrode ist der Ladungsstrom bei Spannung Null, d. h. wenn die Elektroden kurz verbunden sind, der größte in Lösungen von Nitraten, Perchloraten oder Sulfaten, kleiner bei Anwesenheit von Chloriden, noch kleiner mit Alkalihydroxyden und verschwindend in Cyanidlösungen, in denen das Potential des Quecksilbers nahe zu — 0,56 V liegt.

Die hier beschriebenen Depolarisationsvorgänge der Anionen sind als Oxydationsvorgänge aufzufassen, denn bei ihnen werden an die Elektrode Elektronen abgegeben und Quecksilber wird oxydiert. Die betreffenden Anionen sind hier also als ein Reduktionsmittel zu betrachten. In dieser Beziehung ist bemerkenswert, daß diejenigen Anionen, welche auch sonst als Reduktionsmittel gelten, wie z. B. J'- und S''-Ionen, auch mit Quecksilber die am wenigsten löslichen Verbindungen bilden und deswegen dem Quecksilber ziemlich negative Potentiale erteilen. Dagegen bilden Anionen der Säuren im hochoxydierten Zustand, wie z. B. NO_3', ClO_3', ClO_4', SO_4'', mit Quecksilber leichtlösliche Salze und führen daher zu positiven Bodenpotentialen. Negative Potentiale erteilen dem Quecksilber auch diejenigen Anionen, welche mit dem Quecksilber nichtionisierbare, also kovalent gebundene Verbindungen bilden (wie $Hg[CN]_2$). Somit scheint die Tendenz der Anionen kovalente Quecksilberverbindungen zu bilden, mit ihrer Reduktionskraft anzusteigen. Dies ist so zu verstehen, daß, je leichter ein Anion sein Elektron an die Quecksilberelektrode abgibt, desto fester dieses Elektron in der entstehenden Quecksilberverbindung kovalent gebunden wird.

Anodisches Auflösen der Amalgame.

Enthält das Quecksilber ein unedleres Metall in der Form eines verdünnten Amalgams, geht das Metall — wie schon vorher auf S. 30 erklärt wurde — bei einem der Lösungstension des Amalgams entsprechenden Potential anodisch in die Lösung, und zwar gemäß der Reaktion $Me \rightarrow Me^{n+} + n\ominus$. Falls keine Ionen des unedleren Metalls in der Lösung anwesend sind, ergibt sich die Stufengleichung aus der allgemeinen Formel (11), S. 32, für $I_d = 0$, zu

$$\pi_k = -\frac{RT}{nF} \ln k \sqrt{\frac{D}{d}} \cdot \frac{i_d - i}{i}$$

mit dem unabhängigen Halbstufenpotential

$$\pi_{\frac{1}{2}} = -\frac{RT}{nF} \ln k \sqrt{\frac{D}{d}},$$

welches mit dem der Metallabscheidung übereinstimmt. Es handelt sich hier also wieder um ein Redoxsystem, in welchem das Amalgam als die reduzierende Komponente wirkt und die Kationen des Metalls in der Lösung als die oxydierende Komponente zu betrachten sind. Diese Beziehungen wurden durch Studien von J. Heyrovský und M. Kalousek (*508*) bei Cu-, Pb-, Cd- und Zn-Amalgamen einerseits und von J. J. Lingane (*529*) am Cd-Amalgam anderseits bestätigt. Doch wurde auf diesem Gebiete der Polarographie nur wenig erforscht, obzwar Untersuchungen über anodisches Verhalten von Amalgamen vieler Metalle wichtige Schlüsse über die Reversibilität der betreffenden Elektrodenvorgänge ergeben würden, abgesehen von praktischen Anwendungen in der Analyse. Der Verfasser meint damit namentlich die Untersuchung des anodischen Verhaltens der Amalgame des Nickels, Kobalts, Mangans, Zinks, Kupfers und des Goldes, deren kathodische Abscheidung in einigen Lösungen auf Verzögerungserscheinungen hinweisen (s. S. 64, 65, 191).

Anodische Oxydation der Kationen.

Wenn der Elektrodenvorgang bei der anodischen Oxydation der Kationen $Me^{(n-n')+} \rightarrow Me^{n+} + n' \ominus$ reversibel verläuft, stellt er ein Redoxsystem vor, in welchem Kationen höherer Valenz den oxydierend wirkenden Stoff und Kationen niederer Valenz den reduzierend wirkenden Stoff bilden. Die Gleichung dieser Redoxstufe wurde schon auf S. 32 als Formel (11) abgeleitet und vereinfacht sich, falls nur Kationen der niederen Valenz in der Lösung anwesend sind, zum Ausdruck

$$\pi_k = -\frac{RT}{2F} \ln \sqrt{\frac{D}{d}} \cdot \frac{i_d - i}{i},$$

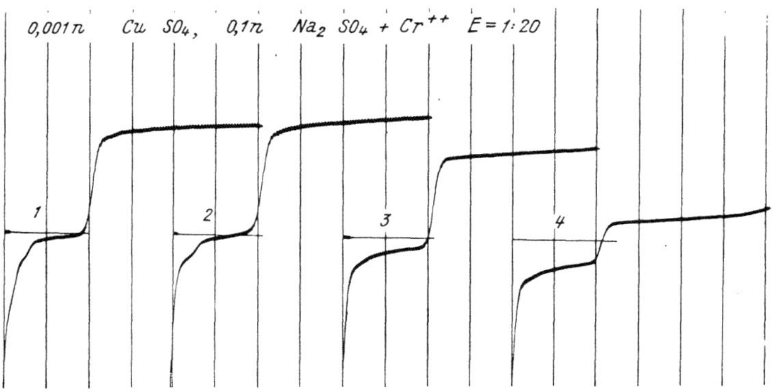

Abb. 39. Redoxstufe der Cu^{2+}- und Cu^{+}-Ionen. *1* in 0,001-n-$CuSO_4$, *2*, *3*, *4* mit Zusatz einer Chrom(II)-lösung. Empf. 1:20, 2-V-Akkum.

welcher den Verlauf der anodischen Stufe angibt. Das Halbstufenpotential ist wieder eine unabhängige Konstante, identisch mit dem Halbstufenpotential des in umgekehrter Richtung verlaufenden, also des kathodischen Reduktionsvorganges

$$Me^{n+} + n' \ominus \rightarrow Me^{(n-n')+}.$$

Diese Beziehungen wurden eingehend durch M. Kalousek (*515*) untersucht, und zwar an den Vorgängen $Cu^{+} \rightarrow Cu^{2+} + \ominus$, $Fe^{2+} \rightarrow Fe^{3+} + \ominus$, $Sn^{2+} \rightarrow Sn^{4+} + 2\ominus$, $Ti^{III} \rightarrow Ti^{IV} + \ominus$ und $Cr^{2+} \rightarrow Cr^{3+} + \ominus$. Die Stufe der anodischen Oxydation $Cu^{+} \rightarrow Cu^{2+} + \ominus$ wurde z. B. nach einer Reduktion millinormaler $CuSO_4$-Lösung durch Cr^{2+}-Ionen, welche Cu^{2+}-Ionen teilweise zu Cu^{+}-Ionen und zu metallischem Kupfer reduzieren, erzielt. Abb. 39 zeigt die sich nach Zugabe einer Chrom(II)-sulfatlösung bildende anodische Stufe, welche glatt in die kathodische Stufe übergeht.

Hier tritt aber im kathodischen Vorgang auch die Kupferabscheidung hinzu. Eine von der Stufe der Kupferabscheidung getrennte,

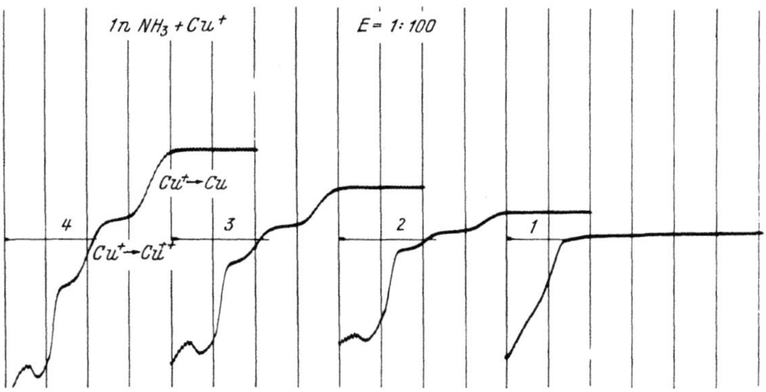

Abb. 40. Die Doppelstufe der Kupferionen in Lösungen von 1-n-NH_3: *1* ohne Kupferlösung, *2*, *3*, *4* mit Zugaben einer salzsauren Kupfer(I)-chloridlösung. Empf. 1:100, 2-V-Akkum.

reine Redoxstufe des Systems $Cu^+ \rightleftarrows Cu^{2+} + \ominus$ erhält man, wie auf S. 68 erwähnt wurde, in ammoniakalischen Lösungen. Um

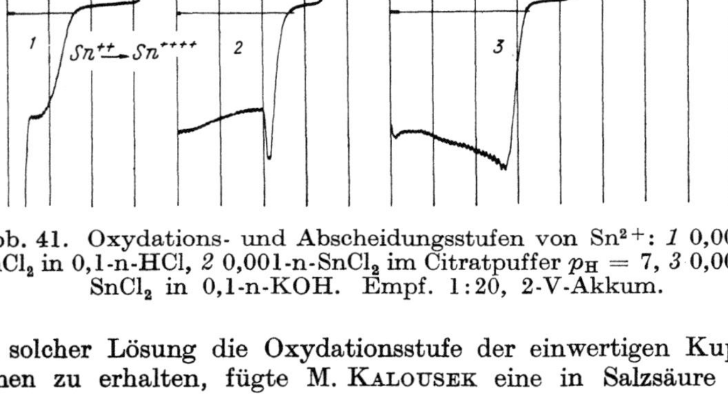

Abb. 41. Oxydations- und Abscheidungsstufen von Sn^{2+}: *1* 0,001-n-$SnCl_2$ in 0,1-n-HCl, *2* 0,001-n-$SnCl_2$ im Citratpuffer $p_H = 7$, *3* 0,001-n-$SnCl_2$ in 0,1-n-KOH. Empf. 1:20, 2-V-Akkum.

in solcher Lösung die Oxydationsstufe der einwertigen Kupferionen zu erhalten, fügte M. Kalousek eine in Salzsäure hergestellte sauerstofffreie Kupfer(I)-chloridlösung der ammoniakalischen Lösung hinzu und erzielte somit die in Abb. 40 dargestellte anodische Stufe der Oxydation von Cu^{+}-Ionen.

Lösungen des zweiwertigen Zinns zeigen deutlich die normale Stufe der anodischen Oxydation der Sn^{2+}-Ionen zu Sn^{4+}-Ionen, und zwar sowohl in Lösungen von starken Säuren wie in Laugen und in Citrat- oder Tartratlösungen (Abb. 41). Es ist bemerkenswert, daß die anodische Stufe nie über die Galvanometer-Nullpunktlinie zur kathodischen Seite hinausgeht, obzwar in der Lösung immer ein Teil des Zinns in der vierwertigen Form anwesend ist. Dies bedeutet, wie oben schon erwähnt wurde, daß

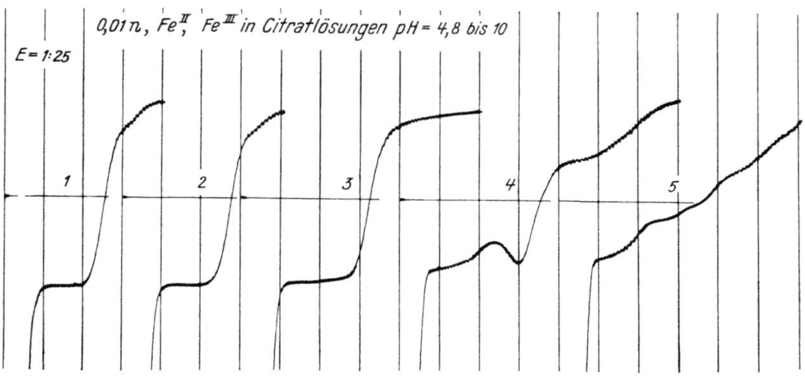

Abb. 42. Die $Fe^{II} \rightleftarrows Fe^{III}$ Redoxstufe in Citratpuffern von $p_H =$ *1* 4,8, *2* 5,8, *3* 6,9, *4* 9,2, *5* 10. Empf. 1:25, 2-V-Akkum.

vierwertiges Zinn in den angegebenen Lösungen an der tropfenden Quecksilberkathode zur zweiwertigen Form nicht reduziert werden kann. Die Oxydation von freien Fe^{2+}-Ionen zu Fe^{3+}-Ionen verläuft bei + 0,47 V, also im Bereiche der anodischen Auflösung des Quecksilbers, und kann daher polarographisch nicht verfolgt werden. Da aber die Fe^{3+}-Ionen zur Komplexbildung viel mehr als die Fe^{2+}-Ionen neigen, erhält das Fe^{III}/Fe^{II}-Potential in Lösungen von Komplexbildnern bedeutend negativere Werte. In dieser Hinsicht wurden von M. KALOUSEK anodische Oxydationsstufen des zweiwertigen Eisens in Lösungen von Fluoriden, Citraten, Tartraten und Ammoniak erhalten. In Komplexen mit organischen Säuren zeigt sich eine normale Oxydationsstufe des zweiwertigen Eisens, wie sie z. B. M. KALOUSEK (*515*) durch das in Abb. 42 wiedergegebene Polarogramm darstellt. Diese Oxydationsstufe geht glatt in die Reduktionsstufe des dreiwertigen Eisens über, wobei die so gebildete Redoxstufe im Puffergemisch vom $p_H = 7$ am besten ausgeprägt ist. M. v. STACKELBERG und H. v. FREYHOLD haben eine ähnliche Regelmäßigkeit der Eisen-Redoxstufe in 1-n-Natriumoxalatlösung beobachtet (*631*). In Lösungen von Ammoniak und Ammonchlorid erhält man nur die Stufe der Oxydation des zweiwertigen Eisens (s. Abb. 133), denn die Fe^{III}-Ionen werden durch Ammoniak zu Eisen(III)-hydroxyd gefällt. Eine oxydierende Wirkung jedoch muß das dreiwertige

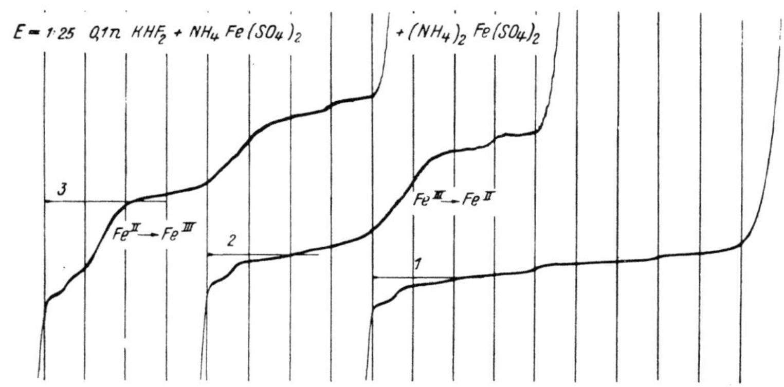

Abb. 43. Die Oxydationsstufe von Fe^{II} und die Reduktionsstufe von Fe^{III} in 0,1-n-KHF_2: *1* reine Lösung, *2* nach Zusatz von 10^{-3}-n-$NH_4Fe^{III}(SO_4)_2$, *3* nach Zusatz von 10^{-3}-n-$(NH_4)_2Fe^{II}(SO_4)_2$ zur Lösung *2*. Empf. 1:25, 2-V-Akkum.

Eisen im Aufrechterhalten des Potentials dieser Stufe ausüben, da die Stufe die normale, einem reversiblen Vorgang entsprechende Form aufweist. In konzentrierten Laugen, in denen sowohl das Ferri- wie das Ferrohydroxyd etwas löslich ist, erhält man eine normale Oxydationsstufe des Vorganges $Fe^{II} \rightarrow Fe^{III}$, die glatt in die kathodische Redoxstufe übergeht. Auch in konzentrierterer Phosphorsäure erhält man eine einheitliche anodisch-kathodische Stufe von $Fe^{III} \rightleftarrows Fe^{II}$.

In Fluoridlösungen, welche zwei- und dreiwertiges Eisen enthalten, zeigt sich eine normale anodische Oxydationsstufe des zweiwertigen Eisens (s. Abb. 43), welche aber nicht in die kathodische Stufe der Reduktion des dreiwertigen Eisens übergeht. Die kathodische Stufe ist ausgedehnt und entspricht daher der reversiblen Form nicht. Ähnlich ist das Verhalten von zwei- und dreiwertigem Chrom. In 1-n-KCl-Lösung bewirkt das Chrom(II)-sulfat eine normale anodische Oxydationsstufe, welche zum Teil über die Galvanometer-Nullpunktlinie steigt und dadurch neben einer ausgedehnten irreversiblen Reduktionsstufe der Cr^{3+}-Ionen noch eine reversible bildet. Dies ist durch langsame Bildung der bei Chrom typischen Koordinationskomplexe mit Wassermolekeln zu erklären, deren Reduktion nicht reversibel zu verlaufen scheint.

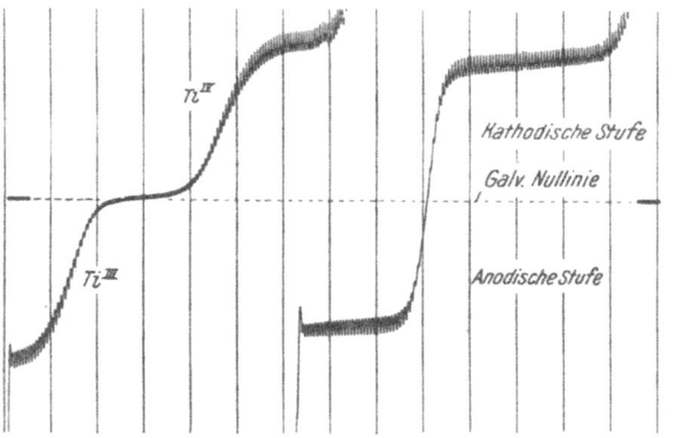

Abb. 44. Die getrennte und die einheitliche Redoxstufe des Titans. Links: nach Zugabe von 0,4 cm³ 2-n-HCl und 0,4 cm³ 0,7%iger Titan(III)-chloridlösung zu 11,2 cm³ Wasser. Rechts: nach Zugabe von 0,2 g Weinsäure zur chlorsauren Titan(III)-lösung. In Wasserstoffatmosphäre. Empf. 1:5, 4-V-Akkum. Die Kurven wurden von 0,4-V-Spannung an aufgenommen, wobei die tropfende Elektrode Anode war und durch sinkende Spannung über Null erst bei negativeren Potentialen kathodisch polarisiert wurde. Die Bezugselektrode war eine 0,1-n-K_2SO_4-Mercurosulfatelektrode.

Auch die oft untersuchte (*463, 553*) anodische Oxydationsstufe der Ti^{III}-Ionen zeigt eine anscheinend normale Form, obzwar die dem umgekehrten Elektrodenvorgang entsprechende kathodische Reduktionsstufe meistens ausgedehnt ist und in die anodische Stufe nicht übergeht. Durch Zugabe von konzentrierten wasserentziehenden Elektrolyten, wie $CaCl_2$, H_2SO_4, Li_2SO_4, $MgSO_4$ oder Glyzerin, oder durch Temperaturerhöhung wird ein teilweiser Übergang der Reduktionsstufe in die Redoxstufe erreicht. Vollkommen ist dieser Übergang aber nur im Überschuß von Komplexbildnern, wie von Tartraten, Citraten und Rhodaniden (s. Abb. 44).

E. T. Verdier (*570*) hat polarographisch die Oxydation von Manganlösungen untersucht und nur in stark alkalischen Tartratlösungen eine anodische Stufe des Vorganges $Mn^{II} \rightarrow Mn^{III}$ erhalten können. Wie Abb. 167 zeigt, entsteht diese Oxydationsstufe bei — 0,4 V und zeigt eine normale Form, jedoch ohne Übergang in eine Reduktionsstufe. Diese Oxydationsstufe ähnelt also der vorher beschriebenen Stufe des Vorganges $Fe^{II} \rightarrow Fe^{III}$ in einer ammoniakalischen Lösung.

Anodische Oxydation der Molekeln.

Die erste Oxydation dieser Art wurde am Hydrochinon durch O. H. Müller und J. P. Baumberger (*359*) eingehend untersucht. Wie schon früher erörtert, verläuft diese Oxydation nach der Reaktion

$$C_6H_4\,(OH)_2 \rightleftarrows C_6H_4O_2 + 2\,H^+ + 2\,\ominus,$$

welche rasch zum Gleichgewichtszustand führt und demgemäß das Redoxpotential

$$\pi = \pi_0 - \frac{R\,T}{2F} \ln \frac{[C_6H_4(OH)_2]}{[C_6H_4O_2]} + \frac{R\,T}{F} \ln [H^+]$$

aufrechterhält.[1]) Die experimentellen Untersuchungen bestätigen eine strenge Gültigkeit dieser Formel, wobei der glatte Übergang

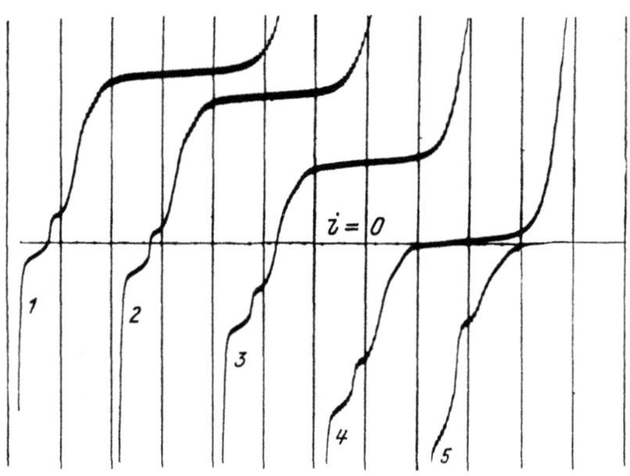

Abb. 45. Die Redoxstufe des Laktoflavins. Zu 5 cm³ einer Lösung von 0,000266-m-Laktoflavin in 0,1-n-HCl wird eine 0,3%ige $TiCl_3$-Lösung in 0,1-n-HCl zugegeben: *1* 0, *2* 0,05, *3* 0,20, *4* 0,40 cm³; $p_H = 1{,}038$. Empf. 1:15, 4-V-Akkum. Anodisch-kathodische Polarisation.

in die kathodische Reduktionsstufe genau erhalten ist. Die Konstanz des Halbstufenpotentials ist hier selbstverständlich (s. S. 41). Hier sei noch betont, daß das Halbstufenpotential der anodischen

[1]) Da sich hier die Konzentrationen nur auf undissoziierte Molekeln beziehen, muß in alkalischen Lösungen die Dissoziation — wie in der folgenden Formel — berücksichtigt werden (s. auch S. 87).

Stufe des Hydrochinons mit dem Chinhydronpotential genau übereinstimmt. Eine ähnliche Regelmäßigkeit zeigt auch die anodische Oxydation der reduzierten Form des Laktoflavins, dessen Redoxsystem unlängst von R. BRDIČKA (s. S. 149) eingehend untersucht wurde (Abb. 45). Das Halbstufenpotential beträgt z. B. — 0,330 V bei $p_H = 4$ und — 0,681 V bei $p_H = 12$, im Einklang mit den an einer Platinelektrode gemessenen Redoxpotentialen und ist durch die Formel

$$\pi_{1/2} = \pi_0 + \frac{RT}{2F} \ln \frac{(k_r + [H^+])\,[H^+]^2}{k_t + [H^+]} =$$
$$-0{,}098 + 0{,}029 \log_{10} \frac{5{,}01 \times 10^{-7} + [H^+]}{6{,}31 \times 10^{-11} + [H^+]} - 0{,}058\, p_H$$

gegeben, wobei k_t und k_r die Dissoziationskonstante des Laktoflavins bzw. des Dihydrolaktoflavins bezeichnet.

Von den wenigen zur Zeit untersuchten anodischen Oxydationen organischer Molekeln sei hier noch die der Askorbinsäure (Vitamin C) erwähnt, welche von E. KODÍČEK und K. WENIG (*426*) zuerst beschrieben wurde. Die Stufe hat eine normale Form und verschiebt sich in Pufferlösungen gemäß den p_H-Werten; ihr Halbstufenpotential entspricht dem angegebenen Redoxpotential der Askorbinsäure, wurde jedoch nicht genau gemessen. Der Elektrodenvorgang ist aber nicht als ein reversibler anzusehen, denn die anodische Stufe übersteigt nicht die Galvanometer-Nullpunktlinie und geht nie in eine kathodische Reduktionsstufe über. Das Oxydationsprodukt der Askorbinsäure ist an der tropfenden Quecksilberkathode nicht reduzierbar. Wahrscheinlich verwandelt sich dieses Oxydationsprodukt — die Dehydroaskorbinsäure — rasch in eine hydratisierte an der tropfenden Quecksilberkathode nicht reduktionsfähige Form. Der anodische Elektrodenvorgang ist demnach folgender:

Askorbinsäure Dehydroaskorbinsäure (3)

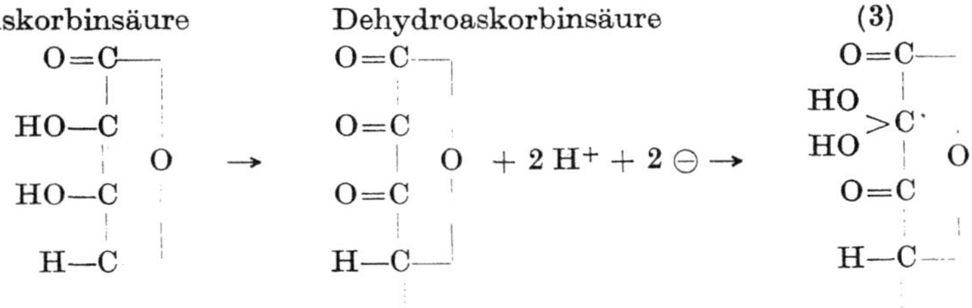

wobei nach Wasseranlagerung die Umwandlung in eine polarographisch nichtreduzierbare Säure (3) erfolgt.

Gleichzeitig verlaufende Reduktions- und Oxydationselektrodenvorgänge.

Die Tabelle der polarographischen Depolarisationspotentiale (S. 210) enthüllt einige Potentialbereiche, bei denen sowohl ein kathodischer Reduktions- wie ein anodischer Oxydationsvorgang an derselben tropfenden Elektrode bei praktisch erreichbaren Konzentrationsbedingungen möglich sein könnte. Es ist z. B. bekannt, daß Quecksilberionen bei allen negativeren Potentialen als + 0,4 V kathodisch abgeschieden werden und daß die Jodide bei allen positiveren Potentialen als — 0,1 V eine anodische Stufe bilden. Zwischen + 0,4 und — 0,1 V sollte deshalb bei Anwesenheit von Quecksilber- und Jodidionen sowohl ein kathodischer

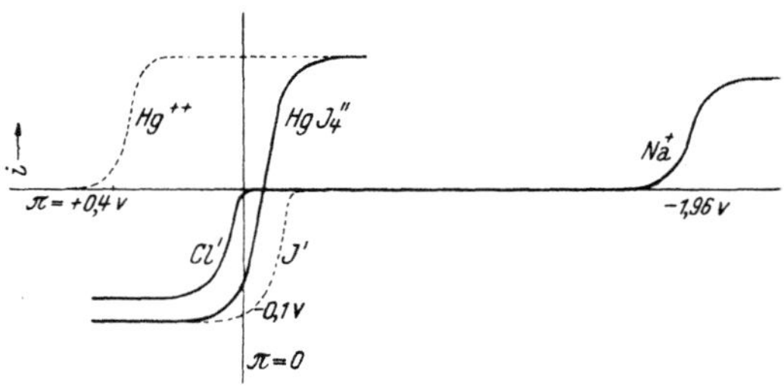

Abb. 46. Zersetzungsspannung vom positiven, negativen und Null-Werte.

wie ein anodischer Diffusionsstrom möglich sein. Praktisch wird das nie erreicht, denn die beiden Ionenarten reagieren miteinander und man erhält bei Überschuß von Quecksilberionen unlösliches Quecksilberjodid und nur freie Quecksilberionen in der Lösung, dagegen beim Überschuß von Jodidionen komplexes Quecksilberjodid und freie Jodidionen. Aus der letzten Lösung scheidet sich Quecksilber, da es sehr komplex gebunden ist, erst bei etwa — 0,1 V und bei negativeren Potentialen ab, dagegen verursachen die freien Jodidionen eine Stufe bei positiveren Potentialen als — 0,1 V; es besteht in Wirklichkeit in diesem Falle also kein Gebiet der Potentiale, bei welchen gleichzeitig sowohl ein kathodischer wie ein anodischer Elektrodenvorgang möglich wäre. Wir erhalten nur eine Kurve mit einem anodischen und einem kathodischen Diffusionsstrom (Abb. 46).

In gewöhnlichen Fällen, wenn die kathodische Stufe des Kations bei einem negativeren Potential als die anodische Stufe des Anions entsteht, z. B. bei der Kurve einer NaCl-Lösung (s. Abb. 46), wird der anodische und der kathodische Diffusionsstrom erst dann erreicht; wenn an die Quecksilberelektroden eine ziemlich große Zersetzungsspannung E angelegt wird, welche die Elektrodenvorgänge $Na^+ + \ominus + Hg \rightarrow NaHg$ und $Cl' + Hg \rightarrow HgCl + \ominus$, d. h. den gesamten Elektrodenvorgang $2\,Hg + Na^+ + Cl' \rightarrow$ $\rightarrow HgNa + HgCl$ weit nach rechts verschiebt. Die Zersetzungsspannung E wird als $E = \pi_A - \pi_K$ definiert, wobei π_A das Potential der Anode und π_K jenes der Kathode bezeichnet. Eine positive Zersetzungsspannung bedeutet also, daß man der Zelle die Energie $E \cdot F$ aufzwingen muß, damit der oben angegebene Vorgang wesentlich fortschreitet. Eine Zersetzungsspannung Null, wie bei Kurve 1, bedeutet dann, daß man schon mit der kleinsten Spannung die Vorgänge $2\,HgJ_4'' + 2\,\ominus \rightarrow Hg_2J_2 + 6\,J'$ an der Kathode und $2\,J' + 2\,Hg \rightarrow Hg_2J_2 + 2\,\ominus$ an der Anode, d. h. die Gesamtreaktion $HgJ_4'' + Hg \rightarrow Hg_2J_2 + 2\,J'$, weit nach rechts verschiebt, da sie schon beim Gleichgewichtszustand halbwegs in dieser Richtung fortgeschritten ist. Wenn aber das Abscheidungspotential des Kathodenvorganges π_K positiver sein soll als jenes der Anode π_A, wird die Zersetzungsspannung E negativ, d. h. den Elektroden braucht keine Energie von außen aufgezwungen zu werden, damit die Gesamtreaktion der Zelle vor sich geht. Es muß im Gegenteil die den Elektrodenvorgängen entsprechende Gesamtreaktion der Zelle spontan den Endzustand erreichen, bei welchem $E = 0$, d. h. $\pi_A = \pi_K$ wird. Das ist der Fall, wenn eine Quecksilbersalzlösung mit Jodidlösung versetzt wird.

Eine „negative Zersetzungsspannung", d. h. π_A negativer als π_K, sollte auch bei der gleichzeitigen Anwesenheit von Pb^{II}- und Cr^{II}-Salzen beobachtet werden, denn der kathodische Reduktionsvorgang $Pb^{II} \rightarrow Pb$ verläuft bei einem um etwa 0,3 V positiveren Potential als der anodische Oxydationsvorgang $Cr^{II} \rightarrow Cr^{III}$. In sauren Lösungen verläuft die Gesamtreaktion $Pb^{2+} + 2\,Cr^{2+} \rightarrow$ $\rightarrow Pb + 2\,Cr^{3+}$, gemäß der freien Energie von $0{,}3\,V \cdot F$, praktisch zu Ende, so daß wieder bei jedem Potential nur ein Elektrodenvorgang möglich ist. Jedoch findet diese Reaktion in neutralen Citrat- oder Tartrat-Pufferlösungen — wie M. KALOUSEK (*515*) festgestellt hat — in Wirklichkeit nicht statt. Die Reaktionsgeschwindigkeit ist hier offenbar sehr gering, denn tatsächlich zeigt sich hier die seltsame Erscheinung, daß der Reduktionsvorgang $Pb^{II} \rightarrow Pb$ sowie der Oxydationsvorgang $Cr^{II} \rightarrow Cr^{III}$ in einem Bereich des Potentials (von etwa $-0{,}6$ bis $-1{,}1$ V) gleichzeitig auftreten können (Abb. 47). Kurve *1* wurde mit einer 0,001-n-Bleilösung im Überschuß eines Citratpuffers von $p_H = 7$ unter Luftabschluß erhalten. Dann wurde eine Chrom(II)-

Lösung zugegeben. Es entstand keine Trübung, obzwar ein so starkes Reduktionsmittel wie Chrom(II) das Ausfällen von metallischem Blei hätte bewirken sollen. Diese Zusätze verursachen aber, daß die Bleistufe immer mehr in den anodischen Strom übergeht (Kurve *2* und *3*), bis sie zu einer anscheinend anodischen Stufe wird. Bei der Spannung zwischen 0 und 0,6 V erhält man nur den reinen anodischen Diffusionsstrom, welcher durch den Vorgang $Cr^{II} \rightarrow Cr^{III}$ (wie bei Kurve *4*) entsteht. Bei der Spannung zwischen 0,6 und 1,1 V verläuft an der tropfenden Quecksilberelektrode aber sowohl der Oxydationsvorgang $Cr^{II} \rightarrow Cr^{III}$ —

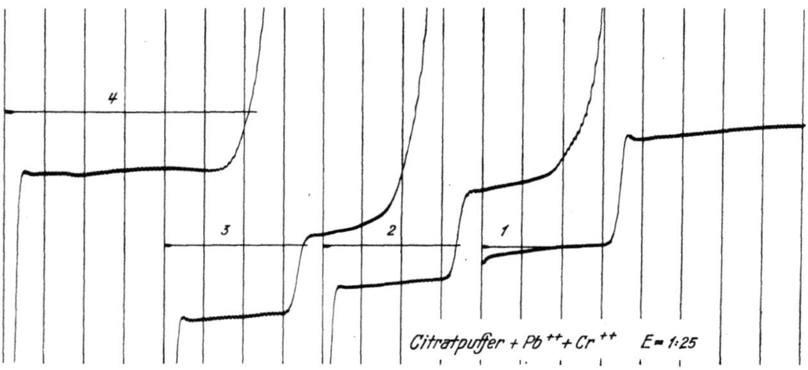

Abb. 47. Die Pb^{2+}-Stufe im anodischen Strome: *1* Citratpuffer von $p_H = 7$ mit 0,001-n-$PbCl_2$, *2*, *3* nach Zusatz von $CrCl_2$, *4* Citratpuffer von $p_H = 7$ mit 0,001-n-$CrCl_2$. Empf. 1:25, 2-V-Akkum.

wie an Kurve *4* — als auch der Reduktionsvorgang $Pb^{II} \rightarrow Pb$ — wie an Kurve *1*. Die Kurven *2* und *3* entstehen daher durch Superponieren der Kurven *1* und *4*, wobei sich die kathodischen und die anodischen Ströme teilweise aufheben.

Die hier beschriebene Stufe der Metallabscheidung beim anodischen Strom erhielt M. KALOUSEK (l. c.) nicht nur in Citrat-Blei-Lösungen, sondern auch in analogen Lösungen von Kupfer(II) und Kadmium im Citratpuffer von $p_H = 7$. Als Reduktionsmittel wurde neben der Chrom(II)-Lösung auch eine Zinn(II)-Lösung angewendet. Abb. 48 zeigt die polarographische Wirkung, wenn zu einer im Citratpuffer sich befindenden Kupfer(II)-Lösung eine verdünnte Zinn(II)-Chloridlösung zugefügt wird. Durch diese Zugabe des Reduktionsmittels geht die Kupfer(II)-Stufe teilweise und endlich völlig in den anodischen Strom über, während die Oxydationsstufe von Zinn(II) ganz oder teilweise an der kathodischen Seite erscheint. Dies ist bemerkenswert, denn — wie auf S. 70 betont wurde — kann der Vorgang $Sn^{II} \rightarrow Sn^{IV}$ niemals rückgängig gemacht werden, da man eine kathodische Reduktionsstufe von $Sn^{IV} \rightarrow Sn^{II}$ nie erhält. Das Auftreten der Stufe des Vorganges $Sn^{II} \rightarrow Sn^{IV}$ im kathodischen Strom kann nur durch Überwiegen des kathodischen Elektrodenvorganges der Kupferabscheidung über den gleichzeitig verlaufenden anodischen Oxydationsvorgang von $Sn^{II} \rightarrow Sn^{IV}$ erklärt werden. Die Elektronenübergänge zwischen der Elektrode und der Lösung verlaufen hier in zwei entgegengesetzten Richtungen, und zwar treten die

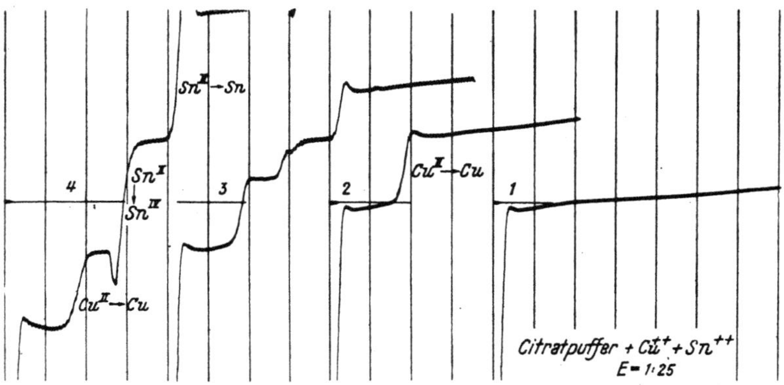

Abb. 48. Die Cu^{2+}-Stufe im anodischen Strome: *1* Citratpuffer von $p_H = 7$, *2* mit 0,001-n-$CuCl_2$, *3*, *4* nach Zusatz von $SnCl_2$. Empf. 1:25, 2-V-Akkum.

Elektronen bei dem Vorgang $Cu^{II} + 2 \ominus \rightarrow Cu$ aus der Elektrode in die Lösung und bei dem Vorgang $Sn^{II} \rightarrow Sn^{IV} + 2 \ominus$ werden die Elektronen von den Ionen der Lösung an die Elektrode übertragen. Die Kupferstufe an der Stromspannungskurve ist ein Beweis dafür, daß die Cu^{II}-Komplexe von dem Reduktionsmittel unberührt in der Lösung aufrechterhalten sind. Eine Erklärung dafür, daß ein so starkes Reduktionsmittel, wie der Sn^{II}-Komplex, in der Lösung das Kupfersalz nicht zu reduzieren vermag, muß in einer hemmenden Wirkung der Bindung mit dem organischen Komplex gesucht werden. An der Elektrode sind aber sowohl die Sn^{II} als die Cu^{II}-Komplexe — wie das Auftreten ihrer Stufen beweist — in der normalen elektrolytischen Weise reaktionsfähig. Wahrscheinlich werden die organischen Komplexe durch das elektrische Feld deformiert und aktiviert (S. 175), so daß es an der Elektrodenoberfläche zur schnellen Reaktion zwischen den

Komplexen kommt. Der Mechanismus dieser Reaktion verläuft offenbar mittels des Elektronenaustausches zwischen der Elektrode und den Metallkomplexen, und zwar durch die Elektrodenteilvorgänge $Cu^{II} + 2\ominus \rightarrow Cu$ und $Sn^{II} \rightarrow Sn^{IV} + 2\ominus$, welche die Gesamtreaktion $Cu^{II} + Sn^{II} \rightarrow Cu + Sn^{IV}$ ergeben. Das Quecksilber, welches in dieser Reaktionsgleichung nicht auftritt,[1] spielt hier also die Rolle eines Kontaktkatalysators.

Unabhängig von diesen Beobachtungen von M. Kalousek, haben später I. M. Kolthoff und C. S. Miller (*606*) einige andere Fälle der „negativen Zersetzungsspannung" und der dabei gleichzeitig verlaufenden Oxydations- und Reduktionsvorgänge an der Quecksilberelektrode festgestellt. Dies zeigt sich am besten, wenn in einer Sulfidlösung Sauerstoff anwesend ist. Die Zersetzungsspannung, welche in der Lösung an die Quecksilberelektroden angelegt werden sollte, um den Diffusionsstrom zu erreichen, setzt sich — wie oben angegeben wurde — aus dem Unterschied der Potentiale des anodischen und des kathodischen Vorganges zusammen. Der erstere Wert, π_A, liegt in einer schwach alkalischen Lösung bei —0,8 V (Abb. 49, Kurve *3*), der zweite, π_K, bei etwa —0,4 V (Kurve *1*). Die Zersetzungsspannung $E = \pi_A - \pi_K = -0{,}8 - (-0{,}4) = -0{,}4$ V ist daher wieder negativ. Das bedeutet also, daß das System O_2, S'', Hg freie Energie besitzt und daher einen Gleichgewichtszustand noch nicht erreicht hat. Beide einzelne Elektrodenvorgänge müssen also im Potentialbereiche von —0,4 bis —0,8 V nebeneinander spontan verlaufen. Diese sind: der anodische Vorgang (S. 98)

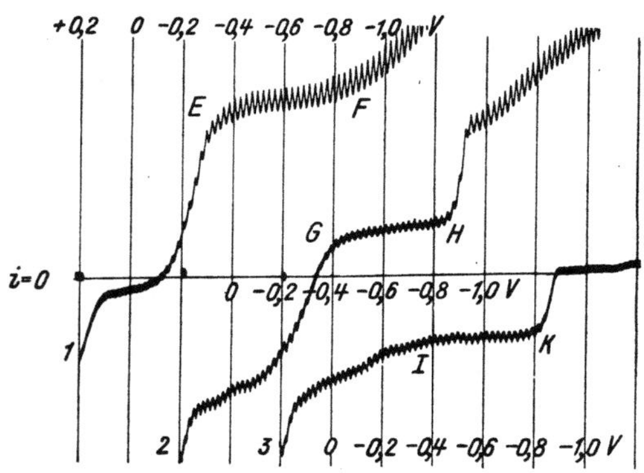

Abb. 49. Überdeckung der anodischen Sulfidstufe durch die kathodische Sauerstoffstufe: *1* 0,001-n-NaOH, 0,1-n-KCl mit Luftsauerstoff gesättigt, *2* 0,001-n-NaOH, 0,001-n-Na_2S, 0,1-n-KCl mit Luftsauerstoff gesättigt, *3* 0,001-n-Na_2S, 0,1-n-KCl ohne Luftsauerstoff. Empf. 1:20, 4-V-Akkum.

$$Hg + S'' \rightarrow HgS + 2\ominus$$

[1] Der kleine Unterschied der freien Energie des Kupfers und des Kupferamalgams wird hier vernachlässigt.

und der kathodische Vorgang (S. 78)

$$O_2 + 2\ominus \rightarrow O_2'',$$ [1]

womit der gesamte chemische Vorgang der Zelle als

$$O_2 + Hg + S'' \rightarrow HgS + O_2''$$

gegeben ist. Nun aber kann in der Lösung dieser Vorgang überhaupt nicht verlaufen, denn das tropfende Quecksilber kommt mit der Flüssigkeit praktisch nicht in Berührung, ausgenommen die sehr kleine Elektrodenzwischenphase. Nur an dieser Stelle, d. h. an der tropfenden Quecksilberelektrode, verläuft der gesamte Vorgang bis zu Ende. An der Quecksilberoberfläche bleibt dann nur der Überschuß, entweder von Sauerstoff oder von S''-Ionen, durch welchen die Höhe des betreffenden Diffusionsstromes gegeben ist. Wenn also der kathodische Diffusionsstrom (*EF*, Kurve *1*), welcher nur der Sauerstoffkonzentration entspricht, größer ist als der anodische Diffusionsstrom (*IK*, Kurve *3*), welcher nur die Sulfidkonzentration angibt, entsteht im Gemisch von Sauerstoff und Sulfid im Bereiche von — 0,4 bis — 0,8 V ein kathodischer Diffusionsstrom (*GH*, Kurve *2*); die Größe dieses Stromes ist gleich der Differenz der beiden Diffusionsströme, welche gemäß den Elektrodenvorgängen $O_2 + 2\ominus \rightarrow O_2''$ und $S'' + Hg \rightarrow HgS + 2\ominus$ verlaufen. Einen Beweis dafür, daß die Reaktion zwischen Sauerstoff und S''-Ionen in der Lösung nicht fortschreitet, ergibt das Austreiben des Sauerstoffes mittels Durchblasen von Wasserstoff, wonach sich die Kurve *GH* jener der reinen Sulfidlösung (Kurve *3*) nähert. Nachheriges Durchblasen von Luft bewirkt dagegen, daß die Kurve wieder die ursprüngliche Form (Kurve *2*) annimmt.

Zu diesem Falle sei bemerkt, daß in der Lösung eine langsame Oxydation des Schwefels gemäß der Reaktion $O + H_2O + S'' \rightarrow \rightarrow 2\,OH' + S$ stattfindet, welche aber mit den oben erörterten Reaktionen nicht direkt zusammenhängt.

Zur ähnlichen Überdeckung von zwei entgegengesetzten Diffusionsströmen kommt es auch bei Anwesenheit des Luftsauerstoffes in Cyanidlösungen (Abb. 50). Die Cyanidionen verursachen einen anodischen Diffusionsstrom, der beim Potential etwa — 0,2 V beim Durchlaufen des Vorganges $Hg + 2\,CN' \rightarrow \rightarrow Hg(CN)_2 + 2\ominus$ erreicht wird (Kurve *3*). Der Diffusionsstrom des Sauerstoffes fängt von + 0,1 V an und entspricht dem Vorgang $O_2 + 2\ominus \rightarrow O_2''$[1] (Kurve *1*). Zwischen + 0,1

[1] Bei den angegebenen Potentialen erhält man nur die erste Reduktionsstufe des Sauerstoffs.

und — 0,2 V müssen also beide Vorgänge bis zu Ende verlaufen, d. h. es vollzieht sich die Reaktion

$$O_2 + Hg + 2\,CN' + \rightarrow O_2'' + Hg(CN)_2,$$

aber wieder nur in der Elektrodenoberfläche, wobei ein den beiden Elektrodenvorgängen gemeinsamer Diffusionsstrom entsteht. Bei einem Überschuß von Cyanidionen ist dieser Strom anodisch, so daß am Polarogramm die Sauerstoffstufe an der anodischen Seite entsteht (Kurve *2*).

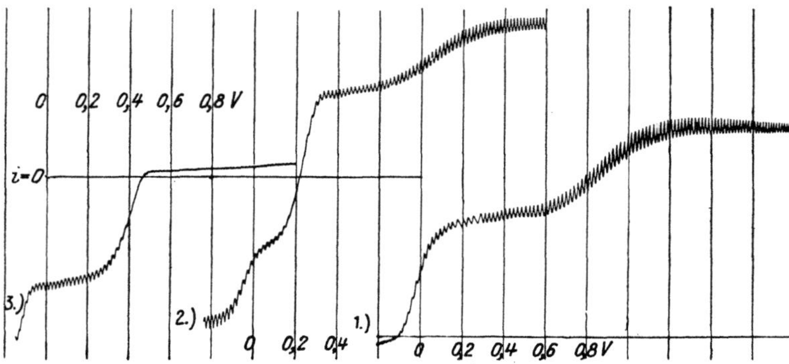

Abb. 50. Überdeckung der kathodischen Sauerstoffstufe durch die anodische Cyanidstufe: 1. 0,01-n-K_2SO_4 offen an der Luft, Empf. 1 : 30, 2. 0,01-n-K_2SO_4, 0,001-n-KCN offen an der Luft, Empf. 1 : 40, 3. Lösung 2 nach Entfernen des Luftsauerstoffes. 4-V-Akkum.

Ein ähnliches Verhalten haben I. M. Kolthoff und C. S. Miller auch bei gleichzeitiger Anwesenheit von Chinon und Cyanid in einem Acetatpuffer von $p_H = 4,7$ gefunden. R. Brdička[1] hat ein Potentialgebiet eines gleichzeitig verlaufenden Reduktions- und Oxydationsvorganges bei Gegenwart von Sauerstoff und Cystein in alkalischer Lösung beobachtet. Cystein, ähnlich wie Sulfid, gibt in alkalischer Lösung eine anodische Stufe, und zwar bei einem viel negativeren Potential als Sauerstoff. Die chemische Oxydation des Cysteins ist in dieser Lösung sehr träge. Deshalb erhält man eine Kurve, an welcher die Sauerstoffstufe im anodischen Gebiete liegt und ein Teil der Cysteinstufe auf die kathodische Seite übergeht. Wird Sauerstoff durch ein indifferentes Gas aus der Lösung ausgetrieben, so zeigt sich die Cysteinstufe allein und nur im anodischen Gebiete, wodurch angezeigt wird, daß keine Oxydation zu Cystin stattgefunden hat.

[1] Z. Elektrochem. angew. physik. Chem. **47**, 314 (1941).

Wenn man in allen hier angeführten Fällen die Lösung mit Quecksilber gründlich durchschütteln würde, damit die Reaktion in der ganzen Lösung zu Ende verlaufen könnte, wäre die Kurve der Lösung mit jener vor dem Ablaufen der Reaktion identisch, denn der Endzustand der Reaktion müßte im Inneren der Lösung derselbe wie in der Elektrodenzwischenphase, d. h. ganz nach der rechten Seite der Reaktionsgleichung verschoben sein. Daraus folgt — worauf auch I. M. KOLTHOFF und C. S. MILLER hinweisen —, daß man mittels der polarographischen Stromspannungskurven den Verlauf und den Endpunkt auch von

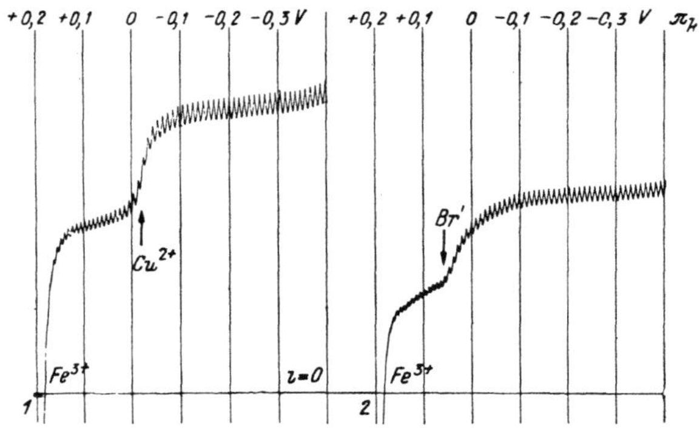

Abb. 51. Überdeckung a) der Kupferabscheidungsstufe und b) der Bromidionenstufe durch die Reduktionsstufe der Fe^{3+}-Ionen.

solchen Reaktionen bestimmen kann, welche — sei es wegen verzögerter Reaktionsgeschwindigkeit oder wegen ungenügenden Kontakts mit Quecksilber — in der Lösung selbst nicht verlaufen.

Aus den hier beschriebenen experimentellen Ergebnissen und theoretischen Erörterungen tritt deutlich hervor, daß der Strom, welcher durch die tropfende Elektrode fließt, sich additiv aus einem anodischen und einem kathodischen Strom zusammensetzen kann. Es gilt deshalb dieselbe Additivität zwischen den anodischen und kathodischen Stufen, wie wir sie bisher beim Superponieren von kathodischen Stufen oder nur anodischen Stufen wahrgenommen haben. Wenn also der polarographisch aufgezeichnete Strom Null ist, braucht dies nicht immer zu bedeuten, daß in der Lösung kein depolarisierend wirkender Stoff anwesend ist, denn die Lösung kann auch äquivalente Mengen eines Reduktions- und eines Oxydationsmittels enthalten, welche miteinander träge reagieren. In Wirklichkeit sind jedoch diese Fälle sehr selten. Es können aber auch bei den Stufen Täuschungen vorkommen, wie z. B. am Polarogramm Abb. 51, in welchem die Wirkung einer kleinen Menge Bromidionen auf die kathodische Stufe des dreiwertigen Eisens dargestellt wird. Die Stufe entspricht, dem Potential nach, etwa einer Cu^{2+}-Stufe; sie ist jedoch dem in entgegengesetzter Richtung wirkenden anodischen Vorgang der Bromidionenentladung zuzuschreiben. Auf eine andere Täuschung machen I. M. KOLTHOFF und C. S. MILLER aufmerksam: Die Stufe der Tl^{+}-Ionen, welche bei — 0,5 V den kathodischen Diffusionsstrom erreicht, geht im Überschuß von Cyanidionen in den anodischen Strom über, denn dieser Strom wird bei

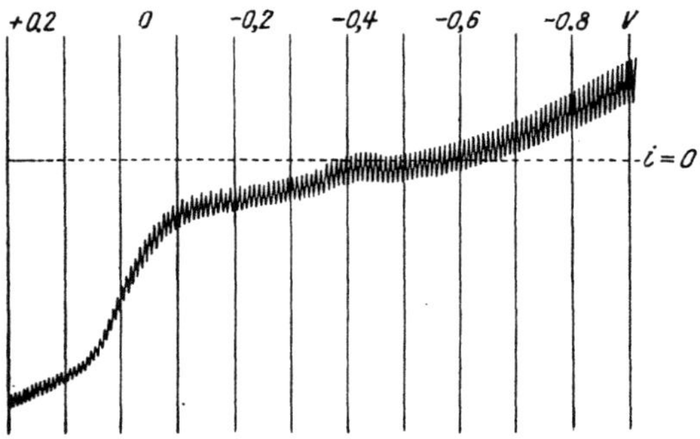

Abb. 52. Überdeckung der kathodischen Sauerstoffstufe durch den anodischen Strom des Zinkamalgams. Ein etwa 0,002-m-Zinkamalgam wurde in der tropfenden Elektrode benutzt. Die Lösung — 0,01-n-K_2SO_4 — wurde offen an der Luft mit Empf. 1:20, 2-V-Akkum. polarographiert.

— 0,6 V erhalten. Das Potential der Thalliumhalbstufe kann also beim Überschuß von Cyanidionen nicht als der übliche Anhaltspunkt (vgl. S. 255) betrachtet werden. Der Diffusionsstrom des Thalliums erscheint in solchen Lösungen erst bei negativeren Potentialen als — 0,6 V, bei welchen die Entladung der Cyanidionen nicht mehr verläuft.

Gleichzeitig verlaufende Reduktions- und Oxydationsvorgänge treten jedoch hauptsächlich bei Benutzung von Amalgamen als tropfende Elektrode auf, und zwar wenn reduzierbare Stoffe in der Lösung anwesend sind. Dabei kann nämlich der oxydierbare Stoff dieses Systems, d. h. das Amalgam eines unedlen Metalls, mit dem reduzierbaren Stoff in der Lösung nicht reagieren, abgesehen von der Oberfläche der Quecksilberelektrode, an welcher sich der Vorgang

$$MeHg + M^{n+} \rightarrow MHg + Me^{n+}$$

vollzieht (wobei Me das im Quecksilber gelöste unedle Metall und M^{n+} die Kationen eines in der Lösung vorhandenen edleren Metalls bezeichnet). Der erhaltene Diffusionsstrom setzt sich wieder aus dem anodischen Diffusionsstrom des Amalgams und dem kathodischen der Metallabscheidung zusammen. Ein Beispiel dafür ist in Abb. 52 gegeben. Der reduzierbare Stoff ist hier Luftsauerstoff und als oxydierbarer Stoff wird ein etwa 2 × millimolares Zinkamalgam benutzt. Die Sauerstoffstufe erscheint an der Kurve im anodischen Gebiete. Ebenso können alle kathodischen Vorgänge — gleichviel ob sie reversibel oder irreversibel sind — bei Verwendung von Amalgamen (z. B. des Kadmium, Zinks oder der Alkalimetalle) im anodischen Gebiete die ihnen entsprechenden Stufen hervorrufen. Derartige Untersuchungen liegen jedoch noch nicht vor.

IV. Wasserstoffüberspannung und katalysierte Vorgänge.

Wir hatten schon einige Male Gelegenheit, auf den anomalen Elektrodenvorgang der Wasserstoffabscheidung an der tropfenden Quecksilberkathode aufmerksam zu machen. Erstens wurde das Abscheidungspotential der Wasserstoffionen um 0,82 V negativer als das der normalen Wasserstoffelektrode gefunden, welcher Unterschied die bekannte große Überspannung des Wasserstoffes an der Quecksilberelektrode angibt. Zweitens wurde erwähnt, daß sich die Abscheidungspotentiale des Wasserstoffes nicht um den für ein einwertiges Kation erforderlichen Wert $\frac{RT}{F} \log [H^+]$, sondern um etwa das Zweifache dieses Wertes verschieben. Auch die ausgedehnte Form der Stufe gibt einen größeren Koeffizienten als $\frac{RT}{F}$ an. Drittens wurde angegeben, daß das Halbstufenpotential der Stufe der Wasserstoffabscheidung aus starken Säuren sowohl von der H^+-Ionenkonzentration wie von der Tropfzeit abhängig ist. Es wurde auch bemerkt, daß der Temperaturkoeffizient des Abscheidungspotentials der H^+-Ionen der weit größte aller Ionen ist. Alle diese Erscheinungen sind im Einklang mit der anerkannten Tatsache, daß der Elektrodenvorgang der Wasserstoffabscheidung ein nichtreversibler ist. In diesem Abschnitt sollen die Erscheinungen der an der tropfenden Quecksilberkathode unter Überspannung verlaufenden Wasserstoffabscheidung näher erörtert werden.

Verschiebungen der Abscheidungspotentiale.

Nach den ersten Angaben von P. HERASYMENKO (*13*), welcher die Stromspannungskurven von Salzsäurelösungen in Anwesenheit eines Überschusses von KBr untersuchte, verschiebt sich das Abscheidungspotential der H^+-Ionen um $\frac{2RT}{F}\log[H^+]$, d. h. um 120 mV bei zehnfacher Verdünnung. Eine spätere eingehende Arbeit von P. HERASYMENKO und I. ŠLENDYK (*79*) über die Wirkung verschiedener Salze auf die polarographischen Stufen der Wasserstoffabscheidung enthüllte sehr bemerkenswerte Beziehungen zwischen Überspannung und der Konzentration der Ionen. Die beiden Autoren fanden, daß sich das Abscheidungspotential (bei einer konstanten, sehr kleinen am Polarogramm gemessenen Stromstärke) in reinen konzentrierten Lösungen von starken Säuren nach der Beziehung

$$\pi_{H_2} = + \frac{RT}{F}\ln[H^+] + K$$

verschiebt; in verdünnten Lösungen nähert sich der Koeffizient in dieser Formel dem Wert $\frac{2RT}{F}$. Die Anwesenheit von Salzen beeinflußt stark das Wasserstoffabscheidungspotential. Schon eine 0,001-n-Konzentration des Salzes bewirkt in 0,01-n-HCl folgende Verschiebungen des Abscheidungspoten·ials: reine HCl —1,286, LiCl — 1,299, NaCl, KCl, RbCl — 1,306, Mg-, Ca-, Sr-, $BaCl_2$ — 1,340, $LaCl_3$ — 1,365, $ThCl_4$ — 1,390 V. Man bemerkt, daß das Abscheidungspotential desto negativer wird, je höher die Wertigkeit des zugegebenen Kations ist. Die Verdünnung der Kationen, bei welcher dieselbe Verschiebung in einer 0,01-n-HCl-Lösung (um 75 mV) erzielt wird, beträgt 4000 für Th^{4+}, 625 für La^{3+}, 62 für Ba^{2+} und 10 für K^+ (ausgedrückt in Litern pro Grammäquivalent). Die angegebenen Verdünnungen sind im Verhältnis 400:62:6:1, also ungefähr wie $K^4:K^3:K^2:K$, wenn man die Ionenvalenzwirkung in der Form der Regel von HARDY und SCHULZE über die Ausflockung der lyophoben Kolloide ausdrückt. Man sieht, daß die Kationen Verschiebungen der Wasserstoffabscheidungspotentiale gemäß ihren Flockungsvermögen verursachen. G. SEMERANO (*180*) und J. PECH (*214*) fanden, daß auch Fuchsin bzw. Morphin und Codein eine ähnliche Verschiebung zu negativen Potentialen, wie etwa zweiwertige Kationen, bewirken.

Beim Überschuß irgendeines der oben angegebenen Salze verschieben sich die Abscheidungspotentiale gemäß der Beziehung

$$\pi_{H_2} = \frac{2RT}{F}\ln[H^+] + K.$$

So erhielten P. HERASYMENKO und I. ŠLENDYK in einer 1-n-$BaCl_2$-Lösung, mit welcher Salzsäure verdünnt wurde, die folgenden Abscheidungspotentiale:

mit 0,1-n-HCl	= —1,287	
		0,106 V
mit 0,01-n-HCl	= —1,393	
		0,116 V
mit 0,001-n-HCl	= —1,509	
		0,121 V
mit 0,0001-n-HCl	= —1,630	

Die beobachteten Verschiebungen entsprechen den Werten $2 \times 0{,}058 \log [HCl]$.

Wenn die H^+-Ionenkonzentration durch Puffergemische reguliert wird, findet man die Beziehung $\pi_{H_2} = - 2 \times 0{,}058 \times p_H + K$ streng gültig. Diese Verschiebungen können nur bis zu $p_H = 7$ verfolgt werden, denn bei größeren p_H-Werten wird das Wasserstoffabscheidungspotential negativer als das Abscheidungspotential des Kations des Puffers.

P. HERASYMENKO und I. ŠLENDYK haben ihre experimentellen Befunde auch theoretisch formuliert, und zwar mittels der Vorstellung einer Adsorption der Kationen an der bei der Wasserstoffabscheidung negativ geladenen Elektrodenoberfläche. Zur Berechnung der H^+-Ionenkonzentration an der Elektrodenoberfläche benutzen sie die Adsorptionsisotherme von I. LANGMUIR, nach welcher die Anzahl n der an einer Oberfläche adsorbierten Teilchen durch die Formel

$$n = \frac{z \cdot \omega \cdot C}{1 + \omega \cdot C}$$

gegeben ist. Hier bedeuten C die Konzentration der Teilchen im Inneren der Lösung, ω einen Adsorptionskoeffizienten und z die Höchstzahl der Teilchen, die an der Oberfläche adsorbiert werden kann, denn bei $C = \infty$ ist $n = z$. Nun können wir die Konzentration der H^+-Ionen dicht an der Elektrodenoberfläche (d. h. $[H^+]_a$) als proportional zu n betrachten[1] und erhalten somit

$$[H^+]_a = \frac{z \cdot \omega \cdot [H^+]}{1 + \omega \cdot [H^+]}.$$

Die so formulierte Oberflächenkonzentration wird nun in die von J. HEYROVSKÝ (*200, 202*) abgeleitete Formel für das Potential der Wasserstoffabscheidung eingesetzt. Nach der Theorie der Wasserstoffüberspannung von J. HEYROVSKÝ verläuft an einer Quecksilberelektrode der Vorgang $H + H \rightarrow H_2$ sehr langsam. Viel eher

[1] Hier handelt es sich nicht um eine spezifische, sondern elektrische Adsorption in der Elektrodenschicht, in welcher jedoch die Raumerfüllung auch nur eine bestimmte Anzahl der Ladungen erlaubt.

entstehen die H_2-Molekeln durch die Reaktion $H + H^+ \rightarrow H_2^+$, wobei die Teilchen H_2^+ sofort mit den Elektronen an der Elektrode H_2-Molekeln bilden. Die Geschwindigkeit der Wasserstoffentwicklung, d. h. die Stromstärke, wird somit durch die Reaktionsgeschwindigkeit des Vorganges $H + H^+ \rightarrow H^+_2$, d. h. durch $i = K \cdot [H] \cdot [H^+]_a$ gegeben. Dabei ist das Elektrodenpotential durch die Lösungstension des atomaren Wasserstoffes aufrechterhalten und hat demnach den Wert

$$\pi_H = -\frac{R\,T}{F} \ln k \frac{[H]}{[H^+]}.$$

Durch Einsetzen für $[H] = \frac{i}{K} \cdot \frac{1}{[H^+]_a}$ aus der Formel der Reaktionsgeschwindigkeit erhält man

$$\pi_H = -\frac{R\,T}{F} \ln \frac{i}{[H^+] \cdot [H^+]_a} + K'.$$

Bei den experimentellen Bedingungen von P. HERASYMENKO und I. ŠLENDYK wurde das Abscheidungspotential bei sehr schwachen Strömen, also beinahe bei einem Gleichgewichtszustand in der Lösung ermittelt. Dabei ist für $[H^+]$ die im Inneren der Lösung herrschende Konzentration und für $[H^+]_a$ die Oberflächenkonzentration einzusetzen. Somit erhält man

$$\pi_H = -\frac{R\,T}{F} \ln i + \frac{R\,T}{F} \ln \frac{z \cdot \omega \cdot [H^+]^2}{1 + \omega \cdot [H^+]} + K'.$$

Bei konstantgehaltener Stromstärke gilt daher für die durch Änderung der H^+-Ionenkonzentration verursachten Verschiebungen die Formel

$$\pi_H = +\frac{R\,T}{F} \ln \frac{z \cdot \omega \cdot [H^+]^2}{1 + \omega \cdot [H^+]} + K''.$$

Diese Formel ist in vollem Einklang mit den von P. HERASYMENKO und I. ŠLENDYK beobachteten Beziehungen. Zum Beispiel zeigen sich bei großen Konzentrationen von reinen Säurelösungen Verschiebungen nach $\frac{R\,T}{F} \ln [H^+]$, denn in der Formel ist 1 gegen $\omega \cdot [H^+]$ zu vernachlässigen. Bei kleinen Werten von $[H^+]$, d. h. in verdünnten reinen Säurelösungen, kann man wiederum $\omega \cdot [H^+]$ gegen 1 vernachlässigen und hat somit Verschiebungen nach $\frac{2\,R\,T}{F} \ln [H^+]$. Höherwertige Kationen drängen wegen ihres hohen Adsorptionsvermögens die H^+-Ionen aus der Adsorptionsschicht heraus, so daß $[H^+]_a$ vermindert und das Potential demgemäß negativer wird, wie es die Autoren genau ausdrücken können. Sie zeigen auch, daß bei Überschuß von Salzen (wie z. B. bei Anwendung von Pufferlösungen) der Einfluß von $\omega \cdot [H^+]$ im Nenner des Bruches zu vernachlässigen ist, so daß sich die Verschiebungen genau nach $\frac{2RT}{F} \log [H^+]$ berechnen lassen.

Wenn aber der Verlauf der ganzen Kurve aus der Theorie von J. HEYROVSKÝ abgeleitet werden soll, muß die Konzentrationspolarisation berücksichtigt und der übliche Überschuß des Zusatzelektrolyten angenommen werden. Dadurch wird die Adsorptionsformel abgeschafft und es gilt $[H^+]_0 = [H^+]_a$, so daß man

$$\pi_H = -\frac{RT}{F} \ln \frac{i}{[H^+]_0^2} + K'$$

schreiben kann. Die Diffusionsbedingung der Konzentrationspolarisation ist $i = KD^{\frac{1}{2}} ([H^+] - [H^+]_0)$, wodurch man

$$\pi_H = \frac{2RT}{F} \ln (i_d - i) - \frac{RT}{F} \ln i - \frac{RT}{F} \ln m^{\frac{2}{3}} t^{\frac{1}{6}} + K''$$

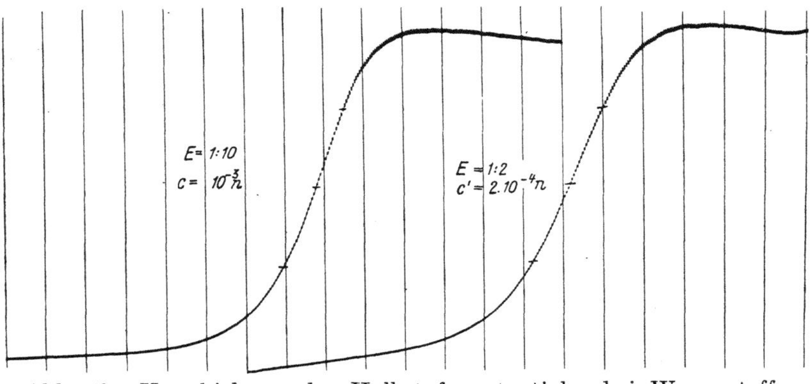

Abb. 53. Verschiebung des Halbstufenpotentiales bei Wasserstoffabscheidung aus freien H^+-Ionen. Links: 10^{-3}-n-HCl, 1-n-LiCl, Empf. 1:10. Rechts: $2 \cdot 10^{-4}$-n-HCl, 1-n-LiCl, Empf. 1:2. Die Kurven sind von 1,216-V-Spannung an aufgenommen. Abszissenabstände = 0,0514 V.

erhält. Der Verlauf der Stromspannungskurve der Wasserstoffentwicklung entspricht aber dieser Gleichung nur bei sehr kleinen Stromstärken. Bei größeren Stromstärken, wie P. HERASYMENKO gefunden hat, ist der Koeffizient von $\ln i$ gleich $\frac{3}{2} \cdot \frac{RT}{F}$. Der numerische Faktor $\frac{3}{2}$ hängt auch von der Tropfzeit ab; bei schnellem Tropfen vermindert er sich zu 1 und bei sehr langsamem

Tropfen oder an ruhenden Quecksilberelektroden wird er gleich 2. In Abb. 53 ist die H^+-Ionenstufe veranschaulicht. Gemäß den Koeffizienten $\frac{3}{2}$ in der Gleichung

$$\pi_H = \frac{2RT}{F} \ln (i_d - i) - \frac{3}{2} \cdot \frac{RT}{F} \ln i + K'''$$

ergibt sich das Halbstufenpotential zu

$$\pi_{\frac{1}{2}} = \frac{RT}{2F} \ln i_d + K''' = 0{,}029 \log i_d + K''' = 0{,}029 \log [H^+] + k.$$

Tatsächlich fand J. TOMEŠ (*379*) den Wert 0,029 log i_d und J. NOVÁK (*362*) bestätigte diese Beziehung durch Beobachtung der Änderungen der $\pi_{\frac{1}{2}}$-Werte bei Hebung des Quecksilberbehälters. J. TOMEŠ jedoch fand bei den experimentell erhaltenen Kurven von dem durch die Formel $\frac{3}{2} \cdot \frac{RT}{F} \log i$ gegebenen Verlauf der Stufe kleine Abweichungen. J. HEYROVSKÝ (*343*) versuchte dann die zuletzt gegebene Gleichung folgendermaßen zu korrigieren: Die an der Quecksilberelektrode entstehenden H_2-Molekeln, polarisiert durch das elektrische Feld des Elektrodenpotentials, haften eine Zeit an der Elektrodenoberfläche und beschränken dadurch die zur Ionenentladung erforderliche freie Fläche. Wir können nun die Besetzung der Oberfläche durch die H_2-Molekeln berechnen, wenn wir für die Verteilung dieser Molekeln die LANGMUIRsche Adsorptionsformel annehmen. Ist z die Anzahl aller Plätze, wo sich H^+-Ionen entladen können, und n die Anzahl der durch H_2-Molekeln besetzten Plätze, gilt wieder

$$n = \frac{z \cdot \omega \cdot C}{1 + \omega \cdot c}.$$

Daraus ergibt sich die Anzahl der freien Plätze

$$z - n = \frac{z}{1 + \omega \cdot C},$$

und da C, d. h. die Konzentration der H_2-Molekeln, der Stromstärke proportional ist, bekommt man

$$z - n = \frac{z}{1 + \omega \cdot i}.$$

Die Reaktionsgeschwindigkeit, mit welcher sich die H_2-Molekeln in der Reaktion $H + H^+ \rightarrow H_2^+$ bilden, ist mit Rücksicht auf die beschränkte Anzahl der freien Plätze an der Elektrodenoberfläche durch

$$i = K \frac{z}{1 + \omega \cdot i} \cdot [H] \cdot [H^+]_0$$

gegeben. Das Elektrodenpotential des atomaren Wasserstoffes wird hiermit

$$\pi_{\mathrm{H}} = -\frac{R\,T}{F} \ln \frac{k \cdot [\mathrm{H}]}{[\mathrm{H}^+]_0} = -\frac{R\,T}{F} \ln \frac{i\,(1+\omega\, i)}{[\mathrm{H}^+]_0{}^2} + K'',$$

und durch Einsetzen der Diffusionsbedingung ergibt sich weiterhin

$$\pi_{\mathrm{H}} = \frac{2\,R\,T}{F} \ln (i_d - i) - \frac{R\,T}{F} \ln i\,(1+\omega \cdot i) + K'''. \quad (21)$$

Diese Gleichung kommt den experimentellen Stromspannungskurven bei der Wasserstoffentwicklung am nächsten; denn bei sehr schwachen Strömen, wenn das Produkt $\omega \cdot i$ gegen 1 zu vernachlässigen ist, nähert sich der Wert des zweiten Gliedes dem Ausdruck $\frac{R\,T}{F} \ln i$. Bei größeren Stromstärken, bei welchen 1 gegen $\omega \cdot i$ zu vernachlässigen ist, nähert sich das zweite Glied dem Wert $\frac{R\,T}{F} \ln i^2\, \omega$, der Koeffizient des $\ln i$ ist also zwischen $\frac{R\,T}{F}$ und $\frac{2\,R\,T}{F}$ $\left(\text{nach P. Herasymenko ist er gleich } \frac{3}{2}\,\frac{R\,T}{F}\right)$. Der Adsorptionskoeffizient ω muß auch von der Tropfgeschwindigkeit abhängen, da er nur an einer ruhenden Quecksilberoberfläche den Höchstwert erreichen kann. An ruhenden Elektroden ist also wieder 1 gegen $\omega \cdot i$ zu vernachlässigen und man bekommt den Koeffizienten $\frac{2\,R\,T}{F}$; an schnelltropfendem Quecksilber dagegen ist infolge des lebhaften Rührens ω klein, das Produkt $\omega \cdot i$ gegen 1 ebenso und der Koeffizient dann nahe $1\,\frac{R\,T}{F}$. Alle diese Änderungen entsprechen den beobachteten Verschiebungen der Stufen. Auch die etwas unsymmetrische Form der H^+-Ionenstufe wird durch die neue Formel (21) ausgedrückt. Formel (21) gibt ferner die Abhängigkeit des Halbstufenpotentials von der Tropfzeit und von der Stufenhöhe an, denn

$$\pi_{\frac{1}{2}} = \frac{R\,T}{F} \ln \frac{\frac{i_d}{2}}{1 + \omega \cdot \frac{i_d}{2}} + K',$$

wo ω auch von der Tropfgeschwindigkeit abhängt.

Gleichung (21) bewährt sich ebensogut bei Stromspannungskurven starker Säuren, welche man mit Lösungen von schwerem Wasser und in Gemischen von leichtem und schwerem Wasser erhielt (*344*).

Die polarographischen Stufen schwacher Säuren zeigen viel geringere Diffusionsströme als jene der starken Säuren, was zu erwarten ist, denn die zur Kathode hindiffundierenden Teilchen sind in Lösungen von schwachen Säuren meistens undissoziierte Molekeln, deren Diffusionskonstante etwa acht- bis neunmal kleiner ist als die der freien Wasserstoffionen. Die Stufenhöhe ist bekanntlich der zweiten Wurzel aus der Diffusionskonstante proportional. Die Form der Stufe einer schwachen Säure läßt sich — wie J. TOMEŠ (*379*) theoretisch und experimentell nachgewiesen hat — aus den hier angegebenen Gleichungen der Stufe starker Säuren ableiten.

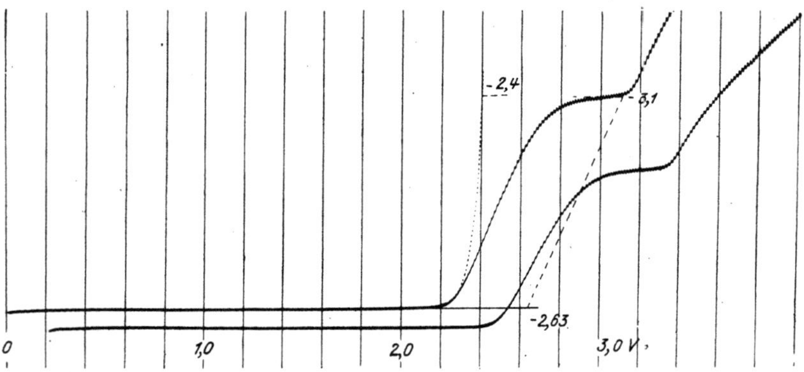

Abb. 54. Die Zersetzungsspannung des Wassers in einer neutralen 0,001-n-KCl-Lösung in Wasserstoffatmosphäre. Empf. 1:100, 3:400, 4-V-Akkum.

Was die Wasserstoffabscheidung aus neutralen, nichtgepufferten Lösungen anbelangt, sei hier auf die Befunde von D. ILKOVIČ (*144*) aufmerksam gemacht. Er untersuchte den Punkt an den Grenzströmen der Kationenabscheidungen (Abb. 54), bei welchem — in Abwesenheit eines Zusatzelektrolyten — eine unbegrenzte Zersetzung der Lösung anfängt. In einer 0,001-n-HCl-Lösung erscheint das Potential des neuen Anstieges bei — 1,97 V (gegen die n-Kalomelelektrode), also bei einem um — 0,82 V negativeren Wert als dem der H^+-Ionenabscheidung aus einer 1-n-HCl-Lösung. Nach der Regel der Verschiebung des H^+-Ionenabscheidungspotentials um 0,116 log [H^+], ergibt sich, daß beim Zersetzungspunkt die H^+-Ionenkonzentration dicht an der Elektrodenoberfläche gleich 10^{-7} n ist; sie entspricht also der H^+-Ionenkonzentration im neutralen Wasser. Darnach findet bei dem letzten Stromanstieg eine Wasserstoffabscheidung aus den nichtdissoziierten Wassermolekeln statt. Gleichzeitig bemerkt man an der Stromspannungskurve, daß die Richtung des zweiten Stromanstieges gegenüber jener des ersten mehr geneigt ist, was

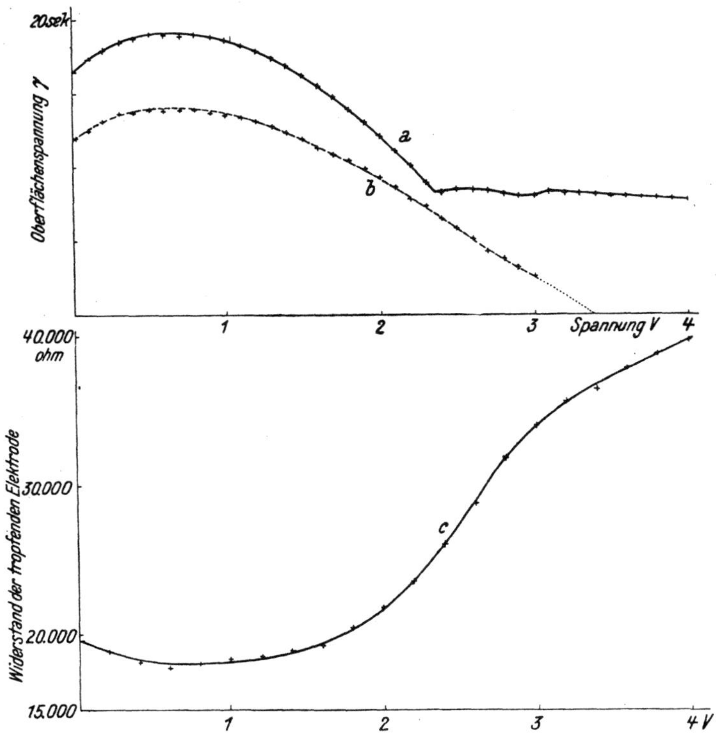

Abb. 55. Die Änderung der Oberflächenspannung des polarisierten Quecksilbers, *a* in 0,001-n-KCl, *b* in 0,001-n-$N(CH_3)_4Cl$. Untere Kurve *c* gibt die Änderung des Widerstandes der tropfenden Elektrode mit der Polarisation in 0,001-n-KCl an.

entweder eine Vergrößerung des Widerstandes oder auch ein Einsetzen einer neuen Polarisation bedeuten kann. Direkte Messungen ergaben eine stetige Zunahme des Widerstandes (s. Abb. 55), was durch eine weitgehende Erschöpfung an Ionen in der Lösungsschicht dicht an der Elektrodenoberfläche zu verstehen ist. Bei den hochnegativen Potentialen der Grenzströme scheiden sich nämlich alle in der Nähe der Elektrode sich befindenden Kationen ab und alle Anionen müssen von der Elektrode abwandern, so daß die Elektrodenschicht nur aus reinem Wasser besteht und deshalb großen Widerstand leistet.

In Lösungen von Salzen oder Hydroxyden der Alkalien verschiebt sich das Zersetzungspotential des reinen Wassers zu einem etwa um 0,5 V negativeren Wert als bei der Zersetzung in 0,001-n-HCl (s. Abb. 54). Am Grenzstrom der Ba^{2+}-Ionen ist dieses Potential etwas weniger negativ und bei Anwesenheit von Mg^{2+}-, Ca^{2+}- und Sr^{2+}-Ionen bekommt man in neutralen Lösungen überhaupt keinen Grenzstrom; nur in Lösungen der Hydroxyde des Calciums und Strontiums sind die Grenzströme beobachtbar. Offensichtlich tritt in neutralen Lösungen von Mg^{2+}-, Ca^{2+}- und Sr^{2+}-Ionen die Wasserzersetzung schon mit der Metallabscheidung der alkalischen Erden ein. Die Zersetzung des Wassers scheint von der Beständigkeit des Amalgams abzuhängen, da sie an den amalgamierten Quecksilbertropfen erscheint, und zwar bei der Abscheidung der Alkalimetalle beim negativsten und bei der Abscheidung des Magnesiums und Calciums beim positivsten Potential. Wahrscheinlich binden die abgeschiedenen und negativ geladenen Wasserstoffatome als H' die in der Lösung vorhandenen Alkaliionen zu beständigen Dipolen $H'K^{+}$, während die kleinsten Ionen der Erdmetalle infolge der starken elektrostatischen Anziehungskraft anstatt $H_2''Me^{2+}$ die in Wasser unbeständigen Hydride MeH_2 bilden. Der stetige Zerfall solcher Hydride zu $H_2 + Me(OH)_2$ führt zur fortwährenden Auflösung und zu nachfolgender Abscheidung des Metalls, wobei Wasserstoff dauernd abgeschieden wird. Durch diesen Vorgang können kleine Mengen von z. B. Mg^{2+}-Ionen bei einer Konzentration von 3×10^{-5} n (*59*) eine starke Wasserstoffentwicklung beim Abscheiden von den Alkalimetallen hervorrufen. Die Wirkung der Mg^{2+}-Ionen ist hier also eine katalytische (*145*). Bei größeren Stromstärken kommt es aber zu einem Grenzstrom dieser Wasserstoffentwicklung,[1] welcher durch die alkalische Reaktion infolge der Abscheidung des Wasserstoffes aus neutralem Wasser erklärlich ist. Bei größerer Hydroxylionenkonzentration an der Elektrodenoberfläche werden nämlich die Mg^{2+}-Ionen gefällt und dadurch wird ihre katalytische Tätigkeit beschränkt. In Lösungen von Salzen und Hydroxyden der quartären organischen Amine, wie z. B. des Tetramethyl- oder Äthylammoniums, welche bekanntlich zu den starken Elektrolyten gehören und Kationen $N(CH_3)_4^{+}$, $N(C_2H_5)_4^{+}$ bilden, findet die Wasserstoffentwicklung

[1] Nach bisher unveröffentlichten Untersuchungen von I. SMOLER.

erst bei Zersetzungsspannung dieser Amine statt. Dies tritt bei einem Potential von etwa —2,6 V ein und deswegen dienen

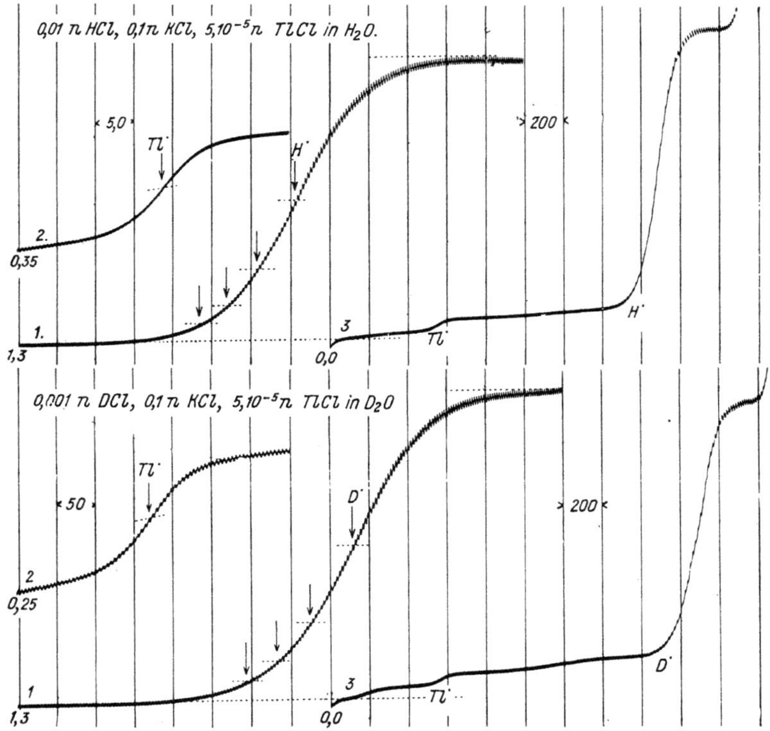

Abb. 56. Stromspannungskurven bei Wasserstoffabscheidung aus freien H^+- und D^+-Ionen. Oberes Polarogramm wurde mit 0,001-n-HCl, 0,1-n-KCl, 5×10^{-5}-n-TlCl in H_2O erhalten. Kurve *1*, von 1,3 V an mit Empf. 6:100, Abszissenabstand 50 mV, zeigt die H_2-Stufe; Kurve *2*, von 0,35 V an mit Empf. 3:5, Abszissenabstand 50 mV, zeigt $\pi_{\frac{1}{2}}$ der Tl-Stufe; Kurve *3*, von 0 V an mit Empf. 6:100, Abszissenabstand 200 mV, zeigt den ganzen Kurvenverlauf. Unteres Polarogramm wurde mit 0,001-n-DCl, 0,1-n-KCl, 5×10^{-5}-n-TlCl in D_2O unter denselben Bedingungen wie oben erhalten. Die Verschiebung des $\pi_{\frac{1}{2}}$ von H^+ zu D^+ beträgt 87 mV.

die quartären Amine als die besten indifferenten Elektrolyte. Daß es bei einem so negativen Potential noch nicht zur Bildung der H_2-Molekeln kommt, kann wieder durch die Bindung von stabilen $H'R^+$-Dipolen an der Elektrodenoberfläche erklärt werden; dadurch werden die H-Atome gefesselt und können sich nicht durch die Reaktionen $H + H \rightarrow H_2$ oder $H + H^+ \rightarrow H_2^+$ zu H_2-Molekeln vereinigen. In Lösungen der quartären Amine kann — wie D. ILKOVIČ (*144*) gefunden hat — die Quecksilberkathode bis zum Verschwinden der Oberflächenspannung (γ) polarisiert werden. Die elektrokapillare Parabel wird nämlich in diesen Lösungen in einer normalen Weise bei negativeren Potentialen zum Werte $\gamma = 0$ fortgesetzt (s. Abb. 55, Kurve *b*). Das Verschwinden der Oberflächenspannung zeigt sich bei der tropfenden Quecksilberkathode durch schnelles Ausfallen von geringen Tröpfchen aus der Mündung der Kapillare und macht an einer größeren Quecksilberelektrode den Eindruck des Siedens, wobei Wölkchen von kolloidem Quecksilber gebildet werden. Dagegen ändert sich die Oberflächenspannung in reinen Lösungen der Alkalien, von dem Abscheidungspotential der Alkalimetalle angefangen, zu negativeren Potentialen nicht (s. Kurve *a*, Abb. 55). Die Quecksilberoberfläche ist daher in diesem Bereiche weiter nicht polarisierbar. Da aber die Polarisation der tropfenden Quecksilberelektrode beim Grenzstrom der Alkalimetalle bis zum zweiten Zersetzungspunkt allem Anschein nach ansteigt, muß die entstehende Gegenkraft in der Lösung gesucht werden, welche die Elektrode dicht umgibt. Wahrscheinlich liegt die Polarisation in der Orientierung der Wassermolekeln, deren Dipole in dem elektrischen Felde der Elektrode gefesselt werden.

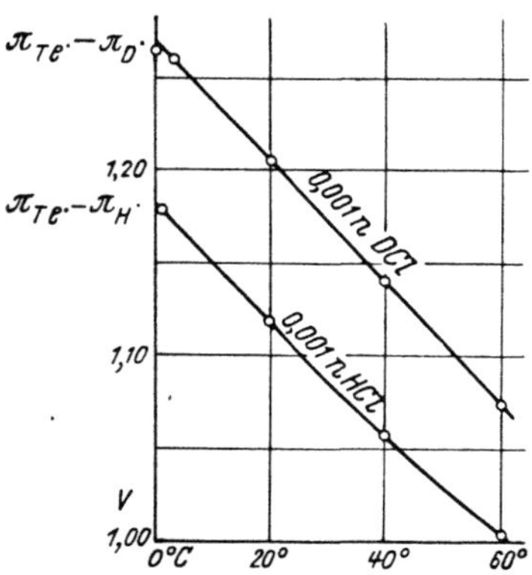

Abb. 57. Verschiebung des Halbstufenpotentiales bei Wasserstoffabscheidung aus 0,001-n-DCl und 0,001-n-HCl mit steigender Temperatur. Die Halbstufenwerte der Wasserstoffionen beziehen sich auf die Halbstufenpotentiale der Tl^+-Ionen, welche aus demselben Polarogramm ermittelt wurden.

Über den Temperatureinfluß wurde schon früher bemerkt, daß der Temperaturkoeffizient der Wasserstoffabscheidungspotentiale, als der größte von allen von J. NEJEDLÝ (*62*) untersuchten Kationenabscheidungen, zwischen 0° und 90° C gleich 3 mV pro Grad ist. Genauer wurde dieser Wert von J. NOVÁK (*362*) in einer 0,1-n-KCl-Lösung, welche 0,001-n-HCl in leichtem Wasser oder 0,001-n-DCl in schwerem Wasser enthielt, bestimmt. Abb. 56 stellt den Kurvenverlauf in leichtem und schwerem Wasser bei 25° C dar und

Abb. 57 zeigt, wie sich der $\pi_{\frac{1}{2}}$-Wert der Wasserstoffionenstufe, gemessen vom $\pi_{\frac{1}{2}}$-Werte der Thalliumionenstufe, mit wachsender Temperatur zu positiven Potentialen verschiebt. Derselbe Autor hat auch gefunden, daß der Koeffizient des ln *i*-Gliedes vom Werte $\frac{2RT}{F}$ bei erhöhter Temperatur mehr abweicht, und zwar kleiner im leichten als im schweren Wasser wird.

Herabsetzen der Überspannung.

Die große Überspannung, welche an der Quecksilberelektrode in reinen Lösungen von starken Säuren, wie HCl, $HClO_4$, $HClO_3$ oder H_2SO_4, in reinen Lösungen von Salzen der Alkalien oder

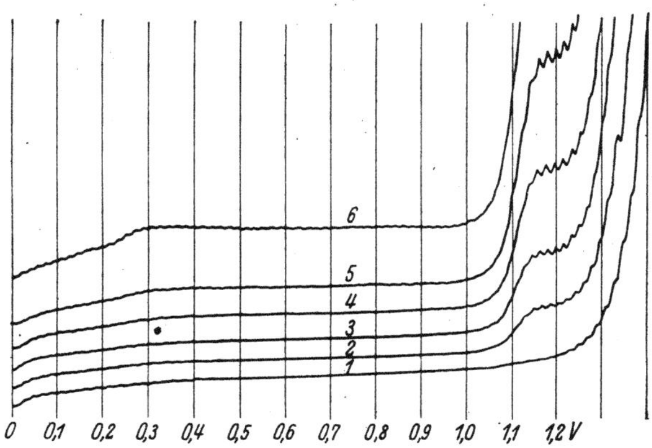

Abb. 58. Katalytische Wirkung kleiner Mengen von Platinsalz auf die Wasserstoffabscheidung. Die Lösung bestand aus 0,1-n-HCl und 0,01-n-$BaCl_2$ und enthielt $PtCl_4$ in Konzentrationen: *1* 0, *2* 5×10^{-6} *3* 10^{-5}, *4* 2×10^{-5}, *5* 4×10^{-5}, *6* 8×10^{-5} m. Empf. 1:10, 2-V-Akkum. Die Kurven sind von 0,1-V-Spannung an aufgenommen.

in Pufferlösungen herrscht, kann auf zwei Arten herabgesetzt werden, und zwar je nachdem, ob der Stoff, welcher die Herabsetzung bewirkt, sich in der Lösung oder in der metallischen Phase der Elektrode befindet. Es zeigte sich, daß hier meistens ganz geringe Mengen der wirksamen Stoffe genügen, um große Ströme weit unter der Zersetzungsspannung hervorzurufen, weswegen diese Wirkung als eine katalytische bezeichnet wird. Am längsten bekannt ist die Wirkung der Edelmetalle der Platingruppe (Ru, Rh, Ir, Pt), welche von P. Herasymenko und I. Šlendyk (*172*) entdeckt und eingehend untersucht wurde. Obzwar in diesen Untersuchungen die Metalle zu der Lösung als Salze zugegeben wurden, sind sie doch als die in der metallischen Phase wirkenden zu betrachten, denn sie scheiden sich schon beim stromlosen Zustand an der Quecksilberelektrode ab, so daß die Wirkungen deren metallischem Zustand zuzuschreiben sind. Abb. 58 stellt eine solche Wirkung bei Platin dar. Nach Zugabe einer geringen Menge eines Platinsalzes zu einer Lösung starker Säure erscheint an der Stromspannungskurve, bei einem um etwa 0,25 V positiveren Potential als der Wasserstoffabscheidung entspricht, eine Stufe, deren Höhe mit der Konzentration des Platinsalzes linear ansteigt. Die Höhe dieser Stufe ist jedoch etwa 20mal größer als man für den Diffusionsstrom der Platinabscheidung berechnen würde. Da aber bei dem Potential, bei welchem die neue Stufe erscheint, alles Platin aus der Lösung an der Elektrodenoberfläche

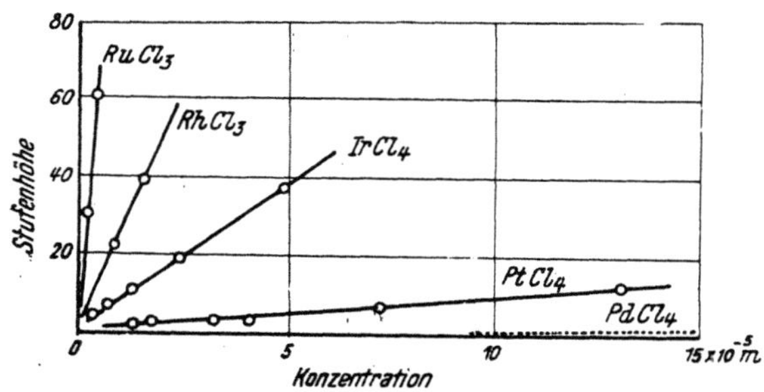

Abb. 59. Die Abhängigkeit des katalysierten Stromes von der Konzentration der Edelmetallchloride in einer 0,01-n-HCl-Lösung. Die Konzentration des Katalysators ist in 10^{-5} m ausgedrückt.

abgeschieden ist und keine anderen abscheidbaren Ionen als die H^+-Ionen in der Lösung vorhanden sind, kann der neue Stromanstieg nur durch eine Art Wasserstoffabscheidung erklärt werden. Die Tatsache, daß bei dieser Wasserstoffentwicklung an der Quecksilberkathode alles Platin aus der Elektrodenzwischenphase abgeschieden ist, weist darauf hin, daß die neue Stufe der am Platin verlaufenden Bildung der H_2-Molekeln zuzuschreiben ist.

Die geringe Wasserstoffüberspannung an den Platinmetallen ist nämlich wohlbekannt und wird durch die Fähigkeit dieser Metalle, den Vorgang $H + H \rightarrow H_2$ katalytisch zu beschleunigen, erklärt. An der Quecksilberelektrode wird daher die Bildung der H_2-Molekeln durch die abgeschiedenen Atome oder Atomgruppen beschleunigt, und deswegen steigt der Strom bei einem positiveren Potential, als es in Abwesenheit des Katalysators der Fall ist. Am stärksten wirkt hier Ruthenium, dessen Anwesenheit die Wasserstoffüberspannung bis um etwa 0,5 V herabzusetzen vermag und 30mal höhere Ströme als eine äquivalente Menge von Platin verursacht. Die Wirkung des Palladiums ist 30mal kleiner als die des Platins. Abb. 59 stellt diese katalytische Wirkung der Platinmetalle dar. Gold und Kupfer, welche in Quecksilber ziemlich löslich sind, üben auf die Wasserstoffabscheidung keine katalytische Wirkung aus. Die Wirkung des Palladiums nähert sich der des Kupfers, wahrscheinlich deshalb, weil es im Quecksilber ziemlich löslich ist und ein homogenes Amalgam bildet, dessen katalytische Wirkung durch Hydrargyratbildungen unterdrückt ist. Viel größer noch sind die katalytischen Wirkungen einiger in der Lösungsschicht anwesenden Stoffe. Als Beispiel kann hier die weiter unten beschriebene Herabsetzung der Wasserstoffüberspannung mittels des Chinins dienen. Die Verschiebung der Wasserstoffstufe zu positiveren Potentialen ist bei den Katalysatoren in der Lösungsschicht zwar nicht größer als 0,26 V, deren Wirkung ist aber noch größer als bei den Katalysatoren der metallischen Phase. So wird nach J. Pech (*214*) in Salzsäurelösungen durch Chinin schon in 10^{-5}-mol-Konzentrationen eine deutliche Stufe der katalysierten Wasserstoffentwicklung hervorgerufen und in Lösungen von Ammonchlorid sogar in 10^{-7}-mol-Konzentration. In der letztgenannten Lösung ist die Stufe etwa 300mal größer als eine Stufe, welche durch eine kathodische Reduktion des anwesenden Chinins entstehen konnte, und die Zersetzungsspannung des Ammoniumsalzes ist hiermit um 0,4 V vermindert. Neben Chinin zeigen eine derartige katalytische Wirkung auch andere Alkaloide der Chinolingruppe, wie Chinidin, Cinchonin und Cinchonidin, nicht aber die Isochinolinalkaloide, z. B. Morphin, Codein, Narkotin und Hydrastin. Die Höhe der katalysierten Stromstufe ist der Konzentration des Katalysators nicht direkt proportional, sondern wächst zu einem Grenzwert, wie später mathematisch formuliert wird. Eine große katalytische Wirkung wird auch durch Spuren von Wolframsäure in salzsauren Lösungen bei — 1,0 V verursacht. Es entsteht ein hohes Maximum, welches fast zum Nullstrom herabsinkt, wahrscheinlich, weil über — 1,0 V Wolframsäure elektrolytisch reduziert wird (*34*).

In Lösungen von Ammoniumchlorid verursachen, gemäß eingehenden Untersuchungen von R. Brdička, eine noch größere katalytische Wirkung jene Stoffe, welche die Sulfhydryl- (—SH-) Gruppe oder die Disulfidgruppe (—S—S—) enthalten, insbesondere Eiweißstoffe (*166*, *167*, *168*, *188*, *189*, *190*, *268*). Das Polarogramm in Abb. 60 stellt die Wirkungen solcher Verbindungen dar. Die erste Kurve stammt von einer Lösung, welche 0,1 n in bezug auf NH_4Cl und NH_3 ist. Der Stromanstieg ist durch die Abscheidung der NH_4^+-Ionen verursacht; da aber das abgeschiedene NH_4-Radikal bei gewöhnlicher Temperatur sofort in $2\,NH_3 + H_2$ zerfällt, kann die bei — 1,8 V entstehende Stufe als eine der Wasserstoffabscheidung aus dem $NH_3 \cdot H^+$-Komplex angehörige betrachtet werden. Wenn nun die ammoniakalische Lösung eine Spur von Eiweiß enthält, zeigt sich an der Stromspannungskurve *2* eine zuerst von F. HERLES und A. VANČURA (*137*)

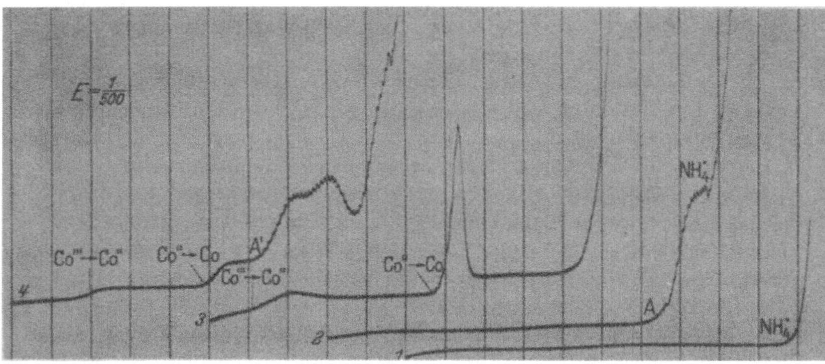

Abb. 60. Die polarographische Eiweißreaktion. Die Lösung enthält: *1* 0,1-n-NH_4Cl, 0,1-n-NH_3, *2* 400fach verdünntes Blutserum in 0,1-n-NH_4Cl, 0,1-n-NH_3, *3* 0,001-n-$Co(NH_3)_6Cl_3$, 0,1-n-NH_4Cl, 0,1-n-NH_3 (d. h. BRDIČKAS Testlösung), *4* BRDIČKAS Testlösung mit 400fach verdünntem Blutserum. Empf. 1:500, 4-V-Akkum.

in Lösungen vom Blutserum beobachtete, bei — 1,60 V ansteigende Stufe, welche nach Untersuchungen von J. HEYROVSKÝ und J. BABIČKA (*83*) der katalysierten Wasserstoffabscheidung zugeschrieben wird. Später fand R. BRDIČKA (*268*), daß die Lösung von NH_3 und NH_4Cl durch jede Pufferlösung ersetzt werden kann, und zwar zwischen $p_H = 6$ und $p_H = 11$ (s. Abb. 61). Er hat auch nachgewiesen (*167*), daß katalytisch wirkende Proteine, welche Cystingruppe enthalten, und daß auch Peptone und einfachere Polypeptide bis zu Cystin die katalysierte Wasserstoffstufe hervorrufen können. Dabei ist die Überspannung desto mehr herabgesetzt, je größer das Molekel des organischen Stoffes ist. Die Stufe zeigt sich also am deutlichsten bei Eiweißstoffen. Jene Proteine aber, welche keinen Schwefel enthalten, wie z. B. Gelatine oder Seide, geben die beschriebene katalytische Wirkung nicht. Diese Ergebnisse beweisen, daß der katalysierte Elektrodenvorgang durch die Anwesenheit der Sulfhydryl- (—SH-) Gruppe und des Puffers bedingt ist. Der Vorgang ist somit

$$\mathrm{R{-}SH} + \ominus + \mathrm{H} \rightarrow \mathrm{R} - \mathrm{S'} + \mathrm{H_2}$$
$$\mathrm{R{-}S'} + \mathrm{H^+} \rightarrow \mathrm{R{-}SH},$$

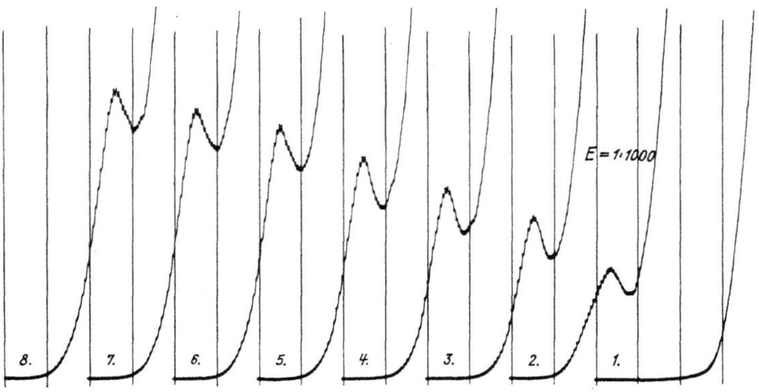

Abb. 61. Proteinstufen in Pufferlösung von $p_{\mathrm{H}} = 10$ (Borsäure-Karbonat). Zu 10 cm³ des Boratpuffers (Kurve *1*) wurde zehnfach verdünntes Hühnereiweiß 0,1-cm³-weise zugefügt (Kurve *2* bis *8*): mit Empf. 1:1000, 4-V-Akkum., von 1,4 V an aufgenommen.

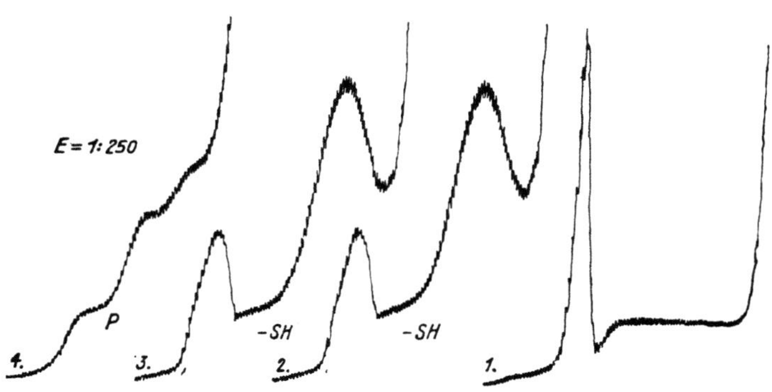

Abb. 62. Katalytische Wirkungen der Sulfhydrylgruppen: *1* 0,0016-n-$CoCl_2$, 0,1-n-NH_4Cl, 0,1-n-NH_3 (d. h. Kobalt(II)-Testlösung), *2* Kobalt(II)-Testlösung mit 2×10^{-5}-m-Cystein, *3* Kobalt(II)-Testlösung mit 10^{-5}-m-Cystin, *4* Kobalt(II)-Testlösung mit 100fach verdünntem menschlichem Blutserum. Empf. 1:250, 4-V-Akkum. Die Kurven sind von 0,8-V-Spannung an aufgenommen.

wobei H^+ die vom Puffergemisch zur Verfügung gestellten Wasserstoffionen und H die an der polarisierten Elektrode anwesenden Wasserstoffatome bezeichnen.

Die Höhe der katalysierten Stufe ist von der Konzentration der Sulfhydrylverbindung nicht linear abhängig, sondern wächst mit deren Gehalt zu einem Grenzwert, wie aus dem Polarogramm in Abb. 61 ersichtlich ist und weiter unten erörtert wird.

Neben der gerade beschriebenen katalysierten Stufe verursachen dieselben Katalysatoren in Anwesenheit von Pufferlösungen eine noch größere Herabsetzung der Überspannung, wenn ein Kobaltsalz in der Lösung anwesend ist. In Abb. 62 ist an Kurve *4* die neue „Doppelstufe" des Eiweißes — wie sie der Entdecker dieser Reaktion, R. BRDIČKA (*166*), benannte — bei der Spannung 1,3 V erkennbar, namentlich wenn man diese Kurve mit Kurve *3* der „leeren" Lösung, d. h. der Lösung ohne Eiweiß, vergleicht. Es ist bemerkenswert, daß diese Stufe des Eiweißes sowohl durch Kobalt(II)-Lösungen wie durch Kobalt(III)-Lösungen, d. h. durch Kobaltamine, hervorgerufen wird. Die geeignetste Lösung für die Untersuchungen der katalysierten Doppelstufe der Proteine ist eine 0,1-n-NH_3, 0,1-n-NH_4Cl-Lösung, welche 10^{-3}-n-$Co(NH_3)_6Cl_3$ enthält (BRDIČKAS Testlösung). In dieser Lösung wird die Doppelstufe nur durch Eiweißstoffe und höhere Polypeptide hervorgerufen. Cystin oder Cystein dagegen geben in ammoniakalischen Lösungen von dreiwertigem Kobalt bis zu dem Potentiale der Abscheidung der NH_4^+-Ionen keine neue katalysierte Stufe. Jedoch in Anwesenheit von zweiwertigem Kobalt wird in Lösungen von Ammoniak und Ammonchlorid durch ganz geringe Mengen von Cystin oder Cystein ein hohes rundes Maximum an der Stromspannungskurve zwischen — 1,3 und — 1,6 V bewirkt. Abb. 62 zeigt diese Wirkung im Vergleich zur Wirkung des in derselben Kobalt(II)-Lösung anwesenden Blutserumeiweißes. Es ist bemerkenswert, daß eine 10^{-3}-mol-Cystinlösung genau dieselbe Wirkung verursacht wie eine 2×10^{-3}-mol-Cysteinlösung. Diese Tatsache dient als Beweis dafür, daß die katalytische Wirkung nur der —SH-Gruppe zuzuschreiben ist, denn an der tropfenden Quecksilberelektrode reduziert sich Cystin zu Cystein bei einem positiveren Potentiale als dem der katalysierten Stufe, so daß das Cystin (R—S—S—R) bei seiner katalytischen Wirkung schon zum Cystein (2 R—SH) reduziert ist. Der Reduktionsvorgang gibt nämlich nach der Gleichung

$$(COOH \cdot CHNH_2 \cdot CH_2)_2S + 2H^+ + 2\ominus \rightarrow 2COOH \cdot CHNH_2 \cdot CH_2SH$$

zwei Molekeln Cystein aus einem Molekel Cystin.

Neben Cystin und Cystein geben auch noch einfachere die Sulfhydryl- oder Disulfidgruppe enthaltenden Verbindungen, wie Thioglycolsäure, Cysteylglycin und wahrscheinlich auch Glutathion, in Lösungen von NH_3, NH_4Cl und Kobalt(II) die hier beschriebene Stufe. Die Empfindlichkeit dieser katalytischen Wirkung ist sehr hoch, denn die Höhe des Maximums, welches durch Anwesenheit des Cystins in der ammoniakalischen Kobalt(II)-Lösung hervorgerufen wird, ist etwa 1000mal größer als die Stufe, welche durch die Reduktion des Cystins zu Cystein entsteht.

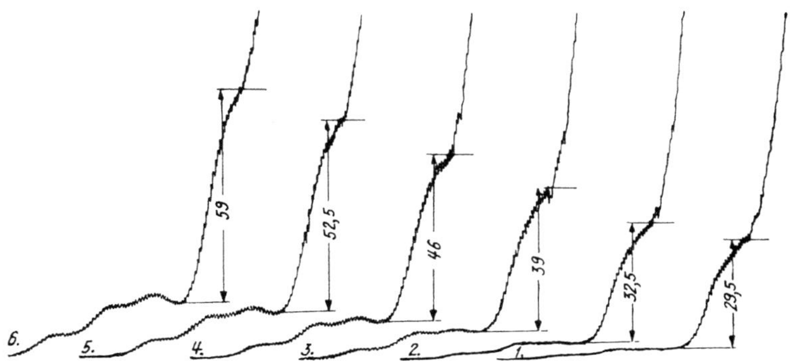

Abb. 63. Die Abhängigkeit der einfachen Proteinstufe und der Proteindoppelstufe von der Konzentration des Kobalt(II)-Chlorides bei konstant gehaltener Konzentration des Proteins. Konzentration des Serums = 0,38%. Konzentration von $CoCl_2$: *1* 0,0005, *2* 0,001, *3* 0,002, *4* 0,003, *5* 0,004, *6* 0,005 n. Empf. 1:1000, 4-V-Akkum.

Die Abhängigkeit der katalytischen Wirkung der Eiweißstoffe von ihrer Konzentration einerseits und des Kobalts anderseits ist kompliziert. Sie wurde an der einfachen Stufe und an der Doppelstufe des Eiweißes durch E. Jurka (*513*) und R. Brdička (*489*) untersucht. Die einfache Stufe des Eiweißes ist, wie Abb. 63 zeigt, etwa viermal höher als die der Doppelstufe und wächst mit der Konzentration des Kobaltsalzes [Co] linear an nach einer Beziehung $h = h_0 (1 + a\,[\mathrm{Co}])$, wo h_0 die Höhe der Stufe in Abwesenheit des Kobaltsalzes bezeichnet. Die Doppelstufe dagegen steigt nach der Formel $h = k\,[\mathrm{Co}]^{0{,}74}$. Das Wesen dieser Beziehungen ist nicht aufgeklärt. Dagegen kann die Beziehung zwischen der Konzentration des Katalysators und der Höhe der katalysierten Stufe theoretisch leicht abgeleitet werden. Hier hilft uns wiederum die Adsorptionsisotherme, und zwar in der Form von I. LANGMUIR (s. S. 121). Die aus der Elektrolytlösung wirkenden Katalysatoren, wie Alkaloide, Proteine, Polypeptide und Cystin, sind adsorbierbare, oberflächenaktive Stoffe. Ihre Konzentration an der Quecksilberoberfläche ist dann durch die Formel von LANGMUIR

$$n = \frac{z \cdot \omega \cdot C}{1 + \omega \cdot C}$$

gegeben, wo n die Anzahl der an der Elektrodenoberflächeneinheit adsorbierten katalytisch wirkenden Teilchen, z die Höchst-

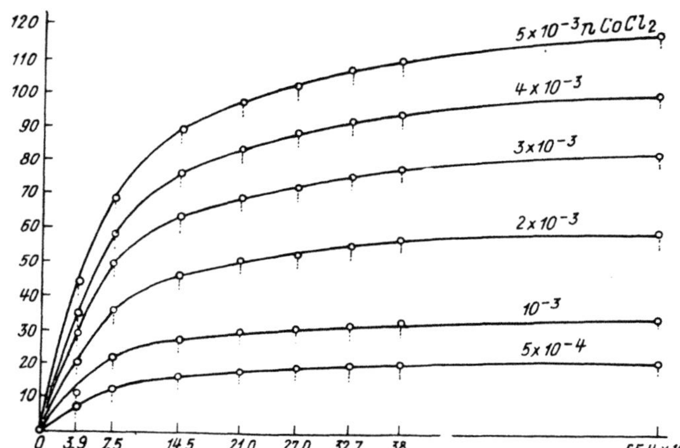

Abb. 64. Die Abhängigkeit der Proteindoppelstufe von der Konzentration des Proteins bei bestimmten Konzentrationen von $CoCl_2$.

anzahl solcher Teilchen bei völliger Besetzung der Elektrodenoberfläche, ω den Adsorptionskoeffizienten und C die Gesamtkonzentration der Teilchen in der Lösung bezeichnet. Unter der Voraussetzung, daß die Höhe der Eiweißstufe h der Anzahl der adsorbierten Teilchen proportional ist, können wir die obige Gleichung in

$$h = \frac{h_z \cdot \omega \cdot C}{1 + \omega \cdot C}$$

umändern, wo h_z den Höchstwert des Grenzstromes bezeichnet, der bei steigendem Eiweißgehalt und konstant gehaltener Kobaltkonzentration erreicht wird. Die in Abb. 64 und 65 gezeichneten Kurven entsprechen vollkommen der oben angegebenen Formel. R. BRDIČKA (*489*) berechnet nach diesen Werten den höchsten Grenzstrom der Doppelstufe — welcher, wie oben angegeben, proportional $[Co]^{0,74}$ ist — als $h_z = 6620\,[Co]^{0,74}$ und den Adsorptionskoeffizienten $\omega = 1450$, so daß die Adsorptionsisotherme die Höhe der Doppelstufe (Abb. 64)

$$h = \frac{6620\,[Co]^{0,74} + 1450 \cdot C}{1 + 1450\,C}$$

ergibt. Die Ergebnisse von E. JURKA (*513*) über die Höhe der einfachen Eiweißstufe, welche in Pufferlösungen ohne Kobaltzusatz erhalten wird, folgen — wie R. BRDIČKA berechnete —

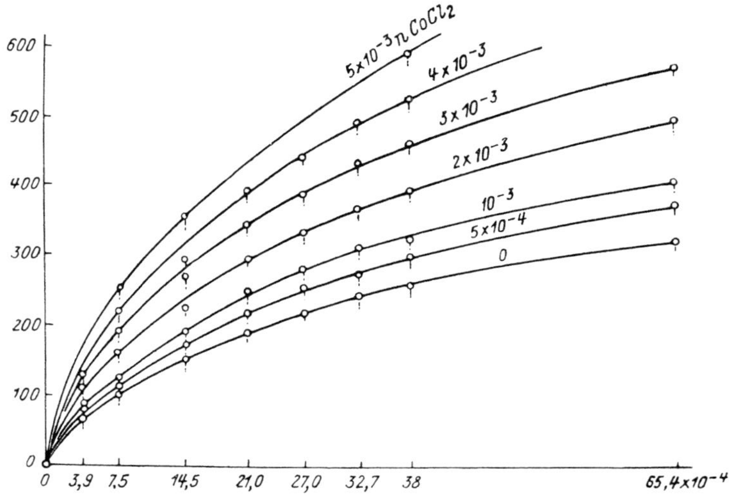

Abb. 65. Die Abhängigkeit der einfachen Proteinstufe von der Konzentration des Proteins bei bestimmten Konzentrationen von $CoCl_2$.

wieder der Adsorptionsisotherme, und zwar mit den numerischen Werten (Abb. 65)

$$h = \frac{450 \cdot 350\,C}{1 + 350\,C}.$$

Ähnliche Beziehungen fand R. BRDIČKA (*188*) auch bei den Stufenhöhen des Cysteins. Die Grenzströme der katalysierten Elektrodenvorgänge verhalten sich also wesentlich anders als Grenzströme, welche durch einfache Elektrodenentladungen entstehen und durch die Diffusionsgleichung (8) von D. ILKOVIČ berechenbar sind. Am wesentlichsten macht sich der Unterschied zwischen einem katalysierten Strom und einem Diffusionsstrom bei Änderungen der Tropfzeit geltend. Wie aus Abb. 66 ersichtlich ist, erhöht sich die katalytische Wirkung mit wachsender Tropfzeit, während der Diffusionsstrom der Kobaltabscheidung gemäß Gleichung (8) vermindert wird. Zweifellos bietet sich bei langsamem tropfen bessere Gelegenheit zum Erreichen des Adsorptionsgleichgewichtes, was sich in der Formel durch eine Vergrößerung des ω-Wertes geltend macht (s. S. 125). Abb. 66 zeigt auch, daß die zwei Wellen, aus denen die Doppelstufe besteht, kein konstantes Verhältnis aufweisen, denn bei langsamerem tropfen wächst nur die erste Welle. Im Überschuß von Ammoniak übersteigt sogar die erste Welle die zweite, so daß die Doppelstufe in der Form eines runden Maximums erscheint.

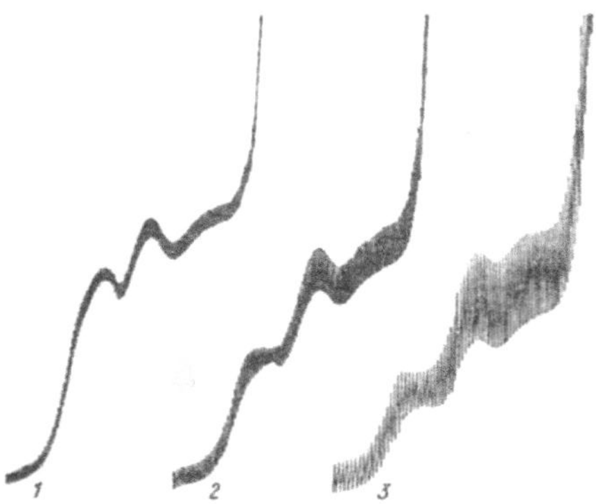

Abb. 66. Die Abhängigkeit der Proteindoppelstufe von der Tropfzeit. 200fach verdünntes Serum in BRDIČKAS Testlösung. Tropfzeit: *1* 1 sec., *2* 2 sec., *3* 3 sec. bei 0,8 V Spannung (am Anfange der Kurve).

Die katalytische Cystinwirkung in der ammoniakalischen Kobalt(II)-Lösung wird jedoch — nach J. SLÁDEK und M. LIPSCHÜTZ (*221*) — durch Anwesenheit von kleinen Mengen einiger Amine teilweise oder auch völlig unterdrückt. Ein solches Verhalten zeigen Tryptophan, Arginin, Histidin, β-Phenyl-α-Alanin und β-Phenyl-β-Alanin in einer etwa 0,001-m-Lösung. Das β-Phenyl-β-Alanin vermag aber in der Kobalt(II)-Lösung eine neue katalytische Stufe hervorzurufen, welche bei einem um 0,2 V negativerem Potential als das Cystinmaximum gleichfalls in der Form eines Maximums erscheint. Die Empfindlichkeit der katalytischen Wirkung des β-Phenyl-β-Alanins ist jedoch etwa 30mal kleiner als die des Cystins. Alle die oben genannten Amine sowohl als auch das Cystin verursachen Maxima an der Abscheidungsstufe des Kobalts. Diese Eigenschaft und die Unterdrückung der katalysierten Cystinstufe deuten darauf hin, daß die genannten Amine mit den Co^{2+}-Ionen Komplexe eingehen, deren Adsorptionsfähigkeit größer ist als die des Cystins, weswegen sie auch Cystin aus der Elektrodenoberfläche verdrängen.

Eine der Doppelstufe der Proteine sehr ähnliche katalysierte Stufe wird durch ein Hydrolysenprodukt des Senfgases (β,β'-Dichloräthylsulfid) hervorgerufen. Die Stufe entsteht bei demselben Potential wie die Doppelstufe der Proteine, besteht aus zwei Wellen und wird in ammoniakalischen Lösungen sowohl von Kobalt(II)- wie von Kobalt(III)-Salzen erhalten. Nach R. BRDIČKA (*318*), der diese Wirkung entdeckte, ist das Senfgas selbst polarographisch inaktiv; durch Kochen einer geringen Menge des Senfgases in einer Ammoniaklösung (etwa 2 bis 5 γ in 1 cm^3) kommt erst die starke katalytische Wirkung zum Vorschein. Der Katalysator ist wahrscheinlich ein Schwefel enthaltendes Hydrolysenprodukt.

Eine andere katalytische Wirkung, welche auch einer Schwefelverbindung zuzuschreiben ist, wurde von J. HEYROVSKÝ (*246*) in Salzlösungen des Rheniums gefunden. Das Perrhenat verursacht eine normale Stufe bei —1,2 V (s. Kurve *2*, Abb. 67); nach Einwirken des Schwefelwasserstoffes auf eine Perrhenat enthaltende Lösung von Essigsäure und Natriumacetat erscheint schon bei —0,8 V eine Stufe (s. Abb. 67, Kurve *3*), welche etwa zehnmal höher ist als die normale Perrhenatstufe. Diese neue Stufe, welche offensichtlich einer katalysierten Wasserstoffentwicklung aus der Acetatpufferlösung zugehört, bildet ein Maximum, welches bei — 1,2 V, d. h. bei dem Abscheidungspotential des Rheniums, herabsinkt. Als Katalysator scheint hier die Verbindung ReS_3—SH oder $ReS(SH)_2$ zu wirken.

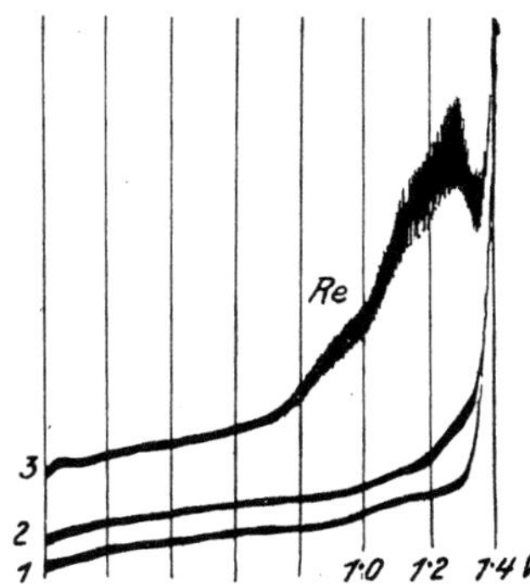

Abb. 67. Katalytische Wirkung des Rheniumsulfids: *1* reine 1-m-$MnSO_4$-Lösung, *2* 1-m-$MnSO_4$ mit 10^{-5}-m-$KReO_4$, *3* Lösung *2* nach Einwirkung von Schwefelwasserstoff. In Wasserstoffatmosphäre; Empf. 1:10, 4-V-Akkum.

Nach R. BRDIČKA (*189*) verdankt die SH-Gruppe ihre katalytische Wirksamkeit erstens ihrer Deformabilität im elektrischen Felde der Elektrode und zweitens der Lockerung der Wasserstoffbindung in der so polarisierten SH-Gruppe. Durch die erstgenannte Eigenschaft adsorbiert sich die SH-Verbindung an die Elektrodenoberfläche und durch die zweite wird das H^+-Ion von der SH-Gruppe leicht abgespalten und abgeschieden. So wird der katalytische Vorgang der einfachen Proteinstufe bei — 1,6 V oder der Rheniumstufe bei — 0,8 V erklärt. Zur Erklärung der Wirkung der Kobaltsalze wird von R. BRDIČKA (*189*) angenommen, daß diejenigen Katalysatoren, welche zur katalytischen Wirkung der Anwesenheit der Kobaltionen bedürfen (wie Proteine und Cystin),

Komplexe mit Kobalt bilden. Durch die koordinative Bindung der SH-Gruppen mit dem Kobaltion wird die Wasserstoffbindung noch mehr gelockert, so daß eine Wasserstoffabscheidung bei viel positiveren Potentialen als der normalen Wasserstoffabscheidung aus den ammoniakalischen Pufferlösungen entspräche stattfindet. Weil Cystin in Kobalt(III)-Lösungen keine katalytische Wirkung hervorruft, eignet es sich wahrscheinlich zur Komplexbildung mit Kobaltaminen nicht. Es ist bemerkenswert, daß auch in ammoniakalischen Nickellösungen eine ähnliche katalytische Wirkung der Proteine und des Cystins wie bei den Kobalt(II)-Lösungen stattfindet.

Außer den hier beschriebenen Fällen der katalysierten Wasserstoffentwicklung, bei welcher sich Stufen bilden, kommt es auch manchmal zu Strömen, welche nur in einem sehr beschränkten Bereiche von Potentialen erscheinen und bei negativeren Potentialen zum ursprünglichen Diffusionsstrom herabsinken. Das in der ammoniakalischen Telluritlösung entstehende Maximum (Abb. 31) ist ein Beispiel dieser Erscheinung, welche zweifellos durch eine katalysierte Wasserstoffentwicklung zu erklären ist. Wahrscheinlich adsorbieren sich die katalytisch wirkenden Teilchen nur in dem engen Potentialbereich. Solche Strommaxima ohne Stufenbildung werden auch durch kleine Mengen von Hydrastin, Strychnin und Brucin in Ammonchloridlösungen und von arseniger Säure in Salzsäure hervorgerufen.

Katalyse der Wasserstoffperoxydreduktion.

Es wurde schon hervorgehoben (s. S. 79), daß der Reduktionsvorgang des Wasserstoffperoxyds an der tropfenden Quecksilberkathode ein irreversibler ist. Er verläuft durch eine sekundäre Reduktion des Peroxyds mittels atomaren Wasserstoffes nach der Gleichung $H_2O_2 + 2\,H \rightarrow 2\,H_2O$. Durch die Langsamkeit dieses Vorganges wird die ausgedehnte Form der Stufe verursacht und es entsteht, wieder wie bei der Wasserstoffabscheidung, eine Überspannung. Stoffe, welche die Reaktionsgeschwindigkeit des angegebenen Vorganges beschleunigen oder an der Elektrodenoberfläche Wasserstoffperoxyd zersetzen können, verursachen Änderungen und Verschiebungen der Stufe zu positiveren Potentialen.

Die katalysierte Wasserstoffperoxydreduktion an der tropfenden Quecksilberkathode wurde von R. Brdička und C. Tropp (*325*) bei Zufügen von hämolysierten Blutkörperchen zu einer physiologischen Kochsalzlösung entdeckt. Eine solche Katalyse, welche noch deutlicher in alkalischer Lösung zum Ausdruck kommt, ist in Abb. 68 veranschaulicht. Hier wurde Hämatin in einer sehr geringen Konzentration zu einer 0,1-n-NaOH-Lösung, die offen an der Luft stand, zugegeben. Die Stufe des Wasserstoffperoxyds wird zu positiveren Potentialen verschoben und nimmt eine steilere Form an. In sauren Pufferlösungen verschiebt sich die katalysierte Stufe bis zur Sauerstoffstufe, so daß beide zusammenfließen. Am empfindlichsten äußert sich die katalytische Wirkung der Blutkörperchen in einer etwa 3-n NH_3-, 0,1-n-NH_4Cl-Lösung (*559*), wobei sich Blut noch in einer Verdünnung 1 zu 150000 durch die Verschiebung der Wasserstoff-

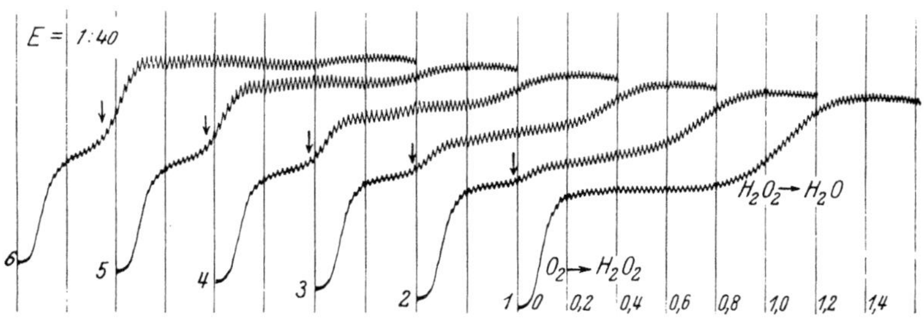

Abb. 68. Katalyse der Wasserstoffperoxydreduktion durch Hämatin. 1 cm³ der Boratpufferlösung von $p_H = 10$ enthält: *1* 0, *2* 1,5 γ, *3* 3 γ, *4* 6 γ, *5* 11 γ, *5* 23 γ Hämatin. Empf. 1:40, 4-V-Akkum.

peroxydstufe zeigt. R. Brdička und C. Tropp fanden, daß neben Hämoglobin auch andere Eisenporphyrinderivate, wie Hämin und Hämatin, die beschriebene katalytische Wirkung aufweisen, dagegen aber sind die anderen Metallporphyrinderivate, welche Kobalt, Nickel oder Mangan an Stelle von Eisen enthalten, ebenso wie Porphyrine selbst, polarographisch inaktiv (*340*). Diese Ergebnisse weisen darauf hin, daß das in eigenartiger Weise komplex gebundene Eisen die Wasserstoffperoxydmolekeln in einen reaktionsfähigeren Zustand versetzt. Behufs Untersuchungen dieser Erscheinung ist es zweckmäßig sich nicht des Wasserstoffperoxyds, sondern des Luftsauerstoffes zu bedienen, welcher an der tropfenden Elektrode bei der ersten Stufe das erforderliche Wasserstoffperoxyd in gleicher Konzentration liefert. Der Vorteil liegt darin, daß der in der Lösung enthaltene Katalysator das Wasserstoffperoxyd nicht beeinflußt oder zerstört, denn es wird erst durch die Sauerstoffreduktion, und zwar nur an der Elektrodenoberfläche gebildet. Die katalytische Wirkung von Eisenporphyrinderivaten wird durch Spuren von Cyankali aufgehoben.

F. STRNAD (*559*), der eine Menge von Stoffen zwecks ihrer katalytischen Wirkung auf die Stufe des Wasserstoffperoxyds untersuchte, fand, daß die bekannten Zersetzer des Wasserstoffperoxyds wie die Fermente Zymase, Maltase, Saccharase, Diastase keine Änderung der polarographischen Stufe verursachen. Auch die meisten anorganischen Kationen und Anionen verhalten sich gegenüber diesem Elektrodenvorgang indifferent. Nur die Ionen Pb^{2+}, Fe^{2+}, Co^{2+} und Ni^{2+} verursachen Änderungen der Wasserstoffperoxydstufe, von deren Wirkungen jene der Pb^{2+}-Ionen die weitest hervorragende ist. Schon eine 10^{-7}-n-Konzentration von

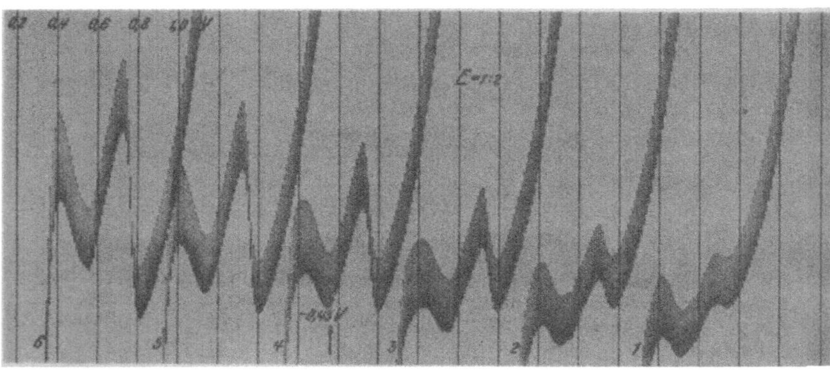

Abb. 69. Katalyse der Wasserstoffperoxydreduktion durch Pb^{2+}-Ionen. Zu 5 cm³ einer $^{n}/_{50}$-$Ca(NO_3)_2$-Lösung (Kurve *1*) wurden 0,05 cm³ (Kurve *2*), 0,10 cm³ (Kurve *3*), 0,15 cm³ (Kurve *4*), 0,20 cm³ (Kurve *5*), 0,25 cm³ (Kurve *6*) einer 10^{-4}-n-$Pb(NO_3)_2$-Lösung offen an der Luft zugegeben. Empf. 1:2, 4-V-Akkum.

freien Pb^{2+}-Ionen genügt, an der Wasserstoffperoxydstufe der Luftsauerstoffreduktion eine katalytische Welle hervorzurufen. Abb. 69 zeigt diese Wirkung, welche durch Anwesenheit von Pb^{2+}-Ionen in einer Konzentration der Größenordnung 2×10^{-6} n entsteht. Der katalysierte Teil der Wasserstoffperoxydstufe sinkt sobald die Elektrodenoberfläche an Pb^{2+}-Ionen erschöpft ist, d. h. beim Erreichen des Diffusionsstromes der Pb^{2+}-Ionen. Somit entsteht am katalysierten Teil ein Maximum (bei — 0,45 V), welches steil herabsinkt (Kurve *6*). Säuren, Alkalien, adsorbierbare Stoffe und Kolloide unterdrücken diese katalytische Wirkung. Am besten zeigt sie sich in neutralen Lösungen von zweiwertigen Kationen (Ca^{2+}, Ba^{2+}) und einwertigen, nichtdeformierbaren Anionen (NO_3', ClO_4').

Die katalytische Wirkung der Pb^{2+}-Ionen besteht wahrscheinlich in der Unbeständigkeit des Bleiperoxyds, PbO_2, welches an der Elektrodenoberfläche aus den Anionen O_2'' des Wasserstoffperoxyds gemäß der Reaktion $O_2 + 2 \ominus \rightarrow O_2''$ entsteht. Das Peroxyd PbO_2 isomerisiert sich sofort in das Oxyd des vierwertigen Bleies und ionisiert sich zu $Pb^{4+} + 2\,O''$. Die Pb^{4+}-Ionen werden an der Elektrodenoberfläche zu Pb^{2+}-Ionen reduziert, und die Sauerstoffionen werden zu Hydroxylionen hydratisiert, so daß der ganze Elektrodenvorgang folgenderweise ausgedrückt werden kann:

$$O_2 + 2 \ominus \rightarrow O_2''$$
$$O_2'' + Pb^{2+} \rightarrow PbO_2$$
$$PbO_2 \rightarrow Pb^{4+} + 2\,O''$$
$$2\,O'' + H_2O \rightarrow 2\,OH'$$
$$Pb^{4+} + 2 \ominus \rightarrow Pb^{2+}.$$

Insgesamt also $Pb^{2+} + O_2'' + 2 \ominus + 2\,H_2O \rightarrow Pb^{2+} + 4\,OH'$.

Der Reduktionsvorgang des Wasserstoffperoxyds kann aber auch verlangsamt werden, wodurch sich die Stufe noch mehr ausdehnt. Diese Erscheinung wurde von J. Novák (*362*) an der zweiten Reduktionsstufe des Sauerstoffes in alkalischen Lösungen des schweren Wassers beobachtet. Wie auf S. 80 erwähnt wurde, verschiebt sich in schwerem Wasser diese Stufe um 84 mV zu negativeren Potentialen.

Die Höhe der katalysierten Stufen bei der Wasserstoffperoxydreduktion ist wiederum der Konzentration des Katalysators nicht einfach proportional, sondern ändert sich — wie bei der Herabsetzung der Wasserstoffüberspannung durch Katalysatoren in der Lösung — gemäß der Langmuirschen Formel $h = \frac{z \cdot \omega \cdot C}{1 + \omega \cdot C}$; wo C die Konzentration des wirkenden Stoffes und ω seinen Adsorptionskoeffizienten bezeichnet (*325*, *559*).

V. Polarographische Kriterien der Reversibilität.

Hier soll erörtert werden, wie weit man aus der Gestalt der polarographischen Stufe die Reversibilität der Elektrodenvorgänge feststellen kann. Damit ein Elektrodenvorgang polarographisch aufgezeichnet werden kann, muß er mit einer solchen Geschwindigkeit verlaufen, daß er während der Tropfzeit zum Endzustand, d. h. zur Erschöpfung des depolarisierend wirkenden Stoffes in der Elektrodenoberfläche gelangt. Die Grundbedingung für die Reversibilität ist, daß man dieselbe Stufe, d. h. bei demselben Potential und in derselben Form beim Verlauf des Elektrodenvorganges sowohl in einer Richtung wie auch in der entgegengesetzten erhält (wie z. B. die Stufen des Chinons und Hydrochinons, s. Abb. 15). Dazu benutzt man einmal die oxydierte Form (z. B. das Chinon) und einmal die reduzierte (z. B. das Hydrochinon) in demselben Puffer. Bei der Abscheidung der Kationen wählt man als die reduzierte Form das Amalgam des sich abscheidenden Kations. Wenn die anodische Stufe dieses Amalgams glatt in die kathodische der Kationenabscheidung übergeht (s. S. 31), ist dadurch die Reversibilität bewiesen. Diese Übereinstimmung wurde bei Amalgamen von Cu, Sn, Pb, Cd, Zn, K und Na tatsächlich gefunden. Eine Nichtübereinstimmung der kathodischen und anodischen Stufe bringt jedoch noch keinen Beweis dafür, daß der bei der Metallabscheidung sich abspielende Elektrodenvorgang tatsächlich irreversibel ist, denn das künstlich vorbereitete Amalgam braucht nicht immer die Aktivität eines während der Metallabscheidung frisch entstehenden Amalgams zu besitzen. So ist bekannt, daß ein elektrolytisch erhaltenes Eisenamalgam sofort nach dem Unterbrechen des Stromes sein negatives Potential verliert (S. 159). Tatsächlich geben auch Amalgame von Eisen, Nickel und Kobalt im Bereiche der Abscheidungspotentiale keine anodischen Stufen. Die kathodische Stufe der Eisenabscheidung hat jedoch — namentlich in ammoniakalischer Lösung, wo die Wasserstoffabscheidung keine störende Wirkung ausüben kann — eine regelmäßige, aus der Theorie der reversiblen Vorgänge sich ergebende Form. Allem Anschein nach verläuft hier die Eisenabscheidung umkehrbar, wobei der reduzierte Bestandteil das frische „superaktive" Eisenamalgam ist (*26*, *42*). Anders wieder ist es bei der Zinkabscheidung. Hier fanden M. v. Stackelberg und H. v. Freyhold (*631*), daß in neutralen Lösungen die anodische Stufe des Zinkamalgams glatt in die kathodische Stufe übergeht, in alkalischen Lösungen dagegen von jener der Zinkate verschieden ist. Gleichzeitig aber zeigt sich auch die Stufenform der Zinkate ausgedehnt und die beobachteten Verschiebungen der Halbstufenpotentiale bei Änderung der Hydroxylionenkonzentration stimmen mit den theoretisch berechneten nicht überein. Bei den Zinkaten handelt es sich also um einen irreversiblen Vorgang bei der Abscheidung des Zinks aus den alkalischen Komplexen. Dagegen zeigt die Reduktionsstufe des Eisen(III)-Fluoridkomplexes [nach M. v. Stackelberg und H. v. Freyhold (l. c.)] eine regelmäßige Form, und doch deckt sie sich nach M. KALOUSEK (*515*) mit der anodischen Oxydationsstufe des Eisen(II)-Fluoridkomplexes nicht. Ähnlich stimmt in salzsaurer Lösung die kathodische Stufe des Titan(IV)-Chlorids mit der anodischen Stufe des Titan(III)-Chlorids nicht überein, obwohl sie nach Zugabe von Weinsäure in eine einheitliche Redoxstufe übergehen (Abb. 70). Hier liegt die Irreversibilität offenbar in der langsamen Hydratation der frisch gebildeten Titan(IV)-Ionen, wobei das Potential beim Oxydationsvorgang $Ti_{aq}^{III} \rightarrow Ti^{IV}$ durch die Formel

$$\pi = -\frac{RT}{F} \ln \frac{[Ti_{aq}^{III}]}{[Ti^{IV}]}$$

und das Potential beim Reduktionsvorgang $Ti_{aq}^{IV} \rightarrow Ti_{aq}^{III}$ durch die Formel

$$\pi = -\frac{RT}{F} \ln \frac{[Ti_{aq}^{III}]}{[Ti_{aq}^{IV}]}$$

ausgedrückt werden kann. Hier wird durch $[Ti^{IV}]$ die erhöhte Aktivität der nicht völlig hydratisierten Titan(IV)-Ionen bezeichnet. Die Komplexe der Titan(III)- und Titan(IV)-Ionen mit den organischen Säureanionen bilden sich wahrscheinlich viel schneller, so daß die Reversibilität erreicht wird. Ein anderes Beispiel für eine Irreversibilität, die jedoch bei einer regelmäßig geformten Anodenstufe auftritt, ist die Oxydation der Askorbinsäure (s. Abb. 207). Das Oxydationsprodukt — die Dehydroaskorbinsäure — ist polarographisch nicht wirksam, da sie wahrscheinlich in ein nichtreduzierbares Hydrat übergeht. An der tropfenden Anode bleibt jedoch die frisch gebildete aktive Dehydroaskorbinsäure offenbar einige Zeit bestehen und bildet dadurch mit der Askorbinsäure ein echtes Redoxsystem, welches auch durch den Verlauf der Kurve angezeigt wird. Es gibt also reversible Elektrodenvorgänge, welche künstlich nicht rückgängig gemacht werden können, da der eine der Bestandteile des Redoxsystems unbeständig ist. Zu diesem gehören namentlich diejenigen

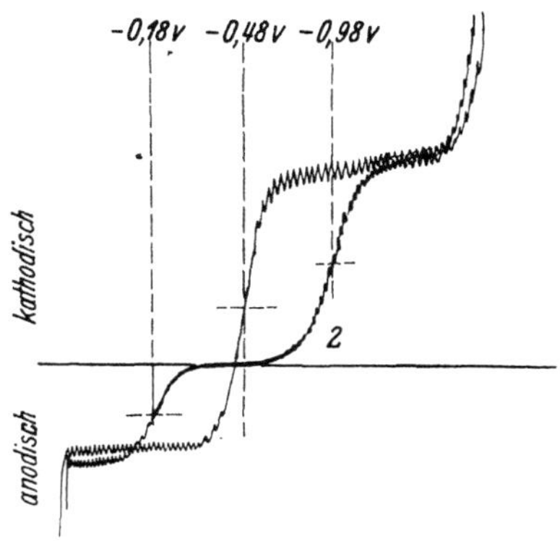

Abb. 70. Die getrennte und die einheitliche Redoxstufe des Titan(III-IV)-Systems. Kurve *1*: die Stufe des Titan(III-IV)-Chlorids in weinsaurer oder citronensaurer Lösung. Kurve *2*: die anodische Stufe des Titan(III)- und die kathodische Stufe des Titan(IV)-Chlorids in salzsaurer Lösung.

Elektrodenvorgänge, welche unter Bildung von „freien Radikalen“ (S. 92, 95) verlaufen.

Es muß hier darauf aufmerksam gemacht werden, daß durch Anwendung einiger Reduktionsmittel die kathodische Stufe in das anodische Gebiet überführt werden kann, ohne daß der Stoff tatsächlich reduziert wurde (s. S. 112). Dieser besondere Fall kommt in Betracht, wenn das zugegebene Reduktionsmittel allein auf der Stromspannungskurve eine anodische Stufe verursacht, welche beim negativeren Potential als die Stufe des zu reduzierenden Stoffes auftritt und wenn dabei dieses Reduktionsmittel mit dem Stoff nur sehr träge reagiert. Dabei handelt es sich bloß

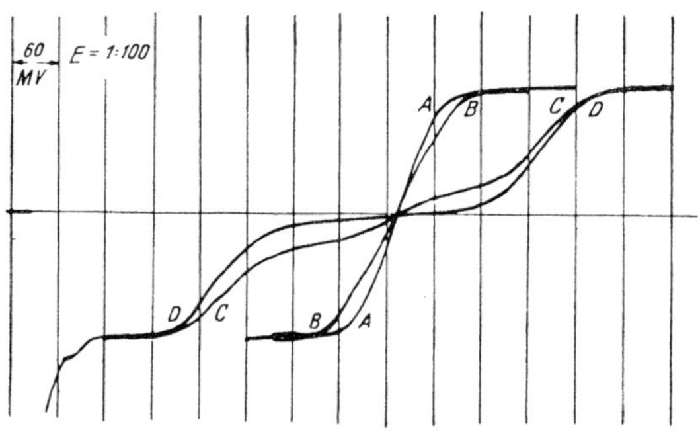

Abb. 71. Mangelhafte Pufferwirkung auf das Redoxsystem Chinon-Hydrochinon. Eine 0,0012-m-Chinhydronlösung mit Phosphatpuffer von der Konzentration *A* 0,1 m, *B* 0,01 m, *C* 0,001 m, *D* 0,0001 m. Der Zusatzelektrolyt ist 0,1-n-KNO_3. Empf. 1:100, Abszissenabstand 60 mV.

um eine algebraische Addition der einzelnen Stromstärken, wobei die Reduktion im anodischen, während die Oxydation im kathodischen Stromstärkebereich stattfindet — wie zuerst M. KALOUSEK (*515*) beobachtete. Man soll deswegen, um einen auf die Redoxreversibilität geprüften Stoff zu reduzieren, ein starkes Reduktionsmittel anwenden, wie z. B. reines oder amalgamiertes Aluminiumblech, dessen Oxydationsprodukt — das Aluminiumhydroxyd — weder in saurer noch in alkalischer Lösung polarographisch stören kann.

Um eine einheitliche Redoxstufe zu erzielen, muß für eine genügende Menge eines geeigneten Puffers gesorgt werden. O. H. MÜLLER (*615*) zeigte, daß in Ermanglung des Puffers zwei getrennte ausgedehnte Stufen gebildet werden, da bei fortschreitender Reduktion des Chinons die Lösung in der Elektrodenzwischenphase alkalischer und bei der Oxydation des Hydrochinons saurer wird (Abb. 71). Die Bedingungen für die Pufferlösung lauten nach O. H. MÜLLER (l. c.):

1. Die Konzentration des Puffergemisches soll mindestens etwa 100mal größer sein als die des polarographisch untersuchten Stoffes.

2. Die Dissoziation und Assoziation der Säure und des Salzes des Puffers soll glatt, ohne Aktivierungsenergie verlaufen.

3. Die Konzentration des Salzes und der Säure des Puffers soll etwa dieselbe sein.[1]

Aus den oben angeführten Beispielen ist ersichtlich, daß eine strenge Reversibilität des Elektrodenvorganges bestehen kann, wenn auch die kathodische Stufe mit der anodischen nicht übereinstimmt. Um die Bedingungen dieser polarographischen Reversibilität abzuleiten, sei hier eine allgemeine Redoxreaktion des Vorganges $R + 2\,H^+ + 2\,\ominus \rightleftarrows RH_2$ erörtert. Wie schon früher erwähnt wurde, kann diese Reaktion auf zwei Arten reversibel verlaufen:

1. durch naszierenden Wasserstoff:

$$2\,H^+ + 2\,\ominus \rightleftarrows 2\,H$$

als primäre Reaktion und

$$2\,H + R \rightleftarrows RH_2$$

als sekundäre Reaktion;

[1] Um für solche Untersuchungen eine gleichmäßige Änderung des p_H-Wertes der Lösungen zu erzielen, bediene man sich der von R. BRDIČKA* benutzten Universallösung nach BRITTON und ROBINSON (H. T. S. BRITTON, „Hydrogen Ions", 1932, S. 225). Man entnimmt aus 0,5-m-Stammlösungen von H_3PO_4, H_3BO_3 und CH_3COOH je gleiche Teile und verdünnt mit Wasser derart, daß das Gemisch 0,04-m-H_3PO_4, -H_3BO_3 und -CH_3COOH enthält. Zu 5 cm³ dieser Lösung wird 0,2-n-NaOH zugegeben. Somit erhält man:

Mit cm³ des 0,2-n-NaOH . .	0	0,75	1,00	1,25
p_H	1,81	2,56	3,29	4,10
cm³ NaOH	1,50	1,75	2,00	2,25
p_H	4,56	5,02	5,72	6,37
cm³ NaOH	2,50	2,75	3,00	3,25
p_H	6,80	7,24	7,96	8,69
cm³ NaOH	3,50	3,75	4,00	4,25
p_H	9,15	9,62	10,38	11,20
cm³ NaOH	4,50	4,75	5,00	
p_H	11,58	11,82	11,98	

* Z. Elektrochem. angew. phys. Chem. **47**, 721—728 (1941).

2. durch Bildung eines elektrisch geladenen freien Radikals:

$$R + 2\ominus \rightleftarrows R''$$

und

$$R'' + 2\,H^+ \rightleftarrows RH_2.$$

Das Potential bei der ersten Reaktion ergibt sich aus der Formel einer Wasserstoffelektrode zu

$$\pi = -\frac{R\,T}{2\,F}\ln\frac{[H]^2}{[H^+]^2}\cdot k,$$

während das Potential gemäß der zweiten Reaktion das Redoxpotential

$$\pi = -\frac{R\,T}{2\,F}\ln\frac{[R'']}{[R]}\cdot k'$$

ist. Aus dem Gleichgewichtszustand der sekundären Reaktion

$$2\,H + R \rightleftarrows RH_2$$

folgt

$$a = \frac{[RH_2]}{[H]^2\cdot[R]}$$

und ähnlich, bei der Reaktion des freien Radikals

$$b = \frac{[RH_2]}{[H^+]^2\cdot[R'']}.$$

Durch Einsetzen in die Formeln für das Elektrodenpotential erhält man bei beiden Vorgängen dieselbe Formel

$$\pi = -\frac{R\,T}{2\,F}\ln\frac{[RH_2]_0}{k''\cdot[R]_0} - 0{,}058\,p_H,$$

wobei $[RH_2]_0$ und $[R]_0$ die Konzentrationen an der Elektrodenoberfläche bezeichnen und k'' der Gleichgewichtskonstante proportional ist. Wir können also bei den reversiblen Vorgängen polarographisch nicht unterscheiden, ob die Reaktion mittels naszierenden Wasserstoffes oder durch das freie Radikal verläuft. Da aber die an der Quecksilberelektrode abgeschiedenen H-Atome eine Tendenz zu hydrargisieren besitzen und dann nur träge reagieren (S. 81), womit die große Überspannung der Wasserstoffabscheidung und der Sauerstoffreduktion erklärbar ist, ist es wahrscheinlich, daß die sehr schnell zum Gleichgewichtszustand kommenden Elektrodenvorgänge durch freie Radikale verlaufen. Durch Einsetzen der Bedingungen von ILKOVIČ

$$i = K D_R^{\frac{1}{2}}\,([R] - [R]_0) = K\cdot D_{RH_2}^{\frac{1}{2}}\cdot[RH_2]_0,$$

wobei

$$K = k\,m^{\frac{2}{3}}\,t^{\frac{1}{6}},$$

erhält man

$$\pi = -\frac{R\,T}{2\,F}\ln\frac{i}{i_d - i}\cdot\frac{1}{k''}\cdot\sqrt{\frac{D_{\mathrm{R}}}{D_{\mathrm{RH_2}}}} - 0{,}058\,p_{\mathrm{H}}$$

und

$$\pi_{\frac{1}{2}} = -\frac{R\,T}{2\,F}\ln\frac{1}{k''}\cdot\sqrt{\frac{D_{\mathrm{R}}}{D_{\mathrm{RH_2}}}} - 0{,}058\,p_{\mathrm{H}}.$$

Dieser Wert muß von den Konstanten der Kapillare, von der Viskosität der Lösung und von Anwesenheit oberflächenaktiver Stoffe unabhängig sein und sehr wenig von der Temperatur abhängen, da sich die Gleichgewichtskonstante k'' nicht viel mit der Temperatur (zwischen 20 und 50° C) ändert.

Nun stellen wir uns vor, daß der oben angegebene Vorgang $2\,H^+ + R + 2\ominus \rightarrow RH_2$ irreversibel verläuft. Da die primären Reaktionen, nämlich $2\,H^+ + 2\ominus \rightleftarrows 2\,H$ oder $R + 2\ominus \rightleftarrows R''$ als reversibel und als das Elektrodenpotential bestimmend aufzufassen sind, wird der zweite Vorgang, d. h. $R + 2\,H \rightarrow RH_2$ oder $R'' + 2\,H^+ \rightarrow RH_2$ als irreversibel, eventuell auch als langsam verlaufend angenommen. Dann ist die Stromstärke durch die Reaktionsgeschwindigkeit $v = \frac{d\,[RH_2]}{dt} = i$ gegeben. Somit erhalten wir die Gleichungen

$$i = k_1\,[H]^2\cdot[R] \quad \text{oder} \quad i = k_1\,[H^+]^2\cdot[R'']$$

und durch Einsetzen in die Formeln für das Elektrodenpotential ergibt sich für beide Vorgänge die Formel

$$\pi = -\frac{R\,T}{2\,F}\ln\frac{i}{k_1\,[H^+]^2\cdot[R]_0}\cdot k,$$

wobei k_1 die Geschwindigkeitskonstante bezeichnet. Nun ist die Frage, ob man hier die Diffusionsbedingungen von Ilkovič anwenden kann. Sie werden nämlich von der Vorstellung abgeleitet, daß das Potential eines Quecksilbertropfens während der Tropfdauer konstant bleibt. Dies wurde nur bei Kationenabscheidung experimentell bestätigt. Bei irreversiblen organischen Reduktionen ist es nicht ausgeschlossen, daß sich das Potential während des Anwachsens des Tropfens ändert. Da wir jedoch einen reversiblen Entladungsvorgang voraussetzen, nehmen wir auch die Gültigkeit der Diffusionsbedingungen an. Diese lauten:

$$i = K\cdot D_{\mathrm{R}}^{\frac{1}{2}}\,([R] - [R]_0) = K\cdot D_{\mathrm{RH_2}}^{\frac{1}{2}}\,[RH_2]_0,$$

woraus folgt

$$\pi = -\frac{R\,T}{2\,F}\ln\frac{i}{i_d - i}\cdot\frac{K\cdot D_{\mathrm{R}}^{\frac{1}{2}}}{k_1}\cdot k - 0{,}058\,p_{\mathrm{H}}. \qquad (22)$$

Der bemerkenswerte Unterschied zwischen dieser und der für die reversiblen Vorgänge erhaltenen Formel liegt darin, daß in der Formel (22) sowohl die Tropfkonstante K wie die Geschwindigkeitskonstante k_1 auftritt. Nun ist $K = k \cdot m^{\frac{2}{3}} \cdot t^{\frac{1}{6}}$, k_1 dagegen einerseits der Änderung der Oberfläche proportional ($k' \cdot m^{\frac{2}{3}} \cdot t^{\frac{1}{6}}$), anderseits von der Viskosität der Lösung η und von der Temperatur T stark abhängig. Für das Halbstufenpotential erhält man somit

$$\pi_{\frac{1}{2}} = -\frac{R\,T}{2F} \ln \frac{D_{\mathrm{R}}^{\frac{1}{2}}}{f(\eta)\,f(T)}\,k'' - 0{,}058\,p_{\mathrm{H}}.$$

Auch bei irreversiblen Elektrodenvorgängen kann also das Halbstufenpotential von der Tropfzeit unabhängig sein und von dem p_{H}-Wert in der regelmäßigen Weise abhängen. Es soll aber durch die Temperatur ziemlich beeinflußbar sein — da k_1 mit der Temperatur stark ansteigt — und soll auch von der Viskosität der Lösung abhängen.

Hier sei darauf aufmerksam gemacht, daß auch die Halbstufenpotentiale der streng reversibel verlaufenden Kationenabscheidungen durch die Viskosität der Lösung beeinflußt werden müssen, denn in dem Ausdruck $\frac{D}{d}$ der Formel (10) wird durch die Viskosität der Lösung nur die Diffusionskonstante der Ionen (D) und nicht diejenige des Metalls in der Quecksilberphase (d) geändert. Würden wir also z. B. die Halbstufenpotentiale von $Cu^{I} \rightleftarrows Cu^{II}$ und von Cd^{2+}-Ionen in einer ammoniakalischen Lösung bei verschiedenen Viskositätsgraden der Lösung messen, müßten wir Verschiebungen des Abscheidungspotentials nur bei der Cd^{2+}-Stufe beobachten, denn beim Cu^{I}/Cu^{II}-Potential verlaufen die Diffusionsvorgänge nur in der wäßrigen Phase. Diese Untersuchung wurde jedoch nicht ausgeführt.

Da die aus Formel (22) folgende Viskositätsbeeinflussung nur gering sein kann, verbleibt als Anzeige der Irreversibilität des Elektrodenvorganges ein großer Temperaturkoeffizient des Halbstufenpotentials. Bei hoher Temperatur kann auch ein irreversibler Vorgang in einen reversiblen übergehen (vgl. S. 66). In dieser vielversprechenden Richtung wurde jedoch noch wenig untersucht.

Wesentlich belehrt uns auch die Wirkung eines oberflächenaktiven Stoffes. Bei den reversiblen Vorgängen kann dadurch keine Änderung des Stufenverlaufes entstehen, denn alle Oberflächenbedingungen heben sich im Zähler und Nenner der Formel (11) oder (12) auf.

Bei der Reaktionsgeschwindigkeit in der Elektrodenoberfläche dagegen kommt es sehr auf die Größe der freien Oberfläche Ω an, denn $k_1 = k' \cdot \Omega$. Wenn der oberflächenaktive Stoff einen Teil n der ganzen Elektrodenoberfläche z durch Adsorption besetzt, bleibt der Reaktion nur eine Oberfläche $\Omega = z - n$ zur Verfügung. Da n nach der LANGMUIRschen Adsorptionsisotherme (s. S. 121) als $\frac{z \cdot \omega \cdot c}{1 + \omega \cdot c}$ ausgedrückt wird, ist

$$\Omega = z - n = \frac{z}{1 + \omega c}.$$

Dann wird

$$\pi_{\frac{1}{2}} = -\frac{R\,T}{2F} \ln \frac{D_R^{\frac{1}{2}}}{f(\eta)\,f(T)} \cdot \frac{1 + \omega c}{z} - 0{,}058\, p_H.$$

Das bedeutet, daß durch die Anwesenheit eines oberflächenaktiven Stoffes das Halbstufenpotential eines irreversibel verlaufenden Vorganges durch die Konzentration c des aktiven Stoffes und durch dessen Adsorptionskoeffizienten ω beeinflußt wird. Es kann aber auch vorkommen, daß sich bei einem irreversibel verlaufenden Vorgang das Reduktionsprodukt RH_2 selbst an der Quecksilberelektrode adsorbiert. Dann wird (wie auf S. 124)

$$\Omega = z - n = \frac{z}{1 + \omega c} = \frac{z}{1 + \omega i}$$

und das Potential ändert sich nach der Formel

$$\pi = -\frac{R\,T}{2F} \ln \frac{D_R^{\frac{1}{2}}}{f(\eta)\,f(T)} \cdot \frac{i\,(1 + \omega\, i)}{i_d - i} - 0{,}058\, p_H$$

und das Halbstufenpotential nach

$$\pi_{\frac{1}{2}} = -\frac{R\,T}{2F} \ln \frac{D_R^{\frac{1}{2}}}{f(\eta)\,f(T)} \cdot \frac{1 + \frac{1}{2}\,\omega \cdot i_d}{z} - 0{,}058\, p_H.$$

Die ganze Stufe wird in diesem Falle ausgedehnt, denn wenn ω groß ist, wird der Zähler zu $\omega\, i^2$ und daher

$$\pi = -\frac{R\,T}{F} \ln \frac{i}{\sqrt{i_d - i}} \cdot k$$

mit den Koeffizienten nahezu $R\,T/F$. Das Halbstufenpotential verschiebt sich gemäß der Höhe der Stufe, d. h. es ist von der Konzentration des reduzierbaren Stoffes (R) abhängig. Solche Erscheinungen werden bei Reduktionen organischer Verbindungen oft beobachtet.

M. KALOUSEK (*515*) untersuchte den Einfluß einiger adsorbierbarer Farbstoffe auf die Stromspannungskurven des irreversibel verlaufenden Redoxsystems von Titan(III) und Titan(IV) in

Salzsäure und hat festgestellt, daß die beiden getrennten Stufen noch bedeutend weiter voneinander entfernt werden (Abb. 72). Dabei zeigte sich, daß das basische Atropin die beim negativeren Potential entstehende Titan(IV)-Stufe viel stärker als die Titan(III)-Stufe verschiebt; dagegen verursacht Alizarinsulfosäure als saurer Farbstoff eine viel stärkere Verdrängung der beim positiveren Potential entstehenden Titan(III)-Stufe. Dies verläuft gerade im Sinne der polaren Wirkung der adsorbierbaren Teilchen (s. S. 162), da sich die positiv geladenen Atropinkationen

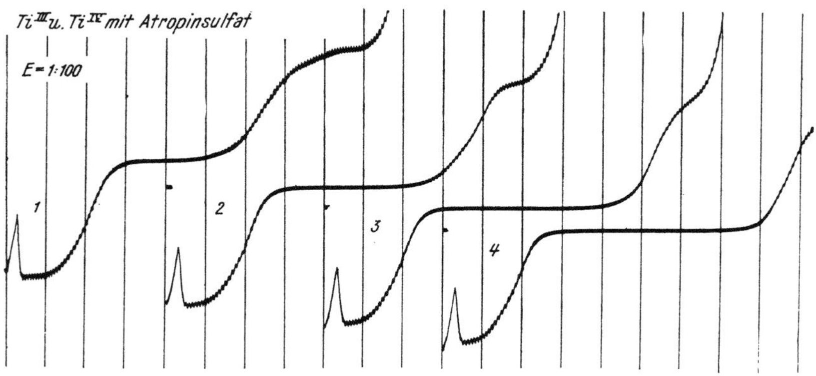

Abb. 72. Wirkung von Atropin auf die Ti^{III}-Ti^{IV}-Stufen in 0,1-n-HCl. Kurve *1*: 0,1-n-HCl mit $TiCl_3$ ohne Atropin, Kurve *2*: mit 0,0001-m-Atropinsulfat, Kurve *3*: mit 0,0002-m-Atropinsulfat, Kurve *4*: mit 0,0004-m-Atropinsulfat. Empf. 1:100, 4-V-Akkum.

viel mehr an der negativ geladenen Elektrode und die negativ geladenen Alizarinsulfosäureanionen an der positiv geladenen Elektrode adsorbieren. (Da auch undissoziierte Molekeln anwesend sind, tritt hier eine schwächere beiderseitige Wirkung auf.)

M. Kalousek[1] erörterte auch jenen Fall, bei welchem der Elektrodenvorgang zwar reversibel, jedoch so langsam verläuft, daß ein Gleichgewichtszustand während der Tropfzeit nicht erreicht wird. Die von ihm abgeleitete Formel lautet (bei konstant gehaltenem p_H-Wert)

$$\pi = E_0 - \frac{RT}{2F} \ln \frac{K_2}{K_1} \cdot \frac{k_2}{k_1} \cdot \frac{K_1 + k_2}{k_2} \cdot \frac{i - \dfrac{k_2}{K_1 + k_2} \cdot i_d}{I_d - i}.$$

[1] Dissertation der tschechischen Karls-Universität, 1939.

Hier bezeichnen k_1 und k_2 die Geschwindigkeitskonstanten des Vorganges $R + 2\,H \rightleftarrows RH_2$ in der einen und anderen Richtung, K_1 und K_2 die Konstanten aus den ILKOVIČ-Bedingungen,

$$K_1 = K \cdot D_R^{\frac{1}{2}}\, m^{\frac{2}{3}}\, t^{\frac{1}{6}} \quad \text{und} \quad K_2 = K \cdot D_{RH_2}^{\frac{1}{2}}\, m^{\frac{2}{3}}\, t^{\frac{1}{6}}.$$

I_d ist der kathodische und i_d der anodische Diffusionsstrom.

Aus dieser Formel erhalten wir, wenn der reversible Vorgang bis zum Gleichgewichtszustand, also sehr schnell verläuft, durch Einsetzen von k_1 und $k_2 = \infty$ und $\frac{k_2}{k_1} = k$ (Gleichgewichtskonstante)

$$\pi = E_0 - \frac{R\,T}{2F} \ln \sqrt{\frac{D_R}{D_{RH_2}}} \cdot k \cdot \frac{i - i_d}{I_d - i}$$

die gewöhnliche Formel eines reversiblen Redoxsystems wie (11).

Für irreversible Vorgänge ist $k_2 = 0$, somit erhält man die Formel

$$\pi = E_0 - \frac{R\,T}{2F} \ln \frac{K_2}{k_1} \cdot \frac{i}{I_d - i},$$

welche mit der oben abgeleiteten Formel (22) übereinstimmt.

Die reversible Stufenform muß auch den durch J. TOMEŠ (*377*) abgeleiteten Verhältnissen der Viertel- und Dreiviertelstufenpotentiale ($\pi_{\frac{1}{4}}$ und $\pi_{\frac{3}{4}}$) entsprechen. Diese geben jenes Potential an, bei welchem der Stoff zu einem Viertel oder zu drei Viertel reduziert bzw. oxydiert ist. Diese sollen nämlich vom Halbstufenpotential durch die folgenden Werte abweichen:

$$\pi_{\frac{1}{4}} - \pi_{\frac{1}{2}} = \frac{R\,T}{n\,F} \ln 3$$

und

$$\pi_{\frac{1}{4}} - \pi_{\frac{3}{4}} = \frac{R\,T}{n\,F} \ln 9,$$

was bei den reversiblen Kationenabscheidungen tatsächlich genau bestätigt wird. Man sieht, daß diese Werte mit denen von L. MICHAELIS[1] eingeführten „Indexpotentialen" übereinstimmen und ähnlich — wie in den Untersuchungen von L. MICHAELIS — über die Semichinonbildung Auskunft geben können. O. H. MÜLLER und J. P. BAUMBERGER (*359*) haben als erste auf die Möglichkeit polarographischer Studien über die Bildung solcher Zwischenradikale hingewiesen, welche durch die Entstehung von Doppelstufen in einem bestimmten Intervall der p_H-Werte gekennzeichnet sind. So konnte O. H. MÜLLER (*616*) beim α-Oxyphenazin an der Stromspannungskurve bei $p_H = 2{,}13$ zwei gleich

[1] J. biol. Chemistry **96**, 703 (1932).

große Stufen, deren erste dem reversiblen Vorgang Oxy + ⊖ ⇄ S und die zweite dem Vorgang S + ⊖ ⇄ Red entspricht, feststellen. S ist das entstehende freie Radikal (sogenanntes Semichinon). Aus der Reversibilität dieser Vorgänge folgt

$$2\,S \rightleftarrows \mathrm{Oxy} + \mathrm{Red}$$

und deshalb

$$\varkappa = \frac{[\mathrm{Oxy}]\cdot[\mathrm{Red}]}{[S]^2},$$

wo $\varkappa$ als „Dismutationskonstante" bezeichnet wird. Wenn $\varkappa$ groß ist, wird die Konzentration des Semichinons so klein, daß keine Zwischenstufe polarographisch beobachtet wird und der Stoff Oxy direkt in den Stoff Red übergeht. Aus den obigen Vorgängen leitet O. H. MÜLLER (l. c.) die folgende Gleichung der Stromspannungskurve ab, welche der von L. MICHAELIS und M. P. SCHUBERT[1] stammenden Gleichung der potentiometrischen Titrationskurve streng analog ist:

$$\pi = E_0 - \frac{RT}{2F}\ln\frac{i}{i_d - i} -$$

$$- \frac{RT}{2F}\ln\frac{\sqrt{4\varkappa i_d^2 - (4\varkappa - 1)(i_d - 2i)^2} - (i_d - 2i)}{\sqrt{4\varkappa i_d^2 - (4\varkappa - 1)(i_d - 2i)^2} + (i_d - 2i)}$$

[vgl. auch M. v. STACKELBERG und H. v. FREYHOLD (*631*) sowie R. BRDIČKA[2]. Die vorangeführte Gleichung hat O. H. MÜLLER (l. c.) an experimentellen Kurven bestätigt gefunden und durch diese Analyse der Stromspannungskurven die Bildung eines Semichinons bei der Reduktion des genannten α-Oxyphenazins sowohl als auch des Methylviologens nachgewiesen. Obzwar bei der polarographischen Methode die Potentiale weniger genau als durch direkte potentiometrische Messungen abgeleitet werden können, eignet sie sich zur Untersuchung der Semichinonbildung vortrefflich in solchen Lösungen, in denen direkte Potentialbestimmungen wegen sehr negativer Werte nicht möglich sind. Der Bereich der Potentiale, welche in Pufferlösungen polarographisch ermittelt werden können, erstreckt sich von + 0,4 V bis zu — 1,9 V. Polarographisch ist es auch möglich, ganz unbeständige Semichinone oder sonstige Zwischenprodukte nachzuweisen, z. B. solche, welche in chemisch irreversiblen, polarographisch jedoch reversible Stufen gebenden Vorgängen entstehen können. Zu solchen gehört z. B. das Zwischenprodukt, welches bei der Reduktion des Benzaldehyds von M. TOKUOKA (*264*) und später von

[1] Chem. Reviews **22**, 437 (1938).
[2] Z. Elektrochem. angew. physik. Chem. **47**, 314 (1941).

H. SCHWEITZER und E. LAQUER (*303*) beschrieben wurde (s. Abb. 37).

Als ein Zwischenprodukt können auch — nach M. v. STACKELBERG (*555*) — die bei der Reduktion von Cu^{2+}-Ionen sich bildenden Cu^{+}-Ionen betrachtet werden. Während die Reduktion von freien Aquo-Kupfer(II)-Ionen nur in einer einzelnen Stufe bis zum metallischen Kupfer verläuft, werden im Überschuß von Chloridionen oder von Ammoniak zwei gleich große Stufen erhalten [M. KALOUSEK (*515*), M. v. STACKELBERG und H. v. FREYHOLD (*631*)]. Bei der ersten Stufe verläuft der Vorgang $Cu^{II} \rightarrow Cu^{I}$, bei der zweiten $Cu^{I} \rightarrow Cu$. Das verschiedene Verhalten der freien und komplexen Cu^{II}-Ionen hängt von der Beständigkeit der freien und komplexen Cu^{I}- und Cu^{II}-Ionen ab. Gemäß dem Gleichgewichte $2\,Cu^{+} \rightleftarrows Cu + Cu^{2+}$ der freien Ionen ist die Dismutationskonstante $\varkappa = \frac{[Cu^{2+}]\,[Cu]}{[Cu^{+}]^{2}}$ sehr groß, und deswegen $[Cu^{+}]$ nur sehr klein; die Cu-Stufe kann deshalb an der Kurve nicht auftreten. Sobald aber — nach Berechnungen von L. MICHAELIS — $\varkappa$ kleiner als $\frac{1}{16}$ wird, soll eine zweistufige Reduktion an der Kurve bemerkbar sein. Dies erzielt man durch Zugabe von Ammoniak oder Chloridionen, welche die Cu^{+}-Ionen so stark komplex binden, daß sie nur ganz wenig — gemäß der Gleichung $2\,Cu(NH_3)_2{}^{+} \rightleftarrows Cu(NH_3)_4{}^{++} + Cu$ — dismutieren. Die Dismutationskonstante dieses Gleichgewichtszustandes läßt sich aus der Differenz der beiden Halbstufenpotentiale von Cu^{II} berechnen. Die Richtungskonstante im Inflexionspunkt zwischen den beiden Stufen ist durch die Formel $\frac{di}{d\pi} = -\frac{F}{RT} \cdot \frac{i_d \sqrt{\varkappa}}{2\sqrt{\varkappa} + 1}$ gegeben, während beim Halbstufenpotential dieser Wert immer größer ist, nämlich $\frac{di}{d\pi} = -\frac{F \cdot i_d}{8\,R\,T}$ (vgl. S. 53). Die Cu^{I}-Ionen können hier im MICHAELISschen Sinne als die Semichinonform betrachtet werden. Die Beeinflussung ihrer Beständigkeit durch die Komplexbildnerkonzentration entspricht in organischen Systemen dem Einfluß von p_H, denn die H^{+}-Ionen vertreten hier die Rolle eines Komplexbildners.

Die unlängst von J. HEYROVSKÝ (S. 234) eingeführte Messung der oszillographischen Potential-Zeit-Kurven bei schneller Wechselstromspannung erlaubt eine eingehende Untersuchung des Reversibilitätsgrades und soll deshalb hier kurz besprochen werden. Wird an die tropfende Elektrode eine Wechselspannung des Stromnetzes (50 Hz) angelegt, und zwar derart, daß dem Tropfen

Potentiale zwischen etwa + 0,3 bis — 2,0 V erteilt werden, erhält man bei Synchronisierung mit der Zeitbase Oszillogramme, wie in Abb. 73 angegeben. Hier bezeichnet die punktierte Kurve den Verlauf im reinen indifferenten Elektrolyten (z. B. 1-n-H_2SO_4, 1-n-NaOH). Der Kathodenstrahl des Oszillographen bewegt sich von links nach rechts, so daß der von unten nach rechts aufsteigende Ast zeitliche Änderungen beim Aufladen des Tropfens von positiven zu negativen und der von oben nach rechts abfallende Ast von negativen zu positiven Potentialen aufzeichnet. Enthält die Lösung einen Depolarisator in etwa 0,001-n-Konzentration, entsteht eine der in Abb. 73 gezeichneten vier Figuren: 1. Der Depolarisator reduziert sich binnen etwa $^1/_{1000}$ sec. bis zum Erreichen des Sättigungsstromes bei einem durch den Knick scharf angezeigten Potential und oxydiert sich ebenso schnell beinahe

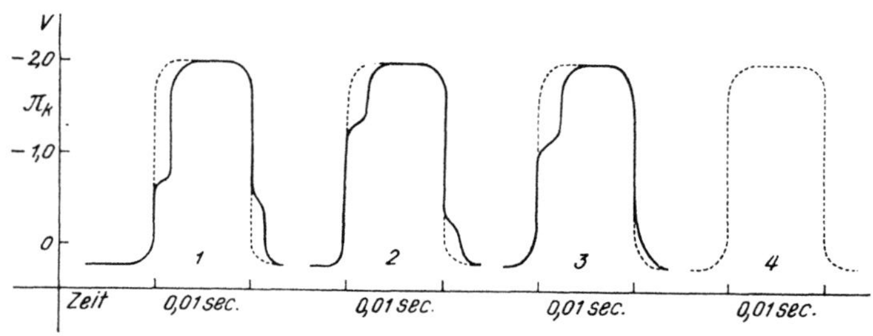

Abb. 73. Oszillographische Potential-Zeit-Kurven. Depolarisationsvorgänge von verschiedenen Reversibilitätsgraden.

bei demselben Potential. So verhalten sich z. B. Cd^{2+}, Pb^{2+}, SO_2, Chinon und Hydrochinon, Cystein und Cystin, Laktoflavin, Nitrobenzol (mit drei Knicken), Methylenblau, Formaldehyd.

2. Die Reduktion des Depolarisators ist scharf angezeigt, die Oxydation verläuft jedoch allmählich und bei einem erheblich positiverem Potential. Zu dieser Gruppe gehören z. B. Zn^{2+}, Cu^{2+} und Bi^{3+}, ferner Br′ und S″ in saurer Lösung, Zn^{2+} und viel mehr noch Mn^{2+} in ammoniakalischer Lösung.

3. Die Reduktion des Depolarisators ist scharf angezeigt, die Oxydation dagegen ist an dem absteigenden Ast nicht bemerkbar. So verhalten sich z. B. Sn^{II} und S″ in alkalischen Lösungen, Fe^{II} in ammoniakalischer Lösung, Cl′, Benzaldehyd, Fumar- und Maleinsäure. Sn^{II} in alkalischer Lösung zeigt am absteigenden Aste die Oxydationsstufe $Sn^{II} \rightarrow Sn^{IV}$ scharf an, jedoch keine Reduktion von $Sn^{IV} \rightarrow Sn^{II}$ am aufsteigenden Aste (vgl. S. 70), sondern nur die Abscheidung $Sn^{II} \rightarrow Sn$.

4. Es ist weder ein Knick am aufsteigenden noch am absteigenden Aste zu beobachten, außer einer mehr oder weniger ausgeprägten Ausbuchtung. Diese zeigen z. B. Zn^{II} in alkalischen Lösungen, Cu^{2+}, Ni^{2+}, Co^{2+} in ammoniakalischer Lösung, J', HCN, Askorbinsäure, Sauerstoff. Da der Einfluß des Luftsauerstoffs kaum bemerkbar ist, können Lösungen auf diese Weise oszillographisch offen an der Luft untersucht werden.

Aus den Figuren ist ersichtlich, daß der Gruppe 1 nur schnell verlaufende reversible Vorgänge angehören können, die Gruppen 2 und 3 mehr oder weniger verzögerte Mechanismen enthalten und in der Gruppe 4 die langsam verlaufenden Vorgänge sich äußern. Ob die letztgenannten reversibel sind, kann mit der angewandten Frequenz von 50 Hz nicht entschieden werden. Weitere Auskünfte in dieser Richtung werden von Anwendungen modifizierter Frequenzen erwartet.

VI. Maxima an den Stromspannungskurven.

Die Stufen an den Stromspannungskurven bilden oft mehr oder weniger ausgeprägte Maxima (Abb. 12, 19), indem die Stromstärke im bestimmten Potentialbereich weit über den Diffusions-

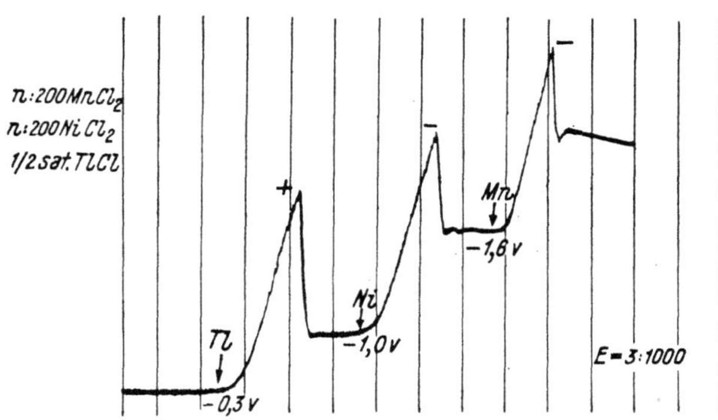

Abb. 74. Positive und negative Maxima an einer Stromspannungskurve. Die Lösung enthält: 0,005-n-$TlCl$, $NiCl_2$ und $MnCl_2$. Empf. 3:1000, 4-V-Akkum.

strom steigt und zunächst allmählich — in manchen Fällen auch diskontinuierlich — auf den Diffusionsstrom herabsinkt. Es können auch zwei oder mehrere Maxima an derselben Stromspannungskurve auftreten (Abb. 74), und zwar sowohl an den kathodischen Reduktionsstufen wie an den anodischen Oxydationsstufen. Bemerkenswert ist der linear ansteigende Ast der Maxima, in welchen die exponentielle Biegung der Kurve übergeht. Theoretisch läßt sich diese Form einfach ableiten, wenn man annimmt, daß der Depolarisator an der Quecksilberoberfläche nicht erschöpft wird. Dann gilt nämlich

$$\pi_k = -\frac{RT}{nF}\ln\frac{i}{[\mathrm{Me}^{n+}]}\cdot k + i\cdot r = -\frac{RT}{nF}\ln i + k' + i\cdot r,$$

woraus man

$$\frac{d\pi}{di} = -\frac{RT}{nF}\cdot\frac{1}{i} + r$$

erhält. Wenn i groß wird, nähert sich $\frac{d\pi}{di}$ dem Wert r, d. h. die Richtungskonstante der Kurve nähert sich $\frac{1}{r}$. Diese ist bei allen drei aufsteigenden Ästen die gleiche, womit bewiesen wird, daß sich nach dem Stromabfall der Widerstand der tropfenden Elektrode nicht geändert hat. Abb. 74 zeigt also 1. daß bei einem Maximum der Depolarisator nicht erschöpft wird, d. h. keine Konzentrationspolarisation eintritt, und 2. daß der jähe Abfall des

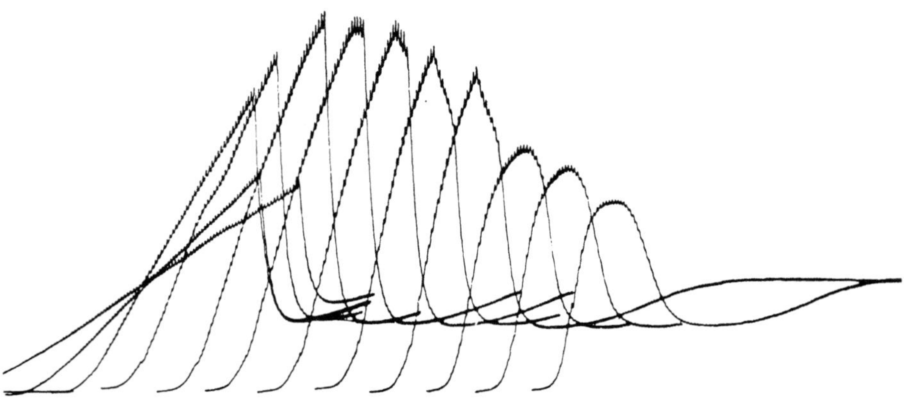

Abb. 75. Der Höchstwert des Maximums von Luftsauerstoff bei Änderung der Konzentration des Zusatzelektrolyten. Zu 25 cm³ Wasser werden 0,25 bis 18,0 cm³ einer 0,01-n-$Sr(OH)_2$-Lösung zugegeben. Empf. 3:100, 4-V-Akkum.

Stromes nicht etwa in einer Erhöhung des Widerstandes, sondern nur in der Erhöhung der Polarisation zu suchen ist. Die meisten reduzierbaren anorganischen und organischen Körper geben Maxima — unter bestimmten Bedingungen — schon in einer 10^{-3} molaren Lösung. Die Höhe des Maximums kann bei größeren

Konzentrationen die Größe des Diffusionsstromes mehrere Male übersteigen und hängt nicht nur von der Konzentration des Depolarisators, sondern vielmehr von der Anwesenheit verschiedener Fremdkörper ab. Die Leitfähigkeit des indifferenten Elektrolyten beeinflußt sowohl die Höhe wie auch die Form des Maximums (Abb. 75). Die Kationen der Alkalien geben die kleinsten Maxima, auch bei großer Konzentration; dagegen erhält man mit Ba^{2+}-, Sr^{2+}- und namentlich mit Ca^{2+}-Ionen schon bei kleiner Konzentration sehr hohe Maxima. Die anderen Kationen verursachen hohe Maxima, auch wenn sie in Komplexen gebunden sind. Wasserstoffperoxyd und Stickstoffoxyd geben keine Maxima. Von den organischen Verbindungen geben keine oder sehr kleine Maxima die Aldehyde. Dagegen geben aromatische Verbindungen — wie zuerst von M. SHIKATA (*22*) an Nitrobenzol beobachtet wurde — Alkaloide und Farbstoffe sehr hohe Maxima. Man bemerkt, daß adsorbierbare, d. h. oberflächenaktive Stoffe, wenn sie an der tropfenden Quecksilberelektrode depolarisierend wirken, stark ausgeprägte Maxima hervorrufen. Bromate und Jodate neigen nicht zu Maxima, dagegen Lösungen von komplexen Cyaniden des Quecksilbers, Goldes und Silbers geben spitze und hohe Maxima, welche von E. B. SANIGAR (*20*) zuerst beschrieben wurden.

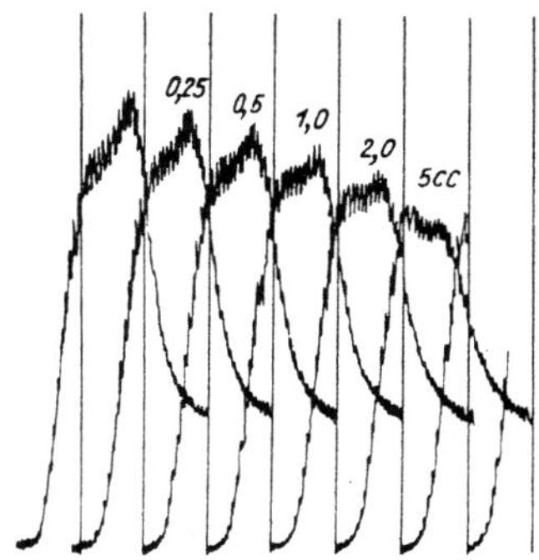

Abb. 76. Unterdrückung des Maximums des Luftsauerstoffes durch eine 0,001%ige Seifenlösung. Zu 10 cm³ einer 0,004-n-NaOH-Lösung wurden 0,25 bis 5 cm³ der Seifenlösung zugegeben. Die dritte Kurve ist in einer Lösung aufgenommen, welche 1 Teil Seife auf 2000000 Teile Wasser enthielt.

Die meisten Maxima können durch Anwesenheit von geringen Mengen adsorbierbarer Stoffe teilweise oder ganz unterdrückt werden. Als adsorbierbare sind hier solche Stoffe gemeint, welche die Oberflächenspannung des Quecksilbers herabzusetzen vermögen. Zu diesen gehören insbesondere höhere aliphatische Verbindungen (wie Fettsäuren), aromatische Stoffe, Alkaloide und Purinderivate, Farbstoffe und Kolloide, namentlich in feiner Dispersion. Solche können schon in ganz geringen Konzentrationen, etwa 10^{-6} molaren, eine deutliche Unterdrückungswirkung auf ein Maximum ausüben (Abb. 76). Die Erfahrung zeigt, daß Stoffe, welche depolarisierend wirken und hohe Maxima an ihren Stufen verursachen, andere Maxima im Spannungsbereich, wo sie nicht depolarisieren, stark zu unterdrücken vermögen. Man kann also ganz allgemein behaupten, daß ein oberflächenaktiver Stoff Maxima fremder Stoffe an den Stromspannungskurven stark unterdrückt und — falls er depolarisirend wirkt — selbst eine Stufe mit ausgeprägtem Maximum verursacht.

Besonders bedeutungsvoll ist die Regel, welche für das Unterdrückungsvermögen der Ionen J. HEYROVSKÝ und N. V. EMELIANOVA (*43*) auf Grund experimenteller Ergebnisse ableiteten. Es zeigte sich, daß sich ein Maximum der Nickelabscheidung, welches beim Potential — 1,0 V entsteht, durch eine sehr kleine Menge dreiwertiger Kationen (Al^{3+} oder La^{3+}) oder durch eine größere Menge zweiwertiger Kationen (Ca^{2+}, Ba^{2+}) oder durch eine ziemlich große Menge Alkaliionen unterdrücken läßt. Die Valenz der Anionen übt dabei keinen Einfluß aus. Wenn man das Unterdrückungsvermögen durch die Verdünnnng ausdrückt, bei welcher das Kation das Nickelmaximum zu einem bestimmten Grad unterdrückt, findet man dieselbe Wirkung der Kationen wie bei der Flokkulation der lyophoben Kolloide, z. B. des Arsen(III)-sulfids. In der Tat verläuft die Unterdrückung des Nickelmaximums durch Kationen nach der HARDY und SCHULZEschen Regel, wobei dieselbe Wirkung ausgeübt wird, wenn die Verdünnungen der Kationen in dem Verhältnis

$$v_{K^+} : v_{Ca^{2+}} : v_{La^{3+}} = 1 : 160 : 10000$$

stehen. Diese Beziehung gilt aber nur den Unterdrückungen von Maxima, welche bei negativeren Potentialen als — 0,56 V entstehen. Die Quecksilberoberfläche ist bei diesen Potentialen — gemäß der Theorie der Elektrokapillarität des polarisierten Quecksilbers — negativ geladen. Man bezeichnet deshalb solche Maxima als „negative". Dagegen üben die höherwertigen Kationen keinen unterdrückenden Einfluß auf die Maxima, welche bei positiveren Potentialen als bei — 0,56 V entstehen, aus. Durch J. HEYROVSKÝ und M. DILLINGER (*84*) wurde festgestellt, daß das Maximum der Thalliumstufe bei — 0,4 V am wenigsten durch Nitrate und am meisten durch Hydroxyde und Sulfate unterdrückt wird. Hier gilt wieder die Beziehung wie bei der Flokkulation positiver lyofober Kolloide, z. B. des Ferrihydroxyds. Zwei- und dreiwertige Kationen verursachen hier nach J. HEYROVSKÝ und M. DILLINGER (*l. c.*) sogar eine kleine Erhöhung des Maximums. Die Maxima, welche bei einem positiveren Potential als — 0,56 V entstehen, nennt man „positive", denn die Quecksilberoberfläche tragt bei diesen Potentialen eine positive Ladung. Zu solchen gehört auch das Maximum der Quecksilber- und der Kupfer-

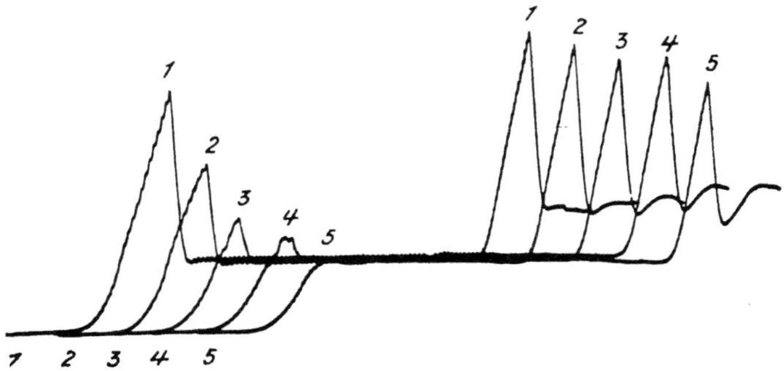

Abb. 77. Unterdrückung des positiven Maximums durch negative Kolloidteilchen. Zu 25 cm³ einer 0,03-n-TlOH, 0,045-n-Ba(OH)$_2$-Lösung wurde tropfenweise 0,1%ige Seifenlösung zugegeben.

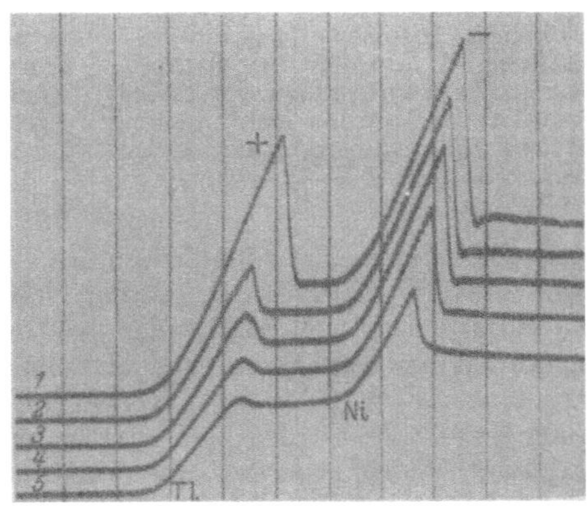

Abb. 78. Unterdrückung eines positiven Maximums durch saures Fuchsin (Natriumsulfosalz). Zu 25 cm³ 0,005-n-TlCl, $NiCl_2$ wurden von einer 0,001-m-Fuchsinlösung *1* 0, *2* 0,5, *3* 2,0, *4* 4,0 cm³ zugegeben. Empf. 1:300, 2-V-Akkum.

abscheidung. Die positiven Maxima werden auch mit Vorzug durch geringe Mengen von sauren Farbstoffen und von negativen Kolloiden unterdrückt, während diese Stoffe auf negative Maxima keine oder nur eine kleine Wirkung ausüben (Abb. 77 und 78). Dagegen werden die negativen Maxima durch basische Farbstoffe, Alkaloide, Koffein und durch positive Kolloide stark unterdrückt (Abb. 79). Neutrale adsorbierbare Molekeln wirken beiderseitig.

Diese Erscheinungen sind im völligen Einklang mit der lang bekannten Tatsache, daß die Oberflächenspannung des polarisierten Quecksilbers durch Anwesenheit von adsorbierbaren, negativ geladenen Teilchen (deformablen Anionen, sauren Farbstoffen, negativen Kolloiden) stark erniedrigt wird, und zwar nur bei positiveren Potentialen als — 0,56 V und daß wiederum positiv geladene adsorbierbare Teilchen einen ähnlichen erniedrigenden Einfluß auf die Oberflächenspannung nur bei Potentialen, welche negativer als — 0,56 V sind, ausüben (Abb. 80). Die Oberflächenspannung (γ) des polarisierten Quecksilbers er-

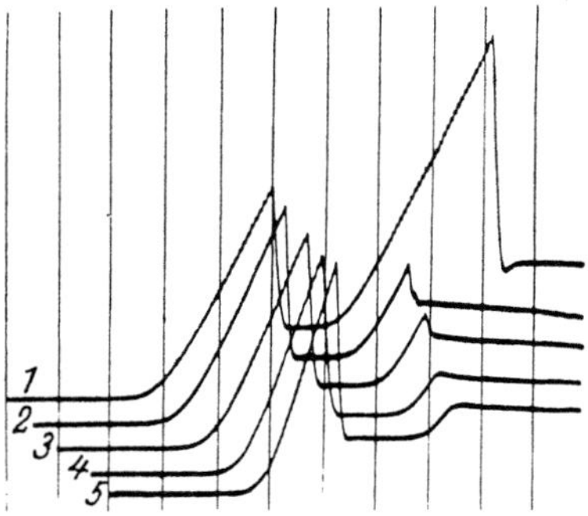

Abb. 79. Unterdrückung eines negativen Maximums durch Ba^{2+}-Ionen. Zu 25 cm³ 0,005-n-TlCl, $NiCl_2$ wurden von einer 1-n-$BaCl_2$-Lösung 1, 2 bis 9 Tropfen zugegeben. Empf. 1:300, 4-V-Akkum.

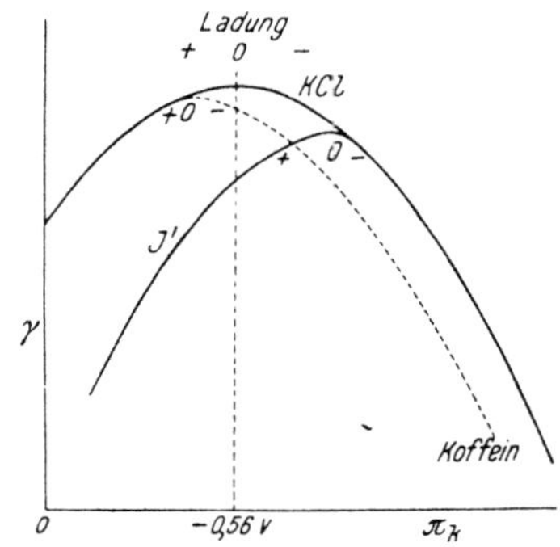

Abb. 80. Die Elektrokapillarkurve, welche man in einer Lösung von inaktivem Elektrolyt (KCl), aktivem Kation (Koffein) und aktivem Anion (J') erhält.

reicht bekanntlich bei dem Potential — 0,56 V seinen Höchstwert, was theoretisch durch die Ladung Null erklärt wird. Bei diesem Potential wirken elektrisch geladene Teilchen auf die Oberflächenspannung am wenigsten. Jedoch sehr aktive, deformierbare Anionen, wie J', SCN' oder S'', werden an der Quecksilberoberfläche auch bei — 0,56 V adsorbiert und erniedrigen dadurch die elektrokapillare Kurve, so daß das Maximum zu einem negativeren Potential verschoben wird; in diesem Falle erreicht das Quecksilber erst bei dem negativeren Potential die Ladung Null. Eine adsorbierbare basische Verbindung, wie Koffein, verschiebt das Maximum der Oberflächenspannung zu einem positiveren Potential. Es ist bemerkenswert, daß die Kadmiumstufe, welche etwa bei — 0,54 V in Lösungen von Chloriden entsteht, kein Maximum bildet (Abb. 81). Wenn man aber dieser Lösung im Überschuß Ammoniak zufügt, wodurch das Abscheidungspotential des Kadmium zu etwa — 0,83 V verschoben wird, die elektrokapillare Parabel jedoch unverändert bleibt, erscheint an der

Kadmiumstufe ein spitzes Maximum (*74*). Dieselbe Erscheinung zeigt sich auch nach Zugabe von Cyanidionen zu einer neutralen

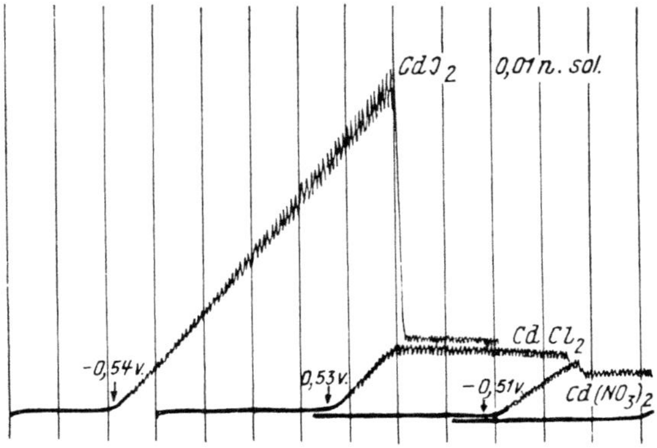

Abb. 81. Stufen, welche man in 0,01-n-Lösungen von CdJ_2, $CdCl_2$ und $Cd(NO_3)_2$ erhält. 4-V-Akkum.

Kadmiumlösung. Man bemerkt, daß nur wenn das Potential der Metallabscheidung mit jenem Potential übereinstimmt, bei welchem die Oberflächenspannung des Quecksilbers den Höchst-

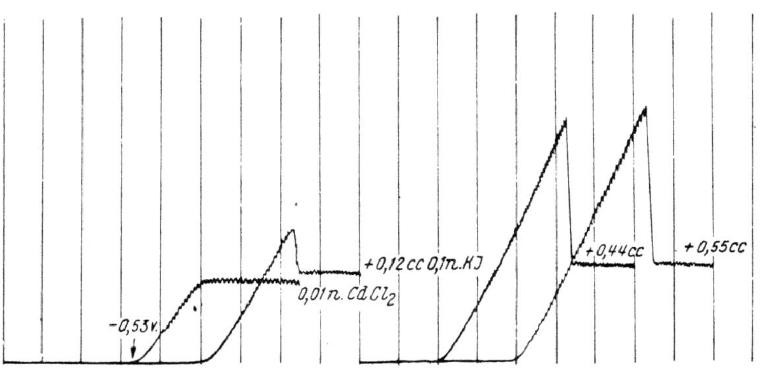

Abb. 82. Entstehen eines positiven Maximums der Cadmiumstufe durch Zugabe von Jodid. Zu 30 cm³ einer 0,01-n-$CdCl_2$-Lösung wurden 0,12, 0,44 und 0,55 cm³ einer 0,1-n-KJ-Lösung zugegeben. 4-V-Akkum.

wert erreicht — also ohne Ladung ist —, kein Maximum entsteht. Um dies auch bei anderen Potentialen als bei — 0,56 V nachzuprüfen, untersuchten J. Heyrovský und E. Vascautzanu (*108*)

Lösungen, in welchen eine anomale elektrokapillare Kurve erhalten wird, indem der Nullpunkt der Ladung zu einem negativeren Potential verschoben ist. Tatsächlich fanden sie das Entstehen

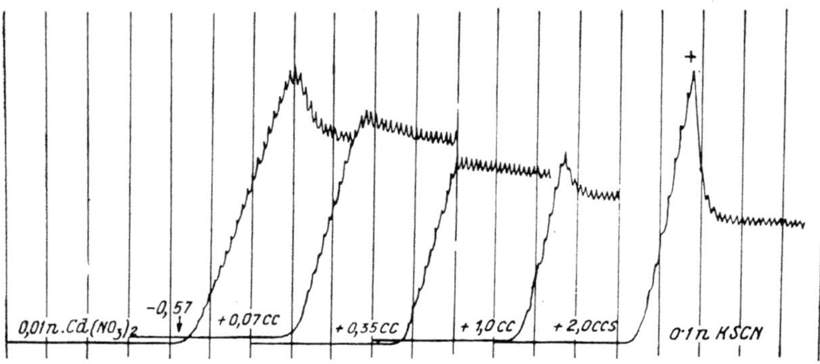

Abb. 83. Verschwinden eines Cadmiummaximums beim Übergange von einem negativen in ein positives durch Verschieben des elektrokapillaren Nullpunktes mittels Zugabe von Rhodanid. Zu 30 cm³ einer 0,01-n-$Cd(NO_3)_2$-Lösung wurden 0,07, 0,35, 1,0, 2,0 cm³ einer 0,1-n-KSCN-Lösung zugegeben. 4-V-Akkum.

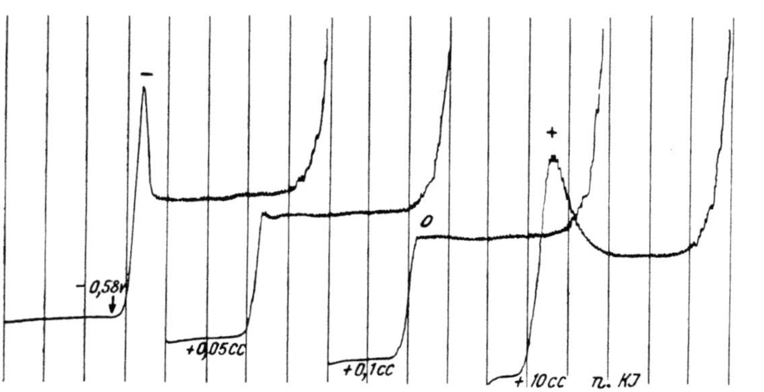

Abb. 84. Verschwinden eines Maximums beim Übergange von einem negativen in ein positives durch Verschieben des elektrokapillaren Nullpunktes mittels Zugabe von Jodid. Zu 30 cm³ 0,02-m-Maleinsäure in 1-n-HCl wurden die angegebenen Mengen von 1-n-KJ (mit 0,02-m-Maleinsäure) zugegeben; 4-V-Akkum.

eines Maximums an der Kadmiumstufe, wenn zur $CdCl_2$-Lösung eine kleine Menge Jodidionen zugegeben wurde (Abb. 82). Die entstandene kleine Jodidkonzentration ruft keine Verschiebung des Abscheidungspotentials der Cd^{2+}-Ionen hervor, wohl aber verursacht sie eine wesentliche Verschiebung des „elektrokapillaren Nullpunktes" — wie man das Potential bei der größten Oberflächenspannung nennen kann. Das Quecksilber ist nun bei der Abscheidung der Cd^{2+}-Ionen positiv geladen und es entsteht dadurch bei — 0,56 V ein „positives" Maximum. In Lösungen von Kadmiumnitrat entsteht dagegen ein kleines negatives Maximum, denn der „elektrokapillare Nullpunkt" ist in Lösungen von Nitraten gegenüber den Chloriden etwas zu positiveren Potentialen verschoben (Abb. 81). Nun kann man durch Zugaben von Jodid oder Rhodanid den „elektrokapillaren Nullpunkt" zu negativeren Potentialen verschieben und dadurch das „negative" Maximum des Kadmium in ein „positives" verändern. Wie aus Abb. 83

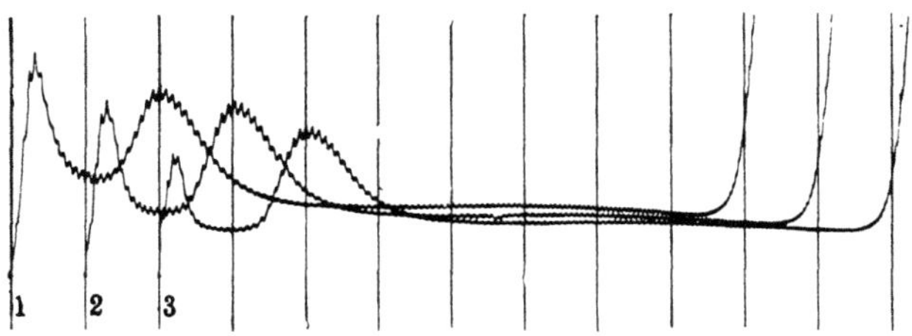

Abb. 85. Maximum eines Nichtelektrolyten. Die Lösung war *1* an KCl gesättigt und enthielt 0,017-n-$HgCl_2$, *2* u. *3* durch Zugabe von 5 cm^3 H_2O zu 25 cm^3 verdünnt. Empf. 1:2500, 4-V-Akkum.

ersichtlich ist, verschwindet nach der ersten Zugabe das kleine Maximum und bei größeren Zugaben erscheint ein hohes Maximum. Theoretisch ist das so zu deuten, daß durch die ersten Zugaben von Rhodanid der „elektrokapillare Nullpunkt" gerade zu dem Abscheidungspotential des Kadmium verschoben wurde; bei größeren Konzentrationen verschiebt sich der „Nullpunkt" zu weit negativeren Potentialen, so daß Cd^{2+}-Ionen am positiv geladenen Quecksilber abgeschieden werden. Dieses Maximum ist daher ein „positives". Den Übergang eines positiven Maximums in ein negatives über eine Stufe ohne Maximum konnte J. Heyrovský und E. Vascautzanu (l. c.) auch bei den Stufen des Bleies und der Maleinsäure nachweisen (Abb. 84).

Gemäß diesen experimentellen Tatsachen, welche auch durch viele andere polarographische Ergebnisse bestätigt werden, ist erwiesen, daß ein elektrisch geladener Depolarisator, welcher beim „elektrokapillaren Nullpunkt" eine Stufe verursacht, kein Maximum bildet. Auf die Stufen neutraler Molekeln bezieht sich diese Regel nicht, denn gerade beim Nullpunkt, bei welchem keine

Ionen an die Quecksilberelektrode angezogen werden, haben die neutralen Molekeln freien Zutritt. So findet man bei der sehr adsorbierbaren Fumarsäure in sauren Lösungen eine Erhöhung des Maximums bei — 0,6 V und das (nach Abb. 85) bei — 0,45 V entstehende Maximum des Sublimats in einer gesättigten KCl-Lösung ist offenbar durch die Anhäufung der nichtdissoziierten Molekeln in der Nähe des „Nullpunktes“ zu verstehen [s. W. Kemula (*86*)]. Von den nichtpolaren Stoffen, welche ein

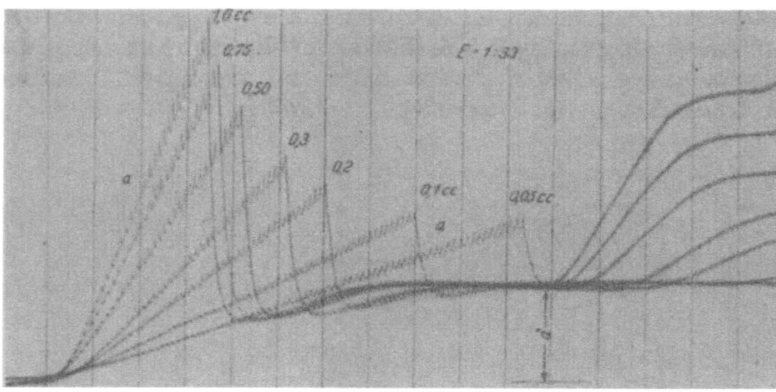

Abb. 86. Erhöhung des Luftsauerstoffmaximums durch Zusatz eines Elektrolyten. Zu 100 cm³ wurde eine 0,1-n-KCl-Lösung tropfenweise zugegeben. Empf. 1:33, 4-V-Akkum. (*a* = Adsorptionsstrom, *d* = Diffusionsstrom).

Maximum bilden, ist jenes des Luftsauerstoffes am besten erforscht. E. Varasova (*97*) fand, daß dieses Maximum in reiner Elektrolytlösung am höchsten ist, wenn das spezifische Leitvermögen von etwa $2{,}5 \times 10^{-4}\,\mathrm{Ohm}^{-1}$ erreicht wird (Abb. 75 und 86). Dies entspricht einer 0,0007-n-HCl- oder einer 0,0026-n-KCl-Lösung. In Lösungen von Essigsäure wird nach J. Rasch (*66*) der Höchstwert des Maximums bei derselben Leitfähigkeit erreicht, d. h. in einer 0,016-n-Lösung, in welcher die Ionenkonzentration 0,0006 n ist. In diesen und verdünnteren Elektrolyten ist das Sauerstoffmaximum spitz, bei größeren Konzentrationen wird es unterdrückt und dabei abgerundet. Die Unterdrückung dieses Maximums hängt nur wenig von der Ionenvalenz ab, was zu erwarten ist, denn der Nichtelektrolyt ist in der Nähe des „Nullpunktes“ viel stärker adsorbiert als die Ionen. Der Einfluß einer hohen Elektrolytkonzentration scheint nur elektrostatisch zu sein. Da das Sauerstoffmaximum bei etwa — 0,2 V entsteht, ist es als ein „positives“ anzusehen. Tatsächlich zeigen hier die auch sonst adsorbierend wirkenden Hydroxylionen ein wesentlich größeres Unterdrückungsvermögen als andere Anionen. Die unterdrückende polare Wirkung eines aktiven, d. h. adsorbierbaren Anions, wie des Jodidions oder Säurefuchsins ist nach B. RAÝMAN (*119*) durch Abb. 87 veranschaulicht. Solche Kurven entstehen in Lösungen, welche neben Luftsauerstoff und einem sehr verdünnten Elektrolyten, etwa 0,0005 n, ein wenig Jodidionen oder sauren Farbstoffes enthalten. Man sieht, daß bei positiven Potentialen das Sauerstoffmaximum völlig durch das aktive Anion unterdrückt ist und daß erst in der Nähe des „Nullpunktes“ die unterdrückende Wirkung des Anions nachläßt, so daß das Maximum plötzlich einsetzen kann. Das allmähliche Unterdrücken des

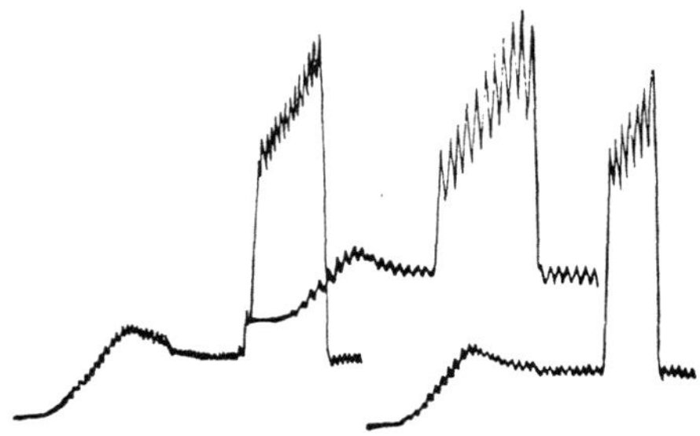

Abb 87. Unterdrückung des Maximums bei Potentialen am positiven Aste der Elektrokapillarkurve durch adsorbierbares Anion. Zu 50 cm³ 0,001-n-KOH wurden einige Tropfen einer 0,001-n-Säurefuchsinlösung offen an der Luft zugegeben. Die Kurve wurde bei Tropfzeiten von 3, 3,5 und 4 sec. aufgenommen.

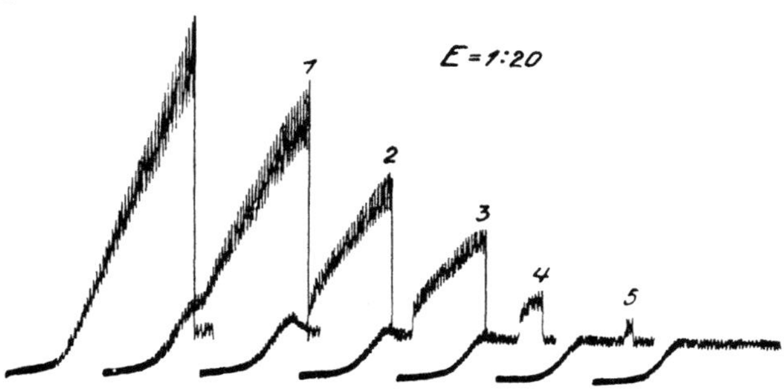

Abb. 88. Unterdrückung des Luftsauerstoffmaximums durch Säurefuchsin. Zu 50 cm³ einer 0,001-KCl-Lösung wurde eine 0,001-m-Lösung des Natriumsalzes der Fuchsinsulfonsäure offen an der Luft zugegeben. Empf. 1:20, 4-V-Akkum.

Luftsauerstoffmaximums durch Säurefuchsin ist in Abb. 88 gegeben. Eine Zugabe von 5 bis 6 cm³ der 10^{-3}-n-Fuchsinlösung zu 50 cm³ 0,001 n KCl unterdrückt das Maximum vollkommen. Die Konzentration des aktiven Stoffes, in welcher das Maximum völlig unterdrückt ist, hängt auch von der Tropfgeschwindigkeit ab, indem bei langsamem tropfen das Maximum eher unterdrückt wird (Abb. 89). In erster Reihe aber hängt das Unterdrücken

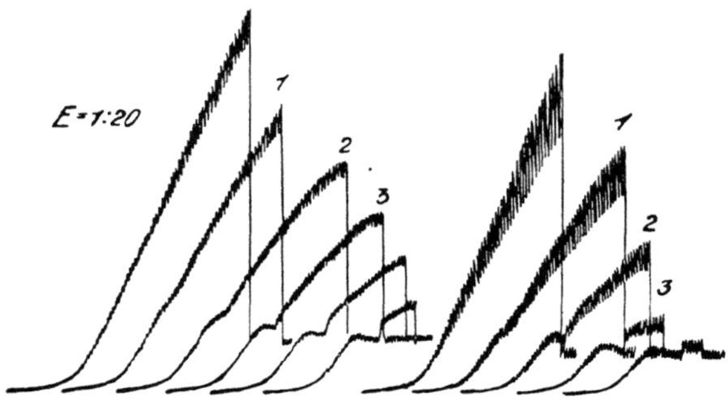

Abb. 89. Einfluß der Tropfzeit bei der Unterdrückung des Maximums. Zu 50 cm³ einer 0,001-n-KCl-Lösung wurde offen an der Luft eine 0,001-m-Säurefuchsinlösung zugegeben. Die Tropfzeit ist links 1,5 sec., rechts 3 sec. Empf. 1:20, 4-V-Akkum.

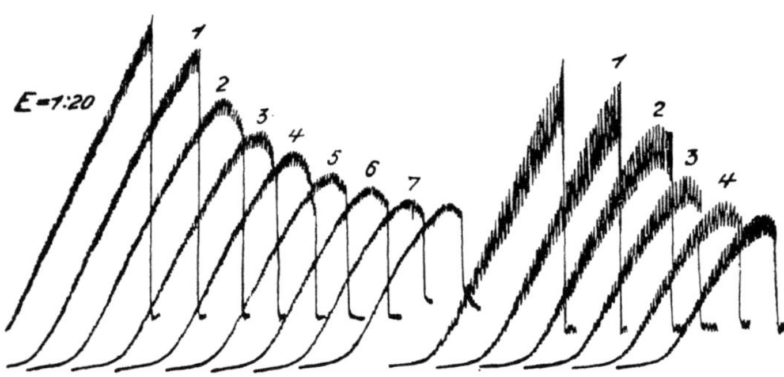

Abb. 90. Unterdrückung des Luftsauerstoffmaximums durch Fuchsinbase. Zu 50 cm³ einer 0,001-n-KCl-Lösung wurde offen an der Luft eine 0,001-m-Lösung des Chlorides der Fuchsinbase zugegeben. Die Tropfzeit ist links 1,7 sec., rechts 3 sec. Empf. 1:20, 4-V-Akkum.

von der Adsorbierbarkeit des aktiven Stoffes ab. Abb. 90 zeigt z. B., daß basisches Fuchsin in etwa zehnfacher Verdünnung gegenüber dem Säurefuchsin dieselbe Unterdrückungswirkung hervorruft. Ein weiterer Unterschied zwischen saurem und basischem Fuchsin zeigt sich durch den am aufsteigenden Ast auftretenden Unterdrückungseffekt, welcher nur durch negativ geladene Teilchen verursacht wird. Daß die basischen Farbstoffe auch das an der positiven Seite der elektrokapillaren Kurve entstehende Maximum unterdrücken können, ist begreiflich, denn der Hauptteil ihrer Molekeln befindet sich im nichtdissoziierten Zustand und kann als ein Dipolteilchen wie an einer positiv so auch an einer negativ geladenen Elektrodenoberfläche adsorbiert werden.

Wie nun die Adsorbierbarkeit mittels des Unterdrückungsgrades ausgedrückt werden soll, ermittelt J. HEYROVSKÝ (*171*) durch die folgende Erwägung: Die große Wirkung, welche mittels einer sehr kleinen Menge eines stark adsorbierbaren Stoffes hervorgerufen wird, zeigt, daß hier ein Verdrängungseffekt eintritt, bei welchem die Sauerstoffmolekeln durch den stärker adsorbierbaren Stoff aus der Elektrodenoberfläche, wo sie bei einem Maximum im Überschuß anwesend sein sollen, verdrängt werden. Es handelt sich also um Verdrängen eines Stoffes aus seiner Zwischenphasenschicht durch einen stärker adsorbierbaren. In solchem Falle hat sich die LANGMUIRsche Adsorptionsisotherme (s. S. 121) für Vorgänge an der tropfenden Elektrode als sehr geeignet erwiesen. Nach dieser Anschauung wird die Zahl n der an der Elektrodenoberfläche adsorbierten Sauerstoffmolekeln durch die Formel $n = \frac{z \cdot \omega \cdot c}{1 + \omega \cdot c}$ gegeben, wo z die Anzahl aller an der Elektrode zur Verfügung stehenden Plätze, c die Konzentration des Sauerstoffes im Inneren der Lösung und ω seinen Adsorptionskoeffizienten bezeichnet. Wenn nun noch ein adsorbierbarer Stoff in der Konzentration c' und mit dem Adsorptionskoeffizienten ω' in der Lösung anwesend ist (z. B. Fuchsin), verteilen sich beide Sorten der Molekeln an der Elektrodenoberfläche derart, daß Sauerstoffmolekeln nur n' Plätze besetzen, wobei $n' = \frac{z\,\omega\,c}{1 + \omega\,c + \omega'\,c'}$. Die Höhe des Maximums h ist offenbar der Anzahl der an der Elektrodenoberfläche haftenden Sauerstoffmolekeln proportional. Somit haben wir, bei Anwesenheit des Sauerstoffes allein

$$h = k\,\frac{z \cdot \omega \cdot c}{1 + \omega\,c}$$

und nach Zugabe des adsorbierbaren Stoffes

$$h' = k\,\frac{z\,\omega\,c}{1 + \omega\,c + \omega'\,c'}.$$

Wenn man nun so viel Stoff zugibt, daß das Maximum zur Hälfte unterdrückt wird, ist

$$\frac{h}{h'} = 2 = k\,\frac{1 + \omega\,c + \omega'\,c'}{1 + \omega\,c} = 1 + \frac{\omega'\,c'}{k}.$$

Aus der Gleichung $2 = 1 + \frac{\omega' c'}{k}$ ergibt sich $c' = \frac{k}{\omega'}$, d. h.

$$\frac{1}{c'} = v_a' = k' \cdot \omega',$$

wobei v_a' die Verdünnung des zugegebenen aktiven Stoffes bezeichnet, bei welcher das Sauerstoffmaximum zur Hälfte unterdrückt wird. Diese Verdünnung ist dem Adsorptionskoeffizienten proportional und drückt deshalb das Adsorptionsvermögen des aktiven Stoffes passend aus.

Auf diese Weise wurde das Adsorptionsvermögen mehrerer Stoffe ermittelt. Die folgende Tabelle gibt die so erhaltenen Werte von B. Rayman (*119*), E. Hamamoto (*171*) und J. Rasch (*66*) an:

Tabelle 3.

Stoff	Verdünnung, bei welcher eine Unterdrückung auf 50% erreicht wird
Orange II	1 Mol in $33 \cdot 10^4$ l
Tropaeolin	$26 \cdot 10^4$
Methylgrün	$25 \cdot 10^4$
Atropinsulfat	$24 \cdot 10^4$
Methylenblau	$20 \cdot 10^4$
Methylorange	$20 \cdot 10^4$
Chininhydrochlorid	$17 \cdot 10^4$
Papaverinhydrochlorid	$17 \cdot 10^4$
Biebrich Scharlach	$17 \cdot 10^4$
Fuchsinbase	$15 \cdot 10^4$
Alizarinrot	$14 \cdot 10^4$
Strychninnitrat	$13 \cdot 10^4$
Morphinhydrochlorid	$8 \cdot 10^4$
Pyronin	$4 \cdot 10^4$
Phenolphthalein	$1{,}7 \cdot 10^4$
Fuchsinsäure	$0{,}4 \cdot 10^4$
Valeriansäure (n)	$0{,}0062 \cdot 10^4$
Buttersäure (n)	$0{,}0017 \cdot 10^4$
Propionsäure	$0{,}0004 \cdot 10^4$
Ameisensäure	$0{,}0002 \cdot 10^4$

Aus der Tabelle, wie sonst auch aus anderen Erscheinungen der Maxima ist zu ersehen, daß höhere Homologe ein größeres Unterdrückungsvermögen zeigen als die niedrigen und daß die höheren Homologe — falls sie depolarisierend wirken — zu höheren Maxima führen. Weniger lösliche Stoffe zeigen in diesem Sinne in der Regel eine größere Aktivität, z. B. das weniger lösliche basische Fuchsin unterdrückt stärker als das löslichere saure Fuchsin, oder die weniger lösliche Fumarsäure gibt ein höheres Maximum als die löslichere Maleinsäure.

Das Sauerstoffmaximum ist gewissermaßen anomal, da während der Sauerstoffreduktion die Oberflächenspannung des polarisierten Quecksilbers stark vergrößert wird, wie J. HEYROVSKÝ und R. ŠIMŮNEK (*32*, *60*) nachgewiesen haben. In anderen Fällen verändert sich jedoch während des Stromanstieges die Oberflächen-

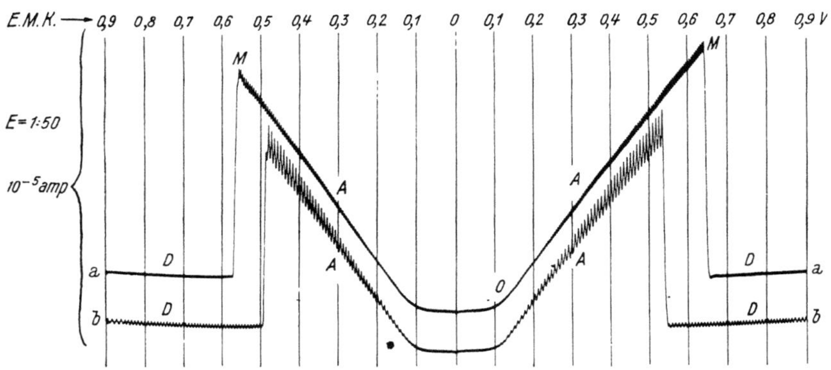

Abb. 91. Das diskontinuierliche Sauerstoffmaximum bei sinkender Spannung, von 0,9 V bis Null und bei steigender Spannung, von Null bis 0,9 V aufgenommen. Die Lösung ist 0,001-n-LiOH; die Tropfzeit *a* 6,7 sec., *b* 3,2 sec. Empf. 1:50, 2-V-Akkum.

spannung des Quecksilbers nur wenig, da bei einem Maximum das Potential der tropfenden Elektrode beinahe konstant bleibt [P. HERASYMENKO (*44*), J. HEYROVSKÝ und M. DILLINGER (*84*)], denn die Steigerung der Spannung erhöht hier nur das Potentialgefälle $i \cdot R$ in der Lösung. Wahrscheinlich vergrößert das Reduktionsprodukt, also die O_2''-Teilchen (s. S. 80), durch Reaktion mit Quecksilber seine Oberflächenspannung. Eine ähnliche Erhöhung der Oberflächenspannung wurde nur noch bei Lösungen vom Nichtelektrolyten $Hg(CN)_2$ von M. DILLINGER (*55*) beobachtet.

Beim Aufzeichnen der Stromspannungskurve mit wachsender Spannung einerseits und sinkender anderseits zeigt sich bei einem diskontinuierlichen Maximum eine Verzögerungserscheinung, auf welche J. HEYROVSKÝ und R. ŠIMŮNEK (*60*) aufmerksam machten. Wie aus Abb. 91 ersichtlich ist, besteht diese Erscheinung darin, daß der Abfall des Maximums bei steigender Polarisation der tropfenden Elektrode immer bei einer größeren Spannung eintritt als bei Verminderung der Polarisation (durch den Rücklauf der Polarographentrommel). So findet z. B. bei einer schneller tropfenden Elektrode der Stromabbruch bei der Spannung 0,63 V statt, dagegen erscheint der jähe Stromanstieg erst bei 0,56 V. Diese Erscheinung deutet darauf hin, daß sich die an einem Tropfen auftretende Polarisation an den nächsten überträgt (S. 178). W. KEMULA (*87*) fand, daß eine ganz kurze Stromunterbrechung beim Diffusionsstrom nahe der Spannung des Stromabfalles die Stromstärke sofort wieder zum Maximum bringt. Er hat diese Erscheinung oszillographisch untersucht und nachgewiesen, daß bei einer etwa zehnmal pro Tropfen unterbrochenen Elektrolyse die Maxima im größeren Spannungsgebiete und bedeutend höher sind als bei einer kontinuierlichen Elektrolyse.

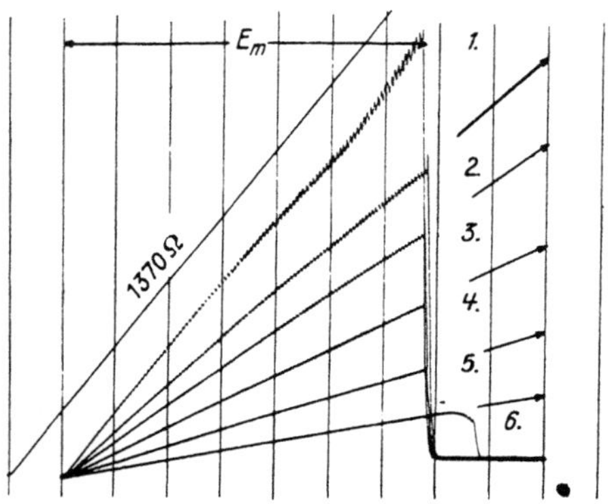

Abb. 92. Einfluß eines Widerstandes im Stromkreise auf die Höhe des Maximums. Die Lösung enthält 0,01-n-$HgNO_3$, 0,005-n-HNO_3. Äußerer Widerstand ist *1* 0, *2* 500, *3* 1000, *4* 2000, *5* 4000, *6* 8000 Ohm. Empf. 1:10000.

Auch der Widerstand im Stromkreis übt einen wesentlichen Einfluß auf die Höhe und Form eines Maximums aus. R. ŠIMŮNEK und R. BRDIČKA (*267*) fanden, daß eine Vergrößerung des Widerstandes, sei es in der Lösung durch Verdünnen des Elektrolyten in der elektrolytischen Zelle oder durch Einschalten eines äußeren Widerstandes, die Maxima erniedrigt (Abb. 92). R. BRDIČKA (*267*) konnte experimentell und theoretisch nachweisen, daß der jähe Abbruch des Maximums, welcher bei verschieden großem äußerem oder innerem Widerstande entsteht, immer bei derselben angelegten E. M. K. einsetzt. Bei diesem Abbruch steigt die Polarisation jäh, oft durch einen bedeutenden Sprung des Potentials. So springt, nach R. BRDIČKA (l. c.) in einer 0,01-n-$HgNO_3$-Lösung das Potential der tropfenden Kathode von + 0,4 V (beim Maximum) auf — 0,8 V (beim Erreichen des Diffusionsstromes).

Theoretische Erörterungen. Die hier erwähnten experimentellen Tatsachen lassen erkennen, daß die tropfende Elektrode als Sitz einer Adsorptionsenergie betrachtet werden muß. Man erinnere sich bloß an die Möglichkeit der quantitativen Ermittlung des Adsorptionsvermögens von oberflächenaktiven Stoffen, qualitativer Bestimmung des polaren Charakters der adsorbierbaren Teilchen und an die hohe Empfindlichkeit der Maxima gegen Spuren von oberflächenaktiven Stoffen. Zum richtigen Erkennen des Wesens der Adsorptionskraft, welche an der tropfenden Quecksilberelektrode wirkt, soll in Betracht gezogen werden, daß ein Maximum von der Stufe verschwindet, 1. wenn die Stufe beim Potential entsteht, bei welchem die tropfende Elektrode die Ladung Null erreicht, 2. bei großem Widerstand im Stromkreis, 3. bei Überschuß des indifferenten Elektrolyten, 4. bei Anwesenheit von adsorptiven Stoffen, 5. spontan bei Überschreitung einer gewissen Größe der angelegten E.M.K.

Die Polarität der Erscheinungen läßt keinen Zweifel darüber, daß die adsorbierende Kraft eine elektrische ist. Die tropfende Elektrode muß deshalb der Sitz eines elektrischen Feldes sein, in welches die polaren Teilchen durch Elektroadsorption eingezogen werden und welches bei Nulladung des Quecksilbers verschwindet, indem eine Umkehrung der Feldwirkung stattfindet. Weil der Strom beim ansteigenden Ast eines Maximums (z. B. Teil *A* der Kurve Abb. 91) unter Wirkung der Adsorptionskraft entsteht, wird er als „Adsorptionsstrom" bezeichnet, um ihn von dem durch Diffusionskräfte entstehenden „Diffusionsstrom" zu unterscheiden. Das elektrische Feld, welches sich von der tropfenden Elektrode aus bei den Adsorptionserscheinungen ausbreiten soll, hat der Verfasser zunächst im „ζ-Potential" gesucht (*202*), welches bekanntlich beim Potential der Nulladung des Quecksilbers verschwindet, indem es das Vorzeichen ändert und durch oberflächenaktive Stoffe oder Überschuß eines Elektrolyten entfernt wird. Diese Voraussetzung genügte jedoch nicht, um den Einfluß des elektrischen Widerstandes und die Abhängigkeit des Maximums von der Tropfgeschwindigkeit zu erklären. Überdies ist das Feld des „ζ-Potentials" verhältnismäßig schwach und kann sich erst während des Anwachsens des Tropfens entwickeln. Deswegen wird der von D. Ilkovič (*283*) stammenden Idee der Vorzug gegeben, nach welcher die Adsorptionserscheinungen an der tropfenden Quecksilberelektrode mittels des beim Durchgang des Ladungsstromes (s. S. 55) entstehenden elektrischen Feldes erklärt werden. Infolge der sehr kleinen Dimensionen der Quecksilberelektrode nach Abfallen eines Tropfens bewirkt der einsetzende Ladungsstrom ein inhomogenes Potentialgefälle in der Lösung, in welches sowohl Ionen wie dipolare Molekeln hineingezogen werden können. D. ILKOVIČ berechnet zunächst aus dem Produkt $i_K \cdot R$, wie die Inhomogenität des elektrischen Feldes mit der Verminderung des Elektrodendurchmessers zunimmt (Abb. 93), und findet, daß bei dem Durchmesser der Größenordnung einer Kapillarmündung (0,001 cm) die Inhomogenität sehr ausgeprägt ist. In diesem Anfangszustand eines Tropfens ist aber der Ladungs- oder Kapazitätsstrom (i_K) viel stärker als der elektrolytische oder Faradaysche Strom (i_F), denn das Verhältnis beider Ströme berechnet sich nach den Formeln von D. ILKOVIČ (s. S. 52 u. 57) zu

$$\frac{i_K}{i_F} = k \cdot K\, m^{\frac{1}{3}} \cdot \varrho \cdot \frac{1}{\tau^{\frac{2}{3}}},$$

wobei K die Kapazität, m die Ausströmungsgeschwindigkeit, ϱ den spezifischen Widerstand der Lösung und τ die Zeit angibt. Es entsteht also, gleich nach dem Abfallen eines Tropfens, um den sich

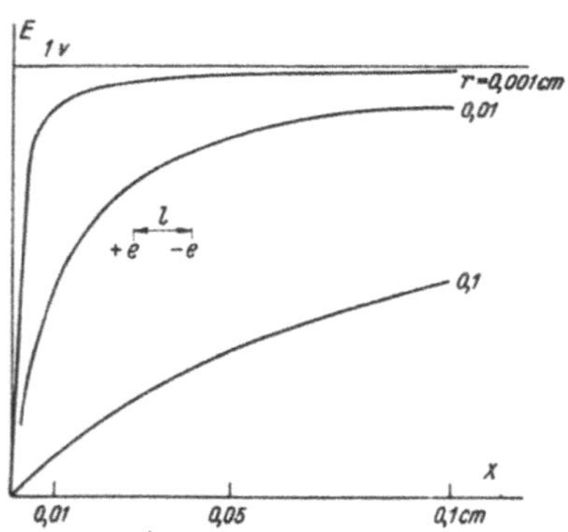

Abb. 93. Der Potentialabfall in der Lösung dicht an der Mündung der tropfenden Elektrode ist für den Fall berechnet, wenn der Radius des Tropfens r 0,001, 0,01 und 0,1 cm beträgt.

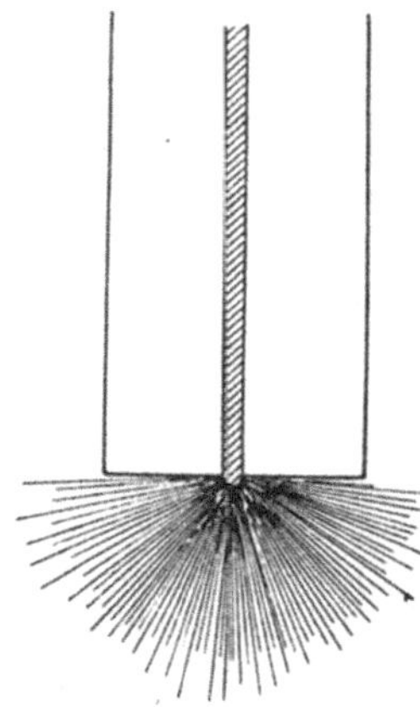

Abb. 94. Das inhomogene Feld an der Mündung der Kapillare: die Kraftlinien bei anwachsendem Tropfen.

bildenden neuen kleinen Tropfen ein starkes, inhomogenes, durch das Vorzeichen des Ladungsstromes gegebenes Feld, wie in Abb. 94 veranschaulicht ist.

Die Änderung des Potentialgefälles in der Lösung dicht an der tropfenden Elektrode verläuft folgendermaßen: Sofort nach Abtropfen hat die in der Mündung der Kapillare sich befindende frische, kleine Quecksilberoberfläche die Ladung beinahe Null und ihr Potential ist daher etwa — 0,56 V. Wenn nun z. B. eine äußere Spannung von 1,56 V an die Zelle mit einer 0,01-n-$MnCl_2$-Lösung angelegt wird, wirkt zwischen den beiden Quecksilberelektroden eine Spannung von 1 V. Es entsteht sofort ein Ladungsstrom i_K, welcher am Anfang des neuen Tropfens einen Wert über 10^{-6} A erreicht (die mittlere Stromstärke des Ladungsstromes ist zirka 10^{-7} A pro Volt, jedoch in dem ersten Zehntel einer sec. ist der Ladungsstrom mindestens zehnmal größer). Der elektrolytische Widerstand der Zelle, welcher dicht um den Tropfen am weit größten ist (S. 51), so daß es sich tatsächlich nur um den Widerstand des Tropfens handelt, beträgt in 0,01-n-Elektrolytlösungen etwa 10^5 Ohm. Somit bildet sich dicht um den anwachsenden Tropfen ein inhomogenes Potentialgefälle von mindestens 0,1 V (theoretisch sollte der Wert im ersten Momente 1 V erreichen), wobei im Inneren der Lösung der Potentialabfall nur gering ist (wenige mV, Abb. 95, Kurve $i_K \cdot R$). Ein beträchtlicher Teil der Energie der angewandten E.M.K. befindet sich also sofort nach dem Abfallen des Tropfens im inhomogenen Felde dicht an der tropfenden Elektrode als $i_K \cdot R$. Wenn der Tropfen am größten ist, sinkt der Widerstand R etwa zu einem Hundertstel seines ursprünglichen Wertes; durch die Tropfelektrode fließt dann aber der elektrolytische (Faradaysche) Strom i_F der Größenordnung 10^{-5} A, so daß der Potentialabfall in der Lösung $i_F \cdot R$ nur etwa 0,01 V beträgt (Abb. 95, Kurve $i_F \cdot R$).

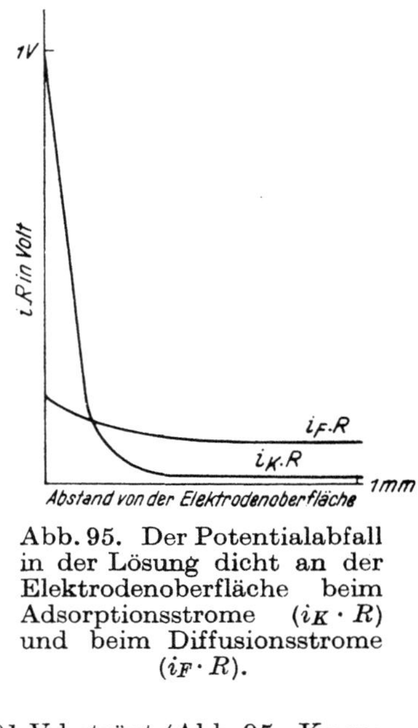

Abb. 95. Der Potentialabfall in der Lösung dicht an der Elektrodenoberfläche beim Adsorptionsstrome ($i_K \cdot R$) und beim Diffusionsstrome ($i_F \cdot R$).

Wenn der Depolarisator bei — 0,56 V reduziert wird (wie in 0,01-n-$CdCl_2$), entsteht an dem sich bildenden Tropfen nur ein geringer Potentialabfall, welcher zwar um den Tropfen auch ein inhomogenes Feld bildet, jedoch nur durch den elektrolytischen Strom i_F verursacht wird; dieser Potentialabfall $i_F \cdot R$ gleicht nun dem Unterschied zwischen der angelegten Spannung E (z. B. 0,66 V) und der Zersetzungsspannung der Lösung E_{Me} (also 0,66 — — 0,56 = 0,1 V). Im allgemeinen Falle entsteht aber i_F erst, wenn durch den Ladungsstrom i_K die Tropfelektrode auf das

Abscheidungspotential des Depolarisators geladen hat. Dagegen wirkt der Potentialabfall $i_K \cdot R$ des Ladungsstromes sofort nach Abtropfen, und zwar gemäß dem Unterschiede zwischen der Zersetzungsspannung E_{Me} und der Spannung E_0, bei welcher die Tropfelektrode ungeladen ist. Der Potentialabfall $i_K \cdot R$ ist deshalb immer bedeutend größer als $i_F \cdot R$ (Abb. 95), abgesehen davon, daß er momentan an den neu sich bildenden Tropfen einsetzt. So ist das bei der Abscheidung von Mn^{2+}-Ionen im oben erwähnten Falle sofort am Tropfen wirkende inhomogene Feld $i_K \cdot F$ durch 1,56 — 0,56 V = 1 V gegeben,[1] wozu ein sich später einstellendes und deshalb mehr homogenes Feld $i_F \cdot R$ von Potentialabfall 1,56 V — 1,55 V = 0,01 V hinzutritt. Die tropfende Elektrode stellt also ein pulsierendes System vor, in welchem die angelegte E.M.K. am Anfang der Tropfenbildung als potentielle Adsorptionsenergie im inhomogenen elektrischen Felde an der Tropfelektrode wirkt, um gegen Ende des Tropfens in die Polarisation und den elektrolytischen Strom überzugehen.

In das inhomogene Feld an der tropfenden Elektrode werden nun alle Ionenpaare und Dipole hineingezogen, welche sich in der Umgebung des anwachsenden Tropfens befinden. Falls diese Teilchen bei der angewandten Spannung nicht depolarisierend wirken, schwächen sie durch die entgegengesetzte Richtung ihrer Dipole das inhomogene Feld ab, so daß es sich kaum in die Lösung ausbreitet (Abb. 95). Somit vernichten diese Teilchen das inhomogene Feld und verursachen an der Elektrode eine vollkommene Polarisation. Es kann deshalb die tropfende Elektrode beim Überschuß eines indifferenten Elektrolyten oder bei Anwesenheit von oberflächenaktiven (dipolartigen) Stoffen keine freie Adsorptionsenergie aufweisen. Ganz anders gestalten sich aber die Bedingungen, wenn bei der angewandten Spannung in das inhomogene Feld des Ladungsstromes ein depolarisierend wirkender Stoff hineingezogen wird. So entsteht an der Elektrodenoberfläche ein Vorrat an depolarisierenden Teilchen, wodurch der elektrolytische (Faradaysche) Strom schnell anwächst. Dadurch bildet sich um den anwachsenden Tropfen nun ein elektrisches Feld des Spannungsabfalles $i \cdot R$, welches weitere depolarisierend wirkende Teilchen anzieht und dadurch den Faradayschen Strom immer mehr erhöht. Der Entladungsvorgang ist also bei

[1] Das ganze Feld von 1 V kann hier praktisch nicht erreicht werden, denn beim Abreißen des Tropfens gleitet offenbar ein Teil der Doppelschicht an die neue Oberfläche, womit dem sich bildenden Tropfen ein negativeres Potential als — 0,56 V erteilt wird.

der Bildung von Maxima sozusagen ein „autokatalytischer", denn das inhomogene Feld, welches eine Adsorption des Depolarisators zur Folge hat, verursacht eine Steigerung von i, wodurch wieder die Feldstärke $i \cdot R$ erhöht und weitere Steigerung der Adsorption bewirkt wird usw. So entsteht eine ziemlich große Stromstärke, welcher aber das Anwachsen des Tropfens entgegenwirkt, denn dabei vermindert sich R und somit wird $i \cdot R$ beschränkt.

Ein wesentlicher Unterschied zwischen dem gewöhnlichen elektrolytischen „kataphoretischen" Strome, welcher durch ein homogenes elektrisches Feld gegeben ist, und dem Adsorptionsstrome, welcher nur im inhomogenen Felde entstehen kann, muß hier betont werden: Im homogenen Felde wandern nämlich die entgegengesetzt geladenen Teilchen in entgegengesetzter Richtung, wobei die dipolartigen Molekeln, einschließlich jene des Wassers, stehen. Dagegen in inhomogenem Felde bewegen sich alle geladenen Teilchen, auch dipolartige Molekeln und Wasser, in der Richtung des stärksten Feldes. Es muß daher eine Strömung der Lösung entstehen, welche die im schwächeren Felde sich befindende Flüssigkeit verdrängt. Solche Strömungen werden tatsächlich beobachtet (s. weiter unten).

So entsteht der durch Adsorptionskräfte des Feldes über den Diffusionsstrom erhöhte „Adsorptionsstrom". Wenn nun die angelegte Spannung weiter gesteigert wird, kommt es zu so großen Stromstärken, daß der durch Adsorption entstehende Vorrat an der Elektrodenoberfläche während des Anwachsens des Tropfens erschöpft wird; da setzt nun die Konzentrationspolarisation als Gegenkraft ein — wobei auch die in der Lösung vorhandenen Dipolteilchen einschließlich jene des Wassers gegen das elektrische Feld wirken. Die Stärke des Feldes sinkt und damit auch die Adsorptionskraft schnell und der Depolarisator gelangt zur Elektrodenoberfläche nur durch Diffusionskräfte.

Die Größe des Adsorptionsstromes hängt also von der Geschwindigkeit ab, mit welcher einerseits die depolarisierend wirkenden Teilchen und anderseits die polarisierend wirkenden Ionenpaare und Dipole in das elektrische Feld hineingezogen werden. D. Ilkovič hat diese Erwägungen mittels mathematischer Gleichungen ausgedrückt und somit den Verlauf der Strom-Zeit-Kurven während des Anwachsens eines Tropfens abgeleitet. Abb. 96 zeigt den theoretisch berechneten Verlauf einer solchen Strom-Zeit-Kurve, wobei auch der Verlauf des Potentials und der Konzentration des Depolarisators an der Elektrodenoberfläche eingezeichnet ist. Diese Kurve zeigt, daß man bei genügend langer Tropfzeit den Abfall des Maximums an jedem

Tropfen erhalten kann. Nach Abb. 96 geschieht dies zwischen der siebenten und achten Sekunde. Tatsächlich hat D. ILKOVIČ auch alle die berechneten Typer ler Strom-Zeit-Kurven durch oszillographisches Registrieren ernalten (Abb. 97). In der einfachsten Form ist eine Adsorptionsstrom-Zeit-Kurve eine Parabel dritten

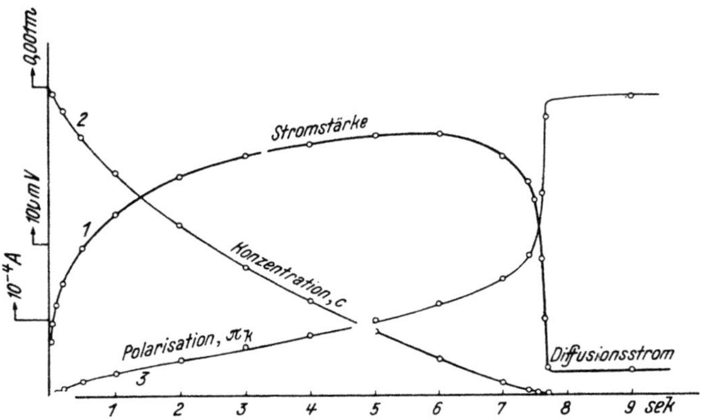

Abb. 96. Zeitkurven der Änderung· *1* der Stromstärke $i = i_K + i_F$, *2* der Konzentration *c* des Depolarisators, *3* der Polarisation π_k der Elektrode. Dieselben vollziehen sich während des Wachstums eines Tropfens.

Grades, also $i = k \cdot t^{\frac{1}{3}}$, dagegen die Diffussionstrom-Zeit-Kurve ist [wie aus Formel (8) folgt], $i = k \cdot t^{\frac{1}{6}}$, also eine Parabel sechsten Grades. Die experimentell erhaltenen Kurven entsprechen diesem Verlaufe genau (vgl. Abb. 97, Kurve bei $E = 0{,}45$ und bei $E = 0{,}65\ V$).

Die Änderung des Vorzeichens des Ladungsstromes, welche beim „elektrokapillaren Nullpunkt“ stattfindet, ergibt auch die Änderung der Richtung des inhomogenen Feldes und erklärt dadurch die polaren Wirkungen bei den Unterdrückungserscheinungen der Maxima. Auch der Einfluß des äußeren Widerstandes auf die Höhe des Maximums ist nun verständlich, denn beim großen Widerstand wird der Ladungsstrom vermindert und daher die Stärke des Feldes, welche von i_K abhängt, geschwächt. Die Adsorptionsenergie der tropfenden Elektrode wird dementsprechend vermindert. R. BRDIČKA (*267*) erklärte die Unterdrückung der Maxima, welche durch äußeren elektrischen Widerstand entsteht, mit Hilfe der von D. ILKOVIČ (*283*) abgeleiteten Gleichungen für den Adsorptionsstrom, indem er annahm, daß der Adsorptionsstrom in den Diffusionsstrom übergeht, wenn die Abnahme der Konzentration des Depolarisators an der Tropfelektrode $\frac{dc}{dt}$ einen kritischen Wert erreicht. Seine Ergebnisse stimmen mit den beobachteten polarographischen Kurven völlig

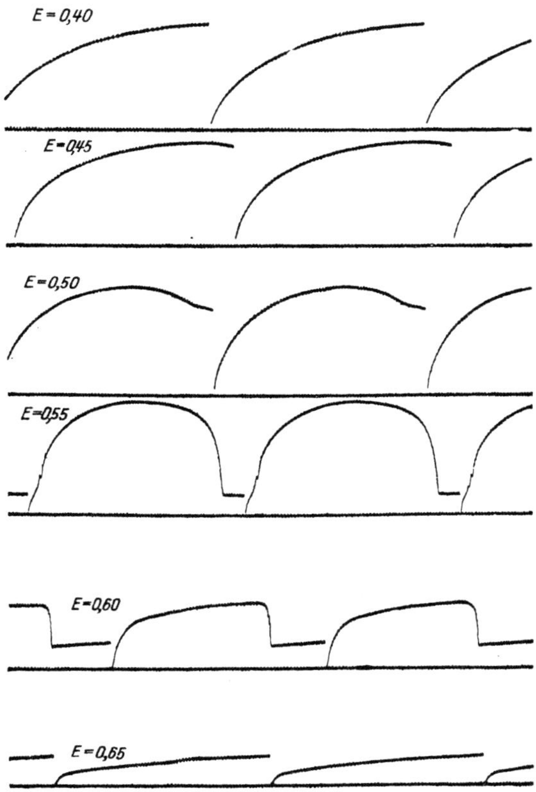

Abb. 97. Oszillographisch aufgezeichnete Stromstärke-Zeit-Kurven. Die Lösung enthält Luftsauerstoff und 0,005-n-KCl. Die Kurven sind bei verschiedenen Spannungen zwischen 0,40 und 0,65 V (d. h. vor und nach dem Erreichen des Maximums) aufgenommen. 1 cm an der Abszisse entspricht 1 sec.

überein. R. Brdička (l. c.) konnte auch ableiten, daß bei einem großen äußeren Widerstand der Adsorptionsstrom nicht am Anfang des sich bildenden Tropfens, sondern während seines Anwachsens plötzlich auftritt, was er durch oszillographische Strom-Zeit-Kurven festgestellt hat. Der Adsorptionsstrom kann also während der Dauer eines Tropfens entweder jäh in den Diffusionsstrom übergehen oder an einem Diffusionsstrom diskontinuierlich aufsteigen (z. B. Abb. 125). Diese sehr schnellen Übergänge zwischen den beiden Strömen — welche sich in einigen Hundertstel einer sec. abspielen können — beweisen, daß ihre Ursache nur in plötzlichen Änderungen eines elektrischen Feldes zu suchen ist.

Im Lichte der hier erklärten Adsorptionstheorie ist auch die Rolle der Elektrolytkonzentration beim Maximum eines Nichtelektrolyten (wie des Sauerstoffes, Abb. 75) verständlich: Bei kleiner Konzentration ist das Maximum, wegen des großen Widerstandes, klein; durch große Elektrolytkonzentration wird das inhomogene Feld an der tropfenden Elektrode beseitigt und das Maximum deshalb unterdrückt. Da das Verhältnis des Ladungsstromes i_K zum elektrolytischen Strom i_F der Ausströmungsgeschwindigkeit des Quecksilbers proportional ist (s. S. 176), wachsen Maxima bei Erhöhung der Tropfgeschwindigkeit.

Eine wenn auch sehr kurze Unterbrechung der Spannung beim Diffusionsstrom entfernt das Feld und läßt sofort alle durch Polarisation gefesselten Dipole frei, wodurch die Elektrode gleichzeitig depolarisiert wird. Die nachher eingeschaltete Spannung erzeugt einen neuen Ladungsstrom, wodurch ein neues inhomogenes Feld entsteht, welches eine Vergrößerung des Adsorptionsstromes zur Folge hat, wie dies W. Kemula (*87*) nachwies.

Gemäß den Erörterungen von D. Ilkovič (l. c. S. 32) kann auch an der Kurve eines solchen Depolarisators, welcher sich beim elektrokapillaren Nullpunkte (— 0,56 V) reduziert (also wie Cd^{2+}), ein Maximum erscheinen, denn der Potentialabfall $i_F \cdot R$ des elektrolytischen Stromes verursacht auch ein inhomogenes Feld, und zwar in einer Stärke von E — 0,56 V. Da aber die Spannung E nicht viel die Zersetzungsspannung übersteigen darf — da sonst sofort Konzentrationspolarisation und der Diffusionsstrom auftreten würden —, ist das inhomogene Feld schwach. Man kann daher in diesem Falle nur bei den günstigsten Verhältnissen, d. h. in konzentrierten Lösungen und mit schnellem Tropfen ein kleines Maximum erhalten.

H. J. Antweiler (*315*, *387*, *388*, *389*) erklärt jedoch das Entstehen der Maxima durch eine Strömung des Elektrolyten, welche beim Maximum an der tropfenden Quecksilberelektrode stattfindet. H. J. Antweiler hat festgestellt, daß eine solche Strömung beim Erreichen des Diffusionsstromes verschwindet, daß sie auch beim elektrokapillaren Nullpunkt aufhört und daß die Formart der Strömungen durch die Ladung der Quecksilberelektrode bestimmt ist. H. J. Antweiler schließt daraus, daß die Erhöhung der Stromstärke über den Diffusionsstrom durch das Rühren an der Elektrodenoberfläche entsteht. Diese Strömungen sollen — nach M. v. STACKELBERG, H. J. ANTWEILER und L. KIESELBACH (*459*) — durch den von A. FRUMKIN (*191*) angegebenen Mechanismus entstehen, indem zwischen der Mündung der Kapillare und dem unteren Teil des Tropfens eine verschiedene Oberflächenspannung herrscht, welche durch eine Inhomogenität des Potentialabfalles während des Stromdurchganges zu erklären ist. Wenn sich der Tropfen beim elektrokapillaren Nullpunkt befindet, ist die Erniedrigung der Oberflächenspannung (γ) an den Polen des Tropfens symmetrisch (s. Abb. 80), so daß die Strömung des Elektrolyten aufhört (eher symmetrisch sein sollte!). Eine Erklärung dieser Ströme ist jedoch ohne die Adsorptionstheorie nicht möglich, da weder die Unterdrückung durch oberflächenaktive Stoffe noch deren polare Wirkung verständlich wäre. Auch die großen Maxima bei einem Stoff (z. B. Ca^{2+}, Fumarsäure) und die kleinen Maxima bei anderem (z. B. Li^{+}, Maleinsäure), welche bei denselben Potentialen auftreten, oder die geringe Neigung zu Maxima bei HCOH, H_2O_2, JO_3', BrO_3' können ohne verschiedene Adsorbierbarkeit nicht erklärt werden. Die Erklärung der Maxima durch Strömungen, welche infolge der Verschiedenheit der Oberflächenspannung entstehen, ist unhaltbar, da streng reproduzierbare Fälle von solchen Maxima bekannt sind, welche während des Anwachsens des Tropfens am Diffusionsstrome jäh auftreten oder plötzlich zum Diffusionsstrome abfallen (Abb. 126); so schnelle und dabei regelmäßige Übergänge zwischen dem Maximum und dem Diffusionsstrome wären nämlich wegen der Trägheit der Flüssigkeitsbewegungen nicht möglich, da sich solche grobe Bewegungen nicht momentan einstellen lassen. Übrigens sind die oszillographischen Strom-Zeit-Kurven bei Maxima, wenn nicht allzu große Konzentrationen des Depolarisators benutzt werden, durchaus regelmäßig und streng reproduzierbar, was bei den Bewegungserscheinungen nicht der Fall zu sein scheint. Der Verfasser weist auch darauf hin, daß eine Erklärung der Maxima durch Bewegungen der Oberfläche keine mathematische Formulierung der polarographischen Kurven bietet, wogegen die Gleichungen von D. ILKOVIČ (*283*) und R. BRDIČKA (*267*) mittels der Adsorptionstheorie die beobachteten Kurvenformen in vollkommener Übereinstimmung ausdrücken. Der Verfasser nimmt an, daß die Ursache der Strömungserscheinungen von H. J. ANTWEILER ebenfalls in der Inhomogenität des elektrischen Feldes liegt, welches sich durch den Ladungsstrom um den Tropfen bildet und dadurch einen Flüssigkeitsstrom bewirkt (s. S. 179), falls dieses Feld nicht beim Entstehen durch adsorbierbare Teilchen unterdrückt wird. Ob und wieweit die durch eine Verschiedenheit der Oberflächenspannung entstehenden Bewegungen der Quecksilberoberfläche — welche als eine sekundäre Erscheinung zu betrachten sind — zur Erhöhung des Adsorptionsstromes beitragen, kann durch die bisher vorliegenden experimentellen Tatsachen nicht entschieden werden.

VII. Untersuchungen mit nichtwäßrigen Lösungen.

Die Elektrolyse mit der tropfenden Quecksilberelektrode gibt auch in nichtwäßrigen Lösungen reproduzierbare Kurven, aus denen ähnliche Schlüsse wie aus jenen der wäßrigen Lösungen gezogen werden können. M. SHIKATA (*7*) konnte mit Lösungen von Natriumaethylat im wasserfreien Äthylalkohol das Abscheidungspotential des Natriums (bei etwa 1,8 V) bestimmen und regelmäßige Verschiebungen der Stufen bei wachsender Verdünnung der Na^{+}-Ionen nachweisen. D. MCGILLAVRY (*277*) benutzte als Lösungsmittel wasserfreie Essigsäure, konnte aber Diffusionsströme — wahrscheinlich infolge schlechter Leitfähigkeit — nicht erhalten. G. SARTORI und G. GIACOMELLO (*620*) haben die Abscheidungspotentiale von Li^{+}, Zn^{2+} und Cd^{2+} an der tropfenden Quecksilberelektrode aus Lösungen in Methylalkohol zu — 1,84, — 0,80 und — 0,26 V ermittelt. Sie haben auch Lösungen von Lithiumchlorid in Gemischen von Methylalkohol und Wasser und von Methylalkohol und Benzol polarographisch untersucht.

V. VÍTEK (*266*) benutzte als Lösungsmittel zur Sauerstoffbestimmung in Gasen Methyl- und Äthylalkohol, wobei er festes Lithiumchlorid als Zusatzelektrolyten zufügte. Gemäß der großen Löslichkeit von Sauerstoff in Alkoholen erhielt er die Sauerstoffstufe im Wasser und in Methyl- und Äthylalkohol im Verhältnis 2,3:28,2:20,5. Dieses Verhältnis kann theoretisch aus den Absorptionskoeffizienten und Viskositäten für die drei Lösungsmittel berechnet werden, denn die Stufenhöhe ist dem Absorptionskoeffizienten direkt und der Wurzel aus der Viskosität umgekehrt proportional. Somit erhält man das Verhältnis 3,08:30,5:20,5. Die Übereinstimmung ist gut, wenn man bedenkt, daß Feuchtigkeit den Absorptionskoeffizienten in Alkoholen stark herabsetzt. Nach J. V. A. NOVÁK (*544*) werden Spuren von Nitrobenzol in Anilin am besten in einem Gemisch von 4 Volumen Anilin und 1 Volumen 37%iger Salzsäure polarographisch nachgewiesen (s. S. 379). V. MAJER (*290*) und M. SPÁLENKA (*553*) empfehlen für Titrationen mittels der tropfenden Quecksilberelektrode von Blei und von Schwefelsäure eine 50%ige Äthylalkohol-Wasser-Mischung (S. 421). Auch in konzentrierter Schwefelsäure erhält man regelmäßige Kurven. B. GOSMAN und J. HEYROVSKÝ (*105*) benutzten für Untersuchungen des Adsorptionsvermögens von Stoffen, welche im Wasser unlöslich sind, eine methylalkoholische Lösung von 0,008 n $CuSO_4$ und 0,02 n H_2SO_4, in welcher das Kupfermaximum unterdrückt wurde. Dieselbe Lösung benutzte G. SCARAMELI (*448*) zur Untersuchung von Transformatorölen. J. EISENBRAND nnd H. PICHER (*495*) erhielten Stufen einiger Hormone in 10- bis 100%igen alkoholischen Lösungen (S. 391).

E. S. PERACCHIO und V. W. MELOCHE (*443*) haben die Stufenhöhen der Alkalimetalle an den Kurven gemessen, welche mit den Chloridlösungen in Gemischen von Wasser mit Dioxan und mit Methyl- bzw. Äthylalkohol erhalten wurden. In 80%igem Äthylalkohol sind die Stufen im Verhältnis Li 0,53, Na 0,70, K 0,76, Rb 0,85, Cs 0,88; dagegen in 80%igem Dioxan sind die Stufen von Na, K, Rb, Cs alle ungefähr gleich hoch. In 80%igem Äthylenglykol und Trimethylenglykol erniedrigt sich die Stufe auf etwa ein Drittel jener in Wasser erhaltenen, und in 80%igem Glyzerin sinkt sie wegen der erhöhten Viskosität des Lösungsmittels auf etwa ein Fünftel dieses Wertes.

VIII. Anwendungen auf rein wissenschaftliche Probleme.

Die Ergebnisse der verschiedenartigen polarographischen Forschungen erlauben eine Übersicht und Sortierung der depolarisierend wirkenden Stoffe, woraus Schlüsse über die molekulare Konstitution solcher Strukturen gezogen werden können. Anderseits belehrt uns der zeitliche Verlauf des Erscheinens bzw. Verschwindens der Depolarisatoren von der Reaktivität und Reaktionsgeschwindigkeit solcher Verbindungen. In träge reagierenden Systemen können aus den quantitativen Verhältnissen der polarographisch wirksamen Bestandteile auch die Gleichgewichtskonstanten abgeleitet werden. Über Lösungen von derartigen Problemen soll in diesem Kapitel berichtet werden.

Allgemeines über Reduzierbarkeit an der tropfenden Quecksilberkathode.

Da an der tropfenden Quecksilberelektrode auch die unedelsten Metalle, wie Lithium, aus dem Ionenzustande zum atomaren reduziert werden können, sollte man erwarten, daß alle anderen Stoffe, welche nicht zur niedrigsten Stufe reduziert sind, sich an der Tropfelektrode reduzieren lassen. So sollten z. B. Ionen wie ClO_4', SO_4'', PO_4''', AsO_4''' oder Molekeln wie CO, CO_2, Alkohole, organische Säuren usw. an den polarographischen Kurven Reduktionsstufen hervorrufen. Jedoch zeigen sich diese Stoffe als polarographisch unwirksam. Es besteht kein Zweifel daran, daß die zur Reduktion dieser Verbindungen erforderliche Energie bei der Polarisation der Elektrode mit etwa — 2,4 V überschritten ist; die Stoffe erfordern aber offenbar eine beträchtliche Aktivationsenergie und in Ermanglung dieser ist ihre Reaktion an der Quecksilberelektrode träge oder überhaupt unmöglich. Da diese Eigenschaft aufs engste mit der Molekularkonstitution zusammenhängt, wollen wir durch Vergleich mit verschiedenen reduzierbaren Stoffen die polarographisch aktive Konstitution ermitteln. Um dies zu erreichen, werden die folgenden analogen organischen Verbindungen gemäß ihrer Reduktionsenergie eingeteilt. Die Reduktionsenergie wird hier durch das Reduktionspotential π_R ausgedrückt, denn eine Anwendung der Energie $\pi_R \cdot F$ an die elektrolytische Zelle verursacht die Reduktion eines Äquivalentgewichtes der betreffenden Verbindung.

	Einbasische gesättigte Säuren.	π_R
		aus 1 n HCl
Fettsäuren	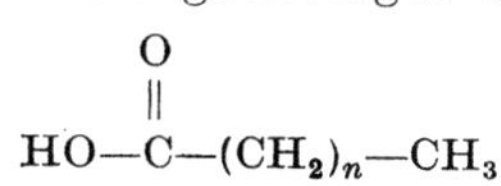	—
Brenztraubensäure	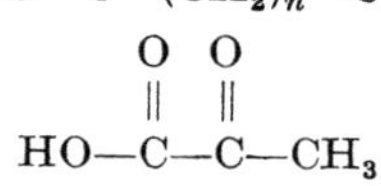	— 0,20 V
Lävulinsäure	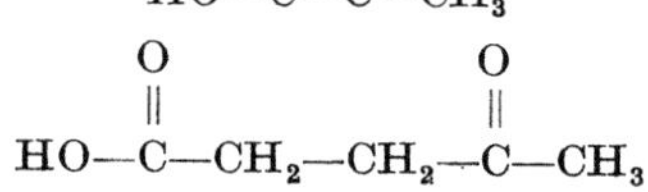	—

	Einbasische ungesättigte Säuren.	
Ölsäure	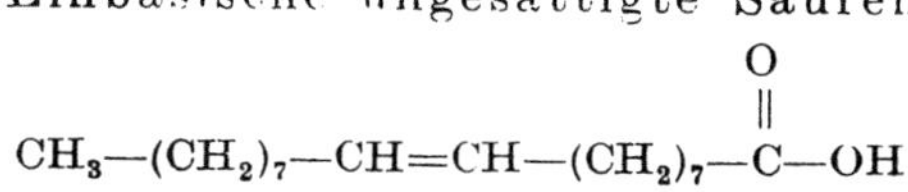	—
Krotonsäure	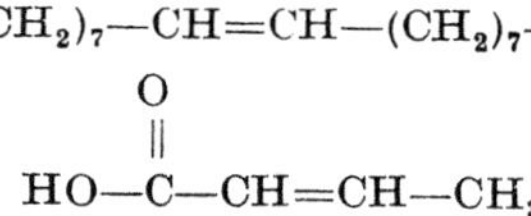	—
Zimtsäure	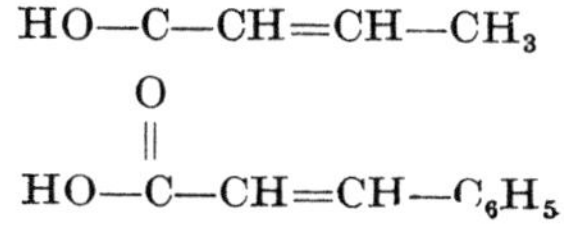	— 0,96

Zweibasische gesättigte Säuren.

		aus 1 n HCl
Oxalsäure	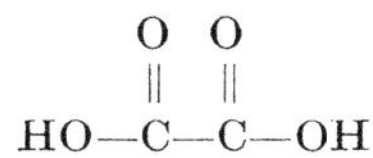	— 1,0
Höhere Homologe	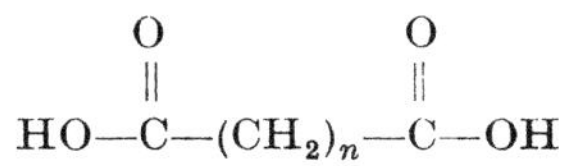	—

Zweibasische ungesättigte Säuren.

Acetylen-dikarbonsäure	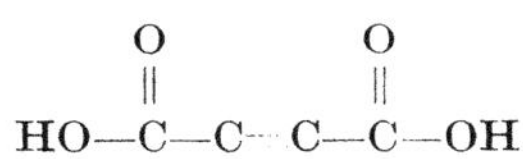	— 0,22
Malein- und Fumarsäure	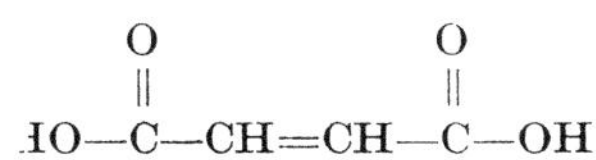	— 0,42
Citrakon- und Mesakonsäure	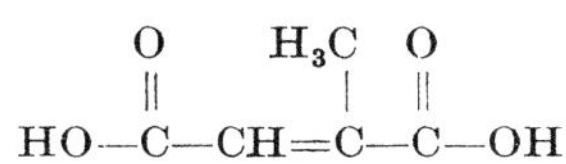	— 0,51
Itakonsäure	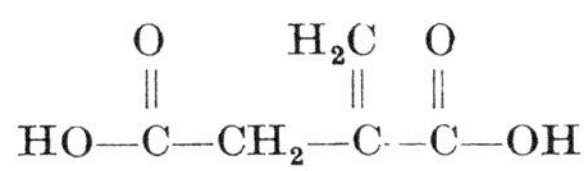	—

Dreibasische Säuren.

Akonitinsäure	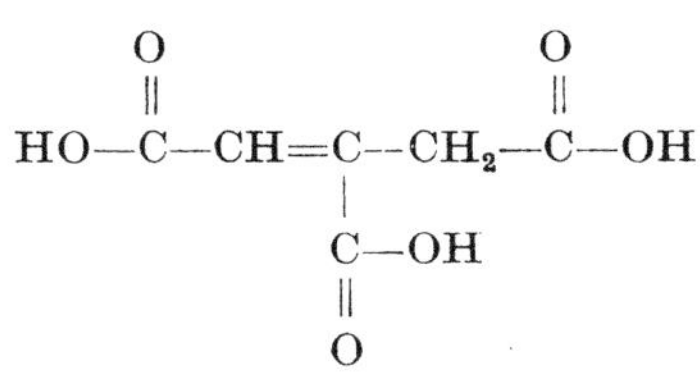	— 0,49
Zitronensäure	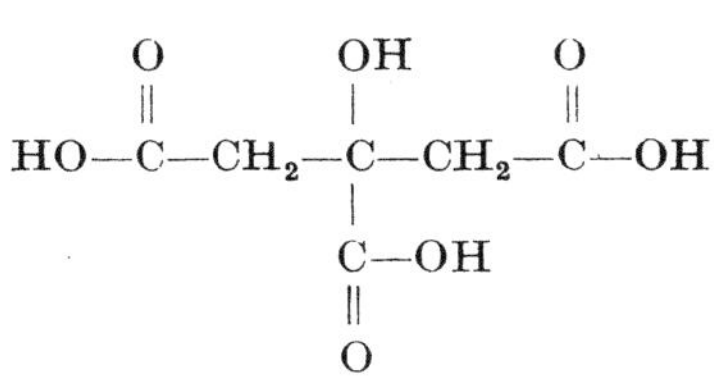	—

Ketone (nach M. Shikata und I. Tachi)

		aus 0,01 n HCl
Benzil	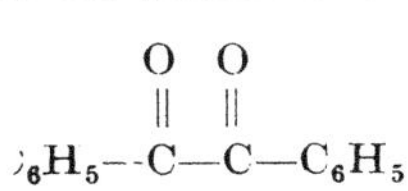	— 0,20

		aus 0,01 n HCl
Diphenyltriketon	$C_6H_5-\overset{\overset{O}{\|}}{C}-\overset{\overset{O}{\|}}{C}-\overset{\overset{O}{\|}}{C}-C_6H_5$	— 0,25
Diacetyl	$CH_3-\overset{\overset{O}{\|}}{C}-\overset{\overset{O}{\|}}{C}-CH_3$	— 0,40
Dibenzoylmethan	$C_6H_5-\overset{\overset{O}{\|}}{C}-CH_2-\overset{\overset{O}{\|}}{C}-C_6H_5$	— 0,82
Benzoylaceton	$C_6H_5-\overset{\overset{O}{\|}}{C}-CH_2-\overset{\overset{O}{\|}}{C}-CH_3$	— 0,95
Benzoin	$C_6H_5-\overset{\overset{O}{\|}}{C}-CH(OH)-C_6H_5$	— 0,95
Benzophenon	$C_6H_5-\overset{\overset{O}{\|}}{C}-C_6H_5$	— 1,01
Acetophenon	$C_6H_5-\overset{\overset{O}{\|}}{C}-CH_3$	— 1,12
Acetoin	$CH_3-\overset{\overset{O}{\|}}{C}-CH(OH)-CH_3$	— 1,14
Acetylaceton	$CH_3-\overset{\overset{O}{\|}}{C}-CH_2-\overset{\overset{O}{\|}}{C}-CH_3$	— 1,20
Aceton	$CH_3-\overset{\overset{O}{\|}}{C}-CH_3$	— 1,3
	Aldehyde	aus neutralen Lösungen
Fural	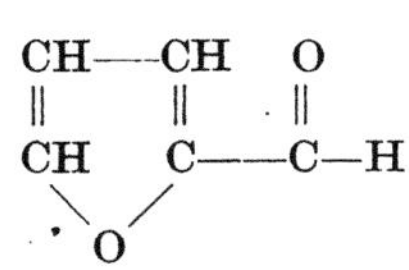	— 1,22
Benzaldehyd	$C_6H_5-\overset{\overset{O}{\|}}{C}-H$	— 1,25

		aus neutralen Lösungen
Glyzerinaldehyd	$CH_2(OH)—CH(OH)—\overset{\overset{O}{\|}}{C}—H$	— 1,46
Formaldehyd	$H—\overset{\overset{O}{\|}}{C}—H$	— 1,50
Acetaldehyd und höhere Homologe	$CH_3—\overset{\overset{O}{\|}}{C}—H$	— 1,60

Sehr leicht reduzierbar sind ferner alle aromatischen Nitroderivate und Azoverbindungen (zwischen 0 und — 0,42 V), Stoffe mit chinonoider Struktur und viele andere farbige Verbindungen.

Aus diesen Beispielen ersieht man, daß der Konjugationsgrad der Doppelbindungen hier eine entscheidende Rolle spielt, da diejenigen Verbindungen, welche eine regelmäßige Konjugation aufweisen (wie z. B. Diphenyltriketon oder Diacetyl), mit geringster Energie reduziert werden. In dieser Beziehung wirken die C=O-Gruppen am stärksten, weniger die $—C_6H_5$- und die —C=C-Gruppen. Wenn diese Konjugation zerstört wird, wie z. B. beim Übergang von Oxalsäure zur Malonsäure oder von Mesakon- oder Citrakonsäure zur Itakonsäure, wird die Verbindung nicht reduzierbar. Der Einfluß der Konjugation auf die Reduzierbarkeit zeigt sich am deutlichsten in der Reihe der Ketone. Man kann hier ableiten, daß das Einsetzen einer C_6H_5-Gruppe statt einer CH_3-Gruppe die Reduzierbarkeit um 0,1 bis 0,2 V vergrößert und das Einsetzen einer neuen C=O-Gruppe zur CO-Gruppe in die α-Lage die Reduzierbarkeit um mehr als 0,8 V steigert. Die Gruppen, welche die Reduzierbarkeit unterstützen, wirken gemäß der Reihe

$$CO > C_6H_5 > CHO > CH_2CO.$$

Beim Substituieren in Nitrobenzol fanden M. Shikata und I. Tachi (*455*) folgende Einflüsse $NO_2 > OH > NH_2$. Sie schließen aus diesen und ähnlichen Wirkungen, daß sich in der Reduzierbarkeit dieselbe Reihe der Radikale von steigender Negativität betätigt, wie bei der Dissoziationskonstante. Diese Reihe lautet nach H. Lukas[1]

$$NO_2 > COOH > Cl > Br > H > OC_2H_5 > CH_3 >$$
$$> OCH_3 > OH > NH_2 > N(CH_3)_2.$$

---

[1] J. Amer. chem. Soc. 48, 1827 (1926).

A. WINKEL und G. PROSKE (*311, 312, 313, 479*) zeigten an einer Reihe von Reduktionspotentialen, daß die Reduzierbarkeit durch die Substitution von Halogenen, Phenyl- und Naphthylgruppen vergrößert wurde. B. BREYER (*400*) fand eine Parallelität zwischen der Dissoziationskonstante und der polarographisch festgestellten Oberflächenaktivität und Reduzierbarkeit bei den substituierten Phenylarsonsäuren.

Aus diesen und anderen Untersuchungen ist ersichtlich, daß das Reduktionspotential eines organischen Stoffes eine charakteristische Konstante ist, die mit seinem Dipolmoment, der Deformierbarkeit, dem Brechungsvermögen, der Lichtabsorption und dem Adsorptionsvermögen zusammenhängt. Alle diese physikalischen Eigenschaften werden durch den Koeffizienten α der Deformierbarkeit der Molekel charakterisiert, wo α durch die Beziehung μ (Dipolmoment) $= \alpha \cdot E$ (E = Stärke des elektrischen Feldes) gegeben ist.

Wir können daher behaupten, daß eine Verbindung um so leichter polarographisch reduziert wird, je größer der Koeffizient der Deformierbarkeit ihrer Molekel ist. Solche Verbindungen absorbieren auch sichtbares Licht, sind adsorbierbar und zeigen erhöhte Reaktivität. Sie können daher in das inhomogene elektrische Feld an der tropfenden Quecksilberelektrode hineingezogen und dort deformiert werden, womit sie auch zur Reduktion aktiviert werden.

Ähnliche Eigenschaften finden wir auch bei anorganischen Stoffen, welche reduzierbar sind. Eine Übersicht über diese und die nichtreduzierbaren gibt die folgende Tabelle:

Nichtreduzierbar:

BO_2'	CO_3''			
AlO_2'	SiO_3''	PO_3'''	SO_3''	ClO_3'
		PO_4'''	SO_4''	ClO_4'
		AsO_4''';		

reduzierbar:

NO_2'	NO_3'	AsO_3''' (—1,8)	SeO_3'' (—1,4)	BrO_3' (—1,6 V)
			TeO_3'' (—0,6)	JO_3' (—1,1 V).

(In Klammern ist das Reduktionspotential in schwach alkalischer Lösung angegeben.)

Die nichtreduzierbaren Anionen gehören alle zu den nichtdeformablen Ionen; die reduzierbaren Ionen sind deformabel, mit Ausnahme des Nitrats und Nitrits, welche jedoch nur in Anwesenheit von zwei- oder dreiwertigen Kationen (La^{3+}) eine Stufe hervorrufen. Offenbar werden sie durch das starke Feld des Kations deformiert und dadurch zur Reduktion aktiviert.

Die anorganischen Komplexionen, welche im beweglichen Gleichgewicht mit ihren freien Ionen stehen, sind glatt reduzierbar, indem das betreffende Metallion abgeschieden oder reduziert wird. So verhalten sich Plumbite, Stannite, Zinkate, Chromite und viele komplexe Cyanide, Ammoniakate, Tartrate, Citrate, Oxalate usw. Die in stark alkalischen Lösungen suspendierten Hydroxyde von Kupfer, Kadmium, Nickel, Kobalt, Antimon, Wismut, Eisen(II), Eisen (III), Chrom (III), Vanadin verursachen Stufen, deren Höhe mit der Konzentration der Hydroxylionen ansteigt [B. SCHRAGER (*69*)]; es handelt sich hier um amphotere Hydroxyde, welche in der Lauge wenig lösliche Komplexe bilden

Gleichgewichte der komplexen Cyanide.

Wie auf S. 38 angegeben wurde, lassen sich aus den Abscheidungs- oder Halbstufenpotentialen der komplexen Ionen die Komplexitätskonstanten ableiten. Bei den komplexen Cyaniden stößt man aber auf Verzögerungserscheinungen, welche durch die Irreversibilität der Elektrodenvorgänge zu erklären sind. Gemäß dem Verhalten in dieser Richtung lassen sich die komplexen Cyanide in drei Gruppen einteilen:

1. Vollkommen reversible Komplexe, zu welchen diejenigen des Quecksilbers, Silbers und Kadmium gehören, geben glatte Stufen der reversiblen Form auch beim größten Überschuß von Cyanid. Es ist bemerkenswert, daß diese Metalle mittels eines Wechselstromes in einer Cyankalilösung elektrolytisch nicht gelöst werden und daß sich ihre Cyanidlösungen mit Schwefelwasserstoff sofort und quantitativ fällen lassen.

2. Langsam dissoziierende Komplexe, zu welchen diejenigen des Kupfers und des Zinks gehören, reagieren mit Schwefelwasserstoff nur träge und unvollkommen und gehen bei der Elektrolyse mit Wechselstrom in die Cyanidlösung über. Bei Überschuß von Cyanidionen zeigt sich an der Stromspannungskurve keine Abscheidungsstufe dieser Metalle. Bei kleinem Überschuß von KCN über $K_2Zn(CN)_4$ zeigen sich zwei bis drei Stufen, deren Bedeutung weiter unten näher erörtert wird. Bei höherer Temperatur nähert sich das Verhalten dieser Gruppe jener der reversiblen Komplexe.

3. Komplexe Cyanide des Eisens und des Platins, deren Stabilität so groß zu sein scheint, daß sie bis —2,4 V keine Abscheidungsstufe geben. So erhält man mit einer neutralen Lösung von $K_2Pt(CN)_4$ oder von $K_4Fe(CN)_6$ Kurven, welche nur die Abscheidungsstufe des Alkalimetalls, nicht aber jene des edleren Metalls aufweisen. Aus dem Komplexe $K_2Pt(CN)_4$ z. B. wird so — nach M. DEMASSIEUX und J. HEYROVSKÝ (*53*) — an der

tropfenden Quecksilberelektrode das sehr unedle Kalium bei — 1,9 V, das edelste Metall Platin dagegen überhaupt nicht abgeschieden.

Der langsame Verlauf der Zersetzung von Komplexen konnte in Lösungen von Cyaniden des Zinks polarographisch untersucht werden. I. PINES (*64*) hat festgestellt, daß man, wenn zu einer verdünnten $ZnCl_2$-Lösung KCN bis zu einem kleinen Überschuß zugegeben wird, zwischen dem Potential — 1,0 V und — 1,4 V drei Stufen an der Kurve erhält (Abb. 98). Da in der Lösung von den kathodisch abscheidbaren Stoffen nur die Zink- und

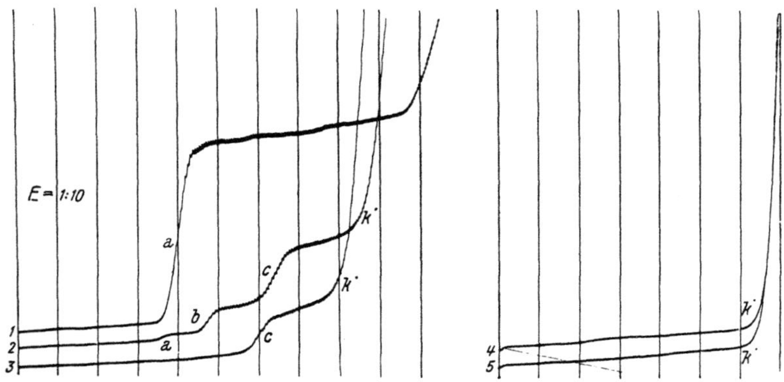

Abb. 98. Stufen der Zinkabscheidung aus verdünnten Cyankalilösungen. Die Lösung enthält: *1* 0,001-n-$ZnCl_2$, 0,0002-n-KCN, *2* 0,001-n-$ZnCl_2$, 0,002-n-KCN, *3* 0,001-n-$ZnCl_2$, 0,003-n-KCN, *4* 0,001-n-$ZnCl_2$, 0,1-n-KCN, *5* reine 0,1-n-KCN-Lösung. In Wasserstoffatmosphäre mit Empf. 1:10, 4-V-Akkum., von Null Spannung an aufgenommen.

Kaliumionen vorhanden sind, können die erwähnten Stufen nur der Zinkabscheidung zugeschrieben werden. Das bedeutet aber, daß sich die Komplexe in der Lösung nicht im beweglichen Gleichgewicht befinden, weil sonst Zink nur bei einem einzigen Potential abgeschieden werden müßte. Bei schnellem Erreichen des Gleichgewichtszustandes sollten nämlich die Komplexionen bei Abscheidung der freien Zinkionen sofort durch Zerfall weitere Zn^{2+}-Ionen liefern, wie dies z. B. bei Kadmium der Fall ist [s. I. PINES (*65*)].

Wenn der Lösung Cyanidionen zugegeben werden, erniedrigt sich die erste Stufe (*a*) und es erscheint eine zweite (*b*) und dritte (*c*). Bei weiterer Zugabe verschwindet die erste Stufe, erniedrigt sich die zweite und wächst die dritte. Endlich verschwindet auch die zweite und bei größerem Überschuß von CN′-Ionen auch die dritte Stufe. Da alle diese Lösungen mit festem Zinkcyanid, $Zn(CN)_2$, gesättigt wurden und die Lage der ersten Stufe bei — 1,03 V der Abscheidungsstufe der freien Zn^{2+}-Ionen entspricht, gibt die Stufenhöhe a die Konzentration der freien Zn^{2+}-Ionen an. Dann bezeichnen die Stufen b und c die Konzentrationen der Komplexe, welche sich gemäß der Gleichung

$$Zn^{2+} + x\,CN' \rightleftarrows Zn(CN)_x^{(x-2)'}$$

gebildet haben. Wir nehmen an, daß in der Lösung nach einer gewissen Zeit (etwa einigen Minuten) der Gleichgewichtszustand zwischen den freien Ionen und den Komplexen erreicht wird, daß aber bei der Abscheidung der freien Ionen, wegen der Trägheit dieses Gleichgewichtszustandes, die Komplexe praktisch keine freien Ionen abspalten. Dann soll beim Gleichgewichtszustand in der Lösung gelten

$$K = \frac{[Zn^{2+}] \cdot [CN']^x}{\left[Zn(CN)_x^{(x-2)'}\right]}.$$

Da die Stufenhöhen b und c die Konzentrationen der Komplexe angeben, haben wir

$$[Zn^{2+}] = k \cdot a \quad \text{und} \quad \left[Zn(CN)_x^{(x-2)'}\right] = k' \cdot b$$

$$\text{bzw.} \quad \left[Zn(CN)_y^{(y-2)'}\right] = k'' \cdot c.$$

Somit erhalten wir

$$K_b = \frac{a \cdot [CN']^x}{b}$$

und

$$K_c = \frac{a \cdot [CN']^y}{c}.$$

Das Löslichkeitsprodukt $[Zn^{2+}] \cdot [CN']^2 = K_a$ gibt $a\,[CN']^2 = K_a$, d. h. $[CN'] = \sqrt{\frac{K_a}{a}}$. Durch Einsetzen in die Formeln der Konstanten K_b und K_c erhält man

$$K_b = \frac{a}{b}\left(\frac{K_a}{a}\right)^{\frac{x}{2}} \quad \text{und} \quad K_c = \frac{a}{c}\left(\frac{K_a}{a}\right)^{\frac{y}{2}}$$

d. h.

$$k_b = b \cdot a^{\left(\frac{x}{2}-1\right)} \quad \text{und} \quad k_c = c \cdot a^{\left(\frac{y}{2}-1\right)},$$

wo x und y ganze Zahlen sein müssen. Die Stufenhöhen a, b und c entsprechen, in der Tat, den angegebenen Beziehungen, denn immer findet man $b \cdot a = k_b$ und $c \cdot a^{\frac{3}{2}} = k_c$. Daraus folgt, daß $x = 4$ und $y = 5$ ist. Die Komplexe, welche im Gleichgewichtszustand in der Lösung vorhanden sind und depolarisierend wirken, sind also $Zn(CN)_4''$ und $Zn(CN)_5'''$. Der Komplex $Zn(CN)_6''''$ ist wahrscheinlich so stabil, daß er sich — ähnlich wie $Fe(CN)_6''''$ — an der tropfenden Quecksilberkathode nicht reduzieren läßt.

Aus den Stufenhöhen lassen sich folgende Konstanten berechnen:

1. das Löslichkeitsprodukt $[Zn^{2+}]\cdot[CN']^2 = 2{,}6\times 10^{-13}$;
2. die Dissoziationskonstante $\frac{[Zn^{2+}]\cdot[CN']^4}{[Zn(CN)_4'']} = 1{,}1\times 10^{-16}$;
3. die Dissoziationskonstante $\frac{[Zn^{2+}]\cdot[CN']^5}{[Zn(CN)_5''']} = 6{,}8\times 10^{-21}$.

Ein ähnliches Verhalten wie der Cyanide des Zinks hat E. T. VERDIER (*570*) in Lösungen von Mangancyaniden festgestellt. Solche Lösungen geben nach Zugabe von Alkali an der Kurve zwei Abscheidungsstufen des Mangans, deren erste dem Komplex $Mn(CN)_6''''$ und die zweite einem gemischten Hydroxo-Cyanido-Komplex zugeschrieben werden. Beide Komplexe müssen wieder nur in einem sich langsam einstellenden Gleichgewichtszustand sein.

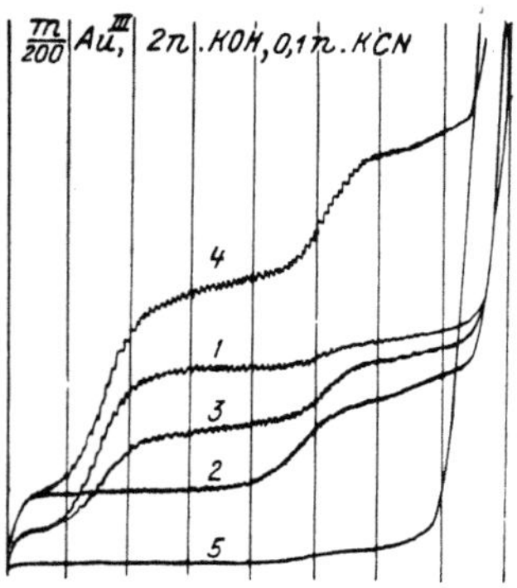

Abb. 99. Stufen des Hydroxo-Cyanido- und des Cyanido-Komplexes des Goldes. Die Lösung enthält 2-n-KOH, 0,1-n-KCN und 0,005-m-$NaAuCl_4$ (Kurven *1* bis *4*). Kurve *5* entspricht der reinen 2-n-KOH, 0,1-n-KCN-Lösung. In Wasserstoffatmosphäre; Empf. bei Kurven *1*, *2*, *3*, *5* 1:100, bei Kurve *4* 2:100, 4-V-Akkum.

Cyanidkomplexe, welche überhaupt nicht zum Gleichgewichtszustand kommen, hat durch polarographischen Nachweis J. HERMAN (*196*) entdeckt. Nach seinen Untersuchungen gibt Gold(III)-chlorid nach Zugabe von KOH und KCN je nach der Reihenfolge, in welcher die Lauge oder Cyankali zugegeben wurden, eine andere Kurve. Abb. 99 zeigt solche Kurven, welche alle mit einer Lösung von derselben Zusammensetzung 0,1 n KCN, 2 n KOH, 0,005 n $NaAuCl_4$ erhalten wurden. Bei Kurve *1* wurden zuerst die Lösungen von $NaAuCl_4$ und KOH gemischt und dann wurde KCN zugefügt. Die erste Stufe entspricht einem Hydroxo-Cyanido-Komplex. Kurve *2* wurde mit einer Lösung erhalten, welche durch

Mischen der $NaAuCl_4$- und KCN-Lösung und späteres Zufügen von KOH entstanden ist. Die zweite Stufe ist jene des reinen Cyanidokomplexes. Kurve *3* entspricht einer Lösung, welche aus gleichen Teilen der früheren beiden Lösungen besteht. Diese letzte Kurve wurde mit einer zweimal größeren Empfindlichkeit wiederholt, damit ersichtlich ist, daß Kurve *3* bzw. *4* sich additiv aus Kurven *1* und *2* zusammensetzt. Der einmal gebildete Hydroxo-Cyanido-Komplex geht daher in den Cyanidokomplex nicht über. Wenn aber der Lösung 0,2 n KCN + 2 n KOH die $NaAuCl_4$-Lösung zugefügt wird, entsteht nur der reine Cyanidokomplex. Alle diese Stufen zeigen einen irreversiblen Charakter des Abscheidungsvorganges. Man erhält auch keine anodische Goldstufe, wenn ein verdünntes Goldamalgam als die tropfende Elektrode in einer Cyankalilösung anodisch polarisiert wird.

Die streng reversible kathodische Abscheidung des Quecksilbers aus Lösungen des Mercuricyanids wurde von W. KEMULA (*86*) und J. TOMEŠ (*378*) untersucht. J. TOMEŠ fand, daß die von W. KEMULA beobachtete scheinbare Überspannung bei der Abscheidungsstufe durch Anhäufen der freien CN′-Ionen zu erklären ist. Der Elektrodenvorgang ist nämlich

$$Hg(CN)_2 + 2\ominus \rightleftarrows Hg + 2\,CN'$$

und daher das Elektrodenpotential

$$\pi = -\frac{RT}{2F}\ln\frac{P_{Hg}\cdot[CN']_0^2}{[Hg(CN)_2]_0}$$

Wenn nun keine freien CN′-Ionen in der Lösung vorhanden sind, bekommt man, durch Einsetzen der Diffusionsbedingungen von D. ILKOVIČ

$$i = K\sqrt{D}\,(C - C_0) = K\sqrt{D'}\cdot C_0',$$

$$\pi = -\frac{RT}{2F}\ln\frac{\left(\frac{i}{K}\right)^2\cdot\frac{1}{D'}}{C-\frac{i}{K\sqrt{D}}}\,k = -\frac{RT}{2F}\ln\frac{i^2}{i_d - i}\cdot\frac{\sqrt{D}}{D'}\cdot\frac{k}{K}.$$

Daraus ergibt sich das Halbstufenpotential zu

$$\pi_{\frac{1}{2}} = -\frac{RT}{2F}\ln i_d\,\frac{\sqrt{D}}{K\cdot D'} + k'.$$

Dieser Wert ist daher nicht konstant, sondern sowohl von der Konzentration des Mercuricyanids wie von den Kapillarkonstanten abhängig, trotzdem ist aber der Vorgang vollkommen reversibel. Die CN′-Ionen sind jedoch gegen die Anwesenheit der H^+-Ionen sehr empfindlich, da sie sich zu HCN-Molekeln vereinigen. Die freigesetzten CN'-Ionen gehen also — je nach dem p_H-Wert der Lösung — in HCN über, so daß anstatt $[CN']_0$ die Summe $[CN']_0 + [HCN]_0 = C^*$ in sauren Lösungen eingesetzt werden muß. Wenn in der Lösung eine Konzentration $[H^+]$ durch einen Puffer aufrechterhalten wird, gilt

$$\frac{[CN'] \cdot [H^+]}{[HCN]} = K_0 \text{ (Dissoziationskonstante).}$$

Daraus folgt

$$[CN'] = \frac{K_0 C^*}{[H^+] + K_0},$$

und für das Elektrodenpotential erhält man bei konstant gehaltener Konzentration des $Hg(CN)_2$ die Formel

$$\pi = -\frac{R\,T}{F} \ln \frac{K_0 C^*}{[H^+] + K_0} + k''$$

und für das Halbstufenpotential die Formel

$$\pi_{\frac{1}{2}} = -\frac{R\,T}{F} \ln \frac{1}{[H^+] + K_0} + k'''.$$

In sauren Lösungen kann man K_0 gegen $[H^+]$ vernachlässigen, und somit gilt wieder bei konstant gehaltener Konzentration des $Hg(CN)_2$

$$\pi_{\frac{1}{2}} = +\frac{R\,T}{F} \ln [H^+] + k''' = -0{,}058\, p_H + k'''.$$

In alkalischer Lösung kann wieder $[H^+]$ gegen K_0 vernachlässigt werden, und es gilt

$$\pi_{\frac{1}{2}} = -\frac{R\,T}{F} \ln K_0 + k''' = K'.$$

Diese Beziehungen wurden von J. Tomeš tatsächlich experimentell bestätigt.

Eine bemerkenswerte Änderung der Gestalt der Kurve wird verursacht, wenn zu der $Hg(CN)_2$-Lösung Ionen zugegeben werden, welche reversible Komplexe mit Cyaniden bilden, wie J. Tomeš (*378*) an den Cd^{2+}-Ionen zeigte. Die freien Cd^{2+}-Ionen binden nämlich die an der tropfenden Kathode freigewordenen CN'-Ionen und verursachen dadurch eine Depolarisation. Die Abscheidungsstufe des Quecksilbers wird deshalb zu positiven Potentialen verschoben. Gleichzeitig aber bildet sich an der Elektrodenoberfläche Kadmiumcyanid, welches bei einem negativeren Potential als die freien Cd^{2+}-Ionen abgeschieden wird. Die hier beschriebene Wirkung ist durch Abb. 100 veranschaulicht. Man bemerkt, daß es, so lange Cd^{2+}-Ionen über die $Hg(CN)_2$-Molekeln überwiegen, zu keiner merklichen Bildung des

Kadmiumcyanids kommt. Sobald aber beide Konzentrationen etwa gleich werden, zeigen sich an der Kurve zwei Stufen, deren erste den freien und die zweite den komplexen Kadmiumionen

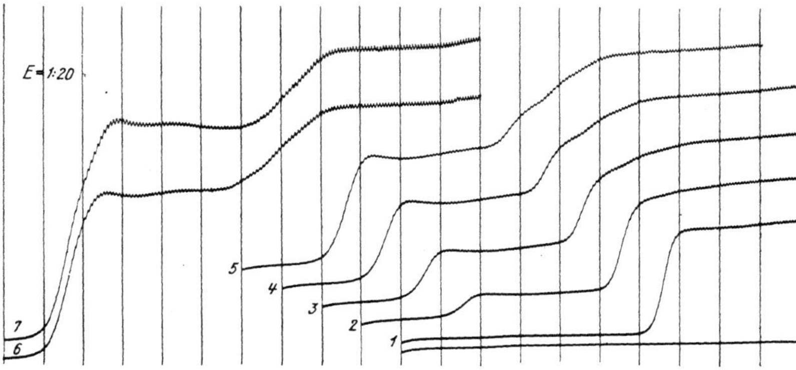

Abb. 100. Die Wirkung von $Hg(CN)_2$ auf das Abscheidungspotential der Cd^{2+}-Ionen. Die Lösung von 0,001-n-$CdCl_2$, 1-n-KCl (Kurve *1*) enthält: *2* 0,00025-, *3* 0,00050-, *4* 0,00075-, *5* 0,0010-, *6* 0,0015-, *7* 0,002-n-$Hg(CN)_2$. Empf. 1:20, 2-V-Akkum. Kurven *1* bis *5* sind von Spannung Null, Kurven *6* und *7* von Spannung 0,1 V an aufgenommen.

entspricht. Im Überschuß von $Hg(CN)_2$ über Cd^{2+}-Ionen erscheint nur die Stufe der komplexen Kadmiumionen. Das ist ein typisches Beispiel von Reaktionen, welche nicht in der Lösung, sondern nur an der Oberfläche der tropfenden Quecksilberelektrode verlaufen (vgl. auch S. 80).

Untersuchungen der Keto-Enol-Tautomerie.

M. Shikata (*92*) sowie auch G. Semerano mit A. Chinisi (*299*) haben beobachtet, daß Lösungen von Acetessigester oder von Acetylaceton zwei Stufen an den Kurven verursachen, welche sie den Keto- und den Enoltautomeren zuschreiben. Eingehender haben eine solche Tautomerie O. H. Müller und J. P. Baumberger (*542*) an Lösungen der Brenztraubensäure untersucht. In Pufferlösungen von p_H 5,5 bis 7,5 und millimolarer Konzentration der Brenztraubensäure erhalten sie zwei Stufen, deren Höhen eine konstante Summe geben. Mit wachsendem p_H-Wert wird die positivere Stufe vermindert und die negativere erhöht. Die positivere Stufe wird dem Ketotautomeren und die negativere der Enolform zugeschrieben. Das Verhältnis der Konzentrationen der Tautomeren Keto:Enol ist gemäß den Stufenhöhen 10:1 bei p_H 4,8, 1:1 bei p_H 5,8 und 1:10 bei p_H 6,8. Die Formeln der Tautomeren sind bei Keto

$$\begin{array}{ccccc} & & O & & O \\ & & \| & & \| \\ CH_3 & — & C & — & C—OH \end{array}$$

und bei Enol

$$\begin{array}{ccccc} & & H_2C & & O \\ & & \| & & \| \\ HO & — & C & — & C—OH; \end{array}$$

da die konjugierte Bindung der Gruppe

$$\begin{array}{ccc} O & & O \\ \| & & \| \\ —C & — & C— \end{array}$$

im allgemeinen leichter reduzierbar ist als jene der Gruppe

$$\begin{array}{ccc} H_2C & & O \\ \| & & \| \\ —C & — & C—, \end{array}$$

wird der Ketogruppe das positivere Potential mit Recht zugeschrieben. Die Enolform, welche bei größeren p_H-Werten überwiegt, muß dabei ziemlich dissoziiert sein. Polarographisch kann man aber in Pufferlösungen den dissoziierten Anteil von dem molekularen nicht unterscheiden, da die beiden Gattungen bei demselben Potential reduziert werden.

Nach einer vor kurzem erschienenen Abhandlung von A. Winkel und H. Siebert[1] über die cis- und trans-Isomerie von Azoverbindungen leistet die Polarographie bei der Untersuchung von stereoisomeren Azoverbindungen drei Dienste: 1. Das Vorhandensein von Stereoisomeren kann sofort und schnell erkannt werden. 2. Das Verhältnis der Isomeren ist quantitativ zu bestimmen. 3. Die Umwandlungsenergie ist auf einfache Weise mit genügender Genauigkeit zu ermitteln.

Die genannten Autoren haben Lösungen von Azobenzolderivaten bei verschiedenen p_H-Werten vor und nach Bestrahlung mit Quarzlampe polarographisch untersucht. Als Ausgangssubstanz diente zunächst das Kaliumsalz der Azobenzoldisulfonsäure in 0,001-m-Konzentration. Die unbestrahlte Lösung zeigt zwei ungefähr gleich hohe Stufen. Durch Bestrahlung verschiebt sich das Verhältnis der Stufenhöhen zugunsten der ersten Stufe — wobei deren Summe konstant bleibt —, bis schließlich nach längerer Bestrahlung die zweite Stufe vollkommen verschwindet. Da bei

[1] Ber. d. deutsch. chem. Ges. **74** (1941), 670—675.

der Bestrahlung die Umwandlung in die cis-Form stattfindet, wird die erste Stufe dem cis- und die zweite dem trans-Isomeren zugeschrieben.

Die Depolarisationspotentiale sowie die Stufenhöhen der beiden Isomeren sind genau bestimmbar. A. WINKEL und H. SIEBERT haben auch die cis- und die trans-Form des Azobenzols polarographisch untersucht und finden eine Differenz der Reduktionspotentiale von 0,235 V, welche einer Umwandlungsenergie von 10800 cal. entspricht.

Reaktionskinetische Untersuchungen.

Die rasche Bestimmung der depolarisierend wirkenden Bestandteile eines Systems ermöglicht die Verfolgung des zeitlichen Verlaufes vieler organischen Reaktionen. Wenn einer der während der Reaktion verschwindenden oder entstehenden Bestandteile eine deutliche Stufe an der Kurve hervorruft, so kann man sehr genaue kinetische Messungen polarographisch durchführen. In dieser Weise wurde von R. BRDIČKA (*270*) die Kinetik der Reaktion zwischen Glycin und Monojodessigsäure untersucht. Die Monojodessigsäure, welche als physiologisches Gift bekannt ist, gibt eine genau meßbare Stufe, indem sie zu Essigsäure reduziert wird. Ihre Konzentration konnte mit einer Genauigkeit von 1% festgestellt werden. Auf Grund der zeitlichen Konzentrationsänderungen der Monojodessigsäure während der Reaktion in gepufferten Lösungen von verschiedenen p_H-Werten wurden kinetische Gleichungen aufgestellt, aus welchen sich ergab, daß nur das Anion des Glycins reaktionsfähig ist und daß die Reaktion in zwei Stufen vor sich geht. Der BRÖNSTEDsche Salzeffekt dieser Ionenreaktion konnte ebenfalls quantitativ bestätigt werden. Ähnlicherweise wurde die Kinetik der Einwirkung von Laugen und alkalischen Pufferlösungen auf die Monojodessigsäure untersucht (*271*).

Als ein anderes Beispiel kann die Messung der Tautomerisationsgeschwindigkeit eines Azomethins dienen, welche von G. T. BORCHERDT und H. ADKINS (*317*) unternommen wurde. Als Produkte dieser Reaktion entstehen nach der Hydrolyse Acetophenon und p-Chlorbenzophenon, die eine polarographische Reduktionsstufe verursachen.

H. ADKINS und F. W. COX (*386*) zeigen, daß auch die Kinetik der Oxydationswirkung eines Ketons auf einen sekundären Alkohol gemäß dem Reaktionsgleichgewicht

$$R_2CO + R_2'CHOH \rightleftarrows R_2CHOH + R_2'CO$$

in vielen Fällen polarographisch aus den Stufenhöhen der beiden Ketone, R_2CO und $R_2'CO$, gemessen werden kann.

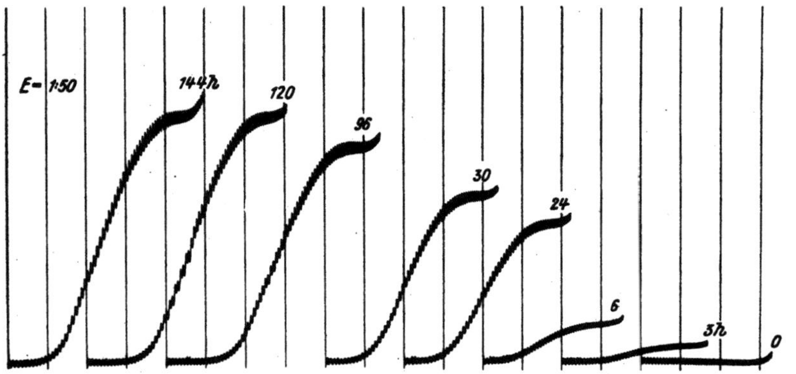

Abb. 101. Wachsende Stufe der Fruktose bei Zuckerinversion. Einer 6%igen Saccharoselösung in 0,1-n-HCl bei 25° C wurden nach angegebenen Zeitintervallen (in Stunden) je 10 cm³ entnommen, durch 10 cm³ einer 0,12-n-LiOH-Lösung neutralisiert, zehnfach verdünnt und polarographisch untersucht. Empf. 1:50, 4-V-Akkum.

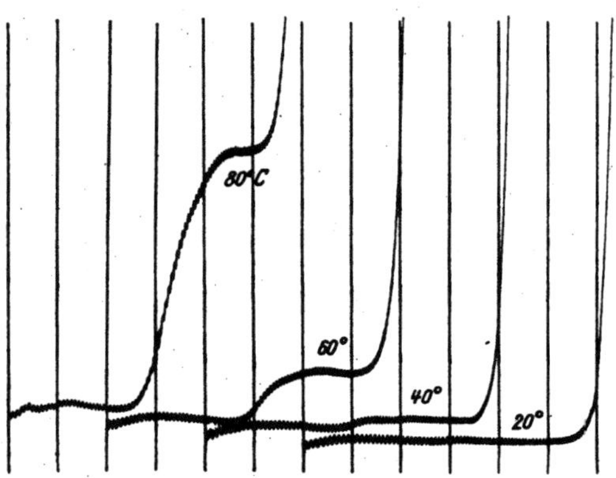

Abb. 102. Reduktionsstufe der Glukose bei höherer Temperatur. Eine 0,1-m-Lösung reinster Glukose in 0,02-n-LiCl wurde bei Temperaturen von 20° bis 80° C von 1 V Spannung an polarographisch untersucht. Empf. 1:50, 4-V-Akkum.

G. Proske (*384*) hat die Geschwindigkeitskonstante der Benzilsäureumlagerung unter Einfluß von Kalilauge polarographisch ermittelt.

J. Heyrovský und I. Smoleř (*141*) haben die Inversion von Saccharose in Salzsäurelösung mittels der Reduktionsstufe der Fruktose verfolgt (Abb. 101). I. Smoleř (*174*) fand auch, daß bei höherer Temperatur (50 bis 80° C) die Glukose eine Stufe an der Stromspannungskurve verursacht (Abb. 102). Eingehende Versuche von S. M. Cantor und Q. P. Peniston (*588*) über die polarographische Reduzierbarkeit von verschiedenen Aldosen (s. S. 374) zeigten, daß sie alle im tautomeren Gleichgewicht mit einer reduzierbaren aldehydischen Form sind und daß die Konzentration dieser tautomeren Form bei Erhöhung der Temperatur und mit steigendem p_H-Wert der Lösung stark zunimmt, wobei sich das Gleichgewicht schnell einstellt. Aus den Strukturformeln der untersuchten Aldosen geht hervor, daß diejenigen Strukturen, welche die Hydroxylgruppen vorwiegend einseitig angeordnet haben und daher ein größeres Dipolmoment besitzen müssen, auch polarographisch die größte Reduzierbarkeit aufweisen. Die Zahlen unter den Strukturformeln geben den Prozentsatz des polarographisch aktiven Tautomers in einer 0,1-m-Lösung bei $p_H = 7$ (25° C) an.

d-Xylose	d-Lyxose	l-Arabinose	d-Ribose
HC=O	HC=O	HC=O	HC=O
H OH	HO H	H OH	H OH
HO H	HO H	HO H	H OH
H OH	H OH	HO H	H OH
CH_2OH	CH_2OH	CH_2OH	CH_2OH
0,13	0,18	0,22	8,5

Die Ketosen (Fruktose und Sorbose) sind gegen die oben angegebenen Aldosen — nach J. Heyrovský und I. Smoleř — in weit größerem Grade reduzierbar, da diese Verbindungen in großer Verdünnung sehr hohe Stufen geben. Die Prozentualität ihres polarographisch aktiven Tautomers ist nicht bekannt; es wurde jedoch festgestellt, daß sein Temperaturkoeffizient sehr hoch ist. Die beigefügten Strukturformeln deuten wieder durch Asymmetrie auf ein entwickeltes Dipolmoment hin.

d-Glukose	d-Mannose	d-Galaktose
HC=O	HC=O	HC=O
H OH	HO H	H OH
HO H	HO H	HO H
H OH	H OH	HO H
----	----	----
H OH	H OH	H OH
CH_2OH	CH_2OH	CH_2OH
0,022	0,062	0,085

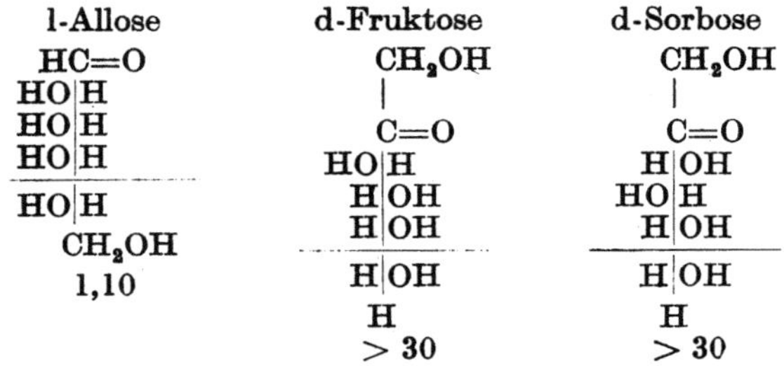

S. M. Cantor und Q. P. Peniston (l. c.) bemerken, daß der hier angegebene Gehalt an aldehydischen Tautomeren bei den betreffenden Aldosen parallel mit der Geschwindigkeit der Mutarotation ansteigt.

IX. Tabellen der Depolarisationspotentiale

Tabelle 1. Halbstufenpotentiale (in V) bei Abscheidungen, bezogen auf 1-n-Kalomelelektrode.

Kation	In neutraler oder saurer Lösung freier Kationen	In 1-n-Alkali	1-n-NH_3 1-n-NH_4Cl	1-n-KCN	10% Tartrat oder Citrat	Valenzform
Ca^{2+}	— 2,23	— 2,23	—	—	—	—
Li^+	— 2,31	— 2,31	—	—	—	—
Mg^{2+}	— 1,9	—	—	—	—	—
Sr^{2+}	— 2,13	— 2,13	—	—	—	—
Na^+	— 2,15	— 2,15	—	—	—	—
K^+	— 2,17	— 2,17	—	—	—	—
Rb^+	— 2,07	— 2,07	—	—	—	—
Cs^+	— 2,09	— 2,09	—	—	—	—
NH_4^+	— 2,07	— 2,17	—	—	—	—
Ba^{2+}	— 1,94	— 1,94	—	—	—	—
Ra^{2+}	— 1,89	— 1,89	—	—	—	—
Al^{3+}	— 1,70	—	—	—	—	—
Mn^{2+}	— 1,55	— 1,74	— 1,69	— 1,37	— 1,7	Mn^{II}
Cr^{2+}	— 1,42	— 1,98	— 1,74	—	—	Cr^{II}
Fe^{2+}	— 1,33	— 1,56	— 1,52	—	—	Fe^{II}
H^+	— 1,60	—	—	—	—	H
Co^{2+}	— 1,23	— 1,44	— 1,32	— 1,2	—	Co^{II}
Ni^{2+}	— 1,09	—	— 1,14	— 1,42	—	Ni^{II}
Zn^{2+}	— 1,06	— 1,41	— 1,38	—	—	Zn^{II}
In^{3+}	— 0,63	— 1,13	—	—	—	—
Cd^{2+}	— 0,63	— 0,80	— 0,85	— 1,15	— 0,87	Cd^{II}

Kation	In neutraler oder saurer Lösung freier Kationen	In 1-n-Alkali	1-n-NH_3 1-n-NH_4Cl	1-n-KCN	10% Tartrat oder Citrat	Valenzform
Sn^{2+}	— 0,47	— 1,18	—	—	— 0,72	Sn^{II}
Pb^{2+}	— 0,46	— 0,81	—	— 0,74	— 0,67	Pb^{II}
Tl^{+}	— 0,50	— 0,50	— 0,52	—	— 0,52	Tl^{I}
Sb^{3+}	— 0,21	— 1,2	—	— 1,17	—	—
Bi^{3+}	— 0,03	—	—	—	— 0,41	Bi^{III}
Cu^{2+}	— 0,03	— 0,52	—	—	— 0,21	Cu^{II}
Cu^{+}	—	—	— 0,54	—	— 0,21	Cu^{I}
Au^{+}	—	— 1,3	—	— 1,5	—	—
Au^{3+}	—	— 0,6	—	—	—	—

Tabelle 2. Reduktionspotentiale anorganischer Stoffe.

	Vorgang			
	in saurer	in neutraler	in ammoniakalischer	in alkalischer
	Lösung mit monovalenten Kationen			
$O_2 \rightarrow H_2O_2$	+ 0,05[1]	0[1]	— 0,17[1]	— 0,20[1]
$H_2O_2 \rightarrow H_2O$	— 0,8	— 1,1	— 1,1	— 1,1
$(CN)_2 \rightarrow 2\,CN'$ . .	—	— 1,15[1]	—	—
$SO_2 \rightarrow S_2O_4''$	— 0,31	— 1,13	—	—
$NO(HNO_2) \rightarrow NH_3$	— 0,76[1]	—	—	—
$NO_2', NO_3' \rightarrow NH_3$	in 0,1-n-$LaCl_3$	— 1,3[1]	—	—
$BrO_3' \rightarrow HBr$ . . .	— 0,16[1]	— 1,66[1]	— 1,66[1]	— 1,66[1]
$JO_3' \rightarrow HJ$	+ 0,13[1]	— 1,09[1]	—	— 1,09[1]
$JO_4' \rightarrow JO_3'$	+ 0,15[1]	—	—	—
$ReO_4' \rightarrow Re$	—	— 1,20[1]	—	— 1,20[1]
$UO_2 \rightarrow (U^{V})U^{IV}$.	— 0,1	—0,28, —1,08	—0,8, — 1,4	—
$Eu^{3+} \rightarrow Eu^{2+}$ . . .	— 0,77	—	—	—
$Ti^{IV} \rightarrow Ti^{III}$	— 0,98	—	—	—
$VO_3' \rightarrow (V^{II})V^{III}$	— 0,83	—	— 1,23	— 1,66
$Co^{3+} \rightarrow Co^{2+}$	—	—	— 0,41	—
$Cr^{3+} \rightarrow Cr^{2+}$	— 0,78	—	— 1,46	—
$CrO_4'' \rightarrow Cr^{3+}$ . . .	—	—	— 0,36	— 0,89
$MoO_4'' \rightarrow Mo^{III}$.	— 0,3	—	—	—
$WO_4'' \rightarrow W^{III}$ . . .	— 0,46	—	—	—
$SeO_3'' \rightarrow Se$	— 0,1	—	—1,43	—
$TeO_3'' \rightarrow Te$	0	—	— 0,65	—

[1] Fuß der Stufe, sonst Halbstufenwer .

Tabelle 3. Anodische Depolarisationspotentiale.

Vorgang (Konzentration des Anions 0,001 m.)	Anfang der Stufe	Vorgang	Halbstufenpotential
$Hg + Cl \rightarrow HgCl$	+ 0,17	$Fe^{II} \rightarrow Fe^{III}$ (0,1-n-KHF_2)	+ 0,08
$Hg + CNS' \rightarrow HgCNS$	+ 0,10	$Fe^{II} \rightarrow Fe^{III}$ (NH_3, NH_4Cl)	— 0,38
$Hg + Br' \rightarrow HgBr$	+ 0,04	$Mn^{II} \rightarrow Mn^{III}$ (2-n-KOH mit Tartrat)	— 0,40
$Hg + 2\,OH' \rightarrow HgO$ ..	+ 0,00	$Sn^{2+} \rightarrow Sn^{4+}$ (HCl)	— 0,06
$Hg + 2\,SO_3'' \rightarrow \rightarrow Hg(SO_3)_2''$	— 0,07	$Sn^{II} \rightarrow Sn^{IV}$ (Tartrat- oder Citratpuffer $p_H = 7$)	— 0,48
$Hg + I' \rightarrow HgI$	— 0,11	$Sn^{II} \rightarrow Sn^{IV}$ (0,1-n-KOH)	— 0,61
$Hg + 2\,S_2O_3'' \rightarrow \rightarrow Hg(S_2O_3)''$	— 0,30	$Ti^{III} \rightarrow Ti^{IV}$ (HCl)	— 0,18
$Hg + 2\,CN' \rightarrow \rightarrow Hg(CN)_2'$	— 0,42	Vitamin C → Dehydroaskorbinsäure ($p_H = 7$)	— 0,39
$Hg + S'' \rightarrow HgS$	— 0,70		

Tabelle 4. Halbstufenwerte einiger Redoxpotentiale.

Vorgang	Lösung	$\pi_{1/2}$
$Cu^+ \rightleftharpoons Cu^{2+}$	0,1-n-Na_2SO_4	— 0,06
$Cu^I \rightleftharpoons Cu^{II}$	1-n-NH_3, 1-n-NH_4Cl	— 0,27
$Cu^I \rightleftharpoons Cu^{II}$	Citratpuffer $p_H = 7$	— 0,21
$Cr^{2+} \rightleftharpoons Cr^{3+}$	an $CaCl_2$ gesättigt	— 0,55
$Fe^{II} \rightleftharpoons Fe^{III}$	1-n-Na-Oxalat	— 0,30
$Fe^{II} \rightleftharpoons Fe^{III}$	Citratpuffer $p_H = 7$	— 0,49
$Fe^{II} \rightleftharpoons Fe^{III}$	1-n-KOH	— 0,9
$Ti^{III} \rightleftharpoons Ti^{IV}$	an $CaCl_2$ gesättigt	— 0,15
$Ti^{III} \rightleftharpoons Ti^{IV}$	0,1-n-KCNS	— 0,49
$Ti^{III} \rightleftharpoons Ti^{IV}$	Zitronen- od. Weinsäure	— 0,48
Hydrochinon $\rightleftharpoons$ Chinon (Chinhydron)	$p_H = 6,67$	— 0,011
2,6-Dichlorophenol-Indophenol.	$p_H = 6,67$	— 0,041
2,6-Dibromophenol-Indophenol	$p_H = 6,67$	— 0,036
Rosindulin G,G..............	$p_H = 6,0$	— 0,50
Laktoflavin (Vitamin B_2)	$p_H = 7,0$	— 0.48
Methylenblau.................	$p_H = 7,0$	— 0,28

Tabelle 5. Reduktionspotentiale organischer Verbindungen.

Verbindung und Schrifttum	p_H	Lösung	π
		Amine:	
$NH_3(CH_3)Cl$ *213*	—	0,01-n-Lösung des Amins	— 2,08[1]
$NH_2(CH_3)_2Cl$ *213*	—	,, ,, ,,	— 2,09[1]
$NH(CH_3)_3Cl$ *213*	—	,, ,, ,,	— 1,80[1]
$N(CH_3)_4Cl$ *244, 213*	—	,, ,, ,,	— 2,7[1]
		Aliphatische Aldehyde:	
Formaldehyd *204, 251, 311*	—	0,1-n-NH_4Cl	— 1,5[1]
Acetaldehyd *94, 85, 174, 288, 41, 93, 311*	—	,,	— 1,6[1]
Propionaldehyd *41, 311*	—	,,	— 1,6[1]
Butyraldehyd *300*	—	,,	— 1,6[1]
Isovalerianaldehyd *36, 41*	—	,,	— 1,6[1]
Krotonaldehyd *300*	—	,,	— 1,34[1]
		Aromatische Aldehyde:	
Benzaldehyd (I) *264, 155, 181*	4	Phosphat-Citrat	— 1,02
,, (II) *41, 311, 312*	4	,,	— 1,27
o-Tolualdehyd *181*	—	0,1-n-NH_4Cl in 50%ig. Äthanol	— 1,24[1]
m- ,, *181*	—	,, ,, 50%ig. ,,	— 1,26[1]
p- ,, *181*	—	,, ,, 50%ig. ,,	— 1,29[1]
o-Chlorbenzaldehyd *181, 312*	—	0,1-n-NH_4Cl in 2,5%ig. Äthanol	— 1,11[2]
m- ,, *181, 312*	—	,, ,, 2,5%ig. ,,	— 1,16[2]
p- ,, *181, 312*	—	,, ,, 2,5%ig. ,,	— 1,22[2]
m-Brombenzaldehyd *312*	—	,, ,, 3,4%ig. ,,	— 1,23[2]
p- ,, *312*	—	,, ,, 3,4%ig. ,,	— 1,25[2]
o-Oxybenzaldehyd *629*	1	0,1-n-HCl, 50%ig. ,,	— 0,76[3]
m- ,, *629*	1	,, 50%ig. ,,	— 0,73[3]
p- ,, *629*	1	,, 50%ig. ,,	— 0,84[3]
o-Deutero-oxybenzaldehyd *612*	7		— 1,11[3]
m- ,, ,, *612*	7		— 1,08[3]
p- ,, ,, *612*	7		— 1,20[3]
Anisaldehyd *181, 312*	—	0,1-n-NH_4Cl in 2,5%ig. Äthanol	— 1,37[2]
Vanillin *181, 312*	—	0,1-n-NH_4Cl	— 1,37[2]
Zimtaldehyd *41, 300*	—	0,1-n-NH_4Cl in 50%ig. Äthanol	— 1,46[3]
Hydrozimtaldehyd *300*	—	,, ,, 50%ig. ,,	— 1,38[3]
		Heterocyclische Aldehyde:	
Furfural *41, 226*	—	0,1-n-NH_4Cl	— 1,22
α-Acetylpyrrol *621*	—		— 1,65[3]
Piperonal *181, 312*	—	0,1-n-NH_4Cl in 1%ig. Äthanol	— 1,34[2]
Pyrrolaldehyd *621*	—	,, ,, 50%ig. ,,	— 1,25[3]

Verbindung und Schrifttum	p_H	Lösung	π
		Ketone:	
Aceton *154, 50, 311*	—	0,1-n-NH_4Cl	?
Acetonylaceton *92*	2	0,01-n-HCl, 0,1-n-KCl	— 1,13[1]
„ *92*	13	0,1-n-KOH	— 1,75[1]
Acetophenon *317, 394, 91, 455, 446*	—	0,1-n-NH_4Cl	— 1,48[2]
Phenyl-methyl-keton *493*	12,5	0,01-m-, 0,04-n-LiOH, 4% Alk.	— 1,35[2]
„ -äthyl- „ *493*	12,5	„ , „ , 4% „	— 1,37[2]
„ -propyl-(α-)keton *493*	12,5	„ , „ , 4% „	— 1,36[2]
„ -propyl-(β-) „ *493*	12,5	„ , „ , 4% „	— 1,42[2]
„ -butyl-(α-) „ *493*	12,5	„ , „ , 4% „	— 1,38[2]
p-Methylacetophenon *311*	—	0,1-n-NH_4Cl	— 1,52[2]
p-Chloracetophenon *311, 317*	—	„	— 1,43[2]
Benzophenon *303, 91, 311*	—	„	— 1,27[2]
MICHLERS Keton *311*	—	„	— 1,37[2]
Methyl-α-naphthylketon *311*	—	„	— 1,39[2]
Benzylidenaceton *91*	—	„	— 1,05[1]
		Substituierte Ketone:	
Jodaceton *311*	—	0,1-n-NH_4Cl	— 0,18[2]
Bromaceton *311*	—	„	— 0,34[2]
Chloraceton *311*	—	„	— 1,17[2]
Dichloraceton (sym.) *311*	—	„	— 0,87[2]
Oxyaceton *312*	—	„	— 1,79[2]
Glycerinaldehyd *312*	—	„	— 1,34[2]
Acetoin *91, 312*	—	„	— 1,74[2]
Benzoin *259, 91, 370, 312*	—	0,1-n-HN_4Cl in 5%ig. Äthanol	— 1,26[2]
Desoxybenzoin *259*	—	0,1-n-NH_4Cl in 50%ig. Äthanol	— 1,13[3]
Glyoxal *312*	—	0,1-n-NH_4Cl	— 1,54[2]
Acetylaceton *299, 91, 312*	—	0,01-n-LiCl	— 1,07[2]
Diacetyl I *312*	—	0,1-n-NH_4Cl	— 0,74[2]
„ II *41, 92, 312*	—	„	— 1,62[2]
Benzoylaceton *92, 446*	6,0	Puffer in 10%ig. Äthanol	— 1,27[1]
Benzil *92, 446, 34, 312*	—	0,1-n-NH_4Cl in 10%ig. Äthanol	— 0,69[1]
Dibenzoylmethan *92*	2	0,01-n-HCl in 0,1-n-KCl	— 0,82[1]
Diphenyltriketon *92, 446*	2	„ „ „	— 0,25[1]
		Zucker:	
Fruktose *141, 85, 174, 285, 301*	—	0,1-n-LiCl	— 1,80[1]
Sorbose *141, 85, 174*	—	„	— 1,80[1]
d-Ribose (ein 8,5% Tautomer) *588*	7	0,1-m-Phosphatpuffer	— 1,81

Verbindung und Schrifttum	p_H	Lösung	π
d-Lyxose (ein 0,18% Tautomer) *588*	7	0,1-m-Phosphatpuffer	— 1,54
l-Arabinose (ein 0,22% Tautomer) *588*	7	„	— 1,58
d-Xylose (ein 0,13% Tautomer) *588*	7	„	— 1,54
l-Allose (ein 1,10% Tautomer) *588*	7	„	— 1,71
d-Galaktose (ein 0,085% Tautomer) *588*	7	„	— 1,59
d-Mannose (ein 0,062% Tautomer) *588*	7	„	— 1,55
d-Glukose (ein 0,022% Tautomer) *588*	7	„	— 1,58
		Ungesättigte Säuren:	
Fumarsäure *47, 342, 262*	3,38	Acetatpuffer	— 0,81
„ *443, 298, 368, 308*	9,0	„	— 1,80
Maleinsäure *47, 342, 262*	3,38	„	— 0,81
„ *308, 443, 298, 368*	9,0	„	— 1,39
Akonitinsäure *262, 444, 367*	1,0	0,1-n-HCl	— 0,66[1]
Citrakonsäure *262, 443*	1,0	„	— 0,66[1]
Mesakonsäure *262*	1,0	„	— 0,66[1]
Acetylendicarbonsäure *262, 157*	1,0	„	— 0,45[1]
Zimtsäure *262, 157*	—	0,1-n-NH_4Cl in 50%ig. Äthanol	— 0,78[3]
		Säuren und Derivate:	
Acetoessigester (Enol) *299*	—	0,1-n-LiCl	— 1,47[1]
„ (Keto) *92*	—	„	— 1,66[3]
Brenztraubensäure (Keto) *542*	2	HCl-KCl	— 0,70[2]
„ („) *262*	6	MacIlvane-Puffer	— 1,20
„ (Enol) *312*	6	„	— 1,56
Oxalsäure *46, 312*	2	0,01-n-HCl in 0,1-n-KCl	— 1,07[2]
Oxalester *312*	—	0,1-n-NH_4Cl in 10%ig. Äthanol	— 1,40[2]
Oxamid *275, 312, 328*	—	0,1-n-KCl	— 1,50[1]
Hymatomelansäure *226*	13	0,2-n-LiOH	— 1,3[1]
		Peroxyde:	
Methylperoxyd *494*	—	0,1-n-LiCl	— 0,3[1]
Dimethylperoxyd *494*	—	„	— 0,4[1]
Diäthylperoxyd *494*	—	„	— 0,6[1]

Verbindung und Schrifttum	p_H	Lösung	π
		Aromatische Nitroverbindungen:	
Nitrobenzol *22, 375*	—	0,1-n-NH_4Cl	— 0,35[1]
o-Nitrophenol *120, 121*	—	,,	— 0,32[1]
m- ,, *120*	—	,,	— 0,33[1]
p- ,, *120*	—	,,	— 0,42[1]
o-Dinitrobenzol I *120*	—	,,	— 0,15[1]
o- ,, II *120*	—	,,	— 0,31[1]
m- ,, I *120*	—	,,	— 0,20[1]
m- ,, II *120*	—	,,	— 0,33[1]
p- ,, I *120*	—	,,	— 0,18[1]
p- ,, II *120*	—	,,	— 0,35[1]
2,4-Dinitrophenol I *120*	—	,,	— 0,13[1]
2,6- ,, II *120*	—	,,	— 0,23[1]
2,5- ,, I *120*	—	,,	— 0,19[1]
2,5- ,, II *120*	—	,,	— 0,39[1]
o-Nitranilin *217*	1	0,1-n-HCl	— 0,19[1]
m- ,, *217*	1	,,	— 0,11[1]
p- ,, *217*	1	,,	— 0,18[1]
		Azoverbindungen:	
Azobenzol *182, 446*	7	Puffer in 40%igem Äthanol	— 0,47[1]
p-Aminoazobenzol *182*	7	,, ,, 20%igem ,,	— 0,48[1]
Dimethyl-amino-azobenzol *182*	7	,, ,, 50%igem ,,	— 0,56[1]
p-Azophenol *528*	5,75	Acetatpuffer, 50%ig. Äthanol	— 0,49
Neutralrot *456*	7	Na-Phosphatpuffer	— 0,61[1]
α-Oxyphenazin I *616*	1	0,1-n-HCl	+ 0,03
α- ,, II *616*	1	,,	— 0,22
Methylenblau *631*	2	Puffer	+ 0,07
,, *631*	10	,,	— 0,36
Methylviologen *616*	2—10	,,	— 0,73
Orange 2 *415*	7	Na-Phosphatpuffer	— 0,52
,, 2 *415*	11	Na-Boratpuffer	— 0,72
		Aromatische Arsonsäuren:	
Phenylarsonsäure *400*	2,97	Citratpuffer	— 1,27
4-Methyl-Phenylarsonsäure *400*	2,97	,,	— 1,29
4-CH_3CONH-Phenylarsonsäure *400*	2,97	,,	— 1,30
4-CH_3O-Phenylarsonsäure *400*	2,97	,,	— 1,35
2,4 - Dichlor - phenylarsonsäure *400*	2,97	,,	— 1,36
4-OH-Phenylarsonsäure *400*	2,97	,,	— 1,37
4-NH_2-Phenylarsonsäure *400*	2,97	,,	— 1,46

Verbindung und Schrifttum	p_H	Lösung	π
		Hormone:	
Testosteron, Testosteronpropionat *495*	—	0,1-n-Li 10 bis 100%ig. Äthanol	— 1,7
Progesteron, Desoxycorticosteronacetat *495*	—	,, ,,	— 1,7
		Verschiedene:	
Pyridin *37*	—	0,1-n-NH_4Cl	— 1,30[1]
Nikotinsäure *38*	—	,,	— 1,02[1]
Chinin *19, 214, 219*	13	0,1-n-LiOH	— 1,52
Chinolin (I) *213*	—	0,1-n-LiCl	— 1,28[1]
,, (II) *213*	—	,,	— 1,74[1]
Saccharin *213*	—	,,	— 1,80[1]
,, *213*	1,5	0,05-n-HCl	— 1,00[1]
Cystin *631*	7	0,1-n-Phosphatpuffer	— 0,60
Methämoglobin *67*	—	0,1-n-NH_4Cl	— 1,25[1]
Bilirubin *455*	7	Na-Phosphatpuffer	— 1,34[1]
Hämatin *67*	—	0,1-n-NH_4Cl	— 1,36[1]
Adrenalin *521*	8	0,1-n-NH_4Cl, NH_3	— 0,60
Adrenalonhydrochlorid *521*	8	,, ,,	— 0,97
Citral	—	1-n-NH_4Cl, 75%ig. Äthanol	— 1,43
Citronellal	—	,, ,,	— 1,72

Erläuterungen zur Tabelle 5.

Alle in dieser Tabelle angegebenen Reduktionspotentiale π beziehen sich auf die Normalkalomelelektrode.

Da bei den älteren Messungen die Bedeutung des Halbstufenpotentials noch nicht bekannt war, definierten die einzelnen Autoren das Reduktionspotential in verschiedener Weise, was durch folgende Bezeichnungen angegeben ist:

[1] Potential definiert durch den Berührungspunkt einer Tangente, die unter einem Winkel von 45° zur Kurve geführt wird, bei einer 10^{-4} molar. Konzentration des Depolarisators, wobei die Galvanometerempfindlichkeit so gewählt wird, daß die Stufenhöhe 20 mm beträgt (d. h. Fuß der Stufe).

[2] Potential definiert durch den Schnittpunkt der durch den annähernd waagrechten und den jäh ansteigenden Teil der Stromspannungskurve gezogenen Linien (eingeführt von A. Winkel und G. Proske).

[3] Definition wie [1], jedoch für molare Lösungen.

Die Werte ohne Anmerkung sind Halbstufenpotentiale.

Die in diesen Tabellen angegebenen Werte sind nur aus solchen Abhandlungen entnommen, in denen das Potential der Bezugselektrode sowie die Zusammensetzung der Lösung angegeben wurden.

Depolarisationspotentiale anorganischer Körper an der tropfenden Quecksilberelektrode.

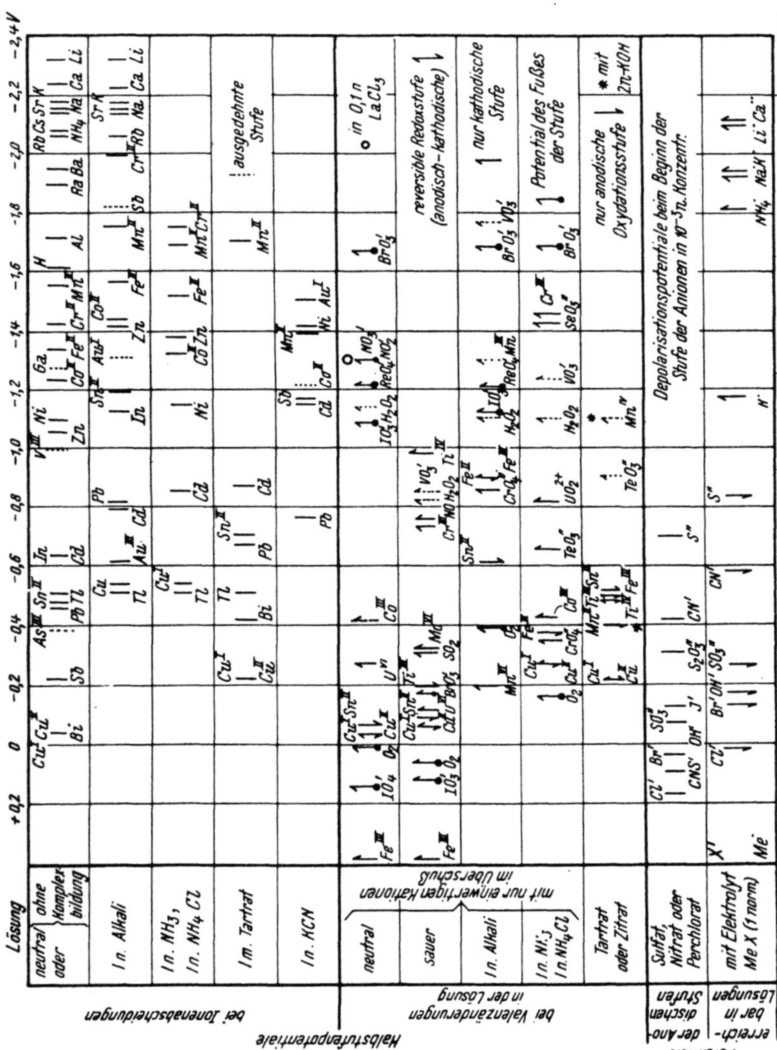

Potentiale in Volt, bezogen auf 1-n-Kalomelelektrode, bei Zimmertemperatur.

Praktischer Teil.

I. Polarograph und Geräte.

Da im theoretischen Teil das Prinzip der Messungen von Stromspannungskurven erklärt wurde, handelt es sich nun um die Beschreibung der experimentellen Bedingungen, um den

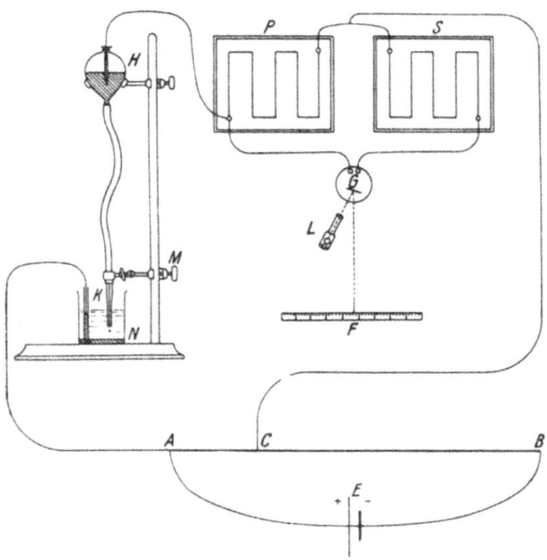

Abb. 103. Anordnung zur Messung der Stromspannungskurven ohne selbsttätiges Aufzeichnen.

Leser in die polarographische Praxis einzuführen. Wer der Kosten halber die automatische Apparatur nicht beschaffen kann oder nicht nur polarographische Serienanalysen, sondern auch selbständige Forschungen mit tieferem physikalischem Verständnis auszuführen beabsichtigt, soll mit einer eigenhändig zusammengestellten Anordnung versuchen die Stromspannungskurven zu erhalten. Abb. 103 zeigt die von J. HEYROVSKÝ und seinen Mitarbeitern vor der Konstruktion des Polarographen benutzte Apparatur schematisch an. Die beiden Pole eines 2- oder 4-V-Bleiakkumulators oder zwei Trockenzellen E werden mit den Klemmen A und B eines potentiometrischen Widerstandsdrahtes von etwa 10 bis 20 Ω verbunden, welcher entweder gerade aufgespannt oder auf einer KOHLRAUSCH-Trommel aufgewickelt ist. Von der Klemme A, welche mit dem positiven Pole des Elements E verbunden ist, leitet man den Strom zur ruhenden Elektrode N der elektrolytischen Zelle und vom Schleifkontakt C wird die veränderliche Spannung durch das Galvanometer G samt Nebenschluß P und S an den Quecksilberbehälter H der tropfenden

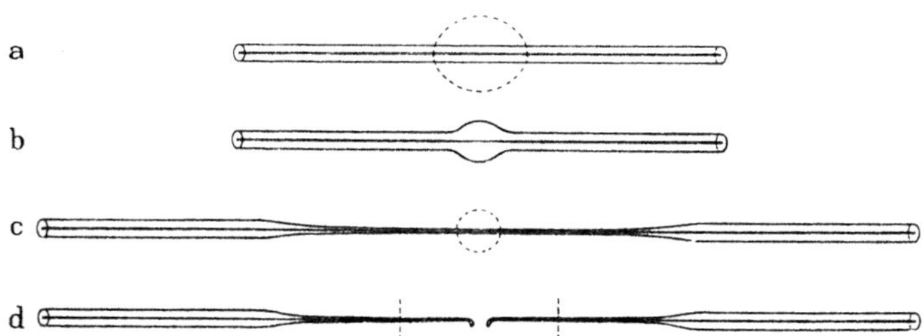

Abb. 104. Die Herstellung der Kapillaren.

Elektrode K angelegt. Die Zuleitungsdrähte sollen gewöhnliche isolierte Klingeldrähte von geringem Widerstand sein. Der Galvanometerspiegel wird durch die mit einem Spalt und Linse versehenen Lampe L beleuchtet und wirft das Lichtbild des Spalts auf eine etwa 50 bis 100 cm lange, in Millimeter geteilte Skala.

Das Wesentlichste für die Ausführung der Messungen ist die Zubereitung der für die tropfende Quecksilberelektrode dienenden Kapillare und die richtige Einstellung der Shuntvorrichtung des Galvanometers, welche nun ausführlich beschrieben werden sollen.

Die tropfende Elektrode. Der Hauptbestandteil der elektrolytischen Zelle ist die mit dem Quecksilberbehälter H verbundene tropfende Elektrode K, zu deren Herstellung nun zweierlei Formen der Kapillaren benutzt werden. Die ältere von B. KUČERA stammende Kapillare wird eigenhändig aus einer dickwandigen Glaskapillare von äußerem Durchmesser zirka 0,5 cm und innerem zirka 0,05 cm in der Flamme ausgezogen.

Dies geschieht folgendermaßen: Aus je 14 cm langen, womöglich frischen (staublosen) Jenaer Glaskapillaren (Abb. 104a), wird beim stetigen Drehen in der Gebläseflamme durch schwachen Druck der mittlere Teil verdickt (Abb. 104b), bis der innere Durchmesser der Kapillare ziemlich verengt, jedoch noch deutlich erkennbar ist. Dann wird das Rohr unter stetigem langsamem Drehen von der Flamme entfernt und der mittlere Teil bei schwacher Rotglut durch langsames, aber starkes Ziehen an beiden Enden zu einer engen Kapillare ausgezogen (Abb. 104c). Der enge Teil soll 15 cm nicht übersteigen, weil sonst die Kapillare zu dünn und gebrechlich wird. Durch Abschmelzen des engen Teiles werden zwei Kapillaren gewonnen, die mit abgeschmolzenen Spitzen (Abb. 104d) staublos aufbewahrt werden. Bei dieser Zubereitung besteht die Gefahr, daß die Kapillarbohrung im Gebläse verschmilzt oder daß sie beim Ziehen zu breit wird. Deswegen bereitet man immer eine Reihe von Kapillaren vor und wählt versuchsweise die passende. Der innere Durchmesser soll an der engsten Stelle 0,01 bis 0,03 mm betragen, damit das Quecksilber mit der Tropfzeit von 2 bis 3 sec. bei einer Höhe des Quecksilberbehälters von ungefähr 40 cm aus der Kapillare in die Lösung austropfen kann. Der Durchmesser der Kapillare kann von außen nicht gemessen werden, mit Hilfe eines Vergrößerungsglases aber kann man die zugeschmolzenen und die zu breiten Kapillaren absondern. Es ist der Nachteil dieser selbstbereiteten Kapillaren, daß man ihren Durchmesser nicht kennt; bei den meisten polarographischen Messungen ist jedoch dieser Umstand belanglos. Ein anderer Nachteil ist die Zerbrechlichkeit der ausgezogenen Spitzen, weswegen die Handhabung mit solchen Kapillarelektroden gewisser Geschicklichkeit bedarf. Die Vorteile der ausgezogenen Kapillaren sieht der Verfasser darin, daß sie sich durch ihre kleinen Ausmaße zu mikroanalytischen Zwecken eignen (s. S. 284), daß an ihnen beim Übertragen von einer Lösung in die andere wenig Flüssigkeit haftet und daß sie bequem durch schmale Öffnungen der Gummistöpsel eingeführt werden können.

Für einen Anfänger und für technische Messungen eignen sich besser die später von J. Maas (*354*) einerseits und von H. Siebert und I. Langer (*448*) anderseits eingeführten käuflichen Thermometerkapillaren, und zwar von 0,05 bis 0,10 mm innerem und 1,5 bis 6 mm äußerem Durchmesser. Sie können je nach den Angaben der Dimensionen von den Glaswerken Schott & Gen., Jena, bezogen werden und sollen am besten in Stücken zu 20 cm Länge an beiden Enden zugeschmolzen verlangt werden. Bei der günstigen Länge von 6 bis 8 cm erreicht man bei einer Höhe des Quecksilberbehälters von etwa 40 cm eine Tropfzeit von etwa 3 sec. Diese stumpfen Kapillaren (Abb. 113) haben den großen Vorteil, daß man sie, wenn sie unbrauchbar werden, durch neue von gleichen Ausmaßen und deswegen auch von übereinstimmender Tropfgröße und Tropfzeit ersetzen kann. Dabei ist die Durchströmungsgeschwindigkeit mehr konstant als in den kurzen konisch ausgezogenen Kapillaren. Die stumpfe Kapillare ist nicht zerbrechlich und kann, falls sie verstopft wird, nach Auswaschen mit Salpetersäure, nachfolgendem gründlichen Durchsaugen von destilliertem Wasser und trockener staubloser Luft wieder benutzt werden.

Soll die Kapillare mit Quecksilber gefüllt werden, so wird ihr dickes Ende in die freie Öffnung eines zirka 60 cm langen Gummischlauches (von etwa 6 bis 7 mm äußerem Durchmesser und 1,5 bis 2 mm Wanddicke) eingesteckt, dessen anderes Ende mit einem birnenförmigen Behälter (Abb. 103, *H*) verbunden ist. Nun wird der Behälter mit Quecksilber gefüllt, durch Schütteln des Schlauches werden die Luftblasen ausgetrieben und das freie Ende der Kapillare wird in destilliertes Wasser getaucht. Eine dünn ausgezogene Kapillare wird dabei am engen, abgeschmolzenen Teil etwa 5 cm weit von der Verbreiterung angeschnitten und die Spitze über dem Becherglas abgebrochen. Das im Gummischlauch eingesetzte Ende der Kapillare wird mit einer Klemme *M* befestigt. Die feine Spitze der Kapillare wird — falls die Tropfzeit über 8 sec. beträgt — so weit abgeschnitten, bis bei der höchsten Lage des Behälters eine Tropfzeit von etwa 4 bis 6 sec. im destillierten Wasser erreicht wird. In Elektrolytlösungen tropft dann das Quecksilber aus so zubereiteten Kapillaren mit einer Tropfzeit von etwa 3 sec. Durch Senken des Quecksilberbehälters kann die Tropfzeit, namentlich bei den stumpfen Kapillaren, leicht um das zwei- oder dreifache vergrößert werden, ohne daß sich Quecksilber in die Kapillare einzieht und aufhört zu tropfen.

Der Behälter und die Kapillaren werden an einem eisernen Stabstativ von 40 bis 70 cm Höhe (Abb. 103) durch Klemmen befestigt, und zwar so, daß der Quecksilberbehälter in einem Eisenring, welcher innen mit Holz belegt ist, liegt. Es empfiehlt sich, die Lage der Ringschraube am Stativ durch einen Ritz oder Strich zu bezeichnen, damit — bei quantitativen Bestimmungen bei Serienanalysen — die Höhe des Quecksilberniveaus immer dieselbe ist. Um auch die Mündung der Kapillare dabei immer genau gleich tief unter dem Niveau zu halten, soll sie durch eine Federklemme in unveränderter Lage gehalten werden und die zu untersuchende Lösung entweder im Becherglas untergestellt und durch einen Holzblock in die erforderliche Höhe gehoben werden oder in einem kleinen Reagenzröhrchen mit einer an demselben Stativ angebrachten Federklemme *M* befestigt werden (Abb. 103).

Wenn die Kapillare nicht gebraucht ist, wird sie in ein Gefäß mit destilliertem Wasser gestellt, und der Quecksilberbehälter wird so tief gesenkt, bis das Tropfen aufhört. In dieser Lage kann die Kapillare eine beliebige Zeit aufbewahrt werden.

Galvanometer und Nebenschluß.

Das erforderliche Galvanometer ist ein Drehspul-Spiegelgalvanometer mit einer Empfindlichkeit von 10^{-9} bis 10^{-8} A pro 1 mm Ausschlag in 1 m Entfernung von der Skala und einer halben Schwingungsdauer von 4 bis 5 sec. Der innere Widerstand R_g des Galvanometers soll 1000 Ω nicht überschreiten, und der Widerstand, bei welchem aperiodische Dämpfung erzielt wird, soll mindestens einige hundert Ohm betragen. Die Dämpfungsbedingungen müssen sorgfältig beachtet werden, da sonst der Verlauf der registrierten Kurve den eigentlichen Stromänderungen nicht entsprechen würde. Deshalb sei hier über die bei den verschiedensten Empfindlichkeiten des Galvanometers erforderlichen Widerstandsverhältnisse Näheres mitgeteilt.

Die Dämpfung der Bewegung der Galvanometerdrehspule entsteht bekanntlich durch einen in der Spule induzierten Gegenstrom, welcher den ursprünglichen Strom drosselt. Die Wirkung des induzierten Gegenstromes hängt von dem Widerstand des Stromkreises ab und macht sich bei kleinem Widerstand ziemlich geltend, so daß sich beim Einschalten des Stromes der Galvanometerausschlag nur langsam einstellt und die Lichtmarke entlang der Skala „kriecht". Bei großem Widerstand im Stromkreis kann der induzierte Gegenstrom soweit abgeschwächt werden, daß sich der Galvanometerausschlag, je nach der Schwingungsdauer, rasch einstellt, die Drehspule aber durch den Schwung über die zugehörige Lage hinausgeht, dann durch die Torsionskraft des galvanometrischen Fadens wieder zurückgezogen wird und somit um die richtige Lage pendelt. Solche Bewegungen der Galvanometerspule nennt man ungedämpfte, während das „Kriechen" eine sehr gedämpfte Spulenbewegung anzeigt. Läßt man auf ein sich langsam bewegendes lichtempfindliches Papier einen vom Galvanometerspiegel reflektierten Lichtpunkt auffallen, so bekommt man bei ungedämpften Schwingungen der Galvanometerspule durch Einschalten eines konstanten Stromes Figur *a* der in

Abb. 105 dargestellten Strom-Zeit-Kurven. Eine zu starke Dämpfung des Galvanometers gibt eine asymptotenähnliche Kurve *b*, bei einer nur wenig unvollkommenen Dämpfung wird die erste Kurve *c* erhalten. Die letzte Dämpfung, bei welcher die Galvanometerspule weder „kriecht" noch pendelt, heißt „aperiodische" und erscheint bei einem bestimmten, jedem Galvanometer charakteristischen „kritischen Widerstand" R_k. Dieser wird experimentell ermittelt, indem man z. B. in der Anordnung in Abb. 103 den Widerstand *S* gleich Null setzt und in *P* den Widerstand so lange ändert, bis bei Anlegen einer Spannung von passender Größe der Galvanometerausschlag aperiodisch erfolgt. Die beiden zur elektrolytischen Zelle *KN* führenden Drähte müssen dabei durch einen Widerstand von mindestens 10000 Ω verbunden werden, welchem gegenüber der „kritische" Widerstand des Galvanometers klein ist.

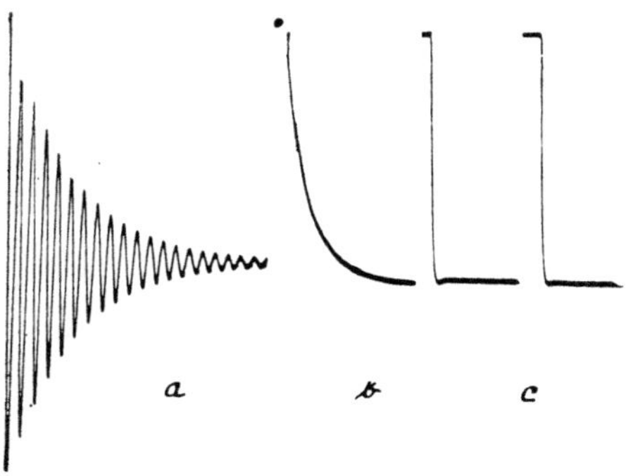

Abb. 105. Ungedämpfte und zu stark gedämpfte Galvanometerschwingungen.

Wenn wir nun den kritischen Widerstand R_k des Galvanometers kennen, sind wir imstande, die Empfindlichkeit des Galvanometers beliebig zu ändern, ohne seine aperiodische Dämpfung zu stören. Dies geschieht beim AYRTONschen Shunt oder Nebenschluß, welchen die sich ergänzenden Widerstände *P* und *S* bilden.

Die Galvanometerempfindlichkeit wird geändert durch Anwendung des Widerstandes *P*, der parallel zum Galvanometer geschaltet ist. Er besteht aus einem Dekaden-Stöpsel- oder Kurbelrheostaten mit Widerständen von 1 bis 10000 Ω. Zum Erzielen der größten Empfindlichkeit soll der ganze Strom durch das Galvanometer fließen und der parallele Widerstand *P* sollte deshalb unendlich groß sein. Dadurch aber würde das Galvanometer ungedämpft werden. Der höchste Widerstand, welcher dem Galvanometer eingeschaltet werden kann, damit seine Aperiodizität aufrechterhalten wird, ist $R_k—R_g$, denn dann befindet sich im Stromkreis des Galvanometers der kritische Widerstand R_k. Es muß also in *P* und *S* die Summe der Widerstände gleich $R_k—R_g$ eingehalten werden. Die größte Empfindlichkeit wird in dieser Anordnung erreicht, wenn der Widerstand in S, d. h. R_s, gleich Null und der Widerstand P, d. h. R_p, gleich R_k—R_g gewählt wird. Je kleiner der Widerstand in P ist, desto größer wird der Teil des Stromes i_p, welcher durch P fließt, und desto kleiner der Teil i_g, welcher durch das Galvanometer fließt. Das Galvanometer zeigt dann nur einen Teil des durch die Zelle fließenden Stromes an, d. h. seine Empfindlichkeit ist herabgesetzt. Nach dem KIRCHHOFFschen Gesetz sind die durch G und P fließenden Ströme im Verhältnis $i_g : i_p = R_p : (R_s + R_g)$. Die Empfindlichkeit E, welche den Anteil des durch das Galvanometer fließenden Stromes angibt, ist dann durch die Formel

$$E = \frac{i_g}{i_g + i_p} = \frac{R_p}{R_p + R_s + R_g} = \frac{R_p}{R_k}$$

gegeben. Die maximale Empfindlichkeit des Galvanometers wird also durch die Verbindung mit dem Nebenschluß etwas herabgesetzt, denn wir können nie $E = 1$ erreichen, da R_p nicht $R_p + R_s + R_g$ gleich sein kann. Bei $R_s = 0$ bleibt die maximale Empfindlichkeit gleich $\frac{R_p}{R_p + R_g} = \frac{R_k - R_g}{R_k} = 1 - \frac{R_g}{R_k}$. Ist z. B. der innere Widerstand des Galvanometers $R_g = 100\,\Omega$ und sein kritischer Widerstand $R_k = 1000\,\Omega$, wird $E = 1 - \frac{100}{1000}$, d. h. 90% der höchsten Empfindlichkeit des Galvanometers. Wenn wir dann $\frac{1}{100}$ der Empfindlichkeit benutzen wollen, haben wir $E = \frac{1}{100} = \frac{R_p}{R_k} = \frac{R_p}{1000}$, d. h. $R_p = 10\,\Omega$. Um die höchste Empfindlichkeit des Galvanometers in Verbindung mit dem Nebenschluß zu bestimmen, verbinden wir wieder die Drähte, welche zu der in der Abb. 103 gezeichneten elektrolytischen Zelle NK führen, durch einen Widerstand von 10000 Ω. Dann legen wir den Schleifkontakt C nahe zu A, damit nur ein kleiner Strom durch das Galvanometer fließt, halten die Widerstände in P und S so, wie es der maximalen Empfindlichkeit entspricht, d. h. $R_s = 0$, $R_p = R_k - R_g$, und bestimmen den Galvanometerausschlag in Millimeter. Die Stromstärke i, welche durch den Widerstand von 10000 Ω fließt, ist mittels des OHMschen Gesetzes zu $i = \frac{\text{E.M.K.}}{10000}$ berechenbar, wo E.M.K. die beim Punkt C an dem potentiometrischen Meßdraht abgezweigte Spannung (in Volt) bezeichnet. Durch die Stromstärke i wurde ein Galvanometerausschlag von a mm verursacht; 1 mm Ausschlag bezeichnet also einen Strom von $\frac{i}{a}$ A. Die Galvanometerempfindlichkeit ist also gleich $\frac{\text{E.M.K.}}{10000 \cdot a}$, wenn die Skala 1 m vom Galvanometerspiegel entfernt ist. Gibt z. B. eine Spannung von 10 mV einen Ausschlag von 200 mm, dann ist die Galvanometerempfindlichkeit gleich $\frac{0{,}010}{10000 \cdot 200} = 5 \times 10^{-9}$ A pro Millimeter.

Um die rechnerisch langwierige und die Aufmerksamkeit ermüdende Anpassung der Widerstände im Nebenschluß zu ersparen, hat Dr. V. NEJEDLÝ einen dem kritischen Widerstand des Galvanometers angepaßten „Reduktor" der Empfindlichkeiten eingeführt (Abb. 106), welcher durch Drehen eines Knopfes die erwünschte Empfindlichkeit einstellt.

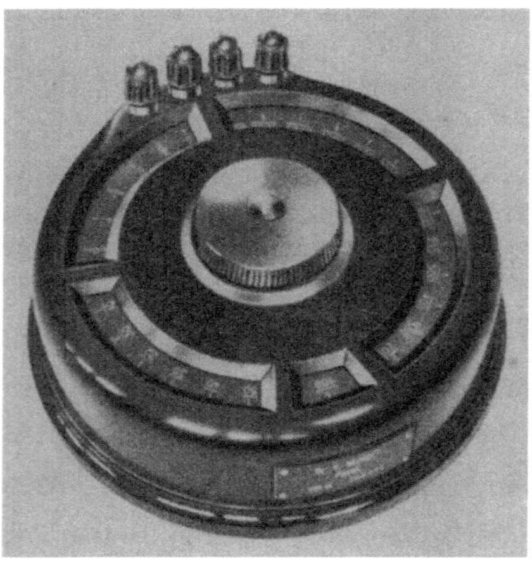

Abb. 106. „Reduktor" der Empfindlichkeiten.

Wenn in der elektrolytischen Zelle KN infolge großer Konzentration des Elektrolyts ein kleiner Widerstand ist, kann das Galvanometer G durch den kleinen Widerstand des Stromkreises $G\ S\ C\ A\ N\ K\ H\ G$ überdämpft werden. Dies geschieht namentlich bei Benutzung von großen Empfindlichkeiten, wobei der Widerstand im Kasten S sehr klein ist. Um diese unerwünschte Dämpfung zu beheben, muß in dem genannten Stromkreis entweder zwischen S und C oder zwischen P und H (oder auch N und K) ein Widerstand, welcher der Größenordnung nach dem kritischen gleich ist, eingereiht werden. Ein solcher Widerstand ist in V. NEJEDLÝs Reduktor eingebaut.

Das Schema eines Reduktors, welcher auf der Anordnung eines AYRTONschen Shunts beruht, ist in Abb. 107 veranschaulicht. Die Klemmen G und G' führen zum Galvanometer, die Klemmen A' und A sind in den zur elektrolytischen Zelle führenden Stromkreis eingeschaltet. Die zum Galvanometer parallel stehenden Widerstände zwischen G und G' sind derart gewählt, daß ihre Summe den Galvanometerwiderstand R_g zum kritischen Widerstand ergänzt. Ist z. B., wie in Abb. 107 bezeichnet ist, der innere Widerstand des Galvanometers $R_g = 100\,\Omega$ und sein kritischer Widerstand $R_k = 1100\,\Omega$, befindet sich $1000\,\Omega$ zwischen G und G'. Die Widerstände zwischen G und G' sind so eingeteilt, daß ihre Summe von G zur Öffnung I, II, III bzw. IV

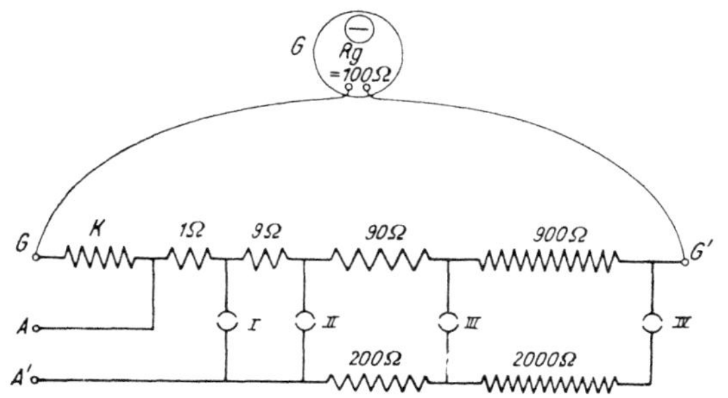

Abb. 107. Schema des „Reduktors".

eine geometrische Reihe bilden, in unserem Bild also im Verhältnis $1 : (1 + 9) : (1 + 9 + 90) : (1 + 9 + 90 + 900)$ stehen. Dadurch wird nämlich erzielt, daß bei der Lage eines Stöpselkontakts in I, II, III bzw. IV die Empfindlichkeit E der Galvanometeranzeige im Verhältnis $1 : 10 : 100 : 1000$ ansteigt, denn $E = \frac{R_p}{R_g + 1000}$. Falls ein anderes Galvanometer, mit einem größeren kritischen Widerstand mit demselben Reduktor benutzt werden soll, muß der Überschuß des kritischen Widerstandes über den ursprünglichen bei K in den Stromkreis eingeschaltet werden. Bei den höchsten Empfindlichkeiten (III und IV) befinden sich zwischen A und A' Widerstände, welche dazu dienen sollen, den kritischen Widerstand des Galvanometers im Falle eines geringen Widerstandes der elektrolytischen Zelle im Stromkreis aufrechtzuerhalten.

Bei einem zu analytischen Zwecken dienenden Galvanometer soll die Schwingungsdauer der Drehspule etwas länger als eine Tropfzeit der benutzten Quecksilberelektrode sein. Dabei wird hier mit der Schwingungsdauer die halbe Periode der Schwingung bezeichnet, d. h. das Zeitintervall zwischen zwei hintereinander folgenden Übergängen der pendelnden Lichtmarke über die Nulllage an der Skala. Da die normale Tropfdauer 3 sec. ist, soll die Schwingungsdauer etwa 4 bis 5 sec. betragen. Bei kürzerer Schwingungsdauer würden sich nämlich die Änderungen des

Stromes während des Wachsens jedes Quecksilbertropfens bis zu seinem Abfallen geltend machen und somit große Schwingungen des Lichtzeichens hervorrufen. Da aber in den analytischen Anwendungen nur die mittlere Stromstärke in Betracht gezogen wird, soll die Schwingungsdauer des Galvanometers so gewählt werden, daß das Abtropfen des Quecksilbers nur kleine gegen den Ausschlag selbst unwesentliche Zacken verursacht.

In Abb. 108 sind zum Vergleich die durch zwei Galvanometer von verschiedenen Schwingungsdauern photographisch gezeichneten Stromänderungen wiedergegeben, welche durch dieselben

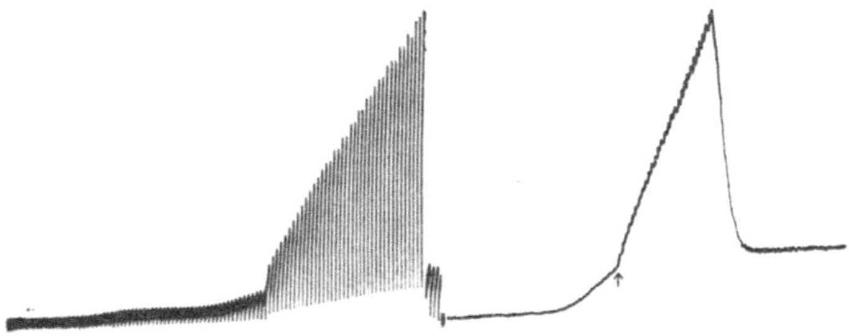

Abb. 108. Eine Stromspannungskurve, welche *a* mit einem Galvanometer von Schwingungszeit 0,02 sec., *b* von 4,0 sec. aufgenommen wurde.

Spannungsänderungen und mit Benutzung derselben tropfenden Elektrode hervorgerufen wurden. Kurve *a* wurde mit einem Galvanometer von einer sehr kurzen Schwingungsdauer von 0,02 sec. erhalten, Kurve *b* dagegen mit einem von der Schwingungsdauer 4 sec. Man bemerkt, daß Kurve *b* den Mittelwert des durch Kurve *a* gezeichneten Stromes darstellt.

Galvanometerschwingungen können auch durch Einreihen eines elektrolytischen Kondensators von großer Kapazität (einiger Tausend Mikrofarad) gedämpft werden. I. M. Kolthoff und J. J. Lingane (s. S. 437) empfehlen diese Einrichtung zu der auf S. 275 beschriebenen Kompensation von Grenzströmen edlerer Bestandteile.

Die elektrolytischen Gefäße.

Die in der Polarographie benutzten elektrolytischen Gefäße haben verschiedene Formen, je nach der zur Verfügung stehenden Flüssigkeitsmenge und je nachdem, ob die Lösung in Gegenwart oder Abwesenheit von Luft elektrolysiert werden kann. Die einfachste Form des Gefäßes, in welchem sich die zu untersuchende

Lösung und die beiden Quecksilberelektroden befinden, ist ein gewöhnliches Becherglas von etwa 2 bis 5 cm Durchmesser und 6 bis 20 cm^3 Inhalt (s. Abb. 109a). Eine etwa $^1/_2$ cm hohe Quecksilberschicht am Boden des Gefäßes dient als die unpolarisierbare Elektrode. Die Zuleitung des Stromes zu dieser Elektrode sowie auch zum Quecksilber im Behälter wird durch in Glasröhrchen eingeschmolzene Platinkontakte vermittelt. Die tropfende Quecksilberelektrode soll mindestens einige Millimeter in die Flüssigkeit

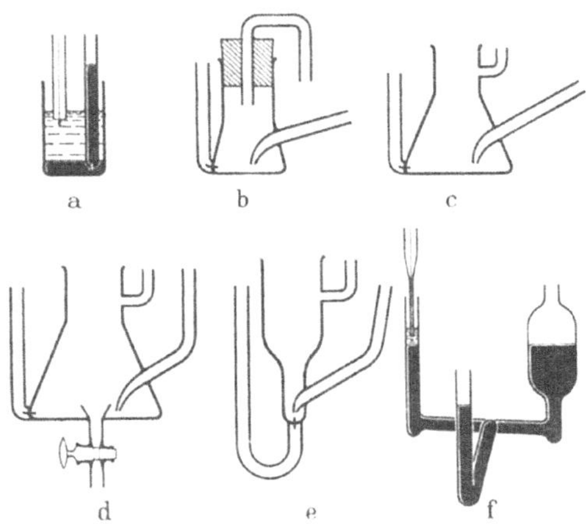

Abb. 109. Verschiedene Formen elektrolytischer Gefäße.

tauchen. Der Platindraht des Quecksilberkontakts am Boden des Gefäßes muß gänzlich mit Quecksilber bedeckt sein, damit das Platin nicht mit der Lösung in Berührung kommt. Das zur Verwendung gelangende Quecksilber muß von anderen Metallen vollständig frei sein und soll deswegen nach gewöhnlicher chemischer Reinigung einmal im Luftstrom und nachher im Vakuum destilliert werden. Für die Quecksilberschicht am Boden des Gefäßes kann feuchtes Quecksilber benutzt werden; falls nicht mit größeren Strömen bei Abscheidungen von Schwermetallen gearbeitet wird, kann das austropfende sowie das Bodenquecksilber wiederholt, nach einfachem Auswaschen mit destilliertem Wasser, benutzt werden.

Für Bestimmungen, in welchen die Anwesenheit von Luftsauerstoff vermieden werden muß, werden die in Abb. 109b—e veranschaulichten Gefäße verwendet. Die zum Boden führenden eingeschmolzenen Röhrchen dienen zum Zuleiten von Wasserstoff oder eines anderen indifferenten Gases (Stickstoff, Kohlendioxyd), das durch Durchperlen die Luft aus der Lösung austreibt. Je feiner die Spitze des Zuleitungsröhrchens ist, desto schneller wird Sauerstoff durch das indifferente Gas fortgeführt. Für gewöhnliche Zwecke genügen Gase, welche weniger als 2% Sauerstoff enthalten. Der zum Durchperlen der Lösung dienende Wasserstoff muß völlig von Sauerstoff und von schwefel- oder arsenhaltigen Verunreinigungen frei sein und unter größerem Druck als aus dem KIPPschen Apparat erzeugt werden, damit er durch mehrere Lösungen und Waschflaschen geleitet werden kann. Dazu bedient man sich entweder eines elektrolytischen Apparats in der üblichen Form oder besser des in Abb. 110 gezeichneten zur Wasserstofferzeugung dienenden „Hydrogenogens".[1]

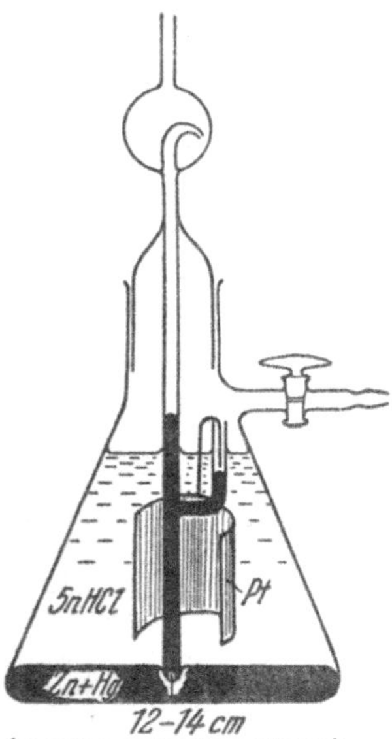

Abb. 110. „Hydrogenogen" zur Herstellung von reinstem Wasserstoff unter bedeutendem Druck.

Das Prinzip dieser sauerstofffreien Wasserstoffentwicklung beruht auf der großen Überspannung des am Boden des Gefäßes befindlichen Zinkamalgams. Dieses steht im elektrischen Kontakt mit dem Platinblech, dem es das zur Wasserstoffentwicklung erforderliche Potential erteilt. Falls weitere Gasentwicklung nicht mehr erwünscht ist, schließt man den Hahn der Gasleitung (oder das Gummirohr durch eine Klemme), wodurch der Druck im Gefäß soweit steigt, daß sich der Quecksilbermeniskus in einem manometerförmigen Kontaktröhrchen vom Platindraht der Elektrode lostrennt und somit die elektrolytische Gasentwicklung unterbricht.

Das in Abb. 109 als d gezeichnete konische Gefäß, welches mit einem Trichter im Boden versehen ist, wird bei jenen Fällen benutzt, wo infolge großer Ströme das tropfende Quecksilber durch Abscheidung von Metallen stark amalgamiert werden kann oder

[1] V. BAYERLE und V. TAMELE: Ein Apparat zur Wasserstofferzeugung. Chem. Listy pro Vědu a Průmysl **18**, 389 (1924).

wo direkt ein Amalgam statt des reinen Quecksilbers in der tropfenden Elektrode benutzt wird. Mit dieser Vorrichtung wird eine Verunreinigung des Bodenquecksilbers vermieden.

Anstatt der Quecksilberschicht am Boden des Gefäßes kann als die unpolarisierbare Elektrode nach K. SCHWARZ (*551*) in Halogenidlösungen auch ein spiralenförmiger Silberdraht (Abb. 111) benutzt werden; mit diesem kann die Kapillare der tropfenden Elektrode umwickelt werden.

Zur genauen Bestimmung der Depolarisationspotentiale soll mit der Zelle eine von der Elektrolytlösung gesonderte Bezugselektrode verbunden sein, um bei der Elektrolyse als die unpolarisierbare Elektrode zu dienen. Gut eignet sich für solche Zwecke das Gefäß von M. KALOUSEK (*463*), welches in Abb. 112 dargestellt ist. Um ein möglichst positives stabiles Anodenpotential der ruhenden Quecksilberelektrode zu erreichen, wird eine Schicht von Quecksilber am Boden des Nebengefäßes mit etwas Mercurosulfat versetzt und mit einer 1-n-Na_2SO_4-Lösung bis zu dem mittleren Hahn mit großer Bohrung gefüllt. Die zu untersuchende Lösung wird in den oberen Teil des Gefäßes eingebracht und in diese wird auch die tropfende Elektrode getaucht. Beim Stromdurchgang soll der große, mittlere Hahn geöffnet sein, da sonst ein großer Widerstand entsteht. Durch den links gezeichneten Hahn wird, wenn nötig, das sich ansammelnde Quecksilber von Zeit zu Zeit ausgelassen.

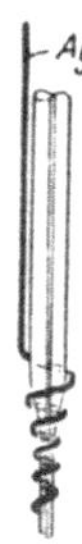

Abb. 111. Silberdraht als unpolarisierbare Elektrode nach K. SCHWARZ.

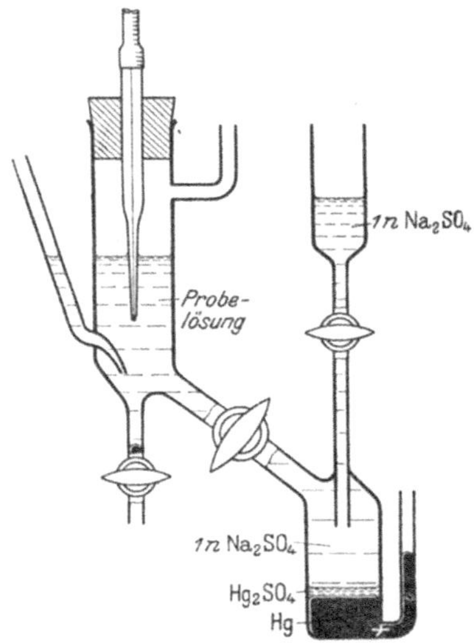

Abb. 112. Elektrolytisches Gefäß mit getrennter Bezugselektrode nach M. KALOUSEK.

Diese Bezugselektrode hat den Vorteil, daß ihr Potential um

0,25 V positiver als das der normalen Kalomelelektrode ist, und uns dadurch ermöglicht, Abscheidungen von edleren Metallen, wie von Silber, Kupfer, sowie auch sonstige Elektrodenvorgänge, die bei positiveren Potentialen an der Quecksilberelektrode verlaufen, polarographisch zu verfolgen.

G. Maasen (*356*) empfiehlt, namentlich für Serienanalysen, die Verwendung von Einsatzgefäßchen (Abb. 113). Die zu untersuchende Lösung kommt in ein reagenzglasförmiges, 5 cm³ fassendes Gefäß, welches seitlich ein säure- und alkalifestes Diaphragma[1] trägt. Diese Diaphragmen zeichnen sich vor anderen keramischen Massen dadurch aus, daß sie bei geringster Durchlässigkeit für die Lösung dem Strom keinen merklichen Widerstand leisten. Das Einsatzgefäß wird in ein Erlenmeyerkölbchen gehängt, welches die Bodenelektrode und eine gesättigte Kaliumchloridlösung enthält. Die unpolarisierbare Elektrode hält also hier das Potential einer gesättigten Kalomelelektrode aufrecht.

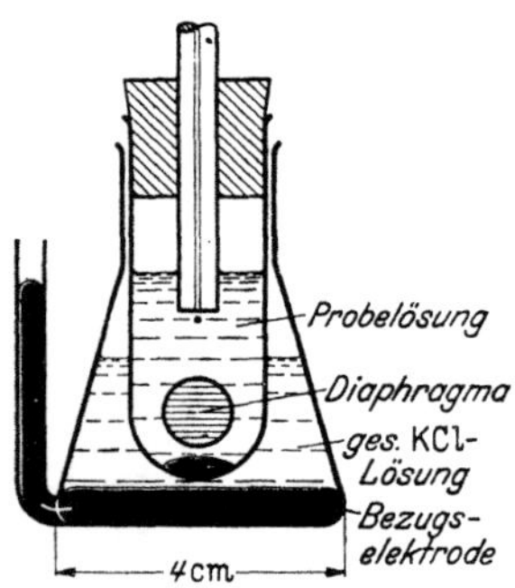

Abb. 113. Durch ein Diaphragma im Einsatzgefäßchen getrennte unpolarisierbare Elektrode nach G. Maassen. Benutzung einer stumpfen Kapillare.

Um das Potential der unpolarisierbaren Elektrode gegen die Kalomelelektrode bequem messen oder die Kalomelelektrode direkt bei der Elektrolyse als Anode benutzen zu können, empfiehlt I. M. Kolthoff und J. J. Lingane (*522*) eine Anordnung, in der ein Heber, welcher mit konzentrierter KNO_3- oder KCl-Lösung gefüllt ist, die zu untersuchende Lösung mit der Lösung der Kalomelelektrode verbindet. Die Öffnungen des Hebers werden durch eingeschliffene Glasstöpsel verschlossen gehalten, was bei Potentialbestimmungen — welche ja bei stromlosem Zustand gemessen werden — nicht stört. Sollte bei der Elektrolyse die Kalomelelektrode als die unpolarisierbare Elektrode benutzt werden, müssen der Leitfähigkeit wegen die Glasstöpsel durch eine 3%ige Agarfüllung oder Filtrierpapierchen ersetzt werden.

Der Polarograph.

Wegen der beträchtlichen Zeitersparnis und aus Gründen der objektiven und kontinuierlichen Art des Zeichnens von Strom-

[1] Der Firma Ströhlein & Co., Hamburg.

spannungskurven werden in der Polarographie fast ausschließlich selbsttätige Polarographen benutzt. Das Prinzip der automatischen Aufzeichnung der Kurven, welches meistens photographisch erfolgt, wurde im theoretischen Teil erörtert. Hier handelt es sich um technische und sonstige experimentelle Einzelheiten dieses Apparats.

Abb. 114. Der Polarograph Modell 1939.

Das erste Modell des Polarographen hat J. HEYROVSKÝ mit seinem Mitarbeiter M. SHIKATA (*18*) im Jahre 1925 entworfen und mit den Institutsmechanikern M. INNEMANN und F. PETÁK gebaut. Die Dimensionen dieses Modells waren groß, da der Durchmesser des potentiometrischen Rades 36 cm und die Ausmaße der Polarogramme 20×40 cm betrugen. Weitere Entwicklung des Mechanismus entstand durch die Zusammenarbeit von J. HEYROVSKÝ und seinem Schüler V. NEJEDLÝ, durch welche die obengenannten Ausmaße auf die Hälfte reduziert, die hölzerne Trommel durch die Isolationsmasse „Textgumoid" ersetzt und der elektrische Betrieb eingeführt wurde. Jede Serie der so gebauten Polarographen bringt zwar Vervollkommnungen mit, im Prinzip aber kann das aus dem Jahre 1932 stammende Modell als ein Prototyp aller, nicht nur der von dem Urerzeuger Dr. V. Nejedlý, Prag, sondern auch der von den verschiedenen Firmen in Deutschland (Leybold, Köln a. R., Geissler, Bonn), Italien, Rußland und Japan nachher gebauten Polarographen dienen.

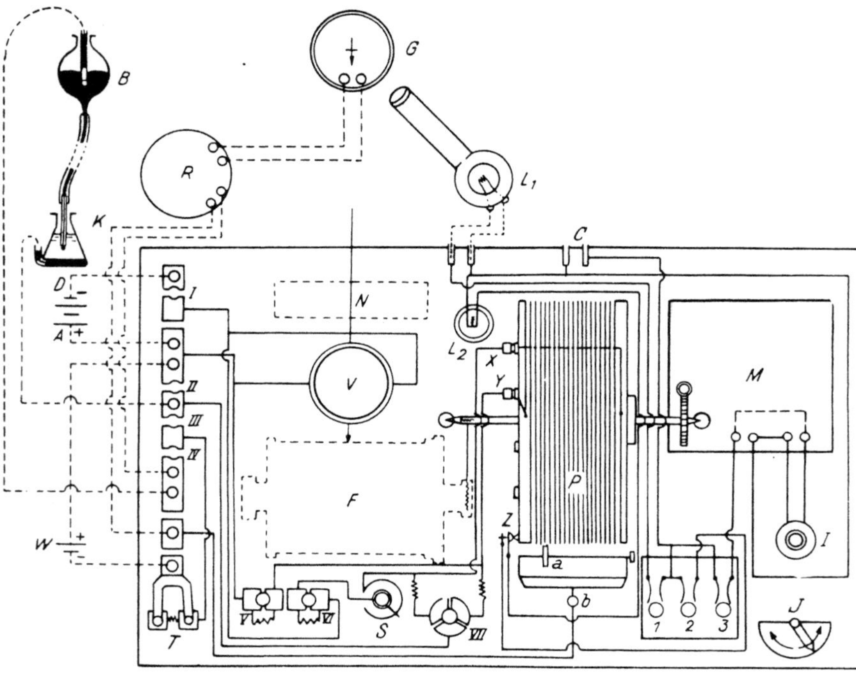

Abb. 115. Schema des Polarographen.

Abb. 114 zeigt einen von der Firma Dr. V. Nejedlý im Jahre 1939 erbauten Polarographen und Abb. 115 veranschaulicht das Schema der aus dem Jahre 1932 stammenden Anordnung der Verbindungen. Der Hauptbestandteil des Polarographen ist die potentiometrische Trommel *P*, auf welcher 19 Windungen eines Widerstandsdrahtes von etwa 0,5 mm Stärke und einem Widerstand von 15 Ω aufgelegt sind. Die beiden Enden des Meßdrahtes sind mit den Polen eines 2- oder 4-V-Akkumulators durch Schleifkontakte *X* und *Y* verbunden und führen auch zum Voltmeter *V*, welches also die Spannung an dem potentiometrischen

Meßdraht, bei den Zuleitungskontakten X und Y angibt. Dabei muß der Akkumulator in den Stromkreis durch Einsetzen des Kontaktstöpsels in I eingereiht werden. Damit der Spannungsabfall am Meßdraht bei jeder Windung einer gewünschten Spannung genau entspricht (z. B. 100 oder 200 mV), ist bei einem der Zuleitungskontakte (X) das Ende des Widerstandsdrahtes ringförmig unter einem mit Schleifkontakten versehenen Drehknopf befestigt. Durch Drehen dieses Knopfes wird die Spannung zwischen X und Y zum gewünschten Wert eingeregelt. Ist eine genauere Messung der Spannung am Meßdraht erforderlich, bedient man sich anstatt des Voltmeters eines Kompensationsverfahrens mittels des WESTON-Elements (W), wozu ein Kontaktstöpsel in IV stecken muß. Zum Erzielen eines Spannungsabfalles von 100 mV pro Windung wird das rollende Kontakträdchen (a) (in neueren Typen der bewegliche Schleifkontakt) an das 18,7te Teilchen der zehnten Windung des Meßdrahtes gelegt und der Knopf S so eingestellt, daß beim Drücken des Tasters T kein Strom durch das Galvanometer G fließt.

Die Spannung des Akkumulators kann auch entweder zur Hälfte oder zum Drittel durch Aufheben der Stöpselkontakte in V bzw. in VI herabgesetzt werden. Dadurch werden nämlich entweder vor oder hinter dem Meßdraht ihm gleiche Widerstände eingereiht, und zwar so, daß, wenn V offen bleibt und VI mit dem Stöpselkontakt versehen ist, die Spannung am Anfang des Meßdrahtes, also bei Y, gleich der halben Akkumulatorspannung ist; wenn V mit Stöpsel verschlossen und VI offen ist, gleicht die Spannung bei Y Null und bei X der halben Akkumulatorspannung; wenn V und VI offen sind, beträgt die Spannung bei Y ein Drittel jener des Akkumulators und bei X zwei Drittel der Akkumulatorspannung. Der kleinste Potentialabfall im Meßdraht gleicht also, bei Benutzung eines 2-V-Akkumulators, wenn V und VI offen sind, zwischen Y und X 0,66 V, da die Spannung bei Y 0,67 und bei X 1,33 V beträgt.

Der Schleifkontakt a führt den Strom durch den Nebenschluß R zum Galvanometer G. Zur Einschaltung der elektrolytischen Zelle DK wird ein Stöpselkontakt in II eingesteckt. Nun kann die an die Elektroden D, K der elektrolytischen Zelle angelegte Spannung durch Drehen der Trommel des Meßdrahtes P mittels des elektrischen Motors M (Schalter 3) von 0 bis 4 V vergrößert werden. Die Bewegung der potentiometrischen Trommel kann auch rückgängig gemacht werden. Zum Zeichnen der Kurven wird der Spiegel des Galvanometers G durch die Glühlampe L_1 beleuchtet (Schalter 1). Um am Polarogramm die

Spannung einzuzeichnen, beleuchtet mittels Kontakts Z die Lampe L_2 (Schalter 2) bei jeder Umdrehung der potentiometrischen Trommel den horizontalen Spalt der photographischen Kammer F, wodurch am photographischen Papier Abszissen als feine Linien entstehen. Soll das Potential der ruhenden Quecksilberelektrode D gegen eine Bezugselektrode bestimmt werden, verbindet man den zum Quecksilberbehälter führenden Kontakt anstatt mit der tropfenden Quecksilberelektrode mit der Bezugselektrode durch Versetzung des Stöpselkontakts von *II* zu *III*. Dabei ist das WESTON-Element mit der Bezugselektrode und dem Bodenquecksilber der Zelle in Serie verbunden. Am potentiometrischen Meßdraht findet man dann durch Kompensation die gesuchte Potentialdifferenz der beiden Elektroden. Soll die Polarisation der tropfenden Quecksilberelektrode durch Änderung der Spannung umgekehrt werden, d. h. von der anodischen zur kathodischen oder verkehrt verlaufen, versetzt man den bei einseitiger Änderung der Spannung in *II* steckenden Stöpsel in die Öffnung *VII*. Dadurch wird eine der WHEATSTONEschen Brücke ähnliche Schaltung hergestellt, welche von J. HOEKSTRA (*175*) zu polarographischen Zwecken eingeführt wurde. Wie aus Abb. 116 dieses Schemas ersichtlich ist, sind hier zum potentiometrischen Meßdraht zwei Widerstände parallel eingeschaltet; das Verhältnis dieser Widerstände ist gleich 10:9 gewählt, so daß, wenn der Schleifkontakt a am Anfang der zehnten Windung anliegt, die an die elektrolytische Zelle angelegte Spannung Null ist. Bewegt man den Schleifkontakt gegen den Anfang des Meßdrahtes, so wird die tropfende Quecksilberelektrode mit steigender Spannung anodisch polarisiert. Wenn man dagegen den Schleifkontakt an das andere Ende des Meßdrahtes verschiebt, wird durch die angelegte Spannung eine kathodische Polarisation der tropfenden Quecksilberelektrode bewirkt.

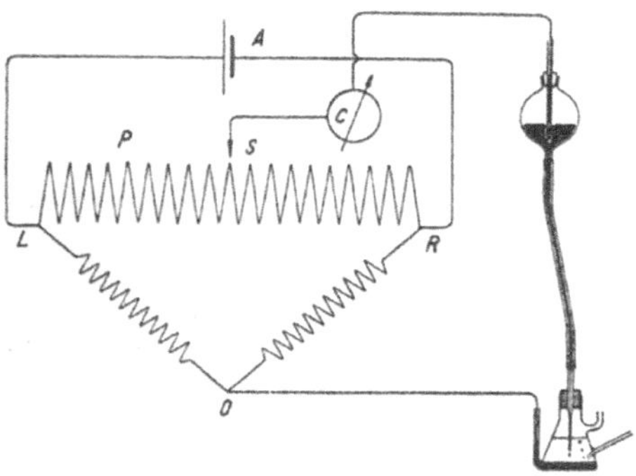

Abb. 116. Das Schaltungsschema nach J. HOEKSTRA zur anodisch-kathodischen Polarisation.

Weitere am Schema des Polarographen bezeichnete Einrichtungen sind von keiner für die Polarographie prinzipiellen Bedeutung. So bezeichnet *M* den elektrischen Motor, welcher durch den Schalter 3 in Bewegung gesetzt und durch die Kurbeln *I* und *J* reguliert werden kann. *N* bezeichnet einen Spiegel, in welchem man die Bewegungen des Lichtzeichens entlang des Spaltes der photographischen Kammer verfolgen kann. Bei *C* wird der Netzstrom für Motor und Beleuchtung eingeführt.

Abb. 117. Der Mikropolarograph mit Spiegelbild.

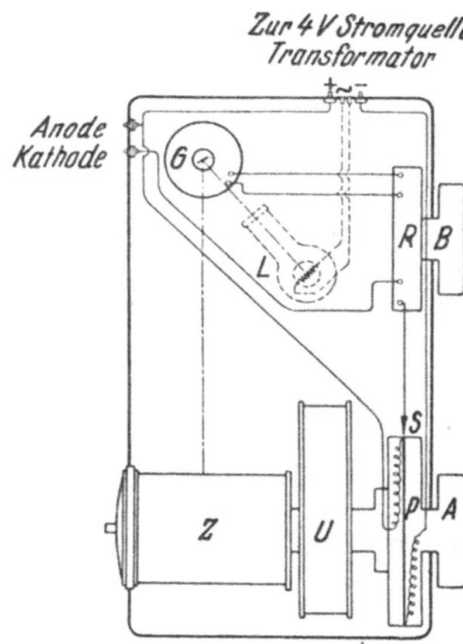

Abb. 118. Schema des Mikropolarographen.

Das Interesse der technischen Kreise an der polarographischen Methode hatte die Herstellung eines vereinfachten Modells des Polarographen zur Folge. Nach Entwurf von J. Heyrovský wurde ein „Mikropolarograph“[1] konstruiert, welcher sich wegen der einfachen Handhabung, leichter Übertragbarkeit und fester Konstruktion zu Betriebsanalysen gut eignet. Die vier Teile, die früher jeder getrennt eingestellt werden mußten, nämlich das drehbare System des Polarographen (die photographische Walze

[1] Deutsches Reichspatent Nr. 693380, „Vorrichtung zum photographischen Aufzeichnen von Stromspannungskurven bei der Elektrolyse“, vom 12. XII. 1937, Patentamt Prag Nr. 68945 vom 14. XII. 1936; in USA. alle Rechte vorbehalten.

und die Meßdrahttrommel), das Galvanometer, der Reduktor der Empfindlichkeit und das Beleuchtungsrohr, sind alle in einem Kasten vom Ausmaß 20×28×48 cm eingeschlossen (Abb. 117) und mit einer gelben Celluloidplatte verdeckt, so daß das photographische Zeichnen der Kurven mit dem Auge verfolgt und bei Sonnenlicht unternommen werden kann. Abb. 118 gibt das Schema des Mikropolarographen an. Eine wesentliche Änderung gegenüber den älteren Polarographen zeigt der potentiometrische Meßdraht: er besteht nur aus einer Windung, deren Enden mit der Stromquelle fest verbunden sind, so daß bei der Stromzuleitung zur Zelle keine Störungen vorkommen können. Außerdem ist der Widerstand des Meßdrahtes so gewählt, daß durch eine passende Elektronenlampe eine Gleichrichtung des 110- und 220-V-Wechselstromes auf 5 bis 6 V ermöglicht wird, um den Akkumulator zu ersetzen. Die Gleichrichtung und Stabilisierung des Wechselstromes geschieht in einem mit dem Mikropolarographen verbundenen Kästchen. Eine weitere Vereinfachung besteht darin, daß nur die Betätigung zweier Hebel beim Arbeiten mit dem Polarographen notwendig ist: der eine zur Einschaltung der Spannung an den Meßdraht und zugleich auch der Beleuchtung des Galvanometerspiegels, der andere zur Bedienung des Uhrwerkes. Das Aufziehen der Uhrfeder geschieht durch bloßes Einstellen des den Meßdraht tragenden Rades an die gewünschte Spannung. Die Abszissen werden nicht photographisch bezeichnet, sondern die Lage der Potentiale wird durch Anlegen eines durchsichtigen Celluloidrasters bestimmt. Die Genauigkeit der Ablesung steht keineswegs der mit dem großen Polarographen erzielten nach. Die Beseitigung der Kontaktstörungen ist vollkommen. Der Name „Mikropolarograph" soll die kleinen Dimensionen des neuen Modells sowie auch die mikroanalytischen Anwendungsmöglichkeiten des Gerätes ausdrücken.

Die Unabhängigkeit der Handhabung des Mikropolarographen vom Netzstrom — denn es genügt eine 4- oder 6-V-Akkumulatorbatterie — ermöglicht, daß das Instrument zu Untersuchungen auch außerhalb des Laboratoriums benutzt werden kann.

Nach F. Lieneweg (*430*) läßt sich mit den heutigen Hilfsmitteln der Meßtechnik unter Verwendung von geeigneten Meßverstärkern eine unmittelbare Aufzeichnung der Stromspannungskurven in Tintenschrift durchführen (D. R. G. M. 1422889 vom 11. IX. 1936). Die Meßverstärker arbeiten nach dem Kompensationsverfahren, durch welches wattlose Messungen von Spannungen und Strömen ermöglicht werden. Da bei diesen Apparaten die punktförmige Registrierung der Stromstärke nach je 2 sec. erfolgt, muß die

Tropfzeit klein gegen die 2 sec. des Schreibintervalles gewählt werden. Man hat deshalb mit Tropfzeiten unter 2 sec. gearbeitet. Ein durchaus regelmäßiges Tropfen und damit zackenfreie Kurven erhält man auch bei höheren Tropfgeschwindigkeiten, wenn das Abreißen nicht durch das Gewicht der Quecksilbertropfen, sondern künstlich durch periodisches Erschüttern der Kapillare verursacht wird. Versuche ergaben, daß beim gewöhnlichen Abtropfen eins pro Sekunde die günstigste Unterbrechung bei etwa fünf Erschütterungen pro Sekunde liegt, und daß die Wirkung unabhängig von der Schüttelstärke ist.

Einen Polarographen, der die Stromspannungskurven direkt mit einem Stift zeichnet, verfertigt auch die Firma Leeds and Northrup (Philadelphia). Der durch den polarographischen Apparat fließende Strom wird verstärkt und durch Markierung von Punkten auf Papier notiert. Auch hier muß die Tropfzeit unter die normale herabgesetzt werden, wodurch jedoch die polarographischen Stufen verwischt ausfallen. Die Kurven, welche mit den stiftschreibenden Apparaten bisher veröffentlicht wurden, stehen, was Genauigkeit anbelangt, den photographisch erhaltenen nach und können nur für solche Arbeiten empfohlen werden, bei denen exakt quantitative analytische Angaben nicht erforderlich sind.

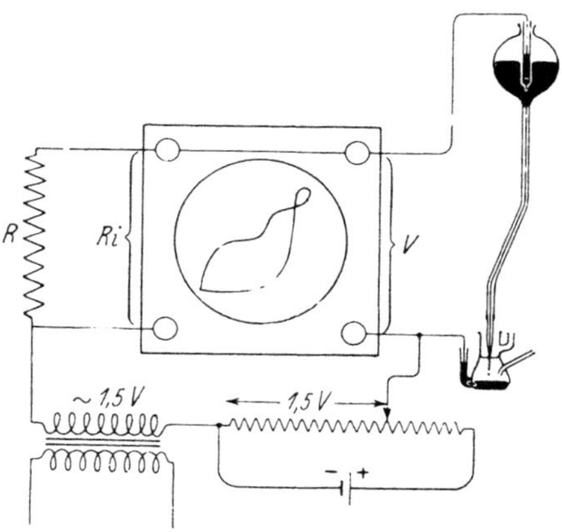

Abb. 119. Benutzung des Kathodenstrahloszillographen zum Veranschaulichen der Stromspannungskurven.

Eine vom wissenschaftlichen Standpunkt aussichtsreichere polarographische Anordnung haben I. A. Matheson und N. Nichols (*436*) im physikalischen Laboratorium der Dow Chemical Company ausgearbeitet. Anstatt des Spiegelgalvanometers wird der Kathodenstrahloszillograph benutzt, der bekanntlich sowohl als Voltmeter wie als trägheitsfreies Galvanometer dienen kann. Der Nachteil des Oszillographen bei der Anwendung in der Polarographie ist jedoch seine geringe Empfindlichkeit, so daß der Strom für polarographische Zwecke durch zweifache Lampenverstärkung vergrößert werden muß. Die Anordnung ist in

Abb. 119 angegeben. Ein auf 1,5 V Scheitelwert transformierter Wechselstrom wird einem 1,5-V-Gleichstrom überlagert, derart, daß die angelegte Spannung zwischen 0 und 3 V 60mal pro Sekunde wechselt. Mit dieser Spannung wird nun die tropfende Quecksilberkathode und die ruhende Anode polarisiert, wobei in den Stromkreis i ein Widerstand R von mehreren tausend Ohm eingeschaltet wird. Die horizontal ablenkenden Platten des Oszillographen werden mit den Quecksilberelektroden verbunden, während an dem anderen Plattenpaar des Oszillographen die Spannung $i \cdot R$, also eine der Stromstärke i proportionale Größe wirkt, und somit durch den vertikalen Ausschlag des Lichtpunktes die Stromstärke angibt. Bessere und eindeutige Kurven erhielten die Autoren durch Anwendung einer mit der Zeit linear anwachsenden Spannung — sogenannten Kippspannung — von einer Frequenz von zirka 30 Hz. Durch die zu 3 V anwachsende Spannung wird die Oberflächenspannung des tropfenden Quecksilbers so stark erniedrigt, daß bei geeigneter Ausströmungsgeschwindigkeit des Quecksilbers das Abtropfen synchron mit der Kippspannung erfolgt. Diese kurze Zeit von $^1/_{30}$ sec. genügt jedoch, um am fluoreszierenden Schirm des Oszillographen eine sich immer wiederholende Lichtkurve zu zeichnen, welche entweder direkt gemessen oder photographisch aufgenommen wird. Das schnelle Abtropfen hat zur Folge, daß ein großer Ladungsstrom entsteht.

Es zeigt sich, daß Elektrodenvorgänge, wie schnelle Metallabscheidungen, Stufen wie bei der gewöhnlichen polarographischen Anordnung hervorrufen. Der Kathodenstrahloszillograph eignet sich also vorzüglich zu Untersuchungen von sehr kurzzeitigen Elektrodenvorgängen und von sehr schnell in der Lösung verlaufenden Reaktionen. Dagegen gehen dabei irreversibel oder langsam verlaufende Elektrodenvorgänge sowie auch die von Adsorption oder Katalyse herrührenden polarographischen Wirkungen verloren. Für die praktische Analyse scheint die Stromstufenausmessung bei oszillographischen Stromspannungskurven viel ungenauer als bei den durch Spiegelgalvanometer erhaltenen zu sein, erstens weil die absolute Empfindlichkeit wegen des großen Ladungsstromes vermindert werden muß und durch den eingeschalteten Widerstand die Stufen verwischt werden, und zweitens, weil durch den sinusartigen Charakter der angewandten Spannung eine Disproportionalität zwischen der Stufenhöhe und Konzentration besteht. Den Kathodenstrahloszillographen haben auch R. H. Müller und seine Mitarbeiter (*440*) zu polarographischen Zwecken benutzt, und zwar zur Angabe bei dem jähen Anwachsen der Stromstärke während der Stufenbildung. Wenn eine kleine, rasch wechselnde Spannung von etwa 10 bis 20 mV über die an den Quecksilberelektroden angelegte Spannung eingeschaltet wird, erzeugt die schwankende Spannung bei Diffusionsströmen in der sekundären Windung einer Induktionsspule keine Stromänderungen; dagegen bewirkt beim Halbstufenpotential die wechselnde Spannung im transformierten Strom die größten Schwankungen, welche am fluoreszierenden Schirm des Kathodenstrahloszillographen beobachtet werden. Da aber, wie schon früher (S. 157) erwähnt und weiter unten näher erörtert wird, viele Elektrodenvorgänge in einer Richtung schneller als in der entgegengesetzten verlaufen, d. h. keine strenge Reversibilität aufweisen, ist die schnell wechselnde induzierte Spannung in solchen Fällen nicht symmetrisch und kann daher dem Halbstufenpotentiale des mittleren Stromes, welcher sich erst etwa in 3 sec. einstellt, nicht entsprechen. Bei Anwesenheit von mehreren Depolarisatoren kann der schnelle Wechselstrom zu komplizierteren Abweichungen bei der Angabe der Halbstufenpotentiale führen. Abgesehen von diesen Komplikationen, welche vom individuellen Verhalten der Depolarisatoren in den verschiedenen Lösungen abhängen, eignet sich diese Methode zu analytischen Zwecken nicht, da in der Praxis vielmehr sehr genaue quantitative Angaben als qualitative erforderlich sind.

Auf einem ähnlichen Prinzip beruht die von J. Boeke und H. van Suchtelen (*484*) ausgearbeitete Bestimmung von polarographischen Halbstufenpotentialen mit einem Kathodenstrahloszillographen. Man läßt die Gleichspannung an der tropfenden Quecksilberelektrode durch Abzweigen vom Potentiometer wie beim Polarographen gleichmäßig anwachsen und überlagert ihr eine Wechselspannung von etwa 100 m V und 50 Hz. An einem nahezu waagrechten Teil der Stromspannungskurve bringt eine solche kleine Wechselspannung keine merkliche Änderung des Stromes mit sich, sondern verursacht nur periodische Änderung der Ladung der Elektrodendoppelschicht, welche wie ein Kondensator mit Kapazitätswerten bis zu 0,1 μF wirkt. Infolgedessen führt die Wechselspannung in waagrechten Teilen zu einem Kapazitätsstrom (Ladungsstrom, s. S. 55), welcher gegen die Spannung um 90° phasenverschoben ist. Am ansteigenden Teil der Stromspannungskurve dagegen zeigen Wechselspannung und Wechselstrom im Elektrolyt nur einen geringen Phasenunterschied, weil außer dem Kapazitätsstrom ein erheblicher Leitungsstrom entsteht. Dies entspricht einer starken Verminderung des Wechselstromwiderstandes. Die beschriebenen

Phasenänderungen können nun zur unmittelbaren Anzeige am fluoreszierenden Schirm des Oszillographen benutzt werden. Solange die Gleichspannung noch nicht den Stufenanstieg erreicht, erscheint das Oszillogramm symmetrisch zu seinem Mittelpunkt. Ist die dem Fuße des Stromanstieges entsprechende Spannung erreicht, verliert das Oszillogramm seine Symmetrie, bei dem Halbstufenpotential wird es jedoch wieder symmetrisch. Durch weitere Kunstgriffe mit Hilfe einer Kapazität und eines Widerstandes kann man beim Halbstufenpotential das Oszillogramm in der Form einer Linie erhalten. Die Autoren geben auch eine Bestimmung von Halbstufenpotentialen mittels einer PHILIPSschen Meßbrücke an, durch welche man das $\pi_{\frac{1}{2}}$-Potential zwar etwas genauer, jedoch experimentell komplizierter erhalten kann. Diese Versuche haben wieder nur wenig praktischen Wert, bieten jedoch eine Möglichkeit weiterer Verfeinerungen der Meßtechnik zur Untersuchung des Stufencharakters. Die mit der Methode von J. BOEKE und H. VAN SUCHTELEN von M. PRYTZ und TH. ØSTERUD[1] durchgeführten Messungen weisen bei Kationenabscheidungen viele Undeutlichkeiten auf, welche durch Reduktion der in den Lösungen vorhandenen Nitrationen noch gesteigert werden. Dagegen kann wohl behauptet werden, daß die Spiegelgalvanometeranordnung mit der linear und langsam ansteigenden Spannung wegen Erhalten von gleichmäßigen Stromstufen bei allen Depolarisationsvorgängen — schnellen wie langsamen, reversiblen wie irreversiblen — und wegen der höchst erreichbaren Empfindlichkeit und Genauigkeit der qualitativen sowie der quantitativen Ergebnisse der oszillographischen Anordnungen in analytischer Hinsicht zurzeit weit überlegen ist.

Zur Untersuchung der Geschwindigkeit und Reversibilität der Depolarisationsvorgänge hat neuerlich J. HEYROVSKÝ[2] eine oszillographische Messung der *Potential*-Zeit-Kurven vorgeschlagen. Abb. 120 gibt das hier benutzte Schema an. Der Wechselstrom (von 110 bis 220 V und 50 Hz) wird vom Netz oder besser Transformator durch einen variablen Widerstand von etwa 1 Megohm an die Quecksilberelektroden A und K der elektrolytischen Zelle geführt. Zugleich wird ein Gleichstrom aus einem 4-V-Akkumulator mittels eines Potentiometers P zur Zelle abgezweigt, und zwar derart, daß der tropfenden Quecksilberelektrode unter gleichzeitiger Wechselspannung in dem Bereiche, in welchem sie polarisierbar

[1] Tidsskr. Kjemi Bergves. **1**, 27—31 (1941).
[2] Chem. Listy Vědu Průmysl **35**, 155—160 (1941).

ist, Potentiale erteilt werden, d. h. zwischen + 0,3 und — 2,0 V. Die Quecksilberelektroden werden mit den vertikal ablenkenden Platten des Kathodenstrahloszillographen B verbunden. Da die

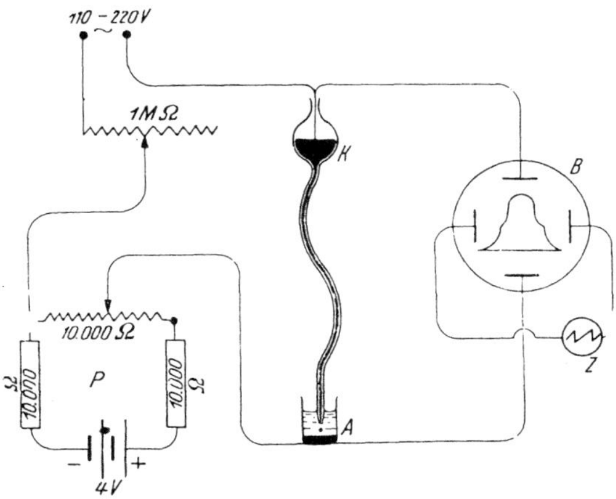

Abb. 120. Schaltungsschema für oszillographische Potential-Zeit-Kurven.

ruhende Elektrode ein konstantes Potential (etwa der Kalomelelektrode) aufrechterhält, gibt die vertikale Ablenkung des Lichtpunktes nur die Änderungen der Spannung der Tropfelektrode an. Die horizontale Ablenkung des Kathodenstrahles wird durch das innere Zeitablenkungsgerät Z des Oszillographen ermittelt, indem der Strahl wiederholt von links nach rechts abgelenkt wird und mit größter Geschwindigkeit wieder zurückkehrt. Diese Ablenkungen werden mit der Periode der Wechselspannung synchronisiert, d. h. der Lichtpunkt wird pro sec. 50-, 25- oder 10mal, im allgemeinen 50: n-mal, abgelenkt, wobei n eine ganze Zahl ist. Dadurch entstehen am Oszillogramm n Potential-Zeit-

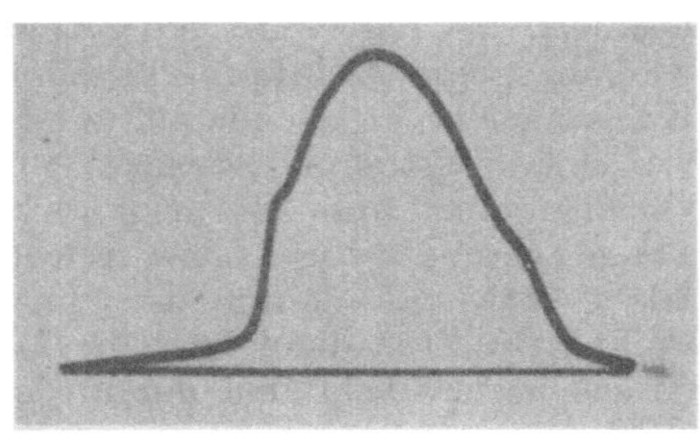

Abb. 121. Das Potential-Zeit-Oszillogramm einer 0,001-n-$CdCl_2$-, 0,1-n-NH_3-, 0,1-n-NH_4Cl-Lösung.

Kurven. Jede dieser Kurven zeigt, wie sich während einer Periode des Wechselstromes (d. h. in $^1/_{50}$ sec.) die Spannung von + 0,3 bis — 2,0 V und zurück zu + 0,3 V mit der Zeit ändert. Wenn nun die Lösung nur den indifferenten Elektrolyt enthält, z. B. 1-n-NH_3, 1-n-NH_4Cl, erhält man ein Oszillogramm (S. 158, Abb. 73, Kurve *4*), in welchem das Potential der tropfenden Elektrode von etwa 0 V jäh zum Depolarisationspotential der NH_4^+-Ionen (bei — 1,80) ansteigt, bei diesem Werte eine Zeit verweilt und dann jäh zu 0 V abfällt. Wenn die Lösung Cd^{2+}-Ionen in einer Konzentration von 0,001 n enthält, nimmt das Oszillogramm die in Abb. 121 wiedergegebene Form an. Am ansteigenden Ast, beim Erreichen des Potentials von — 0,7 V, bleibt das Potential etwa $^1/_{1000}$ sec. konstant, wobei sich Cd^{2+}-Ionen abscheiden. Beim Erreichen des Diffusionsstromes wird die tropfende Elektrode zu negativeren Potentialen polarisiert, wobei sich stets Cd^{2+}-Ionen abscheiden. Am absteigenden Ast geht das Cd-Amalgam wieder in die Lösung über und sollte bei — 0,7 V völlig aufgelöst werden. Deswegen kann man den absteigenden Ast „anodische Phase" gegenüber der aufsteigenden „kathodischen Phase" nennen. Man bemerkt aber, daß bei der anodischen Phase der Knick weniger deutlich und zum positiven Potential verschoben ist, offenbar wegen einer beim anodischen Vorgange auftretenden Verzögerung (S. 158). Durch Beschleunigung der Zeitablenkung kann man den Lichtpunkt in horizontaler Richtung von links nach rechts beim Kathodenstrahloszillographen Philips GM 3152 bis 150000mal pro sec. durchlaufen lassen. Dadurch wird die ganze Lichtkurve in die Länge gestreckt, wobei jeder Knick als eine helle Linie am weniger leuchtenden Hintergrunde wie eine Spektrallinie erscheint. Bei solchem Ausstrecken des Oszillogramms Abb. 121 zeigt sich der Knick der anodischen Phase als eine diffuse Linie, welche die Deutlichkeit des Lichtbildes verwischt. Durch die Synchronisierungsvorrichtung des Philips GM 3152 kann aber die Zeitablenkung bei einer Halbperiode unterdrückt und nur in der anderen wieder losgelassen werden. Somit kann z. B. nur die kathodische Phase ausgestreckt werden, wodurch die Undeutlichkeiten der anodischen Phase vom Lichtbild beseitigt werden. Auf diese Weise wurden die in Abb. 123 und 124 dargestellten Oszillogramme erzielt. Sie machen den Eindruck eines optischen Emissionsspektrums. Abb. 122 zeigt ein solches Spektrum einer leeren Lösung, Abb. 123 derselben Lösung mit 0,001-n-$CdCl_2$, Abb. 124 der Lösung, welche Kationen Tl^+, Cd^{2+}, Zn^{2+}, Mn^{2+} enthält. Die Linien dieser Ionen liegen bei den der Lösung entsprechenden Halbstufenpotentialen.

Die meisten Depolarisatoren geben ähnliche, mehr oder weniger scharfe Linien. Zurzeit wurden solche auch bei den Ionen Cu^{2+}, Bi^{3+}, Tl^{+}, Pb^{2+}, Sn^{2+}, Fe^{2+}, Cl', Br', S'' und bei SO_2, Formaldehyd, Benzaldehyd, Maleinsäure, Nitrobenzol, Cystin, Cystein, Laktoflavin, Methylenblau u. a. organischen Depolarisatoren beobachtet. Dagegen verursachen die Ionen Cu^{2+}, Ni^{2+}, Co^{2+}, J', CN' in einigen Lösungen nur diffuse Banden, welche eine Verzögerung des Elektrodenvorganges andeuten (S. 158). Solche Verzögerungen hängen in erster Reihe von der Zusammensetzung der Lösung ab. So geben Zn^{2+}-Ionen in n-H_2SO_4 einen scharfen Knick sowohl in der kathodischen wie in der anodischen Phase,

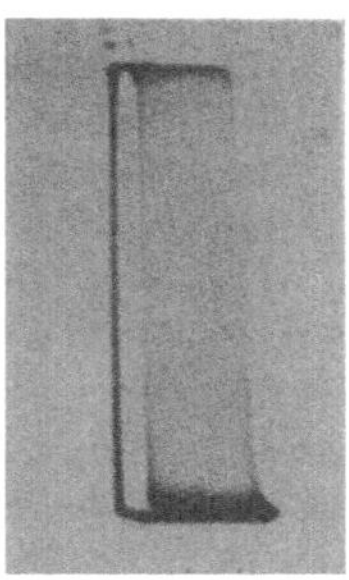

Abb. 122. Oszillographisches Spektrum einer reinen 0,1-n-NH_3-, 0,1-n-NH_4Cl-Lösung. Zeitablenkung nur bei der kathodischen Phase.

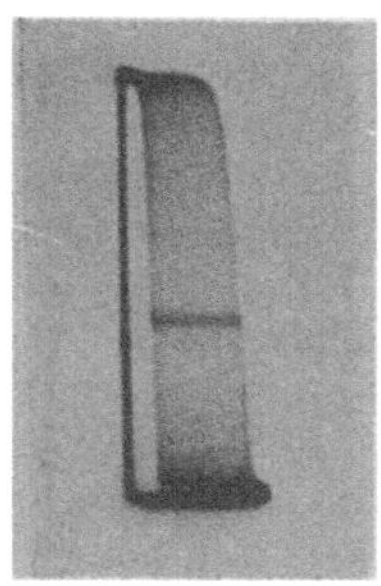

Abb. 123. Oszillographisches Spektrum der kathodischen Phase einer 0,001-n-$CdCl_2$-, 0,1-n-NH_3-, 0,1-n-NH_4Cl-Lösung.

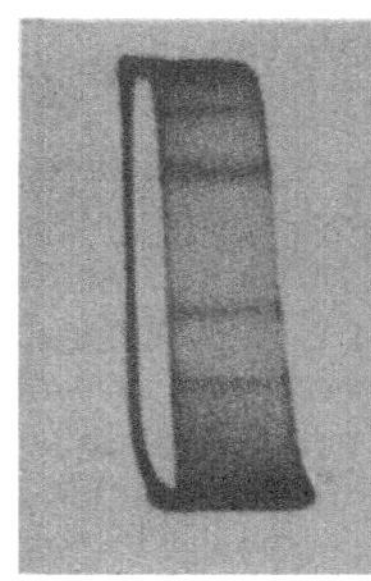

Abb. 124. Oszillographisches Spektrum der kathodischen Phase einer 0,001-n-$TlCl$-, $CdCl_2$-, $ZnCl_2$-, $MnCl_2$-, 0,1-n-NH_3-, 0,1-n-NH_4Cl-Lösung.

in NH_3-Lösungen dagegen ist der Knick in der anodischen Phase verwischt und zu positivem Potential verschoben; in 1-n-NaOH verursachen Zn^{2+}-Ionen überhaupt keinen Knick und deshalb ist auch keine Linie im oszillographischen Spektrum bemerkbar. Der Einfluß des Luftsauerstoffes ist kaum bemerkbar, weswegen die hier beschriebenen Untersuchungen der Lösungen unter Luftzutritt durchgeführt werden können.

Die Empfindlichkeit der hier beschriebenen oszillographischen Knicke und Linien ist nicht groß, denn die meisten verschwinden, wenn die Konzentration des Depolarisators unter 5×10^{-4} n sinkt. Es besteht aber eine Möglichkeit, diese Erscheinungen durch geeignete Frequenz und Charakter des Wechselstromes zu verstärken; zurzeit befindet sich diese Methode in einem vielversprechenden Entwicklungsstadium.

Die Wechselspannung, welche der tropfenden Elektrode Potentiale nur im Bereiche ihrer Polarisierbarkeit erteilen soll, damit sich bei positiven Potentialen (über + 0,3 V) das Quecksilber nicht auflöst und mit schwerlöslichen Quecksilbersalzen bedeckt, kann verschiedenartig auch ohne Anwendung eines Gleichstromes erreicht werden. Erstens kann als die unpolarisierbare Elektrode, an welche die Netzspannung angelegt wird, ein Zink- oder Kadmiumamalgam dienen, deren Potentiale etwa in der Mitte des Bereiches von + 0,3 bis — 2,0 V, in welchem die Tropfelektrode bei Anwesenheit eines indifferenten Elektrolyten polarisierbar ist, liegen. Durch den Wechselstrom werden dann der tropfenden Elektrode symmetrisch positivere und negativere Potentiale als — 0,7 V (bei Cd) und — 1,1 V (bei Zn) erteilt. In dieser Anordnung wird die Potentialänderung der tropfenden Elektrode gegen eine Normalelektrode, welche in dieselbe Lösung taucht, gemessen, d. h. die Tropfelektrode und die Normalelektrode wird mit den vertikal ablenkenden Platten des Oszillographen verbunden. Zweitens kann man den Wechselstrom über einen großen Widerstand direkt an zwei in dieselbe Lösung tauchende tropfende Elektroden führen (also ohne Bodenquecksilber!). Hier wird die von V. MAJER (*357*) entdeckte Fähigkeit der tropfenden Elektrode benutzt, daß sie in manchen Lösungen (wie Chloriden, Sulfaten, Laugen) als Anode unpolarisierbar ist. Beim anodischen Aufladen durch den Wechselstrom hält die tropfende Elektrode ihr konstantes positives Potential aufrecht, während die zweite tropfende Elektrode, welche dabei Kathode ist, bis zu — 2,0 V polarisiert wird. In dem nächsten Hundertstel sec. ist es umgekehrt: die erste Elektrode wird als Kathode polarisiert, während die zweite als Anode unpolarisierbar bleibt. Das oszillographische Lichtbild besteht in dieser Anordnung aus zwei gegeneinander stehenden Spektren; wenn z. B. im oberen Teil das Spektrum der anodischen Phase der Tropfelektrode erscheint, zeigt sich im unteren Teil immer das Spektrum der kathodischen Phase der zweiten Tropfelektrode. Eine dritte Art, das anodische Auflösen der tropfenden Quecksilberelektrode bei der Polarisation zu vermeiden, besteht darin, daß man den Netzstrom durch einen elektrolytischen Gleichrichter (Al-C, Na_2CO_3-Zelle) führt und den so erhaltenen pulsierenden Gleichstrom an die tropfende und eine ruhende Quecksilberelektrode mittels eines Potentiometers von großem Widerstande abzweigt.

Alle die hier beschriebenen oszillographischen Untersuchungen sind nur bei Anwendung der tropfenden Quecksilberelektrode möglich, denn nur die fortwährend frische, von vorheriger Polarisation unbeeinflußte Oberfläche ist fähig, im großen Potentialbereiche die Polarisation sehr schnell zu ändern. Davon überzeugt man sich am einfachsten, wenn man den mit Zuleitungsdrähten verbundenen Platinkontakt des Quecksilberbehälters in die untersuchte Lösung taucht, wobei die markanten Kurven bzw. Spektren sofort verschwinden.

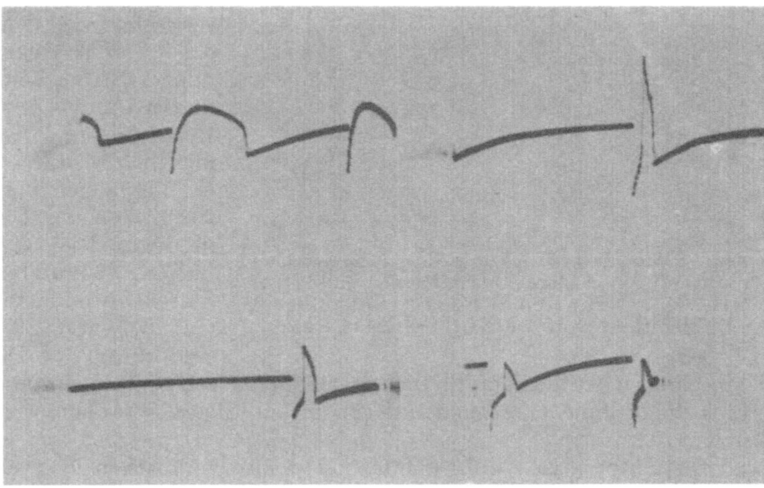

Abb. 125. Oszillographische Strom-Zeit-Kurven. Unterdrückung des Sauerstoffmaximums in 0,0014-n-KCl durch Zutropfen 1%iger Gelatinelösung (1 bis 4 Tropfen zu 20 cm³). Tropfzeit 1,6 bis 2,0 sec., Spannung 0,8 V.

Die hohe Empfindlichkeit der neuen Typen des Kathodenstrahloszillographen, z. B. des Philips GM 3156, ermöglicht auch verhältnismäßig langsame Spannungsänderungen bedeutend zu verstärken, weswegen solche Apparate auch zur Messung von sehr schwachen polarographischen Strömen (von etwa 10^{-7} A) benutzt werden können. Namentlich eignen sich diese Oszillographen zur Untersuchung der während eines Tropfens entstehenden Ströme mittels der Strom-Zeit-Kurven, und zwar bei Bildung des Maximums oder des bei jedem Tropfen momentan ansteigenden Ladungsstromes. Auf diese Weise konnte der Verfasser mit J. Forejt die hier abgebildeten Oszillogramme (Abb. 125, 126) der verschiedenen Phasen der Unterdrückung von Maxima erhalten.

Hinsichtlich der Anwendung von Kathodenstrahloszillographen in der Polarographie kann man nun wohl behaupten, daß sich diese Instrumente zu Untersuchungen der Abhängigkeiten von allen drei Hauptfaktoren der Elektrolyse mit der tropfenden Quecksilberelektrode, d. h. der Strom-Spannung-, Strom-Zeit- und Spannung-Zeit-Beziehungen, namentlich bei schnellen Vorgängen vortrefflich eignen. Die in dieser Richtung bisher benutzten Saitengalvanometer (*87*, *267*, *283*, *287*) sind durch die Eigenschaften der hochempfindlichen, trägheitslosen und momentane Lichtdiagramme erzeugenden Kathodenstrahloszillographen weit übertroffen.

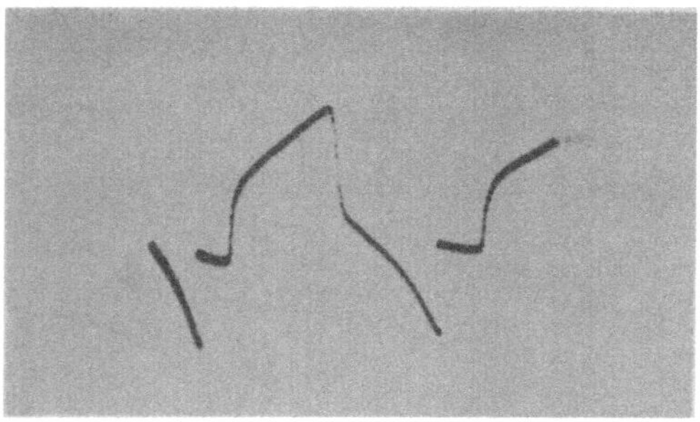

Abb. 126. Unterdrückung des Kobaltmaximums durch 1%ige Eiweißlösung (in 0,1-n-NH_3, 0,1-n-NH_4Cl, 0,001-n-$CoCl_2$) mit äußerem Widerstand von 7000 Ω, Tropfzeit 3 sec.

Die automatisch aufgenommenen polarographischen Kurven beschränken sich nicht nur auf die Stromspannungskurven, sondern es können auch Potentialspannungskurven registriert werden, d. h. solche Kurven, welche die Abhängigkeit des Elektrodenpotentials von der angelegten Spannung aufzeichnen. Solche Kurven charakterisieren dann den Grad der Polarisierbarkeit der tropfenden Quecksilberelektrode oder den Grad der Unpolarisierbarkeit der ruhenden Elektrode. Bei vollkommener Polarisation der tropfenden Elektrode sollte eine solche Potentialspannungskurve eine zur Abszissenachse um 45° geneigte Gerade sein, da die Potential- und Spannungsänderung gleich sein sollen; dabei sollte die ruhende Elektrode vollkommen unpolarisierbar sein, und daher ihre Potentialspannungskurve eine mit der Spannungsachse parallele Gerade sein. Um diese Beziehung automatisch aufzuzeichnen, hat V. Majer (*357*) ein Verfahren benutzt, welches die Ausschläge eines als Voltmeter mit hohem Widerstand im Stromkreis dienenden Spiegelgalvanometers registriert. Mit dieser experimentellen Anordnung hat V. Majer die Änderungen des Potentials von ruhenden und tropfenden Quecksilberelektroden verschiedener Größe und in verschiedenen Elektrolyten mit und ohne Zugabe von Depolarisatoren während der Elektrolyse verfolgt und auf einige neue Erscheinungen hingewiesen, welche später näher erörtert werden (S. 284). So wurde auch gefunden, daß im Überschuß eines depolarisierend wirkenden Anions, wie Cl′, eine tropfende Anode und eine tropfende Kathode dieselbe Kurve wie eine große ruhende Anode und eine tropfende Kathode ergeben. Dies mag mit Erfolg z. B. in Flüssigkeiten von großem Eiweißgehalt benutzt werden, in denen die ruhende Quecksilber-

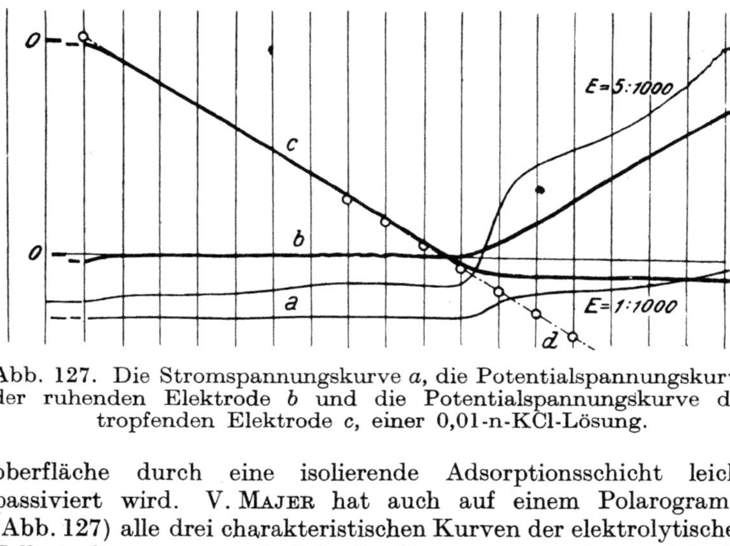

Abb. 127. Die Stromspannungskurve *a*, die Potentialspannungskurve der ruhenden Elektrode *b* und die Potentialspannungskurve der tropfenden Elektrode *c*, einer 0,01-n-KCl-Lösung.

oberfläche durch eine isolierende Adsorptionsschicht leicht passiviert wird. V. Majer hat auch auf einem Polarogramm (Abb. 127) alle drei charakteristischen Kurven der elektrolytischen Zelle aufgenommen, nämlich die Stromspannungskurve (*a*), die Potentialspannungskurve der ruhenden Elektrode (*b*) und die Potentialspannungskurve der tropfenden Elektrode (*c*). Gemäß der Beziehung $\pi_k - \pi_a = E$ muß der Unterschied der Werte von *b*- und *c*-Kurven an einer Geraden *d* liegen, was tatsächlich immer gefunden wird.

A. Schmidt (*449*) beschreibt unter dem Titel „Ein neuer Polarograph" eine der Majerschen ähnliche Anordnung zur Aufnahme der Potential-Spannungskurven, benutzt jedoch ein Lampenvoltmeter mit Verstärkung. Er registrierte gleichzeitig auch die Stromdichte, und zwar bei der Elektrolyse mit festen Pt-, Pd-, Ag-, Pb-, Ni-, Cd- und Au-Elektroden.

Zu Messungen elektrolytischer Vorgänge mit fester Elektroden wurde der Polarograph öfters angewendet. So benutzte ihn im Jahre 1930 P. HERASYMENKO (*77*) zur Aufzeichnung von Stromspannungskurven bei Anwendung einer aus sechs rotierenden Platinstiften bestehenden Platinelektrode, welche so angefertigt wurde, daß ein Stift nach dem anderen als die polarisierbare Elektrode eingeschaltet wurde. Somit konnte er bei anodischer Polarisation Stufen von Chloriden, Bromiden und Jodiden erhalten. J. HOEKSTRA (*142*) benutzte den Polarographen zu den Untersuchungen mit seiner Schabelektrode, bei welcher eine Diamantenschneide die Oberfläche einer festen Elektrode stätig abkratzte. P. DUTOIT (*192*) erhielt mit Hilfe des Polarographen Stromspannungskurven in nichtwäßrigen Lösungen mit Platinelektroden. Auf ähnliche Weise arbeitet auch mit festen Elektroden J. F. TABOURY (*561*) u. R. J. WALEN u. M. HAISSINSKI (*575*), I. ZLOTOWSKI (*227*), J. GILLIS und J. SWENDEN (*239*) und O. H. MÜLLER (*210*).

Alle die in diesem Kapitel beschriebenen polarographischen Anordnungen eignen sich zu allgemeinen Untersuchungen der verschiedensten elektrolytischen Vorgänge. Außer diesen gibt es einige spezielle Apparaturen, die nur zu Bestimmungen einzelner Stoffe, z. B. von Sauerstoff oder von Alkalimetallen, konstruiert wurden. Solche werden dann bei den betreffenden Aufgaben beschrieben.

II. Ausführung der Messungen.

Das Aufstellen der polarographischen Apparatur.

Da das Galvanometer und die tropfende Quecksilberelektrode keinen Erschütterungen ausgesetzt werden dürfen, sollen sie, getrennt vom Polarographen, jedes einzeln auf stabilen Unterlagen aufgestellt werden. Für das Galvanometer empfiehlt sich die übliche, in der Wand angebrachte Konsole. Das Beleuchtungsrohr für das Galvanometer und der Polarograph sollen auf Tischen, deren Platten vertikal verschoben werden können, aufgestellt werden, um den Lichtstrahl des Beleuchtungsrohres und den Spalt der photographischen Trommel des Polarographen bequem in die horizontale Ebene des Galvanometerspiegels bringen zu können. Obzwar der Spalt der photographischen Kammer bei den neueren Typen durch einen Deckel vor dem Einfallen des direkten Sonnenlichtes geschützt ist, empfiehlt es sich, für das Galvanometer und den Polarographen eine dunklere Ecke des Raumes zu wählen. Bei Anwendung des „Mikropolarographen" entfallen alle diese Maßnahmen.

Reinigung der Kontakte und des Meßdrahtes. Da die Hauptbedingung störungsfreier Kurven auf der Reinheit der gut anliegenden Schleifkontakte beruht, muß man von Zeit zu Zeit, namentlich wenn der Polarograph wenig benutzt wird, sowohl den Meßdraht und die an ihn anliegenden Zuleitungskontakte als auch den Schleifkontakt reinigen. Man säubert die Reibflächen mit durch Benzin stark angefeuchtetem Leder und schmiert sie darnach mit einer dünnen Schicht von Vaseline. In einigen Typen werden die zum Meßdraht führenden Seitenkontakte durch Quecksilber verbunden [vgl. z. B. J. NOVÁK (*362*)]. Bei dieser Anordnung muß dafür gesorgt werden, daß die Kontaktflächen gelegentlich mit Eisendraht abgekratzt und die Quecksilberdosen mit reinem Quecksilber frisch gefüllt werden.

Sonstige Vorbereitungen der Meßinstrumente sind, je nach den verschiedenen Typen, individuell zu behandeln und werden von den Lieferanten der Apparatur in geeigneten Anleitungen gegeben. Hierher gehören die Verbindungen der Zuleitungsdrähte, waagrechtes Aufstellen und Freilassen des Galvanometers, Einlegen des photographischen Papiers in den Zylinder, Koppeln der potentiometrischen Trommel und Bedienung der Hebel zur Beleuchtung und zum Drehen des Motors.

Was die Ausmaße der Polarogramme anbelangt, betragen sie meistens — wie sie in dem Urmodell von V. NEJEDLÝ eingeführt wurden — $20 \times 1\ cm^2$. Die dazu benutzten Bromsilberpapiere werden in Streifen $10 \times 400\ cm^2$ in Rollen geliefert. Hierzu werden auch Bromsilberpapiere empfohlen, welche mit einer gedruckten Millimeterteilung versehen sind und damit zum direkten Ablesen der Lage und Höhe der Stromstufen dienen sollen. Dieser Maßstab hat zwar den Vorteil, daß die geringen Änderungen, welche durch Quellen des Papieres nach der Entwicklung und Einschrumpfen nach dem Trocknen entstehen können, eliminiert sind, dabei wirkt aber das Hervortreten des Gitters störend auf die Übersichtlichkeit der fein gezeichneten Kurven. Überdies muß man bei ansteigenden Diffusionsströmen zur Ermittlung der Stufenhöhen schräge Linien ziehen, womit dann das Polarogramm mit Strichen überfüllt ist. Zu Reproduktionszwecken eignet sich das auf glänzendem weißem Papier nur mit den polarographisch bezeichneten Abszissen erhaltene Polarogramm wohl am besten.

Schutz vor Quecksilbervergiftungen. Da ein Polarographiker stets der Gefahr einer Quecksilbervergiftung ausgesetzt ist, soll er sich vor den Dämpfen und vor direktem Berühren des Quecksilbers nach Möglichkeit hüten. Deswegen soll verspritztes Quecksilber sofort mit einem Pinsel oder mit einer zu diesem Zwecke speziell verfertigten Eisenzange sorgfältig gesammelt und in eine Flasche unter Wasser gebracht werden. Die Quecksilberbehälter sollen immer mit (nicht dicht anliegenden) Stöpseln versehen werden und der Fußboden und die Tische womöglich mit Linoleum bedeckt sein, damit sich Quecksilbertröpfchen in den Fugen nicht halten können. Das allerbeste Mittel gegen den Quecksilberdampf ist ein kräftiger und häufiger Luftwechsel. Nach mehr als zwanzigjährigen steten Untersuchungen mit den Quecksilberelektroden hat jedoch der Verfasser weder an sich, noch an seinen zahlreichen Mitarbeitern Symptome einer Quecksilbervergiftung bemerkt. Damit soll aber nicht gesagt werden, daß Personen, welche zu Quecksilbervergiftungen neigen, bei den hier beschriebenen Arbeiten von Beschwerden verschont bleiben.

Die einfachsten polarographischen Messungen.

Die zusammengestellte polarographische Apparatur soll zunächst an einem einfachen Falle ausprobiert werden. Damit wird nicht nur die Richtigkeit der Meßanordnung untersucht, sondern auch dem Anfänger zweckmäßge Einübung in die Meßtechnik geboten. Zu diesen Zwecken benutzt der Verfasser eine frisch in destilliertem Wasser bereitete etwa 0,001-n-KCl- oder NaCl-Lösung, welche in ein gewöhnliches, kleines Becherglas von 10 bis 20 cm^3 Inhalt etwa zur Hälfte eingegossen wird. Dann gießt man reines Quecksilber (welches auch feucht sein kann) auf den Boden des Becherglases, etwa 4 bis 5 mm hoch (hier soll man mit dem Quecksilber nicht sparen!) und führt in das Bodenquecksilber einen in das Glasröhrchen eingeschmolzenen Platinkontakt ein (wie in Abb. 109a). Der ganze Platindraht muß sich unbedingt unter der Quecksilberoberfläche befinden, da sonst andere Vorgänge als jene, welche der Quecksilberelektrode eigen sind, eintreten können. Nun taucht man die tropfende Quecksilberelektrode einige Millimeter unter die Oberfläche der sich im Becherglas befindenden Lösung und befestigt sie in dieser Lage mit der Stativklemme. Kein Teil der Anordnung der Zelle darf in labiler Lage sein, da Bewegungen der Elektroden, der Kontakte, der Flüssigkeit oder des Schlauches während der Elektrolyse zu Störungen des glatten Kurvenverlaufes führen könnten.

Zum Aufzeichnen der Kurve wählt man eine derartige Empfindlichkeit des Galvanometers, daß das hervorragende Maximum des Luftsauerstoffes und die Stufe des Alkalimetalls am Polarogramm ganz eingezeichnet werden. Da bei diesen Vorgängen ein Strom der Größenordnung 10^{-5} A durch die Zelle fließt, benutzt man zu dieser Aufnahme eine Empfindlichkeit von $^1/_{30}$ bis $^1/_{50}$, wenn die höchste Galvanometerempfindlichkeit etwa 5×10^{-9} A pro Millimeter beträgt. Die Tropfzeit wird durch eine Stoppuhr mittels Einzeichnen der Zeitdauer von 10 bzw. 5 oder 3 Tropfen bestimmt, wobei eine bestimmte Spannung angelegt werden muß. Durch Einstellen des Quecksilberbehälters wird die Tropfzeit von zirka 3 sec. bei der Spannung Null erreicht.

Vor der Aufnahme der Kurve überzeugt man sich von der richtig gewählten Empfindlichkeit beim verschlossenen Spalt des photographischen Zylinders durch Verfolgen der Bewegungen der Lichtmarke mit dem Auge, wobei die potentiometrische Trommel entweder — bei ausgekuppeltem Mechanismus — mit der Hand oder durch den Motor gedreht wird. Die an die beiden Enden des potentiometrischen Meßdrahtes angelegte Spannung wird bei dieser Aufnahme auf 4 V eingestellt. Die Lichtmarke des Galvanometers wird an die Zahl 0 oder 0,5 cm des Spaltes am photographischen Zylinder gerichtet, die Lage des photographischen Papiers wird auf die Abszissennummer 0 eingestellt, der den Spalt deckende Schlitz wird geöffnet und die Trommel durch Drücken des Motorhebels in Bewegung gesetzt. Dabei soll auch die Beleuchtung der nun jede 200 mV aufgezeichneten Abszissen eingeschaltet sein. Es ist üblich, sofort die Meßanordnungen zu notieren, z. B. in unserem Falle:

Polarogramm Nr. 1. . . . . ., den . . . . . . 194 . .

Lösung: 0,001 n KCl, offen an der Luft.
Akkum.: 4 V Tropfzeit: 3,0 sec. Temperatur: 18,2° C.
Kurve 1 angefangen von der Abszisse 0. Ordinate 0,5 cm.
Spannung: 0 V, Empfindl. $\frac{1}{50}$.

Wie aus der oben angegebenen Beschreibung des Betriebes beim Polarographieren zu ersehen ist, verfährt man hier am geeignetsten nach den folgenden zehn Punkten:

1. Einschalten der Kontakte des Netzstromes und des Akkumulators.
2. In der Dunkelkammer die Rückseite des photographischen Papiers mit der Nummer des Polarogramms bezeichnen, das Papier (mit der empfindlichen Seite nach außen!) auf der Walze des photographischen Zylinders befestigen und den geschlossenen Zylinder in den Polarographen einsetzen.
3. Einführen der Kontakte zur Kathode und Anode, Kontrolle des richtigen Eintauchens der Kapillarmündung und Abstellen der Gasdurchleitung.

4. Einschaltung der Beleuchtung des Galvanometerspiegels.

5. Einstellen des Schleifkontakts auf die erforderliche Windung des potentiometrischen Meßdrahtes und Einstellung der photographischen Trommel auf die gewünschte Abszisse.

6. Einstellen der erforderlichen Empfindlichkeit.

7. Einschalten der Elektrolyse.

8. Einstellen der Lichtmarke auf der horizontalen Skala des photographischen Zylinders auf die gewünschte Ordinate.

9. Einkuppeln der Meßdrahttrommel, Öffnen des Belichtungsspaltes am photographischen Zylinder und Anstellen des Motors.

10. Bei Beendigung der Kurvenaufnahme zuerst den Belichtungsspalt schließen, die Elektrolyse unterbrechen und dann den Motor und die Beleuchtung abschalten.

Nach der ersten Aufnahme soll die Kurve noch ein- oder zweimal — von der ersten oder zweiten Abszisse angefangen — wiederholt werden, damit man sich von der Reproduzierbarkeit der Kurvenzeichnung überzeugt und an die Bedienung der Registrierung gewöhnt. Die Abszissen werden bei der zweiten Kurve nicht mehr gezeichnet. So erhält man ein in Abb. 128 wieder-

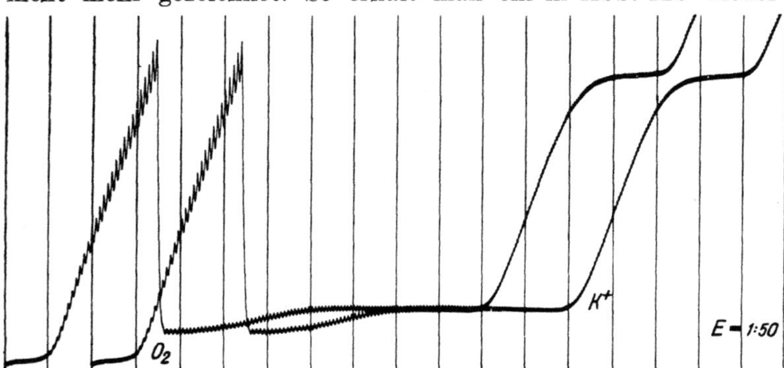

Abb. 128. Das Probepolarogramm mit 0,001-n-KCl, offen an der Luft zweimal aufgenommen. Empf. 1:50, 4-V-Akkum.

gegebenes Polarogramm. Man beachte das diskontinuierlich abfallende Maximum der Sauerstoffreduktion, an welchem sich die richtige Dämpfung des Galvanometers zeigt. Wäre das Galvanometer ungenügend gedämpft, bekäme man beim jähen Abfall des Stromes Oszillationen wie in Abb. 129, *a*. Ein überdämpftes Galvanometer zeichnet dasselbe Maximum wie die Kurve *b* anzeigt, wogegen die richtige, mit einem aperiodisch gedämpften Galvanometer erhaltene Form, in *c* vorliegt.

Ein anderes Polarogramm soll übungsweise zur Aufnahme der Kurven mit verschiedenen Empfindlichkeiten gemacht werden.

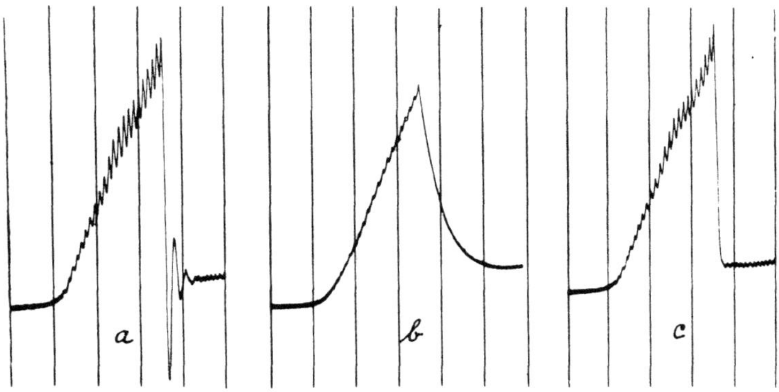

Abb. 129. Das Luftsauerstoffmaximum mit *a* ungedämpfter, *b* überdämpfter und *c* kritisch gedämpfter Schwingung des Galvanometerspiegels aufgenommen.

Die Kurven können von demselben Punkt am photographischen Papier anfangen (z. B. bei der Abszisse 0, Ordinate 0,5 cm,

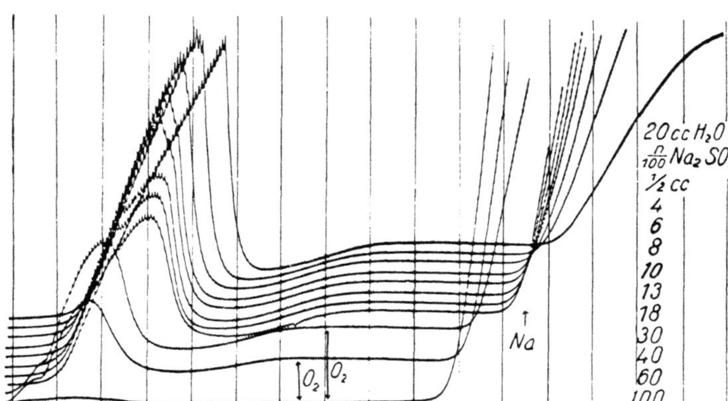

Abb. 130. Entfernen des Luftsauerstoffes mittels Zugaben einer Sulfitlösung. Empf. 1:20, 4-V-Akkum.

Spannung 0 V) und mit Empfindlichkeiten $^1/_{50}$, $^1/_{70}$, $^1/_{100}$, $^1/_{150}$ aufgenommen werden.

Ein drittes Polarogramm soll die sehr oft in der Polarographie benutzte Absorption des in der Lösung anwesenden Luftsauerstoffes mittels Natriumsulfits veranschaulichen. Man zeichne als erste Kurve jene der 0,001-n-KCl-Lösung und gebe dann tropfenweise eine frisch zubereitete gesättigte Natriumsulfitlösung zu. Nach jedem Tropfen und tüchtigem Umrühren wird die Kurve von demselben Anfang registriert und das Zutropfen so lange fortgesetzt, bis der Sauerstoffstrom (Abb. 130) vollständig verschwindet. Wegen der größeren Konzentration des Natriums und der Hydroxylionen nach Zugabe des Sulfits wird in den zuletzt aufgenommenen Kurven die Zersetzungsspannung der Lösung herabgesetzt.

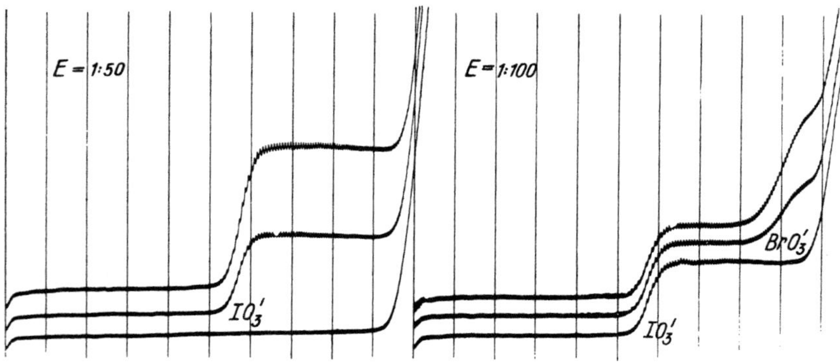

Abb. 131. Stufen des Jodates und des Bromates. Zur verdünnten Na_2SO_3-Lösung wurde KJO_3 (Kurven links) und nachher noch $KBrO_3$ (Kurven rechts) zugegeben. Empf. 1:50, 1:100, 2-V-Akkum.

Wenn wir nun durch die Sulfitzugabe eine sauerstofffreie Lösung vorbereitet haben, können wir verschiedene, an der Kathode reduktionsfähige Stoffe zugeben, um deren Reduktionsstufen zu erhalten. Dazu eignen sich nur Verbindungen, welche mit dem in der Lösung vorhandenen Sulfit nicht reagieren. Ein passendes Beispiel dazu ist das Jodat und das Bromat. Man zeichne als erste Kurve die „leere" Lösung, d. i. die Lösung, welche nur Natriumsulfit enthält, füge dann einen Tropfen einer 0,1-m-KJO_3-Lösung zu und nehme nach Umrühren mit dem Platinkontaktröhrchen die Kurve mit einer Empfindlichkeit von etwa $^1/_{50}$ polarographisch von demselben Anfangspunkt wie Kurve 1 auf (Abb. 131). Nun füge man weitere Tropfen der KJO_3-Lösung zu und nehme die Kurve auf, bis die Lichtmarke beim Stromanstieg der Natriumabscheidung über das Ende des Spaltes des photographischen Zylinders hinausgeht. Damit ist die linke Hälfte des Polarogramms (Abb. 131) mit Kurven ausgefüllt. Man benutze die Hälfte der zuletzt angewendeten Empfindlichkeit, um an der rechten Seite des Polarogramms die Bromatstufe aufzuzeichnen. Als die erste Kurve rechts kann die letzte Kurve von der linken Seite des Polarogramms, also die der Jodat enthaltenden Sulfitlösung mit $^1/_{100}$ Empfindlichkeit wiederholt werden. Die zweite Kurve soll nach Zugabe von zwei Tropfen einer 0,1-n-$KBrO_3$-Lösung aufgenommen werden, eine dritte Kurve nach Zugabe von weiteren zwei Tropfen der Bromatlösung. An den letzten zwei Kurven erscheint dann sowohl die Jodatstufe wie die des Bromats.

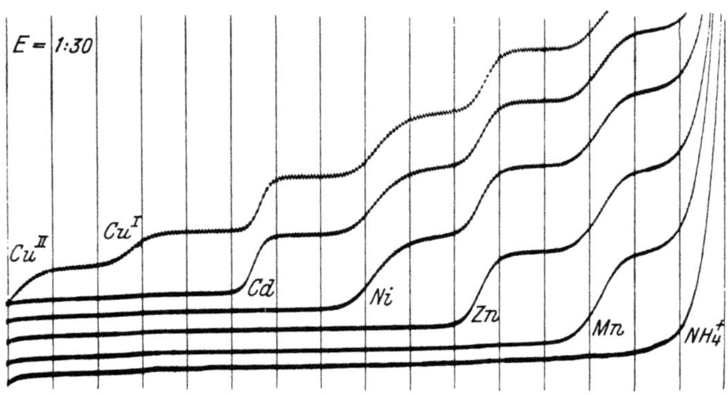

Abb. 132. Stufen von Kupfer, Kadmium, Nickel, Zink und Mangan in einer 1-n-NH_4Cl-, 1-n-NH_3-Lösung mit Na_2SO_3. Empf. 1:30, 2-V-Akkum.

Um einige Stufen der Schwermetalle mittels einer offen an der Luft stehenden Lösung im gewöhnlichen Becherglas zu erhalten, bediene man sich 10 cm³ einer 1-n-NH_4Cl-, 1-n-NH_3-Lösung, zu welcher fünf Tropfen der frisch vorbereiteten gesättigten Natriumsulfitlösung einige Minuten vor der polarographischen Aufnahme zugefügt wurden. Nach Umrühren mit dem Platinkontaktröhrchen und nach zwei bis drei Minuten Abwarten, bis der Luftsauerstoff absorbiert ist, wird erst das Bodenquecksilber eingebracht; sonst könnte das Quecksilber, welches sich bei Sauerstoffanwesenheit in der Lösung oxydiert, mit den Salzen Komplexe eingehen und bei beginnender Spannung eine Stufe hervorrufen. Zuletzt werden etwa acht Tropfen einer 0,5%igen wäßrigen Gelatinelösung zu den 10 cm³ der ammoniakalischen Lösung zugefügt, um die Maxima an den Stromspannungskurven zu unterdrücken. Die erste Kurve (Abb. 132) ist wieder die der „leeren" Lösung, d. h. 1-n-NH_4Cl-, 1-n-NH_3-, etwa 0,02-n-Na_2SO_3- und 0,02%ige Gelatinelösung, und zwar mit $E = {}^1/_{30}$ aufgenommen. Nun fügt man der Lösung im Becherglas fünf Tropfen (0,25 cm³) einer 0,01-n-$MnCl_2$-Lösung zu, mischt und nimmt die Kurve von einem um etwa 5 mm an der Ordinate höher gelegenen Punkt auf. Dann kann man nacheinander je fünf Tropfen von 0,01-n-$ZnCl_2$-, -$NiCl_2$-, -$CdCl_2$- und -$CuCl_2$-Lösung zugeben und nach jeder Zugabe eine Kurve registrieren. So erhält man die höher gelegenen Kurven. Die an die Meßbrücke

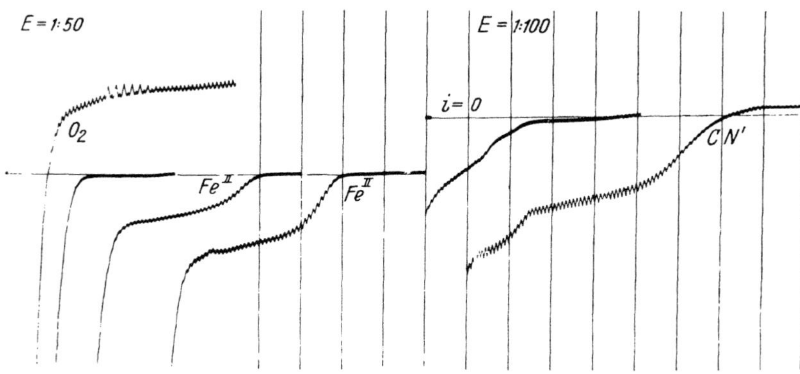

Abb. 133. Anodische Stufen von Eisen(II) in 1-n-NH_4Cl, 1-n-NH_3 (Kurven links) und von Cyanid in K_2CO_3 (Kurve rechts). 2-V-Akkum.

angelegte Spannung wurde in diesem Polarogramm auf 2 V herabgesetzt, damit die Stufen nicht zu gedrängt ausfallen und ihre Halbstufenpotentiale genauer ablesbar werden. Diese Änderung der Spannung wird entweder durch Benutzen eines 2-V-Akkumulators oder Aufheben des Stöpselkontakts aus der Öffnung VI (Abb. 115) erreicht.

Um sich mit der Anordnung zur anodisch-kathodischen Polarisation vertraut zu machen und dabei eine offen an der Luft stehende Lösung benutzen zu können, empfiehlt es sich, die in Abb. 133 wiedergegebenen Kurven zu erhalten. Es wird wiederum am Meßdraht der Spannungsabfall 2 V eingeschaltet, und der Kontaktstöpsel wird aus der Öffnung II in die Öffnung VII übertragen. Die Nullage des Galvanometers wird durch Verschieben des Polarographen auf die Ordinate von 5 cm gebracht. Am Anfang des photographischen Papiers ist diese Nullage als ein Punkt registriert. Man zeichnet dann die anodisch-kathodische Kurve der „leeren" 1-n-NH_4Cl-, 1-n-NH_3-Lösung, welche weder Sulfit noch Gelatine enthält, indem man den Schleifkontakt bei der neunten Windung anlegt und die $^{1}/_{50}$-Empfindlichkeit benutzt. Dann gibt man zu 10 cm³ der ammoniakalischen Lösung fünf Tropfen einer frisch bereiteten 0,01-n-$FeSO_4$-, oder $Fe(NH_4)_2$-$(SO_4)_2$-Lösung, womit Luftsauerstoff absorbiert wird, und nimmt die nun keine Sauerstoffstufe aufweisende Kurve anodisch bis kathodisch auf. Die Lage des Schleifkontakts muß im voraus ohne Registrieren ermittelt werden, damit der ganze Diffusionsstrom der anodischen Stufe zum Vorschein kommt. Weitere Zugaben von fünf Tropfen derEisen(II)-Lösung verursachen eine anodische Oxydationsstufe des zweiwertigen Eisens und werden auf dem Polarogramm aufgenommen. Auf der rechten Seite des Polarogramms kann man die depolarisierende Wirkung eines Anions veranschaulichen. Dazu muß wieder Luftsauerstoff aus der Lösung entfernt werden. Man bringt in das offene Becherglas über das Bodenquecksilber 10 cm³ destilliertes Wasser und leitet einen lebhaften Strom von Kohlendioxyd einige Minuten durch. Dann fügt man fünf Tropfen einer 2-n-KOH-Lösung als Zusatzelektrolyten zu und nimmt die „leere" anodisch-kathodische Kurve auf. Nachher gibt man fünf Tropfen einer 0,1-n-KCN-Lösung zu und registriert wieder die anodisch-kathodische Kurve. Die Anfangsspannung dieser beiden Kurven muß durch Untersuchung des Verlaufes der Kurve ohne Registrieren (d. h. beim verschlossenen Spalt des photographischen Zylinders) gefunden werden, da durch Zugabe von CN'-Ionen das Potential der ruhenden Quecksilberelektrode beträchtlich negative Werte annimmt. Die mit dem letzten Polarogramm erhaltenen Kurven haben deshalb den Nachteil, daß man aus den Spannungsangaben das Potential der tropfenden Elektrode nicht bestimmen kann. Dieses Potential muß durch die Messung der Potentialdifferenz zwischen dem Bodenquecksilber und einer Bezugselektrode ermittelt werden. Wie dies geschieht, wird im nächsten Kapitel erörtert.

Bestimmung des Potentials der ruhenden und der tropfenden Elektrode.

Im theoretischen Teil wurde erklärt (S. 8), daß man das Potential der tropfenden Elektrode π_k aus dem Potential der ruhenden Elektrode π_a, der angelegten Spannung E und dem Spannungsabfall im Stromkreis $i \cdot R$ folgendermaßen berechnet:

$\pi_k = \pi_a - E + i \cdot R$. Das Zeichen — bei E gilt nur für kathodische Polarisation der tropfenden Quecksilberelektrode, bei anodischer ist es $+$. Das Produkt $i \cdot R$ kann bei Anwesenheit eines Zusatzelektrolyten vernachlässigt werden. Damit wir aus dem Polarogramm, auf welchem nur die Spannung E durch die Abszissen aufgezeichnet ist, für jeden Punkt der Kurve das Potential der tropfenden Elektrode ermitteln können, müssen wir das Potential π_a der unpolarisierbaren Elektrode kennen. In manchen Fällen ist dies ohne weiteres bekannt, wie z. B. in 1-n-Chloridlösungen der Alkalien, Erden oder in 1-n-Salzsäure, welche offen an der Luft stehen oder aus welchen Sauerstoff mittels Stickstoffstroms ausgetrieben wurde, ist das Potential des ruhenden Quecksilbers (das „Bodenpotential") gleich dem der normalen Kalomelelektrode. In 1 n starken Laugen nimmt die Quecksilberschicht ein von der normalen Kalomelelektrode um 0,20 V negativeres Potential an. In 1-n-Schwefelsäure oder 1-n-Sulfaten ist das Bodenpotential dagegen gleich dem einer Mercurosulfatelektrode, d. h. + 0,25 V gegen die normale Kalomelelektrode. Die hier angegebenen Werte können sich aber aus verschiedenen Gründen ziemlich ändern, wenn z. B. Wasserstoff längere Zeit durch die über das Bodenquecksilber stehende Lösung zum Austreiben von Sauerstoff geleitet wird. Da Wasserstoff allmählich die in der Lösung vorhandenen Quecksilberionen zum Metall reduziert, wird das Bodenpotential beträchtlich, bis um einige Zehntel Volt negativer. Eine Spur von Jodiden, Cyaniden oder Sulfiden (Schwefelwasserstoff) vermag das Bodenpotential zu stark negativen Werten zu verschieben. In Lösungen von Nitraten oder Perchloraten kann das Bodenpotential während der Elektrolyse wegen anodischem Auflösen des Quecksilbers beträchtlich positiver werden. Oft verursacht auch das Abtropfen des durch Amalgambildung verunreinigten Quecksilbers in der Bodenschicht Potentialänderungen. Aus diesen Gründen muß zur genauen Bestimmung der Potentiale der tropfenden Quecksilberelektrode entweder das Potential der ruhenden Quecksilberschicht verläßlich gegen eine Bezugselektrode gemessen werden oder die Bezugselektrode selbst als die unpolarisierbare Elektrode während der Elektrolyse benutzt werden.

Die älteste Anordnung zur Messung des Potentials des Bodenquecksilbers (*34*, *377*) ist in Abb. 134 aufgezeichnet. Die normale Kalomelelektrode wird hier mittels eines Heberrohres und einer gesättigten KCl- oder KNO_3-Lösung gegen die unpolarisierbare Elektrode in der elektrolytischen Zelle gemessen.

In beiden Fällen bestimmt man die Potentialdifferenz zwischen dem Bodenquecksilber und der Bezugselektrode mittels der Poggendorffschen Kompensationsmethode als eine unbekannte E.M.K. (X) direkt am potentiometrischen Meßdraht des Polarographen. Dazu wird, wie schon auf S. 228 erwähnt wurde, der Stöpselkontakt aus der Öffnung II in die Öffnung III gesteckt, wobei die unbekannte E.M.K. mit dem WESTON-Element in Reihe geschaltet ist, so daß man die Summe beider E.M.K. (d.h. $W + X$) erhält. Wenn bei dieser Messung der Zuleitungsdraht von der tropfenden Quecksilberelektrode auf die Bezugselektrode geschaltet wird, ist in der Reihe beider Zellen das Bodenquecksilber mit dem negativen Pol des WESTON-Elements verbunden. Wenn also das Bodenpotential positiver als das der Bezugselektrode ist, vergrößert sich die gemessene E.M.K. um den Wert X über den Wert des WESTON-Elements; wenn das Bodenpotential negativer als jenes der Bezugselektrode ist, erhält man eine um X kleinere E.M.K. als die des WESTON-Elements. Durch Übertragen des Kontaktstöpsels von III zu IV überzeugt man sich von der Richtigkeit der Lage des Schleifkontakts am potentiometrischen Meßdraht, welche dem Wert des WESTON-Elements allein entsprechen muß. Als Beispiel seien hier folgende zwei Bodenpotentialmessungen angegeben. Mit der Verbindung in VI (Abb. 115) wird unter Benutzung eines 2-V-Akkumulators der Schleifkontakt an die zehnte Windung und den 18,7ten Teilstrich, also insgesamt 1018,7ten Teil vom Anfang des Meßdrahtes gestellt (die Nummer 1018 7 entspricht der E.M.K. eines WESTON-Elements in Millivolt); durch Drehen des Knopfes bei S wird dann die E.M.K. so lange kompensiert, bis stromloser Zustand erreicht wird. Darauf führt man die Schaltung in III ein und kompensiert durch Drehen der potentiometrischen Trommel den Wert $W + X$, in unserem Falle das Bodenpotential in einer 0,1-n-KCl-Lösung gegen eine Normalkalomelelektrode zusammen mit der E.M.K. des WESTON-Elements. Dabei mußte der Schleif-

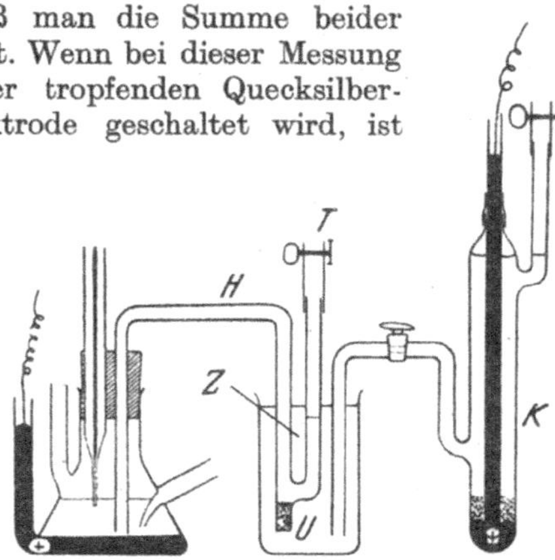

Abb. 134. Anordnung für die Messung des Bodenpotentials. K bezeichnet die Bezugselektrode (Kalomelelektrode), Z ein Gefäß mit gesättigter KCl-Lösung, U einen Stopfen aus porösem Material (Filtrierpapier). Der Heber H enthält die zu untersuchende Lösung oder ist mit einer konzentrierten KNO_3-Lösung und 3%igem Agar gefüllt.

kontakt von der Lage 1018,7 zu 1072,7 verschoben werden. Die Potentialdifferenz zwischen dem Bodenquecksilber und der Kalomelelektrode beträgt also 54,0 mV, wobei das Bodenpotential um diesen Wert positiver ist. In einer 1-n-Lauge wird bei der letztbeschriebenen Bodenpotentialmessung die Kompensation zum stromlosen Zustand mit dem Schleifkontakt an der achten Windung und 29tem Teilstrich, also insgesamt beim 829ten Teilchen erzielt. Das Bodenpotential ist demnach 829,0 — 1018,7 = = — 189,7 mV, also negativer als das der Normalkalomelelektrode. Die zeitraubende Zuhilfenahme einer dritten Bezugselektrode zur Potentialbestimmung des Bodenquecksilbers wird in praktischen Fällen nie benutzt. Man zieht es immer vor, solche Anordnungen zu treffen, daß das Potential des Bodenquecksilbers als eine bekannte unwandelbare Größe, ohne Messung, angenommen werden kann. So entstanden die auf S. 223 beschriebenen und in Abb. 112 und 113 veranschaulichten elektrolytischen Zellen, mit gesonderten Lösungen über dem ruhenden Quecksilber. Hier sei bemerkt, daß jede reversible Elektrode als die gesonderte Elektrode benutzt werden kann, also auch Amalgame, die Wasserstoffelektrode, Silberelektrode und andere Metallelektroden, welche beim anodischen Auflösen zu keiner Passivität neigen. Dabei muß man beachten, daß bei der äußeren Spannung Null, d. h. beim Schleifkontakt am Anfang der ersten Windung des Meßdrahtes eine Potentialdifferenz zwischen der tropfenden und ruhenden Elektrode besteht und deshalb ein Strom durch die Zelle fließt. Wenn die ruhende Elektrode dabei positiver als die tropfende ist, wird die tropfende Elektrode Anode. Will man nun der tropfenden Elektrode negativere Potentiale zuteilen, so muß der positive Pol des Akkumulators mit der Bezugselektrode und dem Anfang des Meßdrahtes verbunden werden. Durch Steigerung der von außen angelegten Spannung wird dann das Potential der tropfenden Elektrode negativer. Erst wenn die so angelegte Spannung der Potentialdifferenz, welche sich zwischen der ruhenden und der tropfenden Elektrode beim stromlosen Zustande einstellt, gleich ist, wird die Stromstärke Null und der durch die tropfende Elektrode fließende Strom geht in den kathodischen über. Bei weiterer Steigerung der angelegten Spannung wird die tropfende Elektrode Kathode.

Man kann auch — vom Bodenpotential ganz absehend — die jedem Punkt der Stromspannungskurve entsprechenden Potentiale der tropfenden Elektrode bestimmen, indem man durch Zugabe zur Lösung eine Stufe hervorruft, deren Halbstufenpotential bekannt ist. Damit ist nämlich an der Abszissenachse ein Anhaltspunkt festgelegt, von dem aus sich die Potentiale aller anderen Punkte der Kurve durch die Abszissenskala ermitteln lassen können. Am besten eignet sich hier als Depolarisator ein wenig von einem Thallium(I)-Salz, denn die Thalloionen geben eine Stufe, deren Halbwert sowohl in neutralen wie in sauren und alkalischen Lösungen bei — 0,50 V liegt. Man gibt der zu untersuchenden Lösung einen Tropfen einer zirka 0,01-n-Thallosulfat- oder Thallochloridlösung zu, wodurch an der Kurve die Thalliumstufe entsteht (Abb. 135). Die Thalliumionen haben den Vorteil, daß sie sich vollständig reversibel ausscheiden und deshalb ihr

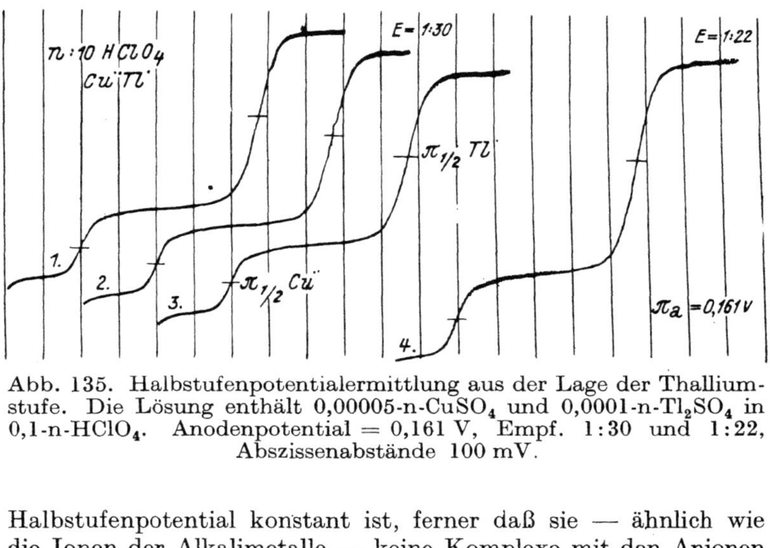

Abb. 135. Halbstufenpotentialermittlung aus der Lage der Thalliumstufe. Die Lösung enthält 0,00005-n-$CuSO_4$ und 0,0001-n-Tl_2SO_4 in 0,1-n-$HClO_4$. Anodenpotential = 0,161 V, Empf. 1:30 und 1:22, Abszissenabstände 100 mV.

Halbstufenpotential konstant ist, ferner daß sie — ähnlich wie die Ionen der Alkalimetalle — keine Komplexe mit den Anionen eingehen, und drittens, daß sie ein verhältnismäßig edles Abscheidungspotential besitzen und ihre Stufe deswegen durch Abscheidungen unedler Metalle nicht verdeckt werden kann. Bei Anwesenheit von Cyanidionen kann das Kennzeichen durch Thalloionen nicht benutzt werden, da die Cyanidionen schon bei etwa — 0,6 V einen anodischen Depolarisationsstrom (S. 100) hervorrufen und der kathodische Strom deswegen bei — 0,6 V aufhört (s. auch S. 118). Bei Serienanalysen, für welche man im Betrieb die Polarographen am meisten benutzt, sind die Lagen der Stufen an der Skala der Potentiale bereits bekannt, so daß man von der Potentialmessung oder deren indirekter Ermittlung absieht. Deswegen wurde am Mikropolarographen die

Einrichtung zum potentiometrischen Kompensationsverfahren sowie zum Aufzeichnen der Abszissen weggelassen; als Potentialskala legt man einen durchsichtigen Zelluloidraster an das Polarogramm an.

Auswertung der Polarogramme.

Ermittlung der Potentiale zur Qualitätsbestimmung. Die an den erhaltenen Kurven vorhandenen Stufen erlauben qualitative und quantitative Schlüsse. Zu den qualitativen muß man den Wert des Abscheidungs- oder Halbstufenpotentials kennen. Die Abscheidungspotentiale (durch den Tangentialpunkt ermittelt [S. 15]) werden nur in seltenen Fällen in Betracht gezogen, da

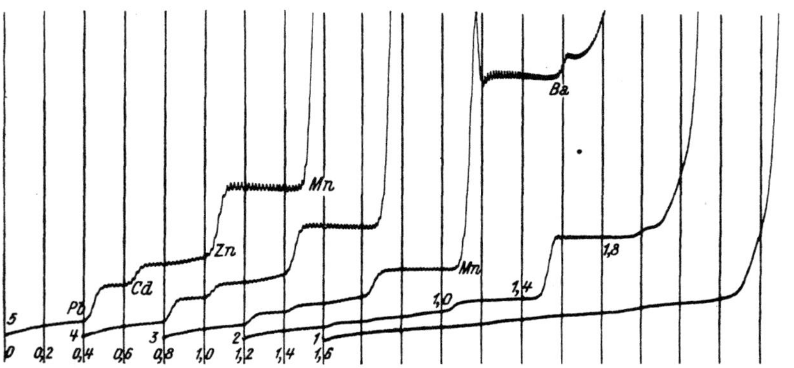

Abb. 136. Polarogramm einer Lösung der Zusammensetzung: 0,00055-n-Pb^{2+}, 0,00027-n-Cd^{2+}, 0,001-n-Zn^{2+}, 0,010-n-Mn^{2+}, 0,0011-n-Ba^{2+}, welche zu einer 0,1-n-LiCl-Lösung zugegeben wurde. Empf. 1 : 10, 4-V-Akkum. In Wasserstoffatmosphäre.

sie mit der Konzentration des depolarisierend wirkenden Stoffes ihre Lage ändern und deshalb den polarographisch wirkenden Stoff nicht mit Sicherheit angeben. Man erkennt aber doch bei Betrachtung der Werte der Abscheidungspotentiale (S. 17), wenn am Polarogramm (wie in Abb. 136, Kurven *1* und *2*) bei einer Spannung über —2,0 V die Kurve aus dem Diagramm austritt, daß Lithium- oder Calciumionen in größerer Menge vorhanden sind, oder wenn (wie in Kurven *4* und *5*) der Austritt bei —1,5 V stattfindet, daß es sich entweder um Anwesenheit von mehr Mn^{2+}-Ionen oder weniger H^+-Ionen handelt. Eindeutig werden die Potentialangaben erst, wenn die Galvanometerempfindlichkeit so gewählt wird, daß der Depolarisator eine Stufe bildet. Der Mittelpunkt und zugleich auch Inflexionspunkt einer solchen Stufe gibt dann das den Depolarisator qualitativ charakterisierende Halbstufenpotential an (Abb. 135). In den meisten Fällen genügt es, den Mittelpunkt der Stufe annäherungsweise durch einen feinen Strich zu bezeichnen und an der Abszissenachse die zugehörige Spannung zu messen. Bei genauen Bestimmungen — zu rein wissenschaftlichen Zwecken — findet man den Mittelpunkt der Stufe, indem man die vor und nach der Stufe linear verlaufenden Teile der Kurve verlängert und zwischen ihnen in der Mitte eine parallele Linie zieht, welche die Kurve im Mittelpunkt schneidet.

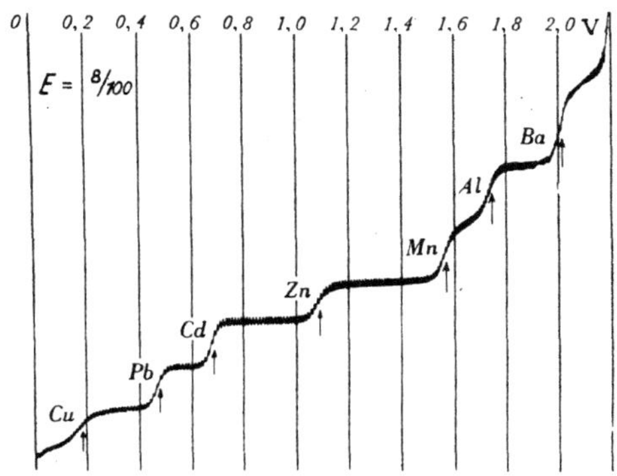

Abb. 137. „Polarographisches Spektrum" einer Lösung, welche 0,0002-n-Cu^{2+}-, Pb^{2+}-, Cd^{2+}-, Zn^{2+}-, Mn^{2+}-, Al^{3+}-, Ba^{2+}-Ionen und 0,1-n-KCl enthält. Empf. 8:100, 4-V-Akkum.

Wenn im Verlaufe der Kurve vor und nach der Stufe eine Verlängerung nicht deutlich angegeben werden kann, findet man den Mittelpunkt als den Punkt der Symmetrie der Stufe (S. 22). Zu diesem Zweck zieht man in den beiden Biegungspunkten der Stufe zwei parallele Tangenten (unter beliebigem Winkel, z. B. 45°) und findet den Mittelpunkt der beiden Berührungspunkte, welcher dann mit dem Symmetrie- und Inflexionspunkt identisch sein muß. Zur Identifizierung der Stufe genügt es, wenn der Mittelpunkt auf 1 mm der Abszissenskala bestimmt wird, was einer Spannungsdifferenz von etwa 10 mV entspricht. Als Beispiel zur qualitativen Bestimmung betrachten wir das in Abb. 137 dargestellte „polarographische Spektrum" von sieben Stufen. Die Halbstufenpunkte liegen bei den Spannungen 0,15, 0,48, 0,67, 1,09, 1,56, 1,73 und 2,00 V. Da in der Lösung für Überschuß von indifferenten Elektrolyten (KCl) gesorgt wurde, war der Widerstand der elektrolytischen Zelle klein (etwa 100 Ω), und da die Empfindlichkeit des Galvanometers groß war und die entsprechende Stromstärke daher klein (etwa 10^{-5} A), ergibt sich das Produkt $i \cdot R$ in der Größenordnung eines Millivolts. Das Potential der tropfenden Elektrode erfolgt aus der Gleichung $\pi_k = \pi_a - E + i \cdot R$. Das Bodenpotential π_k wurde zu 0,040 V bestimmt, der Potentialabfall $i \cdot R$ im Stromkreis kann vernachlässigt werden. Darnach berechnet sich das Potential der tropfenden Elektrode an den einzelnen Punkten der in Abb. 137 wiedergegebenen Kurve zu $\pi_k = 0{,}040 - E$. Die Halbstufenpotentiale der sieben beobachtbaren Stufen sind also — 0,11, — 0,44, — 0,63, — 1,05, — 1,52, — 1,69, — 1,96 V. Die in der Tabelle 1 (S. 202), oder in der an S. 210 abgebildeten Tabelle der Depolarisationspotentiale angegebenen Werte der Halbstufenpotentiale, welche den hier beobachteten am nächsten liegen, sind — 0,14 Cu^{2+}, — 0,46 Pb^{2+}, — 0,63 Cd^{2+}, In^{3+}, — 1,06 Zn^{2+}, — 1,69 Al^{3+}, — 1,94 Ba^{2+}. Daraus können wir schließen, daß die Lösung — falls organische Stoffe ausgeschlossen sind — höchstwahrscheinlich die Ionen Cu^{2+}, Pb^{2+}, Cd^{2+} oder In^{3+}, Zn^{2+}, Al^{3+} und Ba^{2+} enthält. Um entscheiden zu können, ob die bei — 0,63 V erscheinende Stufe den Cd^{2+}- oder In^{3+}-Ionen zuzuschreiben ist, müßte man die Lösung mit Kaliumcyanid oder Kalilauge versetzen, um Ionen verschiedener Komplexität zu erhalten, und die neuen Lösungen wieder polarographisch untersuchen; darüber wird jedoch weiter unten berichtet. In der für das „polarographische Spektrum" vorbereiteten Lösung wurden die Bestandteile in gleich großen Äquivalentkonzentrationen gewählt, weswegen auch die Stufenhöhen aller Ionengattungen etwa die gleichen waren. In praktischen Fällen kommt das natürlich nicht vor, denn die Bestandteile können in den verschiedensten Verhältnissen in der Lösung anwesend sein. Um in solchen Lösungen eine polarographische qualitative und annähernd auch zugleich quantitative Analyse durchführen zu können, wird die ursprüngliche, in bezug auf die depolarisierend wirkenden Stoffe konzentriertere Lösung zur Lösung des indifferenten Elektrolyts tropfenweise zugegeben. Dies soll an folgendem Beispiel beschrieben werden, welches auch durch Abb. 136 erläutert wird.

Da die zu untersuchende Lösung Luftsauerstoff enthält, muß sie von Sauerstoff befreit und unter Luftabschluß in einer sauerstofffreien Elektrolytlösung verdünnt werden. Dieses Verfahren wird in der Polarographie oft gebraucht und soll hier daher eingehend beschrieben werden. Eine dazu geeignete Vorrichtung von J. Heyrovský und N. Emelianova (*31*) zeigt Abb. 138. Sie besteht aus einem mit zwei Hähnen versehenen Gefäß von etwa 20 cm³ Inhalt, in welches zum Durchleiten des Gases ein beinahe bis zu der Verengerung am Boden reichendes Zuleitungsrohr eingeschmolzen ist. Die zu untersuchende Lösung wird in dieses Gefäß eingesaugt, worauf dieses auf die leere Bürette aufgesetzt wird und mittels Gummischläuchen mit dem Röhrchen der Bürette und des elektrolytischen Gefäßes verbunden wird. Das elektrolytische Gefäß trägt einen zweimal gebohrten Gummistöpsel; in eine Öffnung desselben wird das Ausflußrohr der Bürette angesetzt und in die zweite Öffnung die Kapillare mit der tropfenden Quecksilberelektrode. Eine einfachere, für Untersuchungen unter Luftabschluß dienende Bürette von M. Spálenka (*553*) ist auf S. 431 beschrieben. In das elektrolytische Gefäß bringt man ein genau bekanntes Volumen der Lösung des indifferenten Elektrolyten (10, 15 oder 20 cm³) und läßt ein indifferentes Gas durch diese Lösung, durch die leere Bürette und das Gummirohr sowie durch die in dem obigen Gefäß sich befindende Lösung einige Zeit durchperlen. Je enger die Mündungen der Zuleitungsröhrchen sind, desto schneller werden die Lösungen von Luft befreit. Bei regem Gasstrom und dem oben angegebenen Flüssigkeitsvolumen ist der größte Teil der Luft in 15 bis 20 Minuten ausgetrieben. Als indifferentes Gas dient reiner Wasserstoff dort, wo seine schwache reduzierende Wirkung nicht die Lösung zu ändern vermag. Er wird, wie auf S. 222 angegeben, vorbereitet oder aus einer Stahlflasche bezogen. Noch geeigneter ist reiner Stickstoff, welcher weniger als 2% Sauerstoff enthalten soll. In sauren Lösungen kann auch luftfreies Kohlendioxyd benutzt werden, dessen Anwendung sehr vorteilhaft ist, da es schwerer als Luft ist und deswegen die zu untersuchende Lösung in einem offenen Becherglas polarographiert werden kann. Die Gase sollen — je nach ihrer Reinheit — mindestens durch eine Waschflasche mit destilliertem Wasser geleitet werden.

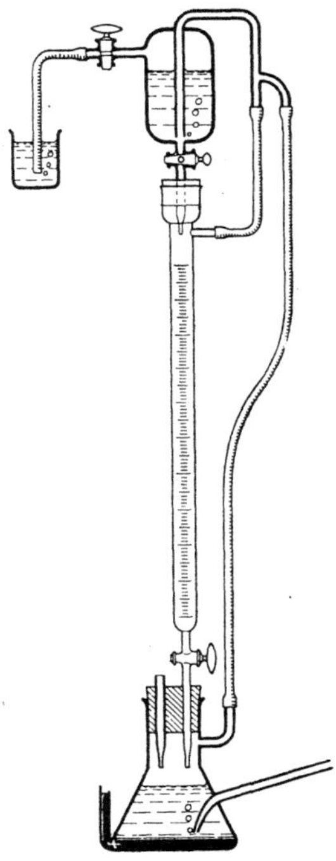

Abb. 138. Bürette für Untersuchungen unter Luftabschluß.

Falls es sich um Serienanalysen handelt, empfiehlt G. Maassen

(*356*) die Entfernung des gelösten Luftsauerstoffes durch gereinigten Stickstoff, was weitaus bequemer als die Entfernung durch Wasserstoff ist, namentlich wenn man Einsatzgefäße (Abb. 113) benutzt. In eine Reihe von kleinen, etwa 20 cm^3 fassenden Waschflaschen werden 10 bis 20 cm^3 der zu untersuchenden Lösungen durch 10 bis 15 Minuten langes Durchleiten eines nicht zu kräftigen Stickstoffstromes von Sauerstoff befreit. Der Stickstoff wird aus der Stahlbombe durch eine alkalische Pyrogallollösung (250 g festes KOH und 50 g Pyrogallol zu 1 l Wasser gelöst) durchgeleitet, um Sauerstoffspuren zu entfernen. Weniger rasch aber angenehmer entfernt man diese durch eine ein wenig Kaliumhydroxyd enthaltende Lösung von Hydrosulfit $K_2S_2O_4$ (11 g KOH und 31 g $K_2S_2O_4$ zu 180 cm^3 Wasser). Die zu untersuchende Lösung wird beim Umkehren der kleinen Waschflasche durch den Stickstoffstrom in das mit Stickstoff vorgespülte Einsatzgefäß gedrückt. Man verschließt das Einsatzgefäß bis zum Einsetzen der Kapillare, die einen Stopfen trägt, mit dem Finger. Der so erzielte Luftabschluß ist ausreichend.

Wo es die Beschaffenheit der Lösung erlaubt, d. h. namentlich in alkalischen Lösungen, kann Luftsauerstoff durch Zugabe von einigen Tropfen einer frisch bereiteten gesättigten Lösung von Natriumsulfit entfernt werden. Diese Zugabe soll immer vor dem Beifügen des Bodenquecksilbers zu der Lösung geschehen, denn in dem Fall, daß sich etwas Quecksilber in der sauerstoffreichen Lösung gelöst hätte, bliebe es als Komplex in der Sulfitlösung. In Lösungen, welche organische Verbindungen oder viel Ammoniak enthalten, bedarf die Reaktion des Sulfits mit dem Sauerstoff einiger Minuten, weswegen man immer nach Sulfitzugabe mit dem Polarographieren abwarten soll. Manche starke Reduktionsmittel, wie z. B. Eisen(II)-salze, reagieren in alkalischen Lösungen mit Luftsauerstoff schneller als das zugegebene Sulfit. In diesem Falle soll dann ein mit Sauerstoff schneller reagierendes Reduktionsmittel, wie Metol (s. S. 309), zugegeben werden. Bei Untersuchungen mit der tropfenden Anode eignet sich die Sulfitzugabe nicht, erstens weil SO_3'' bei etwa $-0{,}2$ V anodisch depolarisierend wirkt und zweitens, weil das Sulfit so stark alle kathodisch depolarisierenden Stoffe entfernt, daß die große ruhende, hier als Kathode dienende Elektrode polarisierbar ist, d. h. daß ihr Potential während des Stromdurchganges immer negativer wird. Für saure Lösungen eignet sich das Sulfit nicht, da sich bei Sulfitzugabe Schwefeldioxyd bildet, welches bei 0,4 V eine Reduktionsstufe hervorruft. Ein sauerstoffentziehendes Reagens für saure Lösungen ist leider nicht bekannt; hier muß der Sauerstoff durch einen Strom von indifferentem Gas, am besten Kohlendioxyd, wie oben angegeben, aus der Lösung entfernt werden.

Wenn es sich um Lösungen handelt, die mit Bodenquecksilber reagieren können, wie z. B. Salpetersäure, Jodid- oder Cyanidlösungen, welche bei Luftzutritt Quecksilber aufzulösen vermögen, müssen die Lösungen ohne Berührung mit Quecksilber vom Luftsauerstoff befreit werden. Das geschieht entweder in der Bürette (Abb. 138), aus welcher die sauerstofffreie Lösung in das mit Bodenquecksilber versehene Elektrolysengefäßchen ausgelassen wird, oder in einem Waschfläschchen, in welchem die Lösung von dem indifferenten Gas durchströmt wird (Abb. 139a) und nachher durch Umkehren der kleinen Waschflasche mit dem Gasstrom in das Elektrolysengefäß übergeführt wird (s. auch Abb. 139b). Es gibt aber auch Stoffe, welche bei Luftabschluß mit Quecksilber reagieren, wie einige Lösungen von Gold, Silber, Fe^{III} und sonstigen Oxydationsmitteln, in welchen Fällen dann eine gesonderte Bezugselektrode (Abb. 112) gebraucht werden muß.

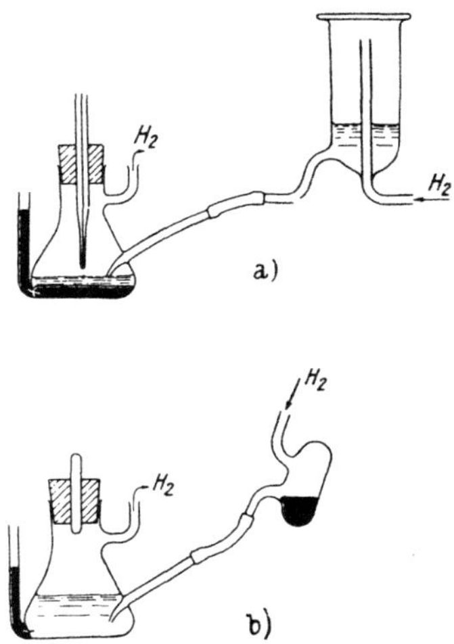

Abb. 139. Füllen des elektrolytischen Gefäßes in Wasserstoffatmosphäre a) mit der Lösung, b) mit dem Bodenquecksilber.

Was den indifferenten Elektrolyt anbelangt, soll er von einer möglichst großen Zersetzungsspannung sein. Wie auf S. 19 angegeben wurde, eignen sich dazu am besten Chloride, Chlorate, Perchlorate oder Sulfate von Lithium oder Calcium, manchmal auch Salze der quaternären Amine, wie die der Tetramethyl- oder Tetraäthylammoniumhydroxyde, deren Kationen das negativste Abscheidungspotential aufweisen. Für Untersuchungen von alkalischen Lösungen eignet sich Lithiumhydroxyd oder eine entsprechende Pufferlösung. Nitrate sollen vermieden werden, da sich bei Anwesenheit von zwei- oder dreiwertigen Kationen die NO_3'-Ionen auch schon bei — 0,9 V reduzieren können. Der in unserem Falle angewandte Elektrolyt bestand aus 10 cm^3 einer 0,1-n-LiCl-Lösung.

Nach gründlichem Durchleiten des Gases läßt man einen Teil der Lösung in die Bürette ein, stellt die Zuleitung des Gases ein und schreitet zur polarographischen Untersuchung. Zuerst registriert man mit einer großen Empfindlichkeit ($^1/_{10}$) die Kurve der „leeren" Lösung, d. h. des indifferenten Elektrolyts allein. Dann wird ganz wenig, in unserem Fall 0,5 cm³, aus der Bürette in die Elektrolytlösung zugelassen und Kurve *2* erhalten. Die bei dem Potential —1,53 V vorhandene Halbstufe zeigt nach den Tabellen die Anwesenheit von Mangan an. Man beobachtet aber an dieser Kurve auch andere Stufen, deren Höhen zu klein sind, um bequem gemessen zu werden. Deshalb fügen wir noch 1,50 cm³ dazu, so daß im ganzen 2 cm³ zugegeben wurden. Nach dieser Zugabe erhielt man Kurve *3*. Hier erreicht die Höhe der Manganstufe 55 mm und es läßt sich die Anwesenheit von weiteren vier Stufen, und zwar bei — 0,4, — 0,6, — 1,05 und — 1,95 V erkennen. Diese Kurve bietet uns nun die Möglichkeit, die Konzentration des Mangans abzuschätzen. Die hier benutzte Kapillare gibt nämlich bei größter Galvanometerempfindlichkeit in Elektrolytlösungen, welche Pb^{2+}-, Zn^{2+}- oder Mn^{2+}-Ionen in 10^{-4}-n-Lösung enthalten, 3,5 cm hohe Stufen an den Kurven. Mit $^1/_{10}$-Empfindlichkeit wird daher die Höhe der Stufen von 3,5 mm erreicht. Der Manganstufe, welche bei $E = {}^1/_{10}$ 55 mm hoch ist, entspricht daher eine $(55:3,5)\cdot 10^{-4}$-n-Konzentration der Mn^{2+}-Ionen in der untersuchten Elektrolytlösung. Diese wurde aber durch eine Verdünnung der zu analysierenden Lösung im Verhältnis 2:12 erhalten. Die ursprüngliche Lösung in der Bürette ist deshalb sechsmal an Mn^{2+}-Ionen konzentrierter, d. h. $\frac{6 \times 55}{3,5} \times 10^{-4}\,n = 0,0094\,n$. An derselben Kurve können wir noch die Höhe von zwei der anderen Stufen messen, nämlich die bei — 1,06 und — 1,95 V, welche ungefähr 6 mm hoch sind. Die erste entspricht den Zn^{2+}-Ionen, die zweite den Ba^{2+}-Ionen. Um die Stufenhöhen genauer messen zu können, geben wir noch mehr von der ursprünglichen Lösung zu, und zwar insgesamt 10 cm³. Die dieser Lösung entsprechende Kurve *5* zeigt nun die Zinkstufe 20 mm hoch; die Bariumstufe wird aber nicht mehr eingezeichnet, was als Nachteil bei der polarographischen Bestimmung von Kationen der unedleren Metalle bei diesem Vorgehen anzusehen ist. Nebst der Zinkstufe werden an Kurve *5* noch zwei andere Stufen meßbar, deren erste, bei — 0,44 V, 10 mm und die zweite, bei — 0,63 V, 5 mm hoch ist. Die 20 mm hohe Zinkstufe ergibt, daß die Lösung im indifferenten Elektrolyt an Zn^{2+}-Ionen $20 \times 10^{-4}\,n : 3,5 = 5,7 \times 10^{-4}\,n$ ist; da jedoch hier die ursprüngliche Lösung zweimal verdünnt wurde, enthält die zu untersuchende Lösung Zn^{2+}-Ionen in einer 0,00114-n-Konzentration. Die beiden anderen Stufen sind die der Pb^{2+}-

und Cd^{2+}-Ionen. Ihre Konzentrationen müssen gemäß dem Stufenverhältnis 10:5:20 die Hälfte, bzw. ein Viertel jener des Zinks betragen, sind also bei Pb^{2+}-Ionen 0,00057 n und bei Cd^{2+}-Ionen 0,00028 n. Die polarographische Analyse ergibt somit, daß die zu analysierende Lösung reduzierbare Bestandteile in folgenden Konzentrationen enthält: 0,00057 n Pb^{2+}, 0,00028 n Cd^{2+}, 0,00114 n Zn^{2+}, 0,0094 n Mn^{2+}, 0,0011 n Ba^{2+}.

Die hier ermittelten quantitativen Angaben müssen als annähernde, mit einem Fehler bis etwa 10% belastete Werte betrachtet werden, da deren Berechnung aus den Stufenhöhen sich auf die nicht genau zutreffende Annahme stützt, daß äquivalente Ionenkonzentrationen gleich große Diffusionsströme hervorrufen. Nach Gleichung (7) von ILKOVIČ ist aber die Stufenhöhe der zweiten Wurzel der Diffusionskonstante der betreffenden Ionen proportional. Obzwar die meisten Kationen, ausgenommen das H^+-Ion, ziemlich gleich große Beweglichkeiten und daher auch Diffusionskonstanten haben, reicht zu einer auf 0,8% genauen quantitativen Bestimmung die oben benutzte Annäherung nicht aus. Die Kationen neigen auch verschiedentlich zu Komplexen mit dem Zusatzelektrolyt (S. 65), weswegen man bei genauen Messungen bei jeder Stufe individuell vorgehen muß. Solche Messungen werden im nächsten Kapitel beschrieben.

Messungen der Stromstärken zu quantitativen Bestimmungen.

Da die polarographische Bestimmung der Konzentration des Depolarisators auf der Messung der Größe des Diffusionsstromes beruht, müssen bei genauen Analysen alle die den Diffusionsstrom beeinflussenden Faktoren streng konstant gehalten werden. Diese Faktoren sind dann, gemäß der Gleichung von ILKOVIČ

$$i_d = 0{,}627\,\mathrm{n}\,F \cdot C \cdot D^{\frac{1}{2}} \cdot m^{\frac{2}{3}}\, t^{\frac{1}{6}},$$

bei konstanter Temperatur die Ausströmungsgeschwindigkeit des Quecksilbers aus der Kapillare m, die Tropfzeit t und die Viskosität der Lösung, von welcher die Diffusionskonstante D abhängt. Es sei daran erinnert, daß durch i_d nur der im Überschuß des Zusatzelektrolyts erhaltene Diffusionsstrom gemeint wird. Bei Einhaltung aller in Betracht kommenden Bedingungen ist nach A. WINKEL (*478*) die polarographischeAnalyse mit einem Fehler von $\pm$ 0,8% behaftet. Was die Temperatur anbelangt, muß sie bei dieser Genauigkeit innerhalb 0,5° C konstant gehalten werden, denn der Temperaturkoeffizient des Diffusionsstromes beträgt nach ILKOVIČ 1,6% pro Grad. Deswegen sollen solche Untersuchungen im Thermostaten durchgeführt werden. Den Temperatureinfluß kann man jedoch ausschalten, wenn man nach E. FORCHE (*407*) den „Quotient zweier Stufen“ einführt, worüber weiter unten Näheres angegeben ist. Um die Ausströmungsgeschwindigkeit des Quecksilbers und die Tropfzeit konstant zu halten, muß das Niveau des Quecksilbers im Behälter in einer konstanten Höhe über der Mündung der Kapillare gehalten werden. Deshalb ist es ratsam, in Serienanalysen die Kapillare durch eine Klemme in einer unveränderten, etwas über den Tisch gehobenen Lage zu halten und die Gefäße mit der Lösung unter die Kapillarmündung zu heben, sowie durch eine Unterlage zu befestigen. Das Niveau des Quecksilbers soll auf einem Zettel durch einen Strich bezeichnet sein, der am Stativ angeklebt ist, damit das Niveau immer genau dasselbe ist. Die Breite des Behälters verhindert, daß das Quecksilber — auch beim fortwährenden achtstündigen Tropfen — um mehr als 1 mm pro Tag sinkt. Bei einer normalen Ausströmungsgeschwindigkeit von etwa 0,001 g Quecksilber pro Sekunde fließen nämlich binnen 8 Stunden etwa 30 g Quecksilber aus, was bei einem Behälter von 6 cm Durchmesser eine Niveausenkung um weniger als 1 mm zur Folge hat. Eine dieser Druckänderung entsprechende Erniedrigung des Diffusionsstromes ist überhaupt nicht wahrnehmbar, denn der Diffusionsstrom ist der zweiten Wurzel aus der Höhe der Quecksilbersäule proportional (*362* und S. 26). Bei einer Säule von 30 cm verursacht daher eine Druckänderung von 1 mm eine Stufenänderung um 0,15%. Um also eine 0,8%ige Änderung des Diffusionsstromes hervorzurufen, müßte die Quecksilbersäule um 6 mm sinken, was erst nach sechstägigem Tropfen erreicht würde. Dabei wird aber täglich der Behälter gesenkt, um das Tropfen in einem Gefäß mit destilliertem Wasser einzustellen, so daß auch täglich das Quecksilberniveau genau in die bezeichnete Lage gehoben wird. Es scheint deshalb überflüssig, Anordnungen einzuführen, durch welche mittels Kunstgriffe das Quecksilberniveau in einer konstanten Höhe gehalten werden soll (*551*, *556*, *614*).

Eine sehr genaue Ausmessung der Stufenhöhen ist nur dann möglich, wenn der Grundstrom und der Diffusionsstrom parallele, nahezu waagrechte Kurvenstücke darstellen; dann ist nämlich der Abstand der Parallelen leicht meßbar. Da jeder Diffusionsstrom infolge des regelmäßigen Abtropfens des Quecksilbers Zacken an der Kurve verursacht, wählt man den linienförmigen Mittelstrom zwischen den Zackenspitzen als den wahren Diffusionsstrom. Die Diffusionsströme verlaufen aber oft nicht waagrecht, sondern allmählich ansteigend (Abb. 19) oder auch absteigend (Abb. 33). In solchen Fällen findet man einen empirischen Weg zur geeignetsten Messung, etwa so, daß man den Stromanstieg von der letzten noch regelmäßig ansteigenden Zacke bis zur ersten nach dem Anstiege wieder regelmäßigen Zacke mißt. Damit ist aber eine gewisse Willkür und eine dementsprechende Herabsetzung der Genauigkeit verbunden.

Ist ein depolarisierend wirkender Bestandteil der Lösung in der oben angeführten Weise qualitativ und annähernd quantitativ bestimmt, kann seine Konzentration genauer ermittelt werden, wenn man der polarographisch untersuchten Lösung den Bestandteil zufügt. Dabei wählt man eine solche Verdünnung, daß durch die Zugabe die Stufe des Bestandteiles meßbar erhöht wird, womit gleichzeitig auch seine Identität erwiesen wird. Wenn z. B. durch die Zugabe die Stufenhöhe gerade verdoppelt wird, mußte die ursprüngliche Konzentration dadurch in der Lösung auf das Zweifache gestiegen sein. Im allgemeinen Fall, wenn durch die Zugabe von A cm³ zu V cm³ der Lösung eine h mm hohe Stufe auf h' mm erhöht wird, ergibt sich die Konzentration x des Stoffes vor der Zugabe durch die Formel

$$x = \frac{h \cdot c}{h' + (h' - h)\dfrac{V}{A}},$$

wo c die Konzentration des beigefügten Stoffes vor der Zugabe bezeichnet. Diese Formel ist aus dem einfachen Verhältnis der Höhen der Stufe

$$h : h' = x : \left(x \cdot \frac{V}{V + A} + c \cdot \frac{A}{V + A}\right),$$

abgeleitet.

Bei ganz genauen Analysen verläßt man sich nicht auf eine strenge Gültigkeit der linearen Proportionalität zwischen der Stufenhöhe und der Konzentration des Depolarisators, denn bei großen Verdünnungen zeigen sich (*194*, *435*) Abweichungen von der Formel (7). Es macht sich hier der Ladungsstrom (S. 55) bemerkbar und es kommen Adsorptionswirkungen zum Vorschein (S. 171). Änderungen der Stufenhöhen durch Adsorption sind namentlich bei Vorhandensein von Niederschlägen in der zu analysierenden Lösung zu befürchten. Um diese komplizierte Abhängigkeit der Stufenhöhe von der Konzentration zu umgehen, ermittelt man die Konzentration des Depolarisators durch eine unter den entsprechenden Bedingungen aufgenommene Eichkurve. Bei der Anfertigung der Eichkurve müssen die Versuchsbedingungen mit denen der Serienanalysen vollständig übereinstimmen; für jede neue Kapillare muß eine neue Eichkurve aufgenommen werden. Abb. 140 zeigt eine solche Eichkurve, und zwar zur Bestimmung des Kadmium in Rohzinkerzen (*428*). Da die Proben neben Zink und Kadmium immer Eisen und Kupfer enthielten und das Eisen in der ammoniakalischen Lösung als Ferrihydroxyd niedergeschlagen wurde, mußte hier mit Verlusten durch Adsorption gerechnet werden. Deswegen wurden die zur Eichkurve dienenden Kadmiumlösungen mit den in den Roherzen vorkommenden Mengen Eisen, Kupfer und Zink versetzt und mit Ammoniak wie bei der Serienanalyse behandelt. Dazu wurden in einigen 25-cm^3-Meßkolben 2 cm^3 konzentrierter Salzsäure, 5 cm^3 0,1-n-$FeCl_3$-, 2 cm^3 4-n-$ZnCl_2$- und 1 cm^3 0,05-n-$CuCl_2$-Lösung gemischt und verschiedene Mengen der zur Eichung dienenden Kadmiumlösung zugegeben. Dann wurden zu jedem Gemisch 10 cm^3 konzentrierter Ammoniaklösung zugefügt und das Gemisch wurde tüchtig geschüttelt. Nun wurden 0,5 cm^3 einer

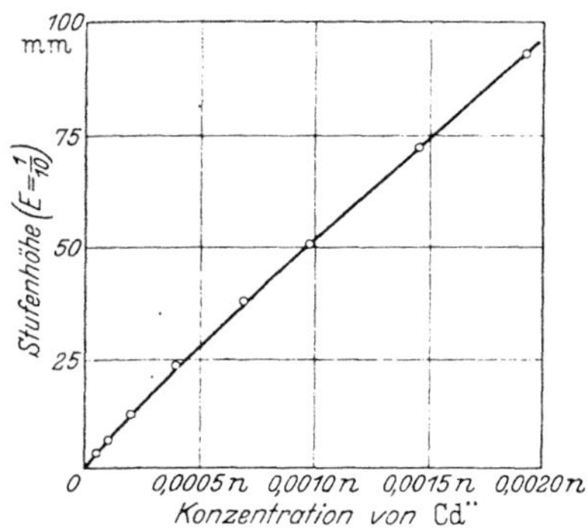

Abb. 140. Eichdiagramm für Kadmiumlösungen.

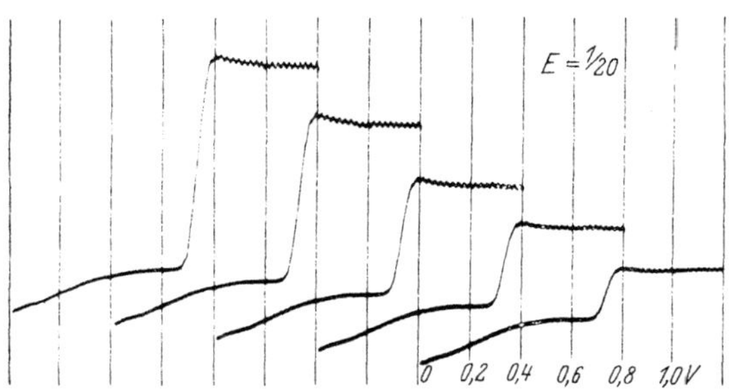

Abb. 141. Eichpolarogramm zur Eichkurve. Zu 5 cm^3 einer 0,1-n-$CaCl_2$-Lösung wurden 0,04, 0,07, 0,10, 0,15, 0,20 cm^3 einer 0,050-n-$CdCl_2$-Lösung in Stickstoffatmosphäre zugegeben. Empf. 1:20, 4-V-Akkum.

$^1/_2$%igen wäßrigen Gelatinelösung zugegeben und der Kolben wurde mit einer frisch bereiteten, etwa 0,01-m-Na_2SO_3-Lösung bis zur 25-cm^3-Marke gefüllt. Von so bereiteten Lösungen wurden je etwa 5 cm^3 in einem kleinen Becherglas offen an der Luft polarographisch untersucht. Das so erhaltene Polarogramm, dessen Stufenhöhen für die Herstellung der Eichkurve (Abb. 140) benutzt wurden, ist in Abb. 141 veranschaulicht. Da die Kadmiumstufe bei der Spannung von 0,7 V erscheint, wurde gleich eine Spannung von 0,4 V an die Elektroden angelegt; dann setzt die Kurve am Kopf der zweiten Kupferstufe ein. Die Eichkurve (Abb. 140) zeigt eine praktisch lineare Beziehung zwischen der Stufenhöhe und der Konzentration, auch wenn sich die Adsorption geltend macht. Nähere Untersuchungen zeigen, daß hier an dem Niederschlag etwa 10% der Kadmiumionen adsorbiert werden; trotzdem gibt die empirische Eichkurve doch die Menge des Kadmium auf 2% genau an, wie dies aus den folgenden Zahlen ersichtlich ist:

Lösung Nr.	Gravimetrisch	Polarographisch
1	0,01930 g Cd pro Liter	0,0195 g Cd pro Liter
2	0,04826 g Cd pro Liter	0,0492 g Cd pro Liter
3	0,01930 g Cd pro Liter	0,0197 g Cd pro Liter
4	0,04826 g Cd pro Liter	0,0488 g Cd pro Liter

(Die gravimetrische Analyse wurde durch R. Kraus im analytischen Laboratorium der Chemischen Werke *Aussig-Falkenau* in Aussig, die polarographische durch J. V. A. Novák im physikalisch-chemischen Institut der tschechischen Karlsuniversität in Prag durchgeführt.)

Die beschriebene Eichkurve führt zu zuverlässigen Ergebnissen nur, wenn die in Serienanalysen vorkommenden Proben im Gehalt von Eisen nicht allzu große Unterschiede aufweisen. Sonst ist es vorteilhafter, die Analyse ohne Eichkurve durchzuführen und die Konzentration des Bestandteiles durch Wiederholung der Analyse unter Zugabe einer genau bekannten Menge des Bestandteiles zu ermitteln. Dabei muß der Bestandteil (in unserem Fall also die Kadmiumionen) vor der Niederschlagsbildung zur Lösung zugegeben werden, damit sich das Adsorptionsgleichgewicht immer unter gleichen Bedingungen ausbilden kann. Gemäß der Stufenhöhe der ersten Kurve, welche ohne Zugabe aufgenommen wurde, kann die Menge, welche zur etwa doppelten Höhe der Stufe erforderlich ist, abgeleitet werden. Die Berechnung der ursprünglichen Konzentration x erfolgt nach genauer Messung der Stufen aus der oben erklärten Formel $x = \frac{h \cdot c}{h' + (h' - h)\frac{V}{A}}$. Dieses Verfahren gibt genaue Ergebnisse, insofern die durch Adsorption entstandenen Prozentualverluste in dem angewandten engen Konzentrationsgebiete die gleichen sind.

Um den Einfluß der Änderungen der Temperatur, Viskosität, Tropfgeschwindigkeit und der Verluste durch Adsorption bei den quantitativen Bestimmungen zu beseitigen, führte E. FORCHE (*406*) die Bestimmung durch den „Quotient zweier Stufen“ ein. Diese Methode besteht darin, daß zu der Lösung, welche untersucht wird, ein dem zu bestimmenden Depolarisator (z. B. Pb^{2+}) ähnlicher Stoff mit günstig gelegenem Depolarisationspotential (z. B. Cd^{2+}) in bekannter und immer konstanter Menge als Bezugssubstanz zugegeben wird. In der Annahme, daß sich Änderungen der Viskosität, Tropfengröße usw. auf beide Stufen in gleichem Maß auswirken, kann die Gehaltsbestimmung einfach aus dem Verhältnis der Stufenhöhen der beiden Kationen in der gleichen Lösung erfolgen. Dazu ist nur eine Eichkurve erforderlich welche — unabhängig von der Temperatur, Kapillare, Viskosität usw. — die gesuchte Ionenkonzentration (z. B. der Pb^{2+}-Ionen) als Funktion des Verhältnisses der beiden Stufen (also des „Stufenquotienten“) angibt. Abb. 142 stellt eine solche Eichkurve dar, welche zur Ordinate den beobachteten Stufenquotienten und zur Abszisse die Konzentration der Pb^{2+}-Ionen hat.

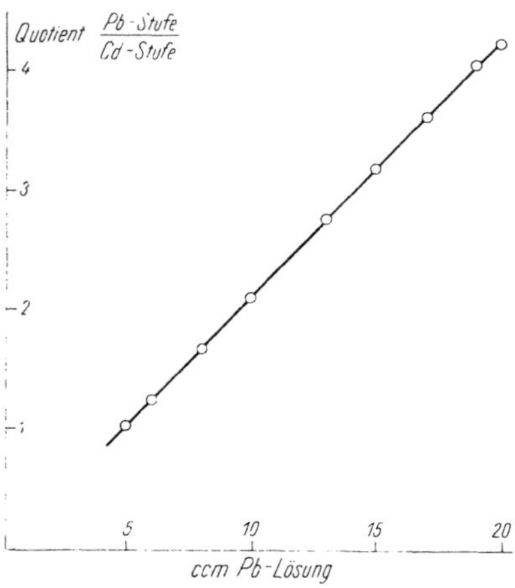

Abb. 142. Eichdiagramm des Stufenquotienten $Pb^{2+}:Cd^{2+}$ nach H. E. FORCHE.

Das hier beschriebene Verfahren mittels des Stufenquotienten bietet, wie alle polarographischen Methoden, dann keine Vorteile, wenn es sich um die einmalige Analyse einer Lösung völlig unbekannter Zusammensetzung handelt. Es bewährt sich dagegen ausgezeichnet bei laufenden Untersuchungen ähnlicher, aber nicht gleichmäßig zusammengesetzter Flüssigkeiten.

Beim Ausmessen der Stufenhöhen wirken oft die mehr oder weniger ausgeprägten Maxima der Stromspannungskurven störend. Es bieten zwar die nach dem Abfall eines Maximums waagrecht verlaufenden Diffusionsströme ein verläßliches Maß der Konzentration, doch kommt es oft vor, daß noch vor dem Abfall zum wahren Diffusionsstrom der Strom wegen anderer Vorgänge ansteigt. In solchen Fällen muß das Maximum unterdrückt werden. Dazu gebraucht man kleine Zugaben von Farbstoffen (wie Rosebengal, Fuchsin) oder noch besser von Kolloiden wie Gelatine oder Zellulosederivate, Eiweißkörper oder andere hochmolekulare Verbindungen. H. HOHN (*347*) empfiehlt z. B. eine in kaltem Wasser lösliche Methylzellulose „Tylose S", deren käufliche 10%ige Paste (Viskositätszahl 100) man mit Wasser durch Umrühren bis zur Homogenisierung vermischt und den Wasser-

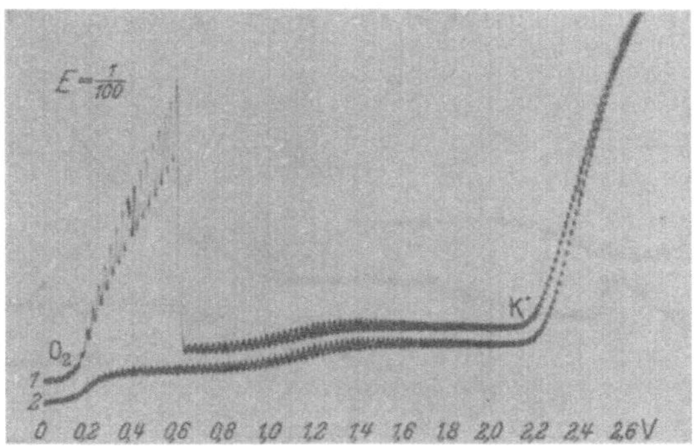

Abb. 143. Unterdrückung des Luftsauerstoffmaximums durch Filtrieren. Eine 0,003-n-KCl-Lösung *1* vor und *2* nach Filtrieren offen an der Luft aufgenommen. Empf. 1:100, 4-V-Akkum.

zusatz so lange fortsetzt, bis man von 200 g Paste einen Liter kolloider Lösung erhält. Von dieser Lösung fügt man der zu untersuchenden Lösung einen Teil auf 100 bei, so daß dieselbe 0,2% Tylose S enthält.

Bei verdünnten Lösungen genügt oft bloßes Filtrieren durch ein gewöhnliches Filtrierpapier, um ein Maximum, wie z. B. das des Luftsauerstoffes (Abb. 143), zu unterdrücken. Die filtrierte Lösung zeigt aber bei der Abscheidung der Alkalimetalle katalytische Störungen des Kurvenverlaufes, durch welche der Grenzstrom der Alkalimetalle unbestimmt wird. In Anwesenheit von einigen Kationen (wie Mn^{2+}, Ni^{2+}, Zn^{2+}) verursacht Tylose in ammoniakalischer Lösung eine katalytische Wirkung bei —1,7 V.

Bei der Benutzung der Zellulose-, Protein- oder Gelatinelösungen muß man beachten, daß es oft zu Bindungen dieser hochmolekularen Systeme mit den Schwermetallen kommt, was sich durch Verschiebung der Abscheidungspotentiale oder auch Unterdrücken der Stufen äußert (*572*). Solche Mittel können daher nur in jenen Fällen angewendet werden, welche durch Eichkurven oder auf ähnliche Weise gut erprobt wurden. Die Wahl der Unterdrückungsmittel wird deshalb in den polarographischen Vorschriften je nach der analytischen Aufgabe speziell angegeben.

Die Ursachen von Störungen des Kurvenverlaufes.

Beim Polarographieren kommt es vor, daß die aufgenommenen Kurven nicht reproduzierbare Unregelmäßigkeiten zeigen, welche sich vom regulären Verlauf der Kurve auffällig unterscheiden,

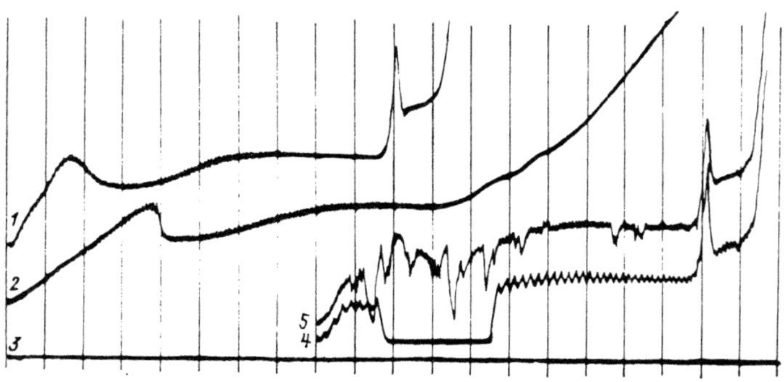

Abb. 144. Störungen, welche beim Polarographieren vorkommen können. *1* normale Kurve einer offen an der Luft aufgenommenen 0,15-n-LiOH-, 0,001-n-$BaCl_2$-Lösung, mit Empf. 1:200, 4-V-Akkum. Bei denselben Bedingungen, jedoch *2* bei großem Widerstande infolge eines schlechten Kontaktes, *3* bei unterbrochenem Kontakte, *5* bei Durchleiten des Wasserstoffes während der Aufnahme, *4* bei langsamem Tropfen, wenn im Bereiche der größten Oberflächenspannung das Tropfen aufhört.

oder daß auch bei den größten Empfindlichkeiten die Kurven sehr in die Länge gezogen werden oder überhaupt keinen Anstieg zeigen. Abb. 144 zeigt solche Fälle. Die Ursachen solcher Störungen sind gewöhnlich die folgenden:

Wenn man statt der richtigen Kurve (1) eine ausgedehnte Kurve (2) oder eine Gerade (3) erhält, ist es ein Zeichen schlechter Leitung des Stromes. Da suchen wir den Widerstand an den Kontakten und Zuleitungsdrähten zum Akkumulator, überzeugen uns von der Richtigkeit der Platin- und Quecksilberkontakte an der Kathode und Anode und probieren, ob das Galvanometer mit dem Nebenschluß entsprechend empfindlich ist.

Wenn alles in Ordnung zu sein scheint und der Strom trotzdem nicht durchfließen kann, überzeugen wir uns mit einem kleinen

Handvoltmeter entlang der Zuleitungsdrähte, von den Klemmen des Akkumulators angefangen bis an die Kontakte der Quecksilberelektroden, ob überall die abgezweigte Spannung herrscht. Es kommt vor, daß die in das Quecksilber tauchenden Enden der Zuleitungsdrähte fett oder korrodiert sind und dadurch hohen Widerstand leisten. Wenn auch nach Reinigen dieser Kontakte die Stromleitung nicht hergestellt ist, kann der Fehler an einem schlecht eingeschmolzenen oder abgebrochenen Platinkontakt liegen. Oft verursacht eine Luftblase in den Quecksilberkontaktröhrchen oder im Gummischlauch des Behälters die Stromunterbrechung. Das letztgenannte Hindernis wird durch einfaches Schütteln des Schlauches entfernt.

Es kommt auch vor, aber nur selten, daß adsorptive Stoffe, z. B. Eiweißstoffe, oder Anionen, welche mit Quecksilber unlösliche Salze bilden, die Anode mit einer isolierenden Schicht bedecken (*98*). Dieser Übelstand wird durch Umrühren beseitigt, jedoch nicht dauernd; in solchem Falle soll die unpolarisierbare Elektrode von der Lösung getrennt werden (S. 252) oder eine zweite tropfende Elektrode als Anode benutzt werden (S. 241).

Nach Anwendung von großen Stromstärken beobachtet man manchmal an der Kapillare, daß die Tropfenbildung ausbleibt und das Quecksilber in sehr dünnem, kaum sichtbarem Strahl aus der Kapillare rinnt. Dies wird durch Gasblasen, welche sich in der Kapillare durch Elektrolyse gebildet haben, oder durch andere an der Mündung haftende Produkte verursacht. Es genügt dann meist, wenn man die Kapillare stark schüttelt oder die Mündung mit Filtrierpapier abwischt. Wenn dadurch die Störung noch nicht behoben wird, soll die Kapillarmündung in konzentrierte Salpetersäure (1:1) getaucht, das Tropfen durch Verminderung des Quecksilberdruckes auf kurze Zeit eingestellt und dieselbe Spülung mit destilliertem Wasser durchgeführt werden. Sollte es trotzdem nicht gelingen, auf diese Weise den Fremdkörper aus der Mündung der Kapillare zu entfernen, muß die Kapillare aus dem Schlauch bei hochgehobenem Ende herausgezogen, das Quecksilber aus der Kapillare herausgeklopft und die Kapillare durch einen Strom von Salpetersäure und Wasser — wie auf S. 214 angegeben — gereinigt werden.

Bei Anwendung von Gummischläuchen dringt im Laufe der Zeit etwas Schwefel aus dem Gummi in das Quecksilber ein, was man durch das Auftreten einer schwarzen Haut auf der Quecksilberoberfläche im Behälter erkennt. Nach einigen Autoren (*272*) besteht dann die Gefahr, daß damit der Tropfenfall empfindlich gestört wird. Der Verfasser kann sich jedoch über solche Störungen nicht beklagen, obzwar er immer nur Gummischläuche benutzt. Um eine Möglichkeit solcher Übelstände zu vermeiden, sind von R. H. LEACH und H. TERREY (*353*), J. J. LINGANE und I. M. KOLTHOFF (*552*) einerseits und von R. VANOSSI (*569*) und M. v. STACKELBERG (*556*) anderseits Einrichtungen getroffen worden, in denen das Quecksilber nur mit Glas in Berührung kommt.

Der horizontale zackenlose Teil der Kurve 4 zeigt, daß das Tropfen aufgehört hat; dies geschieht bei langsamem Tropfen (bei niedrigem Quecksilberdruck), wenn die tropfende Elektrode bis zur Spannung polarisiert wird, bei welcher sie den Höchstwert erreicht. Solche Kurven muß man mit höherem Niveau des Quecksilbers im Behälter wiederholen.

Die Unregelmäßigkeiten an den Kurven werden durch schlechtes Auflegen des Schleifkontakts auf dem Meßdraht oder durch schlecht aufliegende bzw. verunreinigte Reibungskontakte (X, Y, Abb. 115), welche den Strom dem Meßdraht zuführen, verursacht. Man kann auch herausfinden, um welchen der Seitenkontakte es sich hier handelt, denn bei Störung des Kontakts (Y) vor dem Anfang des Meßdrahtes wirkt auf die elektrolytische Zelle die ganze E.M.K. des Akkumulators und der Strom steigt daher plötzlich; dagegen bewirkt eine Störung des Kontakts (X) am Ende des Meßdrahtes eine Unterbrechung des Stromes und daher einen Galvanometerausschlag gegen Null.

Das beste Mittel zum Reinhalten der Reibungskontakte ist eine womöglich tägliche Benutzung des Polarographen, da sich die Kontakte bei stetiger Reibung rein und glatt erhalten.

Auch Erschütterungen des Fußbodens oder der Wände verursachen selbstverständlich Störungen durch Zittern des Galvanometerspiegels, vielmehr aber durch unregelmäßiges Abtropfen des Quecksilbers. Es empfiehlt sich deswegen, einen ruhigen Platz im Laboratorium für die Aufstellung der Apparatur zu wählen und beim Polarographieren möglichst leise aufzutreten.

Durchleiten der Gase verursacht Bewegungen der Flüssigkeit und ruft dadurch Störungen im Abtropfen des Quecksilbers hervor (Abb. 144, Kurve *5*).

III. Allgemeines über Anwendbarkeit der polarographischen Analyse.

Polarographisch können diejenigen Stoffe bestimmt werden, welche entweder direkt depolarisierend wirken oder mit einem depolarisierend wirkenden Stoff Komplexe oder schwer lösliche Verbindungen bilden.

Zu den direkt depolarisierend wirkenden Stoffen gehören die in Tabellen 1 bis 5 (S. 202) angegebenen anorganischen und organischen Ionen, Molekeln und die im Kap. IV (S. 133) angeführten katalytisch wirkenden Körper. Diese können sowohl qualitativ wie quantitativ bestimmt werden. Indirekt können die nicht depolarisierend wirkenden Stoffe, wie z. B. die SO_4''-, PO_4'''-Ionen, nur dann festgestellt werden, wenn sie mit einem passenden depolarisierend wirkenden Fällungsmittel reagieren, wie z. B. SO_4'' mit Pb^{2+} oder Ba^{2+} und PO_4''' mit einer Molybdat- oder Wismutylperchloratlösung. Dann erniedrigt sich die Stufe des Fällungsmittels gemäß der Menge des zugegebenen Stoffes. Ein solches indirektes Verfahren eignet sich nicht zu qualitativen, sondern zu quantitativen Messungen. Als Beispiel einer indirekten polarographischen Bestimmung eines schlecht depolarisierend wirkenden Stoffes mittels einer löslichen Verbindung mit einem Depolarisator ist die Bestimmung des Acetons zu erwähnen. Da sich dieses Keton mit saurem Sulfit zu einer polarographisch unwirksamen Verbindung vereinigt und das Sulfit in saurer Lösung, reduktionsfähig ist, erniedrigt sich in saurer Lösung gemäß der Zugabe von Aceton die Sulfitstufe und gibt dadurch den Gehalt von Aceton quantitativ an. Bei einigen direkt nicht polarographisch bestimmbaren Verbindungen ist es vorteilhaft, sie durch chemische Einwirkung in eine depolarisierend wirkende Form zu verwandeln; z. B. Methyl- oder Äthylalkohol, welche polarographisch weder reduktions- noch oxydationsfähig sind, werden durch Oxydation mit geeigneten Mitteln (am besten an einer Platinanode) in Aldehyde verwandelt, welche dann durch polarographische Stufen des Formaldehyds bzw. Acetaldehyds qualitativ unterschieden und nachgewiesen werden können. Ähnlich muß man vorgehen, wenn die polarographisch nicht reduktionsfähige Arsensäure bestimmt werden soll; man reduziert sie mit geeignetem polarographisch nicht störendem Reagens, z. B. mit KJ in 20%iger HCl oder mit N_2H_4 in konz. H_2SO_4 oder H_3PO_4 (S. 333), zur arsenigen Säure, welche dann in saurer Lösung polarographische Stufen hervorruft. Es bieten sich also die Möglichkeiten, beinahe jeden Stoff durch irgendein Eingreifen polarographisch bestimmbar zu machen. Die Hauptbedingung der polarographischen Analyse ist, den Stoff in echte Lösung zu bringen. Kolloidale Lösungen sind praktisch unwirksam. Eine Ausnahme bilden die wenigen Stoffe, die nur katalytisch wirken (wie Proteine), sowie einige höchst disperse und aktive Formen von Kolloiden, wie frisch gefälltes Ferrihydroxyd, welche an den Kurven Stufen hervorrufen. Suspensionen oder kolloidal gelöste Stoffe können nur nach ihrem Unterdrückungsvermögen der Maxima an den Stromspannungskurven, was ihr Vorzeichen, Dispersionsgrad und damit verbundene Adsorptionsfähigkeit anbelangt, charakterisiert werden. Auch nichtwäßrige Lösungsmittel eignen sich oft gut zum Herstellen von Lösungen zu polarographischen Zwecken, wie z. B. Methyl- oder Äthylalkohol, Dioxan, Pyridin, Anilin oder andere ionisierende Flüssigkeiten (vgl. S. 184).

Zur Auflösung der Metalle oder unlöslicher Verbindungen eignen sich am besten die starken Säuren HCl und $HClO_4$, welche selbst ebenso wie ihre Reaktionsprodukte polarographisch unwirksam sind. Dagegen bilden HNO_3 und in einigen Fällen auch H_2SO_4 depolarisierend wirkende Reduktionsprodukte (wie SO_2, NO), welche durch Abrauchen beseitigt werden müssen; überdies werden die NO_3'-Ionen in Anwesenheit von zwei- und dreiwertigen Kationen an der tropfenden Kathode selbst reduziert. Als starkes Oxydationsmittel eignet sich deshalb am besten die Überchlorsäure, erstens darum, da weder das Anion ClO_4' noch dessen Reduktionsprodukte ClO_3' oder Cl' polarographisch stören, und zweitens, weil Perchlorate der Schwermetalle einschließlich des Quecksilbers löslich sind, weshalb in Lösungen von $HClO_4$ ein sehr positives Potential (bis + 0,4 V) erreicht wird und Abscheidungsstufen von edleren Metallen voll ausgebildet werden können.

Eine weitere analytische Anwendungsmöglichkeit — welche jedoch noch nicht praktisch erprobt wurde — ersieht der Verfasser in der polarographischen Untersuchung der Amalgame. Bekanntlich rufen Spuren von unedleren Metallen, die in Quecksilber gelöst sind, anodische Stufen an der Stromspannungskurve hervor (*508*, *529*), wodurch nicht nur die Reinheit des Quecksilbers geprüft werden kann, sondern sich auch die Möglichkeit bietet, Lösungen von Legierungen im Quecksilber auf gewisse Metalle zu analysieren. Ein solches Verfahren hätte den Vorteil, daß die unedleren Metalle (wie Alkalimetalle und Zink) auch mit großer Empfindlichkeit in Anwesenheit eines Überschusses von edleren Metallen (wie von Kadmium, Blei, Wismut, Kupfer, Silber, Gold oder Quecksilber) bestimmt werden könnten. Dagegen sind an der tropfenden Quecksilberkathode in einer Elektrolytlösung, welche einen Überschuß von Stoffen, die sich bei negativeren Potentialen reduzieren, bei größter Empfindlichkeit nur diejenigen mit den positivsten Reduktionspotentialen bestimmbar. So findet man geringe Spuren von Kupfer, Blei oder Kadmium in Zink, Eisen oder Aluminium, nicht aber ganz kleine Spuren von Zink in Kupfer, Blei oder Kadmium. Dies geht aus der Reihe der Abscheidungspotentiale hervor, denn bei Anwesenheit von edleren Bestandteilen in größeren Konzentrationen kann wegen des großen Galvanometerausschlages die ganze Kurve nur mit einer geringen Empfindlichkeit aufgenommen werden. Bei einer herabgesetzten Empfindlichkeit werden aber die kleinen Stufen der etwa vorhandenen Spuren von Stoffen, welche sich bei negativeren Potentialen reduzieren, unmeßbar klein. Die unedleren Bestandteile lassen sich in einem Gemisch mit edleren (wie z. B. Zink in Kupfer) nur dann genau quantitativ bestimmen, wenn ihre Konzentration mindestens 5% jener des edleren Hauptbestandteiles beträgt. Manche Autoren wollen diese beschränkte Genauigkeit durch Kompensation des großen Sättigungsstromes, welcher durch den Hauptbestandteil verursacht wird, verbessern. Sie schlagen vor, einen entsprechend regulierten Gleichstrom gegen den durch das Galvanometer fließenden Strom zu leiten (*417*, *431*) oder den Gegenstrom aus einer zweiten Zelle mit einer gleichen Kapillare und derselben Lösung, jedoch unter einer nur dem Sättigungsstrom des Hauptbestandteiles entsprechenden Spannung zu beziehen (*430*). Durch solches Vorgehen soll der erste Sättigungsstrom praktisch zu Null herabgesetzt werden, damit dann eine hohe Empfindlichkeit für die Fortsetzung der Kurve zu negativeren Potentialen angewendet werden kann. Durch diese Kunstgriffe gelingt es aber nicht, die Oszillationen des Stromes, welche durch das Abtropfen des Quecksilbers hervorgerufen werden und an der Kurve beträchtlich große Zacken verursachen, zu beseitigen. Diese Zacken werden bei der Anwendung von hoher Empfindlichkeit so groß, daß dabei die den Spuren unedlerer Bestandteile entsprechenden Stromsteigerungen wiederum nur ungenau meßbar sind.

Eine genaue Bestimmung der unedleren Metalle in einem Überschuß der edleren läßt sich jedoch in einigen Fällen durch Komplexbildung der edleren Bestandteile erzielen, z. B. bei Kupfer durch Zugabe von Cyanidionen, wobei fast alle unedleren Metalle (wie Kadmium, Nickel, Kobalt, Mangan) bei positiveren Potentialen als Kupfer abgeschieden werden und deshalb ihre ganz geringen Spuren in Kupfer mit größter Empfindlichkeit polarographisch nachgewiesen werden können.

Auf eine ähnliche Weise kann man Spuren von Alkalimetallen in Aluminium genau bestimmen, wenn man die Aluminiumlösung in einem Überschuß von Tetramethylammoniumhydroxyd polarographisch untersucht (*177*). Das entstandene Aluminat ist polarographisch unwirksam, so daß auf der Kurve nur Stufen der in alkalischer Lösung beständigen Ionen, hauptsächlich der Natrium-Ionen, entstehen.

Im Gemisch von Stoffen, welche anodische Stufen hervorrufen, ist derjenige Bestandteil mit der höchsten Empfindlichkeit meßbar, welcher — im Gegensatz zu den kathodischen Stufen — das negativste Depolarisationspotential besitzt. So kann eine geringe Spur von Sulfid im Überschuß von Chloriden, Bromiden oder Jodiden genau bestimmt werden, nicht aber, im umgekehrten Verhältnisse, kleine Spuren von Halogeniden in Sulfiden.

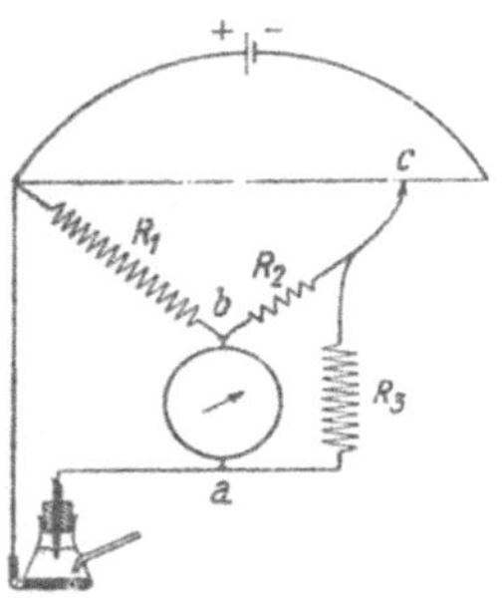

Abb. 145. Schema von D. Ilkovič und G. Semerano zur Kompensation des Ladungsstromes.

Die Genauigkeit der quantitativen Bestimmungen ist bei den bestdefinierten Diffusionsströmen unter den konstant gehaltenen Versuchsbedingungen — wie auf S. 263 eingehend erklärt wurde — 0,8%. Bei aufsteigenden Diffusionsströmen nimmt die Genauigkeit der Stufenmessung bis zum Verschwinden des Stufencharakters ab, was auch bei großen Verdünnungen der Fall ist. Die größte Genauigkeit wird bei Konzentrationen zwischen 10^{-2} und 10^{-4} n erreicht. Bei 10^{-5}-n-Konzentration steigt der Beobachtungsfehler etwa zu $\pm$ 10% und bei 1^{-6} n verschwinden die Stufen auch bei der größten Empfindlichkeit in dem ansteigenden Ladungsstrom (S. 55) und den störend wirkenden Zacken. Um diesen Übelstand zu beseitigen und die Empfindlichkeit und Genauigkeit der polarographischen Bestimmungen zu erweitern, führten D. Ilkovič und G. Semerano (*143*) eine Kompensation des Ladungsstromes ein. Abb. 145 zeigt das Schema, bei welchem ein Widerstand R_1, von etwa 1000 Ω, zwischen das Galvanometer und den Anfang des potentiometrischen Meßdrahtes, ein zweiter Widerstand R_2, von etwa 10 Ω, zwischen dieselbe Klemme des Galvanometers wie R_1 und zwischen den Schleifkontakt und ein dritter Widerstand R_3, von etwa 70000 Ω, zwischen die zweite Klemme des Galvanometers und den Schleifkontakt eingeschaltet ist. Diese Schaltungen bewirken, daß der durch das Galvanometer fließende Strom durch einen, mit der Bewegung des Schleifkontakts sich linear ändernden Gegenstrom zu Null kompensiert wird. Da der Ladungsstrom mit der angelegten Spannung E ungefähr linear anwächst, und zwar — je nach der Tropfgeschwindigkeit — etwa 10^{-7} A pro Volt beträgt, wird er durch den Gegenstrom zu Null kompensiert, wenn der

Spannungsabfall E_2 entlang R_2 gleich dem Spannungsabfall E_3 entlang R_3 sein wird. Die dazu erforderliche Bedingung ist $i_2 \cdot R_2 = i_3 \cdot R_3$. Da aber, beim stromlosen Zustand des Galvanometers, $\frac{E}{R_1 + R_2} = \frac{E_2}{R_2}$ und $E_2 = E_3$ und ferner $E_3 = i \cdot R_3 = k \cdot E \cdot R_3$, wobei i den Kompensationsstrom bezeichnet, welcher durch den Proportionalitätsfaktor $k = 10^{-7}$ A pro Volt gegeben sein soll, lautet die Bedingung $R_3 = \frac{R_2}{k(R_1 + R_2)}$. Da sich der

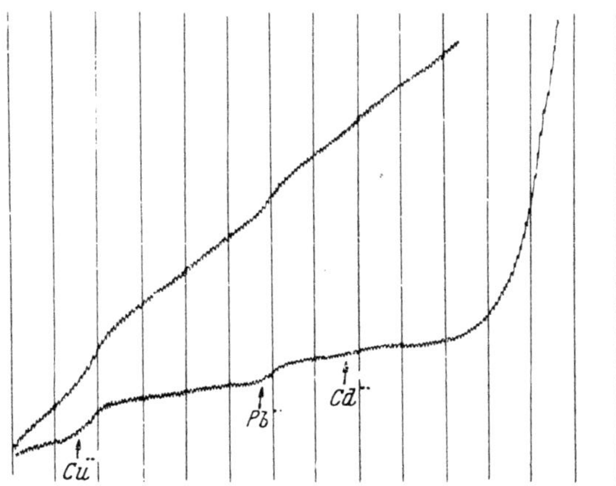

Abb. 146. Kompensierter (untere Kurve) und nicht kompensierter (obere Kurve) Ladungsstrom einer 0,1-n-HNO_3-Lösung mit 5×10^{-7}-n-Pb^{2+} und 5×10^{-7}-n-Cd^{2+}-Ionen. Höchste Empf., 2-V-Akkum. Bei der Kompensation wurde $R_1 = 1000$, $R_2 = 10$, $R_3 = 36000\ \Omega$ eingeschaltet.

Faktor k gemäß der Tropfgröße und Tropfzeit ändert, wird zur Kompensation bei Benutzung von verschiedenen Kapillaren und Lösungen einer der Widerstände regulierbar gemacht, um empirisch eingestellt zu werden. Am geeignetsten ist es, den kleinen Widerstand R_2 (zwischen Null und etwa 50 Ω) kontinuierlich zu ändern, bis die gewünschte Kompensation erreicht wird. Da der Ladungsstrom aber nicht genau linear ist, sondern vor und nach dem elektrokapillaren Nullpunkt der tropfenden Elektrode den Anstieg ändert, sowie auch von den sich mit der Spannung ändernden Tropfbedingungen abhängt, ist diese Kompensation nie eine vollkommene. Abb. 146 zeigt jedoch, daß dieses Verfahren von praktischer Bedeutung ist, denn es erlaubt Spuren in Konzentrationen der Größenordnung 10^{-6} n noch deutlich zu verfolgen.

Bei dieser Kompensation ist es vorteilhaft, die Kapillare schneller tropfen zu lassen, damit man möglichst hohe Stufen erhält; der Ladungsstrom ist zwar dabei auch erhöht, wird aber durch den geeigneten Gegenstrom kompensiert. Was die Empfindlichkeit anbelangt, so ist damit die Grenze nicht erreicht, denn einige katalysierend wirkende Stoffe, wie Cystin oder Alkaloide der Chinolingruppe, zeigen deutliche polarographische Wirkungen noch in einer 10^{-7}-m-Konzentration, ohne Benutzung der Kompensation des Ladungsstromes.

Einen vom analytischen Standpunkt wichtigen Vorteil der polarographischen Analyse bietet die Möglichkeit einer mehrfachen Wiederholung der Kurve, ohne daß die Lösung merkbar geändert wird. Dies folgt aus der geringen Menge der elektrolytisch zersetzten Bestandteile, welche der verbrauchten kleinen Elektrizitätsmenge bei schwachen Strömen äquivalent ist. Nur bei Benutzung von ganz kleinen Flüssigkeitsmengen, unter 0,1 cm³, macht sich eine Verminderung der Bestandteile in der Abnahme der Stufenhöhen nach Wiederholen der Kurven geltend, und zwar nur bei irreversiblen Elektrodenvorgängen. Bei reversiblen Abscheidungen oder Reduktionen wird nämlich an der tropfenden Kathode die Lösung um dieselbe Stoffmenge verarmt, um welche sich die Lösung an der sehr nahe liegenden Anode wieder bereichert; dann bleibt nämlich in dem kleinen Flüssigkeitsvolumen, welches durch das Tropfen fortwährend durchgerührt wird, die Konzentration der Bestandteile konstant. Die Probelösung wird also durch die polarographische Untersuchung nicht verändert und kann dann auch zu anderen Zwecken benutzt werden.

Die Menge der zur polarographischen Analyse erforderlichen Flüssigkeit ist praktisch unbeschränkt, denn man kann sowohl im Volumen von vielen Kubikzentimetern wie mit einem Tropfen die Analyse ausführen. Die kleinste Menge der Lösung, welche polarographisch untersucht wurde, ist — wie im folgenden Kapitel näher beschrieben wird — 0,005 cm³, also 5 mm³ (*255*). In gewöhnlichen Fällen, wo man noch mit 0,1 cm³ der Lösung bequem die Analyse durchführen kann, beträgt der polarographisch bestimmbare Absolutwert 10^{-9} Grammäquivalente, wobei mehrere Bestandteile gleichzeitig und mit $\pm$ 5% Genauigkeit bestimmt werden können. Die hier in Betracht kommenden Äquivalente sind als Reduktionsäquivalente aufzufassen, nicht etwa als Ionenladungsäquivalente, was besonders bei reduktionsfähigen Anionen einen großen Unterschied bedeutet. So erfordert z. B. ein Grammion NO_3' eine Elektrizitätsmenge von 8 Faraday, weil das Nitrat um 8 Valenzen tiefer bis zu Ammoniak reduziert wird, obwohl sein einwertiges Kation zur völligen Reduktion bloß 1 Faraday verbraucht (vgl. Abb. 28, S. 74). Deswegen sind die Stufen an den Kurven, welche durch Reduktion von Anionen entstehen, bei NO_3' achtmal, bei ReO_4' siebenmal, bei JO_3', NO_2' sechsmal so groß wie die durch ihre Kationen verursachten Stufen. In solchen Fällen ist die polarographische Methode sechs- bis achtmal empfindlicher als oben angegeben. Da die Äquivalentgewichte der meisten Stoffe im Bereich von 10 bis 100 g liegen, lassen sich in einem Volumen von 0,1 cm³ noch 10^{-9} bis 10^{-8} g, also 0,001 bis 0,01 γ bestimmen. In mikroanalytischen Gefäßchen wird die polarographische Erfassungsgrenze noch zehnmal erniedrigt, also bis zu 0,0001 γ.

Die oben als höchst erreichbar angegebene Genauigkeit von $\pm$ 0,8%, mit welcher die Konzentration der depolarisierend wirkenden Bestandteile mittels der Stufenhöhen bestimmt wird, kann beliebig gesteigert werden, und zwar durch ,,polarometrische" Titrationen (s. weiter unten). Bei diesen wird die Höhe des Diffusionsstromes eines titrierten Bestandteiles (z. B. der Ba^{2+}-Ionen) als Indikator des Endpunktes der Titration (z. B. mit SO_4''-Ionen) benutzt. Beinahe in allen Fällen, wo potentiometrische Titration ausgeführt werden kann, ist die polarometrische Titration auch möglich und übertrifft oft die potentiometrische Analyse in Genauigkeit und Empfindlichkeit. Es gibt auch Reaktionen, welche sich zur Potentiometrie — sei es durch Vergiften der festen Elektroden, Wasserstoffentwicklung an den Elektroden oder ihren langsamen Verlauf in der Lösung — nicht eignen, an der tropfenden Elektrode aber glatt zum polarographisch bestimmbaren Endpunkt verlaufen. In dieser Hinsicht kann die Polarographie in der Maßanalyse wesentliche Fortschritte erzielen.

Obzwar die polarographische Methode oft mannigfache qualitative Bestimmungen ermöglicht, wird sie doch mit Vorteil meistens für die quantitative Analyse von Lösungen benutzt, deren Bestandteile bereits bekannt sind und ständiger Kontrolle bedürfen. Die Vorteile solcher Serienanalysen sind dann: 1. die einfache und rasche Vorbereitung der Lösung; 2. ganz geringer Verbrauch des zu untersuchenden Materials; 3. Möglichkeit einer quantitativen Bestimmung von mehreren Bestandteilen zugleich; 4. Möglichkeit von Wiederholungen einer Untersuchung mit derselben Füllung der Zelle, wobei die Probelösung unverändert bleibt; 5. die durch selbsttätiges Aufzeichnen der Ergebnisse erzielte Dokumentierung. Die praktische Bedeutung der Methode liegt also darin, daß sie in wenigen Minuten ausführbare, recht genaue und außerdem graphische quantitative Ermittlung sehr kleiner Konzentrationen ermöglicht, und zwar oft gleichzeitig von mehreren Bestandteilen.

Im allgemeinen können nur Stoffe, deren Depolarisationspotentiale nicht weniger als 0,1 V voneinander verschieden sind, durch deutlich getrennte Stufen abgesondert werden. Im günstigsten Fall, bei Radium und Barium, bemerkt man noch die beiden Stufen, obzwar ihre Abscheidungspotentiale nur 50 bis 60 mV voneinander entfernt sind. Meistens aber fallen die Stufen, auch dann, wenn sie sich etwa um 0,1 V unterscheiden, bei größeren Konzentrationen in eine einheitliche Stufe zusammen, d. h. die beiden Stufen überdecken sich. Eine Verringerung des Spannungsabfalles entlang des potentiometrischen Meßdrahtes (etwa zu 50 mV pro Windung) bringt dann keine Verbesserung. Die große Anzahl der in dem engen Potentialgebiet zwischen 0 und — 2 V depolarisierend wirkenden Stoffe erlaubt selten mehr als drei oder vier Bestandteile in einer Lösung mittels einer Kurve zu bestimmen. Deswegen soll zur polarographischen Analyse die Lösung in einer geeigneten Weise chemisch so vorbereitet werden, daß sie nur wenige der depolarisierend wirkenden Bestandteile enthält. Es ist das Bestreben der Polarographisten, diese Vorbereitung der Lösung für die einzelnen technischen Analysen nur durch Zugaben von Reagenzien und eventuelles Erhitzen, jedoch ohne Filtrieren durchzuführen. Glücklicherweise zeichnen sich die meisten Natur- und noch mehr die Industrieprodukte schon durch eine gewisse chemische Auswahl der vertretenen Bestandteile aus, so daß sie von verhältnismäßig wenigen Verunreinigungen begleitet sind. Man kann dann meist nach einfachem und schnellem chemischem Eingreifen die Lösung polarographisch untersuchen. Sollte es bei den quantitativen Bestimmungen zu Überdeckungen der Stufen kommen, müssen die Depolarisationspotentiale der Bestandteile durch eine der folgenden Maßnahmen voneinander entfernt werden:

1. Änderung des p_H-Wertes der Lösung, wodurch diejenigen Stufen ihre Lage ändern, deren Elektrodenvorgang Wasserstoffionen verbraucht. Die Zugaben von Säure, Alkali oder einem geeigneten Puffergemisch bewirken die erwünschte Änderung. Wenn dadurch die Lösung von einer sauren zu einer stark alkalischen übergeht, verschieben sich die Abscheidungspotentiale der Ionen Pb^{2+}, Sn^{2+}, Zn^{2+}, In^{3+}, Cr^{3+}, V^{V} usw. zu den Werten der entstandenen amphoteren Hydroxyde, d. h. Plumbiten, Stanniten, Zinkaten, Indaten, Chromiten, Vanadaten usw.

2. Zugabe von einem Überschuß von Cyaniden oder Rhod-

aniden, wodurch Cd^{2+}-, Ni^{2+}-, Co^{2+}-, Zn^{2+}-Ionen in die entsprechenden komplexen Verbindungen verwandelt werden und ihr Abscheidungspotential wesentlich ändern. Es ist bemerkenswert, daß Kupfer-, Eisen(II)- und Zinklösungen mit Überschuß von Cyanidionen überhaupt keine Stufen geben.

3. Zugabe von Ammoniak, Citraten, Oxalaten oder Tartraten, mit denen viele Kationen (z. B. Cu^{2+}, Cd^{2+}, Zn^{2+}) Komplexe eingehen, welche andere Abscheidungspotentiale als freie Metallionen aufweisen. Aus dem Letzterwähnten geht hervor, daß es in der Polarographie bei den Trennungen der Stufen hauptsächlich auf die Auffindung von solchen komplexen Verbindungen ankommt, welche einen hohen Stabilitätsgrad aufweisen, wobei Farbigkeit bzw. Löslichkeit für die Methode belanglos ist.

Die Benutzung verschiedenster Lösungen von indifferenten Elektrolyten, Komplexbildnern oder Puffergemischen bei speziellen Bestimmungen von Depolarisatoren gab — nach H. Hohn (*347*) — Anlaß, die zur Untersuchung erforderlichen Gemische „Grundlösungen" mit Buchstabenbezeichnung zu nennen. Da eine große und stets anwachsende Anzahl solcher Grundlösungen gebraucht wird, zieht der Verfasser vor, in praktischen Fällen immer die Zusammensetzung der Lösung anzugeben, anstatt durch Buchstabenbezeichnung auf eine vorher angegebene Grundlösung hinzuweisen.

Wie sich die Depolarisationspotentiale verschiedener Stoffe durch Änderung des Zusatzelektrolyten verschieben, ist am besten aus der auf S. 210 abgebildeten „Tabelle der Depolarisationspotentiale anorganischer Körper" zu ersehen. Dieselbe Tabelle dient dabei zur qualitativen Erkenntnis der in der Lösung vorhandenen Ionen- oder Molekelgattungen, etwa so wie die Tabellen der Spektrallinien.

Bei anorganischen Körpern kann man auch Trennungen in Sulfidgruppen durchführen, wobei sich die einzelnen Gruppen auch in den Abscheidungspotentialen nähern, und zwar: Bei den Potentialen von 0 bis — 0,6 V scheiden sich Kationen ab, die in saurer Lösung durch Schwefelwasserstoff fällbar sind; von — 0,7 bis — 1,7 V werden jene Metalle abgeschieden, deren Sulfide nur durch Ammoniumsulfid gefällt werden; bei noch negativeren Potentialen als — 1,8 V scheiden sich diejenigen Kationen ab, welche weder durch Schwefelwasserstoff noch durch Ammoniumsulfid fällbar sind.

Eine solche Vorbereitung der Lösungen hat nur dann einen Vorteil gegen den gewöhnlichen Gang der Analyse, wenn die einzelnen Gruppen ohne weitere Maßnahmen die erwünschten analytischen Ergebnisse bieten können. Oft genügt aber schon diese grobe Trennung, um die gesuchten Bestandteile quantitativ mit dem Polarographen bestimmen zu können. Bei organischen Gemischen bewährt es sich, die Bestandteile der Probe durch Destillation zu trennen.

Die polarographische Analyse kann auch nach E. FORCHE (*406*) mit Erfolg zur Spurensuche angewendet werden, bei welcher die bei verschiedenen analytischen Trennungen erhaltenen Niederschläge und Filtrate auf einen Gehalt an den betreffenden Bestandteil polarographisch untersucht werden, ob oder wieweit der Bestandteil in der Lösung oder im Niederschlag zurückbleibt. So konnte z. B. der Wirkungsgrad der Blei-Wismut-Trennungen kritisch verglichen werden.

Ähnlich wie die konduktometrische und potentiometrische Methode dient auch die polarographische zur Bestimmung der Löslichkeit von sehr wenig löslichen Stoffen. So haben z. B. J. HEYROVSKÝ und S. BEREZICKÝ (*59*) die Löslichkeitsverminderung des frisch gefällten Bariumsulfats mit der Zeit verfolgt (s. Abb. 162) und T. A. KRJUKOWA (*525*) sowie auch Y. TERUI (*470*) Löslichkeiten von einigen anderen wenig löslichen Salzen bestimmt. Diese polarographische Löslichkeitsbestimmung ist wichtig für die sogenannten „polarometrischen Titrationen" (s. weiter unten).

Ihrem Charakter nach ähnelt die polarographische Analyse einerseits der Spektralanalyse und anderseits der konduktometrischen und potentiometrischen Methode. An die Spektralanalyse erinnert sie durch den geringen Materialverbrauch, hohe Empfindlichkeit und die Möglichkeit qualitativer und quantitativer Bestimmungen von mehreren Bestandteilen. Die polarographische Analyse steht zwar an Genauigkeit der qualitativen spektralanalytischen Bestimmung nach, dagegen weist sie in quantitativer Hinsicht genauere Ergebnisse auf. Die Polarographie übertrifft die Spektralanalyse dadurch, daß sie viele organische Stoffe mit derselben Genauigkeit und Empfindlichkeit wie die anorganischen nachweisen kann.

Auf eine Analogie des optischen Spektrums mit dem „polarographischen Spektrum" (s. S. 257) sei hier aufmerksam gemacht: Beide zeichnen sich auch dadurch aus, daß sie die Art durch die Lage an der Abszissenachse und die Menge durch die Intensität photographisch angeben. Dabei bestimmt die Energie der Elektronenübergänge $h \cdot \nu$ bei den Spektrallinien die Art der Bestandteile, ebenso wie die Energie der Elektronenübergänge $\pi \cdot F$ zwischen der Elektrode und der Lösung durch die

Halbstufenpotentiale angezeigt wird. Die Intensität des Lichts im Spektrum gibt wieder ganz analog der Intensität der Elektrizität bei der Elektrolyse die Menge der sich in beiden Sorten von Spektren kundgebenden Bestandteile an. Die neuen „oszillographischen Spektren“ (S. 236), in denen Depolarisationspotentiale als helle Linien auftreten, sehen auch tatsächlich wie die optischen Emissionsspektren aus.

Mit der konduktometrischen hat die polarographische Analyse gemeinsam, daß beide in sehr großen Verdünnungen genaue quantitative Ergebnisse bieten und durch die Untersuchung unter Stromdurchgang unverändert bleiben. Durch die Möglichkeit der Bestimmung von mehreren Bestandteilen übertrifft aber die polarographische Analyse entschieden die konduktometrische.

Der potentiometrischen Analyse nähert sich die polarographische, indem in beiden Methoden die ursprüngliche Lösung reduziert bzw. oxydiert wird, und aus der Menge des verbrauchten Reduktions- bzw. Oxydationsmittels die Quantität des Stoffes abgeleitet wird. Nur wird in der potentiometrischen Methode das Reagens der Lösung aus einer Bürette zugegeben, in der Polarographie dagegen wird mittels der tropfenden Elektrode Elektrizität als das Reagens der Lösung bloß zugeleitet, und zwar nur in die Oberflächenschicht der Quecksilbertropfen, so daß der Vorgang hier eine höchst ökonomische „Elektronentitration der Elektrodenschicht“ vorstellt (vgl. S. 435). Der Endpunkt der potentiometrischen Titration kann immer polarographisch ermittelt werden. Diese Anordnung der polarometrischen Bestimmung ist dann gerade so genau, aber in größeren Verdünnungen und kleinerem Volumen ausführbar und bietet noch umfassendere Anwendungsmöglichkeiten als die potentiometrische Methode.

IV. Mikroanalytische Anordnung.

Obzwar die polarographische Analyse wegen der Möglichkeit qualitativer und quantitativer Bestimmungen in großen Verdünnungen, auch wenn größere Mengen der zu untersuchenden Lösung angewendet werden, wohl als eine Mikromethode betrachtet werden kann, unterscheidet man für Untersuchungen der kleinsten Mengen noch spezielle Mikrogeräte. Es ist nämlich für analytische Zwecke oft wichtig, kleine Mengen kostbarer Flüssigkeiten möglichst unverändert zu behandeln, namentlich wo eine eventuelle Regenerierung mit beträchtlichen Schwierigkeiten oder Verlust verknüpft wäre.

Häufig ist auch ein chemisches oder physikalisches Anreicherungsverfahren notwendig, um die gesuchten Stoffe so weit zu konzentrieren, daß sie nachweisbar sind. Dazu bietet die polarographische Methode die Möglichkeit, mit kleinem Endvolumen die Analyse durchzuführen, weshalb dann auch kleinere Mengen des zu untersuchenden Ausgangsmaterials schneller verarbeitet werden können.

Es ist das Verdienst von V. MAJER, daß die Bedingungen der polarographischen Untersuchung kleinster Lösungsmengen sowohl vom theoretischen wie vom praktischen Standpunkt untersucht worden sind. In theoretischer Hinsicht ist die Polarisierbarkeit der kleinen, als Bezugselektrode dienenden ruhenden Quecksilberelektrode, welche ja stets unpolarisierbar bleiben soll, zu befürchten. Durch eingehende Studien fand jedoch V. MAJER, daß die ruhende Quecksilberelektrode, wenn sie als Anode dient, auch bei einer Oberfläche von 0,015 cm^2 unpolarisierbar bleibt und daß das kleine Ausmaß nur eine Widerstandssteigerung — nicht aber Polarisation — zur Folge hat (*253*). Bei größeren Stromstärken fand V. MAJER an den kleinsten Quecksilberanoden in Lösungen von Chloriden und Bromiden eine Passivität, welche durch die Bildung einer Deckschicht von den unlöslichen Quecksilberhalogeniden hervorgerufen wird (*254*). Derselbe Autor fand ferner, daß bei größeren Konzentrationen von Chloriden auch die tropfende Anode unpolarisierbar wird, so daß die Elektrolyse mit beiden tropfenden Elektroden dieselben Kurven gibt, als wenn in solchen Lösungen die tropfende Kathode und die große ruhende Anode angewendet wurde. Dieser Umstand ist namentlich für mikroanalytische Untersuchungen von biologisch wichtigen Flüssigkeiten von Bedeutung, denn er erlaubt in geringen Ausmaßen eine polarographische Untersuchung durchzuführen, wo sonst die ruhende Elektrode wegen Passivität versagen würde.

In praktischer Hinsicht hat V. MAJER (*255*) die mikropolarographische Apparatur eingeführt. Für Lösungen, die frei an der Luft untersucht werden können — sei es, weil Sauerstoff die Bestimmung nicht hindert, oder, weil er durch Sulfitzugaben entfernt werden kann —, hat V. MAJER gezeigt, daß die Elektrolyse glatt in einem Tropfen (etwa $^1/_{20}$ cm^3) durchführbar ist, wenn der Tropfen auf einer größeren Quecksilberoberfläche liegt und in ihn die tropfende Quecksilberelektrode eingetaucht ist (Abb. 147). Für noch kleinere Mengen, 0,05 bis 0,005 cm^3, hat sich das in Abb. 109f. gezeichnete, von V. ČÍŽEK stammende (*403*) Gefäßchen bewährt. Es besteht aus einer U-förmigen, dickwandigen Kapillare mit einer lichten Weite von etwa 1,5 bis 2 mm, welche an dem einen Schenkel in ein weiteres Rohr übergeht. Der Zweck dieser Erweiterung ist, den Meniskus in der Kapillare während des Tropfens in einer konstanten Höhe zu halten, damit ein Kurzschluß mit der sehr nahe über dem Quecksilbermeniskus sich befindenden tropfenden Elektrode vermieden wird. Der mit Quecksilber gefüllte Seitenschenkel dient als Kontakt für die untere Elektrode, und zu diesem Zweck ist ein Platindraht durch die Wand des U-Rohres eingeschmolzen. Durch Einsetzen dieses Kontaktschenkels wird auch die Stabilität zum Aufstellen des Gefäßchens erzielt. Die kleine Flüssigkeitsmenge (bis $^1/_{20}$ eines gewöhnlichen Tropfens!) kann in das Kapillarrohr eingebracht werden, wenn das mit Quecksilber etwa zur Hälfte gefüllte Gefäßchen so weit geneigt wird, bis das Quecksilber zur Mündung des Röhrchens steigt, und dann durch Berühren des Quecksilbermeniskus mit einer die Lösung enthaltenden Pipette und vorsichtiges Aufrechtstellen des Gefäßchens die gewünschte Menge der Lösung in den Kapillarschenkel eingezogen wird.

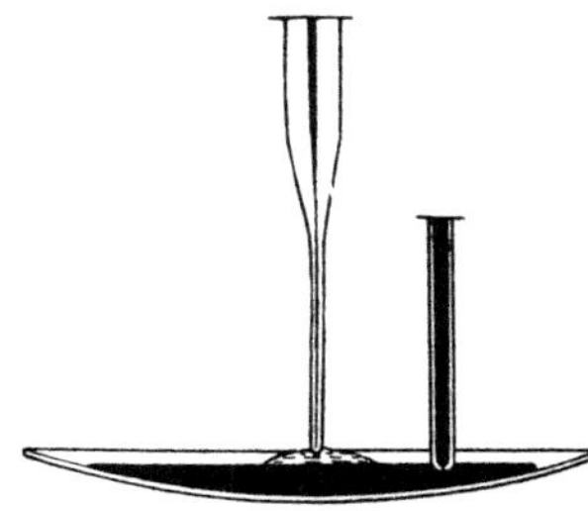

Abb. 147. Polarographische Untersuchung mit einem Tropfen der Lösung offen an der Luft.

Um die Empfindlichkeit der Methode ausnutzen zu können, ist es notwendig, auch die kleinsten Flüssigkeitsmengen vom gelösten Luftsauerstoff zu befreien. Für Mengen zwischen 1 bis 0,1 cm³ bewährt sich ein in Abb. 109e angegebenes Gefäß (*139*). Benutzung von diesem Gefäß empfiehlt sich auch dann, wenn mit der Lösung nicht gespart werden muß, denn die Befreiung vom Luftsauerstoff verläuft — dank dem kleinen Flüssigkeitsvolumen — sehr rasch (in 2 bis 3 Minuten). Ein Nachteil besteht hier im stetigen Anhäufen des Bodenquecksilbers, was bei längerer Dauer zum Kurzschluß mit der Kapillarelektrode führen könnte. Man gebrauche deshalb dieses Gefäß nur dort, wo kürzere Untersuchungen (10 bis 15 Minuten) vorkommen und gebe beim Einbringen der Lösung in das Gefäß kein Bodenquecksilber dazu, denn es sammelt sich durch das Abtropfen während des Durchleitens von Wasserstoff in einer genügenden Menge an, um den am Boden sich befindenden Platinkontakt zu bedecken. Die Anhäufung des Bodenquecksilbers wird in einem ähnlichen, von Fr. Holleck (*499*) stammenden Gefäßchen vermieden (Abb. 148). Noch kleinere Mengen als 0,1 cm³ können ohne Gefahr eines Kurzschlusses von Luft befreit und in einer indifferenten Atmosphäre polarographisch untersucht werden, wenn sie über den Quecksilbermeniskus der nach Abb. 109f ähnlichen Kapillare gebracht werden (*255*). Diese Kapillare soll aus Quarz bestehen, damit bei empfindlichen Untersuchungen Spuren von Alkalien des Glases die Lösung nicht verunreinigen. Das Quarzröhrchen wird in dem einen Schenkel des U-förmigen Teiles des Gefäßes mit Kitt oder Paraffin befestigt. Das indifferente Gas wird durch

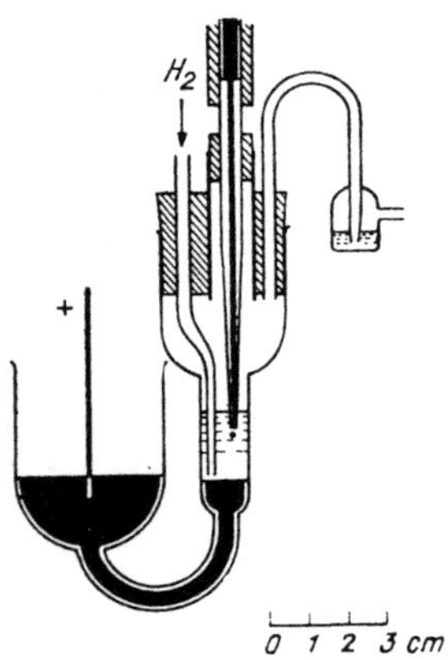

Abb. 148. Gefäßchen für Untersuchungen kostbarer Lösungen nach L. HOLLECK.

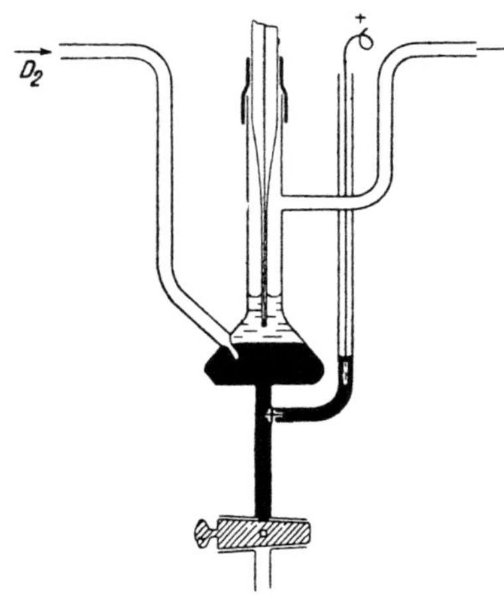

Abb. 149. Gefäßchen für Untersuchungen mit kostbaren Flüssigkeiten nach J. NOVÁK. (Natürliche Größe.)

eine von oben eingeführte Kapillare in die Lösung eingeleitet. Nachdem dieselbe von Sauerstoff befreit ist, wird in der Atmosphäre des indifferenten Gases, welche das Ende der Quarzkapillare umgibt, die Gaszuleitungskapillare herausgezogen und die tropfende Elektrode an ihre Stelle gebracht. Noch besser als mit dem Einsatzröhrchen aus Quarz arbeitet es sich mit einem Gefäß aus Quarzglas, aus welchem man das angehäufte Bodenquecksilber mittels eines Hahnes auslassen kann, wie dies J. NOVÁK (*362*) bei Untersuchungen von schwerem Wasser benutzte (Abb. 149).

Auf den Erfahrungen mit den oben beschriebenen Gefäßchen fußend, hat V. MAJER (*255*) ein Mikroverfahren ausgearbeitet, bei welchem er ein neues Elektrolysiergefäß verwendet, welches die folgenden Vorteile bietet: 1. Eine Verbindung des Bodenquecksilbers mit einem verschiebbaren Niveaugefäß, um die Entfernung zwischen der ruhenden Elektrode und der tropfenden bis auf etwa 2 mm herabzusetzen. 2. Eine zu dieser Feineinstellung dienende Mikrometerschraube. 3. Die Möglichkeit leichter Reinigung des Elektrolysiergefäßes. 4. Die Möglichkeit, auch während der Elektrolyse das indifferente Gas über die Flüssigkeit zu leiten.

Da die Apparatur in praktischen Fällen nicht viel Anwendung findet, wird hier auf eine eingehendere Beschreibung der Konstruktion und Arbeitsweise verzichtet und der Leser wird auf die

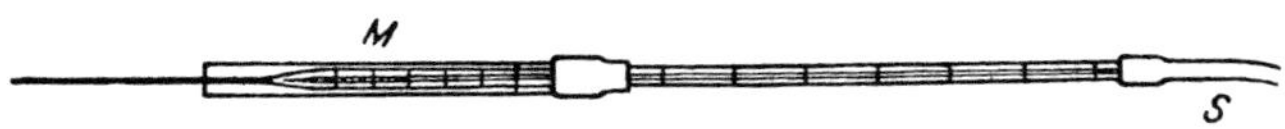

Abb. 150. Mikropipette mit Schutzmantel.

Originalabhandlung hingewiesen, namentlich da sie in der bekannten mikrochemischen Zeitschrift erschienen ist (*255*).

Eine viel weitere Verwendung in der Polarographie wird die in derselben Abhandlung von V. Majer beschriebene Mikropipette für Zugaben kleinster Flüssigkeitsmengen finden; sie sei deshalb hier wiedergegeben. Die Mikropipette (Abb. 150) wird aus einer Thermometerkapillare mit einer lichten Weite von 0,033 cm hergestellt, damit das Gesamtvolumen 10 mm³ und ein Teil der Skala 0,1 mm³ beträgt, so daß 0,03 mm³ noch geschätzt werden können. Die Pipette befindet sich in einem Mantelröhrchen *M*, welches an der Pipette knapp anliegt und nicht nur als Schutz für die fein ausgezogene Spitze der Pipette gegen Druck und Verunreinigung dient, sondern auch ermöglicht, die Pipette in Öffnungen von verschiedenem Durchmesser bequem einzuführen. Die Füllung geschieht einfach durch Saugen am Ende des längeren Schlauches *S*, dann wird der Meniskus der Flüssigkeit durch Tüpfeln mit der Spitze auf Filtrierpapier auf die gewünschte Marke eingestellt. Zum Auslassen eines bestimmten Volumens aus der Mikropipette in eine Lösung wird die Spitze der Pipette mit der Lösung in Berührung gebracht und durch mäßiges Blasen am Schlauch *S* wird die gewünschte Anzahl von Kubikmillimetern in die Lösung herausgedrückt.

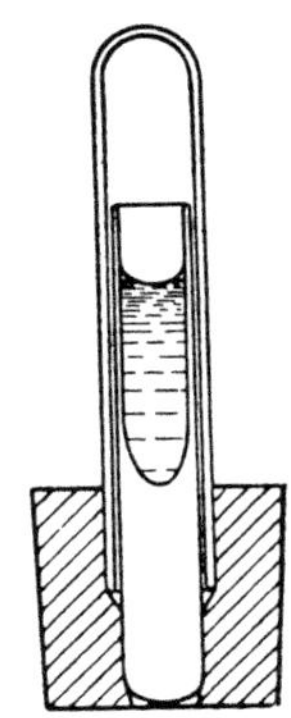

Abb. 151. Einrichtung zum Aufbewahren kleiner Flüssigkeitsmengen.

Die sehr kleinen Flüssigkeitsmengen, welche aus verschiedenen

Gründen bei den Untersuchungen aufbewahrt werden sollen, können ohne Gefahr, daß die Flüssigkeit verdampft, verunreinigt oder mit Gummi in Berührung kommt, in dem in Abb. 151 gezeichneten Röhrchen ohne Glasschliffe aufbewahrt werden. Das in einen einmal durchbohrten Gummistöpsel eingesteckte dickwandige, unten zugeschmolzene Röhrchen ist von einem weiteren dicht anliegenden Rohr umgeben (*255*).

V. Einzelne Analysenvorschriften.

Da ein allgemeiner systematischer Analysengang mit dem Polarographen noch nicht möglich ist, beschränkt sich die Anwendbarkeit der Methode in der Analyse auf eine größere Anzahl spezieller Fälle. Es ist daher ratsam, sich zunächst des Polarographen nur in solchen Fällen zu bedienen, für welche die Vorschriften für die Analyse schon ausgearbeitet wurden. Sonst müssen, gewisse polarographische Erfahrungen vorausgesetzt, eingehende Forschungen unternommen werden, die zwar oft aussichtsreich und der Mühe wert sind, immer aber langer Zeit bedürfen. In diesem Abschnitt sollen die meisten der bereits in verschiedenen Zeitschriften veröffentlichten Vorschriften beschrieben werden.

Bestimmung des Sauerstoffs.

In wäßriger Lösung. Jede an der Luft stehende wäßrige Lösung enthält Sauerstoff gelöst, und zwar beträgt die Löslichkeit unter dem normalen Luftdruck (d. h. unter dem Partialdruck des Sauerstoffes $^1/_5$ Atmosphäre) bei gewöhnlicher Zimmertemperatur 8 mg O_2 pro Liter; die Lösung ist also an Sauerstoff etwa millinormal. In sehr konzentrierten Salzlösungen ist der Gehalt geringer. Es ist erwähnenswert, daß der Diffusionsstrom bei abnehmender Temperatur unter Atmosphärendruck konstant bleibt, was dadurch zu erklären ist, daß die Löslichkeit des Sauerstoffes in dem Maße ansteigt, in welchem sich seine Diffusionsgeschwindigkeit (genauer die Wurzel aus der Diffusionskonstante) infolge der bei tieferer Temperatur anwachsenden Viskosität der Lösung verringert (S. 81).

Die Sauerstoffreduktion an der tropfenden Quecksilberkathode verursacht zwei Stufen (Abb. 152 u. 32), deren erste der Reduktion zu Peroxyd $O_2 + 2\,H \rightarrow H_2O_2$ und die zweite der Reduktion zu Wasser $H_2O_2 + 2\,H \rightarrow 2\,H_2O$ entspricht (*33*). Der erste Vorgang verläuft bei 0 bis —0,4 V und ist vom p_H-Wert der Lösung abhängig, der zweite, bei etwa —0,8 V, ist nur wenig durch p_H beeinflußt. Der zweite Elektrodenvorgang wird jedoch durch Spuren von Hämoglobin, Hämatin und — in neutralen Lösungen — von Pb^{2+}-Ionen (S. 145) und anderen Stoffen katalysiert, so daß dann Verschiebungen zu positiveren Potentialen erfolgen. Dieser Umstand kann auch für Lösungen charakteristisch sein. In verdünnten, ganz reinen Lösungen von Elektrolyten begleitet die erste Stufe der Sauerstoffreduktion ein spitzes Maximum, welches durch Zufügen von wenigen Tropfen einer verdünnten Lösung von Coffein, Tylose oder Eiweiß vollständig unterdrückt wird (S. 269). Auch Filtration durch gewöhnliches Filtrierpapier genügt zur Unterdrückung. Die Kurve zeigt dann, falls Wasserstoffperoxyd in der Lösung abwesend ist, zwei gleich hohe Stufen, deren Höhen als ein Maß der Konzentration des in der Lösung vorhandenen Sauerstoffes zu betrachten sind. Zur Bestimmung der Eichkurve nimmt man nach V. Vítek (*266*) eine offen an der Luft stehende verdünnte, frisch filtrierte Elektrolytlösung bei 20° C als eine 8 mg O_2 pro Liter enthaltende an. Für kleinere Sauerstoffkonzentrationen müssen zum Vergleich nur Lösungen benutzt werden, welche mit einem indifferenten Gas von bekanntem kleinem Sauerstoffgehalt bei Atmosphärendruck gesättigt sind. Dazu leitet man z. B. Stickstoff, welcher 5% Sauerstoff enthält, in eine 0,01-n-$Ca(NO_3)_2$ im elektrolytischen Gefäß (Abb. 109 c) enthaltene Lösung solange ein, bis sich der Sauerstoffdiffusionsstrom nicht mehr vergrößert: die Höhe der zweiten Sauerstoffstufe entspricht dann 2 mg O_2 pro Liter der Lösung.

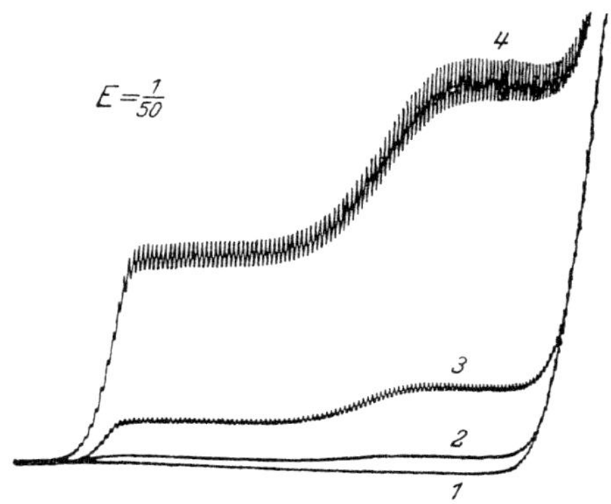

Abb. 152. Sauerstoffbestimmung in technischen Gasen. Die Lösung, welche 0,01 $Ca(NO_3)_2$ und eine Spur von Coffein enthielt, wurde *1* mit reinem Wasserstoff, *2* mit technisch reinem Stickstoff (5% O_2), *3* mit Luft (20,3% O_2), *4* mit technisch reinem Sauerstoff (91,2%) gesättigt. Empf. 1:50, 4-V-Akkum.

Bei der Sauerstoffbestimmung dürfen keine sich etwa vor — 1,2 V abscheidenden oder reduzierbaren Stoffe in der Lösung anwesend sein (z. B. Cu^{2+}, Pb^{2+}, Cd^{2+}, Fe^{3+}), sonst muß man ihre Spuren mit einigen Tropfen von Alkalikarbonatlösung fällen. Die Lösung kann sauer, neutral oder alkalisch reagieren. Die am besten meßbaren Stufen erhält man in alkalischen Lösungen. Ist die zu untersuchende Lösung nicht unter Atmosphärenbedingungen mit Luft gesättigt (wie etwa bei Quellwasser), füllt man ein Gefäß der Form Abb. 109 b, welches schon das Bodenquecksilber enthält, bis zum Gummistöpsel mit der Lösung, taucht möglichst schnell die Kapillare durch den Stöpsel in die Lösung und zeichnet die Kurve bei der kathodischen Polarisation der tropfenden Elektrode ein. Für einen Überschuß von indifferenten Elektrolyten oder überhaupt einer Elektrolytzugabe braucht nicht gesorgt werden, da der Diffusionsstrom eines Nichtelektrolyten, wie Sauerstoff, von der Leitfähigkeit unabhängig ist.

Bei den Bestimmungen von gewöhnlichen Mengen des Sauerstoffes braucht man nicht die ganze Kurve aufzuzeichnen, denn es genügt, den Diffusionsstrom im Spannungsbereich von 1,2 bis 1,4 V zu messen. Zu diesem Zweck genügt auch ein empfindliches Zeigergalvanometer, dessen Ausschlag den Gehalt an Sauerstoff ohne den Polarographen angibt. Eine solche Einrichtung eignet sich zu Sauerstoffbestimmungen in Flüssen, Brunnen, Teichen, Seen oder im Meere, in welche die offene Zelle mit der tropfenden Elektrode gesenkt werden kann, um durch Drahtzuleitung dem Beobachter über der Wasserfläche die Sauerstoffkonzentration in der Tiefe durch Galvanometerausschlag anzugeben. Bei geringerem Sauerstoffgehalt als 2 mg pro Liter empfiehlt es sich, die ganze Kurve polarographisch aufzunehmen.

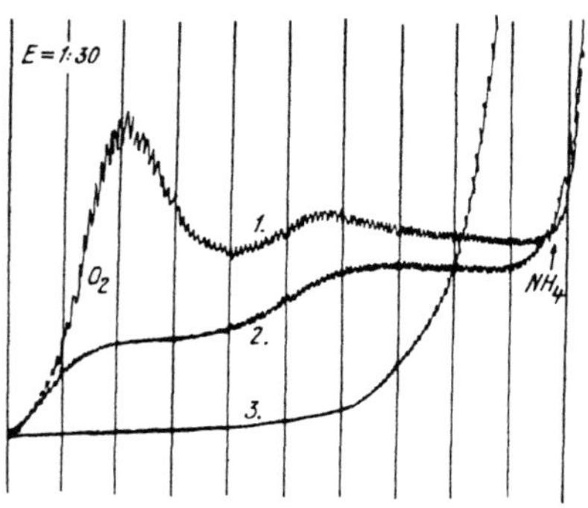

Abb. 153. Sauerstoffabnahme bei Fäulnis. In eine 0,14-n-NH_4Cl-Lösung, welche Luftsauerstoff im elektrolytischen Gefäße enthielt, gab man Grasblätter. Kurve *1* wurde sofort, *2* nach einem Tage, *3* nach vier Tagen aufgenommen.

Soll der Sauerstoff in destilliertem Wasser oder Kesselwasser bestimmt werden, dessen Widerstand sehr groß ist, so werden zum Bodenquecksilber in dem zu füllenden Gefäß noch einige Stückchen von reinstem Calciumoxyd zugegeben. Dadurch entsteht aus dem zu untersuchenden Wasser in der Zelle eine geeignete Elektrolytlösung. Tritt an der Kurve ein Maximum auf, so sieht man die Höhe des waagrechten Diffusionsstromes nach dem Abfall des Maximums (Abb. 86) als das Maß des Sauerstoffgehaltes an. Die kleinste Konzentration des Sauerstoffes, welche noch meßbare Stufen hervorruft, beträgt 0,04 mg pro Liter; da zur Analyse 1 cm^3 hinreichend ist, beträgt die Erfassungsgrenze 0,04 γ.

Die polarographische Sauerstoffbestimmung eignet sich hauptsächlich für biologische Untersuchungen, denn sie erlaubt Änderungen des Sauerstoffgehaltes mit der Zeit in demselben kleinen Volumen der Lösung sehr genau zu verfolgen. Abb. 153 zeigt eine

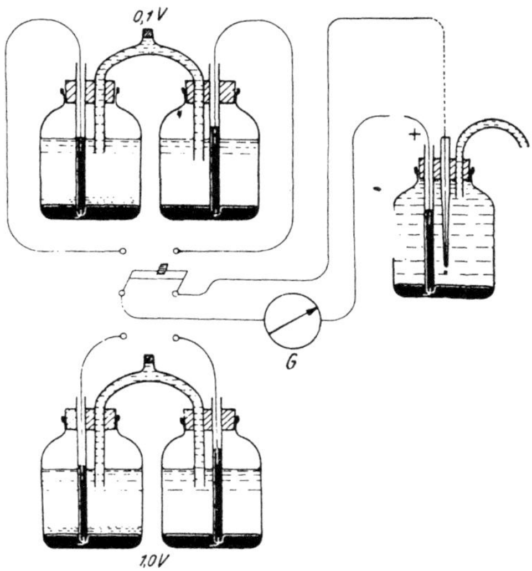

Abb. 154. Einrichtung zum Messen des Sauerstoffgehaltes durch Galvanometerausschlag bei 0,1 und 1,0 V Spannung (nach H. G. PETERING und F. DANIELS).

solche Änderung, welche durch Fäulnis von Gras in einem geschlossenen, bis zum Stöpsel gefüllten Gefäß verläuft. H. G. PETERING und F. DANIELS führten (*437*), gemäß den Untersuchungen von V. VÍTEK (l. c.), eine handliche Sauerstoffbestimmung für biologische Zwecke ein, in welcher in einigen Sekunden die Messung erfolgen kann. Der Diffusionsstrom wird mittels Galvanometerausschlag nur bei Spannungen 0,1 und 1,0 V gemessen; die Stromerhöhung, welche durch eine Steigerung der Spannung von 0,1 bis 1,0 V erfolgt, gibt — gemäß einer Eichkurve — den Sauerstoffgehalt an. Um weder den Polarographen noch den potentiometrischen Meßdraht zu benötigen, benutzen die Autoren zur Spannung 0,1 V ein Element, welches in gesonderten, mit Lösungsheber verbundenen Fläschchen als die positive Elektrode ein 10%iges Bleiamalgam in 1-m-CdJ_2-Lösung, mit PbJ_2 gesättigt, und als die negative Elektrode ein 11%iges Blei- und 9%iges Kadmiumamalgam in 1-m-CdJ_2-Lösung enthält (Abb. 154).

DieSpannung 1,0 V wird von einem WESTON-Element bezogen, welches wieder aus zwei Flaschen besteht: in einer derselben betätigt sich als der negative Pol ein 13%iges Kadmiumamalgam (100 g) in einer 2-m-$CdSO_4$-Lösung und in der zweiten als der positive Pol reines Quecksilber mit einer Mercurosulfatschicht wiederum in einer 2-m-$CdSO_4$-Lösung. Die zu untersuchende physiologische Lösung wird in einer Flasche aufbewahrt, an deren Boden sich die als Anode dienende Quecksilberschicht befindet und durch deren Stöpsel die tropfende Quecksilberkathode in die Lösung eintaucht (Abb. 154). H. G. PETERING und F. DANIELS zeigten, daß mittels dieser Anordnung mit einer durch andere Methoden unerreichbaren Genauigkeit und Einfachheit z. B. die Veränderungen des Sauerstoffgehaltes bei der Photosynthese und Respiration der Algen oder bei der Respiration der Hefe und der Blutkörperchen verfolgt werden können. 10 cm^3 der Lösung genügen vollkommen zu den Bestimmungen, wobei Änderungen von 0,016 eines Gewichtsteiles Sauerstoff in einer Million Gewichtsteilen der Lösung beobachtbar sind.

J. P. BAUMBERGER (*581*) bestimmt Sauerstoff in physiologischen Lösungen, z. B. bei der Einwirkung von Hefe, in einer kleinen Zelle, welche die tropfende Elektrode enthält und durch einen Agarheber mit der gesättigten KCl-Kalomelelektrode verbunden ist. Der Sauerstoffgehalt wird durch den Galvanometerausschlag, welcher bei Anlegung einer konstanten Spannung von 0,5 V an die beiden Elektroden entsteht, angegeben.

Vor kurzem hat J. P. BAUMBERGER (*582*) eine bemerkenswerte genaue Mikrobestimmung des Hämoglobins, Oxyhämoglobins und CO-Hämoglobins veröffentlicht, und zwar durch Ermittlung der Sauerstoffkonzentration an der tropfenden Quecksilberkathode. Das mit Sauerstoff gesättigte Blut wird in einem besonderen Gefäßchen unter Wasserschicht eingebracht, dann Säure zugegeben und das Gemisch mittels einer mit Eisenkern versehenen Glasperle durch Magneten umgerührt. Der dabei freiwerdende Sauerstoff erhöht den Sauerstoffgehalt der Lösung etwa auf das Dreifache. Dieser wird durch den Galvanometerausschlag bei 0,58 V Spannung ermittelt, und zwar mit einer gleichen oder noch größeren Genauigkeit als bei der Methode von VAN SLYKE. Der Gehalt an CO-Hämoglobin ergibt sich aus dem Unterschiede des Sauerstoffgehaltes, welcher im normalen Blute und in jenem CO-enthaltenden mittels dieser Methode gefunden wird. Zurzeit ist eine Beschreibung des besonderen Gefäßchens nicht zu erlangen.

In Böden. Mit ihrer Methode bestimmen H. G. PETERING und F. DANIELS (l. c.) auch Sauerstoff in Böden. Zu diesem Zweck ermitteln sie zuerst den Sauerstoffgehalt in einer gewissen Menge einer sauerstoffarmen 0,1-n-KCl-Lösung, suspendieren dann die Bodenprobe in der Lösung und bestimmen den Zuwachs der Sauerstoffkonzentration. S. KARSTEN (*419*) bestimmt auf eine ähnliche Weise den Sauerstoffgehalt im Boden, indem er eine ausgekochte 0,1-n-KCl-Lösung, mit 0,05% Gelatine und 0,05% Thymollösung, nach Erkalten unter Luftausschluß mit dem Bodenmuster schüttelt und die polarographische Kurve dieser Suspension mit einer Kurve der reinen luftfreien Lösung vergleicht.

In Gasen. Soll der Sauerstoffgehalt in Gasen (z. B. in Abrauchgasen oder als Verunreinigung in technischen Gasen) bestimmt werden, dann muß das betreffende Gasgemisch in einem kleinen Elektrolysengefäßchen (Abb. 152) durch die verdünnte Elektrolytlösung, z. B. 0,01-n-$Ca(NO_3)_2$, welche durch Spülen mit sauerstofffreiem Wasserstoff völlig vom Sauerstoff befreit wurde, bis zur Sättigung durchgeleitet werden. Die Höhe des Diffusionsstromes gibt dann die Volumprozente des Sauerstoffes im Gas an, wobei der Gehalt der Luft an Sauerstoff mit 20,3% angenommen wird. Da die technischen Gase auch saure Verbindungen enthalten können, welche in der Lösung polarographisch wirksam wären, wie z. B. SO_2, NO, NO_2, muß man kurz vor der polarographischen Aufnahme einige Tropfen einer alkalischen Lösung (etwa 2-n-NaOH), welche Coffein, Gelatine oder Tylose enthält, zugeben, um die Lösung schwach alkalisch zu machen. Nach dieser Zugabe leitet man das Gas wiederum für einige Minuten durch und polarographiert (Abb. 152). Auf diese Weise kann man Sauerstoff von 100 bis zu 0,5 Vol.-% in Gasgemischen bestimmen. Allerdings verbraucht man, wegen des Durchspülens, einige hundert Kubikzentimeter des zu untersuchenden Gases.

Bei noch geringeren Sauerstoffgehalten empfiehlt es sich, das Gasgemisch durch eine wasserfreie Methanollösung zu leiten, in welcher Sauerstoff etwa achtmal mehr löslich als in Wasser ist. Um dieses Lösungsmittel vollständig wasserfrei zu halten, verwende man trockenes Calciumchlorid als Elektrolyt; seine Konzentration in Methylalkohol soll etwa 0,1 n sein. In dieser Lösung ist der Diffusionsstrom des Sauerstoffes etwa achtmal größer als derjenige, welcher in einer wäßrigen, mit demselben Gasgemisch durchspülten Lösung erhalten wird (vgl. V. VÍTEK, l. c. u. S. 184).

Bestimmung von Wasserstoffperoxyd.

Ist in der Lösung neben Sauerstoff noch Wasserstoffperoxyd anwesend, so ist die zweite Reduktionsstufe höher als die erste, und zwar um einen Betrag, welcher der ursprünglichen Wasserstoffperoxydkonzentration proportional ist (*33*, *106*). Die Stufe des H_2O_2 liegt in saurer Lösung bei — 0,8 V, in alkalischer bei — 1,1 V. Die Peroxyde der Alkalien rufen dieselbe Stufe hervor wie H_2O_2 in alkalischer Lösung. E. Petráček zeigte (*148*), daß

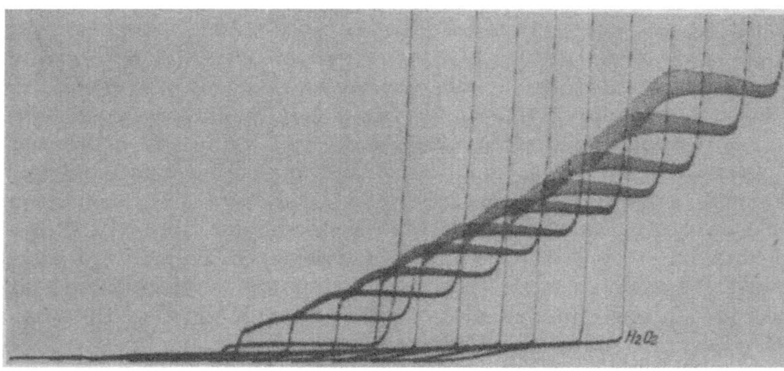

Abb. 155. Die Stufe des Hydroperoxyds. Zu 15 cm^3 einer 0,1-n-KOH-Lösung, welche ein Kriställchen Kampfer enthielt, wurde eine Lösung von 1%igem H_2O_2 tropfenweise zugegeben. Empf. 1:200, 4-V-Akkum.

der aktive Sauerstoff des Perborats (z. B. in Ichthoxyl) durch die Höhe der Peroxydstufe bestimmbar ist. Am besten eignet sich hier als Elektrolyt eine 0,01-n-LiOH-Lösung. Perschwefelsäure dagegen wirkt depolarisierend schon bei sehr positiven Potentialen (etwa bei 0 V). Die besten Stufen des Wasserstoffperoxyds geben alkalische Lösungen, welche eine Spur Kampfer enthalten (Abb. 155).

A. A. Dobrinskaja und M. B. Neumann (*494*) versuchten eine quantitative polarographische Bestimmung von Methylhydroperoxyd und Diäthylperoxyd und fanden, daß sich diese Stoffe am besten in 0,01-n-HCl bestimmen lassen, und zwar CH_3OOH durch seine Stufe bei — 0,6 V und $C_2H_5OOC_2H_5$ bei — 0,7 V. Die Stufen sind der Konzentration der Peroxyde linear proportional. $C_2H_5OOC_2H_5$ kann auch in einem Gemisch mit Formaldehyd und Acetaldehyd polarographisch nachgewiesen werden.

Bestimmung der Alkalimetalle.

Die Halbstufenpotentiale der Alkalikationen (Na^+, K^+, Rb^+, Cs^+) liegen alle ungefähr bei — 2,1 V — Lithium ausgenommen, das sich bei — 2,31 V abscheidet. Deshalb kann man nur das Lithium von den anderen Alkalimetallen getrennt bestimmen. Da in technischen Analysen meistens nur Kalium und Natrium in Frage kommen, wird zu deren Bestimmung die folgende von V. Majer (*177*, *147*, *209*) ausgearbeitete Schnellanalyse empfohlen:

Bestimmung in Wässern. Es genügt 1 cm^3 des Wassers. Man fügt 1 Tropfen 1-n-H_3PO_4, 1 cm^3 0,5-n-$N(CH_3)_4OH$ und 1 cm^3

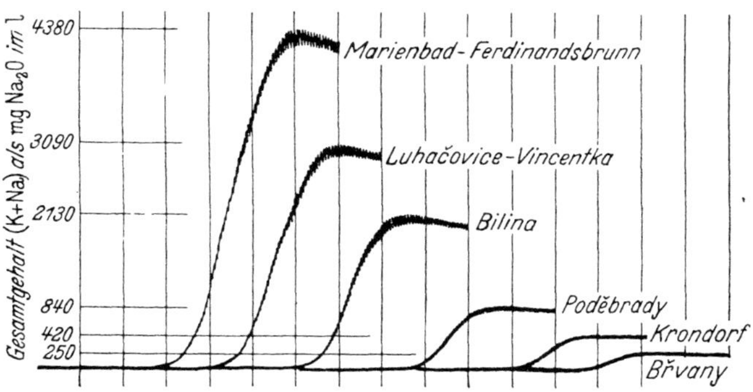

Abb. 156. Stufen der Alkalimetalle in Mineralwässern.

destilliertes Wasser hinzu. Die Elektrolyse findet unter Luftzutritt, mit 1,5 V beginnend, statt (Abb. 156).

Bestimmung des Natrium in metallischem Magnesium.[1] Ein Stück Magnesiumstreifen wird an der Luft verbrannt und eine genau gewogene Menge des erhaltenen Oxyds wird in einem geschlossenen Elektrolysengefäß in bekannter Menge von gesättigtem Kalkwasser durch Stickstoffstrom von der Luft befreit, wobei das Natriumoxyd in die Lösung geht. An der Kurve dieser Lösung zeigt sich die Natriumstufe. Die Größe der Einwaage wird je nach dem Inhalt gewählt, bis sich eine deutliche Stufe ergibt.

Bestimmung in keramischem Material. Diese Bestimmung bewährt sich auch bei hohem Gehalt an Aluminium. Von der fein zerriebenen Probe werden 5 bis 20 mg durch Erhitzen mit 0,3 cm^3 n-H_2SO_4 und 0,5 cm^3 40%iger Flußsäure im Platintiegel

[1] Nach unveröffentlichter Untersuchung des Verfassers.

gelöst, abgedampft und nach Zugabe von 1 Tropfen n-H_3PO_4 mit 1,0 cm³ 0,5 n Tetramethyl- (oder -äthyl-) Ammoniumhydroxyd ausgelaugt. Die Flüssigkeit wird mit 0,5 cm³ Wasser in ein kleines Elektrolysiergefäß übergespült und unter Luftzutritt polarographiert. Es genügt, mit einer Spannung von 1,5 V anzufangen, da zur Alkalimetallabscheidung eine Spannung von über 2,0 V nötig ist. An der Kurve (Abb. 157) entsteht eine deutliche Stufe, die dem Gesamtgehalt an Kalium und Natrium proportional ist. Um den Gehalt genauer berechnen zu können, wird zu der

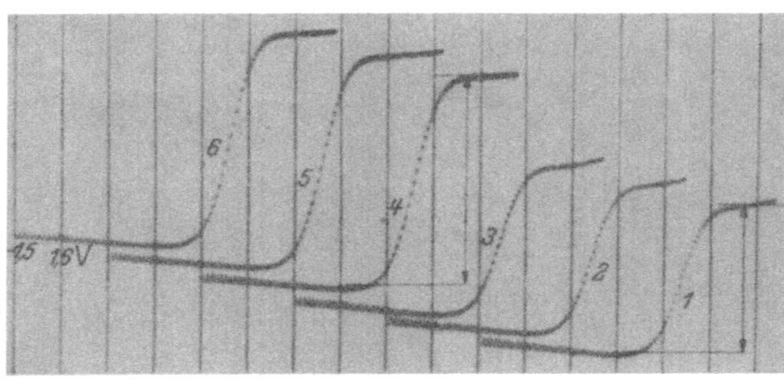

Abb. 157. Stufen des Gesamtgehaltes an Alkalien. Kurven *1*, *2*, *3* wurden mit einer Lösung, in welcher Alkalien aus keramischem Material gelöst sind, erhalten. Kurven *4*, *5*, *6* wurden nach Zugabe einer bekannten Menge K^+-Ionen aufgenommen.

Lösung eine bekannte Kaliummenge zugegeben und die sich daraus ergebende Stufe mit der ersten verglichen.

Bestimmung in Aluminiummetall und -salzen. In ein kleines elektrolytisches Gefäß gibt man 0,2 cm³ einer etwa 0,5-n-Aluminiumsalzlösung oder etwa 15 mg Aluminium, setzt soviel 0,2-n-Tetramethylammoniumhydroxydlösung (2 bis 3 cm³, genau abgemessen) zu, damit sich das Aluminiumhydroxyd im Überschuß der Lauge klar löst und polarographiert bei Luftzutritt.

Bei der Analyse von Aluminium kommt man schneller zum Ziel, wenn man das Metall mit einigen Tropfen Salzsäure löst und fast zur Trockne abdampft; den Rückstand löst man mit 0,2 cm³ Wasser und fügt dann die zum Auflösen erforderliche Menge $N(CH_3)_4OH$ und 1 cm³ destilliertes Wasser hinzu. Die Elektrolyse findet unter Luftzutritt, mit 1,5 V beginnend, statt. Die ganze Bestimmung kann in 20 Minuten erledigt werden.

Bestimmungen des Kalium in Pflanzensäften führt T. Laine (208) ganz einfach so durch, daß er den mit destilliertem

Wasser verdünnten Saft offen an der Luft polarographiert. Die Stufe der Alkalimetalle gibt das Kalium an.

Bestimmung des Natrium in Plasma. Nach P. F. PRINSEN GEERLINGS (*447*) wird 0,1 cm^3 Plasma auf dem Wasserbad zur Trockne verdampft, dann mit 3 Tropfen H_2SO_4 versetzt und verascht. Die Asche wird mit Wasser aufgenommen und mit 0,5 cm^3 einer 0,5-n-$(CH_3)_4NOH$-Lösung versetzt. Die Lösung wird offen polarographiert.

Bestimmung des Kalium mit chemischer Abtrennung des Natrium. Die chemische Vortrennung des Natrium wird nach K. ABRESCH (*132, 133*) wie folgt ausgeführt: Von einer schwach sauren wäßrigen Lösung, welche 1 bis 10 mg K_2O bzw. Na_2O in 10 cm^3 enthalten soll, wird 1 cm^3 in ein graduiertes Zentrifugenröhrchen von 12 bis 13 cm^3 Inhalt pipettiert und mit 3 cm^3 absolutem Alkohol versetzt. Dann werden tropfenweise unter beständigem Reiben mit einem Glasstab 6 cm^3 einer alkoholischen Überchlorsäure (1 Vol. 70% Überchlorsäure, 2 Vol. absolutem Alkohol) zugesetzt. Nach kurzem Zentrifugieren wird die überstehende Flüssigkeit abgezogen, der Bodensatz durch Aufspritzen von überchlorsäurehaltigem Alkohol (3 Vol. absoluter Alkohol, 1 Vol. 75% Überchlorsäure) gewaschen und durch abermaliges Zentrifugieren und Hebern isoliert. Das Kaliumperchlorat wird mit 5 cm^3 Wasser in Lösung gebracht und nach dem Verfahren von V. MAJER mit 2 Tropfen Phosphorsäure, 2 cm^3 einer 0,5-n-Tetramethylammoniumhydroxydlösung versetzt und auf 10 cm^3 mit Wasser verdünnt.

Es genügt meist die Höhe der Stromstufe des Kalium durch Galvanometerausschlag bei 2,2 V Spannung in einer ähnlichen Weise, wie es bei der Sauerstoffbestimmung beschrieben wurde, zu messen.

Ein dazu geeignetes Gerät hat die Firma GEISSLER in Bonn unter dem Namen „Kalimeter“ in den Handel gebracht.

Zur Bestimmung des Natrium wird die abgeheberte Lösung samt der Waschflüssigkeit in ein Porzellan- oder Glasschälchen übergeführt, mit der gleichen Menge Wasser sowie 1 cm^3 einer 10%igen Schwefelsäure versetzt und zuerst auf dem Wasserbad und schließlich auf dem Sandbad zur Trockne eingedampft. Der Rückstand wird in wenig Wasser gelöst, wie bei Kaliumperchlorat mit Phosphorsäure, Tetramethylammoniumhydroxyd und Wasser auf 10 cm^3 gebracht und polarographisch untersucht.

Bestimmung der Alkalien neben Ammonium.[1]

In Neutrallösungen, welche aus Salzen des Natrium, Kalium und Ammonium bestehen, kann das NH_4^+ von den Na^+- und K^+-Ionen nur schwer unterschieden werden, da sich das NH_4^+-Ion beim Halbstufenpotential — 2,07 V, das Na^+-Ion bei — 2,15 V und das K^+-Ion bei — 2,17 V, also zu dicht aneinander abscheiden, und deshalb die Stufe der Alkalimetalle mit jener des Ammonium beinahe zusammenfließt. In alkalischer Lösung dagegen, in welcher die Halbstufenpotentiale der Alkalimetalle unverändert bleiben, verschiebt sich die NH_4^+-Stufe infolge der Herabsetzung der freien NH_4^+-Ionen zu negativeren Werten. In solchen Lösungen unterscheiden wir an der Kurve zwei Stufen, von den diejenige beim negativeren Potential dem Ammonium entspricht (Abb. 158). Die alkalische Reaktion wird durch Zugabe der quartären Base $(CH_3)_4NOH$ erzielt.

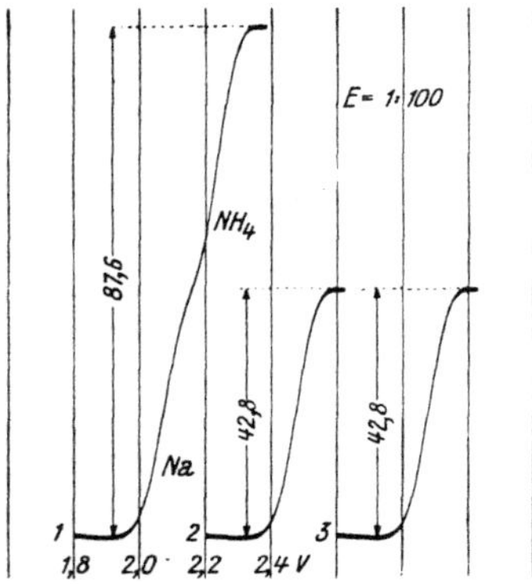

Abb. 158. Die Stufen der Na^+- und NH_4^+-Ionen. Zu 2 cm³ einer 0,020%igen NaCl- und 0,0205%-igen NH_4Cl-Lösung wurde 0,1 cm³ einer 10%igen $N(CH_3)_4OH$-Lösung zugefügt (Kurve *1*) und nach Verdampfung mit 2 cm³ Wasser und 0,1 cm³ der 10%igen $N(CH_3)OH$-Lösung versetzt (Kurve *2*). Kurve *3* wurde mit einer 0,020%igen NaCl-Lösung ohne NH_4^+-Ionen in Anwesenheit von $N(CH_3)_4OH$ erhalten. Offen an der Luft mit Empf. 1:100 von 1,8 V Spannung an aufgenommen. 4-V-Akkum.

Das Prinzip des analytischen Verfahrens besteht darin, daß man in der Lösung der quartären Base zunächst die Summe der Alkalien und des Ammonium polarographisch bestimmt, dann aus der Lösung Ammoniak durch Verdampfen austreibt, den Rückstand in der Lösung der quartären Base auflöst und auf die Stufe der Alkalien hin allein polarographisch untersucht. Die Analyse wird folgendermaßen ausgeführt: Zu 2 cm³ der zu untersuchenden neutralen Lösung, in welcher die Konzentration der Summe der Na^+-, K^+-, NH_4^+-Ionen nicht größer als etwa 0,05 n sein soll, wird 0,1 cm³ einer 10%igen reinen $(CH_3)_4NOH$-Lösung zugegeben und das Gemisch in einem engen Reagenzglas offen

[1] Nach bisher unveröffentlichter Mitteilung von J. V. Novák, Forschungsinstitut der Firma Baťa, Zlin.

an der Luft polarographiert. Es genügt, den Diffusionsstrom bei einer Spannung zwischen 1,8 und 2,4 V einzuzeichnen. Ist die Originallösung zu konzentriert, muß sie mit destilliertem Wasser entsprechend verdünnt werden. Dadurch erhält man die Höhe der Gesamtstufe der Alkalien und des Ammonium (Kurve *1*, Abb. 158). Wenn die Konzentration des Ammonium etwa der Größenordnung derjenigen der Alkalien ist, nimmt die Gesamtstufe die Form einer Doppelstufe an (Kurve *1*), deren untere Welle die Summe der Alkalien, die obere das Ammonium angibt.

Nun werden 2 cm³ der zu untersuchenden Lösung in einer kleinen Porzellanschale nach Zugabe von 0,1 cm³ der 10%igen quartären Base über dem Wasserbad zur Trockne verdampft, was nicht mehr als 5 Minuten dauert. Man kann auch, mit gewisser Geschicklichkeit, an kleiner offener Flamme erhitzen, wobei gesorgt werden muß, daß die Lösung nicht ausspritzt. Um eventuelle Spuren der Amine, welche sich aus der quartären Base bilden, zu entfernen, empfiehlt es sich, den Trockenrückstand einige Minuten lang im Trockenkasten bei 120° C zu erhitzen. Nun wird der Rückstand mit 2,0 cm³ Wasser aus derselben Pipette, die früher benutzt wurde, unter Umrühren mit einem Glasstäbchen gelöst. Da durch Verdampfung auch die quartäre Base teilweise zerlegt wurde, muß zu dieser Lösung wiederum 0,1 cm³ der quartären Base zugegeben werden, um die NH_4^+-Ionen zu unterdrücken und den erforderlichen indifferenten Elektrolyten beizubringen. Von den so erhaltenen 2,1 cm³ der alkalischen Lösung wird ein Teil oder alles in das enge Reagenzgläschen eingegossen und polarographisch offen an der Luft untersucht. Die so erhaltene Kurve zeigt, unter denselben Bedingungen wie die erste, durch den Diffusionsstrom die Konzentration der Alkalimetalle allein an (Abb. 158, Kurven *2*, *3*). Die Berechnung der Konzentrationen der betreffenden Bestandteile geschieht durch empirische Eichkurven.

Analysen Nr.	NH_4^+	Gehalt an Na^+ oder K^+	Polarographisch gefunden
1	0,05%	0,0245% Na	0,0244% Na
2	0,04%	0,0172% Na	0,0171% Na
3	0,04%	0,00511% Na	0,00515% Na
4	0,15%	0,0709% Na	0,0712% Na
5	0,10%	0,0416% K	0,0413% K
6	0,05%	0,0120% K	0,0121% K

Obzwar diese Bestimmungen in einzelnen Fällen nur etwa 10 Minuten bedürfen und in Serienanalysen noch bedeutend weniger Zeit verbrauchen, gehören sie zu den genauesten, denn der Versuchsfehler überschreitet nie 1% des Gehaltes, wie aus den vorstehenden Angaben ersichtlich ist.

Ein Überschuß an Ammonium erniedrigt die Genauigkeit der Alkalibestimmung nicht, man muß aber zum Austreiben des Ammoniaks entsprechend größere Mengen der quartären Base anwenden.

Gerade so einfach, wie das Natrium oder das Kalium, kann man durch diese Verdampfungsmethode auch das Lithium (beim Halbstufenpotential — 2,23 V), Rubidium oder Caesium (mit Na und K bei —2,17 V zusammenfallend) und Calcium (—2,23 V), Strontium (—2,13 V) oder Barium (— 1,94 V) mit derselben Genauigkeit wie die Alkalimetalle bestimmen.

Die hier beschriebene Methode von J. V. A. NOVÁK, mit welcher aus der Stufenhöhe die Konzentration der NH_4^+-Ionen im Überschuß des Tetramethylammoniumhydroxyds ermittelt wird, eignet sich ohne weiteres für Ammoniakbestimmungen in sauer oder alkalisch reagierenden Lösungen. Nur muß für einen Überschuß der quartären Base gesorgt werden, damit die Lösung alkalisch reagiert. Dieses Vorgehen kann dort gute Dienste leisten, wo es sich um sehr verdünnte Ammoniaklösungen handelt, wie z. B. bei der Mikro-KJELDAHL-Bestimmung, wo die Ammoniakkonzentration durch die polarographische Stufe, bei Benutzen eines beliebigen Teiles der Ammoniak enthaltenden Lösung, mit genügender Genauigkeit bestimmt werden kann.

Bestimmung der Metalle der alkalischen Erden.

Eine Methode, durch welche Beryllium und Magnesium polarographisch bestimmt werden könnten, liegt nicht vor. Barium, Strontium und Calcium dagegen lassen sich gut, auch nebeneinander, polarographisch ermitteln, denn die Halbstufenpotentiale für Ca^{2+} bei — 2,23, Sr^{2+} — 2,13, Ba^{2+} — 1,94 V liegen (nach G. KIMURA *145*) genügend weit voneinander (Abb. 159). Es dürfen aber nicht diejenigen Ionen, welche bei einem positiveren Potential abgeschieden werden, in einem größeren als 20fachen Überschuß über die beim nächstnegativeren Potential sich abscheidenden Ionen vorhanden sein. Da sich bei der Abscheidung von Calcium und teilweise auch Strontium aus neutralen Lösungen Wasserstoff bildet, wodurch die Stufenform gestört wird, muß zu deren Bestimmung die Lösung immer alkalisch gemacht werden. Das beste Mittel dazu ist wieder eine der quartären Basen, entweder Tetramethyl- oder Tetraäthyl-Ammoniumhydroxyd, und zwar wenn sie in einer Endkonzentration zwischen 0,01 bis 0,1 n an-

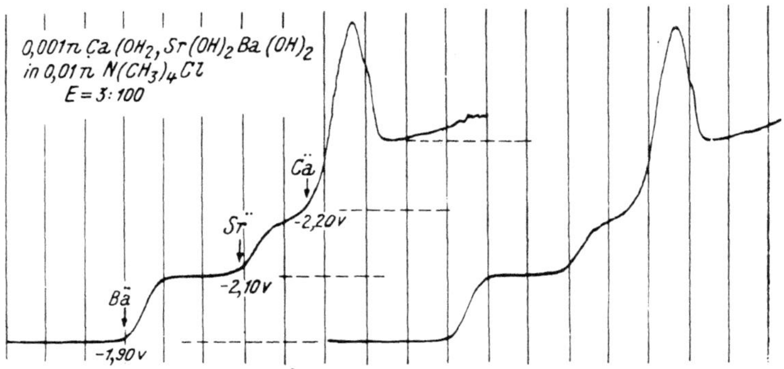

Abb. 159. Stufen der alkalischen Erden. Die Lösung enthielt 0,001-n-$Ba(OH)_2$, $Sr(OH)_2$, $Ca(OH)_2$ mit 0,01-n-$N(CH_3)_4Cl$. Empf. 3:100; Abszissenabstände 66 mV. Die Kurve rechts ist eine Wiederholung der linken.

gewendet werden. In solchen Lösungen kann die störende Wirkung der Magnesiumionen (S. 128) nicht auftreten.

Radium scheidet sich 0,05 V vor Barium aus, wenn beide in

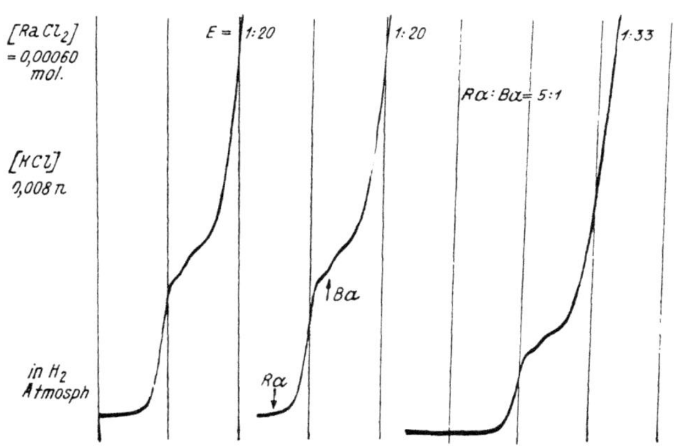

Abb. 160. Stufen von Radium und von Barium. Die Lösung enthält Ra^{2+}- und Ba^{2+}-Ionen im Verhältnis 5:1 (d. h. 0,00060-m-$RaCl_2$ und 0,00012-m-$BaCl_2$). Empf. 1:20 und 1:30, 4-V-Akkum. Die Kurven sind von der Spannung 1,8 V an aufgenommen.

etwa gleichen Konzentrationen anwesend sind. Unter solchen Bedingungen ist die Stufe des Radium kaum von der des Barium unterscheidbar, wohl aber, wenn die Konzentration des Radium größer ist als die des Barium (Abb. 160).

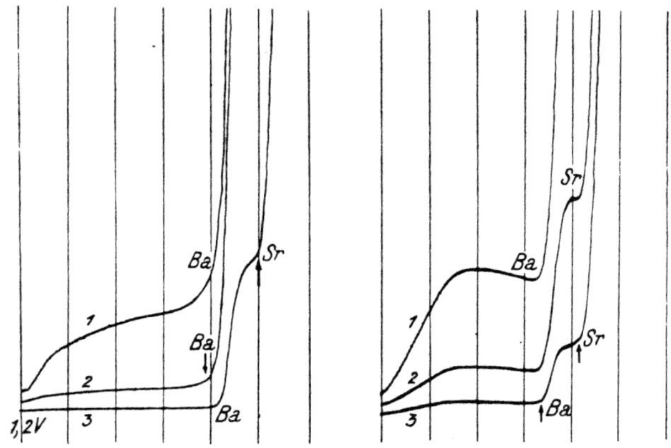

Abb. 161. Spuren von Ba^{2+}-Ionen in Lösungen von Strontiumverbindungen. Links wurde eine 0,1-m-$SrCl_2$-Lösung mit Empf. 1:2, 1:11, 1:100, rechts eine gesättigte Lösung von SrO mit Empf. 1:11, 1:33, 1:100 polarographiert. Die Kurven wurden offen an der Luft mit 4-V-Akkum. von 1,2 V Spannung an aufgenommen.

Größere Mengen der Alkalimetalle verdecken die Stufe des Calcium und Strontium, so daß in deren Anwesenheit eine direkte polarographische Bestimmung der Ca^{2+}- oder Sr^{2+}-Ionen nicht

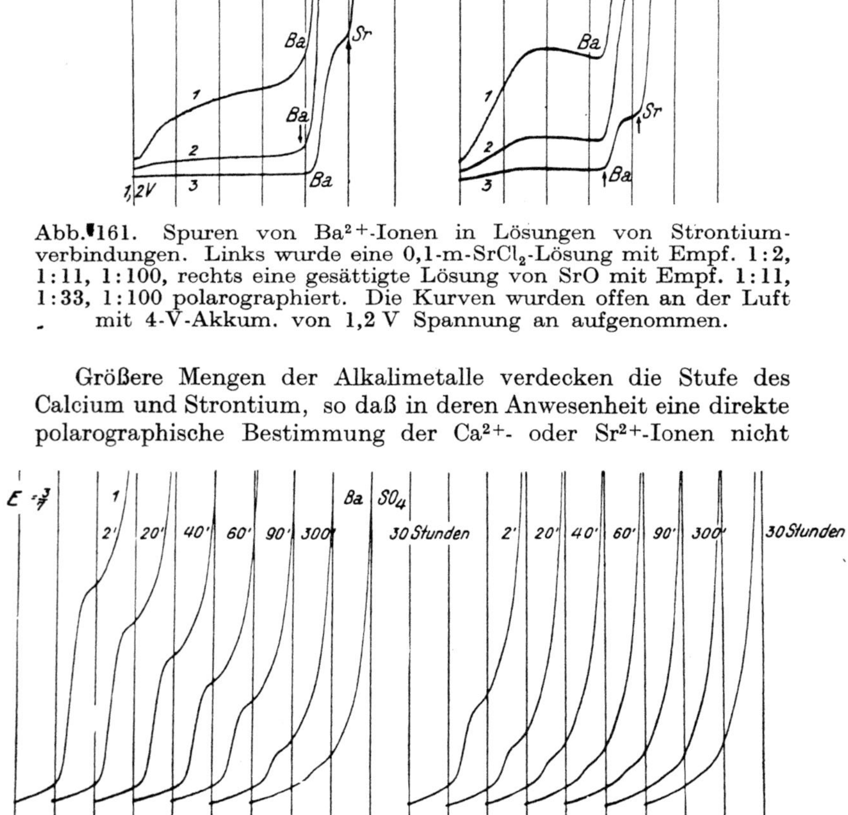

Abb. 162. Löslichkeitsverminderung bei Altern von frischgefälltem $BaSO_4$. 10 cm^3 0,001-n-$BaCl_2$ und 20 cm^3 0,001-n-K_2SO_4 wurden in Wasserstoffatmosphäre gemischt und die Kurven wurden 2 bis 300 Minuten und 30 Stunden nach dem Mischen aufgenommen. Bei den Kurven rechts wurden die Lösungen in Anwesenheit von frisch gefälltem $BaSO_4$ gemischt. Empf. 3:7, 4-V-Akkum. Alle Kurven sind von 1,6 V Spannung an aufgenommen.

möglich ist. Die Stufe der Ba^{2+}-Ionen dagegen bleibt durch Anwesenheit der Alkalimetallionen ungestört deutlich meßbar. Das beigefügte Polarogramm (Abb. 161) zeigt die Anwesenheit des Barium in einer „chemisch reinen" Probe eines SrO-Präparats. Abb. 162 zeigt die Änderung der Löslichkeit von Bariumsulfat (*59*), welches einmal ohne und einmal in Anwesenheit von festem $BaSO_4$ ausgefällt wurde.

Bestimmung des Strontium in natürlich vorkommenden Calciumkarbonaten. In letzterer Zeit wurden zwei ähnliche Methoden zur Bestimmung der Spuren von Strontium, welche in Kalkspat und Aragonit vorkommen, ausgearbeitet. M. STRAUMANIS und A. DRAVNIEKS (*632*) schlagen das folgende Verfahren vor:

In einem Jenaer Schälchen (Durchmesser 5 cm) werden 0,5 g des Kalkspats mit destilliertem Wasser übergossen und soviel halbkonzentrierte Salzsäure hinzugetropft, daß sich die Substanz auflöst; die Lösung wird auf einem Sandbad zur Trockne eingedampft, dann läßt man die Schale etwas auskühlen und fügt 1 cm³ destilliertes Wasser hinzu. Diese Lösung wird in ein Zentrifugengläschen gespült, welches etwa 3 g feuchtes, sehr gut ausgewaschenes, frisch hergestelltes Silberoxyd enthält. Nach Auffüllen mit Wasser zu 5 cm³ und Hinzufügen von 5 cm³ einer 0,4-n-Tetramethylammoniumhydroxydlösung wird das Gläschen geschlossen, gut durchgeschüttelt und die Flüssigkeit zentrifugiert. In der Lösung bleibt nur Calcium- und Strontiumhydroxyd, da Silberchlorid ausgeschieden wurde. 2 cm³ der klaren Lösung werden dann in einer Wasserstoffatmosphäre polarographiert. Da die Strontiumstufe dicht bei der Calciumstufe liegt, empfiehlt es sich, den Potentialabfall im Meßdraht auf 66 mV pro Windung zu erweitern. Die Strontiumstufe gibt mittels einer Eichkurve den gesuchten Gehalt an. In vielen Fällen erhielten die Autoren aber unreproduzierbare Kurven, welche durch das Vorhandensein sonstiger in geringer Menge vorhandener katalytisch wirkenden Verunreinigungen zu erklären sind.

J. V. A. NOVÁK und F. ULRICH geben jedoch[1] ein einfacheres, davon unabhängig ausgearbeitetes Verfahren an. Statt die Lösung durch Silberoxyd alkalisch zu machen, glühen sie 0,5 g Aragonit in einem gedeckten Tiegel zum Oxyd aus und bringen das Oxyd möglichst schnell in einen kleinen Erlenmeyerkolben mit 10 cm³ ausgekochtem Wasser, stöpseln gut zu und schütteln einige Male. Dann läßt man die Lösung bis zum Absetzen des

[1] Nach bisher unveröffentlichter Mitteilung.

ungelösten Calciumhydroxyds stehen, gibt etwa 5 cm^3 der klaren Lösung in eine elektrolytische Zelle (Form a, Abb. 109), leitet für einige Minuten kohlensäurefreien Wasserstoff oder Stickstoff durch und zeichnet die Kurven ein. So wurde Strontium in verschiedenen Aragoniten bei einem Gehalt zwischen 0,5 und 2% festgestellt. Die so bereiteten Lösungen aus eisenhaltigen Aragoniten führten zu unregelmäßigen Kurven, an welchen die Stron-

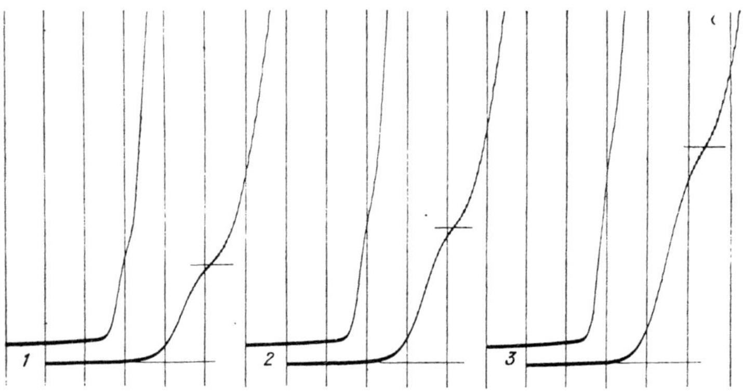

Abb. 163. Stufe des Strontium in einer Lösung des Aragonits. 0,1943 g Aragonit wurden nach Glühen in 5 cm^3 H_2O gelöst, elfmal verdünnt (Kurve *1*). Zu dieser Lösung wurden 10 cm^3 0,1006-m-$SrCl_2$ (Kurve *2*) und noch 20 cm^3 der Strontiumlösung zugegeben (Kurve **3**). Daraus ergibt sich 1,18% Sr im Aragonit. Abszissenabstände bei oberen Kurven 200, bei unteren 66 mV. Die Kurven wurden mit Empf. 1:20, von 1,4 V an aufgenommen.

tiumstufe undeutlich wurde. In solchen Fällen mußte das Eisen abgetrennt werden. Darum wurde die in Salzsäure gelöste Probe mit einem Überschuß von Ammoniak versetzt, die Lösung abfiltriert und im Filtrat das Calcium und Strontium durch Ammoniumkarbonat niedergeschlagen. Die Karbonate des Calcium sowie des Strontium wurden zur Trockne abgedampft und bis zu den Oxyden ausgeglüht. Die Oxyde von Calcium und Strontium wurden dann, wie oben angegeben, in Wasser gelöst und polarographisch untersucht. Nach diesem Vorgehen wurden Kurven mit einer deutlichen Strontiumstufe erhalten. (Abb. 163.)

Die Bestimmung von Aluminium.

G. Hövker (*418*) hat eine polarographische Schnellanalyse der Hauptbestandteile von Tonen, des Eisens und des Aluminium, ausgearbeitet. Seine Versuche zeigen, daß das Verfahren mit der gewöhnlichen polarographischen Genauigkeit durchgeführt werden kann, obzwar die Stufenmessung einem Unerfahrenen Schwierigkeiten bietet. Diese rühren daher, daß Eisen- und Aluminiumsalze ziemlich hydrolysiert sind und deshalb einen Mindestsäuregehalt aufweisen müssen; dadurch entsteht aber an der Stromspannungskurve eine beträchtliche Wasserstoffabscheidungsstufe, welche diejenige des Eisens zum Teil überdeckt und dicht vor jener des Aluminium liegt. Deswegen muß auch die Stufe der sauren Lösung ohne Al^{3+}- und Fe^{3+}-Ionen, bei demselben p_H-Wert, in Betracht gezogen werden. Die Lösungen werden zum Polarographieren in folgender Weise vorbereitet: Von einer Lösung, welche etwa 50 mg Al in 100 cm³ enthält, werden 5 cm³ mit etwa 3 cm³ konzentrierter Schwefelsäure bis zur Trockne abgeraucht, wieder in Wasser gelöst und wiederum zur Trockne abgeraucht. Nach dem Abkühlen werden 8 cm³ 0,1-n-Schwefelsäure zugesetzt, mit Wasser auf etwa 20 bis 30 cm³ Gesamtvolumen verdünnt, kurze Zeit auf 80 bis 90° C erwärmt und in einen 100-cm³-Kolben filtriert. Die bis zur Marke aufgefüllte Lösung hat einen p_H-Wert zwischen 1,70 und 1,80. Nun werden zu 10 cm³ dieser Analysenprobe 30 cm³ einer polarographischen „Grundlösung" zugegeben, welche die folgende Zusammensetzung hat: 1000 cm³ H_2O, 1,5 g Li_2O, 2,0 g Li_2SO_4, 50 g Tylose, 1,0 g Hydrazinsulfat. Das Gemisch, welches nun von der ursprünglichen Tonlösung 80mal verdünnt ist, wird offen an der Luft in einem mit Bodenquecksilber versehenen Becherglas mit einer Empfindlichkeit von $^1/_{100}$ bis $^1/_{200}$ polarographisch aufgenommen. Die Stufenmessung geschieht durch Vergleich mit Eichkurven.

Bestimmung von Mangan.

Mangan gehört zu den polarographisch am besten bestimmbaren Elementen, da seine gut ausgeprägte Stufe in Neutrallösungen, ohne Hydrolyse, beim Halbstufenpotential — 1,53 V auftritt. Die Lösung muß dabei vollkommen neutral sein, da sonst die freien H^+-Ionen durch ihre Stufe bei — 1,60 V die Manganstufe überdecken würden. Noch besser wird die Stufe in einer ammoniakalischen Lösung mit Überschuß von Ammonchlorid bei — 1,69 V aufgezeichnet, wo die Wasserstoffabscheidungsstufe stark, die des Mangans dagegen nur wenig verschoben ist (*9*, *572*). Mangan kann auch durch seine anodische Stufe, bei — 0,4 V, aus alkalischer Tartratlösung polarographisch eindeutig ermittelt werden. Dank diesen verschiedenen Bestimmungsformen kann man das Mangan auch im Gemisch von mehreren Metallen polarographisch quantitativ feststellen, was für die Mineral- und Stahlanalyse von Bedeutung ist. Dabei ist zu beachten, daß in ammoniakalischen und alkalischen Lösungen Mn^{II} sehr leicht oxydiert wird und ausfällt; deswegen muß in solchen Lösungen Sauerstoff vollständig entfernt sein, wobei die Sulfitzugabe allein nicht hinreichend ist. J. V. A. Novák fand jedoch, daß eine Zugabe von Metol (S. 309) die Oxydation von Mn^{II} verhindert.

Direkte Bestimmung in Pflanzensäften. T. Laine (*208*) hat direkt den verdünnten Saft von Pflanzen, welche durch manganenthaltende Lösungen genährt wurden, offen an der Luft polaro-

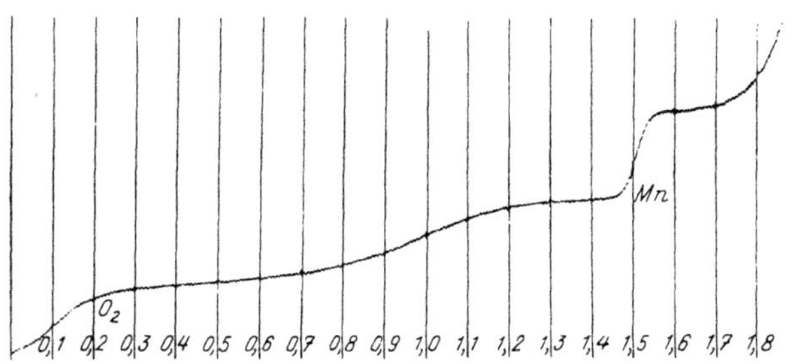

Abb. 164. Stufe des Mangans im Pflanzensaft offen an der Luft erhalten (nach T. Laine).

graphisch untersucht und konnte das Mangan in Mengen bis zu 10^{-5} n nachweisen (Abb. 164). Die Lösung muß schnell untersucht werden, da sie sich offenbar durch Oxydation an der Luft trübt und dann eine geringere Mangankonzentration aufweist.

Bestimmung in der Asche biologischer Herkunft. E. Hamamoto (*194*) hat ein genaues mikroanalytisches Verfahren zur Bestimmung geringer Mengen Mangans im biologischen Material ausgearbeitet. Da die Asche meist viel mehr Eisen und Zink als Mangan enthält, muß der größte Teil dieser beiden Elemente vor der polarographischen Untersuchung entfernt werden. Hamamoto geht folgendermaßen vor: Eine genau gewogene Menge (1 bis 2 g) des trockenen Gewebes wird in einem Platintiegel über einer Gasflamme verkohlt und dann etwa 2 Stunden lang in einem elektrischen Ofen bei 600 bis 800° C erhitzt, bis die Verkohlung verschwindet. Die Asche wird mit einigen Kubikzentimetern konzentrierter Salzsäure durch gelindes Erwärmen gelöst und mit

Wasser in einen etwa 200-cm^3-Erlenmeyerkolben gespült. Die Lösung wird über einem Sandbad einige Minuten lang gekocht und nach Auskühlen durch Soda zu schwach saurer Reaktion neutralisiert. Die Lösung muß sauer reagieren, da sonst beim nachfolgenden Kochen das Mangan sich ausscheiden könnte. Dann werden etwa 10 cm^3 einer gesättigten Natriumacetatlösung zugefügt und das Gemisch wird am Sandbad einige Minuten lang gekocht, wobei das Eisen als basisches Acetat ausgeschieden wird. Nach Auskühlen wird die Lösung in einen 300-cm^3-Erlenmeyerkolben filtriert und der Niederschlag viermal mit kaltem Wasser gespült. Zur Lösung wird nun ein kleiner Kristall Kaliumchlorat zugegeben, nach dessen Auflösung 10 bis 20 cm^3 einer 3-n-Natriumhydroxydlösung zugefügt und die Lösung 3 bis 4 Minuten lang am Sandbad gekocht wird. Dadurch wird Mangan als $Mn(OH)_2$ niedergeschlagen und teilweise zu MnO(OH) oxydiert, Zink dagegen bleibt in der Lösung. Die kalte Lösung wird zweimal durch ein quantitatives Filtrierpapier gegossen und das Filtrat und der Kolben etwa fünfmal mit Wasser gespült, bis das Filtrierpapier mit dem Manganniederschlag alkalifrei wird. Dann wird es in einem Platintiegel verascht. Die Asche wird in 1 cm^3 3-n-HCl gelöst, über einem Wasserbad zur Trockne eingedampft, dann werden 2 bis 3 Tropfen Wasser zugegeben und wiederum abgedampft und diese Zugabe und die Verdampfung noch etwa dreimal wiederholt, damit keine freie Säure zurückbleibt. Nun wird der Rückstand, welcher aus $MnCl_2$ besteht, in einem genau bekannten Volumen (1 bis 3 cm^3) einer 0,01-n-LiCl-Lösung gelöst und ein Teil dieser Lösung in einem von E. HAMAMOTO zu diesem Zweck entworfenen oder in dem in Abb. 148 oder 149 gezeichneten Gefäßchen in Wasserstoffatmosphäre polarographisch untersucht. So können auch noch 0,5 cm^3 bequem polarographiert und 0,02 bis 0,01 γ Mangan bestimmt werden. Die Konzentration wird durch Eichkurven ermittelt.

Wenn nur kleine Mengen Zink oder Eisen vorhanden sind, kann das langwierige Entfernen der beiden Metalle wegfallen und die Asche nach dem ersten Verbrennen direkt in Chloride zum Polarographieren verwandelt werden.

Bestimmung im Kalkspat durch neutrale Chloridlösung. In neutraler Chloridlösung bestimmen M. STRAUMANIS und A. DRAVNIEKS (*632*) Mangan im Kalkspat folgendermaßen: 0,5 g Karbonat werden, wie auf S. 303 angegeben, mit Salzsäure abgedampft, in 1 cm^3 destilliertem Wasser gelöst und in Wasserstoffatmosphäre polarographiert. Dabei zeigt sich Mangan durch seine Stufe bei — 1,53 V, Zink bei — 1,06 V und Blei bei — 0,46 V.

Bestimmung in Gesteinen durch ammoniakalische Lösung. Nach H. HOHN (*347*) wird der Aufschluß ohne Rücksicht auf Kieselsäure mit kohlensäurefreiem Ammonsulfid gefällt und filtriert. Dann löst man den Niederschlag warm in möglichst wenig verdünnter Schwefelsäure, setzt etwas Wasserstoffperoxyd zur Oxydation des Eisens zu und vertreibt den Schwefelwasserstoff durch kurzes Kochen, bei welchem auch das Peroxyd wieder zerstört wird. Ein gelegentliches Auftreten von freiem Schwefel ist belanglos. Nach Zusatz einiger Tropfen Methylorange wird mit Ammoniaklösung zur schwach sauren Reaktion neutralisiert und in einem 100-cm^3-Meßkolben bis zur Marke gespült Zu 10 cm^3 dieser Probelösung werden 0,5 cm^3 einer frischen gesättigten Natriumsulfitlösung zugegeben, und diese Flüssigkeitsmenge wird mit 10,5 cm^3 der ammoniakalischen „Grundlösung" nach K. SCHWARZ (*551*), welche auch Natriumsulfit enthalten muß, im Becherglas gemischt. Dann fügt man Bodenquecksilber zu und untersucht diese Lösung parographisch offen an der Luft. Abb. 165 zeigt die so erhaltbare Manganstufe, welche bei — 1,69 V ihr Halbstufenpotential erreicht. Die vollständige Absorption von Sauerstoff in beiden Lösungen vor ihrer Mischung ist nötig, da sich sonst in der ammoniakalischen Lösung Mangan sehr leicht oxydiert und ausfällt. Deswegen soll zu der ammoniakalischen Grundlösung einige Minuten vor der Entnahme der zum Gemisch erforderlichen 10,5 cm^3 auf je 20 cm^3 1 cm^3 der frischen gesättigten Natriumsulitflösung zugegeben werden. Die Grundlösung nach K. SCHWARZ hat die Zusammensetzung: 12 cm^3 konz. Ammoniak, 12 g Ammoniumchlorid, 3 cm^3 einer 1%igen Tyloselösung, 100 cm^3 dest. Wasser. Vorbereitung der Tyloselösung ist auf S. 269 angegeben.

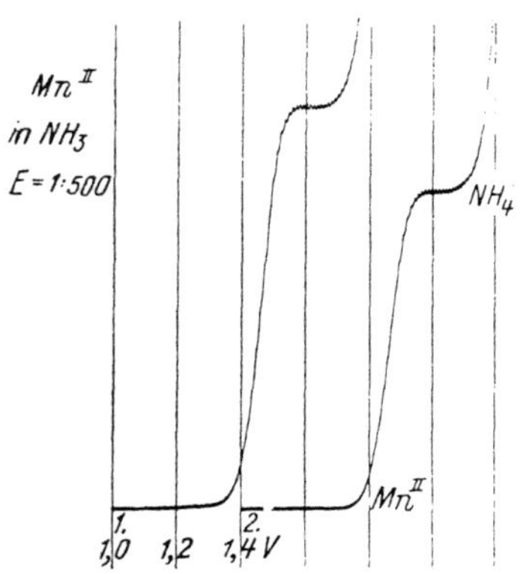

Abb. 165. Stufe des Mangans in ammoniakalischer Lösung. Kurve *1*: 5 cm^3 der zu untersuchenden Lösung + 0,3 cm^3 Metollösung + 1 cm^3 konz. NH_3. Kurve *2*: 5 cm^3 einer $MnSO_4$ (0,77 g Mn^{2+} pro Liter) + 0,3 cm^3 der Metollösung + 1 cm^3 konz. NH_3. Die Kurven werden offen an der Luft mit Empf. 1:500, 4-V-Akkum., von 1,0 V an aufgenommen.

Bestimmung unter Luftzutritt. J. V. A. NOVÁK[1] fand, daß die schnelle Oxydation des Mangan(II) in ammoniakalischer Lösung durch eine Zugabe von Monomethylparamidophenolsulfat („Metol“) vermieden werden kann. Dann wird die Manganbestimmung folgendermaßen ausgeführt: 5 cm³ einer Lösung, welche höchstens 1 bis 2 g Mangan in 1 l enthält, wird durch 1 Minute langes Durchströmen von Kohlendioxyd von Luftsauerstoff befreit, dann mit 0,5 cm³ einer Lösung von der Zusammensetzung 0,2 g Monomethylparamidophenolsulfat und 0,2 g Gelatine in 100 cm³ 1-n-HCl versetzt und 1 cm³ konz. Ammoniaks zugegeben. Nach etwa 5 Minuten Abwarten zum Temperaturausgleich wird die Lösung offen an der Luft polarographiert. Die Kurve wird von 1 V an aufgenommen, wobei die Manganstufe bei 1,4 V Spannung erscheint. Die Stufe ist auch nach 20 Minuten langem Stehen unverändert, gut meßbar und führt zu ganz genauen ($\pm$ ¹/₂%) Ergebnissen.

Bestimmung in der Stahlanalyse durch neutrale Chloridlösung. M. v. STACKELBERG, P. KLINGER, W. KOCH und E. KRATH (*556*) empfehlen folgendes Verfahren: 200 mg der Stahlprobe werden in einem 100-cm³-Meßkolben mit 10 cm³ Salzsäure (1 : 1) siedend gelöst und, nachdem die Lösung vollständig ist, mit wenigen Tropfen Salpetersäure (D = 1,4) oxydiert. Ein Überschuß an Salpetersäure ist zu vermeiden, da die Salpetersäure die Stufenform des Mangans beeinflußt.[2]

Man engt die Flüssigkeit bis auf 1 cm³ ein, verdünnt mit Wasser auf 70 cm³ und bringt die eventuell ausgefallenen Salze durch kurzes Erwärmen in Lösung. Nach dem Abkühlen auf 20° gibt man zwecks Ausscheidung des Eisens zu der Lösung unter Schütteln des Kolbens so lange aufgeschlämmtes Bariumkarbonat, bis ein kleiner Überschuß am Boden des Gefäßes sichtbar ist. Eine höhere Temperatur als 20° ist nicht statthaft, da sonst leicht ein Teil des Mangans durch Bariumkarbonat mit ausgefällt wird. Daraufhin füllt man den Meßkolben bei 20° C auf 200 cm³ mit Wasser auf und schüttelt kräftig durch. In der Lösung sind Mangan(II)-chlorid und Überschuß von Bariumchlorid enthalten. Der Niederschlag enthält alles Eisen.

Zur polarographischen Manganbestimmung gibt man 10 cm³ der überstehenden klaren Flüssigkeit in den Elektrolysenbecher,

[1] Bisher unveröffentlichte Methode des Forschungsinstitutes Baťa, Zlin.

[2] Deswegen sollte statt der Salpetersäure $KClO_3$, $HClO_4$ (s. S. 274), Cl_2, Br_2 oder H_2O_2 zugegeben werden (Anmerkung des Verfassers).

der schon 2 cm^3 Quecksilber enthält. Man fügt noch 0,5 cm^3 einer 0,5%igen Gelatinelösung hinzu und rührt gut durch. Das Gläschen wird in den Thermostaten von 30° eingehängt. Nach Temperaturausgleich (3 bis 4 Minuten) wird die polarographische Kurve aufgezeichnet, und zwar im Bereich von — 1,4 bis — 2,0 V.

Bei Anwesenheit von Nickel und Kobalt im Stahl bleiben auch diese Metalle bei der Bariumkarbonatfällung in der Lösung und scheiden sich beim Polarographieren vor Mangan aus. Enthält die Probe nicht mehr als eine fünffache Menge des Mangans an Nickel, so läßt sich eine Manganbestimmung noch durchführen. Bei höheren Nickelgehalten oder bei Anwesenheit von Kobalt wird der Anfangspunkt der Manganwelle schlecht ausgebildet. In diesem Fall sowie bei Stählen mit niedrigem Mangangehalt führt folgender Weg zum Ziel: 3 g der Stahlprobe werden in einem 400-cm^3-Becherglas in 100 cm^3 Salzsäure (1 : 1) in der Hitze gelöst und mit Salpetersäure (D = 1,4) oxydiert. Nachdem die Flüssigkeit möglichst weit eingeengt ist, spült man sie in einen 600-cm^3-Meßkolben. Die Hauptmenge der Säure wird mit Ammoniak abgestumpft und die schwach saure Lösung so lange mit Zinkoxydaufschlämmung versetzt, bis ein kleiner Überschuß davon sichtbar ist. Nach dem Auffüllen auf 600 cm^3 filtriert man durch ein Faltenfilter in einen 400-cm^3-Meßkolben. Die 400 cm^3 der Lösung, welche 2 g der Einwaage entsprechen, werden in ein 600-cm^3-Becherglas übergespült. Nun versetzt man die Flüssigkeit mit 20 cm^3 Ammoniumchloridlösung (150 g pro Liter) und 20 cm^3 Ammoniumpersulfatlösung (150 g pro Liter) und läßt sie kurze Zeit kochen. Nach dem Abkühlen wird der Braunstein abfiltriert, mit heißem Wasser ausgewaschen und vorsichtig mit Salzsäure (1 : 1) und 3%iger Wasserstoffperoxydlösung vom Filter gelöst. Darauf wird die Lösung auf etwa 5 cm^3 eingeengt, in einen 500-cm^3-Meßkolben übersgepült, mit einer Bariumkarbonataufschlämmung neutralisiert und mit Wasser bei 20° aufgefüllt. Die polarographische Manganbestimmung wird, wie vorher, mit 10 cm^3 dieser Lösung durchgeführt.

Bestimmung bei der Stahlanalyse durch Cyanidlösung. Nach E. T. Verdier (*571*) werden 0,05 g des Stahles, welches 1 bis 0,1% Mangan enthalten soll, in möglichst wenig konzentrierter Salzsäure gelöst und bis zu einem Brei ausgekocht. Nach Abkühlen wird der Rückstand in einigen Kubikzentimetern Wasser aufgelöst und einige Kriställchen Natriumsulfit werden zugegeben. Dabei darf die Lösung nicht stark sauer reagieren, da sonst die Reduktion des Eisens zu Fe^{2+} unvollkommen wäre. Die schwach saure Lösung wird zum Sieden gebracht, ein wenig ausgekühlt und dann — unter einem gut ziehenden Abzug — mit 2 g Cyankali versetzt. Das Kochen wird dann bis zum Klären der Lösung fortgesetzt, worauf die abgekühlte Lösung zu 25 cm³ mit destilliertem Wasser im Meßkolben aufgefüllt wird. Ein Teil dieser Lösung wird in einer elektrolytischen Zelle unter Wasserstoffatmosphäre polarographiert. Da sich das Eisen aus der Cyanidlösung nicht ausscheidet, erscheint an der Kurve nur die Manganstufe, und zwar beim Potential — 1,37 V (Abb. 166).

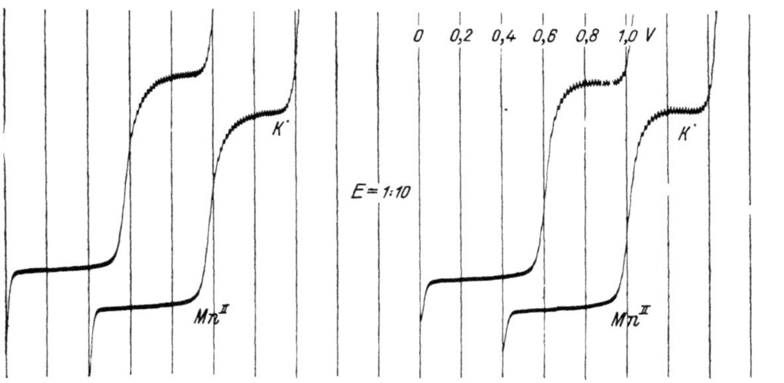

Abb. 166. Manganstufe in 1,5-n-KCN-Lösung, welche den Gehalt des Mangans (10,8%) in einer Eisenlegierung angibt. 0,0143 g sind in 25 cm³ gelöst. Die Kurven wurden in Wasserstoffatmosphäre mit Empf. 1:10 aufgenommen; 4-V-Akkum.

Bei diesem Verfahren stören Kupfer, Chrom und Zink nicht, dagegen verursachen Kobalt und Nickel eine Stufe in derselben Lage wie Mangan. Zur Unterscheidung und gleichzeitigen Bestimmung des Nickels und des Kobalts wird zu einem Teil der schwach sauren, Natriumsulfit enthaltenden Chloridlösung konzentrierte Kaliumrhodanidlösung zugegeben, so daß die entsprechende Lösung als Rhodanid etwa 1 n ist; nun versetzt man sie mit einigen Tropfen Kaliumhydroxydlösung zu schwach alkalischer Reaktion. Diese Lösung gibt beim Polarographieren in Wasserstoffatmosphäre Stufen von Nickel bei — 0,9 V und von Kobalt bei — 1,3 V während die Stufe des Mangans durch die des Eisens bei — 1,7 V überdeckt wird (Abb. 169). Durch Messen der Stufen des Nickels und Kobalts ergibt sich der richtige Gehalt aus der Manganstufe der Cyanidlösung. Falls aber mehr Kobalt und Nickel als Mangan anwesend ist, muß Mangan durch seine anodische, in alkalischer Tartratlösung auftretende Stufe ermittelt werden. Dabei verfährt man nach E. T. Verdier (*570*) wie folgt: 5 cm³ der ursprunglichen schwach sauren, Sulfit enthaltenden Chloridlösung, welche zu 25 cm³ aufgefüllt wurde, werden in Wasserstoffatmosphäre mit 5 cm³ einer sauerstofffreien 4-n-KOH-Lösung, welche 5% Weinsäure enthält, gemischt und polarographiert. Zum Mischen in der Wasserstoffatmosphäre eignet sich die oben beschriebene Bürette (S. 259, Abb. 138). Die anodisch-kathodische Polarisation führt hier zu einer anodischen Stufe bei —0,4 V, deren Höhe den Gehalt an Mn^{II} angibt (Abb. 167). Bei —0,9 V erscheint aber auch die anodische Stufe des Eisens, welche durch den Oxydationsvorgang $Fe^{II} \rightarrow Fe^{III}$ entsteht (Abb. 168). Bei großem Überschuß von Eisen wäre deswegen die anodische Manganstufe nicht mehr meßbar. Dieser Übelstand kann beseitigt werden, wenn man durch die untersuchte alkalische Tartratlösung einen Luftstrom leitet, wodurch zunächst das zweiwertige Eisen zu einem dreiwertigen Komplex oxydiert wird und seine anodische Stufe sich deshalb verringert. Sobald die anodische Stufe des Eisens etwa von derselben Größe ist wie die des Mangans, wird der Luftstrom eingestellt, Wasserstoff eingeleitet und die anodischkathodische Stufe mit möglichst großer Empfindlichkeit aufgezeichnet.

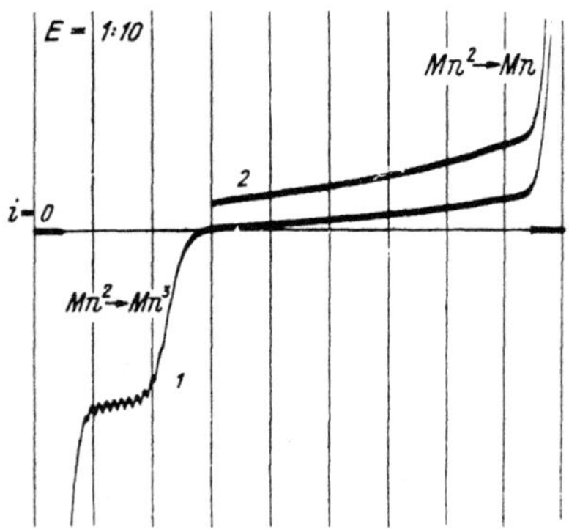

Abb. 167. Anodische Oxydationsstufe des Mangans in alkalischer Tartratlösung. Gleiche Mengen von 4-n-KOH und 5%iger Tartratlösung mit 10^{-3}-n-$MnCl_2$ wurden in Wasserstoffatmosphäre gemischt und mit Empf. 1:10 und anodisch-kathodischer Polarisation untersucht. 4-V-Akkum.

Bestimmungen des Eisens.

Die bisher veröffentlichten polarographischen Bestimmungen des Eisens bieten Schwierigkeiten, da bei der Reduktion des Fe^{III} Überdeckungen mit den Stufen der edleren Metalle (Hg, Cu, Bi, Sb) und bei der Abscheidung des Fe^{II} Überdeckungen mit den Stufen des Kobalts und Wasserstoffes vorkommen. Die Stufe der anodischen Oxydation des Fe^{II} hat im Citratpuffer von $p_H = 7$ keine Koinzidenz, die Lösung muß aber nach Entfernen des Luftsauerstoffes durch Kohlendioxyd untersucht werden. Obzwar das letztgenannte Verfahren praktisch noch nicht erprobt wurde, eignet es sich zur genauen Eisenbestimmung wohl am besten. Es ist zu bemerken, daß in Cyanidlösungen die Eisenstufe überhaupt nicht auftritt.

Bestimmung in Gesteinen durch die Ferristufe. Nach H. HOHN (*348*) wird der Aufschluß mit Ammonsulfid gefällt, filtriert und bis zum Verschwinden der Chloridreaktion gewaschen. In der polarographischen Probelösung dürfen keine Chloridionen vorkommen, denn bei deren Anwesenheit bilden die Fe^{3+}-Ionen mit dem Bodenquecksilber Kalomel, wodurch die Ferristufe verringert wird. Dann löst man den Niederschlag und oxydiert das Eisen durch Wasserstoffperoxyd, wie auf S. 308 bei der Manganbestimmung angegeben wurde. Nach Zusatz einiger Tropfen Methylrot wird die Lösung mit Lithiumhydroxyd neutralisiert und in einen 100-cm³-Meßkolben gespült. 20 cm³ der Probelösung werden von 0 bis 0,4 V mit großer Empfindlichkeit aufgenommen und das Eisen zeigt sich als Ferristufe.

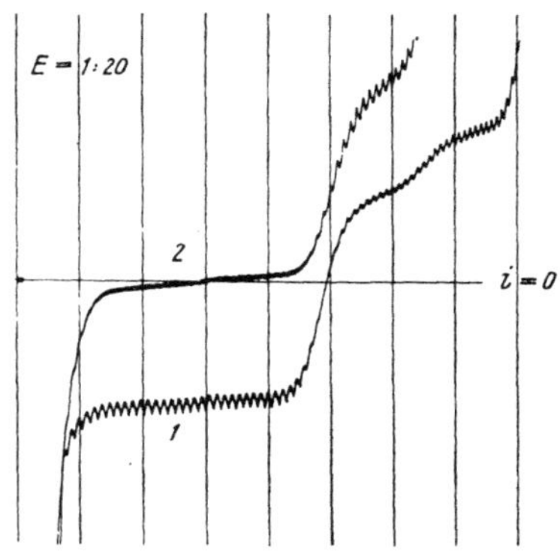

Abb. 168. Redoxstufe $Fe^{II} \rightleftarrows Fe^{III}$ in 2-n-KOH und 5%iger Tartratlösung. Kurve *1* in Wasserstoffatmosphäre, Kurve *2* nach kurzem Durchleiten von Luft. Als unpolarisierbare Elektrode diente eine Mercurosulfatelektrode. 4-V-Akkum.

Bestimmung in Legierungen durch die anodische Stufe. Dieses von E. T. VERDIER (*571*) stammende Verfahren wurde schon bei der anodischen Bestimmung des Mangans beschrieben. Wesentlich ist hier, daß die schwach saure, Sulfit enthaltende Probelösung in Wasserstoffatmosphäre mit einem gleichen Volumen der 4-n-KOH-Lösung, welche 5% Weinsäure enthält, ohne Luftzutritt gemischt und polarographisch untersucht wird. Es entsteht bei —0,9 V die Fe^{II}-Fe^{III}-Redoxstufe (Abb. 168), deren Höhe den Gehalt des Eisens angibt. Wenn ein Teil der Eisenlösung oxydiert ist, besteht diese aus einer einheitlichen anodisch-kathodischen Stufe, deren Höhe unverändert bleibt.

Bestimmung mittels der Redoxstufe. J. V. A. NOVÁK[1] bestimmt das Eisen durch die Fe^{II}-Fe^{III}-Redoxstufe. Diese liegt

[1] Nach unveröffentlichter Mitteilung aus dem Forschungsinstitut Baťa, Zlín.

im Citratpuffer von $p_H = 7$ bei —0,49 V und im Oxalatpuffer bei —0,30 V (s. S. 105). Etwa 100 mg der Probe werden in 2 cm³ konz. HCl, wenn nötig unter Zugabe von etwas HNO_3 gelöst und auf 100 cm³ aufgefüllt. In einem kleinen offenen Elektrolysenbecher werden dann 2 cm³ dieser Lösung mit 2 cm³ einer Lösung gemischt, welche die folgende Zusammensetzung hat: 5,3 g Na_2CO_3, 50 cm³ einer 0,5-m-Oxalsäure, 5 cm³ 0,5%iger Gelatinelösung. Nun führt man durch die Lösung etwa 1 Minute lang Kohlendioxyd und polarographiert dann unter Luftzutritt. Wenn Kupfer anwesend ist, dessen Redoxstufe im Oxalatpuffer jener des Eisens nahe liegt, muß es aus der sauren Lösung durch Schwefelwasserstoff entfernt werden. Im Citratpuffer ist jedoch das Redoxpotential des Kupfers (bei —0,21 V) von dem des Eisens mehr entfernt, so daß nach einer Reduktion des Kupfers(II) durch Hydroxylamin oder Hydrazin zu Kupfer(I) oder zu metallischem Kupfer die Redoxstufe des Eisens unverdeckt erhalten wird.

Wenn Aluminium anwesend ist, empfiehlt J. V. A. NOVÁK, das Eisen durch die in starker Lauge mit Tartrat bei —0,9 V erhaltene Redoxstufe zu bestimmen. Dazu bringt man in das enge kleine offene Becherglas 2 cm³ der nicht mehr als 0,2% Fe enthaltenden Lösung, fügt 0,4 cm³ 1-m-Weinsäure und nach Umrühren weitere 2 cm³ einer sehr konzentrierten Lauge (50 g NaOH in 100 cm³ Lösung) zu. Man nimmt die anodisch-kathodische Kurve offen an der Luft auf und mißt die Höhe der Redoxstufe. Die Höhe der Stufe ist, gemäß der hohen Viskosität der Lauge, entsprechend geringer (etwa die Hälfte) als in gewöhnlichen Lösungen üblich ist.

Zur schnellen polarographischen Bestimmung des Eisens in Erzen oder Schlacken fügt JU. S. LJALIKOV (*432*) nach dem Auflösen der Probe in HCl mit ein wenig $KClO_3$ Wein- oder Zitronensäure hinzu und versetzt dann mit einem kleinen Überschuß von NH_3 (s. auch S. 333). Diese Bestimmungen sowie auch jene in alkalischen Citraten oder Tartraten (*331*) oder in konzentrierter Phosphorsäure (*351*) beziehen sich auch auf die Messung der Fe^{II}-Fe^{III}-Redoxstufe. (S. KAMEGAI [*516*].)

Bestimmungen des Nickels und des Kobalts.

In saurer oder neutraler Lösung befinden sich die Nickel- und Kobaltstufen nahe beieinander (Ni bei — 1,09, Co bei — 1,23 V). Deswegen wird bei größeren Konzentrationen des Nickels die Stufe des Kobalts überdeckt. In Cyanidlösungen sind die beiden Stufen mehr voneinander getrennt und erscheinen in umgekehrter

Ordnung (Co bei — 1,22, Ni bei — 1,43 V). Noch besser voneinander getrennt sind die Stufen in Lösungen von Ammoniak und Ammonchlorid, und zwar Ni bei — 1,13 V und Co bei — 1,32 V (*572*). Durch Pyridinzugabe kann man den Unterschied beider Abscheidungspotentiale noch mehr steigern (*132*). Die größte Entfernung beider Stufen wird in Rhodanidlösungen erzielt (Abb. 169), weswegen man diese Lösung zur polarographischen Trennung und Bestimmung des Nickels und Kobalts mit Vorteil anwendet (S. 323). Man kann auch die Neigung des Kobalts zu polarographisch reduzierbaren Kobaltiammoniakkomplexen zur quantitativen Bestimmung des Kobalts allein ausnutzen.

In neutralen oder schwach sauren Lösungen kommt es bei Anwesenheit von Zink zum Überdecken der Nickelstufe durch die Zinkstufe, in ammoniakalischer Lösung deckt sich die Zinkstufe mit derjenigen des Kobalts. In Cyanidlösungen entsteht überhaupt keine Zinkstufe, hier stört aber die Manganstufe (S. 311).

Bestimmung des Kobalts bei der Stahlanalyse durch Kobaltiak. M. v. STACKELBERG und Mitarbeiter (*556*) geben folgendes Verfahren an: 200 mg der Probe werden in einem 100-cm^3-Meßkolben mit 10 cm^3 Salzsäure (1:1) gelöst, mit wenigen Tropfen Salpetersäure (D = 1,4) gut durchoxydiert und bis 1 cm^3 eingeengt. Nach dem Verdünnen mit Wasser auf 70 cm^3 gibt man zu der Flüssigkeit 1 g Ammoniumchlorid. Darauf wird in der Kälte die Bariumkarbonatfällung, wie beim Mangan (S. 309) beschrieben, vorgenommen. Man füllt auf 100 cm^3 mit Wasser bei 20° auf und schüttelt kräftig durch. Daraufhin werden 10 cm^3 der Flüssigkeit im Elektrolysenbecher mit 1,5 cm^3 konzentrierter Ammoniaklösung und 0,5 cm^3 einer 0,5%igen Gelatinelösung versetzt. Man rührt kräftig durch, damit das Kobalt zum Kobaltiammoniakkomplex oxydiert wird. Der Niederschlag, welcher bei der Zugabe von Ammoniak entstehen kann, wird nicht abfiltriert, er stört die Bestimmung nicht. Die Lösung wird in den Thermostaten gestellt und nach 3 bis 4 Minuten zwischen — 0,8 und — 1,5 V polarographisch untersucht. Der Kobaltgehalt wird nach Ermittlung der Höhe der Kobaltstufe bei — 1,3 V gemäß der Eichkurve festgestellt. Die Legierungsmetalle stören die Kobaltbestimmung nicht. Die Anwesenheit von Nickel vom zehnfachen Überschuß ab beeinträchtigt die Ergebnisse.

Bestimmung des Nickels in der Stahlanalyse durch Cyanidlösung. Nach M. v. STACKELBERG und Mitarbeitern (*556*) werden 200 mg der Stahlprobe in einem 100-cm^3-Meßkolben mit 10 cm^3 Salzsäure (1:1) in der Hitze gelöst und mit wenigen Tropfen Salpetersäure (1,4) oxydiert. Darauf engt man die Lösung bis auf etwa 1 cm³ ein und verdünnt auf 70 cm³ mit Wasser. Das Eisen wird mit Bariumkarbonat wie bei Mangan (S. 309) ausgefällt. Nach der Fällung wird der Meßkolben bei 20° mit Wasser auf 100 cm³ aufgefüllt und kräftig durchgeschüttelt. Zur polarographischen Nickelbestimmung pipettiert man 10 cm³ der überstehenden klaren Flüssigkeit in den Elektrolysenbecher, versetzt die Lösung mit 1 cm³ einer molaren Cyankaliumlösung und 0,5 cm³ einer 0,5%igen Gelatinelösung und polarographiert die Lösung

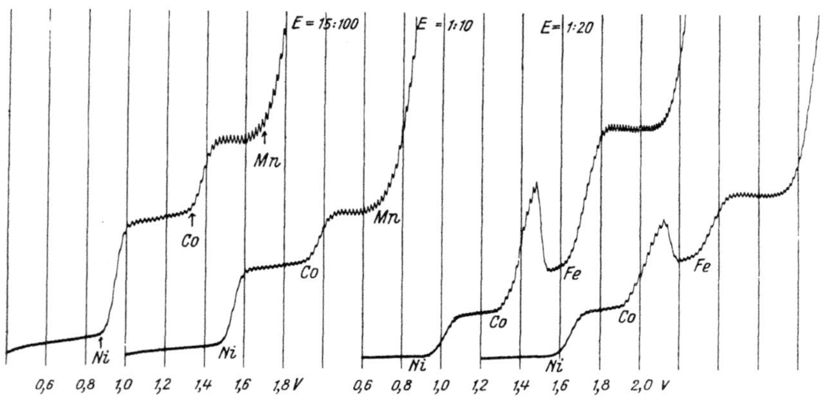

Abb. 169. Getrennte Stufen von Nickel, Kobalt und Eisen. Die Kurven links wurden mit einer Lösung von 0,0007-n-Ni^{II}, Co^{II}, Mn^{II} und 0,1-n-KCNS erhalten. Empf. 15:100 und 1:10. Die Kurven rechts wurden mit einer Lösung von 0,0007-n-Ni^{II}, $Co,^{II}$ Fe^{II} und 0,1-n-NH_4CNS und einer ähnlichen Lösung, jedoch mit 0,0014-n-Fe^{II} (obere Kurve) erhalten. Empf. 1:20, 4-V-Akkum.

bei 30° nach Temperaturausgleich (Dauer 3 bis 4 Minuten). Entsteht bei der Zugabe des Cyankalium eine Fällung, so läßt man dieselbe absitzen, wodurch die Bestimmung nicht gestört wird. Für die Nickelbestimmung genügt eine Aufnahme von — 0,6 bis — 1,2 V. Andere Legierungsmetalle stören die Nickelbestimmung nicht, nur bei Anwesenheit von Kobalt fallen beide Stufen zusammen.

Bestimmung von Nickel und Kobalt bei der Stahlanalyse in Ammonchloridlösung. Nach M. v. STACKELBERG und Mitarbeitern (l. c.) wird die polarographische Stufe bei Gegenwart von Nickel und Kobalt in ammoniumchloridhaltiger ammoniakalischer Bariumchloridlösung aufgenommen, wobei die Lösung genau nach der Analysenvorschrift für die Kobaltbestimmung

(S. 315) vorbereitet wird. Ist eines der beiden Metalle in mehr als zehnfachem Überschuß vorhanden, nimmt man statt Ammoniak Pyridin. Noch besser sind nach E. T. VERDIER (*570*) die beiden Stufen in Rhodanidlösung, wie auf S. 323 angegeben ist, zu trennen (Abb. 169).

Nach G. MAASSEN (*356*) wird zur gleichzeitigen Bestimmung von Nickel und Kobalt 0,1 g Stahl in einem 50-cm^3-Becherglas in 3 bis 5 cm^3 Salzsäure (1:1) gelöst, mit wenigen Tropfen Salpetersäure (1,4) oxydiert und zur Trockne verdampft. Die völlig trockene Probe wird mit genau 1 cm^3 Salzsäure (1:1) und 1 Tropfen Salpetersäure (1,4) durch schwaches Erwärmen gelöst. Ohne den Niederschlag von Kiesel- oder Wolframsäure zu entfernen, spült man die Lösung mit wenig Wasser in ein 50-cm^3-Meßkölbchen. Nach Zugabe von 10 cm^3 Ammonchloridlösung (200 g NH_4Cl auf 1000 cm^3 Wasser) setzt man langsam 10 cm^3 Bariumkarbonataufschlämmung (250 g $BaCO_3$ in 1000 cm^3 Wasser) unter kräftigem Schwenken der Lösung zu, gibt 5 Tropfen einer 0,5%igen Gelatine- oder Leimlösung in das Meßkölbchen und füllt mit Wasser auf. Ein Anteil der filtrierten Lösung wird im Stickstoffstrom polarographisch untersucht.

Bestimmung von Chrom bei der Stahlanalyse.

Chrom kann polarographisch durch die Redoxstufe $Cr^{III} \rightleftarrows Cr^{II}$, durch die Abscheidungsstufe $Cr^{II} \rightarrow Cr$ oder durch die Reduktionsstufe $Cr^{VI} \rightarrow Cr^{III}$ ermittelt werden, und zwar aus sauren, neutralen, ammoniakalischen und alkalischen Lösungen. Beinahe in allen Fällen kommt es aber zu Deckungen mit den Stufen des Titans, Vanadins oder Eisens, so daß für die Stahlanalyse nur die Reduktion des Chromats in alkalischer Lösung übrig bleibt. Dazu werden — nach M. v. STACKELBERG und Mitarbeitern — 200 mg Stahl, falls sie in Form von Spänen vorliegen, in einem Porzellantiegel in wenig Salzsäure (1: 1) auf der Heizplatte gelöst, mit Salpetersäure (1,4) oxydiert und bis zur Trockne eingedampft. Der Rückstand wird mit 4 g Natriumperoxyd aufgeschlossen und die erkaltete Schmelze in einem 200-cm^3-Becherglas mit heißem Wasser ausgelaugt. Ist die Probe pulverisierbar, kann sie sofort aufgeschlossen werden. Die Lösung enthält alles Chrom in Form des Chromats. Zum Polarographieren wird die Lösung in einem Meßkolben auf 100 cm^3 aufgefüllt und umgeschüttelt. Von der Lösung werden, ohne vom Niederschlag abzufiltrieren, 10 cm^3 unter Zugabe von 0,5 cm^3 einer 1%igen Colloresinlösung in ein Tropfgläschen pipettiert. Die so vorbereitete Lösung wird darauf in den Thermostaten von 30° eingehängt. Nach 3 bis 4 Minuten wird die Kurve von — 0,6 V an aufgenommen. Die Legierungsbestandteile stören die Bestimmung nicht.

Bestimmung von Vanadin bei der Stahlanalyse.

Diese Bestimmung kann nach M. v. STACKELBERG und Mitarbeitern (*556*) in ammoniakalischer Lösung des Vanadats verlaufen. 400 mg der Stahlprobe, bei Gehalten unter 0,5% V 800 mg, werden in einem 200-cm³-Becherglas in 10 cm³ Salzsäure (1:1) unter Erwärmen gelöst. Nach dem Oxydieren mit Salpetersäure (1,4) engt man die Flüssigkeit bis auf ungefähr 2 cm³ ein. Darauf wird mit heißem Wasser auf etwa 30 cm³ verdünnt, bis zum Sieden erhitzt und in eine heiße Lösung von 3 g Natronlauge in 30 cm³ Wasser in einen 100-cm³-Meßkolben eingegossen. Nach kurzem Absetzen auf der Heizplatte kühlt man auf 20° ab und füllt mit Wasser bis zur Marke auf. Darauf wird kräftig durchgeschüttelt und durch ein trockenes Faltenfilter filtriert. Von dem Filtrat pipettiert man 50 cm³ in einen trockenen 100-cm³-Meßkolben. Dieselben entsprechen dann 200 mg der Einwaage. Die natronalkalische Vanadinlösung neutralisiert man mit Salzsäure (1,19) und gibt noch 1 g Ammonchlorid zu. Daraufhin wird die Vanadinlösung mit konzentriertem Ammoniak versetzt, auf 20° abgekühlt, mit Ammoniak auf 100 cm³ aufgefüllt und kräftig durchgeschüttelt. Da die Bildung des Ammoniumvanadats langsam verläuft, läßt man die Lösung so lange stehen, bis sie farblos geworden ist. Ist diese Bedingung erfüllt, werden einige Kubikzentimeter der Lösung in einem Elektrolysenbecher in den Thermostaten gebracht. Nach 3 bis 4 Minuten wird die Lösung von — 0,8 bis — 1,6 V polarographiert. Die Vanadatstufe erscheint bei — 1,23 V. Die anderen Legierungsmetalle stören die Vanadatbestimmung nicht.

Bestimmungen von Molybdän.

Molybdatbestimmung nach F. A. UHL. Diese kann auch indirekt für Phosphatbestimmungen angewendet werden. Da letztere aber etwas langwierig ist und für Düngemittelanalysen erst näher ausgearbeitet werden muß, ist hier bloß die Grundmethode beschrieben (*381*).

Die Probe muß frei sein von Stoffen, die von 0,4 bis 1,0 V an der Kathode reagieren, wie Zinkionen, H_2O_2, Nitritionen usw., und frei von Anionen schwacher Säuren, wie Essigsäure usw., und von Kolloiden, wie Tylose, Gelatine u. dgl. Sie soll in 50 cm^3 nicht mehr als 300 mg Fe_2O_3 (andere mit Oxalsäure reagierende Stoffe als Äquivalente Fe_2O_3 gerechnet) und nicht mehr als 100 mg MoO_3 oder 67 mg Mo enthalten.

In einem 100-cm^3-Meßkolben wird die salpetersaure Molybdatlösung mit 10 cm^3 2-n-$K_2C_2O_4$, 1-n-KCl und 15 Tropfen Bromphenolblaulösung[1] versetzt und durch 2-n-NaOH bis zur Blaurotfärbung neutralisiert; dann wird 2-n-HNO_3 bis zum bräunlichen Gelbgrün zugegeben, 10 cm^3 2-n-Milchsäure und 2 cm^3 2-n-HNO_3 zugesetzt, die Lösung auf 100 cm^3 aufgefüllt und offen an der Luft mit kleiner Galvanometerempfindlichkeit polarographiert. Die Molybdänstufe erscheint in einer Doppelwelle, die bei 0,37 und 0,55 V aufsteigt. Sollte die Kurve zu steil sein, so verdünnt man im bekannten Verhältnis mit einer „Grundlösung", welche je 100 cm^3 der 2-n-$K_2C_2O_4$, 1-n-KCl-Lösung und 2-n-Milchsäure, 200 cm^3 einer 4-n-NH_4NO_3-Lösung und 20 cm^3 einer 2-n-Salpetersäure im Liter enthält.

Bestimmung bei der Stahlanalyse. Dieses Verfahren wurde von M. v. STACKELBERG und Mitarbeitern (*556*) ausgearbeitet: 1 g der zu untersuchenden Stahlprobe wird in einem 600-cm^3-Becherglas in 15 cm^3 einer Säuremischung, bestehend aus einem Teil HNO_3 (D 1,2) und zwei Teilen HCl (1 + 1), unter gelindem Erwärmen gelöst. Nach dem Verkochen der Stickoxyde wird die Lösung bis zur Sirupdicke eingeengt. Darauf nimmt man den Rückstand mit 5 cm^3 Salzsäure (1,19) auf und verdünnt mit heißem Wasser auf etwa 100 cm^3. Nun wird bis zum Sieden erhitzt und, nach Zusatz von einigen Stückchen Ferrosulfat, etwa 5 Minuten aufgekocht. Zur Ausfällung des Molybdäns setzt man unter kräftigem Schütteln aus einer Tropfflasche eine gesättigte Natriumsulfidlösung so lange zu, bis nach dem Verschwinden der Farbe des dreiwertigen Eisens ein starkes Schäumen (Schwefelwasserstoffentwicklung!) die beendete Fällung anzeigt. Dann werden noch einige Tropfen des Fällungsmittels im Überschuß zugegeben. Die Lösung darf nur von Gelb in Graubraun übergehen und nicht schwarz werden, weil sonst zuviel Eisen mitgefällt wird. Darauf verdünnt man die Lösung mit siedendem Wasser auf ungefähr 500 cm^3. Durch kurzes Aufkochen ballt sich der Sulfidniederschlag zusammen und die Lösung wird klar. Nun wird über Filterschleim im Filtrierröhrchen abgesaugt, der Niederschlag mit kalter verdünnter Salzsäure (1 + 20) ausgewaschen

[1] Die Lösung enthält 0,1 g Bromphenolblau in 1,5 cm^3 0,1-n-NaOH zu 250 cm^3 H_2O aufgefüllt.

und im Porzellantiegel bei 450° im elektrischen Ofen verascht. Der Veraschungsrückstand, der noch etwas Eisenoxyd und Kieselsäure als Verunreinigungen enthalten kann, wird im Tiegel in wenig Schwefelsäure (1 + 1) auf der Heizplatte vorsichtig gelöst. Daraufhin spült man die schwefelsaure Molybdänlösung, ohne Rücksicht auf einen ungelöst gebliebenen Rest Kieselsäure, in einen 100-cm³-Meßkolben, füllt mit derselben Säure bei 20° auf und schüttelt kräftig durch. In einem Elektrolysenbecher werden einige Kubikzentimeter der zu untersuchenden Lösung im Thermostaten auf 30° erwärmt (Dauer 3 bis 4 Minuten). Dann kann die Lösung von —0,1 bis —0,5 V polarographiert werden. Der Molybdängehalt wird aus der Höhe der bei — 0,3 V erscheinenden Reduktionsstufe ermittelt.

Andere Legierungsmetalle stören die Molybdänbestimmung nicht. Handelt es sich um einen Wolframstahl, so wird die Fällungsvorschrift wie folgt abgeändert: 1 g der Einwaage wird in 10 cm³ Phosphorsäure (D = 1,7) und 15 cm³ der Säuremischung gelöst. Überschüssige Salz- und Salpetersäure werden durch Abdampfen entfernt. Nun gibt man 5 cm³ Salzsäure (1,19) zu und dampft nochmals ab, um die letzten Reste von Salpetersäure zu vertreiben. Darauf wird die Lösung mit siedend heißem Wasser auf ungefähr 500 cm³ verdünnt. Dabei scheidet sich oft ein weißer Niederschlag von Eisenphosphat aus. Ohne Rücksicht auf diesen Niederschlag wird mit der gesättigten Natriumsulfidlösung in der oben beschriebenen Weise gefällt, bis infolge von mitfallendem Eisensulfid der Niederschlag dunkelbraun ist. Darauf gibt man unter kräftigem Rühren so lange verdünnte Salzsäure zu, bis das ausgefallene Eisensulfid und Eisenphosphat wieder in Lösung gegangen sind. Nach kurzem Stehenlassen wird filtriert und wie vorher weiterbehandelt.

Die Bestimmung von Chrom und Molybdän in Stählen nach Abtrennung des Eisens mittels Alkalihydroxyds wurde von G. THANHEISER und J. WILLEMS (*564*) ausgearbeitet. Da dieses Verfahren nicht einfach ist, wird auf das Original verwiesen und hier nur das Prinzip erwähnt. Chrom wird als Chromat in 2-n-NaOH mittels der bei —0,8 V auftretenden Stufe bestimmt. Für Molybdän entwickelten die Autoren ein polarometrisches Titrationsverfahren, welches auf S. 430 beschrieben ist.

Bestimmung von Wolfram.

Für die Stahlanalyse ist von M. v. STACKELBERG und Mitarbeitern (*556*) das folgende Verfahren vorgeschlagen worden:

Die Einwaage ist bei Gehalten bis zu 2% Wolfram auf 3 g, bis zu 8% Wolfram auf 1 g, darüber auf 0,5 g festgelegt.

Die eingewogene Stahlmenge wird in einem 400-cm³-Becherglas mit ungefähr 150 cm³ Salzsäure (1 + 1) so lange erhitzt, bis keine Reaktion mehr wahrzunehmen ist. Darauf engt man die Lösung bis zur Sirupdicke ein und nimmt mit 80 cm³ Salzsäure (1 + 1) auf. Die heiße Lösung wird mit Salpetersäure (1,4) oxydiert, wobei sich das Wolfram als Wolframsäure zum großen Teil abscheidet. Durch Einengen bis auf etwa 25 cm³ fällt die Wolframsäure vollständig aus. Man verdünnt auf 100 cm³ mit Wasser, kocht nochmals auf, läßt ungefähr eine halbe Stunde stehen und filtriert durch ein hartes Doppelfilter. Nach dem Auswaschen mit salzsäurehaltigem Wasser (1 + 10) wird das Filter mit dem Niederschlag im Platintiegel bei 800° verascht. Den Rückstand löst man im Tiegel in 1 g festem Kaliumhydroxyd und etwa 5 cm³ Wasser unter Erwärmen.

Die Kaliumwolframatlösung wird in einen 100-cm³-Meßkolben mit soviel Wasser übergespült, daß das Volumen der Flüssigkeit etwa 20 cm³ beträgt. Daraufhin versetzt man die Lösung mit einem großen Überschuß an Salzsäure (1,19), wobei der zuerst ausfallende Niederschlag von Wolframsäure sich in überschüssiger Salzsäure löst, so daß bei weiterer Zugabe eine klare Lösung erhalten wird. Die Lösung wird auf 20° abgekühlt, mit Salzsäure (1,19) bis zur Marke aufgefüllt und gut durchgeschüttelt. Von dieser Lösung gibt man einige Kubikzentimeter in den Elektrolysenbecher, in dem sich wie immer bereits 2 cm³ Quecksilber befinden. Nach Temperaturausgleich im Thermostaten von 30° (Dauer 3 bis 4 Minuten) wird von — 0,2 bis — 0,6 V aufgenommen. Der Wolframgehalt wird nach Bestimmung der Wellenhöhe graphisch ermittelt.

Bestimmungen von Zink.

Zink kann entweder in schwach saurer Lösung durch seine Stufe bei — 1,06 V oder durch die in ammoniakalischer Lösung bei — 1,38 V entstehende Stufe, zuweilen auch durch die Stufe des Zinkats, aus welchem sich Zink in 1-n-Lauge bei — 1,41 V abscheidet, bestimmt werden. Die Stufe ist, namentlich in saurer und ammoniakalischer Lösung, steil und daher gut meßbar. Eine Überdeckung mit den Stufen des Nickels in sauren Lösungen kann nach J. Prajzler durch Überschuß von Ammoniumoxalat (festes Salz zugeben!) behoben werden, da sich bei Anwesenheit von Oxalat nur die Zinkstufe bildet (*118*). Eine Überdeckung mit

Kobalt oder Nickel wird auch durch Überschuß von Cyankali abgeschafft, wobei nur die Stufen des Nickels und Kobalts übrig bleiben, da bekanntlich (*64*) Zink in Cyanidlösungen keine Stufe bildet.

Bestimmung von Zinkoxyd in Lithoponen. Nach S. Knoke (*349*) werden 0,5 g Lithopon mit 20 cm³ einer Mischung von 10% NH_4Cl und 2,5% NH_3 mit 0,4% Tylose kräftig durchgeschüttelt. Nach 15 Minuten wird der Inhalt mit dem aufgeschwemmten

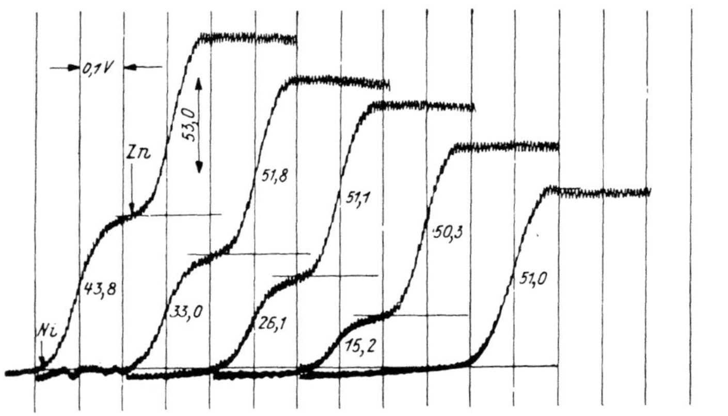

Abb. 170. Stufen von Nickel und Zink in 0,1-n-Ammoniumacetat von $p_H = 8{,}5$. Konzentration des Zinks ist 0,00117-n; jene des Nickels ist: 0,0010, 0,00075, 0,000572, 0,000333-n, 0. Die Kurven sind in Wasserstoffatmosphäre mit Empf. 1:100, 2-V-Akkum., von 0,8 V Spannung an aufgenommen.

Lithopon in ein Becherglas gegossen und darin an der Luft polarographisch zwischen 1,0 und 1,5 V Spannung untersucht. Der Gehalt an ZnO (0,09 bis 0,87%) ist in bester Übereinstimmung mit den gravimetrischen Bestimmungen.

Gleichzeitige Bestimmung von Zink und von Nickel. Nach P. R. Stout und J. Levy (*460*) bilden sich gut meßbare Stufen der beiden Metalle in einer 0,1-n-Ammoniumacetatlösung, deren p_H-Wert zwischen 8,5 und 9,5 durch Zugabe von Ammoniak gehalten wird. Die Stufen sind dann 0,3 V voneinander entfernt (Abb. 170). Ein eventuell auftretendes Maximum wird durch Zugabe von 2 Tropfen 1%iger Methylviolettlösung zu 5 cm³ der zu untersuchenden Lösung unterdrückt. In einer 0,1-n-Ammoniumacetatlösung, deren p_H-Wert 4,5 ist, fallen die Stufen des Nickels und Zinks zusammen und die Stufe des Kobalts zeichnet sich bei einem um etwa 0,3 V negativeren Potential abgesondert auf (nach P. R. STOUT, J. LEVY und L. C. WILLIAMS, *461*). Dieses Verfahren ist wertvoll, namentlich in Lösungen, welche Spuren von Metallen durch Anreicherung mittels eines Dithizonextrakts (s. S. **343**) enthalten. Falls bei solchem Verfahren Zink, Nickel und Kobalt in der Lösung vorhanden sind, werden auf einer Kurve alle drei Metalle in getrennten Stufen erhalten, wenn der Zusatzelektrolyt aus 0,1-n-Ammoniumacetat und 0,025-n-Kaliumrhodanid besteht.

Bestimmung von Zink, Mangan und Aluminium in Magnesiumlegierungen. G. SEMERANO (*450*) macht darauf aufmerksam, daß die genannten und andere edlere Metalle einfach in einer sauren Lösung der Legierung polarographisch ermittelt werden können. Bei der Zinkstufe schadet ein Überschuß der Säure nicht, wohl aber bei der Stufe des Aluminiums und des Mangans, weswegen die Lösung nur ganz schwach sauer reagieren muß (vgl. S. 305).

Bestimmungen von Kadmium.

In sauren oder neutralen Lösungen liegt das Halbstufenpotential des Kadmium bei — 0,63 V, in ammoniakalischer bei — 0,85 V, in Cyanidlösung bei — 1,15 und in Tartratlösung bei — 0,87 V. Die Stufenform eignet sich in allen diesen Lösungen gut zur Ausmessung. Eine Überdeckung ist nur durch das selten vorkommende Indium zu befürchten, dessen Abscheidungspotential in sauren und neutralen Lösungen mit dem des Kadmium übereinstimmt.

Bestimmungen von Kadmium, Blei, Kupfer und Zink in Rohzinkerzen. Nach R. KRAUS und J. V. A. NOVÁK (*428*) wird die Schnellanalyse folgendermaßen durchgeführt: a) *Kadmium, Kupfer und Zink.* 1 g des fein zerriebenen Zinkerzes (z. B. Zinkblende) wird durch Kochen in einem 50-cm³-Meßkolben mit 10 cm³ konzentrierter Salzsäure und nachheriger Zugabe von 5 cm³ Salpetersäure vollständig gelöst. Nach Erkalten und mäßigem Verdünnen mit destilliertem Wasser zu etwa 20 cm³ werden etwa 10 Tropfen einer gesättigten Natriumsulfitlösung zugegeben und 20 cm³ einer konzentrierten Ammoniaklösung, die auch etwa 10 Tropfen der gesättigten Natriumsulfitlösung enthält, zugefügt. Nachher wird etwa 1 cm³ einer $^1/_2$%igen Gelatinelösung zugegeben, und die Lösung im Meßkolben wird zur 50-cm³-Marke mit einer 0,01-m-Na_2SO_3-Lösung aufgefüllt. Etwa 5 cm³ dieser Lösung, in der alles Blei und Eisen gefällt ist, werden in ein kleines Elektrolysengefäß gebracht und offen an der Luft polarographiert. Auf dem Polarogramm (Abb. 171, links) ist bei 0,6 V Spannung die Kadmiumwelle zu sehen und vor ihr die Doppelwelle des Kupfers.

Wenn Zink zu bestimmen ist, wird die im 50-cm³-Meßkolben enthaltene Lösung 100fach mit einer 2-n-NH_3-, NH_4Cl-Lösung, die Na_2SO_3 enthält, verdünnt und an der Luft polarographiert.

b) *Blei und Kadmium.* In den Fällen, wo der Kupfergehalt ziemlich groß ist oder der Bleigehalt zu bestimmen ist, wird folgendermaßen vorgegangen:

1 g der Zinkblende wird durch Kochen mit 10 cm³ Salzsäure in einem 50-cm³-Meßkolben soweit wie möglich gelöst und die

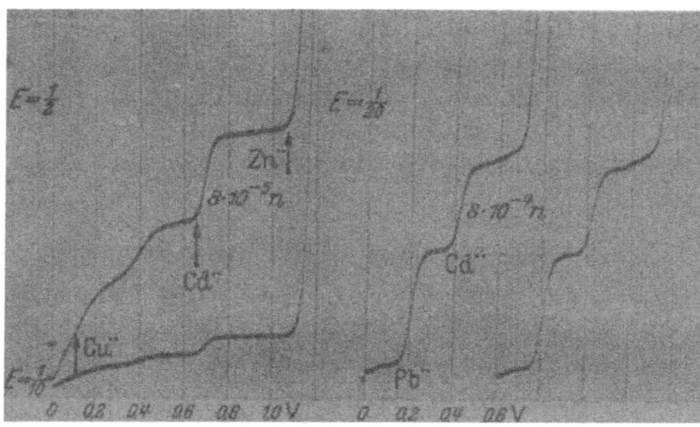

Abb. 171. Analyse der Rohzinkblenden; die Kurven links wurden nach Fällung von Fe^{III} und Pb^{2+} durch Ammoniak, die Kurven rechts nach Reduktion durch Aluminiumblech von Fe^{III} zu Fe^{II} und von Cu^{2+} zu Cu erhalten. Die Kurven links sind von Spannung Null, rechts von 0,2 V an aufgenommen; 4-V-Akkum.

zur völligen Auflösung eben nötige Menge Salpetersäure zugefügt. Nach dem Erkalten werden in die Lösung etwa 0,2 g reinstes Aluminiumblech gegeben, wodurch alles dreiwertige Eisen zum zweiwertigen reduziert und das Kupfer metallisch abgeschieden wird. Nach völliger Lösung des Aluminium wird die Lösung mit ausgekochtem Wasser auf 50 cm³ aufgefüllt und etwa 5 cm³ dieser Lösung nach Zugabe von 2 Tropfen 1%iger Gelatinelösung in Stickstoffatmosphäre polarographiert. Es erscheint die Bleiwelle bei 0,45 V und die Kadmiumwelle bei 0,6 V (Abb. 171, rechts).

Man kann aber auch nach Auflösen des Al im Meßkolben etwa 30 cm³ einer 10%igen Na-Citrat- oder Tartratlösung zufügen, mit NaOH zu schwach saurer Reaktion neutralisieren, zur Marke auffüllen und in Stickstoffatmosphäre polarographieren; die Pb- bzw. Cd-Stufe erscheint bei 0,6 bzw. 0,8 V.

Bestimmung von Kadmium, Blei und Kupfer in reinem Zink oder in Zinksalzen. 1 g reinsten Zinks wird in 10 cm³ konzentrierter Salzsäure gelöst und in Wasserstoffatmosphäre polarographisch untersucht. Bei Anwendung eines kleinen Gefäßes (Abb. 109 e) genügen 0,1 g Einwaage und 1 cm³ der Säure. Die Kurve zeigt Stufen des Kupfers bei der Spannung Null, des Bleies bei 0,40 V und des Kadmium bei 0,60 V (Abb. 172). Sollen Spuren

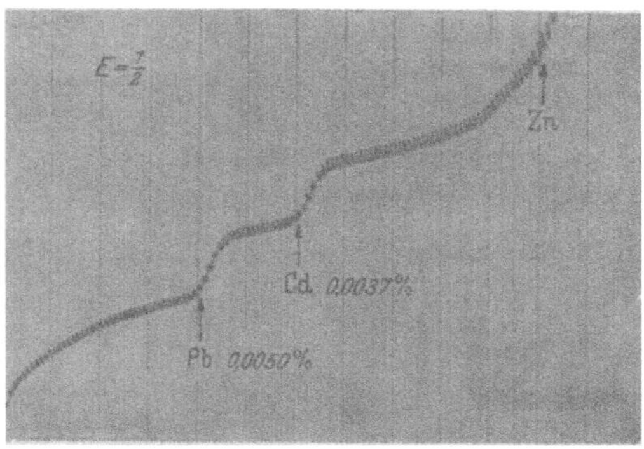

Abb. 172. Spuren von Blei und Kadmium in reinstem Zink (0,5 g in 5 cm³ konz. HCl gelöst).

dieser edleren Metalle in Zinksalzen bestimmt werden, wird eine entsprechend konzentrierte Lösung nach Vertreiben des Luftsauerstoffes mittels Durchleiten von Wasserstoff oder Stickstoff unter Luftabschluß oder noch einfacher nach Durchleiten von Kohlendioxyd offen an der Luft polarographisch untersucht.[1]

Nach F. ENSSLIN (*590*) wird zur Analyse des Feinzinkes folgendes bemerkt: Da kleine Pb-Mengen unter 0,003% nicht mehr spektrographisch bestimmt werden können, löst man 100 g der Zn-Probe in 240 cm³ HNO_3 1:1 und 200 cm³ konz. HNO_3 und füllt auf 500 cm³ auf. 5 cm³ dieser Lösung versetzt man mit 5 cm³ einer Lösung, welche aus 1800 cm³ gesättigter NH_4Cl- und 200 cm³ 2%iger Tyloselösung besteht. Dieses Gemisch wird polarographisch mit hoher Empfindlichkeit untersucht. So können noch Spuren von 0,0005% Pb mit einer Genauigkeit von 20% (gemäß E. KRÖSSIN [S. 331] von 10%) bestimmt werden.

[1] Siehe auch WO. SEITH u. W. v. D. ESCHE, Über die polarographische Bestimmung der Spurenelemente im Zink, Zeitschr. f. Metallkunde **33**, 81—83 (1941).

Bestimmungen von Blei.

Blei gibt sehr gut meßbare Stufen, und zwar in sauren Lösungen beim Halbstufenpotential — 0,46 V, in 1-n-Alkali bei — 0,81 V und in Tartrat- oder Citratlösungen bei — 0,67 V. In saurer oder neutraler Lösung scheiden sich bei demselben Potential auch Tl^{+}- und Sn^{2+}-Ionen aus; diese Koinzidenz wird durch einen Überschuß von Lauge beseitigt, in welcher das Abscheidungspotential des Bleies zu — 0,81 V und jenes des zweiwertigen Zinns zu — 1,18 V verschoben wird, wogegen die Halbstufe des Thallium unverändert bleibt. Da sich alkalisches Stannit äußerst leicht oxydiert und die Stannate polarographisch unwirksam sind (S. 105), zeichnet sich auf der Kurve solcher Lösungen meistens nur die Stufe des Bleies auf (s. auch S. 342).

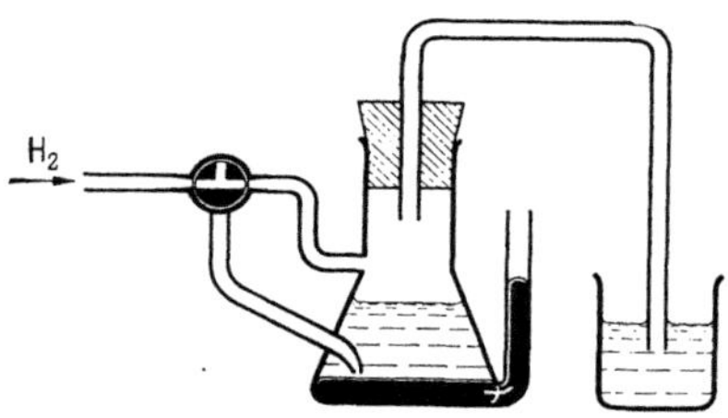

Abb. 173. Kleines Gefäß für Blutuntersuchungen.

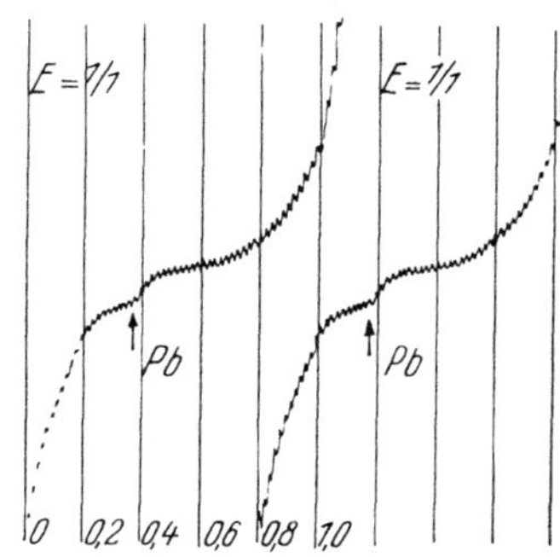

Abb. 174. 0,3 γ Blei in 1 cm^3 Blut. Mit höchster Empf. und Kompensation des Ladungsstromes. 4-V-Akkum. In Wasserstoffatmosphäre aufgenommen.

J. Teisinger (*263, 304*) hat eine rasche mikropolarographische Bestimmung von Blei im Blut ausgearbeitet, welche sich namentlich bei chronischen Vergiftungen, die bei industrieller Berufstätigkeit auftreten, bewährt.

Die Bleibestimmung kann sowohl im Blut, im Blutserum, Blutplasma, wie auch in den roten Blutkörperchen ausgeführt werden. Für die Analysen genügen 2 cm^3 Blut, nur für die Serumanalyse benötigt man 6 cm^3 Blut. Die letztere Analyse sei hier beschrieben: Zu 3 cm^3 Serum fügt man 2 Tropfen konzentrierte Salzsäure hinzu, um die im nativen Serum gebundenen Pb^{2+}-Ionen zu befreien und gießt die Mischung in ein kleines Elektrolysengefäß. Darauf leitet man Wasserstoff ungefähr 1 Stunde durch, wobei eine beträchtliche Schaumbildung entsteht.[1] Um dies möglichst zu vermeiden,

[1] Anfeuchten mit Oktylalkohol beseitigt das Schäumen.

leitet man zuerst den Wasserstoff über die Oberfläche des Serums (Abb. 173), bis der Sauerstoff aus dem Raum über der Lösung entfernt ist. Danach leitet man langsam den Wasserstoff durch die Lösung durch, wobei allerdings ein Teil der Flüssigkeit in das Nebengefäß entweicht. Auf diese Weise verliert man höchstens 1 cm³ der Lösung, in dieser Zeit ist aber die Lösung vollkommen sauerstofffrei. Man polarographiert mit größter Galvanometerempfindlichkeit, wobei man die oben beschriebene Kompensation des „Kondensatorladungsstromes" benutzen muß. Dann entspricht 0,1 γ Pb in 1 cm³ der Flüssigkeit etwa einer Stufenhöhe von 2 mm (bei 0,4 V Spannung; s. Abb. 174).

Allerdings ist die Prüfung aller Reagenzien und Geräte, die mit dem Blut in Berührung kommen, auf Abwesenheit von Blei unumgänglich notwendig; sie wird durch polarographische Blindversuche ausgeführt.

Die sehr geringen Blutmengen, die J. TEISINGER benutzt, scheinen E. FORCHE (*406*) zu unsicheren Werten zu führen, und deshalb gibt er seiner eigenen, sehr sorgfältig ausgearbeiteten Bleibestimmungsmethode den Vorzug. Die Arbeitsvorschrift von E. FORCHE lautet:

Zur Analyse wird am besten frisches Blut verwendet, das ohne jeden gerinnungsverhindernden Zusatz dem Patienten entnommen worden ist. Liegen jedoch aus besonderen Gründen Blutproben mit Oxalat- oder Citratzusätzen vor, so können sie ohne weiteres auf die gleiche Weise verarbeitet werden, sofern die Gewähr besteht, daß die benutzten Chemikalien bleifrei waren.

Zur Zerstörung der organischen Substanz werden 50 cm³ Blut in einem mit Uhrglas bedeckten Gefäß mit 50 cm³ bleifreier Salpetersäure (D = 1,4) und 20 cm³ konzentrierter Schwefelsäure versetzt und vorsichtig über dem Sparbrenner erwärmt. Wenn der anfangs entstehende Schaum zerfallen und die Reaktion, die unter starker Entwicklung nitroser Gase vor sich geht, vorüber ist, wird die Flamme allmählich vergrößert. Dabei nimmt die Flüssigkeit zunächst eine hellbraune Farbe an, die nach dem Verdampfen der Salpetersäure in ein tiefes Dunkelbraun bis Schwarz übergeht. Wenn auch die Hauptmenge der Schwefelsäure abgeraucht ist, läßt man die sirupöse Flüssigkeit einige Minuten auf 110° abkühlen, setzt 20 cm³ 70%ige Überchlorsäure hinzu und dampft langsam zur Trockne ein. Falls beim erstenmal der Rückstand nach dem Erkalten eine bräunliche Verfärbung zeigt, wird er abermals mit einigen Kubikzentimetern Überchlorsäure behandelt und nimmt auf diese Weise eine rein weiße Farbe an. Jetzt spritzt man das Uhrglas und die Seitenwände des Gefäßes mit Wasser ab, um die mitgerissenen Tropfen herunterzuspülen, und raucht zuletzt mit wenig konzentrierter Schwefelsäure ab.

Das so gewonnene anorganische Salzgemisch wird mit 5 cm^3 einer 20%igen Kalium-Natriumtartrat-Lösung und einigen Tropfen gesättigter Natronlauge bis zur alkalischen Reaktion gegen Lackmuspapier versetzt. Die festen Partikel werden mit einem Glasstab zerstoßen und die Flüssigkeit zur Extraktion des Bleisulfats unter häufigem Umrühren 2 bis $2^1/_2$ Stunden stehengelassen. Während der ersten Zeit wird die Lösung wieder sauer, was man leicht an der intensiv gelben Farbe erkennen kann. Dann wird mit einem Tropfen gesättigter Natronlauge alkalisch gemacht und dies nach Bedarf mehrmals wiederholt, bis die basische Reaktion bestehen bleibt. Zuletzt erwärmt man die Flüssigkeit kurze Zeit über dem Sparbrenner, füllt im Meßkolben auf 10 cm^3 auf und filtriert.

Die Lösung wird in Wasserstoffatmosphäre unter denselben Bedingungen, bei denen die Eichungen vorgenommen wurden, polarographiert. Zu dem ausgemessenen Wert der Bleistufenhöhe liest man aus dem Eichdiagramm den zugehörigen Bleiwert ab, der die Milligramme Blei in der verarbeiteten Blutmenge angibt. Wurde die Analyse mit 50 cm^3 Blut durchgeführt, so erhält man durch Verdopplung des gefundenen Wertes die Bleimenge in Milligrammprozenten.

Man vergewissere sich, daß sämtliche zur Analyse benutzten Chemikalien kein Blei enthalten, indem man sie auf die gleiche Weise verarbeitet, wie es bei der Blutanalyse geschieht, und unter denselben Bedingungen polarographiert.

Bestimmung von Zinn.

Die Schwierigkeit bei der polarographischen Zinnbestimmung liegt nur in der Unbeständigkeit des zweiwertigen Zinns, welches sich rasch zu vierwertigem oxydiert und dadurch in eine stark hydrolysierbare und polarographisch unwirksame, meist kolloide Form übergeht und für die Analyse verloren ist. Das zweiwertige Zinn bildet sehr gut ausgeprägte Stufen, und zwar in saurer oder neutraler Lösung bei — 0,47 V (welche mit Blei, Thallium und Arsen übereinstimmt), in alkalischer Lösung bei — 1,18 V, und als Oxydationsstufe des Vorganges $Sn^{II} \rightarrow Sn^{IV}$ bildet es eine anodische Stufe sowohl in sauren (bei — 0,06 V) wie in alkalischen (bei — 0,61 V) und in Citrat- oder Tartratlösungen (bei — 0,48 V; s. Abb. 41).

Als ein zweckmäßiges Verfahren empfiehlt es sich, den Aufschluß oder die Legierung in Salzsäure zu lösen und die frische Lösung mit einem Stückchen von reinstem Aluminium bis zu dessen Auflösung unter schwachem Erwärmen zu zweiwertigem Zinn zu reduzieren und in Wasserstoffatmosphäre zu polarographieren. Falls kein Blei vorhanden ist, bestimmt die kathodische Stufe bei — 0,47 V den Zinngehalt; in Anwesenheit von Blei können die Stufen in Lauge getrennt werden: man kann auch durch anodisch-kathodische Polarisation die Oxydationsstufe des Zinns erhalten, welche auch dem Gehalt an Zinn proportional ist (s. auch S. 342).

Wo. Seith und W. v. d. Esche (s. S. 325) bestimmen Spuren von Zinn in Zink, indem sie 0,5 g Zn in konz. HCl auflösen, etwas Chlor oder Chlorwasser zufügen und dann auf ein kleines Volum einengen. Da frisch bereitetes Zinn(IV)-chlorid in konz. Salzsäure reduktionsfähig (s. S. 70) ist, wird aus der Stufenhöhe die Summe Sn + Pb ermittelt. Parallel wird eine andere Lösung von 0,5 g Zn in konz. HCl zur Trockne abgedampft, der Rückstand in Wasser gelöst und aufgekocht. Dann wird ein wenig mit HCl angesäuert und nun Pb allein polarographisch bestimmt. Somit können noch 0,0015% Sn bestimmt werden.

Bestimmung von Thallium.

Obzwar die polarographische Bestimmung des Thallium keine Schwierigkeiten bietet, finden sich Einzelvorschriften nicht vor. Sein Halbstufenpotential liegt bei — 0,50 V unverändert in saurer, neutraler, alkalischer und ammoniakalischer Lösung sowie auch in Anwesenheit von anderen, sonst zu Komplexen führenden Anionen, wie von Oxalaten, Tartraten, Citraten usw. Durch diese Eigenschaft, welche sich durch eine den Ionen der Alkalimetalle gleiche Stabilität des Tl^+-Ions erklärt, kann die Thalliumstufe von den Stufen des Bleies oder des Zinns, mit welchen sie zusammenfällt, abgesondert werden. Dazu eignet sich am besten ein Überschuß von Lauge, bei welchem das Halbstufenpotential des Bleies zu — 0,81 V und des Zinns zu — 1,18 V verschoben wird, während jenes des Thallium bei — 0,50 V unverändert bleibt. In ammoniakalischer Lösung überdeckt die zweite Kupferstufe ($Cu^I \rightarrow Cu$ bei — 0,54 V) die Thalliumstufe; in Cyanidlösungen fällt die Thalliumstufe in die anodische Stufe der Cyanidionen (s. S. 118).

Spuren von Pb, Tl und Cd in Nährlösungen sowie in Aschen von Pflanzenwurzeln wurden von S. Prát, J. Babička und J. Polívková (*149*) direkt, bzw. nach Auflösen der Asche in verdünnter Salpetersäure aus den Stufenhöhen bestimmt.

Bestimmung von Antimon und Wismut.

In schwefelsauren Lösungen zeigt sich nach V. BAYERLE (*8*) Wismut durch seine Abscheidungsstufe bei 0,0 V und dreiwertiges

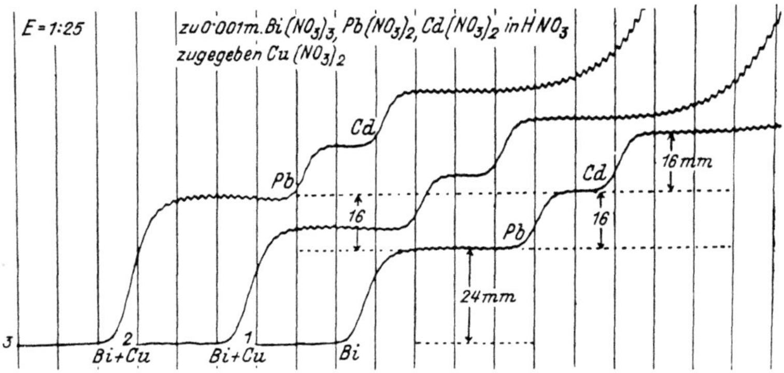

Abb. 175. Überdeckung der Kupfer- und Wismutstufe in salpetersaurer Lösung. Die 0,1-n-HNO_3-Lösung enthält 0,001-m-$Bi(NO_3)_3$, $Pb(NO_3)_2$, $Cd(NO_3)_2$ mit 0,1-n-$LiNO_3$ (Kurve *1*). Kurve *2*: Dieselbe Lösung mit 0,0005-m-$Cu(NO_3)_2$ und Kurve *3*: mit 0,001-m-$Cu(NO_3)_2$. Empf. 1:25, 2-V-Akkum.

Antimon bei — 0,21 V. Jedoch sind diese Stufen nur als eine qualitative Anzeige zu betrachten, da die Lösungen stark hydrolysiert sind. In schwefelsauren oder salpetersauren Lösungen über-

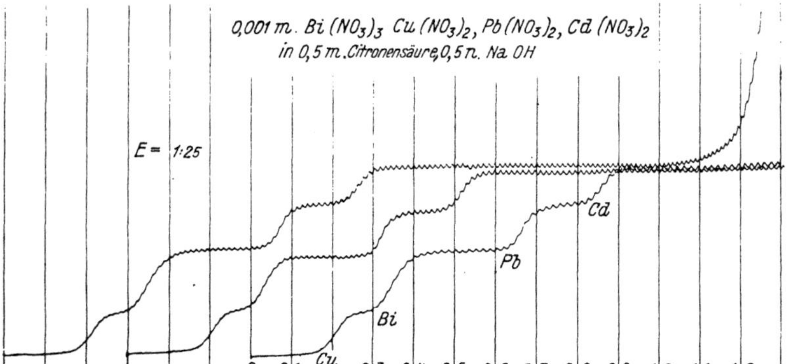

Abb. 176. Trennung der Kupfer- und der Wismutstufe in Citratlösung. Die Lösung enthält 0,001-m-$Cu(NO_3)_2$, $Bi(NO_3)_3$, $Pb(NO_3)_2$, $Cd(NO_3)_2$ neben 0,5-m-Citronensäure und 0,5-n-NaOH. Empf. 1:25, 2-V-Akkum.

deckt sich die Stufe des Wismuts mit jener des Kupfers (Abb. 175), wird jedoch nach K. SUCHÝ (*125*) durch Zugabe von 10% Seignettesalz und Neutralisieren zu —0,41 V verschoben, wobei die Kupferstufe bei —0,21 V erscheint (Abb. 176).

Gleichzeitige Bestimmung von Wismut und Blei.

Nach E. KRÖSSIN[1] werden Spuren bis 0,0005% von Bi und Pb in Kupfer, Zink sowie in kupfer- und aluminiumhaltigen Zinklegierungen folgendermaßen bestimmt: Einige Gramm des Metalls werden in HNO_3 (1:1) gelöst, mit NH_3 neutralisiert und mit etwa der fünffachen Menge Gramm NaCN versetzt. Man fällt Pb und Bi mit etwas Na_2S-Lösung und filtriert. Den Niederschlag löst man in HNO_3 (1:1), verdampft zur Trockne und kocht mit wenig HCl (1:1) auf. E. KRÖSSIN empfiehlt diese zur Marke mit 10% HCl aufgefüllte Lösung nach Zugabe von Tylose in Wasserstoffatmosphäre zu polarographieren, wobei man die getrennten Stufen von Bi (bei —0,03 V) und Pb (bei —0,46 V) erhält. Da aber in salzsaurer Lösung Spuren von Kupfer die Bi-Stufe überdecken, weswegen die Abtrennung mit Na_2S wiederholt werden soll, scheint es vorteilhaft, die salzsaure Lösung von Bi und Pb mit festem Seignettesalz zu versetzen und mit Lauge zur schwachsauren Reaktion zu neutralisieren. In einer 5 bis 10%igen Seignettesalzlösung ist nämlich, nach K. SUCHÝ (*125*), die Cu-Stufe von der Bi-Stufe deutlich getrennt. Anwesenheit von As, Sn und Sb stört nicht.

Bestimmung der Verunreinigungen im Blei.

Nach S. P. SCHAIKIND (*625*) einerseits und M. KALOUSEK[2] anderseits findet man Spuren von Bi, Sb, Cu, Ni, Co, Zn und Mn in reinem Blei oder in dessen Salzen folgendermaßen:

2 g Blei werden durch Erhitzen mit 10 cm^3 Salpetersäure (1:3) in einem 25-cm^3-Meßkölbchen gelöst. Nach Abkühlen wird Blei durch Zugabe von 1 cm^3 konzentrierter Schwefelsäure als Bleisulfat gefällt und das Kölbchen zur Marke mit Wasser aufgefüllt. Nun läßt man den Niederschlag setzen und pipettiert 5 cm^3 der klaren Lösung in ein 10 cm^3 Meßkölbchen, fügt 2 cm^3 einer 1-m-Natriumcitratlösung und einen Tropfen Methylrot zu und gibt tropfenweise konzentriertes Ammoniak bis zur Orangefärbung (p_H etwa 6) zu; nachher füllt man das Kölbchen bis zur 10-cm^3-

[1] Metall u. Erz **38**, 10—12 (1941).

[2] Bisher unveröffentlichte Analysenvorschrift.

Marke auf. Nach Entfernung des Luftsauerstoffes (im Wasserstoff- oder Stickstoffstrom) wird die Lösung polarographiert. Auf der Kurve erscheinen die Stufen des Kupfers und Eisens, welche sich decken, dann die Stufe des Wismuts und nachher die Stufe des Bleies, welches nicht vollständig ausgefällt wurde.

Zur Bestimmung von Cu, Ni, Zn, Co und Mn verdampft man 1 bis 5 cm³ (je nach dem Reinheitsgrad der Bleiprobe) der schwefelsauren Lösung bis zum Entweichen von SO_3, und löst den Rückstand in 1 cm³ einer Lösung von der folgenden Zusammensetzung: 1-m-NH_3, 1-n-NH_4Cl, etwa 0,1-n-Na_2SO_3 0,1% Gelatine. Diese Lösung wird direkt polarographiert: auf der Kurve erscheinen Stufen von Cu, Ni, Zn + Co, Mn.

Die Stufe von Sb erhält man (nur als eine qualitative Anzeige) an der Kurve der salpetersauren Lösung des Bleies oder der schwefelsauren Lösung, welche nach Entfernung der Luft aufgenommen wird: vor der Sb-Stufe erscheint die Stufe von Fe + Cu + Bi.

Bestimmung von Arsen.

Über praktische polarographische Bestimmungen des Arsens findet man nur wenig Angaben, obwohl sein Depolarisations-

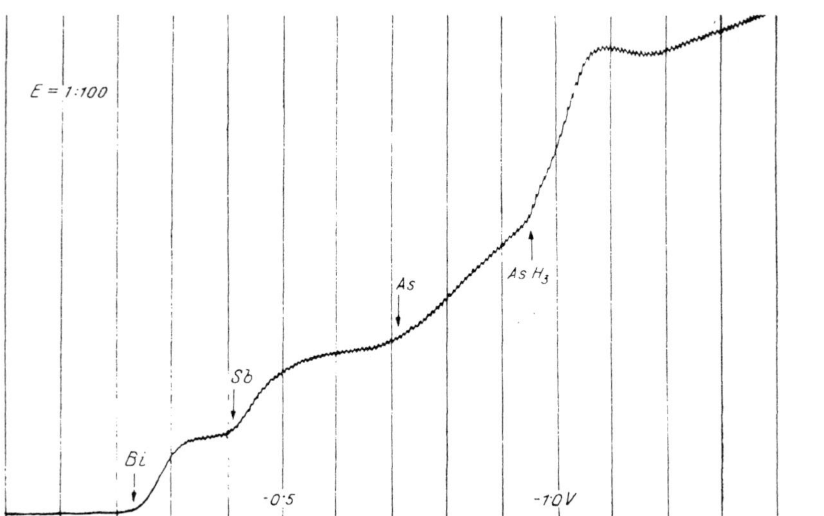

Abb. 177. Stufen von Wismut, Antimon und Arsen. Die Lösung enthält in 1-n-H_2SO_4 0,00064-m-Bi_2O_3, 0,00068-m-Sb_2O_3 und 0,0008-m-As_2O_3. Empf. 1:100, 2-V-Akkum.

vorgang mit einem merklichen, katalytisch beeinflußten Maximum verbunden ist (*61*). V. BAYERLE (*8*) fand, daß sich Arsen aus Salzsäurelösung der arsenigen Säure bei etwa — 0,3 V ausscheidet und in alkalischen Lösungen polarographisch unwirksam wird. K. KAČÍRKOVÁ (*61*), welche die Reduktion der arsenigen Säure aus salzsauren und schwefelsauren Lösungen eingehend untersuchte, gibt drei Stufen der Reduktion an, deren erste, bei — 0,3 bis — 0,4 V, der Arsenabscheidung entspricht und mit Verdünnung der arsenigen Säure und der H^+-Ionen sich zu negativen Werten verschiebt, die zweite, bei etwa — 0,7 V, der Bildung von AsH_3 entspricht, und eine dritte, welche bei etwa — 0,9 V ein scharfes Maximum bildet und von der H^+-Ionenkonzentration stark abhängt. Da das Auftreten dieser Stufen bei Gegenwart von mehreren Bestandteilen in der Lösung zu Überdeckungen führen könnte, empfiehlt sich eine Vortrennung der Schwermetalle. In einer n-Schwefelsäure können, nach KAČÍRKOVÁ (l. c.), Wismut, Antimon und Arsen in derselben Lösung polarographisch ermittelt werden (Abb. 177).

A. ZAPLETÁLEK hat nachgewiesen,[1] daß weder Arsensäure noch Arsenate an der tropfenden Quecksilberelektrode reduktionsfähig sind. Dadurch bietet sich die Möglichkeit, arsenige und Arsensäure in einer Lösung polarographisch zu bestimmen, wenn nach Aufzeichnen der ersten Kurve die Arsensäure durch ein geeignetes Reduktionsmittel (z. B. KJ in halbkonz. HCl oder N_2H_4 in konz. H_2SO_4 oder H_3PO_4) zur arsenigen Säure reduziert und dann eine neue Kurve aufgenommen wird.

In alkalischer Lösung geben Arsenite nur eine undeutliche Biegung, welche in die Form einer Stufe durch Anwesenheit von zweiwertigen Kationen verwandelt wird (am besten in Calcium- oder Bariumhydroxydlösungen).

Bestimmung von Arsen und Eisen in Kontaktschwefelsäure nach T. A. KRJUKOWA (*429*). Die Säure wird durch Natriumkarbonat neutralisiert, dann angesäuert und Kaliumtartrat zugegeben, wodurch die Arsen(III)stufe erhalten wird. Die Empfindlichkeit ist 0,00005% bei quantitativer und 0,00002% bei qualitativer Bestimmung. Es stören nicht: Fe^{2+} bis 0,01%, Fe^{3+} bis 0,7%, SO_2 bis 0,015%, NO_3' bis 0,1%, Cl′ bis 0,4%, Se bis 0,005%, Pb bis 0,005%; hingegen wirkt störend NO_2' sogar unter 0,001% N_2O_3. Der Gehalt an Eisen wird in der durch Natriumkarbonat neutralisierten Säure in Gegenwart von Zitronensäure und Ammoniak ($p_H = 7$) als die $Fe^{II} \rightarrow Fe^{III}$-Redoxstufe gemessen;

[1] Nach bisher unveröffentlichter Untersuchung.

die Empfindlichkeit ist hier 0,0003% bei quantitativer und 0,0001% bei qualitativer Bestimmung. Hier stören nicht: As bis 0,003%, NO_2' bis 0,02%, NO_3' bis 0,005%, SO_2 bis 0,1%, Cl′ bis 0,4%, Kaliumtartrat oder Seignettesalz bis zur Sättigung zugegeben.

Da As^V keine Stufe bildet, muß es zunächst nach Hydrazinzugabe in konzentrierter Schwefelsäure durch Kochen zu As^{III} reduziert werden. Falls die As-Menge unter 0,00005% liegt, muß die Schwefelsäure (etwa 25 g) durch Abrauchen zu etwa $^1/_{50}$ des Volums eingeengt werden. Um dabei zu verhindern, daß sich das As^{III} verflüchtigt, wird HNO_3 zugegeben, wodurch nichtflüchtiges As^V entsteht. Nach dem Verdampfen werden 0,2 bis 0,3 g Hydrazinsulfat zugegeben und durch Aufkochen wieder alles As^V zu As^{III} reduziert. Nach Neutralisation mit Na_2CO_3 und Sättigen mit Tartrat wird die Lösung in Wasserstoffatmosphäre polarographisch untersucht.

Bestimmung von Blei und Arsen in Phosphorsäure. Nach T. A. Krjukowa (*351*) verdünnt man die konzentrierte Phosphorsäure zu 12 bis 14% und untersucht polarographisch nach Entfernen des Luftsauerstoffs; man erhält die Stufe von Pb^{II}. Zur Bestimmung des As^{III} fügt man dann zu 10 cm³ der 12%igen Phosphorsäure 0,5 bis 0,7 cm³ konz. HCl und nimmt die Kurve in Wasserstoffatmosphäre auf. Falls As^V anwesend ist, wird zur konz. Phosphorsäure Hydrazin zugegeben, um durch Aufkochen alles As^V zu As^{III} zu reduzieren. Wenn der Gehalt an As geringer als 0,0004% ist, wird die Phosphorsäure nicht verdünnt, sondern durch Na_2CO_3 neutralisiert, dann mit 1 bis 2 Tropfen 1%iger Phosphorsäure angesäuert und zur Konzentration von etwa 10% P_2O_5 verdünnt. Da die Stufen von Pb und As nahe beieinander liegen, wird ein 2-V-Akkumulator benutzt, um einen kleinen Potentialabfall (100 mV pro Windung) im Meßdrahte zu erhalten.

Bestimmung der giftigen Arsenprodukte in Salvarsanpräparaten. R. Brdička (*165*) hat bei Untersuchungen von organischen Derivaten der Arsenobenzole (wie Salvarsan, Neosalvarsan u. a.), welche die As=As-Gruppe enthalten, sichergestellt, daß sie sich in dieser Form polarographisch nicht betätigen. Ihre Oxydationsprodukte dagegen sind reduzierbar und können mit der gewöhnlichen polarographischen Empfindlichkeit bestimmt werden. Diese Bestimmung hat medizinischen Wert, insofern die Toxizität der Salvarsanpräparate in Betracht kommt; denn die Wirkung dieser Präparate wird den zufälligen Spuren von den Oxydationsprodukten zugeschrieben. Um diese giftigen Verbindungen polarographisch nachzuweisen, löst man, ohne Luftzutritt, den Inhalt einer Salvarsanampulle in 50 cm³ 0,01-n-LiCl und tropft diese Lösung in einer Wasserstoffatmosphäre aus einer Bürette (Abb. 138) zu 20 cm³ einer 0,01-n-LiCl-Lösung, die sich

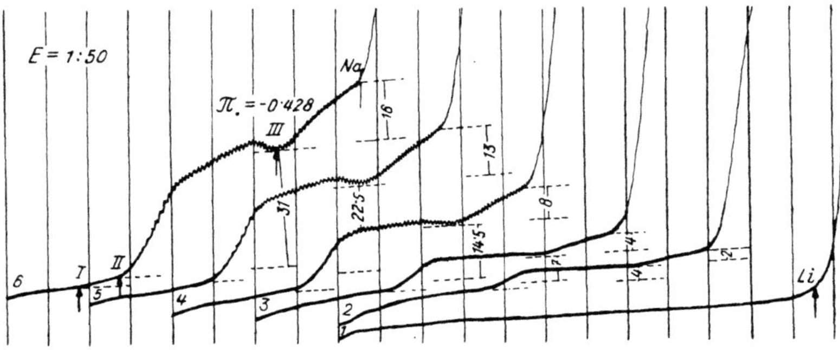

Abb. 178. Stufen eines toxisch wirkenden Oxydationsproduktes von Salvarsan. Eine 0,0078-m-Neosalvarsanlösung in 0,01-n-LiCl wurde nach kurzer Einwirkung von Luft einer reinen 0,01-n-LiCl-Lösung n Wasserstoffatmosphäre zugegeben. Konzentration des Salvarsans war 0,00037 bis 0,0028-m. Empf. 1:50, 4-V-Akkum.

im Elektrolysengefäß befindet. An der Kurve zeichnet sich die Anwesenheit von giftigen Verunreinigungen durch die Stufen der Oxydationsprodukte aus (Abb. 178).

Bestimmungen des Kupfers.

Kupfer kann polarographisch entweder gemäß seiner Abscheidungsstufe ermittelt werden, welche in saurer Lösung von Cu^{2+}-Ionen ihr Halbstufenpotential bei — 0,03 V, in ammoniakalischer Lösung von Cu^{+}-Ionen bei — 0,54 V, in Tartrat- oder Citratlösungen von Kupfer(II)-salzen bei — 0,2 V haben, oder es kann auch mittels seiner Cu^{II}-Cu^{I}-Redoxstufe, welche in ammoniakalischer Lösung bei — 0,27 V liegt, bestimmt werden. Wenn reduzierte Kupfer(I)-Lösungen vorliegen, entsteht außer bei den obengenannten Potentialen bei —0,54 V und —0,27 V eine anodische Oxydationsstufe des Vorganges $Cu^{I} \rightarrow Cu^{II}$ auch in schwach sauren Tartrat- oder Citratlösungen, und zwar bei —0,2 V, welche auch zu qualitativen und quantitativen Kupferbestimmungen dienen kann. Überdeckungen der Kupferstufe können in saurer Lösung durch Fe^{3+}- oder Bi^{3+}-Ionen verursacht werden, was jedoch durch Überschuß von Seignettesalz vermieden werden kann (Abb. 176); Überschuß von Ammoniak entfernt Eisen(III) sowie Wismut durch Fällen ihrer Hydroxyde. Von analytischer Bedeutung ist der Umstand, daß Kupfer, wie übrigens auch Zink und Eisen, im Überschuß von Cyanidionen keine Stufe bildet; deswegen können unedlere Metalle, wie Cd, Ni und Co, sowie auch Au und Ag in großen Mengen von Kupfer bestimmt werden. Sauerstoff muß bei allen Kupferbestimmungen aus der Lösung vollkommen entfernt sein.

Bestimmung kleiner Mengen von Kupfer in Präparaten. Liegt die Probe in einer Citrat-, Tartrat- oder in einer ammoniakalischen Lösung vor, kann man sie direkt — nach Austreiben des

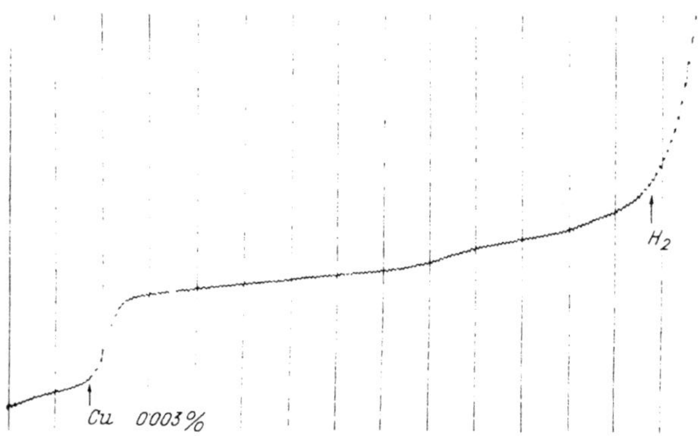

Abb. 179. Eine Kupferstufe, welche in einer gesättigten Lösung reiner Citronensäure erhalten wurde und 0,003% Cu im Präparate angibt. Höchste Empf., 2-V-Akkum.

Sauerstoffes — polarographisch untersuchen. In ammoniakalischer Lösung wird Sauerstoff am besten mit einigen Tropfen einer frischen, gesättigten Natriumsulfitlösung absorbiert. Dadurch sowie auch durch das Bodenquecksilber oder Wasserstoff kann ein Teil der Kupfer(II)-Lösung zu Kupfer(I) reduziert werden und deshalb eine kleinere Stufe des Vorganges $Cu^{II} \rightarrow Cu^{I}$ bei — 0,27 V (Abb. 26) aufweisen. Dieser Umstand ist aber für die Bestimmung des Kupfergehaltes belanglos, da Kupfer nur durch Messung der zweiten Stufe, bei — 0,54 V, ermittelt wird. Abb. 179 zeigt eine Kupferstufe, welche das als Verunreinigung in Zitronensäure vorkommende Kupfer nachweist.

Bestimmung des Kupfergehaltes in Milch. A. Velich und P. Ševčenko (*307*) bestimmen Kupfer in Frauenmilch auf die folgende Weise: 3 bis 10 cm³ der Milch wird zur Trockne abgedampft und im Platintiegel verascht. Die Asche muß einige Male mit Wasser befeuchtet und wieder ausgeglüht werden bis zur vollkommen weißen Farbe. Dann wird die Asche mit einigen Tropfen konzentrierter Schwefelsäure über kleiner Flamme bis zum Abrauchen der Schwefelsäure erhitzt und dieses Vorgehen wiederholt, damit alle Metallspuren in Sulfate übergeführt werden. Darnach wird wieder Wasser zugetropft und die Asche wiederum ausgeglüht. Dann werden der Asche noch einige Tropfen Salpetersäure zugefügt und vorsichtig abgedampft, was einige Male wiederholt wird. Endlich wird die Asche in genau 1 oder 2 cm³ einer 10%igen Seignettesalzlösung gelöst und ein Teil dieser Lösung in einem kleinen Gefäßchen (Abb. 109e) in Wasserstoffatmosphäre mit hoher Empfindlichkeit polarographiert. Die Kupferstufe zeigt sich deutlich bei 0,2 V Spannung. So werden Kupfergehalte zwischen 0,00007 und 0,0007% festgestellt.

Bestimmung von Kupfer und Nickel in Eisen. Nach G. MAASSEN (*356*) gibt die polarographische Methode nach vorheriger Abtrennung des Eisens gute quantitative Ergebnisse. Der Niederschlag des Ferrihydroxyds braucht nicht abfiltriert zu werden. Eine Verfälschung des Analysenresultats durch Adsorption ist nicht zu befürchten, da der Fehler durch Eichkurven ausgeschaltet wird.

Die gleichzeitige Bestimmung von Kupfer und Nickel in Eisen wird dadurch möglich, daß in ammoniakalischen ammonsalzhaltigen Lösungen bei Anwesenheit von zweiwertigem Kupfer zwei gleich große Stufen bei — 0,27 und — 0,54 V und bei Anwesenheit von Nickel eine Stufe bei — 1,14 V auftreten; bei — 1,32 V scheidet sich Kobalt ab, so daß kleine Mengen Nickel neben Kobalt in Kobaltstählen bestimmt werden können.

a) *Bestimmung von Kupfer und Nickel.* 0,1 g Stahl löst man in einem 50-cm³-Becherglas in 3 bis 5 cm³ Salzsäure (1:1), oxydiert nach dem Lösen mit wenigen Tropfen konzentrierter Salpetersäure und dampft zur Trockne ein. Die völlig trockene Probe wird mit genau 1 cm³ Salzsäure (1:1) und 1 Tropfen konzentrierter Salpetersäure durch schwaches Erwärmen gelöst. Ohne den Niederschlag von Kiesel- oder Wolframsäure zu entfernen, spült man die Lösung mit wenig Wasser in ein 50-cm³-Meßkölbchen und füllt bis zur 10-cm³-Marke mit Wasser auf. In zwei Anteilen gießt man zur Fällung des Eisens 20 bis 25 cm³ der ammonchloridhaltigen zweifach normalen Ammoniaklösung in der Kälte unter kräftigem Schütteln zu. Nach Zusatz von 5 Tropfen Leimlösung zur Unterdrückung des „Maximums" füllt man mit dem Fällungsmittel auf 50 cm³ auf. Die Lösung wird nach Befreiung von Luftsauerstoff polarographisch untersucht (Abb. 180).

Das beschriebene Verfahren gestattet auch eine schnelle, qualitative Prüfung auf Kupfer, Nickel und Kobalt in kleinsten Stahlmengen. Einige Stahlspäne löst man im Reagensglas mit wenig Salzsäure, oxydiert mit Salpetersäure und fällt das Eisen mit Ammoniaklösung. Dann setzt man Leimlösung zu, filtriert, leitet durch das Filtrat kurze Zeit Stickstoff und prüft mit dem Polarographen.

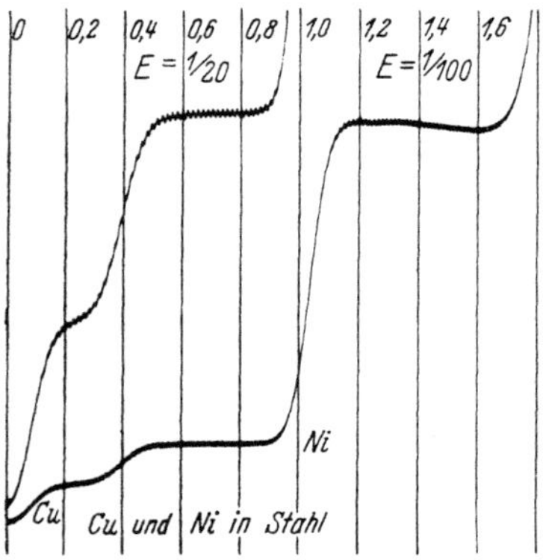

Abb. 180. Stufen des Kupfers und des Nickels, welche mit ammoniakalischer Lösung einer Stahlsorte erhalten wurden. Der Stahl enthielt 3,55% Cu und 13,8% Ni.

Mit befriedigendem Erfolg bestimmt man in dieser Weise auch Spuren von Kupfer und Nickel in technischen Eisensorten mit weniger als 0,05% Cu und Ni. Hierzu nimmt man 1 g Eisen auf 25 cm³ der ammoniakalischen Lösung.

Zu diesen polarographischen Analysen sei bemerkt, wie auf S. 260 angeführt wurde, daß in allen alkalischen Lösungen, also auch ammoniakalischen und cyanidhaltigen Lösungen, Luftsauerstoff durch Zugabe von einigen Tropfen einer gesättigten Natriumsulfitlösung oder einiger Kriställchen nach gründlichem Umrühren so weit gebunden wird, daß die Lösungen offen an der Luft mit höchster Empfindlichkeit polarographisch untersucht werden können. In stark alkalischen und namentlich in Cyanidlösungen wird die Reaktionsgeschwindigkeit der Sulfitoxydation gehemmt, so daß bereits einige Minuten vor der Benutzung der alkalischen Lösung das Sulfit zugegeben werden muß. Gelatinelösung und Quecksilber sollen zuletzt zugefügt werden (s. S. 260).

Analyse von Messing und Neusilber. Nach H. Hohn verläuft die Bestimmung von Zink und Kupfer ohne jede Schwierigkeit. Man wiegt 0,1 g Messingspäne ein und versetzt in einem kleinen, mit Uhrglas bedeckten Becherglas mit 2 cm³ konzentrierter Salpetersäure; dann spült man in einen 50-cm³-Meßkolben, füllt auf und pipettiert ohne Rücksicht auf einen eventuellen Zinnsäureniederschlag 5 cm³ der Probelösung zu 10 cm³ einer Ammoniak-Ammonchlorid-Lösung (2-n-NH_4Cl, 2-n-NH_3), welche 10% der auf S. 269 beschriebenen Tyloselösung enthält. Dann nimmt man im Spannungsbereich 0,2 bis 1,0 V das Kupfer und im Bereich 1,0 bis 1,6 V das Zink in Stickstoffatmosphäre (einfacher nach Sulfitzugabe) polarographisch auf.

Da in der ammoniakalischen Lösung Zink und Nickel koinzidieren, muß von der Zinkwelle gegebenenfalls der Nickelanteil abgezogen werden. Die Bestimmung des Nickels erfolgt in cyankalischer Lösung, wobei Kupfer und Zink nicht mehr angezeigt werden; das Nickel dagegen bildet eine gut meßbare Stromstufe bei etwa 1 V Spannung.

Um Spuren von Nickel besser bestimmen zu können, geht man von einer Einwaage von 0,5 g aus; man löst mit konzentrierter Salpetersäure, setzt 15 cm³ konzentriertes Ammoniak zu, filtriert kalt durch einen Glasfiltriertiegel, wäscht mit ammoniakhaltigem Wasser gründlich aus. Das Filtrat wird auf 250 cm³ gebracht und die Kupfer- und Zinkstufe aufgenommen, wie dies beschrieben wurde. Zur Bestimmung des Nickels fügt man zu 5 cm³ der Lösung 5 cm³ 2-n-KCN und 5 cm³ reines 2-n-NH_4Cl, 2-n-NH_3 und etwa 1 g reines kristallisiertes Natriumsulfit zu; kocht auf — um das Cyangas zu entfernen — und polarographiert bei Luftzutritt nach dem Erkalten. Eine Eichkurve hilft nun die Nickelkonzentration zu ermitteln.

Ebenso lassen sich Spuren von Nickel in Kupfersalzen bestimmen. Auch die Analyse des Neusilbers kann ohne jede Vortrennung nach dieser Methode durchgeführt werden.

Analyse des Messings nach K. Schwarz (*551*) ergänzt das von H. Hohn ausgearbeitete Verfahren, indem der Nickelgehalt auch unter 1% genau bestimmt wird und Mangan berücksichtigt wird. Man löst 0,5 g Messingspäne in wenigen Kubikzentimetern konzentrierter Salpetersäure im bedeckten Bechergläschen, bringt die Lösung auf dem Sandbad zur Trockne und nimmt mit 2 cm³ konzentrierter Salpetersäure und etwa 20 cm³ Wasser auf. Der Niederschlag, der aus unlöslicher Zinnsäure besteht, wird abfiltriert, gewaschen und gewogen. Das Filtrat wird mit 15 cm³ konzentriertem Ammoniak und 5 cm³ einer n-Ammoniumkarbonatlösung versetzt und mit destilliertem Wasser auf ungefähr 100 cm³ gebracht. Man läßt etwas abkühlen und setzt 10 cm³ 3%ige Wasserstoffperoxydlösung unter ständigem Rühren zu. Nach Beendigung der stärksten Gasentwicklung erhitzt man am Wasserbad oder über freier Flamme kurz zum Sieden, bis das überschüssige Peroxyd völlig zerstört ist. Die noch warme Lösung wird in einen 250-cm³-Meßkolben filtriert und zur Marke aufgefüllt: Lösung 1.

Der Niederschlag enthält Mangan, Eisen und Blei, während sich im Filtrat Kupfer, Nickel und Zink befinden. Den Niederschlag bringt man zusammen mit dem Filter in eine Porzellanschale, behandelt mit 10 cm³ Salzsäure (1:1) in der Wärme und läßt bis zum vollständigen Inlösunggehen, besonders des Mangans, stehen. Man filtriert in eine Porzellanschale, dampft zweimal mit Salzsäure zur Trockne, um Reste von Salpetersäure zu zerstören, welche bei der Manganbestimmung stören, nimmt mit 1 cm³ Salzsäure auf und füllt in einem 25 bis 30-cm³-Meßkolben auf; Lösung 2.

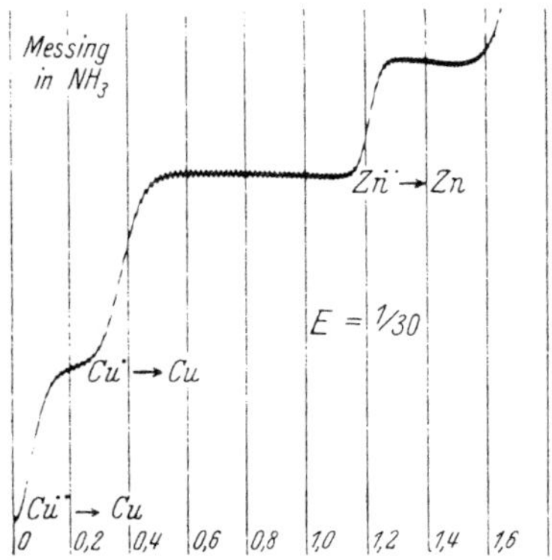

Abb. 181. Stufen des Kupfers und des Zinks, welche in ammoniakalischer Lösung einer Messingsorte erhalten wurden. Das Messing enthielt 76,8% Cu und 23,1% Zn.

Bestimmung des Kupfers und Zinks geschieht mittels der Lösung 1 genau nach H. HOHN (Abb. 181).

Bestimmung des Nickels. a) (Nickelgehalt über 0,1%.) 5 cm³ der Lösung 1 werden aus der Meßpipette oder Bürette tropfenweise mit Salzsäure (1:1) versetzt bis zur schwach sauren Reaktion und mit Wasser auf 6 cm³ ergänzt. Nun gibt man der Reihe nach 1 cm³ frische m-Natriumsulfitlösung, 1 cm³ 2-m-Kaliumcyanidlösung und 2 cm³ 2-m-Ammoniaklösung zu. Sodann polarographiert man mit geeigneter Empfindlichkeit (etwa $^1/_{10}$). Auf diese Weise erhält man gut auswertbare Nickelstufen. Bei der Aufnahme der Eichkurven ist es zweckmäßig, diese unter möglichst gleichen Versuchsbedingungen zu machen. Zu diesem Zweck nimmt man 2 cm³ 0,1-m-Kupfersulfatlösung, versetzt mit Ammoniak im Überschuß, ergänzt mit Wasser auf 5 cm³ und geht, wie oben beschrieben, weiter vor (Ansäuern, Zugeben von Sulfit, Kaliumcyanid usw.). Nun setzt man von einer 0,1-m-Nickelsalzlösung zur Aufnahme der Eichkurven 0,1 cm³ zu, polarographiert und gibt nochmals 0,1 cm³ zu usw.

b) (Nickelgehalt unter 0,1%.) Bei einem Nickelgehalt unter 0,1% geht man genau wie oben vor, nur füllt man das Filtrat nach der ammoniakalischen Fällung nicht auf 250 cm³, sondern auf 50 cm³ auf. So bekommt man bis zu etwa 0,02% herab noch brauchbare Resultate.

Bestimmung des Eisens und des Bleis. Man geht genau nach der Vorschrift von H. HOHN vor. 5 cm³ der Lösung 2 werden mit 5 cm³ einer gesättigten Ammoniumchloridlösung, welche 0,2%

Tylose enthält, versetzt und nach Aufnahme der Nullinie polarographiert. Die Eisenstufe erscheint gleich zu Beginn zwischen 0 und — 0,3 V, die Bleistufe direkt anschließend zwischen — 0,3 und — 0,8 V, bezogen auf die Kalomelelektrode als Anode.

Bestimmung von Mangan. 2 cm³ der Lösung 2 werden mit 8 cm³ der auf S. 308 angegebenen „Grundlösung" versetzt und zwischen 1,5 und 2 V aufgenommen. Dabei ist es zweckmäßig, an die Potentiometerwalze des Polarographen nur 2 V statt der sonst üblichen 4 V anzulegen, da die Kurven dadurch viel schöner werden.

Analyse der Weißmetalle, deren Bestandteile Zinn, Blei und Antimon mit etwas Kupfer und Zink sind, werden nach D. Cozzi (*491*) folgendermaßen behandelt: 0,2 g der Legierung werden durch Kochen mit konzentrierter Salzsäure gelöst und etwa rückbleibendes Antimon durch Zugabe von einem Kristall Kaliumchlorat in klare Lösung gebracht. Die Lösung wird zu kleinem Volumen verdampft, damit Chlor ausgekocht wird, und dann mit konzentrierter Salzsäure zu 50 cm³ aufgefüllt. Abdampfen zur Trockne muß vermieden werden. Von der Lösung wird nun eine genau gemessene Menge von 15 bis 25 cm³ in einen Meßkolben von 100 cm³ übertragen, um Zinn und Antimon in der Lösung zu Sn^{II} und Sb^{III} zu reduzieren. Der Meßkolben ist mit einem dreimal durchbohrten Gummistöpsel versehen. Durch eine Öffnung ragt bis zum Boden ein Röhrchen, durch das CO_2 in die Lösung geleitet werden soll, durch die andere Öffnung führt ein Röhrchen das Gas wieder aus, und zwar unter einem Wasserverschluß. In die dritte Bohrung ist der untere Teil eines mit einem Hahn versehenen Tropftrichters eingesteckt. Zu der Lösung im Meßkolben werden nun konzentrierte Salzsäure und Wasser zu etwa 50 cm³ Gesamtvolumen zugegeben, so daß die Lösung drei Teile konzentrierte Salzsäure auf zwei Teile Wasser enthält und 1 cm³ einer gesättigten Sublimatlösung zugefügt, um als Katalysator zur Reduktion zu dienen. Darnach wird der Kolben mit luftfreiem Kohlendioxyd gefüllt, beim Durchströmen des Gases werden aus dem Tropftrichter 10 cm³ einer Lösung von 5 g Natriumhypophosphit in den Kolben eingelassen.

Die Lösung wird nun unter langsamem Durchströmen des Gases zum ruhigen Sieden erwärmt und etwa 15 Minuten lang, bis zur völligen Aufklärung, gekocht. Dann läßt man die Lösung auskühlen, gießt durch den Trichter frisch ausgekochtes Wasser ein, gibt 10 cm³ einer 1,5%igen Gelatinelösung zu und rührt das Gemisch durch starken Gasstrom. Darnach läßt man wieder auskühlen und füllt endlich den Meßkolben bis zur 100-cm³-Marke mit ausgekochtem Wasser. Die Lösung ist nun zur polarographischen Aufnahme vorbereitet. Man untersucht einen Teil in Wasserstoffatmosphäre zwischen 0 und 0,7 V Spannung und erhält bei 0,1 V die Antimonstufe und bei 0,4 V die Stufe, welche den Gehalt an Blei und Zinn angibt. Der Gehalt des Bleies allein wird aus einer alkalischen Lösung erhalten, in welcher die Kurve nur die Bleistufe des Plumbits zeigt. Dazu nimmt man 10 cm³ der salzsauren Lösung, gibt 20 cm³ Wasser und 20 cm³ einer 25%igen Natriumchloridlösung zu, um einen eventuellen Niederschlag des Bleichlorids zu vermeiden. 5 cm³ dieser Lösung werden auf 12,5 cm³ mit einer Lauge aufgefüllt, deren Zusammensetzung die folgende ist: 28,0 g KOH, 23,8 g einer 2%igen Gelatinelösung, 177,0 cm³ Wasser. Es entsteht so eine alkalische Lösung, welche mit etwa $^1/_{50}$ Empfindlichkeit zwischen 0,4 und 1 V Spannung die Stufe des Bleies gibt. Zur Eichkurve der alkalischen Lösungen soll eine bestimmte Bleichloridlösung mit der oben angegebenen Lauge immer im Verhältnis 1:2,5 gemischt werden.

Auf diese Weise kann Blei und Zinn noch im Verhältnis 70,80% Pb zu 6,8% Sn genügend genau bestimmt werden. Bei noch größerem Bleigehalt wird die Bestimmung von Zinn unsicher, und es empfiehlt sich deswegen den Überschuß von Blei auszufällen. Dann soll man die Analyse in der folgenden Weise durchführen: Zu 25 cm³ der ursprünglichen salzsauren Lösung wird in einem Kolben 0,5 g Weinsäure zugefügt und dieses Gemisch mit konzentrierter Kalilauge neutralisiert. Dann werden Blei und Kupfer durch einen großen Überschuß einer konzentrierten Lösung von farblosem Natriumsulfid (D = 1,2) als Sulfid niedergeschlagen, indem man das Gemisch gut schüttelt und am Wasserbad so lange erhitzt, bis sich der Niederschlag setzt. Dann wird die überstehende Lösung durch Dekantation filtriert und der Filter mit kaltem, etwas Natriumsulfid enthaltendem Wasser gespült. Im Filtrat werden die Sulfide des Zinns und des Antimons durch Zugabe von Essigsäure ausgefällt, wobei diese Fällung durch Erhitzen am Wasserbad unterstützt wird. Der Niederschlag wird am Filtrierpapier ein- oder zweimal mit Schwefelwasserstoffwasser, welches etwas Natriumsulfat enthält, durchgespült und in den Kolben, in welchem die Sulphide ausgeschieden wurden, übertragen. Dort fügt man Salzsäure (3:2) zu, erhitzt zum Sieden und gibt einige Kriställchen Kaliumchlorat zu. Dann wird von neuem filtriert, das Filtrat von einem Volumen etwa 50 cm³, welches nun alles Zinn und Antimon enthält, in der oben angegebenen Weise durch Hypophosphit reduziert.

Wenn in der Legierung größere Mengen von Kupfer (über 1%) vorhanden sind, macht sich dessen Anwesenheit auch in alkalischer Lösung durch eine Vergrößerung der Bleistufe bemerkbar. Deswegen muß Kupfer aus der alkalischen Lösung entfernt werden, was nach D. Cozzi (l. c.) durch Reduktion zu Kupferoxydul mittels Hydroxylamin erzielt wird. Dann fügt man zu 10 cm³ der salzsauren Lösung 10 cm³ einer 25%igen Kaliumhydroxydlösung und 5 cm³ einer 2%igen Hydroxylaminhydrochloridlösung zu. Die Kupferreduktion verläuft bei Zimmertemperatur rasch. Nun werden 2 cm³ einer 1%igen Tyloselösung zugegeben, die Lösung wird gut umgerührt und ein Teil ohne zu filtrieren direkt polarographisch untersucht. Die Bleistufe entsteht zwischen der Spannung 0 und 0,6 V.

Wenn Kupfer und Zink zu bestimmen sind, bringt man die ursprüngliche salzsaure Lösung der Legierung in eine ammoniakalische Lösung, wodurch die Hydroxyde des Bleies, Zinns und Antimons niedergeschlagen werden. Dazu bedient man sich eines Gemisches zweier Lösungen, und zwar 10 cm³ der Lösung A und 5 cm³ der Lösung B, wobei die Lösungen folgende Zusammensetzung haben: A besteht aus 400 cm³ konzentriertem Ammoniak, 400 cm³ 2%iger Tyloselösung, 1600 cm³ Wasser und 400 g Ammoniumchlorid; B soll aus 50 g kristallisiertem Natriumsulfit in 200 cm³ Wasser immer frisch vorbereitet werden. Zu den 15 cm³ dieses Gemisches werden in einem mit eingeschliffenen Stopfen versehenen, etwa 50 cm³ fassenden Kolben 5 cm³ der salzsauren Probelösung langsam, eventuell unter Kühlung, zugetropft. Nach tüchtigem, 1 bis 2 Minuten dauerndem Durchschütteln kann die Lösung direkt, offen an der Luft, polarographisch untersucht werden. Die Kupferstufen erscheinen unter 0,6 V Spannung, die Zinkstufe über 1 V.

Bestimmungen von mehreren Schwermetallen in Spuren in Aschen oder Verdampfungsrückständen mittels der „*Dithizon*"-Ausschüttelungsmethode von H. Fischer[1] hat K. Heller (*242*) eingeführt. Er zeigte, daß die Schwermetalle Cu, Bi, Pb, Cd, Zn, Ni und Co in Mengen bis zu 10 γ herunter quantitativ bestimmbar sind — und zwar neben einem großen Überschuß von Fe, Mn, Erden und Alkalien — falls die Dithizonkomplexe der Schwermetalle durch Chloroform extrahiert, angereichert und polarographisch aufgenommen werden. (Dithizon ist eine Verkürzung für die Verbindung Diphenylthiokarbazon.) Später haben K. Heller, G. Kuhla und F. Machek (*341*) das polarographische Dithizon-

[1] Angew. Chem. 47, 685 (1934).

verfahren zur Analyse von Mineralwässern angewendet. P. R. Stout (*460. 461*) mit seinen Mitarbeitern hat dasselbe Verfahren zur Analyse der Asche von Pflanzen benutzt. Die letztere Methode sei hier beschrieben:

1 bis 2 g Pflanzen werden unterhalb 500° C verbrannt und die Asche in etwa 100 cm³ 1-n-HCl suspendiert. Die Suspension wird mit 5 cm³ 1-n-Ammoniumcitrat geschüttelt. Nach einer schwachen Alkalisierung mit Ammoniak werden die Schwermetalle, die mit Dithizon Komplexe bilden, in 10 cm³ Chloroform, welches 1 bis 3 mg Dithizon enthält, durch Schütteln überführt. Kupfer, Wismut, Blei, Kadmium, Zink, Nickel und Kobalt gehen in die Chloroformphase als Dithizonkomplexe über, während das Eisen, Mangan, die Erdalkalien und die Alkalien in der wäßrigen Phase bleiben.

Die Chloroformphase wird in zwei gleiche Teile geteilt, die mit ein wenig Salpetersäure zur Trockne verdampft und bei 300° C 15 Minuten lang erhitzt werden. Der eine Rückstand wird in 5 cm³ 0,5-n-Ammoniumacetat und 5 cm³ 0,1-n-Weinsäure aufgelöst und in Wasserstoffatmosphäre untersucht. In der Weinsäure enthaltenden Lösung sind die Stufen von Kupfer, Wismut, Blei und Kadmium deutlich voneinander unterscheidbar, während die Stufen von Zink und Nickel zusammenfließen und die Stufe von Kobalt durch die Wasserstoffabscheidung überdeckt ist. Letztere drei können im zweiten Anteil des Rückstandes, welcher in 5 cm³ 0,5-n-Ammoniumacetat und 5 cm³ 0,05-n-Kaliumrhodanid aufgelöst wird, bestimmt werden. In dieser Lösung sind wieder die einzelnen Stufen von Kadmium, Nickel, Zink und Kobalt deutlich sichtbar, währenddessen jetzt die Stufen von Blei und Kupfer zusammenfließen und Wismut — weil abgeschieden — keine Stufe gibt. Es kann unter Umständen je nachdem, in welchem Verhältnis die einzelnen Metalle in der Asche vorkommen, am Platze sein, die Trennung der Schwermetalle in der Chloroformschicht vorzunehmen. Die Chloroformphase wird von der wäßrigen Phase abgetrennt und in einem Scheidetrichter mit 10 cm³ 0,5-n-HCl wiederholt geschüttelt, wobei die Dithizonkomplexe von Blei, Kadmium und Zink als Chloride in die wäßrige Lösung quantitativ übergehen. Nachher wird die wäßrige Lösung verdampft und der Rückstand in 5 cm³ 0,1-n-Ammoniumacetat ($p_H = 4{,}6$) und 5 cm³ 0,05-n-Kaliumrhodanid gelöst. Diese Lösung wird in Wasserstoffatmosphäre auf Pb, Cd und Zn untersucht. Allerdings können in ihr auch Spuren von Ni, Co, Cu und Bi auftreten, deren Dithizonkomplexe in geringem Maß durch Salzsäure zerstört werden.

Bestimmung von Uran.

Eine Methode zur Uranbestimmung, und zwar im großen Überschuß von Eisen, hat R. STRUBL (*462*) ausgearbeitet. Es

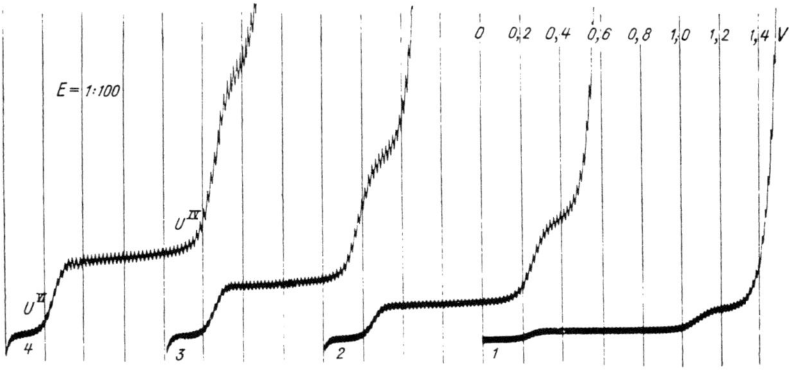

Abb. 182. Stufen des Uranyl-Acetat-Komplexes. Zu 15 cm³ 2-n-$NH_2OH \cdot HCl$ wurden in Wasserstoffatmosphäre *1* 0,2, *2* 1,0, *3* 2,0, *4* 3,0 cm³ einer 0,02-Uranylacetatlösung zugegeben. Empf. 1:100, 4-V-Akkum.

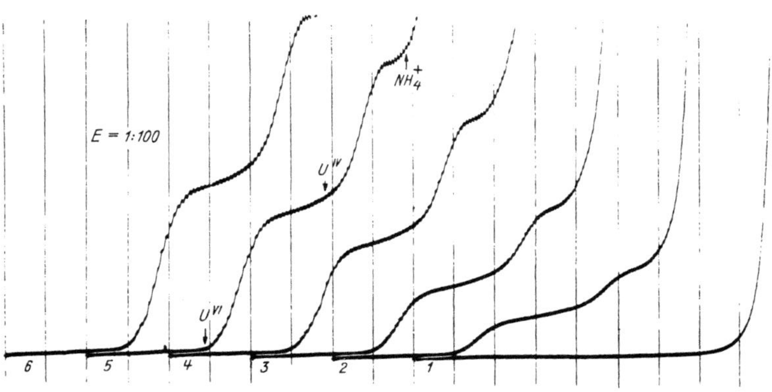

Abb. 183. Stufen des Uranyl-Ammonium-Karbonat-Komplexes. Zu 5 cm³ einer halbgesättigten $(NH_4)_2CO_3$-Lösung wurden in Wasserstoffatmosphäre *1* 0, *2* 0,5, *3* 1,0, *4* 2,0, *5* 3,0, *6* 4,0 cm³ einer 0,01-n-Uranylacetatlösung, halbgesättigt mit $(NH_4)_2CO_3$, zugegeben. Empf. 1:100, 4-V-Akkum.

handelt sich hier um Spuren von Uran, welche bei radioaktiven Trennungen mit Ferrihydroxyd mitgerissen werden. Da sich Uranylverbindungen etwa in demselben Potentialbereich wie Verbindungen des dreiwertigen Eisens reduzieren (*14*, *45*), muß das dreiwertige Eisen zu zweiwertigem reduziert werden. Dieses gelingt am besten, wenn die Fe^{3+}-Ionen in saurer Lösung mittels Hydroxylamin zu Fe^{2+}-Ionen reduziert werden, denn das Ferrosalz verursacht bis — 1,4 V keine Stufe, das Uransalz dagegen zwei Stufen (Abb. 182). Es ist bemerkenswert, daß Uran in der durch Hydroxylamin reduzierten Lösung die erste Stufe gleich der Hälfte der zweiten Stufe aufweist, während nichtreduziertes Uranylsalz zwei gleich große Stufen (z. B. in einer Ammonium-

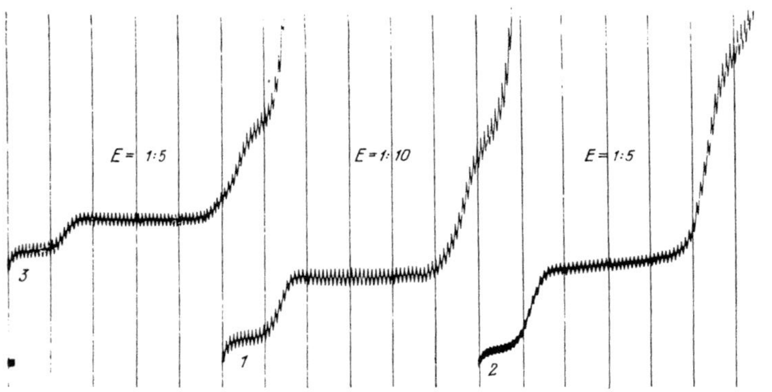

Abb. 184. Stufen des Urans im Überschusse von Eisen. Die Lösungen enthalten in Anwesenheit von Hydroxylamin Uran zu Eisen im Verhältnis *1* 1:100, *2* 1:150, *3* 1:400. Empf. 1:5 und 1:10, 4-V-Akkum.

karbonatlösung, Abb. 183) bildet. Nichtreduziertes Uranylsalz unterliegt höchstwahrscheinlich dem Elektrodenvorgang $U^{VI} + 2 \ominus \rightarrow U^{IV}$ bei der ersten Stufe und $U^{IV} + 2 \ominus \rightarrow U^{II}$ bei der zweiten, dagegen nach der Reduktion wird der Vorgang der ersten Stufe $U^{V} + \ominus \rightarrow U^{IV}$, welcher nur eine Elektrizitätsmenge von 1 F pro Uranatom verbraucht. Die Uranbestimmung im Überschuß von Eisen verläuft wie folgt: 1 cm³ der Lösung, welche in salzsaurer, etwa 0,1-n-Lösung bis etwa 1-n-Ferrichlorid enthalten kann, wird mit 1 cm³ einer 4-m-$NH_2OH \cdot HCl$-Lösung gemischt und eine Minute gekocht. Ein Teil der Lösung wird in einem kleinen Elektrolysengefäßchen (Abb. 109e) im Wasserstoffstrom ausgekühlt und polarographisch aufgenommen. So wird ein Polarogramm (Abb. 184) erhalten, in welchem die erste Uranstufe zur Konzentrationsermittlung gemessen wird.

Bestimmung von Schwermetallen in Eisen. Die von R. Strubl (*462*) eingeführte Reduktion des dreiwertigen Eisens durch

Hydroxylamin eignet sich sehr gut auch zu Bestimmungen von anderen Schwermetallen in Eisen. So können alle Metalle, welche zwischen dem Potential 0 und — 1,0 V an der tropfenden Quecksilberkathode abgeschieden werden, in Anwesenheit von einem Überschuß des Eisens polarographisch bestimmt werden. Zu diesen gehören Cu, Sb, Bi, Pb, Sn, Tl, Cd, Ti, Cr und Zn. Zweiwertiges Kupfer wird durch Zugabe von Hydroxylamin zu einwertigem reduziert. Wenn so viel Kupfer anwesend ist, daß Stufen der anderen Metalle durch die Kupferstufe überdeckt würden, wird es durch nachfolgende Zugabe von Rhodanid als Kupfer(I)-rhodanid niedergeschlagen. Dieser Niederschlag ist feinkristallinisch und absorbiert die anderen Bestandteile der Lösung nicht, wie dies aus dem Polarogramm (Abb. 185) ersichtlich ist. Die betreffende Lösung wurde durch Auflösen von 0,5 g einer Zinkblende, welche reichlich Eisen enthielt, in 10 cm³ konzentrierter Salzsäure und 10 cm³ konzentrierter Salpetersäure erhalten; nachdem die Lösung zur Trockne abgedampft und der Rückstand in 25 cm³ verdünnter Salzsäure wieder aufgelöst wurde, hat man 5 cm³ dieser Lösung mit 10 cm³ einer 4-n-$NH_2OH \cdot HCl$-Lösung aufgekocht, einen Teil im Wasserstoffstrom ausgekühlt und polarographisch aufgenommen.

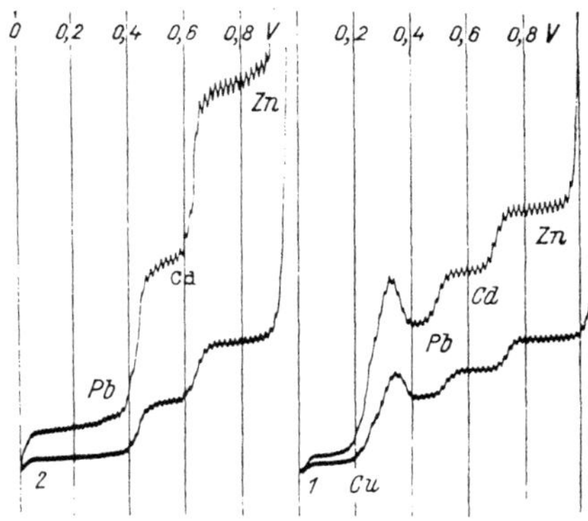

Abb. 185. Stufen edlerer Bestandteile in stark eisenhaltiger Zinkblende. Eisen(III) in der Lösung wurde durch Hydroxylamin reduziert. Kurven *1* zeigen Stufen von Kupfer, Blei und Kadmium; Kurven *2* wurden nach Reduktion und Ausfällen des Kupfers durch Rhodanid erhalten. Die Kurven wurden in Stickstoffatmosphäre mit Empf. *2* 6:100, 1:50 und *1* 1:50, 1:100 und 4-V-Akkum. aufgenommen.

Hydroxylamin scheint daher für polarographische Zwecke das beste Mittel zur vollkommenen Reduktion des dreiwertigen Eisens zu sein.

Bestimmung von Gold.

Nach J. Herman (*196*) kann Gold in einer 0,1-n-KCN-Lösung, welche auch 2-n-KOH enthält, mit gewöhnlicher polarographischer

Genauigkeit und Empfindlichkeit bestimmt werden (Abb. 99). In dieser Cyankalilösung verursachen Gold(I)-Verbindungen bei einer Spannung von 0,8 V, d. h. beim Potential etwa — 1,3 V, eine Stufe, welche durch die Kadmium-, Nickel- und Kobaltstufe überdeckt werden kann. Kupfer, Zink und Eisen dagegen können, wie bekannt, in der Cyanidlösung nicht stören. Die zu untersuchende Lösung soll entweder in der Cyankalilösung Gold, welches in der einwertigen Form direkt gelöst wurde, enthalten, oder, falls eine saure Lösung von dreiwertigem Gold vorliegt, soll die Gold(III)-Verbindung durch Zugabe von Kaliumjodid zur Gold(I)-Verbindung reduziert, das dabei freigewordene Jod durch Natriumsulfit absorbiert und dann Cyankali und nachher Kalilauge zugefügt werden, bis die Lösung etwa 0,1-n-KCN und 2-n-KOH enthält. Abb. 186 zeigt die beim Polarographieren der angegebenen Lösung erhaltene Abscheidungsstufe des einwertigen Goldes: wenn der Lösung genügend Natriumsulfit zugefügt wurde, kann die Lösung offen an der Luft untersucht werden.

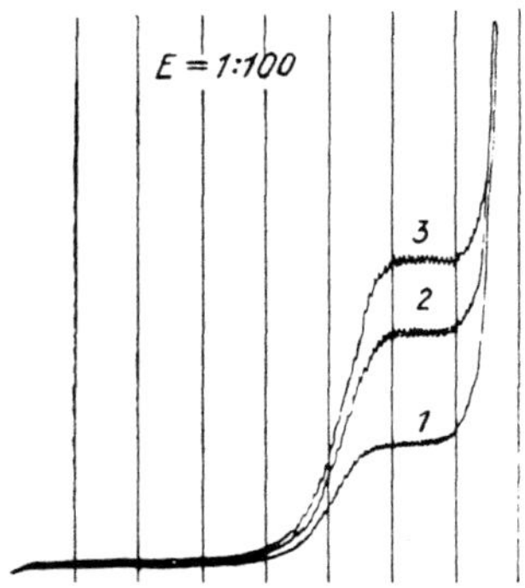

Abb. 186. Stufen des Goldes nach Einwirkung einer 0,1-n-KCN-Lösung auf metallisches Gold. Zu 10 cm³ 0,1-n-KCN wurden *1* 2 cm³, *2* 4 cm³, *3* 5,5 cm³ der Goldlösung zugegeben. Die Lösungen wurden offen an der Luft nach Filtrieren mit Empf. 1:100, 4-V-Akkum. polarographiert.

Bestimmung des Quecksilbers.

Eine genaue polarographische Bestimmung des Quecksilbers wird dadurch unsicher, weil Luftsauerstoff durch Oxydation das Bodenquecksilber leicht in Lösung bringt. Bei sorgfältigem Beachten dieses Umstandes (s. S. 261) ist es jedoch möglich, die Konzentration des Quecksilbers in der Lösung aus der Höhe des Diffusionsstromes, wie bei anderen Metallabscheidungen, quantitativ zu bestimmen. Wenn sich beide Quecksilberelektroden in derselben Lösung befinden, beginnt der Stromanstieg bei Spannung Null. K. Schwarz (*551*) empfiehlt der zu untersuchenden Lösung eine gleiche Menge von der folgenden „Grundlösung" beizufügen: 20 g Kaliumjodid, 35 g Natriumacetat ($CH_3COONa \cdot 3\,H_2O$), 50 cm³ 2%ige Tyloselösung in 500 cm³ Wasser. Diese Vorschrift eignet sich sowohl für Mercuro- wie für Mercuri-Salzlösungen. Beim

Einbringen der Quecksilberlösungen treten folgende Reaktionen ein:

$$Hg_2^{2+} + 4\,J' = HgJ''_4 + Hg$$

oder

$$Hg^{2+} + 4\,J' = HgJ_4''.$$

Im ersten Fall wird dabei metallisches Quecksilber abgeschieden, wodurch sich die Lösung schwarz färbt, was aber weiter nicht stört. Bei der Rechnung ist nur zu berücksichtigen, daß bei Mercurosalzen nur genau die halbe Quecksilbermenge zur Bestimmung kommt. Die Gegenwart stark oxydierender oder reduzierender Stoffe, wie auch von Ammoniak stört dabei. Die polarographische Bestimmung des Quecksilbers gelingt so noch bis zu sehr geringen Konzentrationen, besonders wenn man zur Entfernung des gelösten Sauerstoffes etwas Natriumsulfitlösung zusetzt.

Die Vorschrift lautet: 5 cm³ der schwach sauren Probelösung werden mit 5 cm³ der oben angegebenen Grundlösung und 1 cm³ einer 1 mol. frischen Natriumsulfitlösung versetzt und offen an der Luft polarographiert. Zur Bestimmung der Galvanometernullinie, von welcher man die Stufenhöhe mißt, wird am Polarogramm die Kurve der Grundlösung mit Natriumsulfit, jedoch ohne Quecksilber aufgenommen.

Von den Schwermetallen stören vor allem Silber und Eisen(III), welche sich durch metallisches Quecksilber in bekannter Weise reduzieren und dasselbe in Lösung bringen. Die meisten anderen Metalle hingegen haben keinen störenden Einfluß.

Bestimmung des Europium in Gemischen seltener Erden.

Nach W. Noddack und A. Brukl (*361*) sondert sich Europium von allen anderen seltenen Erden polarographisch ab, da es bei einem ziemlich positiven Potential (— 0,77 V) von der dreiwertigen zur zweiwertigen Form an der tropfenden Quecksilberkathode reduziert wird. Um diese Eigenschaft auszunutzen, hat L. Holleck (*511*) eine analytische Bestimmung des Europium in Gemischen seltener Erden entworfen, bei welcher die Stufe zwischen 0,6 und 1,0 V Spannung die Konzentration des Europium angibt (Abb. 187). Es wirken in erster Linie störend Cu, Bi, Pb, Sn, Cd, auch Tl, Fe^{III}, Cr^{III}, V^{V}, Ti^{IV}, weswegen eine vorangehende Schwefelwasserstoffällung der zwischen 0 und — 0,8 V sich abscheidenden Kationen (s. S. 281) durchgeführt werden muß.

Der Nachweis geringer Europiumgehalte in Gemischen geschieht am besten in Chloriden. Wenn wenig Salze anwesend sind, sollen Alkalichloride als Zusatzelektrolyt verwendet werden. Zur Unterdrückung der Hydrolyse empfiehlt es sich, für eine entsprechende Menge von freier Salzsäure zu sorgen, welche jedoch auf den Verlauf der Europiumstufe keinen Einfluß hat. Die Konzentration des Europium kann aus der Stufenhöhe durch Vergleich mit der Höhe einer Zinkstufe (bei — 1,0 V), welche nach Zugabe einer bekannten Menge Zinksalzes zu der zu untersuchenden Europiumlösung auf der Kurve erhalten wird, ermittelt werden. Dabei ist zu beachten, daß der Reduktionsvorgang bei Europium der Elektrizitätsmenge von 1 F pro Eu^{3+}-Ion bedarf, wogegen zur Zinkabscheidung 2 F pro Zn^{2+}-Ion nötig sind. Zn^{2+}-Ionen geben deshalb eine zweimal größere Stufe als Eu^{3+}-Ionen, wenn beide in einer gleichen Molarkonzentration anwesend sind, vorausgesetzt, daß die Diffusionskonstanten der beiden Ionen etwa die gleichen sind. Für sehr kleine Lösungsmengen schlägt L. HOLLECK vor, ein dem J. NOVÁKschen ähnliches (S. 286) Gefäß (Abb. 184) zu benutzen, welches gestattet, Wasserstoff durch die Lösung zu leiten.[1]

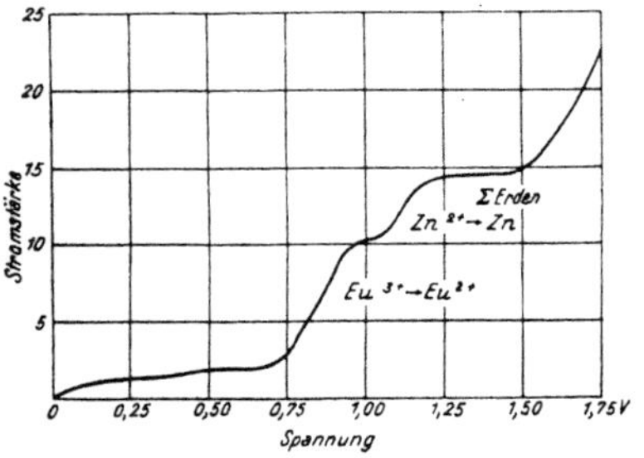

Abb. 187. Reduktionsstufe des Europiums und die Abscheidungsstufe des Zinks in einer Erdenchloridlösung, welche 10 mg Erdenoxyde pro Kubikzentimeter und 0,00021-m-Zinkchlorid enthält. Die Stufenhöhe ergibt den Europiumgehalt in der Erdenprobe zu 1,5%.

Diese Bestimmungsmethode des Europium in Erdengemischen soll den röntgenspektroskopischen Nachweis an Eindeutigkeit und Empfindlichkeit und die Gehaltsbestimmung an Genauigkeit übertreffen. Sie bildet eine Ergänzung bei der Bestimmung der Erdenverteilung in natürlichem Vorkommen, in welchem gerade das Europium besonders selten ist.

Jodid- und Jodatbestimmung.

Eine Vorschrift zur polarographischen Jodidbestimmung direkt durch die anodische Stufe des Jodids liegt nicht vor, ob-

[1] Kohlendioxyd im offenen Becher sollte genügen. (Anmerkung des Verfassers.)

zwar eine solche auch im Überschuß der anderen Halogenide möglich wäre. Vorteilhafter aber ist es, Jodid in Jodat zu überführen, um die polarographische Jodatbestimmung auszunutzen. Dieselbe verläuft nämlich sehr günstig in einem beliebig großen

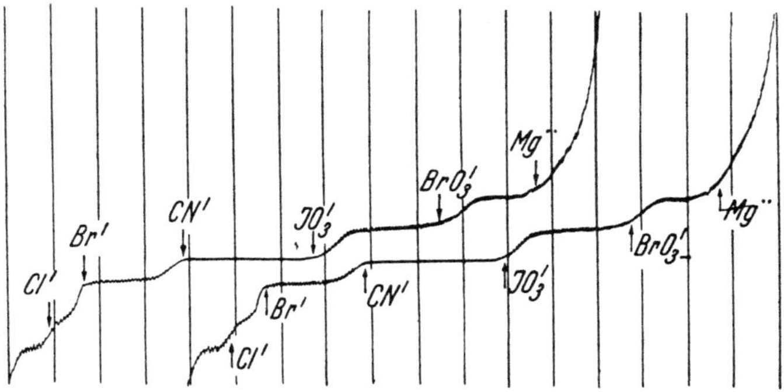

Abb. 188. Anodische und kathodische Stufen der Anionen. Die Lösung enthält 0,5-n-$MgSO_4$, 0,001-n-Cl', Br', CN' und 0,00033 JO_3' und BrO_3'. Als unpolarisierbare Elektrode wurde eine Mercurosulfatelektrode benutzt. Empf. 1:200, 4-V-Akkum.

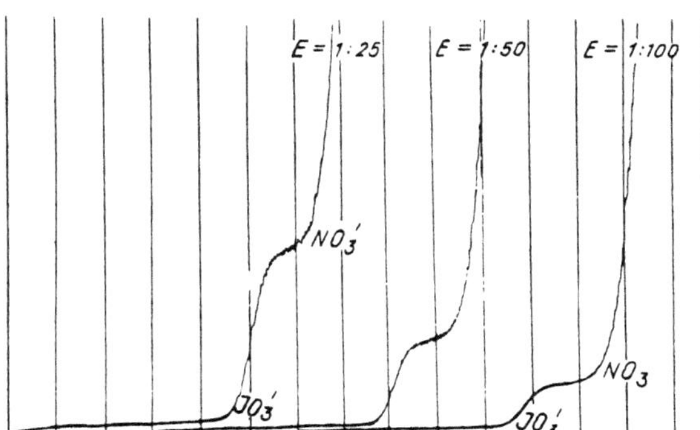

Abb. 189. Stufe des Jodates, welche man mit einer gesättigten Lösung des Chilesalpeters erhält. Die Stufe gibt den Gehalt des Jodates zu 0,006%. Empf. 1:25, 1:50 und 1:100, 4-V-Akkum.

Überschuß von Bromaten, Chloraten, Perchloraten, Chloriden, Bromiden, Nitraten oder Nitriten. Abb. 188 zeigt die Stufe des Jodats in Anwesenheit einiger der genannten Anionen und Abb. 189 eine Spur vom Jodat im Chilesalpeter.

Ein weiterer Vorteil liegt darin, daß das Jodat durch Sulfit nicht reduziert wird, so daß nach Zugabe einer alkalischen Sulfitlösung unter Luftzutritt gemessen werden kann. Das Jodat wird an der Quecksilberkathode direkt zu Jodid reduziert, erfordert also die sechsfache Elektrizitätsmenge einer Jodidentladung, und verursacht deshalb eine sechsmal so hohe Stufe, was eine erhöhte Genauigkeit zur Folge hat. Darum eignet sich das Verfahren zu Mikrobestimmungen. Eine Konzentration von 10^{-6} n in 1 Tropfen der Lösung kann bequem erfaßt werden, was einer Menge von 0,006 γ Jod entspricht.

Man fügt der neutralen oder alkalischen Lösung, welche keine zwischen 0 und — 1,2 V störenden Substanzen enthalten darf, einige Kriställchen von reinstem Natriumsulfit (etwa 0,25 g je 10 cm^3) zu und polarographiert offen. Sollten Schwermetallsalze anwesend sein oder die Lösung sauer reagieren, so gibt man reinstes Alkalikarbonat in Pulverform zu, bis die Lösung alkalisch reagiert und verfährt wie oben.

Wenn Jodid zu bestimmen ist, verdünnt man — nach A. RYLICH (*258*) — die Lösung auf einen Jodidgehalt unter 0,001 n, säuert mit einigen Tropfen 1-n-Salzsäure schwach an, fügt zu 1 cm^3 der Lösung etwa das Vierfache von Chlorwasser zu und läßt in einem Porzellanschälchen auf dem siedenden Wasserbad auf etwa 1 cm^3 eindampfen. Dadurch wird — nach E. SCHULEK — das Jodid quantitativ zu Jodat oxydiert. Dann macht man mit etwa 1-n-Lauge schwach alkalisch und verdampft zur Trockne. Der Rückstand wird mit 1 cm^3 alkalischer Sulfitlösung (0,2-n-Na_2SO_3, 0,2-n-NaOH) gelöst und im kleinen elektrolytischen Gefäß polarographiert (Abb. 190). Wenn die ursprüngliche Lösung nur sehr kleine Mengen von Jodid enthält (unter 10^{-6} normal), soll sie entweder durch Abdampfen entsprechend konzentriert oder der trockene Rückstand mit 0,1 cm^3 Sulfitlösung ausgelaugt werden; 1 Tropfen dieser Lösung genügt dann, um im kleinsten Gefäß offen polarographiert zu werden.

Solch ein mikroanalytisches Verfahren stammt von V. ČÍŽEK (*403*) und wird wie folgt durchgeführt: Zu genau 1 cm^3 der zu untersuchenden Lösung, welche Jodionen in einer etwa 10^{-6}-n-Konzentration enthalten kann, werden in einer Porzellanschale etwa 2 cm^3 Chlorwasser zugefügt, und falls die Lösung nicht sauer reagiert, wird sie mit verdünnter Salzsäure ganz schwach angesäuert. Die Lösung wird vorsichtig zum Sieden gebracht und 4 bis 5 Minuten lang gelinde gekocht. Dadurch wird Jodid zu Jodat oxydiert. Um das Konzentrieren der Säure und damit verbundenen Rückgang dieser Reaktion zu verhindern, alkalisiert man nun die Lösung mit 1 bis 2 Tropfen einer konzentrierten Natriumkarbonatlösung und dampft über dem Wasserbad unter Dampfabsaugen zur Trockne ab. Der Rückstand wird mit genau 1 cm³ der Natriumkarbonat enthaltenden Sulfitlösung in der Porzellanschale gelöst (bei den größten Verdünnungen genügen auch 0,5 cm³) und einige Tropfen dieser Lösung werden in das von V. Čížek zu diesem Zweck entworfene Gefäßchen (Abb. 109 f.) mittels einer trockenen Pipette übertragen (s. S. 285), worauf die

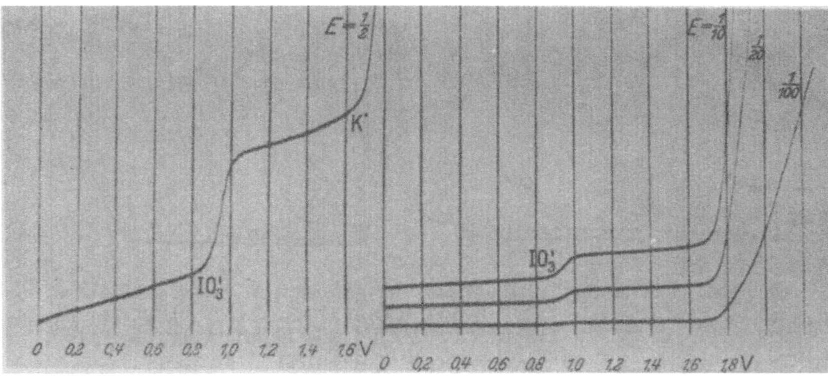

Abb. 190. Stufe des Jodats, welches durch Oxydation einer Jodidlösung erhalten wurde. Die Lösung enthält 0,00002-n-JO_3'. Die Kurven wurden mit verschiedenen Empfindlichkeiten aufgenommen.

Lösung sofort offen an der Luft polarographiert wird. Man benutzt die höchste Galvanometerempfindlichkeit und kompensiert den Ladungsstrom (S. 276). Die Sulfitlösung soll alle 3 bis 4 Tage frisch vorbereitet werden, und zwar aus 5 g kristallisiertem Natriumsulfit und 3,5 g Natriumkarbonat in 100 cm³ Wasser, wobei das Sulfit zuerst gelöst werden muß, da in Anwesenheit des Karbonats Sauerstoff nur langsam absorbiert wird. Eine Blindprobe zum Überprüfen der Reinheit der Reagenzien ist nötig. Der Jodgehalt wird durch Eichkurven ermittelt.

Bestimmung der Bromate.

Sie kann nach A. Rylich (*258*) unter den gleichen Bedingungen wie bei Jodaten durchgeführt werden. Bromatstufe erscheint — in neutralen und alkalischen Lösungen — bei —1,66 V (Abb. 131). Jodate dürfen aber dabei nicht im Überschuß sein. Das Vorhandensein von Chloraten, Perchloraten oder Chloriden stört nicht, da die Anionen der genannten Salze nicht depolarisierend wirken. Deswegen können die geringsten Spuren von Bromaten, welche auch in den reinsten Chloraten oder Perchloraten auftreten (Abb. 191), festgestellt werden. Eine polarographische Bestimmung

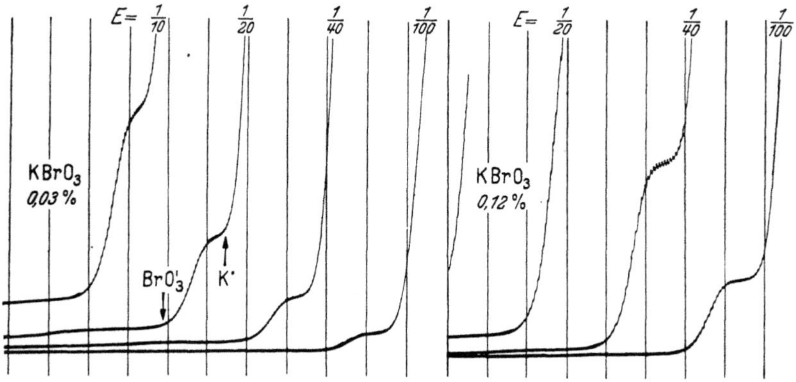

Abb. 191. Die Stufe des Bromats, welche man in jeder gesättigten Lösung von $KClO_3$ erhält. Links KAHLBAUMS, rechts MERCKS Präparat „pro analysi". Offen an der Luft mit Empf. 1:10 bis 1:100, 4-V-Akkum. aufgenommen.

der Bromide, welche durch Überführung in Bromate ähnlich wie bei Jodiden mittels der vorteilhaften kathodischen Stufe bestimmt werden könnten, ist, wegen der Umstände, welche sich einer quantitativen Oxydation der Bromide zu Bromaten in den Weg stellen, bisher nicht gelungen.

Bestimmung von Nitraten und Nitriten.

Diese beruht auf der von J. RŮŽIČKA und M. TOKUOKA (*161*, *225*) entdeckten polarographischen Reaktion des NO_3'- und NO_2'-Ions, welche im Überschuß von zwei- oder dreiwertigen Kationen eine Reduktionsstufe von 8 bzw. 6 Valenzen (S. 279) verursacht. Am besten eignet sich dazu eine 0,1-m-Lanthanchloridlösung, in welcher sowohl das Nitrat- wie auch das Nitrition bei 1,3 V eine steile Stufe hervorruft (Abb. 193). Da bei dieser Reaktion SO_4''-Ionen störend wirken, indem sie die Nitratstufe erniedrigen und undeutlich gestalten, wird der Lösung Bariumchlorid zugefügt, um die eventuell anwesenden SO_4''-Ionen zu fällen.

Eine Vorschrift zur Bestimmung von Nitrit und Nitrat nebeneinander, welche sich insbesondere für Nitriersäuregemische eignen soll, wurde gemäß den Angaben von J. Růžička und M. Tokuoka von H. Hohn (*348*) ausgearbeitet. K. Schwarz verbessert dieses Vorgehen, indem er einen mittleren Konzentrationsbereich angibt, in welchem man schöne und gut auswertbare Stufen erhält. Die Analysengenauigkeit erreicht dann die in der Polarographie übliche, nämlich $\pm 1\%$. Dabei ist zu beachten, daß aus der Stufenhöhe stets die Summe von Nitrat und Nitrit erhalten wird. Das Nitrit wird dann durch Ansäuern in Stickstoffoxyd, NO, verwandelt und dessen Stufe bei — 0,8 V gemessen. Die Konzentration des Nitrats ermittelt sich aus der Differenz der beiden Stufenangaben. Da im allgemeinen die Konzentration des Nitrats etwa das Zehnfache jener des Nitrits beträgt, leidet durch die Differenzbildung die Genauigkeit der Nitratbestimmung nicht. Auch bei der Nitritbestimmung gibt es einen optimalen Konzentrationsbereich, der jedoch erheblich größer ist als derjenige der Nitratlösung.

Die optimale Konzentration der Nitratbestimmung ist 0,005 Mol im Liter der analysenfertigen Probelösung. Die Galvanometerempfindlichkeit ist dabei etwa $^1/_{300}$.

Arbeitsvorschrift: 5 g Nitriersäuregemisch werden im 500-cm^3-Meßkolben mit Natron- oder Kalilauge neutralisiert und mit Wasser zur Marke aufgefüllt.

a) Nitratbestimmung (der Summe Nitrat + Nitrit): 2 cm^3 der Probelösung werden mit 10 cm^3 der Lanthanlösung versetzt, welche die folgende Zusammensetzung hat: 21,1 g Lanthanacetat, 24,4 g Bariumchlorid ($BaCl_2 \cdot 2 H_2O$), 200 cm^3 2%ige Tyloselösung, 1800 cm^3 destilliertes Wasser. Man polarographiert im Spannungsbereich von 1,0 bis 2,2 V offen an der Luft.

b) Nitritbestimmung: 5 cm^3 der Probelösung werden mit 5 cm^3 der Essigsäurelösung versetzt, welche die folgende Zusammensetzung hat: 1 Mol Lithiumchlorid, 1 Mol Essigsäure, 0,01 Mol Natriumacetat, 1000 cm^3 Wasser.

Bei der Nitritbestimmung ist zu beachten, daß nach dem Ansäuern das Stickstoffoxydgas durch die Reaktion

$$3\,HNO_2 = 2\,NO + HNO_3 + H_2O$$

frei wird, weshalb die essigsaure Lösung entweder in geschlossenem Gefäß oder sehr rasch vorgenommen werden muß, da sich sonst Stickoxyde in merklichen Mengen verflüchtigen könnten. Um diese Verluste zu vermeiden, empfiehlt es sich, namentlich wo kleine Mengen Nitrit zu bestimmen sind — nach dem ursprünglichen Vorgehen von J. Heyrovský und V. Nejedlý (*107*) — zur neutralen oder alkalischen Lösung, aus welcher Luftsauerstoff mittels Wasserstoffes ausgetrieben wurde, aus der Bürette (Abb. 138) Säure zuzugeben und nach Umrühren in der Wasserstoffatmosphäre zu polarographieren.

Zur Aufnahme von Eichkurven eignen sich am besten Lösungen von Kaliumnitrit und Kaliumnitrat in einer Konzentration von 0,02 n, welche dann in Verdünnungen zu den „Grundlösungen" zugegeben werden.

Die Bestimmung von NO und NO_2 geschieht ähnlich wie jene der Nitrite. Diese Gase werden durch Absorbieren in Kali- oder

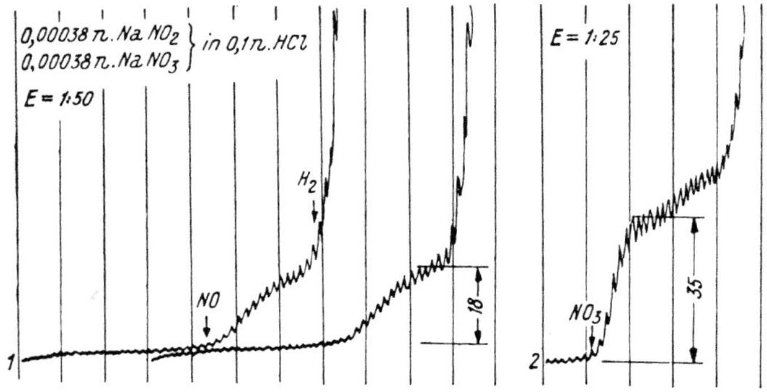

Abb. 192. Gleichzeitige Bestimmung von Nitraten und Nitriten. Die Lösung enthält 0,00038-n-$NaNO_3$ und 0,00038-n-$NaNO_2$. Kurve *1*: Der Lösung wurde Salzsäure zur Konzentration 0,1-n zugegeben. Kurve *2*: Die salzsaure Lösung wurde mittels Durchleiten von Wasserstoff von NO befreit, neutralisiert und Lanthanchlorid zur Konzentration 0,1-n zugefügt.

Natronlauge in Nitrite und Nitrate verwandelt, die alkalische Lösung wird durch Wasserstoffstrom vom Luftsauerstoff befreit und in der Wasserstoffatmosphäre aus der Bürette (Abb. 138) mit starker Säure versetzt. Am Polarogramm entsteht bei — 0,8 V eine Reduktionsstufe, welche den Gehalt von NO bzw. NO_2 in der Lösung angibt (Abb. 192). Die Stickstoffoxyde können auf diese Weise als Spuren in Wasserstoff, Stickstoff, Kohlenmonoxyd, Kohlendioxyd und Sauerstoff bestimmt werden. Die Anwesenheit von Schwefeldioxyd wirkt störend, da dieses Gas in sauren Lösungen bei — 0,3 V eine kathodische Stufe hervorruft (S. 359).

Bestimmung von Spuren salpetriger Säure in Explosivstoffen zu deren Stabilitätsuntersuchung. Die Stabilität der Explosivstoffe hängt mit dem Vorkommen von Spuren salpetriger Säure oder Stickstoffoxyd zusammen, indem die allmähliche Abspaltung dieser Stoffe Unstabilität der Nitrozellulose bzw. der Pulver anzeigt.

Ein wäßriger Extrakt solcher Explosivstoffe gibt dann an der polarographischen Kurve die Nitrat- und Nitritstufe. Auf Grund der Beobachtungen von J. HEYROVSKÝ und V. NEJEDLÝ (*107*) gelangten J. HEYROVSKÝ und J. V. A. NOVÁK (*413*) nach eingehenden Untersuchungen zur folgenden Vorschrift:

2 g des Explosivstoffes in fein gepulverter Form werden eine halbe Stunde lang auf einer Schüttelmaschine mit 40 cm³ destilliertem Wasser geschüttelt. Falls der Stoff aus Nitrozellulose besteht, wird der wäßrige Extrakt direkt nach Zugabe von Lanthanchlorid polarographisch untersucht. Den trüben Extrakt läßt man setzen (oder man kann ihn auch filtrieren) und pipettiert dann 5 cm³ in ein Elektrolysengefäßchen (Abb. 109, S. 221), gibt 0,5 cm³ einer 0,1-m-Lanthanchloridlösung zu, läßt etwa 5 Minuten lang reinen Stickstoff durchströmen und nimmt die Kurve von 0,6 bis 2 V Spannung mit etwa $^1/_{10}$ Empfindlichkeit auf (Abb. 193). Bei größerem NO_2'- oder NO_3'-Gehalt kann die Lösung offen an der Luft polarographiert werden; die Stufe erscheint dann bei 1,3 V Spannung.

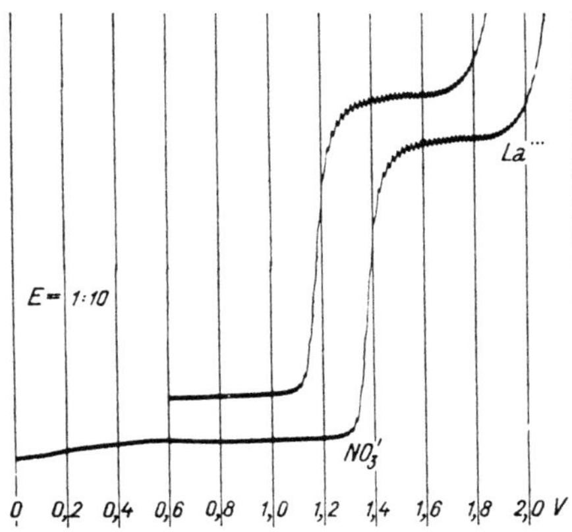

Abb. 193. Bestimmung der salpetrigen und Salpetersäure in Explosivstoffen. Die Lösung enthält 5 cm³ des Explosivextraktes und 0,5 cm³ 0,1-n-$LaCl_3$-Lösung. Die Kurve ist in Stickstoffatmosphäre mit Empf. 1:10, 4-V-Akkum. aufgenommen.

Falls der Explosivstoff wasserlösliche Verbindungen enthält, wie z. B. Nitroglyzerin, würden die Nitrit- oder Nitratstufen durch die Stufe des im Wasser gelösten Anteiles des organischen Nitrokörpers überdeckt. Deswegen entfernt man diese störend wirkenden Verbindungen, indem man 20 cm³ des Extrakts mit 20 cm³ Benzol und 2 cm³ Methylalkohol etwa 2 Minuten lang schüttelt. Nach Abstehen pipettiert man 10 cm³ der wäßrigen Phase zu 10 cm³ reinem Benzol zu und schüttelt wiederum etwa 2 Minuten lang, damit die letzten Spuren der organischen Verbindungen in

Benzol übergehen. Nach kurzem Stehen pipettiert man nun 5 cm³ der wäßrigen Phase in das Elektrolysengefäßchen (Abb. 109c), fügt 0,5 cm³ der 0,1-m-Lanthanchloridlösung zu und polarographiert in Stickstoffatmosphäre (Abb. 193). Da ein Teil der salpetrigen Säure durch Oxydation in Salpetersäure übergeht, betrachtet man die ganze Stufenhöhe als ob sie nur NO_3' anzeige und be-

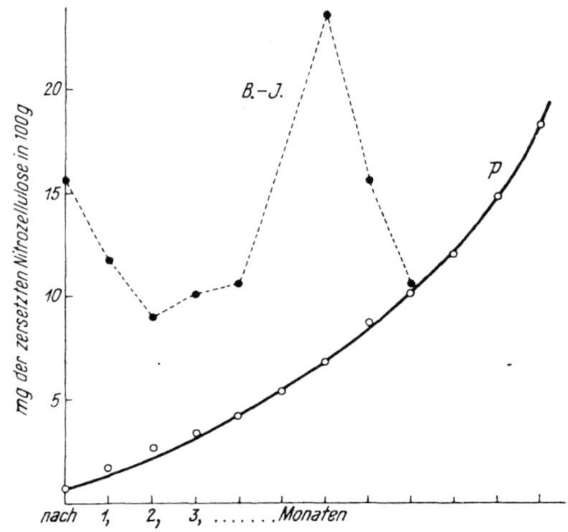

Abb. 194. Anwachsen der Spaltungsprodukte während des Alterns eines Explosivstoffes. Die als *B.-J.* bezeichneten Werte wurden mittels der Methode BERGMANN-JUNK erhalten.

rechnet den Stickstoffgehalt entsprechend einer mit Kaliumnitrat erhaltenen Eichkurve. Am Eichkurvendiagramm werden die Nitratstufenhöhen an der Ordinate gegen den abgespaltenen Stickstoff in Milligramm pro 100 g des Explosivstoffes aufgetragen. Der Vorteil der hier beschriebenen Stabilitätsbestimmung, welche bei Einzelanalyse weniger als eine Stunde, in Serienanalysen viel weniger Zeit verbraucht, liegt nicht nur im automatischen und genauen Aufzeichnen des Ergebnisses, sondern auch darin, daß diese Stabilitätsprobe bei gewöhnlicher Temperatur vorgeht, wogegen die bisher üblichen Proben BERGMANN-JUNK oder ABEL durch Erhitzen, also bei stark geänderten Bedingungen, verlaufen. Deswegen sind auch die Ergebnisse, welche durch monatelange Untersuchungen eines Musters erhalten werden, bei der polarographischen Analyse viel einheitlicher als diejenigen, welche man z. B. mit der BERGMANN-JUNKschen Probe erzielt (Abb. 194)

Bestimmung des Schwefeldioxyds.

Nach B. GOSMAN (*75*) reduziert sich Schwefeldioxyd an der tropfenden Quecksilberkathode aus sauren Lösungen bei — 0,2 bis — 0,5 V, je nach dem p_H-Wert, wodurch steile kathodische Stufen verursacht werden (S. 83). In alkalischen Sulfitlösungen findet an der tropfenden Quecksilberelektrode keine Reduktion statt. Dagegen entsteht durch die depolarisierende Wirkung der SO_3''-Ionen nach J. REVENDA (*215*) eine anodische Stufe, bei — 0,04 V. Zu Analysenzwecken wurde dieser Anodenvorgang bisher noch nicht angewendet.

Praktisch haben die kathodische Stufe des Schwefeldioxyds J. HEYROVSKÝ, I. SMOLEŘ und J. ŠTASTNÝ (*174*) zur Ermittlung des SO_2 in Weinen benutzt, welches Mittel zu antiseptischen Zwecken den weißen Weinen zugefügt wird. Wenn die Weine über 0,01% SO_2 enthalten, können sie nach Ansäuern mit Salzsäure offen an der Luft polarographiert werden. Falls der SO_2-Gehalt geringer ist, muß der Wein durch Lauge alkalisch gemacht, in einem verschlossenen Elektrolysengefäßchen im Wasserstoffstrom von Luft befreit und nach Ansäuern mit Salzsäure unter Luftabschluß polarographisch untersucht werden. Die SO_2-Stufe erscheint bei — 0,4 V. M. SALVAREZZA (*548*), welcher dieselbe Methode zur Bestimmung des Schwefeldioxyds in Weinen und Mosten anwendet, unterscheidet den Gehalt an freiem und an totalem SO_2, wobei der erstere ohne Ansäuern, der zweite nach Zufügen von Salzsäure aus der SO_2-Stufe erhalten wird.

Bestimmung von Sulfaten.

Das SO_4''-Ion ist an der tropfenden Quecksilberkathode nicht reduzierbar, es kann aber indirekt durch Erniedrigung der Stufe der Pb^{2+}-Ionen nach J. HEYROVSKÝ (*34*) oder der Ba^{2+}-Ionen nach J. HEYROVSKÝ und S. BEREZICKÝ (*59*) polarographisch ermittelt werden [s. auch V. MAJER (*290*)].

Wenn man sich der Bleinitratlösung bedient, dürfen in der zugefügten Sulfatlösung keine Schwermetalle, welche sich zwischen 0 und — 0,6 V reduzieren (wie Cu, Bi, Sb, Tl, Sn, Fe^{III}, Cd) anwesend sein. Genauer ist jedoch die Bariumstufe als Anzeiger für die zugefügten SO_4''-Ionen zu wählen. Dabei dürfen in der Sulfatlösung nur ganz wenig Alkalien vorhanden sein (nicht viel mehr, als dem Sulfat entspricht), da sonst die Bariumstufe, welche in ein spitzes Maximum übergeht, sich zu sehr der Stufe der Alkalien nähern würde. Deswegen wählt man als Elektrolyten entweder 0,1-n-LiCl oder das Chlorid der quartären Base $(CH_3)_4NCl$ oder

$(C_2H_5)_4NCl$. So können namentlich Bestimmungen von Schwefel in organischem Material vorteilhaft durchgeführt werden, welche durch Verbrennen des organischen Stoffes im Sauerstoff in der Asche allen Schwefel als Sulfat enthalten. Die Asche wird dann in 1 cm³ Wasser gelöst und zu 10 cm³ einer 0,003-n-$BaCl_2$, 0,1-n-LiCl-Lösung zugegeben. Falls NO_3'-Ionen von der Oxydation des organischen Stickstoffes anwesend sind, wird mit einem Tropfen 0,1-n-HCl angesäuert. Dann muß 15 Minuten abgewartet werden, bis sich das frisch gebildete Bariumsulfat in eine weniger lösliche Form verwandelt, und sodann wird die Kurve von 1,5 bis 2,5 V Spannung offen an der Luft aufgenommen. Eine ähnliche Kurve wird nach Zufügen 1,0 cm³ reinen Wassers zu 5 cm³ der 0,003-n-$BaCl_2$-, 0,1-n-LiCl-Lösung erhalten. Der Unterschied der beiden Bariumstufen gibt den Schwefelgehalt an. Man ermittelt ihn durch eine Eichkurve.[1]

Bestimmung von Sulfat im Kesselspeisewasser oder Mineralwässern. Nach H. HOHN (*347*) mischt man 10 cm³ Wasser mit 10 cm³ einer „Grundlösung", welche die folgende Zusammensetzung hat: 3,31 g $Pb(NO_3)_2$, 17 g $NaNO_3$, 2 cm³ HNO_3 konz., 2 g Colloresin, 1000 cm³ H_2O. Nach 10 Minuten Stehen wird das Gemisch von 0,2 bis 1,0 V aufgenommen. Die zweimal verdünnte Grundlösung zeigt eine Bleistufe von bestimmter Höhe, das Gemisch dagegen zeigt die Bleistufe um einen der Sulfatmenge proportionalen Betrag kleiner. Die Auswertung erfolgt an der Hand eines Eichdiagrammes.

Bestimmung von Chloriden.

Da Chloride nach den Untersuchungen von J. REVENDA (*215*) eine anodische Stufe beim Potential der Kalomelelektrode bilden, können sie direkt durch die Stufenhöhe bestimmt werden (Abb. 195). Es dürfen aber in der Lösung die Ionen Br', J', OH', SO_3'', CN', S'', S_2O_3'' insgesamt nicht in einer größeren Konzentration als jener der Cl'-Ionen anwesend sein, da sonst die anodischen Stufen der genannten Anionen jene der Cl'-Ionen überdecken würden. Obzwar Sauerstoff die anodische Stufe der Cl'-Ionen nicht stören kann, empfiehlt es sich doch, die Luft aus der Lösung durch Kohlendioxyd auszutreiben; dabei hält sich Kohlendioxyd als schweres Gas an der Oberfläche der Lösung, so daß man dann in einem offenen Becher polarographieren kann. In der zur Untersuchung vorbereiteten Lösung sollen die Cl'-Ionen die Normalität

[1] Nach unveröffentlichter Mitteilung von J. V. A. NOVÁK aus dem Forschungsinstitut Baťa, Zlin.

0,004 n nicht überschreiten, da bei größeren Konzentrationen Maxima an den Stufen entstehen, welche mit der Konzentration nicht linear anwachsen. Als indifferenter Elektrolyt wird 0,1-n-H_2SO_4 benutzt.

Bestimmung von Chlor in organischen Stoffen.[1] Etwa 10 mg der genau gewogenen Probe werden in ein Stückchen Filtrierpapier, welches mit Kaliumnitrat getränkt und wieder getrocknet ist, eingewickelt, so daß ein etwa 8 cm langer Streifen als Lunte über-

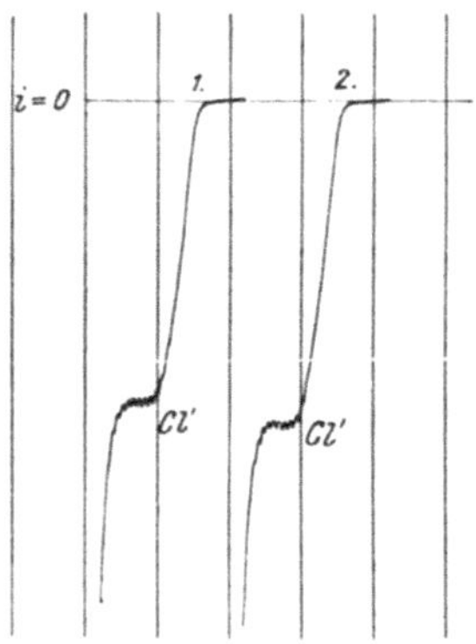

Abb. 195. Anodische Stufe der Chloridionen. Kurve *1*: Die Lösung besteht aus 1 cm^3 der Probelösung und 1 cm^3 0,2-n-H_2SO_4. Kurve *2*: 2 cm^3 einer 0,1-n-H_2SO_4-Lösung, welche eine bekannte Menge von NaCl (0,1 g Na pro Liter) enthält. Nach 1 Minute langem Durchströmen von CO_2 offen an der Luft mit Empf. 1:100, 4-V-Akkum. aufgenommen.

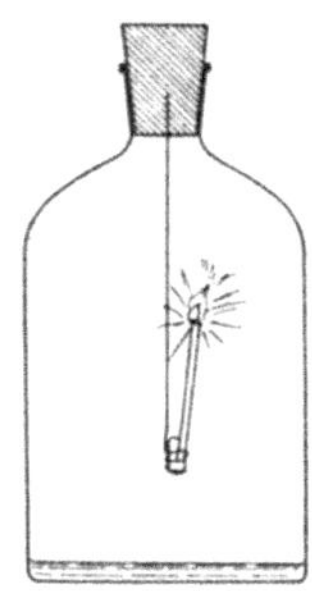

Abb. 196. Anordnung zur Verbrennung eines organischen Stoffes für die Chlorbestimmung.

ragt (Abb. 196). Der eingewickelte Teil wird an einem Ende eines Platindrahtes am Gummistöpsel einer Verbrennungsflasche von etwa $^1/_2$ l Inhalt befestigt. Statt des Platindrahtes kann man sich auch eines dünnen Stäbchens aus Quarz oder schwer schmelzendem Glas bedienen. Die Flasche wird mit 10 bis 50 cm^3 0,1-n-H_2SO_4-Lösung versetzt, mit Sauerstoff aus einer Stahlflasche gefüllt, das Ende der Papierlunte wird angezündet, schnell in die Flasche eingetragen und gut verstopft. Die Verbrennung vollzieht sich in einigen Sekunden. Nach Abkühlen wird die Flasche stark geschüttelt, um alle Verbrennungsprodukte, welche auch teilweise als Nebel vorhanden sind, in der Flüssigkeit zu absorbieren.

[1] Nach unveröffentlichter Mitteilung von J. V. A. Novák aus dem Forschungsinstitut Baťa, Zlin.

Diese Flüssigkeit wird dann direkt, eventuell nach Austreiben der Luft durch Kohlendioxyd, polarographisch untersucht, wobei man die tropfende Elektrode als Anode polarisiert.

Bestimmung von Seleniten und Telluriten.

In ammoniakalischen Lösungen von Ammoniumchlorid und von Weinsäure geben Selenite und Tellurite — nach L. SCHWAER und K. SUCHÝ (*261*) — weit voneinander getrennte Stufen, TeO_3'' bei — 0,6 V und SeO_3'' bei — 1,4 V. Bei Anwesenheit von Tellurit entsteht an dessem Diffusionsstrom ein spitzes Maximum. In einer 0,5-m-Seignettesalzlösung bekommt man getrennte Stufen von Cu, Bi, Te und Se (Abb. 31). Auch in einer 0,1-m-NH_4CNS-Lösung sind die Stufen von Bi, Te und Se sehr deutlich und gut getrennt. Praktische Anwendung liegt nicht vor.

Bestimmung von Formaldehyd.

Formaldehyd als erstes Glied der homologen Reihe der gesättigten aliphatischen Aldehyde, welche alle an der tropfenden Quecksilberelektrode reduziert werden, zeigt bei — 1,64 V das positivste Reduktionspotential. Das nächste Glied, Acetaldehyd, reduziert sich bei — 1,77 V, und die höheren Homologen folgen dicht bei dem letztgenannten Wert. Deswegen kann man getrennte Stufen von Formaldehyd und Acetaldehyd erhalten (Abb. 203), nicht aber von Acetaldehyd in Anwesenheit der höheren Homologen. Nach den Untersuchungen von F. G. JAHODA (*251*) läßt sich Formaldehyd mit großer Genauigkeit und Empfindlichkeit polarographisch bestimmen, und zwar auch in Gegenwart von Methyl-, Äthyl- und sonstigen Alkoholen, Aceton und Acetaldehyd. Die besten Stufen erhält man in etwa 0,1-n-Laugen. Bei höheren Temperaturen, 80 bis 90°, steigt die Stufenhöhe beträchtlich, so daß 10^{-6}-m-Lösungen — also mit 0,000007% Formaldehyd — noch eine meßbare Stufe hervorrufen. So können in 1 cm^3 noch 0,07 γ erfaßt werden. Nach längerem Stehen der Lösung erniedrigt sich die Stufe, offenbar infolge der Kondensation des Aldehyds. Diese Lösung unterdrückt dann das Sauerstoffmaximum viel stärker als eine frische. Die Lösungen können offen polarographiert werden.

Bestimmung von Formaldehyd in Desinfektionsmitteln nach F. G. JAHODA (*204*). Ist eine Seifenlösung, wie „Lysoform", vorhanden, genügt es 0,5 cm^3 dieser Lösung zu 20 cm^3 0,5-n-LiOH-Lösung in einem mit Bodenquecksilber versehenen Becherglas zuzufügen, gut umzurühren und offen an der Luft zu polarographieren. Die erhaltene Kurve zeigt zwei Stufen (Abb. 197), deren erste den Gehalt an Formaldehyd und die zweite den Gehalt der Alkalien angibt.

Tabletten, wie „Formamint", werden je 1 Stück in 30 cm³ verdünnter Lauge (etwa 0,03-n-NaOH) gelöst und die Lösung direkt polarographisch untersucht. Dann tropft man eine Formalinlösung von bekanntem Gehalt an Formaldehyd zu und berechnet (s. S. 265) aus der Erhöhung der Stufe die ursprüngliche Konzentration des Formaldehyds in der Tablette (Abb. 198).

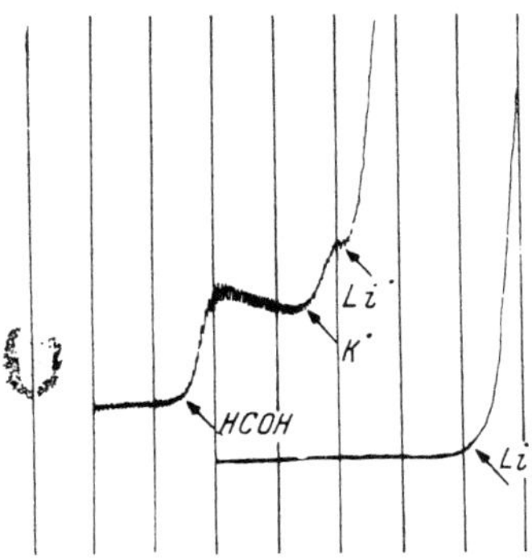

Abb. 197. Stufe des Formaldehyds und des Kaliums einer Lösung von „Lysoform". Zu 20 cm³ einer 0,5-n-LiOH-Lösung wurden 0,5 cm³ „Lysoform" zugegeben. Empf. 1:50, 4-V-Akkum.

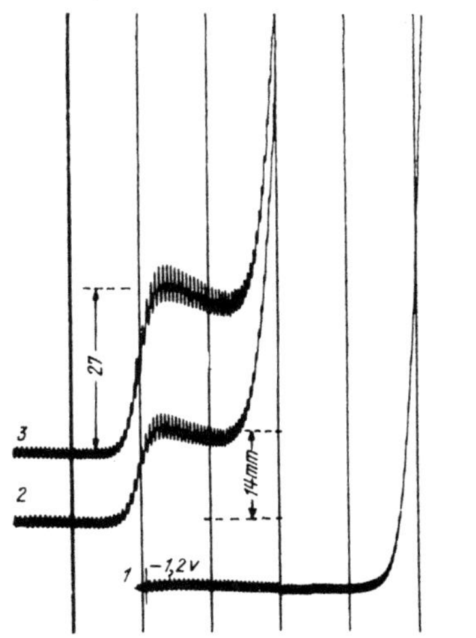

Abb. 198. Bestimmung des Formaldehyds in „Formamint"-Tabletten. Kurve *1*: Reine Lösung. Kurve *2*: Eine Tablette wurde in 30 cm³ 0,025-n-NaOH gelöst. Kurve *3*: Zur Formamintlösung wurden 0,04 cm³ einer 35%igen Formalinlösung zugefügt. Aus der Erhöhung der Stufe ermittelt sich der Gehalt an Formaldehyd in der Tablette zu 0,0173 g.

Bestimmung von Acetaldehyd.

Nach den Untersuchungen von I. SMOLEŘ (*126*) liegt die Reduktionsstufe des Acetaldehyds bei — 1,77 V, und zwar in neutraler und alkalischer Lösung. Da bei diesem Potential auch einige Monosen und Anionen einiger organischer Säuren Stufen hervorrufen, empfiehlt es sich, nur das Destillat der zu untersuchenden Lösung zu polarographieren, namentlich da infolge der Polymerisation die Stufenhöhe des Acetaldehyds mit der Zeit abnimmt. Polarographisch können Spuren von 0,00005% Acetaldehyd offen an der Luft bestimmt werden, d. h. in 1 cm^3 noch 0,5 γ.

Bestimmung von Acetaldehyd in Alkohol und Gärungsprodukten. Diese Untersuchungen wurden einerseits von M. SHIKATA und K. SHOJI (*41*) und anderseits von J. HEYROVSKÝ, I. SMOLEŘ und J. ŠŤASTNÝ (*85*, *174*) durchgeführt.

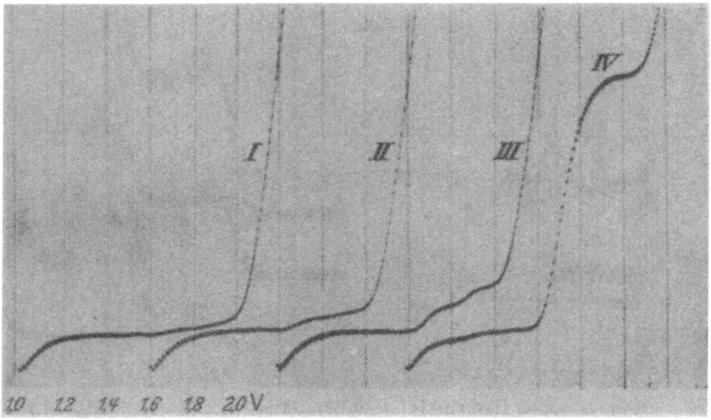

Abb. 199. Spuren von Acetaldehyd in Destillaten von 10%igen Spiritussorten: *I* feinster, *II* feiner, *III* mittelfeiner, *IV* grober rektifizierter Spiritus. Die Destillate wurden mit LiOH zu 0,01 n versetzt und mit Empf. 1:40 offen an der Luft von 1,0 V Spannung an polarographiert. Die Stufen geben 0,0005% bis 0,01% Acetaldehyd an.

Soll Acetaldehyd im Spiritus bestimmt werden, kann man die Flüssigkeit mit einer wäßrigen 0,1-n-LiCl-Lösung im Verhältnis 1:10 verdünnen und direkt offen an der Luft polarographieren. Man kann auch einen Teil, z. B. 5 cm^3 von 25 cm^3 der zu untersuchenden Spiritussorte abdestillieren, mit etwa 0,02-n-LiOH auf 10 cm^3 auffüllen und offen polarographieren. So wurde das in Abb. 199 wiedergegebene Polarogramm erhalten. Man findet Gehalte von 0,004 bis 0,05% Acetaldehyd in allen gegorenen sowie auch synthetischen Spiritussorten.

Zur Untersuchung der Weine auf Acetaldehyd werden 25 cm^3 der Flüssigkeit schwach alkalisch gemacht, und diese Lösung wird destilliert. Etwa 5 cm^3 des ersten Destillats, welche praktisch allen Acetaldehyd enthalten, werden mit etwa 0,02-n-LiOH auf ein bestimmtes Volumen (6 bis 10 cm^3) aufgefüllt und offen polarographiert. Aus der Stufe des Aldehyds bei — 1,80 V ergibt sich so der Gehalt zwischen 0,0004 bis 0,034%. Destillate von verschiedenen alkoholischen Getränken weisen neben der Acetaldehydstufe noch jene des Furols (bei — 1,22 V) und anderer für den Geschmack und Geruch charakteristischer, depolarisierend wirkender Stoffe auf (*41*).

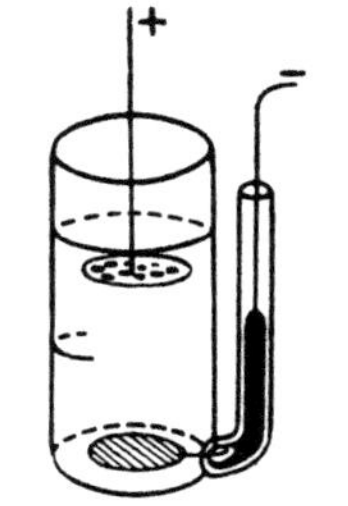

Abb. 200. Gefäß zur elektrolytischen Oxydation des Methylalkohols (in natürlicher Größe).

Im Bier läßt sich nach A. Lhotský (*288*) Acetaldehyd sehr leicht und genau bestimmen, indem man ein oder mehrere Kubikzentimeter des Bieres mit Lithiumhydroxyd bis zur schwach alkalischen Reaktion neutralisiert und diese Lösung zu 10 cm³ 0,1-n-LiOH offen an der Luft zugibt, bis das Gemisch eine gut meßbare Aldehydstufe bei Spannung 1,8 V aufweist.

Qualitativer Nachweis des Methylalkohols in alkoholischen Flüssigkeiten. Da Alkohole polarographisch indifferent sind, können sie nur indirekt ermittelt werden. A. Zapletálek (*578*) hat zur Bestimmung des Methyl- bzw. Äthylalkohols eine qualitative Methode aus-

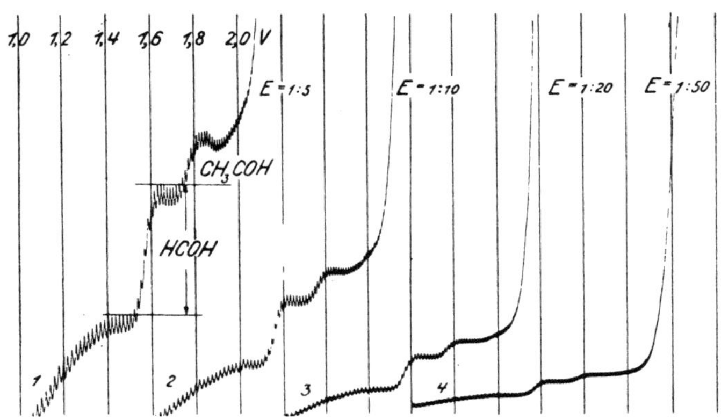

Abb. 201. Bestimmung von Methylalkohol in gefälschtem Branntwein. Die HCOH-Stufe gibt 3,4% Methylalkohol an. Die Lösung nach elektrolytischer Oxydation ist von 1,0 V an mit verschiedener Empfindlichkeit und 4-V-Akkum. polarographiert.

gearbeitet, bei welcher in der zu untersuchenden Flüssigkeit zunächst durch anodische Oxydation die Alkohole in Aldehyde überführt werden, um dann polarographisch ermittelt zu werden. Die Bestimmung wird wie folgt ausgeführt: Zu 2 cm³ der Flüssigkeit wird Schwefelsäure zugegeben bis die Lösung 2-n-H_2SO_4 enthält. Diese Lösung wird dann in einem Glasgefäßchen (Abb. 200), welches am Boden eine platinierte Platinkathode und etwa $1^1/_2$ cm über dieser eine blanke, mit Löchern versehene Platinanode enthält, eine halbe Stunde lang bei 60° C elektrolysiert, und zwar mit einer Spannung zwischen 1 und 1,6 V, wobei die Stromstärke zwischen 0,015 und 0,020 A schwankt. Dabei wird die Lösung durch die an der Bodenelektrode entstehende lebhafte Wasserstoffentwicklung genügend gerührt.

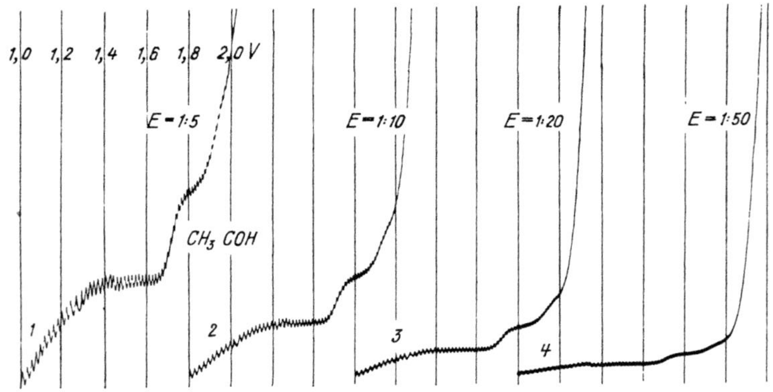

Abb. 202. Nachweis der Abwesenheit von Methylalkohol im alkoholischen Getränk. Die Lösung ist nach elektrolytischer Oxydation mit verschiedener Empfindlichkeit 4-V-Akkum. von 1,0 V an polarographiert.

Dann wird 1 cm³ der derartig oxydierten Lösung mit 3 cm³ Wasser destilliert, wobei der erste Kubikzentimeter des Destillats vernachlässigt wird und nur die nächsten 2,5 cm³ zur polarographischen Probe gesammelt werden. 2 cm³ dieser Fraktion werden mit 0,1 cm³ 2-n-LiOH versetzt, in einem kleinen Elektrolysengefäßchen (Abb. 109 e) ganz kurz von Wasserstoff durchströmt und polarographiert. An der Kurve zeigt sich in Gegenwart von Methylalkohol bei — 1,6 V die Stufe des Formaldehyds, nach welcher bei — 1,8 V die Stufe des Acetaldehyds folgt (Abb. 201). Da unter den hier beschriebenen Bedingungen die Ausbeute an Formaldehyd nur 0,1% des anwesenden Methylalkohols beträgt, ist der polarographisch ermittelte Anteil des Formaldehyds mit 1000 zu multiplizieren, damit der Gehalt an Methylalkohol in der richtigen Größenordnung angegeben wird. Das Ergebnis ist semiquantitativ, da es mit einem Fehler von $\pm$ 15% belastet ist. Die Berechnung aus der Stufenhöhe wird wieder an der Hand einer Eichkurve ermittelt. Abb. 202 zeigt die Kurve eines alkoholischen Getränkes, welches vollständig frei von Methylalkohol ist.

Prüfung des Äthers auf Reinheit. Im Äther befinden sich stets Oxydationsprodukte des Luftsauerstoffes, ein peroxydisches und ein aldehydisches, deren Mengen durch ihre polarographischen Stufenhöhen nach B. A. GOSMAN (*104*, *240*) bestimmbar sind

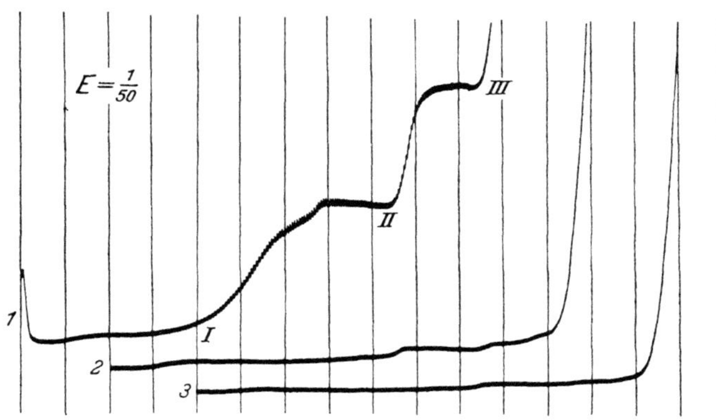

Abb. 203. Prüfung des Äthyläthers auf Reinheit. Eine 0,01-n-LiOH-Lösung wurde geschüttelt: *1* mit käuflichem Äther, wobei sich bei *I* und *II* beträchtliche Stufen der Peroxydverunreinigung zeigen (bei *III* scheidet sich Lithium ab), *2* mit frisch destilliertem Äther und *3* mit reinstem chirurgischen Äther. Die Lösungen wurden offen an der Luft mit Empf. 1:50, 4-V-Akkum. untersucht.

(Abb. 203). Wegen der geringen Leitfähigkeit des Äthers schüttelt man ihn mit 0,01-n-LiOH und untersucht dann diesen Extrakt. Es genügt, 5 cm³ Äther mit 5 cm³ 0,01-n-LiOH etwa eine Minute lang zu schütteln und die wäßrige Phase (oder auch beide Phasen) über das Bodenquecksilber in ein kleines Becherglas zu gießen. Die Mündung der tropfenden Quecksilberkathode muß in die wäßrige Phase tauchen. Die Lösung wird offen an der Luft polarographisch mit kleinerer Empfindlichkeit (etwa 1:50) untersucht. Die peroxydische Verbindung verursacht eine Stufe bei 1,3 und die aldehydische bei 1,8 V Spannung. Da der Verteilungskoeffizient der peroxydischen Verbindung 0,46 beträgt, ergibt sich die Konzentration x dieses Stoffes in Äther als $x = a \cdot 1{,}46$, wobei a die durch die erste Stufenhöhe in der wäßrigen Phase ermittelte Konzentration bezeichnet. Für die Konzentration y der aldehydischen Verbindung gilt ähnlicherweise $y = b \cdot 1{,}63$.

Bestimmung von Aceton.

Da Aceton keine deutliche Stufe gibt, wird es indirekt durch seine Reaktion mit Sulfit in saurer Lösung ermittelt.[1] Die kathodische SO_2-Stufe wird nämlich in Anwesenheit von Aceton vermindert, wobei die Erniedrigung dem Gehalt an Aceton proportional ist. Zu 5 cm³ einer nicht mehr als 1% Aceton enthaltenden Lösung werden 5 cm³ einer Lösung von 0,3-m-H_2SO_4, 0,25-m-Na_2SO_3 mit 0,025% Gelatine zugegeben. Dazu wird ein hohes enges (etwa 17 mm) Reagensglas benutzt, damit eine Entweichung des Schwefeldioxyds möglichst vermieden wird. In diesem Gefäß wird das Gemisch offen an der Luft mit kleiner Empfindlichkeit polarographiert. Die SO_2-Stufe erscheint bei 0,5 V Spannung, weswegen man von 0,2 V an die Kurven aufnehmen kann (Abb. 204, Kurve *2*). Eine ähnliche Kurve nimmt man auch mit einem Gemisch von 5 cm³ reiner Wassers und 5 cm³ der Sulfitlösung mit derselben Empfindlichkeit auf (Abb. 204, Kurve *1*). Endlich erhält man eine dritte Kurve mit einem bekannten Acetongehalt, indem man 5 cm³ einer Lösung von einer bestimmten Acetonkonzentration (c) mit 5 cm³ der Sulfitlösung polarographiert (Abb. 204, Kurve *3*). Der Unterschied b der SO_2-Stufenhöhen von Kurve *1* und *2* ist dem unbekannten Acetongehalt zuzuschreiben, während der Unterschied a der Stufenhöhen von *1* und *3* durch den bekannten Acetongehalt entsteht. Deswegen gilt $b:a = x:c$, wenn c die bekannte Acetonkonzentration in den 5 cm³ der zuletzt benutzten Lösung bezeichnet. Die unbekannte Acetonkonzentration ergibt sich somit zu $x = c \cdot b/a$, wobei die Sulfitkonzentration unbestimmt bleibt; man setzt nur voraus, daß diese Sulfitkonzentration in den drei polarographi-

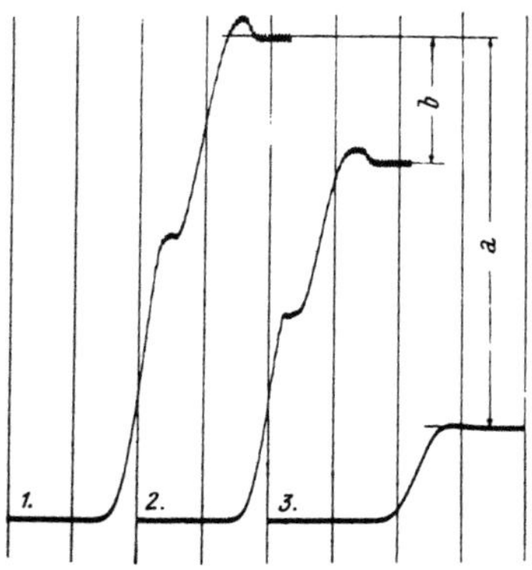

Abb. 204. Bestimmung des Acetons mittels der SO_2-Stufe. Zu 5 cm³ 0,3-m-H_2SO_4, 0,25-m-Na_2SO_3, 0,025% Gelatine wurden *1* 5 cm³ Wasser, *2* 5 cm³ der zu untersuchenden Acetonlösung und *3* 5 cm³ einer Acetonlösung vom bekannten Gehalt zugegeben. Mit Empf. 1:3000, 4-V-Akkum. offen an der Luft aufgenommen.

[1] Aus dem Forschungsinstitute Baťa, Zlin.

schen Aufnahmen dieselbe ist. Diese Methode gibt sehr genaue Resultate, solange *b* nicht mehr als 50% der Erniedrigung *a* beträgt.

Bestimmung des Diacetyls in Kunstbutter.

Diacetyl bildet zwei Stufen, deren erste bei — 0,74 V und zweite bei — 1,62 V liegt. G. PROSKE (*293*) hat den polarographischen Nachweis des Diacetyls zum Charakterisieren des in Butter und anderen Fetten enthaltenen Aromastoffes benutzt. In natürlicher Butter ist zwar der Gehalt an Diacetyl sehr gering, dagegen bei Kunstprodukten, welche häufig zur Vortäuschung des Butteraromas größere Mengen Diacetyl enthalten, läßt sich dessen Gehalt polarographisch feststellen. Man stellt sich ein alkoholisches Destillat in der von H. MOHLER und E. HELBERG angegebenen Weise her, indem man 50 g Butter mit 20 cm³ Alkohol in einem Destillationskolben im Wasserbad erhitzt. Zu etwa 20 cm³ des Destillats fügt man Ammoniumchlorid zu, so daß die Lösung etwa 0,1 n ist und untersucht polarographisch. Man hat so in wenigen Minuten quantitativ das gesuchte Diacetyl nach der bei 0,8 V entstandenen Stufe bestimmt (Abb. 205).

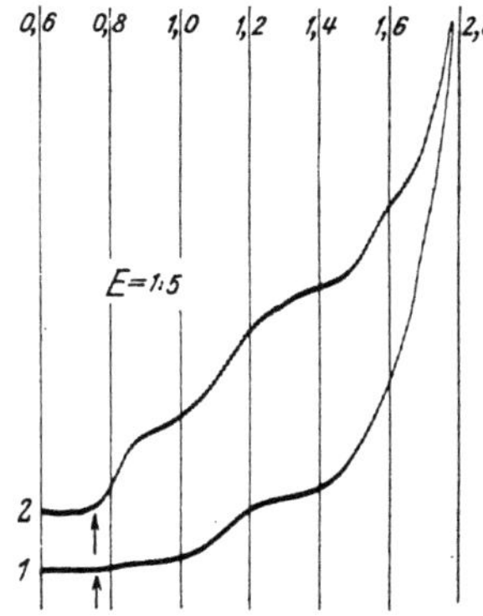

Abb. 205. Bestimmung des Diacetyls in künstlicher Butter. Kurve *1* Extrakt aus natürlicher Butter. Kurve *2*: Extrakt aus Margarine. Der Pfeil zeigt die Stufe des Diacetyls in 0,1-n-NH_4Cl-Lösung an. Die Lösungen wurden in Wasserstoffatmosphäre mit Empf. 1:5, 4-V-Akkum. von 0,6 V Spannung an polarographiert.

Bestimmung von Fumar- und Maleinsäure.

Nach P. HERASYMENKO (*47*) bilden die Fumar- und die Maleinsäure in stark sauren Lösungen die gleiche Stufe bei — 0,6 V. L. SCHWAER (*157*, *262*) hat gefunden, daß in neutralen Lösungen und in Laugen das Fumarat- und das Maleination getrennte Stufen bilden, und zwar daß in Laugen das Fumaration bei einem positiveren Potential als das Maleination und in Ammoniumchloridlösung in umgekehrter Folge Stufen geben (Abb. 206). E. VOPIČKA (*308*) hat dieses Verhalten bestätigt, da er gefunden hat, daß in Pufferlösungen Maleinsäure immer bei positiverem Potential als die Fumarsäure die Stufe bildet, und zwar desto weiter von dieser entfernt, je größer der p_H-Wert ist. Entsprechend diesen Bedingungen haben G. SEMERANO und I. S. RAO (*368*) ein mikroanalytisches Verfahren angegeben, um die beiden ungesättigten Säuren in einem Gemisch quantitativ zu bestimmen. Die Säuren werden durch Neutralisieren entweder mit Calcium- oder mit Lithiumhydroxyd in Salze überführt. Zur Bestimmung der Maleinsäure in einem Überschuß von Fumarsäure werden die Calciumsalze in einer 0,5-n-NH_4Cl-Lösung in entsprechender Ver-

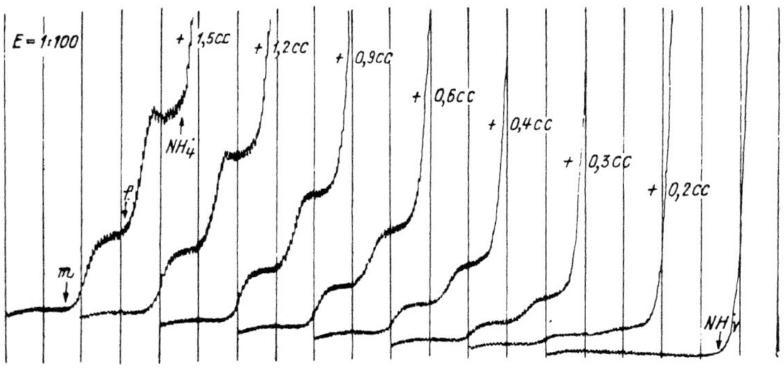

Abb. 206. Stufen der Fumar- und Maleinsäure. Zu 10 cm³ 0,5-n-NH_4Cl wurde ein Gemisch von 0,1-n-Li-Fumarat und Maleinat zugefügt. Empf. 1:100, 4-V-Akkum., von 1,0 V an angefangen.

dünnung polarographiert. Wenn es sich nicht um Spuren handelt, ist die Entfernung des Luftsauerstoffes überflüssig. Die Maleinstufe entsteht da bei etwa — 1,38 V, die Fumarstufe bei — 1,55 V. Soll Fumarsäure im Überschuß der Maleinsäure ermittelt werden, untersucht man die Lithiumsalze in einer 0,1-n-LiCl-Lösung. An der Kurve zeigt sich nun die Fumarstufe als erste, und zwar bei — 1,85 V. Die Genauigkeit der quantitativen Bestimmung, wenn es sich um mehr als 1 γ der Säuren handelt, beträgt $\pm$ 1%.

P. HERASYMENKO und Z. TYVOŇUK (*80*) haben den Gehalt von Fumarsäure, welche aus Apfelsäure durch Erhitzen entsteht, polarographisch bestimmt, indem sie etwa 0,2 g des Gemisches beider Säuren in 50 cm³ Wasser lösten und zu 20 cm³ der Lösung 2 cm³ konzentrierte Salzsäure zufügten. In Wasserstoffatmosphäre wurde dann die Kurve aufgenommen und mit der Kurve einer Lösung von bekannter Konzentration der Fumarsäure verglichen.

I. SMOLEŘ (*174*) hat gefunden, daß auf die vorher beschriebene Weise auch die Apfelsäure quantitativ bestimmt werden kann, wenn man nämlich die Lösung oder den Saft im Wasserbad zur Trockne verdampft und dann im Ölbad 1 Stunde auf 180° C erhitzt. Dadurch wird die Apfelsäure quantitativ in ein Gemisch der Fumar- und Maleinsäure überführt. Nach Erkalten und Auflösen in 0,5-n-HCl erhält man bei — 0,6 V die Stufe der Fumar- und Maleinsäure.

In der 0,1-n-LiCl-Lösung kann, nach G. SEMERANO (*452*), die Fumarsäure qualitativ und quantitativ auch in Gegenwart von Malein-, Itakon-, Citrakon-, cis- und trans-Akonitsäure auf die oben angegebene Weise bestimmt werden. Dabei darf aber die Menge der Fumarsäure nicht gar zu klein sein und die Menge der trans-Akonitsäure muß immer kleiner als jene der Fumarsäure sein. Endlich dürfen solche reduzierbare Stoffe nicht anwesend sein, deren Reduktionspotentiale nur wenig positiver sind als das Abscheidungspotential des Lithium.

Gleichzeitige Bestimmung von cis- und trans-Akonitsäure.

Nach G. SEMERANO und L. SARTORI (*453*) gelingt der Nachweis und die quantitative Bestimmung der beiden stereoisomeren Säuren in Form ihrer Calciumsalze in einer Lösung von 0,5-n-Ammoniumchlorid. Die Reduktionspotentiale beider Säuren liegen genügend weit auseinander, so daß die beiden Stufen genau gemessen werden können. Die Stufe des cis-Akonitats ist bei gleicher Konzentration etwas größer als jene der trans-Verbindung. Die Lithiumsalze eignen sich zum Nachweis der trans-Säure neben der cis-Säure, aber nicht umgekehrt. Im übrigen wird wie bei der Bestimmung der Fumar- und Maleinsäure vorgegangen.

Bestimmung der Askorbinsäure (Vitamin C).

Nach E. KODÍČEK und K. WENIG (*426*) verursacht Askorbinsäure in Pufferlösungen eine anodische Stufe (s. S. 109), deren Höhe mit der Konzentration linear anwächst. Da Askorbinsäure durch Luftsauerstoff oxydiert wird und die oxydierte Form dann polarographisch unwirksam ist, empfehlen die Autoren, die polarographische Untersuchung bei Luftabschluß, und zwar in einem Phosphatpuffergemisch von $p_H = 7$ durchzuführen. Zu 4 cm³ dieser von Luft befreiten Pufferlösung werden 0,5 bis 1 cm³ des frischen Obstsaftes in einem kleinen Elektrolysengefäß zugefügt und nach kurzem Durchströmen von Wasserstoff polarographiert. Die tropfende Elektrode wird dabei als Anode geschaltet. Es entsteht bei kleiner Spannung eine anodische Stufe (Abb. 207), deren Höhe den Gehalt an Vitamin C angibt. Bei rascher Arbeit kann die Verdrängung des Luftsauerstoffes unterlassen werden. In Gegenwart von Extrakten aus tierischen Organen gelingt die Bestimmung des Vitamins C nicht, wahrscheinlich wegen des Überschusses von adsorbierbaren Stoffen.

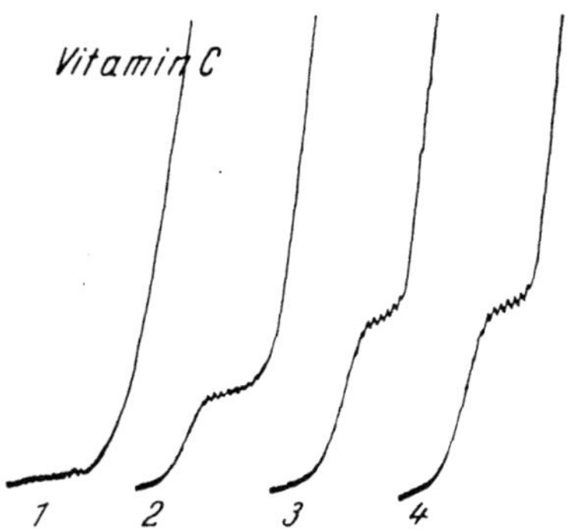

Abb. 207. Anodische Oxydationsstufe des Vitamins C. *1* Phosphatpufferlösung $p_H = 7$; *2* zu 4 cm³ der Pufferlösung wurden 0,5 cm³ Orangensaft zugegeben; *3* es wurden noch 0,5 cm³ Orangensaft zugegeben; *4* zu 4 cm³ einer Pufferlösung wurden 0,5 cm³ einer 0,01-m-Askorbinsäurelösung zugefügt. In Stickstoffatmosphäre, Empf. 1:10, 2-V-Akkum.

K. SCHWARZ (*551*) empfiehlt zur Bestimmung von Vitamin C eine Essigsäure - Acetat - Puffermischung vom p_H-Wert 5,3, da in dieser schwach sauren Lösung die Askorbinsäure durch Luftsauerstoff nicht oxydiert wird. Die Pufferlösung besteht aus gleichen Teilen einer 1-m-Essigsäure und einer 1-m-Natriumacetatlösung. D. COZZI (*491*), welcher mittels dieser Methode die verschiedenen Vorschriften zur Bestimmung des Vitamins C kontrolliert hat, empfiehlt zu 1000 cm³ der oben angegebenen Pufferlösung noch 20 cm³ einer 2%igen Tyloselösung beizufügen, um bessere Stufenformen zu erhalten. Bei Anwendung der sauren Lösung ist bei allen Aufnahmen die Galvanometer-Nullinie mit aufzunehmen, da bei der Askorbinsäure (wie auch bei der Bestimmung des Quecksilbers, S. 349) der Anstieg der anodischen Stufe sofort von der Spannung Null ab erfolgt und wegen Anwesenheit des Luftsauerstoffes in entgegengesetzter Richtung die kathodische Sauerstoffstufe steil ansteigt. Zum Ausmessen der Stufenhöhe ist es daher notwendig, einen genau definierten Beginn der Kurve für alle Aufnahmen festzulegen (z. B. Abb. 195). Die Nullinie wird aufgenommen, indem man den Elektrolysenstrom an irgendeiner Stelle, z. B. am Empfindlichkeitsumschalter, unterbricht und so bei rotierender Photowalze einen geraden Strich auf dem Photopapier zeichnet. Als Höhe der polarographischen Stufe mißt man den senkrechten Abstand der Nullinie von dem Diffusionsstrom.

Die auf diese Weise erhaltenen Resultate stimmen durchaus mit denen von anderen Autoren nach der titrimetrischen Methode erhaltenen überein. Von Vorteil ist vor allem, daß auch in sehr stark gefärbten Medien (Kirschsaft, Heidelbeersaft, Johannisbeersaft u. a.) eine rasche Bestimmung der Askorbinsäure möglich ist, und zwar ohne weitere Vorbehandlung.

Am potentiometrischen Meßdraht werden 2 V angelegt. Die Zeit, welche für eine einzelne Bestimmung nötig ist, beträgt nur wenige Minuten.

Folgende Arbeitsvorschrift liefert gute Resultate:

a) *Saure Früchte.* 5 cm³ der obigen Grundlösung werden mit 1 cm³ frischen Preßsaftes vermischt und ohne langes Stehen sofort polarographiert. Die Empfindlichkeit soll etwa $^1/_{10}$ betragen. Wenn die Lösung trüb ist oder wenn Flocken von Fruchtfleisch herumschwimmen, so stört das nicht.

b) *Nichtsaure Früchte oder Gemüse u. dgl.* 10 bis 30 g frische Probesubstanz werden mit der gleichen Menge der Puffergrundlösung verrieben und nach 5 Minuten Stehen abgepreßt. Der Preßsaft wird ohne weitere Behandlung polarographiert. Der Zusatz des Puffers von Anfang an hat den Zweck, eine Oxydation der Askorbinsäure in nichtsaurem Medium durch die Luft zu verhindern.

Zur Aufnahme der Eichkurven bereitet man eine frische Lösung von 20 mg käuflicher Askorbinsäure auf 50 cm³. Man setzt zu je 10 cm³ Grundlösung 1, 2 bis 3 cm³ der Askorbinsäurelösung zu und polarographiert nach Aufnahme der Nullinie.

So wurden folgende Werte für den Askorbinsäuregehalt erhalten:

Zitronensaft 1	54 mg-%
,, 2	87 ,,
,, 3	75 ,,
Grapefruit	34 ,,
Gartenerdbeere	35 ,,
Orange 1	40 ,,
,, 2	26 ,,
,, 3	41 ,,
Johannisbeeren	32 ,,
Himbeeren	42 ,,
Heidelbeeren	nicht nachweisbar
Banane	,, ,,
Birne	,, ,, , weniger als 2 mg-%
Ananas	20 mg-%

Bestimmung der Ketosen.

J. Heyrovský und I. Smoleř (*141*) fanden, daß bei gewöhnlicher Temperatur in verdünnten Lösungen von acht untersuchten Monosen nur die Ketosen, und zwar Fruktose und Sorbose, nicht aber die Aldosen, Glukose, Galaktose, Mannose, Rhamnose, l-Arabinose und Lyxose in neutralen und alkalischen Lösungen eine Stufe bei — 1,7 V zeigen. Die Disaccharide Saccharose, Maltose und Laktose sind in dieser Beziehung unwirksam. Später fand I. Smoleř (*174*), daß bei höherer Temperatur (40 bis 90° C)

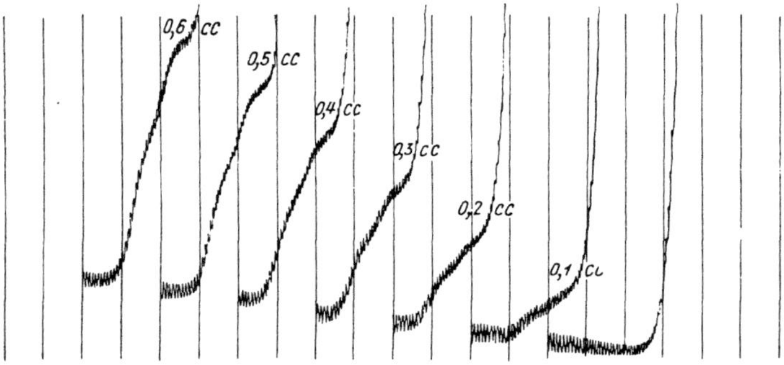

Abb. 208. Stufen des Invertzuckers in Saccharose. Zu einer 10%igen Saccharoselösung, gesättigt an $Ca(OH)_2$, wurde eine 0,2%ige Lösung des Invertzuckers zugegeben. Die Kurven wurden offen an der Luft mit Empf. 1:20, 4-V-Akkum., von 1,6 V an aufgenommen.

auch Glukose auf der Kurve eine Stufe hervorruft, die bei Anwesenheit von Luft besser als in luftfreien Lösungen zu beobachten ist. Dieses Verhalten wurde von M. Cantor und Q. P. Peniston (*588*) erklärt, indem sie feststellten, daß die Aldosen auch bei gewöhnlicher Temperatur, jedoch in größeren Konzentrationen ($^1/_2$ mol) die bei — 1,7 V erscheinende Stufe hervorrufen und daß die Höhe dieser Stufe mit der Temperatur rasch ansteigt. Die höchste Stufe zeigt l-Ribose, dann kommen in der Reihe l-Allose, d-Lyxose, d-Arabinose, d-Xylose, d-Galaktose, d-Mannose und zuletzt d-Glukose. Sie schreiben diese Stufe einer aldehydischen tautomeren Form zu, welche sich im Gleichgewicht mit den anderen polarographisch unwirksamen Zuckerformen in der Lösung befindet. Das Gleichgewicht ist vom p_H-Wert der Lösung und von der Temperatur stark abhängig. Polarographisch kann diese physiologisch sehr reaktive tautomere Form quantitativ bestimmt werden. Da der Temperaturkoeffizient der Stufe sehr groß ist, soll die Bestimmung im Thermostaten durchgeführt werden. Bei höherer Temperatur steigt die Empfindlichkeit dieser Bestimmungen bedeutend (s. auch S. 201).

Bestimmung der Fruktose und des Invertzuckers. 1 g des Zuckers wird in 10 cm^3 gesättigtem Kalkwasser gelöst und offen an der Luft polarographiert (Abb. 208). So können noch 0,002% Invertzucker in der Lösung nachgewiesen werden, wobei die erfaß-

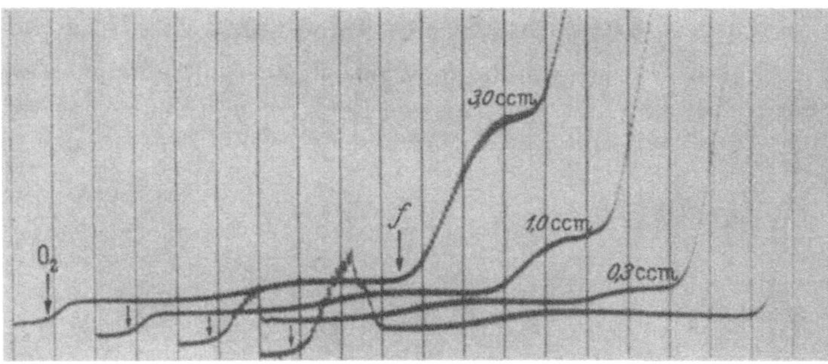

Abb. 209. Stufe der Fruktose in Honig. Zu 10 cm^3 einer 0,01-n-LiCl-Lösung wird bei Luftzutritt eine 1%ige Lösung von Honig zugegeben. Die Fruktose (bei *f*) erhöht sich und das Luftsauerstoffmaximum (bei O_2) wird unterdrückt.

bare Menge 1 γ beträgt. Die Genauigkeit bei dieser Verdünnung ist $\pm$ 10%, wogegen größere Mengen Fruktose auf $\pm$ 2% genau bestimmt werden können (*141*).

J. Kořínek und J. Babička (*207*) haben mittels der Stufe der Fruktose die Spaltung der Saccharose, welche durch Mikrobentätigkeit verschiedener Bakterien (Coli, Prodigiosum, Anthracoides, Sarcina lutea) entsteht, in Zeitintervallen verfolgt.

P. C. Jurs und C. R. Noller (*285*) haben die sich bei einer Hydrolyse des Saponins Amolonin bildenden Spuren von Ketosen polarographisch bestimmt.

Um Fruktose in Honig zu bestimmen, bedient man sich einer 1%igen Honiglösung in destilliertem Wasser, mischt einige Kubikzentimeter dieser Lösung mit 10 cm^3 einer 0,01-n-LiCl-Lösung und polarographiert direkt (Abb. 209).

Wenn Fruktose in Weinen bestimmt werden soll, muß der bei gleichem Potential eine Stufe bildende Acetaldehyd durch Erwärmen vertrieben werden. Man verdampft 10 cm^3 des Weines im Wasserbad zum sirupartigen Rückstand, löst mit 10 cm^3

0,01-n-LiOH auf und polarographiert entweder direkt oder nach Verdünnung mit einer 0,01-n-LiOH-Lösung.

Die Bestimmung von Sorbose im Vogelbeerextrakt wird, ähnlich wie bei Fruktose, durch die Anwesenheit des Acetaldehyds gestört. Deswegen wird der Extrakt einmal ohne vorheriges Erhitzen und einmal nach Erhitzen einer gesättigten Kalklösung zugegeben und polarographiert (*174*).

Bestimmung von Saccharin.

Eine genaue Bestimmung von Saccharin gelingt nur, wenn Saccharin frei von anderen organischen Verbindungen vorliegt, wie in Tabletten, und zwar durch seine Stufe bei — 1,0 V in

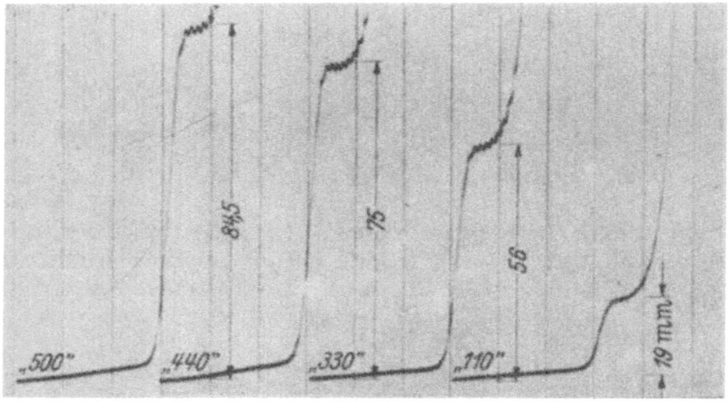

Abb. 210. Saccharinbestimmung. Die Lösungen wurden aus je 2 cm³ einer 0,1%igen Lösung von Saccharintabletten und 8 cm³ einer 0,05-n-HCl-, 0,05-n-NaCl-Lösung mit etwas Morphium erhalten. Die Kurven wurden mit Empf. 1:10, 4-V-Akkum., von 0,4 V an aufgenommen.

saurer Lösung. In Bier, Wein, Tee und ähnlichen Flüssigkeiten verschwindet die charakteristische polarographische Saccharinwirkung. Da müßte man Saccharin durch Ausschütteln von der organischen Lösung vorerst trennen.

Die Saccharintablette oder Pulver wird nach J. Pech (*213*) 1:100 in Wasser gelöst und 2 cm³ dieser Lösung werden zu 8 cm³ einer salzsauren Lösung zugefügt, welche 0,05-n-HCl, 0,05-n-NaCl enthält. Um gut meßbare Stufen zu erhalten, gibt man zu den 10 cm³ des zu untersuchenden Gemisches 2 Tropfen einer 0,01-m-Morphiumsulfatlösung zu. Man polarographiert in Wasserstoffatmosphäre (Abb. 210). Die Stufenhöhe gibt den Gehalt an Saccharin an.

Bestimmung von Nikotin in Tabak.

Dieses von G. SEMERANO (*152*) stammende Vorgehen ist wie folgt: Man trocknet 1 g Tabak bei 50 bis 60° C, pulverisiert, wägt und läßt mit 25 cm^3 0,1-n-NaOH einige Stunden unter öfterem Umrühren stehen. 10 cm^3 der filtrierten Lösung werden mit 0,1-n-HCl gegen Methylrot genau neutralisiert und polarographisch untersucht. Dabei soll die Lösung wiederholt mit 1 Tropfen 0,1-n-HCl angesäuert und nach jeder Zugabe polarographiert werden. Die Nikotinstufe bildet sich nämlich am besten aus, wenn der Säuregehalt fünfmal höher ist als der des Nikotins; die Nikotinstufe entsteht bei 1,3 V und die der Wasserstoffionenabscheidung bei 1,5 V. Diese Bestimmung, die 1 Teil Nikotin in 10000000 Teilen Tabak erfaßt, wird durch Ammoniak und organische Basen wie Pyridin nicht gehindert (Abb. 211).

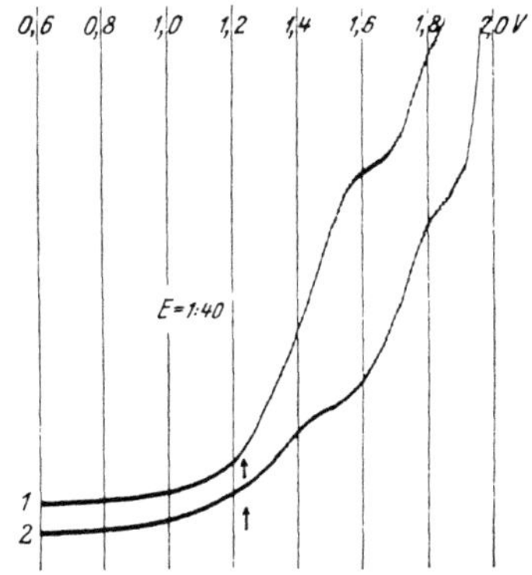

Abb. 211. Bestimmung des Nikotins in Tabak. Kurve *1*: Extrakt aus einer Zigarette, der mit HCl schwach angesäuert wurde, Kurve *2*: Vergleichskurve mit Nikotin von bekannter Konzentration. Die Kurven wurden mit Empf. 1:40, 4-V-Akkum., von 0,6 V an aufgenommen.

Bestimmung von Strychnin in Strychnin-Chininpräparaten.

Obzwar Alkaloide, namentlich jene der Chinolingruppe, nach J. PECH (*214*), charakteristische Depolarisationswirkungen an der tropfenden Quecksilberkathode zeigen, wird ein Gemisch von mehreren Alkaloiden kaum polarographisch analysiert werden können. F. REIMERS (*618*) hat jedoch einen Weg gefunden, um kleine Mengen von Strychnin in größeren Mengen von Chinin, wie sie z. B. im „Easton Syrup", den „Easton-Tabletten" und zahlreichen Tonika enthalten sind, polarographisch bestimmen zu können. In Pufferlösungen verursachen geringe Mengen von Strychnin, schon in einer 10^{-6} molaren Konzentration, ein deutliches Stufenmaximum, dessen Höhe im Bereich von $p_H = 9$ bis 12 etwa 25mal größer ist als bei Chinin. In einer 0,1-n-Na_2SO_3-

Lösung, welche sauerstofffrei ist und als Pufferlösung dient, findet man das Stufenmaximum des Chinins bei 1,8 V und jenes des Strychnins bei 1,9 V-Spannung. Auf diesen Erscheinungen fußend, hat F. REIMERS die folgende Bestimmung des Strychnins in Chinintabletten, welche ungefähr 2 bis 4% Strychnin enthalten, ausgearbeitet: Tablettenpulver, 2 Tabletten entsprechend, wird durch Auskochen mit Alkohol extrahiert und der Extrakt mit einem kleinen Überschuß von NaOH versetzt. Nach Eindampfen und Auflösen des Rückstandes in ein wenig Salzsäure wird mit Wasser auf 200 cm³ verdünnt, davon werden 10 cm³ dreimal im Scheidetrichter mit 10 bis 15 cm³ Chloroform nach vorheriger Zugabe von 2 cm³ 2-n-NaOH ausgeschüttelt. Der Auszug wird auf dem Wasserbad zur Trockne eingedampft und der Rest durch schwaches Erwärmen auf dem Wasserbad in 10 cm³ 0,02-n-HCl gelöst. 0,50 cm³ dieser Lösung werden mit 10 cm³ 0,1-n-Na_2SO_3 versetzt und polarographisch offen an der Luft geprüft. Der Strychningehalt wird auf Grund der Stufenhöhe mittels einer Eichkurve bestimmt. Diese Bestimmung ist mit einem relativen Fehler von 15 bis 20% behaftet (Abb. 212).

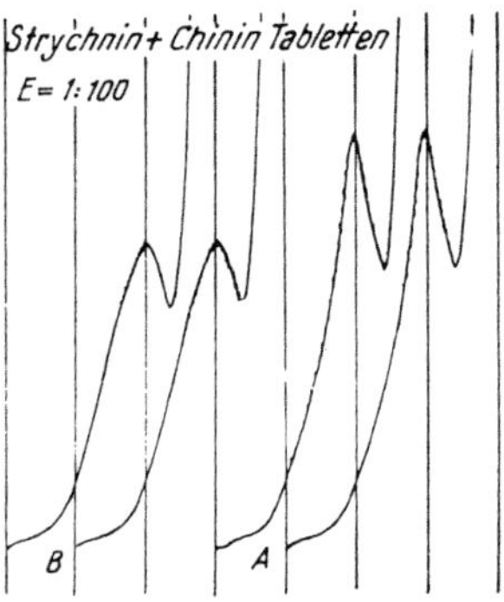

Abb. 212. Polarogramm der Lösungen von Strychnin und Chinin aus Tabletten. Eine 0,1-n-Na_2SO_3-Lösung wird offen an der Luft mit Empf. 1:100, 4-V-Akkum., von 1,2 V an polarographiert.

Bestimmung von Nitrobenzol.

Die polarographische Bestimmung von Nitrobenzol beruht auf der Leichtigkeit, mit der sich die aromatischen Nitroderivate an der tropfenden Quecksilberkathode reduzieren. Dies wurde schon in einer der ersten polarographischen Studien von M. SHIKATA (*22*) beschrieben. Unter anderem wurde festgestellt, daß das Nitrobenzol — je nach dem p_H-Wert der Lösung — bei einer Spannung von 0,2 bis 0,7 V eine wohldefinierte Stufe an der Stromspannungskurve hervorruft.

Bestimmung von Spuren Nitrobenzol in Anilin. Weil Anilin eine schlecht leitende Flüssigkeit ist, muß durch Zugabe eines starken Elektrolyten seine Leitfähigkeit wesentlich gesteigert werden. Dies wird mittels konzentrierter Salzsäure erzielt. Das

Verfahren zur Bestimmung des Nitrobenzols in Anilin stammt von J. V. A. NOVÁK (*544*) und ist wie folgt:

In einem kleinen Gefäß (z. B. Tablettenröhrchen) werden 2 cm³ der zu prüfenden Anilinprobe mit 0,5 cm³ konzentrierter Salzsäure gemischt, der entstandene Niederschlag wird durch gelindes Schütteln aufgelöst, die Lösung durch Abspülen mit Wasser auf Zimmertemperatur gebracht, eine etwa $^1/_2$ cm hohe Quecksilberschicht am Boden eingegossen, die Platinkontakte werden zur Anode und zur tropfenden Quecksilberkathode ein-

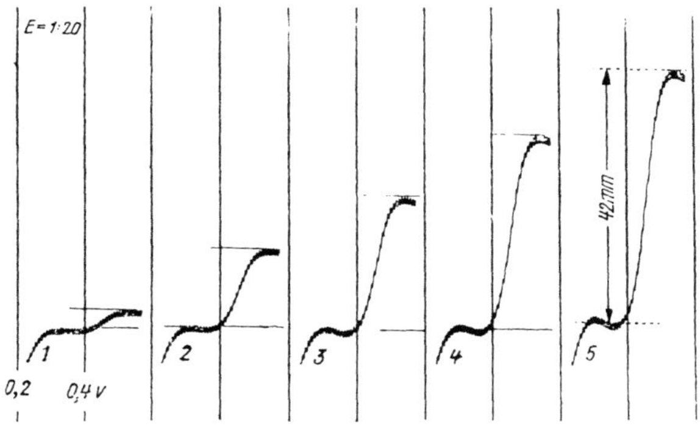

Abb. 213. Stufe einer Spur von Nitrobenzol in Anilin. Die Konzentration des Nitrobenzols ist: *1* 0,00015, *2* 0,00065, *3* 0,00115, *4* 0,00167, *5* 0,00215%. Die Kurven sind bei Luftzutritt mit Empf. 1:20, 4-V-Akkum., von 0,2 V an aufgenommen.

geführt und die Lösung polarographisch untersucht. Man registriert photographisch den Teil der Kurve von der Spannung 0,2 bis zu 0,6 V.

Die Konzentration des Nitrobenzols wird durch Vergleich der Höhe der Nitrobenzolstufe der untersuchten Lösung mit der Höhe der Stufe einer Lösung von bekannter Nitrobenzolkonzentration abgeleitet. Dabei kann man annehmen, daß die Höhe der Stufe der Nitrobenzolkonzentration streng proportional ist. Bei ganz geringen Nitrobenzolkonzentrationen ist aber diese Abhängigkeit nicht genau linear. In solchen Fällen empfiehlt es sich, eine Eichkurve zu ermitteln. Abb. 213 wurde mit reinstem käuflichem Anilin mit einem Gehalt von 0,00015% Nitrobenzol nach Zugabe von Salzsäure erhalten. Die Kurven 2 bis 5 wurden mit Anilinproben erhalten, die 0,00065, 0,00115, 0,00167 und 0,00215% Nitrobenzol enthielten. Durch Aufzeichnen der Nitrobenzolstufenhöhen gegen die betreffenden Konzentrationen des Nitrobenzols wurde die Eichkurve (Abb. 214) erhalten, welche zur genauen Bestimmung des Nitrobenzolgehaltes zwischen 0,0001 und 0,002% dient. Die Eichkurve ist beinahe eine Gerade. Für eine gegebene Kapillare, bei demselben Quecksilberniveau, derselben Galvanometerempfindlichkeit und derselben Temperatur ist die Eichkurve ein für allemal genau gültig und reproduzierbar. Es ist empfehlenswert, diese Kurve nach einigen Monaten wieder zu eichen.

Anilin mit höherem Nitrobenzolgehalt als die oben angegebenen, braucht zur polarographischen Untersuchung nicht ver-

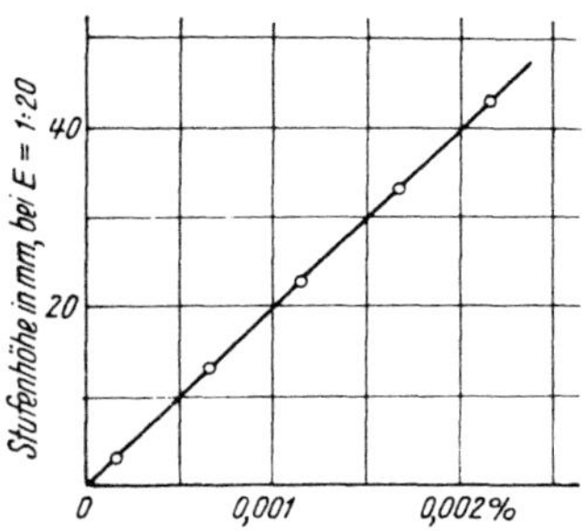

Abb. 214. Eichkurve zur Nitrobenzolbestimmung.

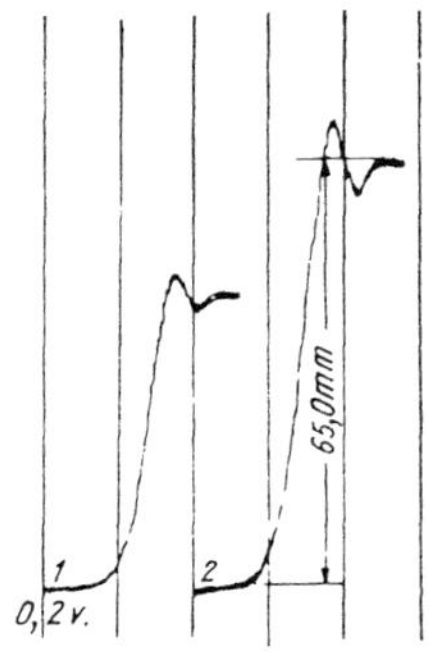

Abb. 215. Stufe von 0,10 und 0,15% Nitrobenzol in Anilin. Empf. 1:700, 4-V-Akkum.

dünnt zu werden, sondern es genügt die Galvanometerempfindlichkeit entsprechend herabzusetzen. So kann Nitrobenzol bis zu einem Gehalt von 1% im Anilin bestimmt werden. Anilin mit noch höherem Gehalt muß mit reinem Anilin in einem zweckmäßig gewählten Verhältnis verdünnt werden. Bei Konzentrationen über 0,05% entsteht an der Nitrobenzolstufe ein kleines Maximum (Abb. 215), das jedoch der Messung der Höhe des darauffolgenden Diffusionsstromes nicht im Wege steht.

Da die Sauerstoffstufe, welche an den polarographischen Kurven der Anilin-Salzsäure-Mischungen (4:1) erscheint, nie die Größenordnung der Nitrobenzolstufe übertrifft (auch wenn der Nitrobenzolgehalt im Anilin etwa 0,001% beträgt), braucht der Luftsauerstoff aus der Lösung nicht ausgetrieben zu werden. Dies ist von großer praktischer Bedeutung, da dann die Lösungen sofort unter Luftzutritt polarographisch untersucht werden können, so daß eine Bestimmung nicht länger als 5 Minuten dauert, bei Serienanalysen sogar nur 3 Minuten.

Die Stromspannungskurven der hier angegebenen optimalen Gemische weisen eine gleich bei der Spannung 0 aufsteigende Sauerstoffstufe und bei 0,45 V die Nitrobenzolstufe auf. Bei Serienanalysen genügt es, statt der ganzen Kurve bloß den Teil zwischen den Spannungen 0,2 und 0,6 V aufzunehmen, wie dies Abb. 215 veranschaulicht. Von der Sauerstoffstufe, die mit der benutzten Galvanometerempfindlichkeit etwa so hoch wäre wie die Nitrobenzolstufe der Kurve 5, ist nur ihr oberer Teil registriert.

Als Höhe der Nitrobenzolstufe wird die senkrechte Entfernung zwischen den beiden waagrechten Teilen der Kurve vor und nach der Stufe gemessen. Dabei empfiehlt es sich, die waagrechten Linien durch die oberen Spitzen der Oszillationen der Kurve zu legen (s. Abb. 213, Kurve 5, und Abb. 215, Kurve 2).

Bei schnellen Orientierungsbestimmungen ist es nicht notwendig, die Stromspannungskurve photographisch zu registrieren. Es genügt, die von dem Galvanometerspiegel reflektierten Lichtmarken an einer durchsichtigen Skala zu verfolgen und den Unterschied des Galvanometerausschlages bei der Spannung 0,35 und 0,55 V (d. i. knapp vor und nach der Nitrobenzolstufe) abzulesen. Dazu stellt man den Schleifkontakt am potentiometrischen Meßdraht des Polarographen abwechselnd auf die genannten Spannungen und bestimmt den Ausschlagsunterschied, welcher die Stufenhöhe angibt. Das Verfahren wird noch vereinfacht, wenn an der durchsichtigen Skala die Teilstriche direkt je ein tausendstel Prozent Nitrobenzol angeben.

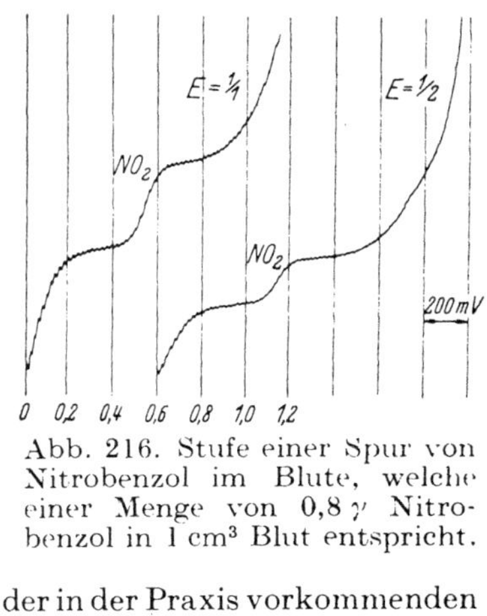

Abb. 216. Stufe einer Spur von Nitrobenzol im Blute, welche einer Menge von 0,8 γ Nitrobenzol in 1 cm³ Blut entspricht.

Bei annähernd konstant gehaltener Temperatur ist die Genauigkeit dieser Bestimmungen hauptsächlich durch die Ablesegenauigkeit der Stufenhöhe begrenzt. Der relative Fehler (bezogen auf den ganzen Nitrobenzolgehalt) beträgt, je nach der Höhe der Stufe, 1 bis 3%. In Anbetracht der in der Praxis vorkommenden sehr geringen Nitrobenzolgehalte ist es sicher ein ganz unbedeutender Fehler, denn man erhält z. B. bei der Bestimmung von der Kurve 5 (Abb. 213), die eine 42 mm $\pm$ 0,5 mm hohe Stufe aufweist, den Gehalt von 0,00215% Nitrobenzol mit einer Genauigkeit von $\pm$ 0,000025%.

Bestimmung von Nitrobenzol im Blute. Diese von J. Teissinger (*375, 469*) stammende Prüfung auf Spuren von Nitrobenzol im Blut wurde zur Untersuchung der Berufsvergiftungen eingeführt. Es genügt, das Serum zu untersuchen, da sich das Nitrobenzol gleichmäßig zwischen Serum und Blutkörperchen verteilt. $^1/_2$ bis 1 cm³ des Serums werden in einer kleinen elektrolytischen Zelle (Abb. 173), wie sie bei Bleivergiftungen angewendet wurde, durch Wasserstoff vom Luftsauerstoff, wie bei Blei (S. 326) angegeben wurde, befreit und polarographiert. Die Nitrobenzolstufe liegt bei 0,5 V Spannung und zeigt noch deutlich 0,02 γ Nitrobenzol in 1 cm³ Serum an (Abb. 216).

Die beschriebene Methode ist für Nitrobenzol nicht spezifisch, denn dieselbe Stufe, bei 0,5 V, ist auch für andere aromatische Nitrokörper wie Nitrophenol, Dinitrophenol, Trinitrophenol und Trinitrotoluol charakteristisch, was jedoch für eine ärztliche Diagnose auch von Wichtigkeit ist. Bei Anwesenheit von Dinitrobenzol entstehen zwei gleich große Stufen, welche bei Berufsvergiftungen durch diesen Stoff an der Kurve des Blutserums bemerkt werden.

Bestimmung von Hymatomelansäure in Torfen.

Dieses von M. Tokuoka und J. Růžička (*226*) stammende Verfahren erlaubt relative Mengen von Hymatomelansäure in Torfen zu bestimmen. Die Humussäure ist dabei polarographisch

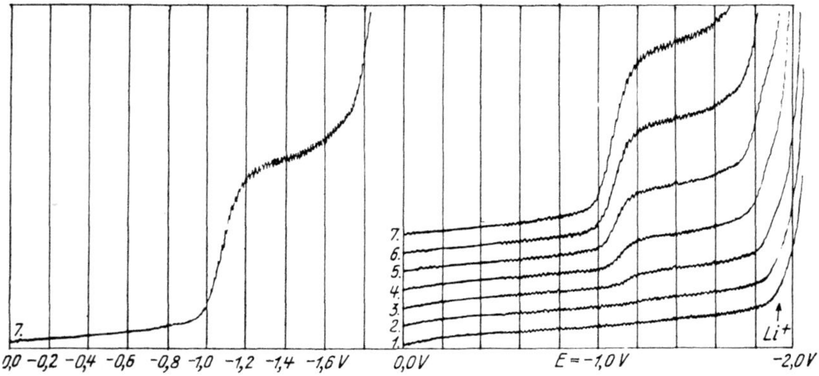

Abb. 217. Stufen der Hymatomelansäure. Zu 10 cm³ 0,1-n-LiOH wurde *1* 0, *2* 0,03 bis *7* 1,90 cm³ einer 1,02%igen Hymatomelansäurelösung zugegeben. Empf. 1:2, 4-V-Akkum.

unwirksam, die Hymatomelansäure dagegen verursacht in alkalischer Lösung bei —1,3 V eine Stufe (Abb. 217). Diese unterscheidet sich von jener des Furals, welches bei — 1,22 V eine Stufe bildet dadurch, daß Fural in Anwesenheit von zweiwertigen Kationen zwei Stufen, die Hymatomelansäure dagegen eine Stufe hervorruft. Man verfährt wie folgt:

10 g des trockenen Torfes werden mit Wasser, nachher mit verdünnter Salzsäure gewaschen, um die Humussäuren in Freiheit zu setzen; darauf wird die Probe auf 24 Stunden in 100 cm³ 15%iger Natronlauge bei der Temperatur von 21 bis 32° C getaucht. Die so entstandene Lösung von Huminsalzen wird durch ein Tuch abfiltriert, 10 cm³ des Filtrats werden mit Salzsäure bis zur sauren Reaktion versetzt. Die ausgeschiedenen Huminsäuren

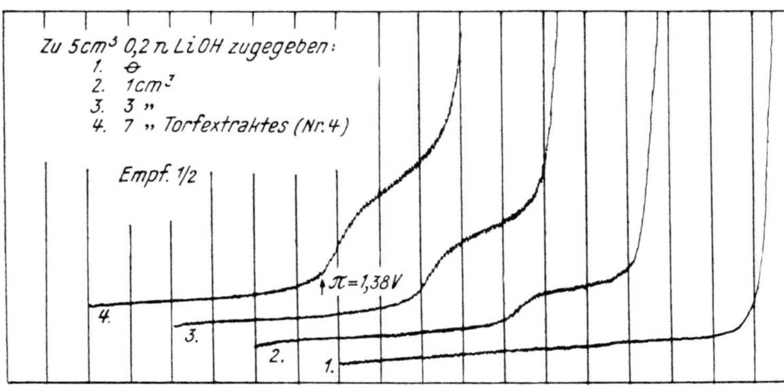

Abb. 218. Bestimmung der Hymatomelansäure im Torfe. Zu 5 cm³ 0,2-n-LiOH wurde zugegeben: *1* 0, *2* 1, *3* 3, *4* 7 cm³ des Torfextraktes. Empf. 1:2, 4-V-Akkum.

werden durch Zentrifugieren sedimentiert und einigemale mit Wasser durchgewaschen. Darauf wird der Niederschlag in 25 cm³ 96%igem Äthylalkohol suspendiert und durch 24stündiges Stehen und öfteres Umschütteln in Lösung gebracht. Von diesem alkoholischen Extrakt werden 1, 2 und 4 cm³ zu 5 cm³ einer 0,2-n-LiOH-Lösung im Elektrolysengefäßchen zugegeben, nach jeder Zugabe Luftsauerstoff entfernt und die Kurve mit $^1/_2$ Empfindlichkeit aufgenommen. Es entsteht nur eine Stufe (bei — 1,3 V), deren Höhe dem Gehalt an Hymatomelansäure proportional ist (Abb. 218).

Bestimmung von Methylenblau bei Untersuchung aktiver Kohlen.

Das Absorptionsvermögen von Stoffen kann leicht polarographisch bestimmt werden, indem man die in der Lösung durch Absorption verursachten Veränderungen mittels Stufenerniedrigung mißt. Als Beispiel sei hier die von B. GOSMAN (*136*) stammende Methode beschrieben: 0,2 g der aktiven Kohle werden mit 20 cm³ einer 0,5%igen Methylenblaulösung 5 Minuten lang mittels eines Motors geschüttelt. 10 cm³ der Suspension werden mit 0,2 cm³

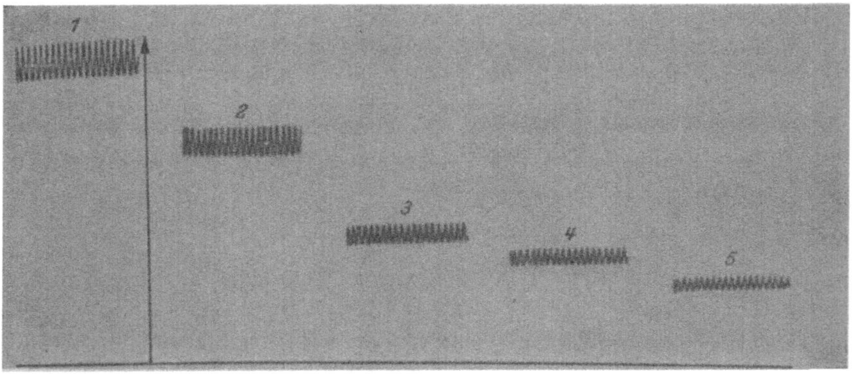

Abb. 219. Der Diffusionsstrom einer reinen 0,5%igen Methylenblaulösung (Kurve *1*). Dieselbe Lösung nach Schütteln mit den folgenden Kohlensorten, *2* mit „Norrit" (1922), *3* mit nichtgewaschenem „Norrit" (1929), *4* mit gewaschenem „Norrit", *5* mit „Supranorrit". Die Kurven wurden bei Luftzutritt von 0,3 bis 0,7 V Spannung aufgenommen.

1-n-H_2SO_4 angesäuert und sofort bei Luftzutritt mit kleiner Galvanometerempfindlichkeit polarographiert. Es genügt, den Diffusionsstrom des in der Lösung gebliebenen Methylenblaus zu registrieren, der bei einer Spannung von 0,3 bis 0,7 V auftritt (Abb. 219).

Ein Vergleich der Höhe des Diffusionsstromes (a) der reinen 0,5%igen Methylenblaulösung mit der Höhe (b), welche bei der Adsorption erscheint, ergibt die Menge, die an der Kohle adsorbiert ist, zu $100 \frac{a - b}{a}$ %.

Bestimmung von Cystein und Cystin.

Cystin, als ein reduzierbarer Stoff, verursacht nach R. BRDIČKA (*168*, *188*) an der Stromspannungskurve eine kathodische Stufe, welche sich gemäß dem wachsenden p_H-Wert der Lösung zu negativen Potentialen verschiebt. Die Reduktionsstufe des Cystins bildet jedoch zwei getrennte Wellen, von denen die erste mit wachsendem p_H-Werte ansteigt, um bei $p_H = 7$ die Höhe etwa eines Drittels der Gesamtstufe zu erreichen; in alkalischen Pufferlösungen sinkt die erste Stufe mit ansteigendem p_H-Werte.

Das Cystein, als ein vollkommen reduzierter Stoff, verursacht an der Kurve keine Reduktionsstufe, wohl aber eine anodische Stufe, welche nach I. M. KOLTHOFF und C. BARNUM der Bildung einer schwer löslichen Quecksilberverbindung (analog der HgS-Stufe) zu-

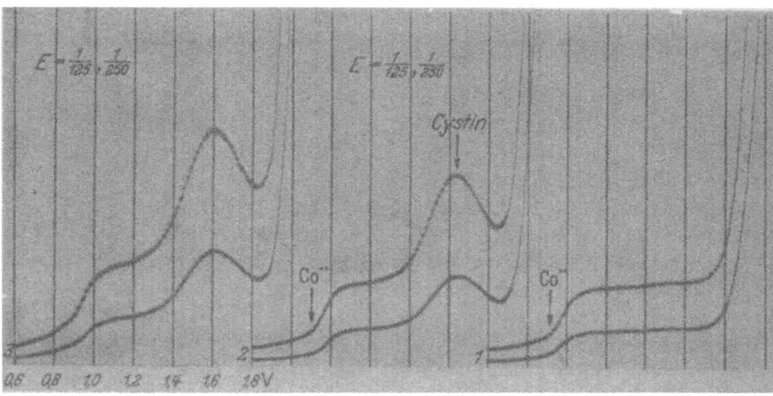

Abb. 220. Bestimmung des Cystingehaltes in 0,0005 g eines Menschenhaares. Das Hydrolysat des Haares wurde *1* zu einer Kobalt(III)-Testlösung, *2* zu einer 0,001-n-Kobalt(II)-Testlösung, *3* zu einer 0,002-n-Kobalt(II)-Testlösung zugegeben. Die Kurven wurden mit Empf. 1:125 und 1:250, 4-V-Akkum., bei Luftzutritt von 0,6 V an aufgenommen.

zuschreiben ist (*601*). Diese normalen Stufen werden aber nicht zur polarographischen Bestimmung des Cystins bzw. Cysteins benutzt, denn beide Verbindungen rufen auch eine höchstempfindliche katalytische Wirkung in Pufferlösungen hervor (s. S. 134), welche durch ein bei — 1,5 V ansteigendes steiles rundes Maximum zu erkennen ist (Abb. 220). Diese Wirkung wird der SH-Gruppe des Cysteins zugeschrieben, denn beim Potential des Maximums müssen alle an der Elektrodenoberfläche sich befindenden Cystinmolekeln, welche eventuell in der Lösung anwesend wären, zu Cystein bereits reduziert sein. Deswegen gibt auch Cystin bei gleichmolarer Konzentration eine zweimal größere Wirkung als Cystein (s. Abb. 62, Teil I). Am besten zeigt sich das Cystinmaximum in einer ammoniakalischen Kobalt(II)-Lösung, wo die katalysierte Stufe etwa 500mal größer ist als eine normale Reduktionsstufe des Cystins; man benutzt deshalb diese Wirkung zur mikroanalytischen Cystinbestimmung. In Kobalt(III)-Lösungen zeigt sich diese Wirkung nicht. Nach R. BRDIČKA führt man die Bestimmung des Cystins in Hydrolysaten von verschiedenen Eiweißstoffen, wie Wolle, Haar, Serumproteinen, Albuminen, Globulinen, Harn, Augenlinsen, folgendermaßen aus:

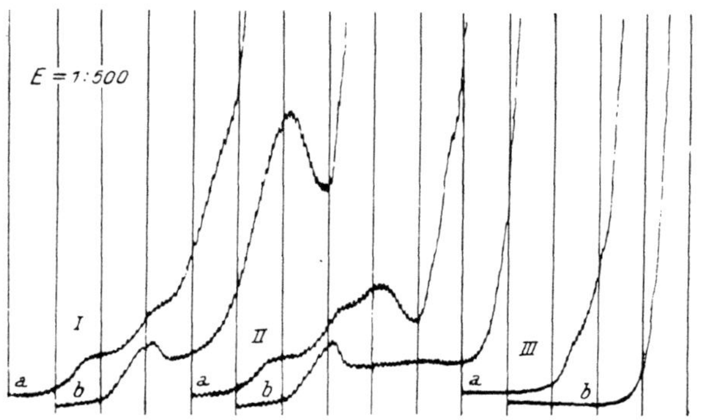

Abb. 221. Cystinstufe, welche man mit Hydrolysaten von Wolle erhält. Ein 100fach verdünntes Hydrolysat von 0,3 g Wolle, welche in 50 cm³ 5-n-HCl gekocht wurde, ergab in 0,002-n-$CoCl_2$, 0,1-n-NH_4Cl, 0,1-n-NH_3 nach 15 Minuten Kochen Kurve *I a* und nach sechsstündigem Kochen Kurve *I b*; in 0,003-n-$Co(NH_3)_6Cl_3$, 0,1-n-NH_4Cl, 0,1-n-NH_3 nach 15 Minuten Kochen Kurve *II a* und nach sechsstündigem Kochen Kurve *II b*; in 0,1-n-NH_4Cl, 0,1-n-NH_3 nach 15 Minuten Kochen Kurve *III a* und nach sechsstündigem Kochen Kurve *III b*. Empf. 1:500, 4-V-Akkum., von 1,2 V Spannung angefangen.

Einige Zentigramm reiner Wolle werden 6 Stunden lang in 10 cm³ 5-n-HCl (d. h. 18,23% Salzsäure) in einem Kölbchen mit eingeschliffenem Rückflußkühler gekocht. Das ruhige Sieden wird durch Einbringen einiger Kapillarröhrchen erzielt. Nachher wird das Hydrolysat auf 100 cm³ mit Wasser aufgefüllt, filtriert und ein Teil der Lösung mit Lauge titriert, um die Konzentration der Salzsäure zu kennen. Gemäß dieser Konzentration, welche etwas unterhalb 0,5 n liegt, wird die Lösung mit Ammoniak versetzt, damit die polarographisch zu untersuchende Lösung 0,1-n-NH_4Cl und 0,1-n-NH_3 enthält. Dazu nimmt man 1 cm³ des verdünnten salzsauren Hydrolysats, 1 cm³ 0,01-n-$CoCl_2$, 6 cm³ Wasser und fügt z. B. 0,55 cm³ 1-n-NH_4Cl und zuletzt 1,45 cm³ 1-n-NH_3 zu, falls die Konzentration der Salzsäure 0,45 n gefunden wurde. Zur Erhöhung der Zuverlässigkeit und Genauigkeit der Analyse soll aus demselben Hydrolysat noch eine andere Lösung vorbereitet werden, und zwar von der Zusammensetzung 0,002-n-$CoCl_2$, 0,1-n-NH_4Cl, 0,1-n-NH_3, welche man erhält, wenn man 1 cm^3 des Hydrolysats mit 2 cm^3 0,01-n-$CoCl_2$, 5 cm^3 Wasser, 0,55 cm^3 1-n-NH_4Cl und 1,45 cm^3 1-n-NH_3 mischt. Diese Lösungen werden sofort offen an der Luft polarographiert, damit durch Luftsauerstoff Kobalt(II) nicht zu Kobalt(III) oxydiert wird. Die Ammoniaklösung muß immer zuletzt zugegeben werden, da sonst Kobalthydroxyd gefällt und durch Ammoniumchlorid dann nicht vollkommen gelöst würde. Die Cystinwirkung ist schon bei geringer Empfindlichkeit ($^1/_{100}$ bis $^1/_{400}$) gut bemerkbar. Es genügt, die Kurven zwischen 0,8 und 2,0 V Spannung aufzunehmen. (Abb. 221).

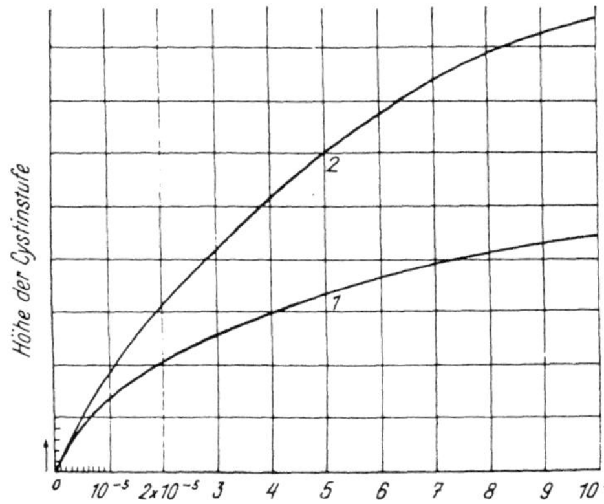

Abb. 222. Eichdiagramm zur Ermittlung der Cystinkonzentration bei Benutzung von *1* 0,001-n und *2* 0,002-n-$CoCl_2$.

Die quantitativen Ergebnisse erhält man mittels eines Eichdiagramms, in welchem die Höhen des Maximums des katalysierten Stromes als Werte an der Ordinate gegen die Konzentration des Cystins an der Abszisse eingetragen werden (Abb. 222). Das Diagramm besteht aus zwei Kurven, von denen eine bei der Konzentration des Kobaltsalzes 0,002-n und die andere bei 0,001-n aufgenommen wurde. Das Diagramm belehrt uns auch, wie wichtig es ist, die Konzentration des Kobalts auf das genaueste vorzubereiten. Die auf diese Weise durchgeführten 8 Analysen der Wolle ergaben den Mittelwert 9,56% mit den größten Abweichungen 10,07 und 9,18%, d. h. bis auf 0,02 γ Cystin genau. Wenn man den Stoff anstatt in 10 cm^3 in 1 cm^3 Salzsäure hydrolysiert, ist man imstande Cystin mit einer Genauigkeit von 5% in einigen Millimetern eines Haares durchzuführen (Abb. 220). Die Erfassungsgrenze für Cystin in reinen Cystinlösungen liegt bei 0,007 γ.

Es sei hier betont, daß — nach J. SLÁDEK und M. LIPSCHÜTZ (*221*) — ein Überschuß von einigen Aminosäuren (Arginin,

Histidin, Tryptophan) im Hydrolysat die Höhe der Cystinstufe herabsetzt. Die Verwendung der polarographischen Cystinreaktion ist daher nur am Platz, wenn das Hydrolysat reich an Cystin ist. Dies ist hauptsächlich in Wolle und Haar der Fall. Diese Cystinbestimmung hat sich auch bei Hydrolysaten von Fleisch, Mehl, Eiweiß und Serumproteinen gut bewährt. J. FRANTA und B. GOSMAN (*170*) haben auf diese Weise Cystin in der Augenlinse bestimmt, wobei zu einer Analyse eine einzige Linse genügt.

Nach A. STERN, E. F. BEACH und I. G. MACY (*557*) ist Cystin in den Hydrolysaten von Casein, Edestin und Säuger-Globin mit einer Genauigkeit von $\pm 5\%$ und Erfassungsgrenze $15\,\gamma$ bestimmbar. Die Eichkurve wird hier durch Zugaben eines Cystingehaltes zur 0,1-n-NH_3-, 0,1-n-NH_4Cl-, 0,02-n-$CoCl_2$-Lösung, welche 0,5 cm³ des zu untersuchenden Hydrolysats enthält, erhalten; dabei werden die Zugaben so lange fortgesetzt, bis das Cystinmaximum größer wird als jenes, welches mit 1,0 cm³ des Hydrolysats ohne Cystinzugabe erhalten wurde. Aus der Eichkurve bestimmt man dann genau jene Cystinzugabe, welche dieselbe Wirkung wie 1,0 cm³ des Hydrolysats allein hervorruft. Die dazu erforderliche Cystinmenge muß dann jener in 0,5 cm³ des Hydrolysats enthaltenen gleich sein. Alle Cystinlösungen müssen frisch zubereitet und binnen 10 Minuten polarographiert werden. Die Tropfzeit betrug 1 Sekunde. So wurde in Casein, Edestin und Säuger-Globin ein Cystingehalt von 0,3 bis 1,18% gefunden. Homocystin und Homocystein können auf Grund derselben katalytischen Wirkung bestimmt werden.

Von den genannten Autoren einerseits und E. R. SMITH und C. J. RODDEN (*554*) anderseits wurde festgestellt, daß die schwefelenthaltenden Aminosäuren Methionin, Benzylcystein und Djenkolsäure, in welchen die Sulfhydrylgruppe durch Radikale blockiert ist, im Einklang mit der Theorie von R. BRDIČKA (S. 135), keine katalytische Wirkung aufweisen. Die genannten Stoffe, falls sie den Cystingehalt nicht bedeutend übersteigen, stören auch die katalytische Wirkung des Cystins nicht.

M. X. SULLIVAN, W. C. HESS und E. R. SMITH (*560*) fanden den Cystingehalt in Insulin in guter Übereinstimmung mit der polarographischen Methode zu 12,57% und der kolorimetrischen zu 11,97%; der totale Schwefel in unhydrolysiertem Insulin beträgt 12,5%.

Um zu entscheiden, ob es sich um Cystin oder um Cystein handelt, läßt man — nach R. BRDIČKA (*397*) — die ammoniakalische Lösung mit Monojodacetat reagieren, welches nur mit der Cystein SH-Gruppe reagiert:

$$RSH + JCH_2COO' \rightarrow RSCH_2COO' + HJ.$$

Nach kurzer Zeit verliert Cystein seine polarographische Wirkung, während Cystin seine Reaktionsfähigkeit behält.

Bestimmung von Cystin im Harn. Nach H. G. ROSENTHAL (*365*) stört die Anwesenheit von Eiweiß und den Polypeptiden, welche auch in der ammoniakalischen Kobalt(II)-Lösung eine katalysierte Stufe hervorrufen, im normalen Harn nicht, da der Harn für die Cystinbestimmung auf das 200- bis 1000fache verdünnt werden kann. Eiweißharne müssen vor der Untersuchung auf Cystin enteiweißt werden, wozu sich die Fällung mit Essigsäure eignet. Trichloressigsäure darf nicht angewendet werden, da sie selbst Stufen hervorruft. Zur Untersuchung des Harns auf Cystin pipettiert man 1 cm³ einer 0,01-n-$CoCl_2$-Lösung, 4 cm³ einer 0,25-n-NH_4Cl-Lösung und zuletzt 5 cm³ einer 0,2-n-NH_3-Lösung in ein Becherglas. Zu diesem Gemisch werden 0,5 cm³ des auf das Zehnfache verdünnten Harns hinzugefügt und die Lösung wird offen polarographisch untersucht.

Zu allen Cystin- und Cysteinbestimmungen sei bemerkt, daß dieselbe katalytische polarographische Wirkung auch die einfacheren Thioaminosäuren, nämlich Thioglykolsäure und Cysteylglycin hervorrufen. Auch bei Anwesenheit von Glutathion wurde das „Cystinmaximum“ beobachtet (*168*), es ist aber noch nicht sichergestellt, ob diese Wirkung hier nicht durch das von Glutathion abgespaltene Cystin verursacht wird.

Bestimmung von Senfgas.

Ein ammoniakalisches Hydrolysenprodukt des Senfgases (β-β'-Dichlordiäthylsulfid) gibt an der Kurve eine katalytische Doppelwelle, welche jener der Proteine sehr ähnlich ist (s. S. 140), da man sie sowohl in der ammoniakalischen Kobalt(II)- wie in der Kobalt(III)-Lösung erhalten kann. Nach R. BRDIČKA (*318*) werden einige Milligramm des Senfgases zu 10 cm³ einer konzentrierten Ammoniaklösung zugefügt, die Lösung etwa eine Stunde lang unter Benutzung eines Rückflußkühlers gekocht. Dann werden 0,1, 0,2 bis 1,0 cm³ dieser Lösung zu 10 cm³ einer 0,002-n-$CoCl_2$-, 0,1-n-NH_4Cl- und 0,1-n-NH_3-Lösung zugegeben und nach jeder Zugabe wird die Kurve mit einer kleinen Empfindlichkeit ($^1/_{500}$) offen an der Luft aufgenommen (Abb. 223). Die Kurven zeigen bei — 1,6 V die katalysierte Stufe des Senfgases, aus deren Höhe Senfgas bestimmt werden kann.

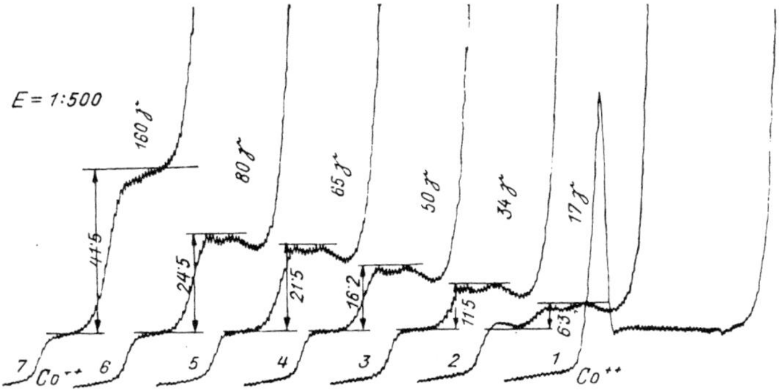

Abb. 223. Die Wirkung des Senfgases nach ammoniakalischer Hydrolyse. Kurve *1*: 0,001-n-$CoCl_2$, 0,1-n-NH_4Cl, 0,1-n-NH_3. Kurve *2* bis *7*: Zu 20 cm^3 der Kobalt(II)-Lösung wurden 17 γ bis 160 γ des hydrolysierten Senfgases pro Kubikzentimeter zugegeben. Die Kurven wurden offen an der Luft mit Empf. 1:500, 4-V-Akkum., von 0,8 V an aufgenommen.

Bestimmungen von Adrenalin, Citral und Citronellal.

Nach J. KOCKELMEYER und L. HAUSS (*521*) gibt Adrenalin (d-, l- und dl-) sowie auch Adrenalonhydrochlorid in 0,1%igen Lösungen von 0,1-n-NH_4Cl bei $p_H = 3$ eine Stufe bei — 0,97 V. Bei $p_H = 8$ gibt das Adrenalin eine Stufe bei — 0,60 V, welche in einigen Stunden in eine neue Stufe bei — 1,65 V übergeht, wobei die erste Stufe verschwindet. Diese Umwandlung vollzieht sich parallel mit der Färbung der Lösung. Adrenalonhydrochlorid dagegen zeigt in einer Lösung von $p_H = 8$ eine Stufe bei — 0,97 V, welche nach 24 Stunden in eine andere bei — 0,75 V übergeht. Die Umwandlungsgeschwindigkeit der Stufen ist der pharmazeutischen Wirksamkeit der Verbindungen proportional. In ätherischen Ölen können — nach B. J. OGRIN und A. A. BRAUN[1] Citral und Citronellal aus ihren Stufenhöhen bestimmt werden. Man löst das Öl (z. B. das Zitronenöl) in Äthanol und fügt eine konzentrierte wäßrige NH_4Cl-Lösung zu, damit die zu untersuchende Lösung 1-n-NH_4Cl und 75% Äthanol enthält. Nach Entfernen des Luftsauerstoffes durch den Wasserstoffstrom erhält man die Stufe des Citral beim Halbstufenpotential — 1,43 V und die Stufe des Citronellal bei — 1,72 V

[1] Savodskaja Laboratoria (russisch) **10**, 467—469 (1941).

Bestimmung einiger Sexualhormone.

Da bei den biologisch wichtigen Ketonen der Sterinreihe die konjugierte Anordnung $O{=}\underset{|}{C}{-}\underset{|}{C}{=}\underset{|}{C}{-}$ einen polarographischen Nachweis bietet (s. S. 189), sind nach J. EISENBRAND und H. PICHER (*495*) die Hormone Testosteron, Testosteronpropionat, Progesteron und Desoxycorticosteronacetat auf diese Weise bestimmbar. Dagegen geben Dehydroandrosteron und Dehydroandrosteronacetat, welche die Konjugation nicht aufweisen, keine polarographische Stufe. Die oben genannten Stoffe geben alle in alkoholischer LiCl-Lösung (mit 10- bis 100%igem Äthanol) eine Stufe bei der Spannung 1,7 V, welche der Konzentration des Hormons proportional ist.

Handelt es sich um die Analysen von Handelspräparaten, welche die hier erwähnten oder ähnliche Ketone enthalten, so müssen 2 Fälle unterschieden werden: 1. Die betreffende Substanz ist in der Größenanordnung von wenigstens 100 mg% anwesend; dann wird es meistens möglich sein, das betreffende Keton nach Aufnahme in 90%igem Alkohol direkt zu polarographieren. Liegt z. B. eine ölige Lösung vor, so wird folgendermaßen verfahren: Man verdünnt das Öl mit etwa der 5fachen Menge Ligroin und schüttelt hierauf mit größeren Mengen 80 gew.-%igen Alkohol aus. Diese alkoholische Lösung wird dann mit Kaliumcarbonat getrocknet und wieder auf das ursprüngliche Volumen des Öls eingedampft. Nun wird eine Menge des Öls, welche 1 bis 7 mg des Hormons enthält, auf 9 ccm mit Alkohol aufgefüllt und 1 ccm wäßriger 1-n-LiCl-Lösung zugesetzt. Der Sauerstoff wird durch Einleiten von Stickstoff entfernt. Vor Einleiten in das Elektrolysengefäß wird der Stickstoff noch mit 90%igem Alkohol gewaschen. Die so behandelte Lösung wird im Spannungsbereich von 1,2 bis 2,2 V mit einer Empfindlichkeit von etwa 1 : 15 polarographiert.

2. Handelt es sich um Organextrakte, welche 10 mg% des Ketons und weniger enthalten, so ist eine polarographische Analyse ohne Anreicherung nicht möglich. Ihren Erfahrungen nach halten J. EISENBRAND und H. PICHER für den Nachweis des Testosterons und eine Auswertung, welche dem Hahnenkammtest möglichst entspricht, die polarographische Methode unter den bisher versuchten analytischen Methoden für die geeignetste und sicherste.

Über die polarographische Wirkung des Wachstumhormones und anderer Hormone von Eiweißstruktur berichtet J. THOMASSEN (*565*).

VI. Physiologische und medizinische Eiweißuntersuchungen.

Die polarographische Wirkung, welche durch Schwefel enthaltende Proteine und höhere Polypeptide in ammoniakalischen Kobalt(II)- und Kobalt(III)-Lösungen hervorgerufen wird (siehe S. 136), eignet sich vorzüglich zu vielen quantitativen Untersuchungen, deren Beispiele in diesem Kapitel beschrieben werden. Nach R. Brdička unterscheidet sich die „Protein-Doppelwelle" — wie man diese Stufe der katalysierten Wasserstoffabscheidung auch zu nennen pflegt — von dem durch Cystin verursachten Maximum erstens durch die Form der Kurve (Abb. 62) und zweitens dadurch, daß das „Cystinmaximum" nur in Gegenwart von Kobalt(II)-salz, nicht aber von Kobalt(III)-Verbindungen entsteht, dagegen die „Protein-Doppelwelle" sowohl durch Kobalt(II)- wie durch Kobalt(III)-Verbindungen verursacht wird. Deshalb benutzt man zu Eiweißuntersuchungen vorteilhaft die Kobalt(III)-Lösung (Brdičkas Testlösung), und zwar in der Zusammensetzung 0,001-n-$Co(NH_3)_6Cl_3$, 0,1-n-NH_4Cl, 0,1-n-NH_3. (Das Kobalt(III)-salz ist das bekannte Kobaltammin Hexamminokobaltichlorid oder „Luteokobaltichlorid".) Diese Lösung hat nicht nur den Vorteil, daß sie die Wirkung von Cystin, Cystein, Glutathion usw. ausschaltet, sondern auch daß sie unbeschränkt bei Luftzutritt haltbar ist.

Bei der polarographischen Proteinreaktion kommt es — wie auch bei der Cystinreaktion — nicht darauf an, ob die Aminosäure in der oxydierten (disulfidischen) —S—S-Form (wie z. B. in Cystin) oder in der reduzierten (Sulfhydryl) —SH-Form (wie z. B. in Cystein) vorkommt, denn während der kathodischen Reduktion gehen die disulfidischen Gruppen in Sulfhydrylgruppen über. Um zu entscheiden, welcher Teil der Thio-Gruppen in der oxydierten bzw. in der reduzierten Form in der Lösung vorhanden ist, fügt man — wie bei Cystin bemerkt wurde (s. S. 389) — Monojodacetat zu, welches nur die —SH-Gruppen polarographisch unwirksam macht.

Neben der Protein-Doppelwelle, welche nur in gepufferten Kobaltlösungen entsteht, kann zur Ermittlung der Proteine und einfacheren Thioaminosäuren die bei — 1,60 V erscheinende katalysierte Stufe dienen (Abb. 61). Diese erhält man — nach J. Heyrovskýs und J. Babičkas (*82*) ursprünglichen Untersuchungen — in 0,1-n-NH_4Cl-, 0,1-n-NH_3-Lösungen, oder — wie später R. Brdička (*268*) nachgewiesen hat — in Pufferlösungen allgemein. J. Heyrovský und J. Babička haben auf diese Weise verschiedene Pflanzenextrakte untersucht (*82*). J. Babička (*187*) konnte durch die einfache Proteinstufe nachweisen, daß Zellen der wachsenden Pflanzenteile wasserlösliche Proteine sezernieren, was bei den anderen Teilen nicht der Fall ist. Dazu wurden z. B. Wurzelspitzen von 60 Bohnen 5 Minuten lang in 80° C Wasser extrahiert und von diesem Extrakt 1 bis 2 cm³ zu 20 cm³ einer 0,05-n-NH_4Cl-, 0,05-n-NH_3-Lösung zugegeben. Die offen an der Luft erhaltene Kurve zeigte durch die Stufe bei — 1,60 V die Anwesenheit der Proteine. Diese einfache Proteinstufe ist zwar etwa viermal höher als jene, welche bei Anwesenheit von Kobaltsalzen entsteht (S. 137), liegt aber der NH_4^+-Stufe so nahe, daß beide oft zusammenfließen. Deswegen kann diese Proteinstufe nur als eine semiquantitative Angabe betrachtet werden; zu genaueren Messungen wird der Proteindoppelstufe Vorzug gegeben.

Dagegen erhielten K. Gawalowski und B. Gosman (*133*) eine gut meßbare Proteinstufe in einer 0,146-n-Li_2SO_4-, 0,02-n-NH_4Cl-Lösung, wenn sie in derselben Lösung das Blutserum 420mal verdünnten. Sie untersuchten auch einzeln die Albumin- und Globulinfraktion, wobei sie jedoch fanden, daß nur nach der Entfernung von Lipoiden die polarographische Bestimmung der Albumine und der Globuline genau quantitativ wird. H. W. Schmidt (*626*) hat mittels der Proteindoppelwelle das Fällungsoptimum des mit Essigsäure fällbaren Serumglobulins in einer Kobalt(III)-Testlösung dargestellt. An einer Anzahl von Seren wurde sodann die größte Stufenhöhe des Globulins ermittelt und gefunden, daß Normalseren die niedrigsten Werte aufweisen. Obzwar durch die angegebene Methode der Globulingehalt nicht quantitativ ermittelt wird, gestattet sie jedoch in verhältnismäßig einfacher Weise eine ziemlich rasche Orientierung über eine Globulinvermehrung im Serum. Eine Spezifität des Vorkommens erhöhter Stufenwerte in Richtung einer bestimmten Krankheitsgruppe konnte bisher nicht gefunden werden.

Eiweißbestimmung in Rückenmarkflüssigkeit.

Einer anderen Pufferlösung zum Erhalten der Proteinstufe bediente sich O. Seuberling (*369*), indem er Eiweiß in Liquor cerebrospinalis durch eine Boratpufferlösung verdünnte. Die Polarogramme wurden durch Zugabe von 0,1, 0,2 und 0,3 cm³ Liquor zu 5,0 cm³ Lithiumboratpuffer, $p_H = 10$, gewonnen und zeigten glatte, gut meßbare Stufen (s. Abb. 61). Bei der Überprüfung der Reproduzierbarkeit fand O. Seuberling, daß eine gleichbleibende Stufenhöhe 10 Minuten nach Zugabe des Liquors eintrat, bei der Bestimmung der Globulinfraktion sogar erst nach 30 Minuten. Es ist auch möglich, in einem entsprechenden Mikrogefäß mit 2 cm^3 Pufferlösung und 0,1 cm^3 Liquor gut meßbare Stufen zu erhalten. Bei pathologischen Liquoren ist zu berück-

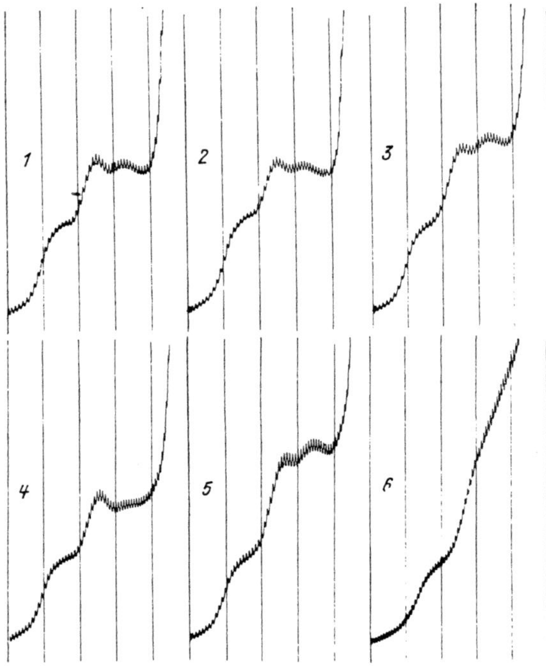

Abb. 224. Eiweißbestimmung in der Rückenmarkflüssigkeit. Je 0,2 cm^3 der Flüssigkeit wurden mit 0,8 cm^3 der Kobalt(II)-Testlösung gemischt und zwischen 0,8 und 1,8 V Spannung mit Empf. 1:20, 4-V-Akkum. polarographiert. Die Zustände der Kranken waren: *1* Schizophrenie, *2* Epilepsie, *3* Tabes dors., *4* behandelte progressive Paralyse, *5* nicht behandelte progressive Paralyse, *6* Meningitis bas. Tbc.

sichtigen, daß eine Änderung der Stufenhöhe nicht nur durch die Veränderung der Menge, sondern auch die Art des Eiweißes verursacht sein kann.

Die Proteinreaktion wird bei Untersuchungen von biologischen Flüssigkeiten, wie Serum (*166, 188, 268, 514*), Liquor (*374, 369*), Harn (*365*), intraokulare Flüssigkeit usw. benutzt und ist besonders dann vorteilhaft, wenn es sich um Flüssigkeiten mit einem geringen Eiweißgehalt handelt. Als Beispiel kann die von L. TAUSSIG, J. PROKOP, O. SKALIČKOVÁ und R. STRUBL (*374*) durchgeführte Eiweißbestimmung in cerebrospinaler Flüssigkeit dienen: Man pipettiert 0,2 cm³ des Liquors und 0,8 cm³ der Kobalt(II)-Testlösung (0,001-n-$CoCl_2$, 0,1-n-NH_4Cl, 0,1-n-NH_3) in ein kleines offenes Röhrchen, mischt gründlich, bringt das Bodenquecksilber und die tropfende Elektrode ein und polarographiert zwischen 0,8 und 1,8 V Spannung. Der Eiweißgehalt wird aus der Stufenhöhe mittels einer Eichkurve erhalten, welche die Abhängigkeit der Stufenhöhe von einer chemisch genau bestimmten Eiweißkonzentration ergibt (Abb. 224).

Eiweißbestimmung im Harn.

H. G. ROSENTHAL (*365*) hat die polarographische Proteinreaktion zur Untersuchung des Harns benutzt. In normalen Harnen findet man so immer eine gewisse Menge der Albumine und der Polypeptide, auch nach Enteiweißen durch die Koagulationsmethode. In pathologischen, eiweißhaltigen Harnen ist der Gehalt entsprechend höher. Man pipettiert zu 10 cm³ der Kobalt(III)-Testlösung [0,001-n-$Co(NH_3)_6Cl_3$, 0,1-n-NH_4Cl, 0,1-n-NH_3] 0,2 cm³ des zu untersuchenden Harns in ein offenes Gefäß, rührt gut um und polarographiert zwischen 0,8 und 1,8 V. Die Galvanometerempfindlichkeit wird dabei derart gewählt, daß die Kobaltstufe 1 bis 2 cm hoch ist. Die gefundene Höhe der Eiweißstufe wird mit der Stufenhöhe eines Harns verglichen, dessen Eiweißgehalt als Standard angenommen wird.

Verfolgung der Eiweißdenaturierung.

Es ist bekannt, daß ein gewisser Anteil der Disulfid- und Sulfhydrylgruppen im nativen Eiweißmolekül maskiert ist und daß diese Gruppen bei der Denaturierung freigemacht werden. Es war zu erwarten, daß nur dieser Anteil von freien Gruppen polarographisch aktiv ist. Da also die Anzahl der freien Disulfid- und Sulfhydrylgruppen vom Zustand des Eiweißmolekels, d. h. vom Denaturierungsgrad abhängt, muß die Höhe der Eiweißdoppelstufe bei der Denaturierung anwachsen. Dies wurde von R. BRDIČKA (*326*) bei Verfolgung einer Denaturierung von Serumproteinen mittels Basen, Säuren, Hitze und von K. WENIG und O. JIROVEC (*477*) durch den Einfluß ultravioletter Bestrahlung experimentell bestätigt. C. TROPP, L. JÜHLING und F. GEIGER haben ebenso die Erhöhung der Eiweißdoppelwelle bei der Hitzedenaturierung von Albumin und Globulin beobachtet (*568*).

H. W. SCHMIDT (*626*) konnte die von O. JÍROVEC und K. WENIG beobachtete Ultraviolettstrahlenwirkung auf Eiweißlösungen bestätigen und zeigte an der Hand eigener Versuche, daß die Proteindoppelwelle nach Bestrahlung unter sonst gleichen Bedingungen mit fallender Konzentration zunimmt. Dies beweist, daß mit zunehmender Verdünnung die Wirkung der Ultraviolettstrahlen auf das Eiweiß stärker wird, was durch eine stärkere Ultraviolettstrahlenabsorption in den oberen Schichten der konzentrierteren Lösung bedingt ist. Bei dieser Wirkung weist das Albumin den stärksten, Globulin den schwächsten Effekt auf.

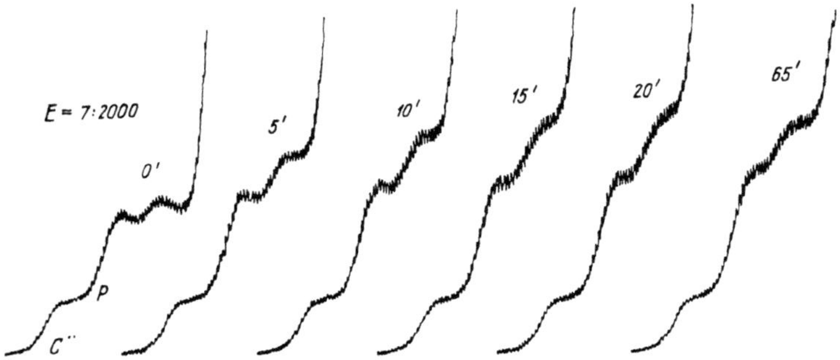

Abb. 225. Zeitlicher Verlauf der alkalischen Denaturierung von Blutserum. Zu 1 cm³ Serum wurden 1,5 cm³ 0,3-n-KOH zugegeben. Nach den angegebenen Zeitintervallen wurde aus dem Gemische 0,1 cm³ entnommen und in der Kobalt(III)-Testlösung polarographiert. Mit Empf. 7:2000, 4-V-Akkum., von 0,8 V an aufgenommen.

Man fügt z. B. zu 0,5 cm³ frischen Blutserums 0,75 cm³ etwa 0,3-n-KOH und entnimmt aus diesem Reaktionsgemisch in einzelnen Zeitintervallen je 0,1 cm³, welche man zu 20 cm³ der üblichen Kobalt(II)-Testlösung zugibt und findet, daß die charakteristische Eiweißdoppelwelle mit der Zeit allmählich wächst und einem Grenzwert zustrebt. Nach gewisser Zeit fällt das denaturierte Eiweiß langsam aus, was durch Trübung der Lösung und Erniedrigung der Eiweißwelle gekennzeichnet ist (Abb. 225). In ähnlicher Weise, jedoch beträchtlich langsamer, verläuft die Freigabe der polarographisch aktiven Gruppen durch Einwirkung von Salzsäure. Eine Denaturierung durch Hitze kann man am besten polarographisch verfolgen, wenn die Temperatur über 60° C, jedoch noch unter der Koagulationstemperatur liegt.

Zum Studium des denaturierenden Einflusses des ultravioletten Lichts bestrahlt man die Eiweißlösung in einer PETRI-Schale und untersucht polarographisch in üblicher Weise die in verschiedenen

Zeitintervallen entnommenen Proben. Der zeitliche Verlauf der Höhe der Eiweißdoppelwelle ist analog wie bei den vorherigen Versuchen. Die Geschwindigkeit des Denaturierungsvorganges hängt von der Intensität der Strahlung ab.

Ähnlich wie die Serumeiweißkörper verhält sich polarographisch reines Fibrinogen, welches in der Kobalt-Testlösung auf der Stromspannungskurve die typische Proteindoppelstufe zeigt (*514*).

Verfolgung der proteolytischen Eiweißspaltung.

Wird ein nativer, cystinhaltiger Eiweißkörper mittels Pepsin bei geeignetem p_H-Wert gespalten, müssen die maskiert gewesenen

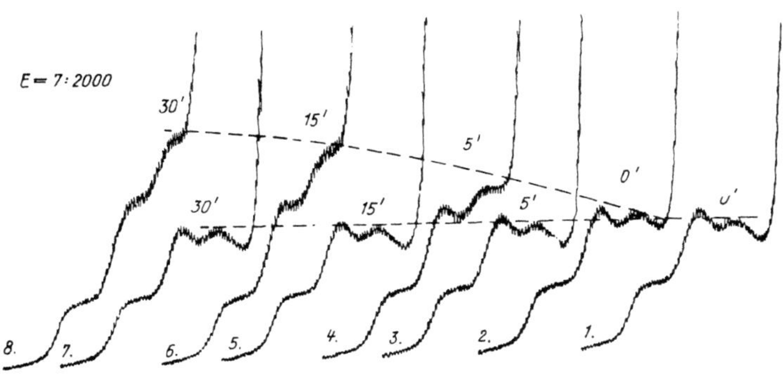

Abb. 226. Verfolgung der proteolytischen Spaltung von Serumeiweiß durch Einwirkung von Pepsin (Kurven *2*, *4*, *6*, *8*), mit einem parallelen Blindversuch mit inaktiviertem Pepsin (Kurven *1*, *3*, *5*, *7*). Zu 5 cm³ einer 0,1%igen Pepsinlösung in 0,05-n-HCl wurden 0,2 cm³ Serum zugefügt; in den angegebenen Zeitintervallen wurden je 0,2 cm³ entnommen und mit 10 cm³ der Kobalt(III)-Testlösung polarographisch untersucht. Mit Empf. 7:2000, 4-V-Akkum., von 0,8 V an aufgenommen.

polarographisch aktiven Gruppen ebenfalls freigemacht werden. Die zu erwartende Erhöhung der Eiweißdoppelwelle wurde von R. Brdička (*168*) experimentell festgestellt. Zu 5 cm³ 0,05-n-Salzsäure, in welcher 5 mg offizinellen Pepsins gelöst sind, werden im Thermostat bei 40° C 0,2 cm³ Blutserum zugefügt. In bestimmten Zeitintervallen werden von der Lösung 0,2 cm³ entnommen und zwecks polarographischer Untersuchung zu 10 cm³ Kobalt(II)-Testlösung zugegeben. Man beobachtet, so wie in den vorhergehenden Fällen, ein allmähliches Ansteigen der Eiweißdoppelstufe, deren Höhe wieder einem Grenzwert zustrebt, jedoch auch nach längerer Zeit nicht sinkt, da die Produkte der Eiweißspaltung in der Lösung bleiben. Davon, daß es sich dabei wirklich um eine enzymatische Wirkung und nicht um eine saure Denaturierung handelt, kann man sich leicht überzeugen, wenn man die Aktivität des Pepsins vorher durch Hitze zerstört und einen blinden Versuch mit diesem inaktivierten Pepsin durchführt. Die Eiweißwelle bleibt dann unter sonst gleichen Bedingungen unverändert (Abb. 226). Dieser Pepsineffekt ist ungeheuer empfindlich. Will man ihn verfolgen, muß man das Pepsinpräparat entsprechend verdünnen. Bei Verwendung aktiver Präparate wird der Grenzwert so rasch erreicht, daß eine Verfolgung des zeitlichen Verlaufes nicht möglich ist.

Bestimmung der Eiweißspaltprodukte.

Der Verlauf der peptischen Spaltung läßt sich auch in der Weise verfolgen, daß man anstatt der Gesamteiweißreaktion den Zuwachs der durch die Verdauung entstandenen Abbauprodukte bestimmt. Die Spaltprodukte lassen sich am einfachsten bestimmen, indem man mittels Salzsäurepepsin auf koaguliertes Eiweiß einwirkt. Das cystinhaltige koagulierte und fein zerriebene Eiweiß (Eiklar) wird zuerst so lange gewaschen, bis das Filtrat keine polarographische Reaktion mehr gibt. Das so behandelte Eiweiß wird in Salzsäurepepsin suspendiert; diese Lösung wird in einem Thermostaten bei 40° C gehalten. In entnommenen Proben wird der Zuwachs der löslichen Abbauprodukte polarographisch verfolgt (*326*).

Will man den Zuwachs der Spaltprodukte während der Verdauung bei gelöstem Eiweiß beobachten, muß man das nicht angegriffene Eiweiß durch eine geeignete Fällungsmethode von den Spaltprodukten trennen.

Die bequemste Trennungsmethode besteht in der Fällung der Eiweißstoffe mittels Sulfosalicylsäure, wobei die Eiweißspaltprodukte (Albumosen, Peptone, höhere Polypeptide) zum gewissen Grad in der Lösung bleiben. Die Höhe der charakteristischen Doppelwelle an der Kurve des Filtrats ist ein Maß für den Fortschritt der Verdauung (Abb. 227). Als Beispiel sei ein Versuch mit Blutserum angeführt. Zu 2 cm^3 Blutserum fügt man im Thermostaten bei 40° C 2 cm^3 Pepsinsalzsäure (0,1-n-HCl 2 mg offizinellen Pepsins enthaltend) zu. In den bezeichneten Zeitintervallen wird je 1 cm^3 entnommen und mit 1 cm^3 20%iger Sulfosalicylsäure gefällt. Nach 10 Minuten wird der Niederschlag durch ein gehärtetes Filtrierpapier abgetrennt ,0,5 cm^3 des klaren

Filtrats werden zu einer 5 cm³ Kobalt(III)-Testlösung [10^{-3}-n-$Co(NH_3)_6Cl_3$, 0,1-n-NH_4Cl, 1-n-NH_3] zugefügt. Der Überschuß an Ammoniak dient zur Neutralisation der sauren Reaktion des Filtrats und macht die Kurven unter diesen Bedingungen sehr deutlich, wobei die Proteindoppelwelle zu einem Maximum abgerundet wird. Ein gleichzeitig durchgeführter Blindversuch zeigt, daß sich bei inaktiviertem Pepsin keine Wirkung zeigt. Es

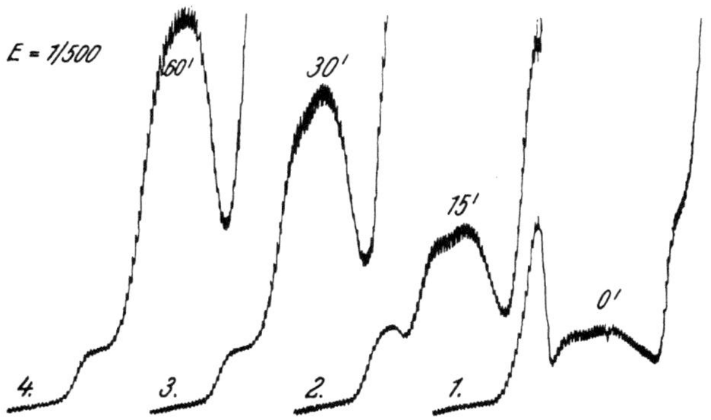

Abb. 227. Verfolgung der peptischen Verdauung von Albumin mit Hilfe der Filtratreaktion nach Enteiweißung durch Sulfosalicylsäure. 5 g Albumin aus Blut wurden in 100 cm³ physiologischer NaCl-Lösung suspendiert und nach eintägigem Stehen filtriert. 2 cm³ des Filtrats wurden zu 4 cm³ Pepsin-Salzsäure zugegeben. In den oben angegebenen Zeiten wurde der Mischung 1 cm³ entnommen und mit 0,5 cm³ 20%iger Sulfosalicylsäure gefällt. 0,5 cm³ des Filtrats wurden zu 10 cm³ BRDIČKAs Testlösung zugegeben. Empf. 1:500, 4-V-Akkum.

ist zu erwähnen, daß die Trennung von den Spaltprodukten mittels Sulfosalicylsäure nur bei Vergleichsversuchen vorgenommen werden kann, die unter stets gleichen Bedingungen durchgeführt wurden. Besonders muß das Zeitintervall zwischen Fällung und Filtration stets gleich sein, da wahrscheinlich infolge einer Adsorption der gelösten Produkte an dem Niederschlag die Doppelwelle mit fortschreitender Zeit sinkt. Das vom Niederschlag einmal getrennte Filtrat weist keine oder nur eine geringe Herabsetzung der Doppelwelle mit der Zeit auf.

Die peptische Verdauung von Albumin aus Blut wird mit Hilfe der Filtratreaktion nach Enteiweißung durch Sulfosalicylsäure folgendermaßen verfolgt: 5 g Albumin aus Blut werden in 100 cm³ physiologischer NaCl-Lösung suspendiert und nach 24stündigem

Stehen filtriert. 2 cm³ des Filtrats werden zu 4 cm³ Pepsinsalzsäure zugegeben. Bei den in Abb. 227 angegebenen Zeiten wird je 1 cm³ der Mischung entnommen und mit 0,5 cm³ 20%iger Sulfosalicylsäure gefällt. 0,5 cm³ des Filtrats werden zu 10 cm³ der ammoniakreichen Kobalt(III)-Lösung [0,001-n-$Co(NH_3)_6Cl_3$, 0,1-n-NH_4Cl, 1-n-NH_3] zugegeben und die Kurve zwischen 0,8 und 1,8 V aufgenommen.

Anstatt der Sulfosalizylsäure kann die Trennung der nicht koagulierbaren Eiweißabbauprodukte durch Hitzekoagulation nach Ansäuern mit schwacher Essigsäure in üblicher Weise geschehen.

Untersuchungen an Insulin. Da angenommen wird, daß die biologische Aktivität des Insulins in engem Zusammenhang mit seinen Disulfidgruppen steht, versuchten R. ZADINA (*385*) und von ihm unabhängig C. TROPP (*473*) die biologische Aktivität von verschiedenen Insulinpräparaten mit Hilfe obiger Reaktion zu charakterisieren. Sie fanden beträchtliche Schwankungen in der Höhe der Proteindoppelwelle, die jedoch in keinem Zusammenhang mit der biologischen Wirksamkeit standen. Dies ist vollkommen begreiflich, da dieselbe Reaktion durch biologisch unwirksame, eiweißartige, disulfidhaltige Begleitstoffe ebenfalls hervorgerufen wird. Nach C. TROPP ist ein polarographisches Auswertungsverfahren für Insuline nur dann für eine Fabrikationscharge verläßlich, wenn auf biologischer Basis eine spezifische Eichkurve aufgestellt wird. Anderseits zeigen die Versuche von C. TROPP, daß protrahierte Insuline, in denen die biologisch wirksamen Gruppen durch Protamine blockiert sind, keine oder nur eine sehr geringe Doppelstufe aufweisen. Dies bestätigt, daß die Blockierung den Cystinwirkgruppenanteil betraf. Der Cystingehalt des Insulins wurde, wie auf S. 388 angegeben, im Hydrolysat zu 12,57% polarographisch ermittelt (*560*).

Insulin zeigt ein merkwürdiges Verhalten unter dem Salzsäure-Pepsin-Einfluß, wie C. TROPP (*473*) erstmalig beobachtete. Zum Unterschied von den Serumproteinen wird dabei die charakteristische Doppelstufe des Insulins herabgesetzt. Dies bedeutet, daß die polarographisch aktiven Gruppen durch Pepsin entweder zerstört oder irgendwie inaktiviert werden (Blockierung, Maskierung). Dieses unterschiedliche Verhalten ist offenbar durch die eigenartige Gesamtstruktur des Insulins gegeben. Es ist interessant, daß auch die biologische Wirkung bei der peptischen Verdauung des Insulins schnell verlorengeht.

Untersuchungen des menschlichen Blutserums in Beziehung zu einigen pathologischen Zuständen.

Durchgeführte Untersuchungen dieser Art beruhen auf der polarographischen Eiweißreaktion in gepufferten Kobaltlösungen, welche bereits beschrieben wurde. Diese Reaktion ermöglicht es Änderungen des Eiweißmolekels festzustellen, welche in Beziehung zu der Aktivität der Disulfid- und Sulfhydrylgruppen des Serumeiweißes stehen. Wie gezeigt wird, sind viele pathologische Zustände, insbesondere krebsartige Erkrankungen, von solch einer Veränderung der Aktivität begleitet. Von R. BRDIČKA (*319* bis *324*, *395* bis *399*) wurden zwei eigenartige polarographische Reaktionen beschrieben, welche den pathologischen Serumzustand erkennen lassen.

Den Anlaß zu diesen Untersuchungen hat die Annahme von einer verminderten Sulfhydrylaktivität im karzinomatösen Serum gegeben [WALDSCHMIDT-LEITZ und seine Mitarbeiter[1]].

Die erste Reaktion charakterisiert das polarographische Verhalten des Gesamtserumeiweißes, die zweite gibt das Verhalten des Filtrats nach erfolgter Enteiweißung des Serums an. Beide Reaktionen zeigen übereinstimmend gewisse Unterschiede quantitativer Natur, und zwar bei pathologischen Zuständen, welche bösartige Erkrankungen (Krebs und Sarkome), fieberhafte Infektionskrankheiten und Entzündungen, schwere Gallen-, Leber- und Nierenkrankheiten einschließen.

1. Gesamteiweißreaktion (ältere Arbeiten).

Wenn man zur Kobalt(II)-Testlösung ($1{,}6 \cdot 10^{-3}$-n-$CoCl_2$, 0,1-n-NH_4Cl, 0,1-n-NH_3) Serum zufügt, so daß es etwa 500- bis 1000mal verdünnt ist, so zeigt der direkte Vergleich der polarographischen Reaktion von pathologischen und normalen Seren nur unwesentliche Unterschiede, und zwar in dem Sinne, daß die Höhe der Eiweißdoppelstufe für das pathologische Serum gegenüber dem normalen etwas verringert ist. Dagegen treten deutliche Unterschiede zwischen beiden Serumarten hervor, wenn das native Serumeiweiß denaturiert oder teilweise peptisch abgebaut wird. Nach dem so erfolgten Freiwerden der polarographisch aktiven Gruppen, die vorher im Eiweißmolekül maskiert waren, wächst die Doppelstufe des normalen Serums mehr an als die des karzinomatösen und erreicht daher einen höheren Endwert. Daraus ergibt sich,

[1] E. WALDSCHMIDT-LEITZ und A. PURR: Hoppe-Seyler's Z. physiol. Chem. **198**, 260 (1931).

daß das normale Serum einen größeren Vorrat an maskierten Gruppen besitzt (Abb. 228).

Um die pathologischen Differenzen klar hervortreten zu lassen, hat es sich als vorteilhaft erwiesen, die maskierten, polarographisch aktiven Gruppen mittels Pepsinsalzsäure freizumachen. Dazu fügt man 0,2 cm³ Serum zu 5cm³ 0,05-n-HCl-Lösung, in welcher 5 mg von offizinellem Pepsin gelöst sind und läßt 20 Minuten lang im

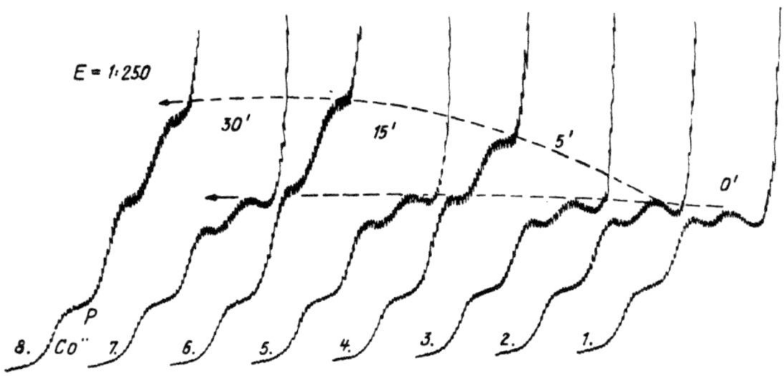

Abb. 228. Vergleich des zeitlichen Verlaufes der alkalischen Denaturierung von Eiweiß bei einem normalen und einem karzinomatösen Serum. Kurven *1, 3, 5, 7*: Carcinoma uteri (fortgeschrittenes Stadium), Kurven *2, 4, 6, 8*: normales Serum. Zu 0,5 cm³ Serum wurden 0,75 cm³ 0,1-n-KOH zugefügt. In den oben angegebenen Zeitintervallen wurden dem Gemische 0,05 cm³ entnommen und zu 10 cm³ BRDIČKAS Testlösung zugegeben. Empf. 1:250, 4-V-Akkum.

Thermostaten bei 40° C reagieren. Dann werden 0,2 cm³ des Gemisches zu 10 cm³ der Kobalt(II)-Testlösung zugegeben und polarographisch untersucht. Die Kurven werden nur im Spannungsbereich von 0,8 bis 1,8 V, in welchem die Kobalt- und Eiweißstufe auftreten, registriert. Die Höhe der charakteristischen Eiweißdoppelstufe wird von dem Diffusionsstrom des Kobalts ab gemessen (Abb. 229).

In pathologischen Fällen ist die Proteinstufe erniedrigt. Zu denselben Ergebnissen gelangt man auch, wenn man das Blutserum anstatt durch die beschriebene peptische Spaltung durch Alkalisieren denaturiert. Bei dieser alkalischen Denaturierung werden 0,5 cm³ Serum mit 0,5 cm³ Wasser und 0,25 cm³ 1-n-KOH gemischt, 40 Minuten lang bei Zimmertemperatur stehengelassen und dann 0,05 cm³ des alkalischen Gemisches zu 10 cm³ der Kobalt(II)-Testlösung in einem kleinen Becherglas zugegeben, gründlich umgerührt und offen an der Luft in dem Becherglas polarographisch untersucht (Abb. 228).

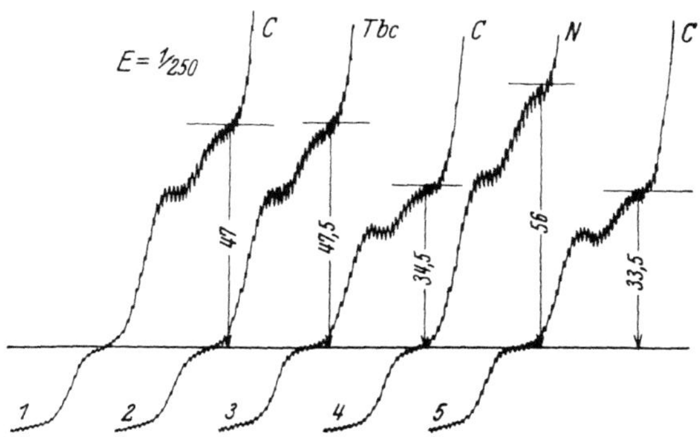

Abb. 229. Diagnosen mit Hilfe der Gesamteiweißreaktion (nach erfolgter Spaltung mit Pepsin-Salzsäure). Kurven *1*, *3*, *5* karzinomatöse Sera, Kurve *2*: Tuberkulose, Kurve *4* (mit der höchsten Stufe): normales Serum. Empf. 1:250, 4-V-Akkum.

Die pathologische Erniedrigung der Gesamtserumeiweißstufe ist auf eine allgemeine Verarmung des Serums an Bestandteilen, welche einen Cystinkern enthalten, zurückzuführen. Diese Behauptung findet ihre Bestätigung durch die Analyse der Hydrolysate der betreffenden Seren auf Cystin, bei welcher die Hydrolysate der pathologischen Seren eine Herabsetzung des Cystin-

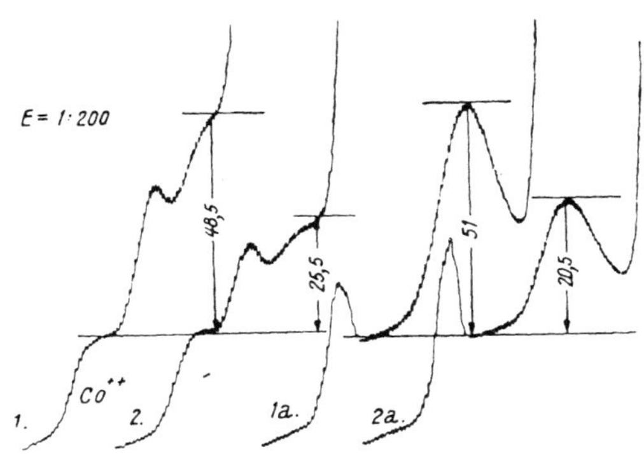

Abb. 230. Vergleich der Eiweiß- und der Cystinstufe von einem normalen und einem karzinomatösen Serum. Kurven *1* u. *2*: Eiweißstufe von normalem und karzinomatösem Serum. Kurven *1a*, *2a*: Cystinstufen der Hydrolysate der beiden Sera. Empf. 1:200, 4-V-Akkum.

gehaltes aufweisen. Die polarographische Analyse des Serumhydrolysats auf Cystin wird in folgender Weise durchgeführt:

1 cm^3 Serum wird mit 20 cm^3 5-n-HCl in einem Kölbchen mit Rückflußkühler auf dem Sandbad 8 Stunden lang gekocht, auf 100 cm^3 mit Wasser verdünnt und filtriert. Die Lösung zur polarographischen Analyse wurde durch Mischen folgender Lösungen hergestellt:

2 cm^3 $CoCl_2$ (0,008 n) + 5,5 cm^3 Wasser + 0,5 cm^3 Hydrolysat + 0,5 cm^3 NH_4Cl (1 n) + 1,5 cm^3 NH_3 (1 n).

Diese Lösung ist gleich nach ihrer Herstellung zu polarographieren. Das Verhältnis der Höhen der Cystinstufen bei zwei untereinander verglichenen Seren ist dasselbe wie das Verhältnis der zugehörigen Eiweißdoppelstufen (Abb. 230).

Zu diesem Verfahren hat C. Tropp (*472*) eine Verfeinerung angegeben, indem er parallel die Gesamteiweißmenge refraktometrisch bestimmte und das polarographische Ergebnis auf die Schwankungen des Eiweißgehaltes korrigierte.

2. Filtratreaktion nach Enteiweißung (neueres Verfahren).

K. Mayer hat unter Mitarbeit von R. Brdička (*573*) beobachtet, daß die Filtrate nach der Enteiweißung der verschiedenen Seren mit Sulfosalicylsäure noch eine deutliche „Eiweißreaktion" in gepufferten Kobaltilösungen aufweisen, welche bei den pathologischen Seren gegenüber den normalen in erhöhtem Maße hervortritt. Deswegen wird dieser Reaktion der Vorzug gegeben. Man läßt zunächst auf 0,4 cm^3 Serum 1 cm^3 0,1-n-KOH bei Zimmertemperatur 45 Minuten lang einwirken. Dieses Gemisch wird dann mit 1 cm^3 20%iger Sulfosalicylsäure gefällt, nach 10 Minuten durch gehärtetes Filtrierpapier abfiltriert, 0,5 cm^3 vom klaren Filtrat zu 5 cm^3 der ammoniakreichen Kobalt(III)-Testlösung [0,001-n-$Co(NH_3)_6Cl_3$, 0,1-n-NH_4Cl, 1-n-NH_3] zugefügt und polarographiert. Man mißt dann auf der Stromspannungskurve die Höhe der entsprechenden Doppelstufe, wobei man wieder den Diffusionsstrom des Kobalts als Basis nimmt und vergleicht sie mit der Höhe der Doppelstufe, welche ein normales Serum unter gleichen Umständen gibt (*486*) (Abb. 231).

Die pathologische Erhöhung der Doppelstufe ist auf die Vermehrung der hochmolekularen, cystinhaltigen Eiweißabbauprodukte zurückzuführen. Da eine ähnliche Erhöhung der Doppelstufe auch nach Enteiweißung des normalen Serums eintritt, welches „in vitro" einer kurzen Einwirkung von Pepsin ausgesetzt wurde, nimmt R. Brdička an, daß das pathologische

Serumeiweiß proteolytisch teilweise abgebaut ist. Eine solche Proteolyse kann durch das Eindringen artfremder Eiweißkörper in die Blutbahn verursacht werden. Bösartige Geschwülste, Eiterungen, Infektionskrankheiten usw. können als Quelle der das Serumeiweiß proteolysierenden Eiweißkörper betrachtet werden. Eine parenterale Injektion von Milch (*487*) (etwa 3 cm^3) in den menschlichen Körper bewirkt ebenfalls nach Enteiweißung des Serums mit Sulfosalicylsäure eine Steigerung der Doppelstufe, was offenbar dem Vorhandensein des artfremden Milcheiweißes in der Blutbahn zuzuschreiben ist.

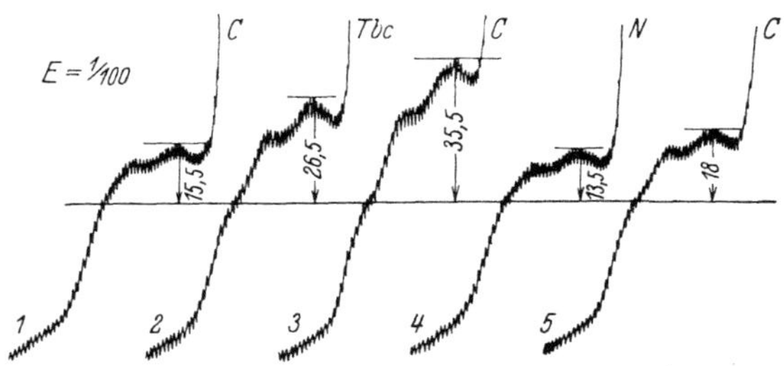

Abb. 231. Diagnose mit Hilfe der Filtratreaktion. Dieselben Fälle wie in Abb. 229. Empf. 1:100, 4-V-Akkum.

Trotzdem die beschriebene polarographische Methodik bis jetzt nicht spezifisch für krebsartige Erkrankungen ist, wird sie dadurch von großem Nutzen, daß sie für fast alle vorkommenden Krebsgeschwülste eine positive Reaktion gibt. Außerdem hat man in der an erster Stelle beschriebenen Gesamteiweißreaktion ein Maß für die Fortgeschrittenheit der Erkrankungen. Die Gesamteiweißdoppelstufe ist um so niedriger, je fortgeschrittener das Stadium ist. Nach operativer Entfernung der Geschwulst gehen beide Reaktionen auf das normale Maß zurück, vorausgesetzt, daß keine Metastasen auftreten (Abb. 232).

Zur Filtratreaktion kann man auch frisches Blut verwenden, welches man mit Hilfe einer FRANCKschen Nadel aus dem Finger entnimmt. 0,1 cm^3 Blut werden 1 cm^3 0,1-n-KOH zugegeben. Nach 45 Minuten wird das Gemisch mit 1 cm^3 5%iger Sulfosalicylsäure gefällt und nach 10 Minuten filtriert. Zur Polarographierung wird 1 cm^3 des klaren Filtrats zu 2 cm^3 einer ammoniakreichen Kobalt(III)-Testlösung [$1{,}5 \cdot 10^{-3}$-n-$Co(NH_3)_6Cl_3$, 0,15-n-NH_4Cl, 1-n-NH_3] zugefügt, und die Stromspannungskurven werden in üblicher Weise ausgewertet. Dieses Verfahren ist am Platz, wenn man die Reaktion zeitlich verfolgen will. Es gestattet auch Versuche mit Tieren, wo nur eine kleine Blutmenge zur Verfügung steht. Blut einer Maus, welcher EHRLICHS Adenokarzinom transplantiert wurde, gibt eine deutlich positive Reaktion schon nach 12 Tagen.

Nach V. PODROUŽEK und C. D. KRKOŠKOVÁ,[1] welche BRDIČKAS Proteinreaktion (nach Enteiweißung) bei einer normalen Frau während eines Menstruationszyklus jeden zweiten Tag verfolgten, tritt hierbei keine Änderung der Höhe der Doppelstufe auf.

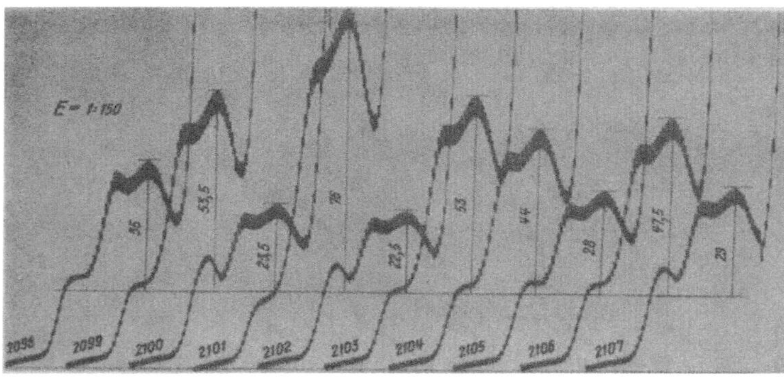

Abb. 232. BRDIČKAS Kurven bei Krebserkrankungen in verschiedenen Stadien. Protokoll Nr: *2098*-Ca antri Highmori lat. sin. *2099*-St. p. amp. mammae dex. propter Tu. *2100*-St. p. amp. mammae sin. propter Tu. *2101*-St. p. hysterect. propter Ca port. vag. uteri recidiv. in cicatrice. *2102*-Rhinophyma? Tbc nasi. *2103*-Ca port. vag. uteri. *2104*-Ca arci glossopalatini. *2105*-Leukaemia myeloides. *2106*-Ca linguae cum metastasibus. *2107*-Ca recti, St. p. colostom. sec. Maydl. Empf. 1:150, 4-V-Akkum., von 0,8 V an aufgenommen. Befund: bei Stufenhöhen unter 25 mm negativ, 25 bis 30 mm unbestimmt, bei 30 mm positiv.

H. E. WEDEMEYER und TH. DAUR (*577*) haben, ähnlich wie C. TROPP (*472*), die Sera auf den oft beträchtlich schwankenden Eiweißgehalt refraktometrisch korrigiert und finden, daß dadurch die Prozentualität der positiven Reaktionen dem klinischen Befunde besser entspricht.

Es ist zu beachten, daß zu den beiden hier beschriebenen Blutserumuntersuchungen die Sera innerhalb der ersten 2 bis 3 Tage nach der Blutentnahme polarographiert werden müssen, da sonst — auch bei Aufbewahrung des Serums im Eisschrank — Änderungen eintreten (*628*).

[1] BRDIČKAS polarographische Reaktion während eines Menstruationszyklus (tschech.). Čas. č. Lékárnictva **20**, 211—212 (1940).

Ergebnisse bei Karzinom.

Wie hoch bei Krebserkrankungen die Prozentualität der Fälle ist, welche eine positive polarographische Reaktion geben, zeigen die folgenden Ergebnisse der verschiedenen Autoren:

Methode	Autor	Polarographische Reaktion	
Pepsin-HCl	R. BRDIČKA (*399*)	aus 120 Ca.	7 negativ
Pepsin-HCl (korrigiert auf Eiweißgehalt)	C. TROPP (*472*)	aus 59 Ca.	90% positiv
Pepsin-HCl (korrigiert auf Eiweißgehalt)	H. E. WEDEMEYER u. TH. DAUR (*577*)	aus 7 Ca. aus 53 pathol. Fällen ohne Ca.	1 negativ 2 positiv
Mit Sulfosalicylsäure deproteiniert	E. WALDSCHMIDT-LEITZ u. K. MAYER (*573*)	aus 182 Ca. aus 28 suspekt. Ca.	97% positiv 24 positiv
Mit Sulfosalicylsäure deproteiniert	R. K. FELKEL (*496*)	aus 285 Ca. aus 45 ohne Ca. und ohne Entzündung aus 64 Entzündungen	90% positiv 91% negativ 83% positiv
Durch KOH denaturiert	P. MEYER-HECK (*537*)	aus 19 Ca. aus 21 Entzündungen aus 15 ohne Ca. und ohne Entzündungen	19 positiv 21 positiv 27% positiv
Durch Hitze denaturiert	P. MEYER-HECK (*537*)	aus 77 Ca. aus 66 Entzündungen aus 83 anderen	83% positiv 43% positiv 11% positiv
Deproteiniert und durch KOH denaturiert	R. BRDIČKA, F. V. NOVÁK u. J. KLUMPAR (*487*)	aus 182 Ca. aus 28 suspekt. Ca. aus 19 Ca. nach Operation aus 14 ohne Ca.	177 positiv 24 positiv 15 positiv 7 positiv

Wenn auch von R. BRDIČKA immer betont wird, daß die Proteinreaktion als eine für bösartige Geschwülste spezifische nicht angesehen werden kann, schließt ein negatives Resultat eine Krebserkrankung mit hoher Wahrscheinlichkeit aus. Die wenigen Ausnahmen, in welchen beim Krebs die polarographische Reaktion negativ war, wurden fast ausschließlich bei kleinen lokalisierten Hautgeschwülsten festgestellt. Die Serumreaktion ist auch bei Krebsoperationen wertvoll, da nach erfolgreichem Entfernen der Geschwulst die positive Reaktion wesentlich sinkt oder negativ wird. Dabei übertrifft die polarographische Serumreaktion alle anderen diagnostischen Reaktionen durch ihre Einfachheit und genaue automatisch registrierbare Reproduzierbarkeit bei sehr kleinem Materialverbrauch.

Beweis von Proteolyse bei biologischen Enzymreaktionen.

Die polarographische Eiweißreaktion in gepufferten Kobaltlösungen wurde von A. M. Kotljar und V. Podroužek (*427*) zum Nachweis der Proteolyse bei der Fuchsschen Reaktion auf bösartige Geschwülste verwendet. Sie arbeiteten nach der von F. Chrometzka-P. Gottlebe modifizierten Methode. Es wurden je 0,5 cm^3 des aseptischen Ultrafiltrats des untersuchten Serums in drei sterile Reagensgläser gebracht. Zur ersten Probe wurden 5 mg Fibrin aus normalem, zur zweiten aus karzinomatösem Menschenblut, zugegeben; die dritte Probe diente zur Kontrolle. Nach einer Inkubationsperiode von 24 Stunden bei 37° C wurden die Proben durch gehärtetes Filtrierpapier filtriert und mit einer gleichen Menge der Kobalt(II)-Testlösung versetzt. Das Ultrafiltrat des karzinomatösen Serums, welches mit normalem Fibrin inkubiert wurde, zeigt eine beträchtliche Erhöhung der charakteristischen Doppelstufe gegenüber der Kontrolle, während dasselbe mit karzinomatösem Fibrin eine geringere Erhöhung aufweist. Handelt es sich um ein normales Serum, so tritt die umgekehrte Erscheinung ein. Die Erhöhung der Doppelstufe ist auf die stattgefundene Proteolyse des entsprechenden Substrats zurückzuführen. Auf ähnliche Weise können auch andere Proteolysen, die zwischen Serumultrafiltraten und Substraten verlaufen, einfach und genau untersucht werden.

VII. Unterscheidungen durch Unterdrücken der Kurvenmaxima.

Die durch Adsorptionsströme an der tropfenden Elektrode entstehenden Maxima der Stromspannungskurven (vgl. S. 174) haben, da sie äußerst empfindlich gegen geringe Mengen (bis

0,0001%) von oberflächenaktiven Stoffen sind, einen gewissen analytischen Wert. Über die qualitative und quantitative Zusammensetzung der Teilchen, welche Maxima unterdrücken können, kann man nichts erfahren, wohl aber über das Vorzeichen ihrer elektrischen Ladung (s. S. 163). Der Einfluß geringer Mengen von Verunreinigungen auf ein Maximum läßt sich am einfachsten so nachweisen, daß man eine verdünnte, etwa 0,001-n-Salzlösung vor und nach Filtrieren durch ein gewöhnliches Filtrierpapier polarographisch untersucht (wie Abb. 234). Das vor dem Filtrieren stark ausgeprägte Sauerstoffmaximum wird durch das Filtrieren völlig unterdrückt, so daß nur der Diffusionsstrom des Sauerstoffes erscheint. Die Unterdrückung des Maximums weist also auf die Anwesenheit von Spuren von Fremdkörpern hin. Auf solche Weise lassen sich auch synthetische Erzeugnisse von natürlich vorkommenden unterscheiden, was hier eingehend behandelt wird.

Bestimmung des Reinheitsgrades des Trinkwassers.

Bei der Verwendbarkeit von Wässern ist der Gehalt an kolloidalen, meist organischen Stoffen von großer Bedeutung. Die Untersuchung der Unterdrückbarkeit des Luftsauerstoffmaximums gibt uns hier eine vortreffliche Analysenmöglichkeit in die Hand, da dieses Maximum außerordentlich empfindlich gegen kleinste Mengen von kolloiden Verunreinigungen ist, welche die Höhe des Maximums verkleinern. Genügend große Zusätze können das Maximum völlig zum Verschwinden bringen. Die Messung des Sauerstoffmaximums unter bestimmten Bedingungen ist nun zur Beurteilung des Reinheitsgrades des Wassers hervorragend geeignet. Eine brauchbare Arbeitsvorschrift von K. Schwarz (*551*) wird hier angegeben:

Als Grundlösung dient eine 0,01-n-Kaliumchloridlösung, hergestellt mit reinstem destilliertem Wasser. Zu beachten ist in diesem Fall, daß das destillierte Wasser keineswegs mit organischen Stoffen, wie Kork, Papier, Holz usw., in Berührung kommt, also nur in Flaschen mit Schliffstopfen aufbewahrt werden darf. Zuerst mischt man gleiche Teile (5 cm^3) Grundlösung und destilliertes Wasser und polarographiert. Man stellt die Empfindlichkeit dabei so ein, daß die Papierbreite möglichst ausgenutzt wird, was bei einer Empfindlichkeit von etwa $^1/_{100}$ der Fall ist. Nun vermischt man 5 cm^3 Grundlösung mit 5 cm^3 Probewasser und mißt die Höhe des Maximums. Bei sehr reinen Wässern bekommt man eine nur geringfügige Verkleinerung des Maximums; bei sehr stark verunreinigten Wässern verschwindet das Maximum vollständig. Am genauesten ist die Analyse, wenn die Höhe des Maximums etwa auf den halben Wert herabgedrückt wird. Bei Wässern mit großem Gehalt an kolloidalen Verunreinigungen geht man daher am besten so vor, daß man die Probe so lange mit destilliertem Wasser verdünnt, bis eine Mischung mit gleichen Teilen Grundlösung gerade oder ungefähr eine Unterdrückung des Maximums zur Hälfte ergibt (S. 172). Natürlich nimmt man nicht zum Herumprobieren viele Kurven auf, sondern man erkennt beim Durchdrehen des Potentiometers von Hand am Lichtzeiger, ob man schon richtig verdünnt hat. Ist dies der Fall, so nimmt man die Kurve auf.

Als Einheit des Verunreinigungsgrades sieht man jenen an, den ein Wasser besitzt, wenn es beim direkten Mischen mit gleichen Teilen Grundlösung eine Maximumunterdrückung auf gerade die Hälfte erzeugt. Bei Wässern, die verdünnt werden müssen, ist einfach mit dem Verdünnungsgrad zu multiplizieren. Für Wässer, die beim direkten Mischen eine Maximaverkleinerung um weniger als die Hälfte ergeben, ist eine Eichkurve aufzunehmen. Als Eichlösung kann man, wenn nicht Gründe für die Verwendung anderer Stoffe sprechen, eine 0,002%ige Gelatinelösung nehmen, die man dann noch entsprechend verdünnt. Die Lösung ist frisch zu bereiten. So wurden folgende Werte erhalten:

Wiener Hochquellenleitung	0,05
Heustadelwasser (toter Donauarm)	1,5
Wiener Winterhafen	1,7
Aus einem Teich im Prater	2,3
Donauwasser bei Wien	4,0

Ähnlich untersuchten Mineralwässer auch G. Scaramelli und M. Riccione (*623*).

Bestimmung des Flokkulationsgrades bei Reinigung des Wassers. Das trübe, Kolloide enthaltende Flußwasser unterdrückt stark das Sauerstoffmaximum der in Wasser gelösten Luft, und erst, wenn die Kolloide durch Salzzugabe vollständig ausgeflockt werden, erreicht das Sauerstoffmaximum dieselbe Höhe, wie in reinem Trinkwasser. Diese Eigenschaft ausnutzend, stellte R. Procházka (*150*) eine Vorrichtung zur automatischen Aufzeichnung des Sauerstoffmaximums zusammen. Da die Anwesenheit der gefällten Kolloide bei der Aufnahme der Kurve nicht stört, entfällt die zeitraubende Filtration beim Abtrennen der Kolloide, um eine Kontrolle der Vollständigkeit der Flockung zu haben. Aus der Höhe des Maximums sieht man sofort, wieweit das Wasser durch die Salzzugabe von kolloidalen Stoffen gereinigt ist.

Beim selbsttätigen Gerät von R. Procházka, welches er „Koagulograph" genannt hat, strömt das flockulierte Wasser stetig langsam durch das Elektrolysengefäß mit der tropfenden Quecksilberkathode und größeren Quecksilberanode und wird jede 5 Minuten durch den Apparat polarographisch untersucht, indem eine Kurve im Spannungsbereich des Maximums photo-

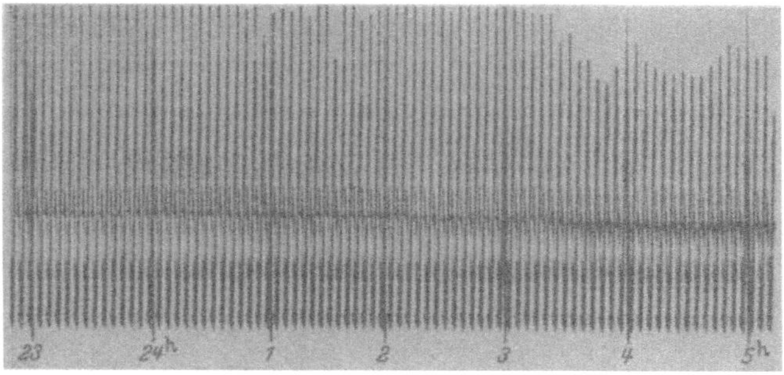

Abb. 233. Ein „Koagulogramm", welches durch die Höhen der sehr scharfen Sauerstoffmaxima den Flockungsgrad des Wassers angibt. Die Ziffern geben die Stunden an.

graphisch registriert wird. Das „Koagulogramm" (Abb. 233) zeigt dann den zeitlichen Verlauf der Flockung an; die niedrigen Spitzen, d. i. das halbunterdrückte Sauerstoffmaximum, weisen auf eine unzureichende Flockung hin.

Ohne sich des Koagulographen zu bedienen, kann die Flockung polarographisch verfolgt werden, indem man während des Ausflockens von Zeit zu Zeit einige Kubikzentimeter des Kolloide enthaltenden Wassers entnimmt und bei Luftzutritt zwischen 0 und 1,2 V Spannung polarographiert. Die Höhe des Maximums zeigt den Flockungsgrad an, indem das in reinster 0,004-n-NaCl-Lösung entstehende Maximum den höchst erreichbaren Reinheitsgrad bezeichnet.

R. Procházka (l. c.) zeigte auch, daß die Anwesenheit von organischen Stoffen in Wasser durch eine viertägige Probe nachgewiesen werden kann, wobei das zu untersuchende Wasser in einem bis zum Stöpsel gefüllten Elektrolysenkölbchen täglich zwischen 0 und 1,2 V aufgenommen wird. Je nach der Menge des organischen Stoffes erniedrigt sich die Sauerstoffstufe infolge des Sauerstoffverbrauches bei Fäulnis.

Unterscheidung der Essige.

Bei Untersuchungen von Essigen haben I. SMOLEŘ und J. ŠŤASTNÝ (*126, 174*) gefunden, daß gegorene Essige sehr stark das Sauerstoffmaximum unterdrücken, was durch Anwesenheit hochmolekularer Stoffe zu erklären ist, die von der Herkunft der Essige und der Gärung stammen. Dagegen besitzt Holzessig oder die synthetische Essigsäure in dieser Hinsicht kein Unterdrückungsvermögen (Abb. 234).

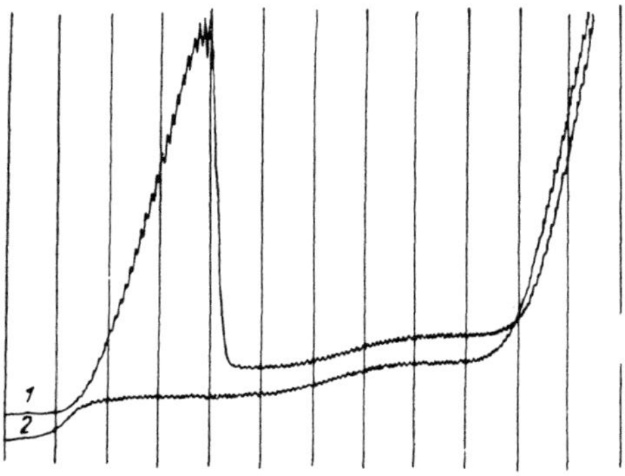

Abb. 234. Unterschied zwischen gegorenem und synthetischem Essig. Kurve *1*: 100fach mit Wasser verdünnter 12%iger Holzessig (d. h. eine an Essigsäure 0,02-m-Lösung). Kurve *2*: 100fach mit Wasser verdünnter 12%iger Gärungsessig. Offen an der Luft mit Empf. 1:50, 4-V-Akkum. aufgenommen.

Zu dieser Prüfung der Essige genügt es 2 Tropfen von konzentriertem Essig (Essenz) zu 5 cm^3 Wasser zu geben, d. h. eine 0,2%ige Essigsäure zu erhalten, und die Stromspannnngskurve offen an der Luft aufzuzeichnen. Bei Benutzung eines gegorenen Essigs wird das Maximum vollständig unterdrückt; ein Maximum beweist, daß es sich um Holzessig oder ein synthetisches Produkt handelt.

Da zu manchen Holzessigen farbige Pflanzenextrakte zugegeben werden, unterdrücken auch solche das Maximum recht stark. Deswegen kann nur beim Vorhandensein des Maximums das künstliche Produkt bewiesen werden.

Unterscheidung der Zuckersorten.

Reinheit der Zuckersorten wird — nach K. ŠANDERA und B. ZIMMERMANN (*70, 95*) — bequem durch das Unterdrückungsvermögen der Maxima in den Zuckerlösungen angezeigt, denn reine Saccharose ist in jeder Beziehung polarographisch inaktiv. so daß die Verunreinigungen von der Melasse herstammen müssen. Überhitzte Zuckersorten, welche später beschränkte Haltbarkeit aufweisen, jedoch analytisch von den haltbaren nicht zu unterscheiden sind, zeichnen sich auch durch starke Unterdrückung des Maximums aus.

Man bereitet 5%ige Lösungen der Zuckersorten in einem verdünnten Elektrolyten wie 0,001-n-KCl oder, bei mehr verunreinigten Sorten, 0,01-n-K_2SO_4 und nimmt die Kurve offen an der Luft zwischen 0 und 1,0 V auf. Abb. 235 zeigt verschieden hohe Maxima, welche man auf diese Weise erhält, und die durch ihre Höhe den Reinheitsgrad der Zuckersorte angeben. Je größer die Unterdrückung, desto mehr Verunreinigungen findet man bei speziellen Analysen durch Asche, Lumineszenz und Invertzucker-

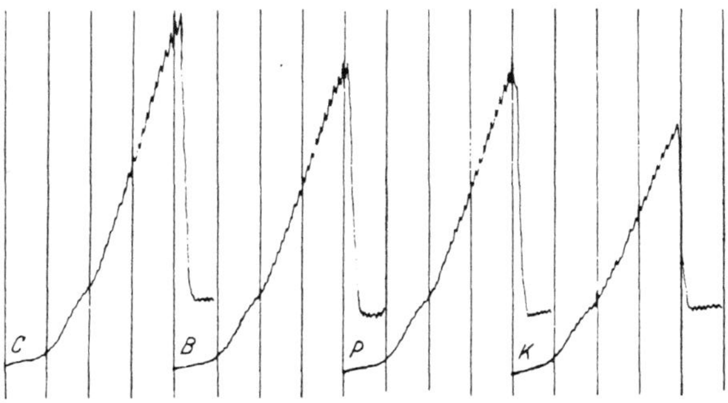

Abb. 235. Reinheitsuntersuchung des raffinierten Zuckers durch das Luftsauerstoffmaximum einer 5%igen Zuckerlösung in 0,001-n-HCl. *C* bedeutet „Cubes“, *B* Pilé, *P* Pulver und *K* Kristallzucker. Empf. 1:30, 4-V-Akkum.

gehalt. Auch durch Überhitzen der Zuckerlösung wird ihr Unterdrückungsvermögen erhöht. Man untersucht die Lösungen wieder bei Zimmertemperatur. 20%ige Zuckerlösungen zeigen, nach Verdünnen auf 5%, eine bedeutende Steigerung in diesem Sinn. Nach Erhitzen mit offener Flamme ist die Unterdrückung größer als nach Erwärmen im Wasserbad. Dieselbe Wirkung gibt auch Erwärmen der festen Saccharose. So fand K. Šandera, daß achtstündiges Erwärmen bei 70° C den reinen Zucker so weit verändert, daß eine wesentliche Unterdrückung des Maximums sichtbar wird. Beim Erhitzen unterscheidet K. Šandera — gemäß der polarographischen Wirkung — zwei Phasen: 1. kurzes Erhitzen (10 bis 15 Minuten) erzeugt Produkte, welche das Maximum stark unterdrücken, jedoch durch ein längeres (30 Minuten langes) Erhitzen wieder wirkungslos werden; 2. langes und stärkeres Erhitzen (über 3 Stunden bei 120° C) führt zu dauerhaftem bedeutendem Unterdrückungsvermögen, welches eine Anhäufung schädlicher Zersetzungsprodukte anzeigt (Abb. 236).

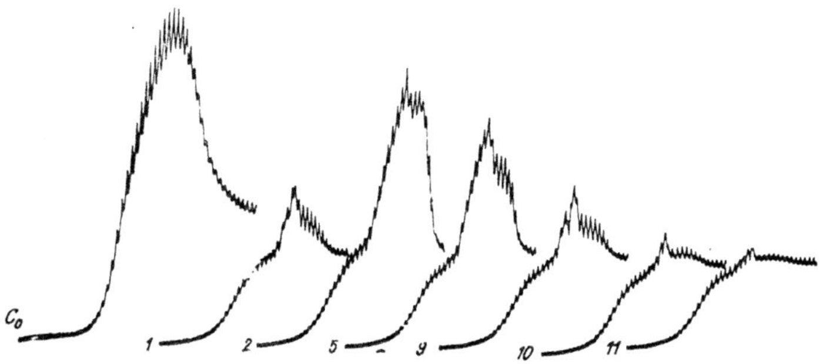

Abb. 236. Unterdrückende Wirkung des überhitzten Zuckers. Kurve C_0 wurde mit reiner 0,01-n-K_2SO_4-Lösung erhalten. Kurven *1* bis *11* mit 5%igen Lösungen von Saccharose in 0,01-n-K_2SO_4. Die Saccharose wurde *1* 15 Minuten, *2* 30 Minuten, *5* 3 Stunden, *9* 8 Stunden, *10* 9 Stunden, *11* 10 Stunden lang auf 100° C erhitzt. Empf. 1:33, 4-V-Akkum.

Honig, als Naturprodukt, unterdrückt das Sauerstoffmaximum stark (Abb. 209).

Bestimmung des Gesamtgehaltes an adsorbierbaren Stoffen.

Da das Unterdrückungsvermögen, welches eine Lösung auf ein Stromstärkemaximum ausübt, von allen adsorbierbaren Teilchen abhängt, ob sie kolloidale, hochmolekulare, dipolare oder deformierbare Struktur haben, gibt die beobachtete Unterdrückung des Maximums nur einen annähernden Wert von der Quantität solcher in der Lösung vorhandenen Stoffe. Trotzdem gibt die relative Größe der Unterdrückung eines Maximums oft über die Konzentration der Lösung an hochmolekularen Stoffen Auskunft, allerdings nur bei einer qualitativ sehr ähnlichen Zusammensetzung. So wird der Gesamtgehalt der Verunreinigungen des Wassers (s. S. 409) oder des Zuckers (s. S. 412) bestimmt. L. TAUSSIG und Mitarbeiter (*374*) bemerken, daß das Unterdrückungsvermögen, welches die Rückenmarkflüssigkeit auf das Kobaltmaximum bei der Eiweißbestimmung ausübt, parallel mit dem Eiweißgehalt ansteigt. In der ammoniakalischen Kobalt(II)-Testlösung (0,001-n-$CoCl_2$, 0,1-n-NH_4Cl, 0,1-n-NH_3) bildet nämlich die Kobaltstufe ein spitzes hohes Maximum, welches durch

Zugabe von etwa 0,2 cm³ des Liquors zu 5 cm³ der Testlösung, je nach dem Eiweißgehalt zu 25 bis 55% unterdrückt wird.

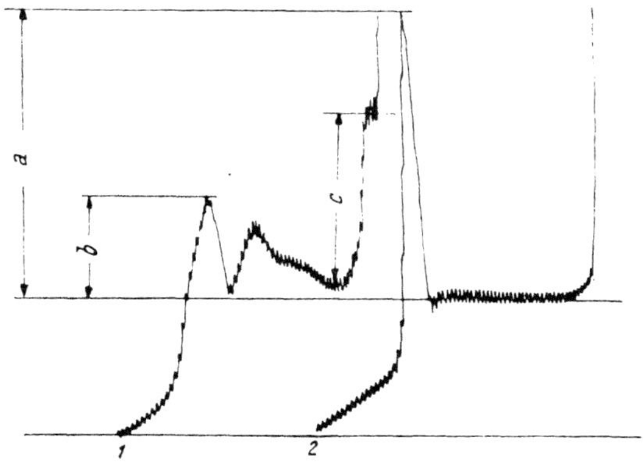

Abb. 237. Unterdrückung des Kobaltmaximums durch Spuren von Eiweiß in der Rückenmarkflüssigkeit. Zu 5 cm³ 0,001-n-$CoCl_2$, 0,1-n-NH_4Cl, 0,1-n-NH_3 (Kurve *2*) wurde 0,1 cm³ der Flüssigkeit zugegeben (Kurve *1*). Die Höhe des Kobaltmaximums wurde dadurch von *a* zu *b* erniedrigt. Bei *c* zeigt sich die einfache Eiweißstufe.

Abb. 237 zeigt, wie das Kobaltmaximum von der Höhe *a* (Kurve *2*) nach Zugabe von Liquor zur Höhe *b* herabsinkt. Zugleich zeigt sich auch die einfache Proteinstufe von der Höhe *c* (Kurve *1*). Im Eichdiagramm (Abb. 238) wurde die Höhe des Kobaltmaximums *b* in Prozenten von *a* $\left(\text{also } 100\,\frac{b}{a}\right)$ an der Ordinate gegen einen durch Mikrokjeldahl bestimmten Eiweißgehalt (in Milligramm pro 100 g Liquor) an der Abszisse eingezeichnet.

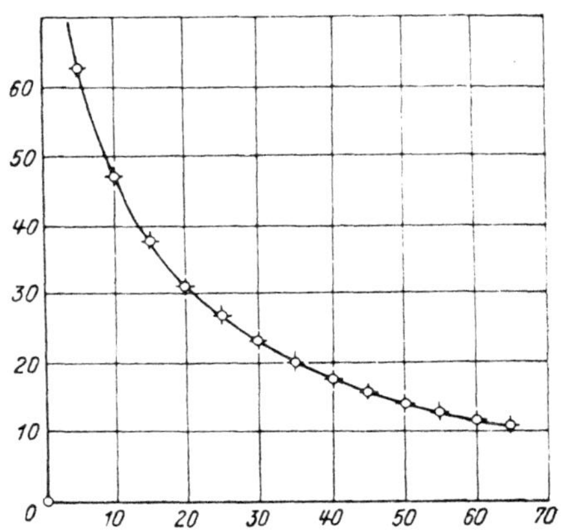

Abb. 238. Eichkurve zur Ermittlung des Eiweißgehaltes durch Unterdrückung des Kobaltmaximums.

E. Petráček (*117*) hat das Unterdrückungsvermögen der Flüssigkeiten aus verschiedenen Hautblasen untersucht, um zwischen ihnen unterscheiden zu können. Die Flüssigkeit wurde 1 : 100 mit 0,146-n-NH_4Cl (d. h. in physiologischer Konzentration)

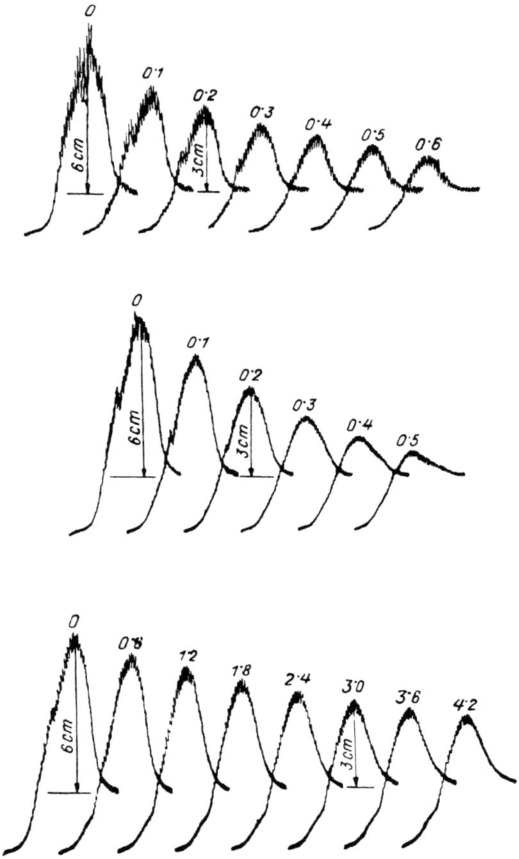

Abb. 239. Unterdrückende Wirkung der Flüssigkeit aus Hautblasen, welche bei Erysipel (obere Reihe) und bei Insolation (untere Reihe) entstehen. Die Flüssigkeit wurde 100fach in 0,146-n-NH_4Cl verdünnt und zu 20 cm^3 einer 0,01-n-KCl-Lösung offen an der Luft zugegeben. Zum Vergleich wurde die Wirkung des Blutserums (mittlere Reihe) durchgeführt. Das Luftsauerstoffmaximum (6 cm hoch) wurde bei Erysipel in 10000facher, bei Serum in 10000facher, bei Insolation in 700facher Verdünnung zur Hälfte unterdrückt.

verdünnt und zu 20 cm^3 einer 0,01-n-KCl-Lösung aus einer Pipette offen an der Luft zugetropft. Nach jeder Zugabe wurde die Kurve aufgenommen; die Zugaben wurden so lange fortgesetzt, bis das Sauerstoffmaximum zur Hälfte unterdrückt wurde (Abb. 239). Das Unterdrückungsvermögen wird — auf die im theoretischen Teil angegebene Weise — durch diejenige Verdünnung der ursprünglichen Flüssigkeit bezeichnet, in welcher das Maximum zur Hälfte unterdrückt wird (s. S. 172). So fand E. PETRÁČEK, daß die von Ekzema oder Erysipel stammende Lymphe zehn- bis fünfzehnmal wirksamer ist als ein von Hautreizung herrührendes Transsudat.

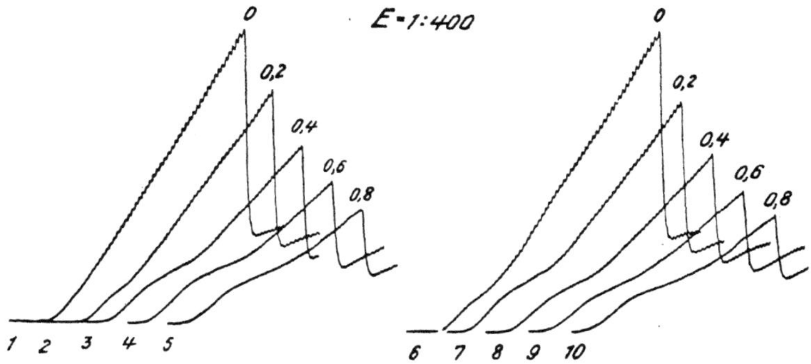

Abb. 240. Unterdrückung des Kupfermaximums durch käufliches Benzin. Zu 6 cm³ einer 0,0085-n-$CuSO_4$-, 0,017-n-H_2SO_4-Lösung in Methanol (Kurve *1* und *6*) wurden 0,2 bis 0,8 cm³ eines Pennsylvania-Benzins (Kurven *2* bis *5* und *7* bis *10*) zugegeben. Die Unterdrückung zur Hälfte wird bei Zugabe von 0,45 cm³ erreicht.

Da das Luftsauerstoffmaximum schon mit sehr verdünnten Serumlösungen vollkommen unterdrückt wird, benutzen K. GAWALOWSKI und B. GOSMAN (*134*) eine 0,005-n-$Cu(NO_3)_2$-, 0,145-n-KNO_3-Lösung, in welcher sie das Serum 500mal verdünnten und kubikzentimeterweise zu 50 cm³ der Kupfernitratlösung zugaben. Sie fanden, daß die Höhe des Kupfermaximums das Unterdrückungsvermögen des Serums angibt und die Form der Kurve bei 500facher Verdünnung einen spezifischen Verlauf zeigt.

Unterscheidung der Petroleumfraktionen. Die hochmolekularen Fraktionen des Erdöls zeichnen sich durch ein großes Unterdrückungsvermögen der Maxima aus. Wegen der Unlöslichkeit des Petroleums in Wasser haben B. GOSMAN und J. HEYROVSKÝ (*105*) eine Methanollösung von folgender Zusammensetzung vorgeschlagen: 5 cm³ 0,01-n-$CuSO_4$ in Methanol, 1 cm³ 0,1-n-H_2SO_4 in Methanol (erhalten durch Zugabe von 96% H_2SO_4 zu Methanol). Diese Lösung, mit etwa $^1/_{400}$ Empfindlichkeit, offen an der Luft polarographiert, gibt ein steiles Kupfermaximum, welches durch hochmolekulare Fraktionen sehr stark erniedrigt wird (Abb. 240, 241). Durch diese Wirkung kann man finden, wie weit die betreffenden Fraktionen von hochmolekularen Verbindungen frei

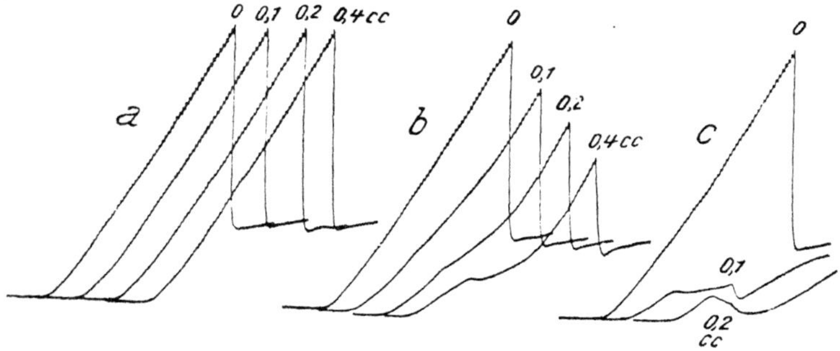

Abb. 241. Unterdrückende Wirkung verschiedener Petroleumfraktionen. Zu 6 cm³ der 0,0085-n-$CuSO_4$-, 0,017-n-H_2SO_4-Lösung in Methanol wurden 0,1 bis 0,4 cm³ von zehnfach in Methanol verdünntem *a* reinstem Benzin, *b* käuflichem West-Texas-Benzin und *c* rohem West-Texas-Erdöl zugegeben.

sind. Der Reinheitsgrad der Fraktion wird wieder durch diejenige Verdünnung angegeben, bei welcher das Maximum zur Hälfte unterdrückt wird. Diese Zahlen sind in der beigefügten Tabelle bei den betreffenden Fraktionen angegeben.

Tabelle 3.

Ölquelle	Rohöl	Benzin	Petroleum	Kerosin	Schmieröl
West-Texas	41700	410	1730	—	2960
Mid-Continent	17600	310	440	212	13300
Pennsylvania	3700	160	440	191	4550
Gulf Coast	3200	75	620	—	230
Europäisches Benzin (im Handel)	—	13	—	—	—
Reinstes medizinisches Benzin	—	9,6	—	—	—
Kahlbaum Hexan, (67,8° C S.-P.)	—	7,5	—	—	—

Unterscheidung des Alterungszustandes von Transformatorölen. G. Scaramelli (*448*) charakterisiert durch das Unterdrückungsvermögen den Alterungszustand von Transformatorölen, indem er einen Methanolextrakt des Öls zum Gemisch von 5 cm³ 0,01-n-$CuSO_4$, 1 cm³ 0,1-n-H_2SO_4 in Methanol (welches in der Petroleumuntersuchung benutzt wurde) zugibt. Er findet, daß das Unterdrückungsvermögen der frischen Öle sehr gering ist und bei den in Gebrauch stehenden Ölen zunimmt.

VIII. Polarometrische Titrationen.

Der polarographische Diffusionsstrom bietet nicht nur eine direkte Konzentrationsbestimmung des zu ermittelnden Stoffes, sondern er kann auch sehr vorteilhaft bei jeder Art von Titrationen (also bei Neutralisations-, Fällungs-, Redox- oder Komplexbildungsreaktionen) den Endpunkt sowie die Konzentrationsänderung nach jeder Zugabe genau anzeigen. Auf diese Möglichkeit hat J. Heyrovský (*34*) zuerst aufmerksam gemacht, indem er als Beispiel eine Titration der Schwefelsäure mittels Bleichlorid wählte. Somit kann der Endpunkt der Titration mit einer der volumetrischen Bestimmung entsprechenden Genauigkeit ermittelt werden. Eine für die Titration sehr verdünnter Lösungen von SO_4''-Ionen geeignete Reaktion wurde später von J. Heyrovský und S. Berezický (*59*) in der Erniedrigung der Bariumstufe nach Zugabe des Sulfats gefunden. Vom theoretischen Standpunkt wurden Titrationen mit polarographischer Anzeige von V. Majer (*289*) gründlich erörtert, welcher sie passend als *polarometrische Titrationen* bezeichnete. Dadurch wird betont, daß nicht die ganze Stromspannungskurve aufgezeichnet, sondern nur die Stromstärke bei einer bestimmten Spannung gemessen wird. Das polarometrische Verfahren mit der tropfenden Quecksilberelektrode ist deshalb mit der allgemeinen polarographischen Methode, bei welcher die Stromspannungskurven automatisch registriert werden, ganz nahe verwandt und beruht auf ihren experimentellen und theoretischen Grundlagen. Wenn die bezüglichen Titrationen auch mit einer einfachen Versuchsanordnung (ohne den Polarographen) durchführbar sind, wie weiter unten gezeigt wird, so ist gleichwohl die Beherrschung der Vorgänge, welche bei polarographischen Arbeiten hervortreten, eine unerläßliche Vorbedingung.

Als Beispiel der polarometrischen Titration sei hier die von V. Majer und M. Spálenka (*290*) eingehend untersuchte Bestimmung von Pb^{2+}- bzw. SO_4''-Ionen erörtert.

Der Diffusionsstrom der Pb^{2+}-Ionen wird bei einer konstanten Spannung von 0,8 V, bei welcher die Wasserstoffabscheidung noch nicht erreicht ist, gemessen. Dazu braucht man sich des Polarographen nicht zu bedienen, da ein einfacher potentiometrischer Meßdraht in der Form eines gestreckten Drahtes (Abb. 242) oder der KOHLRAUSCH-Trommel zur Abzweigung der angelegten Spannung

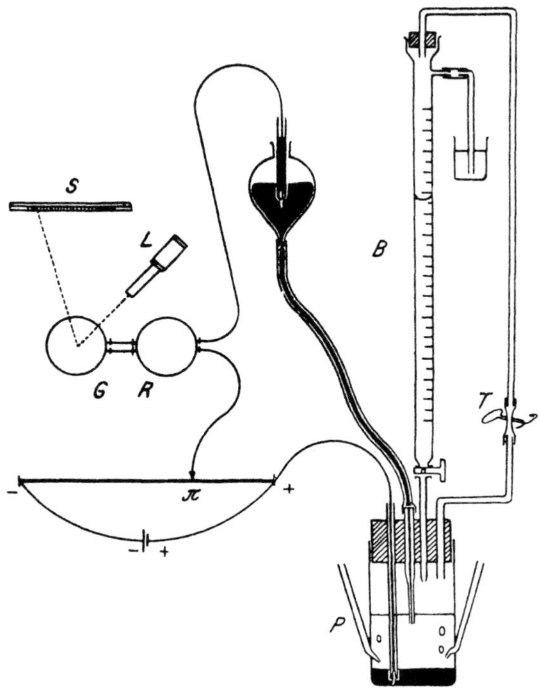

Abb. 242. Einrichtung zu den polarometrischen Fällungstitrationen nach M. SPÁLENKA.

vollständig genügt. Ein Spiegel- oder Zeigergalvanometer *G* von einer Empfindlichkeit von 10^{-7} A pro Teilchen ist unentbehrlich. Da die Anwesenheit des Luftsauerstoffes bei den meisten Bestimmungen durch den verhältnismäßig großen Diffusionsstrom des Sauerstoffes die Empfindlichkeit in der Nähe des Endpunktes herabsetzen würde, muß für das Austreiben der Luft gesorgt werden. Dies wird durch den Strom eines indifferenten Gases (z. B. Wasserstoff, Stickstoff oder Kohlendioxyd) erzielt, womit auch das bei den Titrationen unumgängliche gründliche Rühren vorteilhaft verbunden ist.

Um die Wirkung des Gasstromes zu steigern, empfiehlt sich, bei Fällungstitrationen das Gas durch vier Röhrchen *P* zum Boden des Elektrolysengefäßchens zu leiten, wobei die Enden der Zuleitungsröhrchen stark gebogen sind (Abb. 243), um dadurch eine Wirbelbewegung der Flüssigkeit zu erzielen. Es werden 10 cm^3 der zu titrierenden Lösung (welche SO_4''-Ionen in unbekannter Konzentration enthält) und 10 cm^3 absoluten Alkohols in ein das Bodenquecksilber enthaltende Elektrolysengefäß abpipettiert und dann mit dem in Abb. 242 gezeichneten Gummistöpsel verschlossen. Durch den Stöpsel führen: ein Kontaktröhrchen zum Bodenquecksilber, die tropfende Elektrode, die Bürettenmündung und ein Röhrchen, welches das indifferente Gas durch den oberen Teil der Bürette mittels eines Wasserverschlusses ableitet. Wo es die chemische Beschaffenheit der Lösung erlaubt, kann Kohlendioxyd als indifferentes Gas dienen; da dies schwerer als Luft ist, können dann der Stöpsel und das Ableitungsröhrchen entfallen. Das Kontaktröhrchen kann so wie bei den gewöhnlichen konischen Gefäßen im Boden eingeschmolzen sein (Abb. 249). Nun fügt man aus der Bürette unter lebhaftem Gasstrom einige Kubikzentimeter der Blei- bzw. Sulfatlösung zu, leitet das Gas noch 15 Sekunden durch und wartet 2 Minuten, um die Löslichkeit des Bleisulfats zu vermindern. Dann legt man die 0,8-V-Spannung an die ruhende Quecksilberanode und die tropfende Quecksilberkathode und notiert den Galvanometerausschlag. Diese Zugaben werden so lange fortgesetzt, bis die Stromstärke merklich anzuwachsen beginnt. Nun wird ein Diagramm (Abb. 244) gezeichnet, in welchem die Abszissen die zugegebenen Kubikzentimeter der Bleilösung und die Ordinaten den Galvanometerausschlag, d. h. die Höhe der Bleistufe, bezeichnen. Die Abszisse, bei welcher der jähe Stromanstieg zu bemerken ist, gibt die für die SO_4''-Ionen erforderliche Menge an Pb^{2+}-Ionen an. Um diesen Endpunkt ganz scharf zu erkennen, sollte man die Löslichkeit des gut ausgewaschenen Bleisulfats in der während der Titration sich bildenden alkoholischen Nitratlösung (HNO_3 bzw. KNO_3) durch

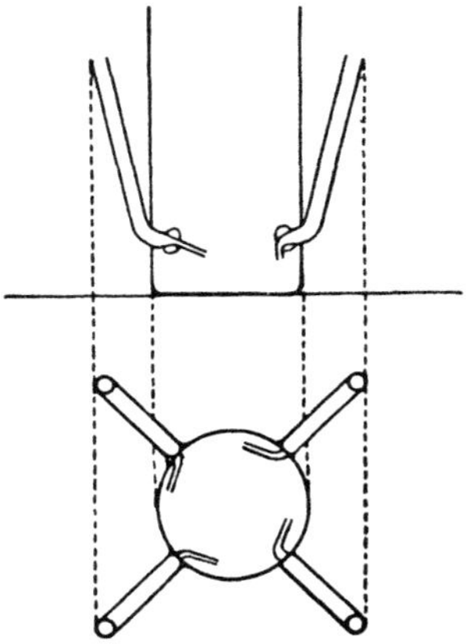

Abb. 243. Elektrolysengefäß mit Vorrichtung für intensives Umrühren durch Gasstrom.

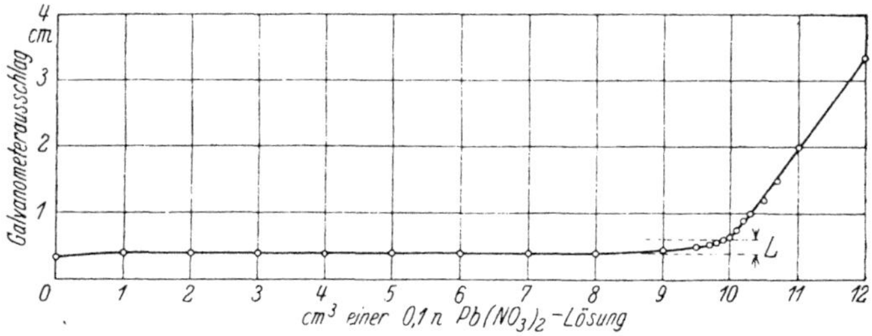

Abb. 244. Titrationsdiagramm zur Bestimmung von Sulfationen.

die Höhe der Bleistufe bei 0,8 V Spannung bestimmen. Wo die Kurve des Diagramms die Höhe dieser Bleistufe erreicht, befindet sich der wahre Endpunkt. Es genügt jedoch, wenn man zwei

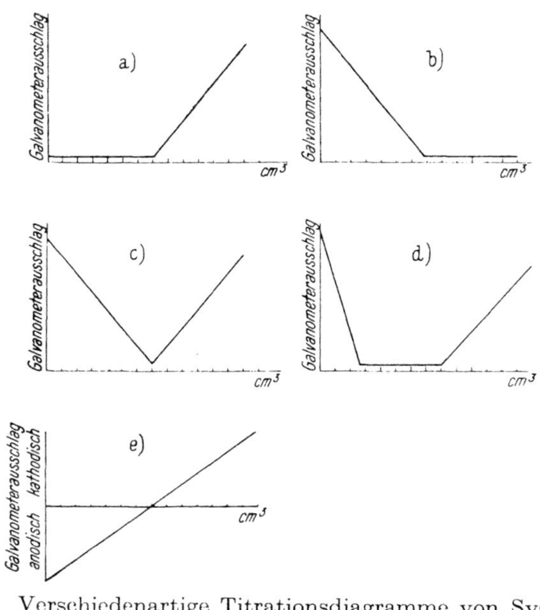

Abb. 245. Verschiedenartige Titrationsdiagramme von Systemen, in welchen entweder nur einer der reagierenden Bestandteile (a, b) oder beide (c, d, e) depolarisierend wirken.

Galvanometerausschläge vor und zwei nach dem Äquivalenzpunkt — und zwar ziemlich vom Äquivalenzpunkt entfernt (*523, 607*) — bestimmt, um den Endpunkt durch den Schnittpunkt beider Geraden genau zu finden.

Am besten werden so 0,1- bis 0,01-n-Blei- oder Sulfatlösungen titriert. Falls in der Bürette eine verdünnte Lösung benutzt wird, erhält man, wegen des Anwachsens des Volumens im Elektrolysengefäß, statt der linienförmigen Äste der Kurve gebogene Kurven, wodurch die Extrapolation etwas erschwert wird. Dieser Nachteil wird aber behoben, wenn man — nach R. STRUBL (*463*) — auf der Ordinate des Diagramms anstatt den beobachteten Galvanometerausschlägen die mit Rücksicht auf die Verdünnung korrigierten Werte aufträgt. Diese sind dann $i_{\text{korr.}} = i_{\text{beob.}} \frac{V+v}{V}$, wobei V das Anfangsvolumen der Lösung in dem Elektrolysengefäß und v das zugegebene Volumen bezeichnen. Diese Korrektionen werden überflüssig, wenn die Lösung in der Bürette 10- bis 20mal konzentrierter ist als das zu bestimmende Ion im Elektrolysengefäß. Die Bürette soll etwa 10 cm³ enthalten und mindestens in $^1/_{20}$ cm³ eingeteilt sein.

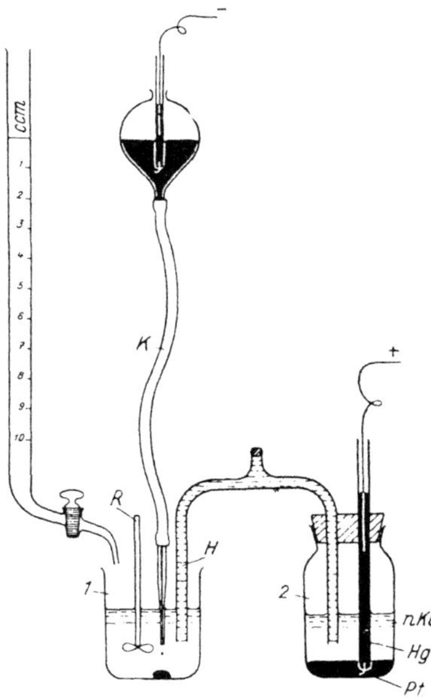

Abb. 246. Einrichtung zu polarometrischen Titrationen mit einer gesonderten Bezugselektrode nach A. NEUBERGER.

Man kann auch in das Elektrolysengefäß die Bleilösung bringen und von der Bürette die Sulfatlösung zugeben. Dabei erhält man vor dem Endpunkt bei 0,8-V-Spannung große Ströme und nach dem Endpunkt nur den Diffusionsstrom der gesättigten Bleisulfatlösung. Das Diagramm (Abb. 245 b) hat also die Form eines Spiegelbildes des obigen Diagramms (Abb. 244).

Was die Benutzung des Elektrolysengefäßes anbelangt, sei hier darauf aufmerksam gemacht, daß bei Anwesenheit von Oxydationsmitteln oder Ionen edler Metalle das Bodenquecksilber mit der Lösung nicht in Berührung kommen darf, da es dadurch zu unerwünschten Reaktionen käme. In solchen Fällen benutzt man eine gesonderte Bezugselektrode, und zwar entweder in einem Gefäß nach M. KALOUSEK (Abb. 112) oder man verbindet, nach A. NEUBERGER (*543*), eine Kalomelelektrode mittels eines Elektrolytenhebers mit der zu titrierenden Lösung (Abb. 246).

Titration der Pb^{2+}-Ionen und Ba^{2+}-Ionen.

Die Pb^{2+}-Ionen können entweder auf die oben beschriebene Weise durch Schwefelsäure in alkoholischer Lösung oder in wäßriger Lösung auch mit Oxalaten titriert werden (I. M. KOLTHOFF *607*).[1]

Ein eigenartiges Fällungsmittel für Pb^{2+}-Ionen hat K. ABRESCH [s. A. NEUBERGER (*543*)] im Chromation gefunden, welches bei 0,8-V-Spannung ebenfalls eine Stufe hervorruft. Wenn bei dieser Titration eines der beiden Ionen in Überschuß anwesend ist, ist der Galvanometerausschlag immer groß und wird nur beim Äquivalenzpunkt minimal. Die Titrationskurve hat dann die Form *c* (Abb. 245). Wenn aber die Spannung Null angelegt wird, bei welcher sich die Pb^{2+}-Ionen nicht abscheiden, die Chromationen dagegen in saurer Lösung zu Cr^{3+}-Ionen reduziert werden, wächst der Strom, sobald die Chromationen im Überschuß sind. Wenn also im Elektrolysengefäß die Bleilösung titriert wird, erhält man eine Titrationskurve der Form *a* (Abb. 245), dagegen wenn im Gefäß die Chromatlösung anwesend ist, bekommt man die Titrationskurve *b*. Nach I. M. KOLTHOFF und Y. D. PAN (*607*), welche diese Titration polarometrisch untersuchten, führt diese Bestimmung in schwach sauren Lösungen zu sehr genauen Ergebnissen. Als Elektrolyt kann hier ein sauer reagierender Acetatessigsäurepuffer oder eine 0,01- bis 0,1-m-Perchlorsäure dienen. Die zu titrierende Chromat- oder Bleilösung soll etwa 0,01 m sein; auch millimolare Bleilösungen können auf 0,3% genau titriert

---

[1] Obzwar schon im Jahre 1936 die Benennung „polarometrische Titrationen" für die mit der tropfenden Quecksilberelektrode als Indikator durchführbaren Titrationen eingeführt wurde (*289*), wendet I. M. KOLTHOFF in seinen seit 1939 erscheinenden Abhandlungen über solche Titrationen die Bezeichnung „Amperometrische Titrationen" an. Dieser Autor will damit diejenigen Titrationen bezeichnen, deren Endpunkt durch die Stromstärke, sei es mittels der tropfenden Quecksilberelektrode, sei es z. B. mit einer rotierenden Platinmikroelektrode, angezeigt wird. Da jedoch I. M. KOLTHOFF und Mitarbeiter in den bisher untersuchten Titrationen (*523*, *604*, *602*, *605*, *600*) nur die tropfende Quecksilberelektrode als Indikatorelektrode benutzen, sollen die bisher beschriebenen Titrationen richtiger als „polarometrische" bezeichnet werden. Zur Anwendung einer rotierenden Platinmikroelektrode zu analytischen Zwecken (*603*) sei hier erwähnt, daß bereits im Jahre 1930 P. HERASYMENKO (*77*) (s. auch S. 242) eine rotierende Platinstiftelektrode verfertigt hat, deren Verwendung jedoch — wegen der auf S. 13 angeführten Mängel — bisher keine Vorteile aufweisen konnte.

werden. Wenn der Strom bei der Spannung Null gemessen wird, bei welcher die Sauerstoffstufe noch nicht erscheint, braucht die Luft aus den Lösungen nicht entfernt zu werden und man arbeitet ohne Meßbrücke und Akkumulator.

Die Titration der Ba^{2+}-Ionen wird nach J. HEYROVSKÝ und S. BEREZICKÝ (*59*) oder V. MAJER und M. SPÁLENKA (*290*) am besten mit neutralen Lösungen von 0,01-n-K_2SO_4 oder Li_2SO_4 durchgeführt, und zwar bei einer Spannung von 2,08 V, bei welcher die Höhe der Bariumstufe gut meßbar ist. Nach I. M. KOLTHOFF und Y. D. PAN (*523*) können Ba^{2+}-Ionen in neutraler Lösung auch mittels Chromats sehr genau bestimmt werden.

Da die Löslichkeit von Bleichromat kleiner als jene des Bariumchromats ist, erhält man eine besondere Titrationskurve, wenn einer neutralen Lösung von Blei- und Bariumsalzen eine Kaliumchromatlösung aus der Bürette zugegeben wird. Da scheidet sich zunächst Bleichromat aus, und erst wenn alles Blei ausgefällt ist, beginnt die Fällung der Ba^{2+}-Ionen. Wenn man den Galvanometerausschlag bei 1,0 V mißt, hat die Titrationskurve die in Abb. 245d gezeigte Form. Hier wird zuerst die Bleistufe erniedrigt, dann bleibt beim Fällen des Chromats durch Ba^{2+}-Ionen, solange die Ba^{2+}-Ionen anwesend sind, der Strom ganz gering und erst beim Überschuß der Chromationen fängt der Stromanstieg an. Da die Ba^{2+}-Ionen vom $PbCrO_4$ mitgerissen werden, ist der erste Knickpunkt der Kurve gegen den richtigen Endpunkt verschoben.

Titration der SO_4''-, C_2O_4''- und $Fe(CN)_6''''$-Ionen.

Sulfate können in sauren Lösungen durch Zugaben von Bleisalzen (Nitrat, Acetat oder nach K. ABRESCH Perchlorat) in neutralen Lösungen durch Bariumchlorid titriert werden. Die Titration mit Pb^{2+}-Ionen wird nach Zugabe eines gleichen Volumen absoluten Alkohols, wie bei der Bestimmung von Blei, durchgeführt. Bei Anwendung von Pb^{2+}-Ionen wird die Spannung 0,8 V angewendet; deswegen dürfen in der Sulfatlösung die Stoffe, welche bei dieser Spannung depolarisierend wirken (wie Fe^{3+}, Cu^{2+}, Bi^{3+}, Sn^{2+}, Cd^{2+}, As^{III}, Sb^{III}), nur in einer nicht viel größeren Konzentration als jener des SO_4''-Ions anwesend sein. Bei Titrationen mit Ba^{2+}-Ionen stören diejenigen Kationen, welche die Wasserstoffüberspannung herabsetzen, wie Fe^{2+}, Ni^{2+}, Co^{2+}, Al^{3+}, Be^{2+}; die anderen können anwesend sein, wenn sie nicht konzentrierter sind als die SO_4''-Ionen; nur Li^{+}-Ionen können in großem Überschuß anwesend sein.

Die zu titrierenden Lösungen im Elektrolysengefäß können Sulfate in einer Konzentration von 0,01 bis 0,001 n enthalten; die Konzentration des Bleinitrats oder Bariumchlorids in der Bürette soll etwa 10- bis 20mal größer sein.

Nach I. M. KOLTHOFF und Y. D. PAN (*607*) werden Oxalate mit einer 0,01-m-$Pb(NO_3)_2$-Lösung beim Potential zwischen —1,2 und —1,4 V mit einer Genauigkeit von 0,2% polarometrisch titriert. In derselben Weise werden auch Ferrocyanide bestimmt.

Titration der Zn^{2+}-Ionen.

M. SPÁLENKA (*553*) fand, daß die polarometrische Bestimmung des Zinks durch Fällen mittels Ferrocyanids in einer ammoniaka-

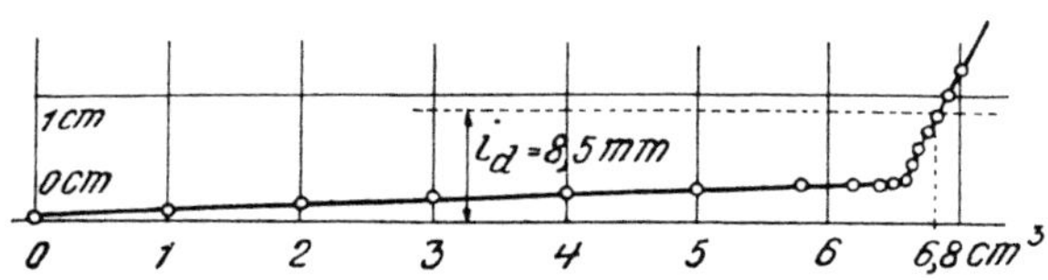

Abb. 247. Diagramm der Titration von 4 cm³ 0,05-m-$K_4Fe(CN)_6$ (Faktor 1,168), 1 cm³ 2,0-n-$MgCl_2$, 15 cm³ H_2O mit 0,05-m-$ZnCl_2$ (Faktor 1,043), 0,5-n-HCl, in Wasserstoffatmosphäre bei 1,2 V Spannung und Zimmertemperatur.

lischen und genauer noch in einer salzsauren Lösung ausgeführt werden kann. Ein bekanntes Volumen einer etwa 0,05-m-$K_4Fe(CN)_6$-Lösung, deren Faktor genau ermittelt ist, wird in das Elektrolysengefäß pipettiert und die Bürette wird mit der zu untersuchenden Zinklösung nach Zufügen von einigen Tropfen Salzsäure, so daß die Lösung etwa 0,2-n-HCl enthält, gefüllt. Nach Austreiben der Luft wird titriert, wobei nach jeder Zugabe die Lösung 30 Sekunden lang mit dem Gasstrom umgerührt und 1 Minute stehengelassen wird, bevor man bei Spannung 1,2 V den Galvanometerausschlag bestimmt.

Die Titrationskurve ist in Abb. 247 gegeben; der Endpunkt wird bei derjenigen Ordinate gefunden, welche dem Galvanometerausschlag bei 1,2 V in einer 0,1-n-HCl-, 0,1-n-KCl-Lösung entspricht, die einen reinen Zinkferrocyanidniederschlag enthält. Das beigefügte Polarogramm (Abb. 248) zeigt die Beeinflussung der Löslichkeit des Niederschlages durch Salzsäure. Die bei 50° C erhaltenen Ergebnisse sind gerade so genau wie jene bei 18° C.

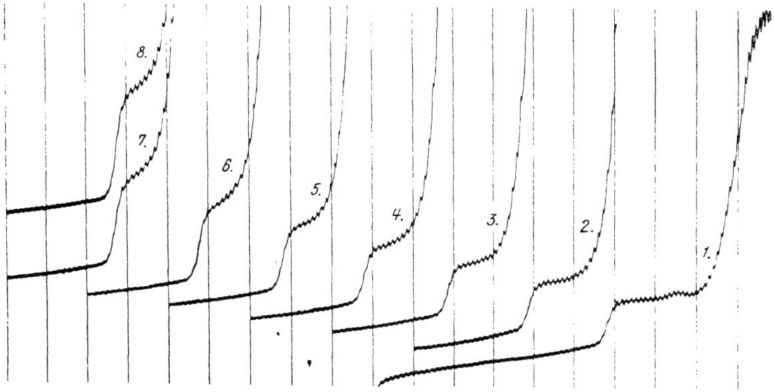

Abb. 248. Bestimmung der Löslichkeit des Niederschlages zum Endpunkte der Titration. Zur Lösung, welche aus 6 cm³ 0,1-n-KCl, 1 cm³ 2,0-n-$MgCl_2$, 3 cm³ H_2O und 10 cm³ einer wäßrigen Suspension des Niederschlages $K_2Zn_3(Fe[CN]_6)_2$ besteht, werden *1* 0, *2* 0,5, *3* 1,0, *4* 2,0, *5* 4,0, *6* 6,0, *7* 8,0, *8* 9,0 cm³ 0,5-n-HCl zugegeben. Die Kurven wurden in Wasserstoffatmosphäre mit Empf. 1:5, 4-V-Akkum. von 0,6 V an aufgenommen. Kurve *1* fängt bei 0 V an.

Titration der Ni^{2+}-, Co^{2+}- und Cu^{2+}-Ionen.

Nach einem Zitat von A. Neuberger (*543*) hat K. Abresch die polarometrische Dimethylglyoximtitration eingeführt, indem er eine Mischung von 5 cm³ 0,1-n-$NiCl_2$ + 5 cm³ 2,5-n-Seignettesalz + 2,5 cm³ 10%igem NH_3 + 20 cm³ Wasser mit einer alkoholischen, etwa 1%igen Dimethylglyoximlösung titrierte. Die Nickelstufe bei etwa — 1,4 V zeigt die Menge des gefällten Nickelkomplexes an. Dieselbe Titration wurde eingehend von I. M. Kolthoff und A. Langer (*604*) untersucht und folgendermaßen ausgeführt: 50 cm³ der zu untersuchenden Lösung, welche das Nickelsalz in einer 0,01- bis 0,0001-m-Konzentration enthalten kann, werden mit Ammoniumchlorid und Ammoniak versetzt, so daß im Gemisch 0,1-m-NH_4Cl und 0,5-m-NH_3 vorhanden ist; 1 cm³ einer 1%igen Gelatinelösung wird zugegeben. Aus der Bürette wird eine alkoholische 0,1-m-Dimethylglyoximlösung unter Luftabschluß zugetropft. Nach jeder Zugabe wird das Gemisch durch das indifferente Gas 30 Sekunden lang umgerührt, 2 bis 3 Minuten abgewartet und dann der Galvanometerausschlag bei — 1,85 V Spannung abgelesen. Da bei dieser Spannung Dimethylglyoxim auch eine Stufe bildet, erhält man eine Titrationskurve mit absteigendem und aufsteigendem Ast (Abb. 245c), deren Minimum den Endpunkt sehr scharf angibt. Kadmium und

Zink stören in dieser Bestimmung nicht, Kupfer dagegen stark. Kobalt darf 5% des Nickelgehaltes nicht übersteigen, sonst muß es als Kaliumkobaltinitrit entfernt werden.

Kobalt wird nach A. LANGER (*605*) mit einer essigsauren Lösung des α-Nitroso-β-naphthol titriert, wobei sich die Kobaltlösung in einem Acetatpuffer (bestehend aus 0,2-m-Essigsäure und 0,2-m-Natriumacetat) im Elektrolysengefäß und α-Nitroso-β-naphthol in konzentrierter Essigsäure in der Bürette befinden. Es wird entweder die Spannung von 0,6 V angelegt, bei welcher bis zum Überschuß des Reagens der Strom nicht ansteigt, oder die Spannung 1,5 V, bei welcher die Titrationskurve ein scharfes Minimum (Abb. 245 c) aufweist.

Für Kupfer hat K. ABRESCH (s. A. NEUBERGER, l. c.) als ein geeignetes polarometrisches Fällungsmittel das Salicylaldoxim empfohlen, dessen Löslichkeit sehr gering ist. Die Kupferlösung wird nach Zusatz von Kaliumchlorid und Essigsäure (zu 0,05 m) im Elektrolysengefäß mittels einer etwa 1%igen Salicylaldoximlösung bei einer kleinen Spannung titriert. Derselbe Autor hat auch eine Titration der Cd^{2+}-Ionen mit Oxin vorgeschlagen. Nach I. M. KOLTHOFF und A. LANGER (*604*) kann Kupfer mit α-Nitroso-β-naphthol entweder im Acetatpuffer oder in einer Lösung von Ammoniak und Ammonchlorid polarometrisch bestimmt werden. Mit demselben Reagens kann auch Palladium(II) im Acetatpuffer polarographisch titriert werden.

Titration der Cl′-Ionen.

C. S. MILLER (*600*) untersuchte die polarometrische Titration der Chloride, indem er sie mit Mercurosalzen fällte. Eine unerwünschte Depolarisation der tropfenden Elektrode konnte durch einen kleinen Zusatz von Gelatine (0,05%) behoben werden. Man säuert die Chloridlösung mit Salpetersäure an, so daß sie etwa 0,1-n-HNO_3 und die Chloridkonzentration etwa 0,002 n ist und titriert diese Lösung mit einer 0,02-n-Mercuronitratlösung. Bei einer kleinen Spannung erhält man die in Abb. 245 a gegebene Titrationskurve, welche bei Überschuß der Mercuroionen steil ansteigt.

Titration der J′-Ionen.

Die polarometrische Bestimmung der Jodide geschieht nach C. S. MILLER (*600*) durch Mercurinitrat. Da sich während dieser Titration das Potential der ruhenden Quecksilberelektrode ziemlich ändern würde, muß eine gesonderte Bezugselektrode, am besten eine Kalomelelektrode, als die unpolarisierbare Elektrode dienen. Man legt die Spannung so an, daß die tropfende Elektrode Anode ist und polarisiert sie bei 0,25 V. Dabei mißt man die anodische Stufe der Jodidionen (s. S. 98). Während die J'-Ionen durch Titration entfernt werden, vermindert sich die anodische Stufe zu Null und bei einem Überschuß der Mercuriionen erfolgt der Galvanometerausschlag in entgegengesetzter Richtung, da nun bei 0,25 V die kathodische Hg^{II}-Stufe entsteht. Die Titrationskurve hat nun die Form einer Geraden (Abb. 245e), welche die Galvanometernullpunktlinie im Endpunkt schneidet. Die Jodidlösung soll etwa 0,001 n sein, mit Salpetersäure zu 0,1 n angesäuert werden und auch 0,05% Gelatine enthalten. Die Bestimmung ist genau auf 0,3%.

Titration der PO_4'''-Ionen.

A. Neuberger (*543*) hat eine polarometrische Phosphatbestimmung mittels Wismutylperchlorats, welches im Überschuß von Überchlorsäure unlösliches Wismutylphosphat niederschlägt, ausgearbeitet. Die Wismutyllösung wird durch Eintragen von Wismutoxyd in so viel heiße, chemisch reine 70%ige Überchlorsäure hergestellt, daß ein kleiner Überschuß der Säure bestehen bleibt. Diese konzentrierte Lösung wird zu etwa 0,1 m verdünnt und der genaue Titer wird durch die gravimetrische Bestimmung des Wismuts als Oxyd und als Phosphat ermittelt.

Die zu titrierende Phosphatlösung soll in 50 cm³ etwa 50 mg P_2O_5 enthalten; zu dieser wird 1 cm³ der 70%igen Überchlorsäure zugefügt. Dann wird die 0,1-m-Wismutylchloratlösung zugetropft und nach jeder Zugabe 15 Sekunden durch den Gasstrom umgerührt und 15 Sekunden gewartet; dann mißt man bei 0,3-V-Spannung den Galvanometerausschlag. Dieser bleibt bis zum Endpunkt der Titration ganz gering und steigt beim Überschuß des Wismutylperchlorats rasch an. So wurde der PO_4'''-Gehalt in Superphosphat innerhalb einer Fehlergrenze von 0,3% festgestellt. Dabei wurden 5 g des Superphosphats in 500 cm³ Wasser eine Stunde lang geschüttelt und dann filtriert. 25 cm³ des Filtrats wurden mit 20 cm³ Wasser und 1 cm³ 70%iger Überchlorsäure versetzt, die anwesende Schwefelsäure wurde mit 2 cm³ 10%iger Bariumacetatlösung ausgefällt. Dann wurde, ohne zu filtrieren, mit der 0,1-m-Wismutylperchloratlösung titriert. Eine solche Titration kann in 5 Minuten durchgeführt werden.

Zur Ermittlung von ganz geringen Konzentrationen offen an der Luft verfährt man wie folgt:[1] In einem kleinen Becherglas

[1] Aus dem Forschungsinstitute Baťa, Zlin.

werden 5 cm^3 der verdünnten Phosphatlösung mit 0,5 cm^3 20%iger Überchlorsäure durch einen Strom von Kohlendioxyd etwa in einer Minute von der Luft befreit, und zu dieser Lösung wird — nach A. NEUBERGER (l. c.) — aus der Bürette eine 0,01-m-$BiOClO_4$-Lösung in 2%iger Überchlorsäure zugegeben. Nach jeder Zugabe wird eine Weile das Kohlendioxyd durchgeleitet und nachher der Galvanometerausschlag bei 0,7 V, mit etwa $^1/_{50}$ der Galvanometerempfindlichkeit, gemessen. Die Phosphatkonzentration wird durch Interpolation aus der Titrationskurve ermittelt. Der Faktor der 0,01-m-$BiOClO_4$-Lösung in 2%iger Überchlorsäure wird durch Titration einer Phosphatlösung von genau bekannter Phosphatkonzentration bestimmt.

Titration der MoO_4''-Ionen.

G. THANHEISER und J. WILLEMS (*564*) bestimmen Molybdän in Stählen polarometrisch nach einer Abtrennung des Eisens mittels Alkalihydroxyd. Zur Titration benutzen sie eine Bleiacetatlösung, mit der das Molybdän als schwer lösliches Bleimolybdat ausgefällt wird, und zwar am besten bei einem p_H-Wert 5 bis 6. Der Galvanometerausschlag wird bei Spannung 0,6 V gemessen. Beim Überschuß von Pb^{2+}-Ionen entsteht sofort ein Diffusionsstrom, welcher durch das Ansteigen des Galvanometerzeigers das Ende der Titration anzeigt. Es erwies sich als vorteilhaft, die Lösung bei 80° C zu halten und eine Tropfdauer von 2,5 bis 4 sec. zu wählen.

Redoxtitrationen mit polarometrischer Endpunktbestimmung.

Die Endpunktbestimmung der Titrationen, bei welchen die Oxydations- und Reduktionsmittel miteinander reagieren, kann mit Vorteil polarometrisch ermittelt werden. Bei solchen Titrationen ist nämlich der Endpunkt besonders scharf angezeigt, denn er wird durch den Übergang des Stromes über die Nullage des Galvanometers bestimmt, wozu man die größte Empfindlichkeit benutzen kann. Da sich bei den Redoxtitrationen kein Niederschlag bildet, ist das Rühren mit einem starken Gasstrom überflüssig, und es genügt deshalb, sich eines gewöhnlichen Elektrolysengefäßes (wie in Abb. 109 c) zu bedienen. Da ferner die reduzierende Lösung bei Berührung mit Quecksilber unverändert bleibt, braucht keine gesonderte Bezugselektrode benutzt zu werden und die Einrichtung nimmt dann die in Abb. 249 gezeichnete Anordnung von M. SPÁLENKA (*553*) an.

Diese Möglichkeit der Benutzung beider Quecksilberelektroden in einem Gefäßchen mit der zu titrierenden Flüssigkeit eignet sich besonders für Mikrotitrationen, denn das Elektrolysengefäßchen kann ganz klein sein (z. B. wie in Abb. 109 a), wodurch es ermöglicht wird $^1/_2$ bis $^1/_4$ cm^3 einer Lösung genau zu titrieren.

Die tropfende Elektrode wird bei den Redoxtitrationen zunächst als Anode polarisiert, denn es handelt sich in erster Reihe

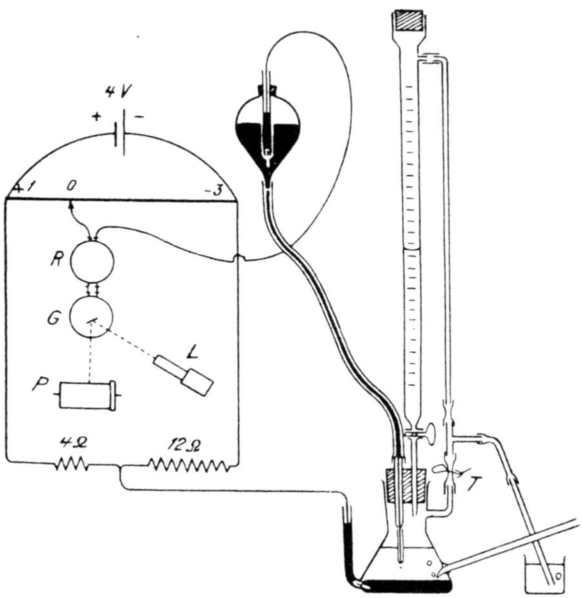

Abb. 249. Einrichtung zur polarographischen Titanometrie nach M. Spálenka.

um die Messung der anodischen Stufe des Reduktionsmittels. Deswegen gebraucht man die anodisch-kathodische Polarisationseinrichtung, welche in den meisten Polarographen eingebaut ist; wenn das nicht der Fall ist, kann man die in Abb. 249 gezeichnete Verbindung (nach J. Hoekstra, s. S. 228) zum Polarographen einschalten. Durch diese Schaltung wird erzielt, daß der vom Anfang des Meßdrahtes sich bewegende Schleifkontakt zunächst eine anodische und dann eine kathodische Polarisation der tropfenden Elektrode bewirkt.

Das Prinzip der Endpunktbestimmung in solchen Titrationen wird an der von M. Spálenka (l. c.) untersuchten Oxydation der

Titan(III)-Lösung mittels einer Eisen(III)-Lösung erklärt. Die Titan(III)-Lösung, als Reduktionsmittel, wird im Elektrolysengefäß unter Luftabschluß mit einer Ferrisalzlösung titriert. Vor der ersten Zugabe wird Kurve *1* (Abb. 250) der reinen Titan(III)-Lösung mit einer kleinen Empfindlichkeit von 0,4-V-Spannung an, wobei die tropfende Elektrode Anode ist, aufgenommen; diese Kurve zeigt durch die Höhe der anodischen Stufe (unter der Nulllinie) den Titan(III)-Anteil und durch die Höhe der kathodischen

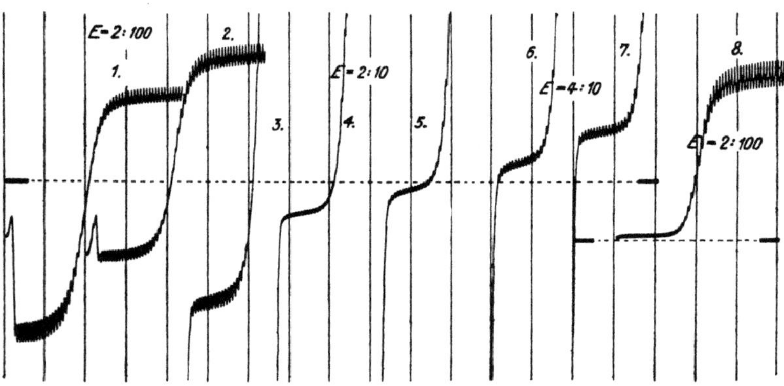

Abb. 250. Titration von Titan(III) mit Eisen(III). Zur Lösung, welche aus 2 cm³ 2-n-HCl, 2 cm³ gesättigter Weinsäure, 5 cm³ H_2O und 5 cm³ 0,7% $TiCl_3$ bestand, wurde eine 0,026-m-$FeNH_4(SO_4)_2$-Lösung in Wasserstoffatmosphäre zugegeben. Die Kurven wurden durch anodisch-kathodische Polarisation von 0,2 bis —0,2 V aufgenommen. Empf. 2:100 bis 4:10.

Stufe (oberhalb der Nullinie) den Titan(IV)-Anteil der Lösung. Nun werden einige Kubikzentimeter der Ferrisalzlösung aus der Bürette zugegeben und nach kurzer Gasdurchleitung wird Kurve *2* sofort aufgenommen. Diese zeigt, durch die Höhe der anodischen und der kathodischen Stufe, wieviel von Titan(III) zu Titan(IV) oxydiert wurde. Durch die Erniedrigung der anodischen Stufe, welche an der Skala des horizontalen Spaltes beobachtet wird, kann man die zu völliger Oxydation des Titan(III)-Anteiles erforderliche Menge der Eisen(III)-Lösung abschätzen. Nun gibt man etwas weniger von Eisen(III) zu als zur Oxydation des Titan(III)-Restes erforderlich ist und nimmt die Kurve (*3*) mit größerer Empfindlichkeit auf, damit die anodische Titan(III)-Stufe vergrößert wird. Darauf fügt man einigemal ganz wenig der Eisen(III)-Lösung zu und nimmt nach jeder Zugabe den Diffusionsstrom auf, bis dieser deutlich auf die kathodische Seite übergegangen ist (Kurven *4*, *5*, *6* und *7*). Der an der anodischen Seite eingezeichnete Strom (Kurve *1* bis *5*) wird durch das noch vorhandene Titan(III) verursacht, und der später an der kathodischen Seite auftretende Strom entsteht durch das nun anwesende Eisen(III). Die Titan(IV)-Stufe erscheint dann ganz an der kathodischen Seite und kann mit herabgesetzter Empfindlichkeit (Kurve *8*) erhalten werden. Der Endpunkt der Titration wird erreicht, wenn kein Titan(III) und kein Eisen(III) in der Lösung vorhanden ist, was polarographisch durch den Übergang des Reststromes über die Nullage des Galvanometers (Kurve *5*) angezeigt wird. Dieser Endpunkt wird experimentell nicht gesucht, sondern er ergibt sich durch Interpolation am Diagramm (Abb. 251), in welchem die Stufenhöhen gegen die verbrauchten Kubikzentimeter der Eisen(III)-Lösung aufgetragen sind. Man mißt die Entfernung der Mitte des Diffusionsstromes von der Galvanometernullinie und braucht nicht bezüglich der Volumenänderung zu korrigieren. Deswegen erhält man statt einer Geraden eine gebogene Kurve, die jedoch den Schnittpunkt mit der Nullinie ebenso genau wie bei einer Geraden angibt. Nur in Fällen, wo beim Überschuß des Oxydationsmittels keine kathodische Stufe gebildet wird (wie bei Chloraten), muß der Endpunkt durch Extrapolation ermittelt werden, wozu die Stufenhöhen auf die oben angegebene Weise (S. 423) auf ein einheitliches Volumen korrigiert sein müssen. In jedem Fall aber genügt es zwei Kurven vor und eine nach dem Endpunkt aufzunehmen. Bei Benutzung der höchsten Empfindlichkeiten macht sich auch der Ladungsstrom (S. 55) bemerkbar, welcher sich als eine Konstante zum Diffusionsstrom zurechnet. Um dessen Einfluß auf die Endpunktbestimmung zu beseitigen — was allerdings nur in seltenen Fällen bei hoher Verdünnung des zu bestimmenden Stoffes nötig wäre —, ermittelt man den Ladungsstrom empirisch, indem man bei Luftabschluß die Kurve des indifferenten Elektrolyten mit hoher Empfindlichkeit aufzeichnet und bei entsprechendem Potential den Ladungsstrom mißt. Dieser Wert ist dann für das Diagramm als die Nullinie zu betrachten. Man kann aber auch den Ladungsstrom durch

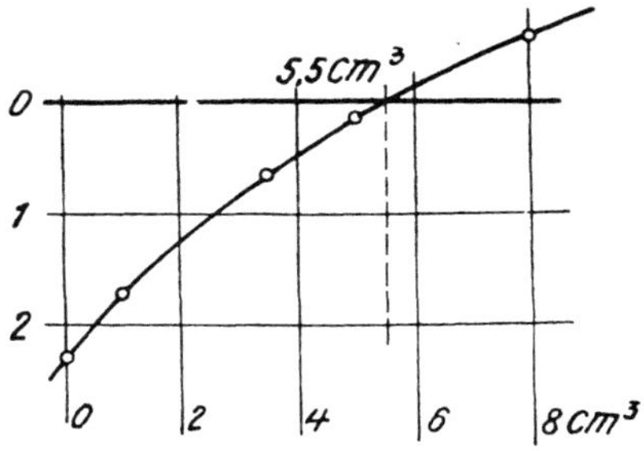

Abb. 251. Titrationsdiagramm ohne Korrektion auf Volumänderungen.

die Schaltung von D. Ilkovič und G. Semerano (S. 276) für den entsprechenden Spannungsbereich praktisch zu Null kompensieren. Da jedoch in der Titanometrie der Endpunkt beim Potential etwa — 0,5 V, also sehr nahe dem elektrokapillaren Nullpunkt bestimmt wird, ist in solchen Fällen der Ladungsstrom sehr gering (s. S. 56).

Nach R. Strubl (*463*) und M. Spálenka (*553*) bereitet man die Titan(III)-Lösung, indem man in das Elektrolysengefäß 2 cm³ 2-n-HCl, 2 cm³ gesättigter Weinsäurelösung, 5 cm³ Wasser und 5 cm³ einer 0,7- bis 0,02%igen $TiCl_3$-Lösung zugibt. Die Eisen(III)-Lösung in der Bürette kann 0,03 bis 0,001 molar sein. M. Spálenka hat auch bei den Titrationen der verdünntesten Eisenlösungen (7×10^{-4} m), zu denen eine 3×10^{-4}-m-Titanlösung angewendet wurde, eine ganz genaue Endpunktanzeige erhalten. Neben Ferrisalzlösungen können nach M. Spálenka auf die hier beschriebene Weise mittels Titan(III) auch Chromate, Chlorate, Bromate, Jodate und Ferricyanide titriert werden.

Obzwar bisher noch keine anderen Redoxtitrationen polarographisch untersucht wurden, besteht kein Zweifel, daß auch Titrationen mittels anderer Reduktionsmittel als Titan(III)-, z. B. Chrom(II)-Lösungen, auf dieselbe Weise mit der polarographischen Endpunktanzeige vorteilhaft durchgeführt werden können. Wenn man ohne den Polarographen den Endpunkt einer titanometrischen Bestimmung erhalten soll, muß man sich — nach R. Strubl (*463*) — am besten einer 1-n-Kalomelelektrode bedienen. Diese kann mit der zu titrierenden Lösung entweder durch einen Heber nach A. Neuberger (Abb. 246) oder in einem Gefäß nach G. Maassen (Abb. 113) verbunden werden. Bei der Titration mit Fe(III), in welcher die anodische Titan(III)-Stufe und die kathodische Eisen(III)-Stufe beim Potential — 0,2 V (von der 1-n-Kalomelelektrode) gut meßbar sind, muß dann die Spannung von 0,2 V an die beiden Elektroden angelegt werden, und zwar mit dem positiven Pol an die Bezugselektrode. Die bei dieser Spannung beobachteten Galvanometerausschläge werden in das Titrationsdiagramm eingetragen.

Die Vorteile der Titrationen, welche man polarographisch (d. h. mit Kurvenzeichnen) oder polarometrisch (d. h. durch Messen des Galvanometerausschlages) erhält, liegen — wie aus oben angegebener Beschreibung ersichtlich — in der schnelleren, genaueren und in größeren Verdünnungen ausführbaren Endpunktbestimmung. Es brauchen nur drei oder vier Bestimmungen, vom Endpunkt entfernt, getroffen zu werden, wobei schon aus der ersten Zugabe die unbekannte Konzentration ungefähr ermittelt wird. Bei Benutzung des Bodenquecksilbers als unpolarisierbare Elektrode können Mikrotitrationen mit sehr kleinen Flüssigkeitsmengen durchgeführt werden, wobei aus den Kurven die Änderung der Zusammensetzung der Lösung während der Titration zu ersehen ist.

Der Unterschied zwischen einer potentiometrischen Redoxtitration und der polarographischen Elektrolyse ist nur der, daß bei der Titration die ganze Lösung ihre Zusammensetzung von Oxy zu Red ändert, an der tropfenden Elektrode dagegen diese Änderung nur in der dünnen Elektrodenzwischenphase verläuft.

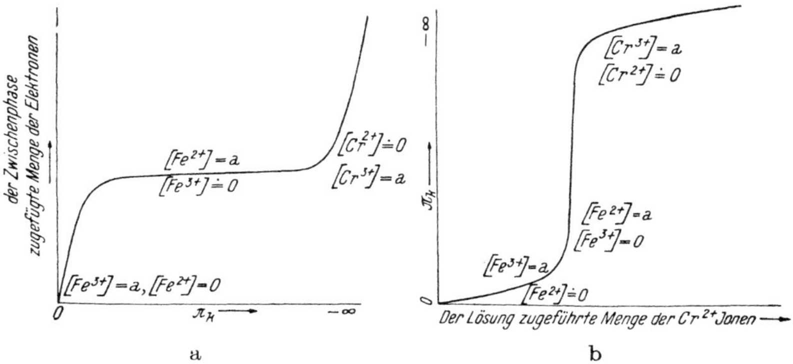

Abb. 252. Die polarographische Stufe und die potentiometrische Titrationskurve.

In beiden Fällen wird aber dabei dasselbe Potential angezeigt. Das zugefügte Reduktionsmittel ist bei der tropfenden Elektrode nur die Elektrizität, so daß man nach O. H. MÜLLER (*541*) die polarographische Elektrolyse als eine „Elektronentitration der Elektrodenzwischenphase" passend bezeichnen kann. Die polarographische Stufe ist tatsächlich eine potentiometrische Kurve, nur pflegt man in der Potentiometrie die Achsen des Diagramms einzutauschen (s. Abb. 252a und 252b). Wenn wir uns vorstellen, daß anstatt der (in Abb. 252b) zugefügten Menge der Cr^{2+}-Lösung an der Abszisse die pro Zeiteinheit zugefügte Elektrizitätsmenge (Abb. 252a) an der Ordinate aufgetragen wird, und die Potentiale an der anderen Achse, erhalten wir eine mathematisch identische Kurve. (Eine solche Umänderung der Kurve *a* und *b* geschieht am einfachsten, wenn ein am durchscheinenden Papier gezeichnetes Diagramm *a* um 90° gedreht und von der Rückseite betrachtet wird.)

Die polarometrische Endpunktbestimmung ist im allgemeinen überall dort möglich, wo einer der titrierten Stoffe an der Quecksilberelektrode depolarisierend wirken kann. Das ist hauptsächlich bei den potentiometrischen Titrationen der Fall, da die betreffenden Reaktionen immer elektrochemisch wirksam sind. Auch in solchen Lösungen, wo die potentiometrische Bestimmung — sei es wegen Wasserstoffentwicklung an der Platinelektrode oder wegen „Vergiftungen" der Elektrode durch Fremdstoffe — versagt, kann die polarometrische Methode sehr oft die Titration ermöglichen.

Die Anwesenheit der meisten Stoffe stört bei polarometrischen Endpunktbestimmungen nicht, wenn die Fremdstoffe im Bereich der Potentiale, bei welchen die Stufe gemessen wird, nicht depolarisierend wirken. In der Titanometrie stören also nur die Ionen der edleren Metalle. Hier sei aber auf das merkwürdige Verhalten einiger Kationen edlerer Metalle in neutralen Citratlösungen in Anwesenheit von einem starken Reduktionsmittel wie der Chromsalze — welches M. KALOUSEK (s. S. 111) beschrieben hat — aufmerksam gemacht. Die Ionen Cu^{II}, Sn^{II}, Pb^{II} und Cd^{II} werden in solchen Lösungen durch die Chrom(II)-Verbindung nicht reduziert und ihre Stufen gehen bei Überschuß von Chrom(II) an die anodische Seite über (Abb. 47). Das Vorhandensein dieser Stufen, welche durch Zugabe eines Oxydationsmittels oder eines Quecksilbersalzes über die Nullpunktlinie zur kathodischen Seite gebracht werden können, bietet die Möglichkeit einer neuen polarometrischen Bestimmung der genannten Kationen. Das Besondere bei solchen Titrationen wäre, daß Reaktionen ausgenutzt werden — nämlich eine Reduktion bzw. Oxydation der genannten Kationen —, welche nicht in der Lösung, sondern nur in der dünnen Elektrodenschicht der tropfenden Elektrode verlaufen. Eine andere Möglichkeit für Titrationen dieser Art bietet die Benutzung des verdünnten Amalgams eines unedleren Metalls (wie von Cd, Zn, Na, K, Ba) als die tropfende Elektrode. Da dieses Amalgam mit den Kationen der edleren Metalle nicht in der Lösung, sondern nur in der dünnen Elektrodenschicht reagieren kann, verursacht es wieder an der anodischen Seite Stufen der betreffenden Kationen und eignet sich deshalb zu Titrationen, in welchen durch Zugaben eines Quecksilbersalzes die anodischen Stufen der Kationen über die Nullinie auf die kathodische Seite genau überführt werden können.

IX. Polarographisches Schrifttum.

Monographien.

HEYROVSKÝ, J.: Anwendung der polarographischen Methode in der praktischen Chemie (tschech.). 124 S. Prag: Institut der „Akademie der Arbeit", 1933.

— Die polarographische Methode, ihre Theorie und praktische Anwendungen (russ. von E. N. VARASOVA). 225 S. Leningrad: Onti-Chimteoret, 1937.

HOHN, H.: Chemische Analyse mit dem Polarographen. Anleitungen für die chemische Laboratoriumspraxis, Bd. III. Herausgegeben von E. ZINTL. 102 S. Berlin: Springer, 1937.

ILKOVIČ, D.: Polarographie, J. HEYROVSKÝS chemische Elektroanalyse mit der tropfenden Quecksilberelektrode (tschech.). 124 S. Prag: Jednota č. mat. a fys., 1940.

KOLTHOFF, I. M. and J. J. LINGANE: Polarography, polarographic analysis and voltametry, amperometric titrations, 510 S. New York: Interscience publishers, 1941.

SEMERANO, G.: Il polarografo, sua teoria e applicazioni. 1. Aufl. 1932. 207 S. 2. Aufl. 1933. 243 S. Padova: A. Draghi.

Zusammenfassende Darstellungen.

In Büchern.

BRDIČKA, R.: Polarographie, in E. BAMANN und K. MYRBÄCK: „Die Methoden der Fermentforschung", S. 580—627. Leipzig: G. Thieme, 1940.

HEYROVSKÝ, J.: Polarographie, in W. BÖTTGER: „Physikalische Methoden der analytischen Chemie", 2. Teil, S. 260—322. Leipzig: Akademische Verlagsgesellschaft, 1936.

— Fortschritte der Polarographie, in W. BÖTTGER: „Physikalische Methoden der analytischen Chemie", 3. Teil, S. 422—477. Leipzig: Akademische Verlagsgesellschaft, 1939.

— Polarographie, in: „Chemisch-technische Untersuchungsmethoden", 8. Aufl., Ergänzungsband, herausgegeben von J. D'ANS. 1. Teil, S. 75—117. Berlin: Springer, 1939.

KÖHLER, K.: Die enzymatischen Karzinomreaktionen. Methodik der Fermentforschung, 6. Lfg., S. 3004—3041. Leipzig: Georg Thieme, 1941.

PRÁT, S.: Die polarographische Methode, in ABDERHALDEN: „Handbuch der biologischen Arbeitsmethoden", Abt. III, A, II, S. 1413 bis 1442. Berlin-Wien: Urban u. Schwarzenberg, 1928.

In Zeitschriften.

ANTWEILER, H. J.: Die Anwendung der polarographischen Methode in der analytischen Chemie. Z. analyt. Chem. **102**, 385—393 (1935).

FRYDLENDER, J. H.: Polarographie. Rev. Prod. chim. Actual. sci. réun. **41**, 513—517, 545—551 (1938).

HEYROVSKÝ, J.: Anwendung der polarographischen Methode in der Mikroanalyse. Mikrochem. **12**, 25—64 (1932).

— and J. KLUMPAR: Bibliography of publications dealing with the polarographic method 1922—1937, 1938. Collect. Trav. chim. Tchécoslov. **10**, 153—173 (1938); **11**, 98—103 (1939).

— Bibliographie der im Jahre 1939 veröffentlichten polarographischen Abhandlungen. Collect. Trav. chim. tchèques **11**, 667—673 (1939).

HULETT, G. A.: Die polarographische Analyse. Inst. Pesquisas technol. Sao Paolo Bol. Nr. **17** (19), 21—42 (1937).

KEMULA, W.: Über HEYROVSKÝs elektroanalytische „polarographische" Methode. Z. Elektrochem. angew. physik. Chem. **37**, 779 (1931).

KOLTHOFF, I. M. and J. J. LINGANE: The fundamental principles and applications of electrolysis with the dropping mercury electrode and HEYROVSKÝ's polarographic method of chemical analysis. Chem. Reviews **24**, 1—94 (1939).

MÜLLER, O. H.: Oxidation and reduction of organic compounds at the dropping mercury electrode and the application of HEYROVSKÝ's polarographic method in organic chemistry. Chem. Reviews **24**, 95—125 (1939).

STACKELBERG, M. v.: Die wissenschaftlichen Grundlagen der Polarographie. Z. Elektrochem. angew. physik. Chem. **45**, 466—491 (1939).

VARASOVA, E. N.: Die polarographische Methode (russ.). Sborník „Sovremenije metod fiziko-chemičeskogo analiza", Vyp. II, 82—107 (1935).

WALKLEY, A.: The polarographic method as applied to the chemical analysis of metals. Austral. chem. Inst. J. Proc. **5**, 291—311 (1938).

WINKEL, A. u. G. PROSKE: Anwendungsmöglichkeiten der polarographischen Methode im Laboratorium. Angew. Chem. **50**, 171—193 (1937).

Chronologisch geordnete Abhandlungen.

1922.

1. HEYROVSKÝ, J.: Elektrolyse mit der tropfenden Quecksilberkathode (tschech., R.[1]). Chem. Listy Vědu Průmysl **16**, 256—304 (1922).

1923.

2. HEYROVSKÝ, J.: Electrolysis with a Dropping Mercury Cathode I. Deposition of Alkali and Alkaline Earth Metals. Philos. Mag. J. Sci. **45**, 303—314 (1923).

[1] R. bezeichnet das Resumé in einer der Kongreßsprachen.

1924.

3. Heyrovský, J.: The Processes at the Mercury Dropping Cathode. I. The Deposition of Metals. Trans. Faraday Soc. **19**, 692—702 (1924).

4. — The Processes at the Mercury Dropping Cathode. II. The Hydrogen Overpotential. Trans. Faraday Soc. **19**, 785—789 (1924).

5. — Sur l'électrolyse avec la cathode à gouttes de mercure. C. R. hebd. Séances Acad. Sci. **179**, 1044—1047 (1924).

6. — Application de la méthode d'électrolyse avec la cathode à gouttes de mercure. C. R. hebd. Séances Acad. Sci. **179**, 1267—1269 (1924).

7. Shikata, M.: Concentration Cells and the Electrolysis of Sodium Ethoxide Solutions. Trans. Faraday Soc. **19**, 721 (1924).

1925.

8. Bayerle, V.: Researches with the Dropping Mercury Cathode. Part V. The Deposition of Arsenic, Antimony and Bismuth. Recueil Trav. chim. Pays-Bas **44**, 514—519 (1925).

9. Březina, J.: Researches with the Dropping Mercury Cathode. Part VI. The Electrodeposition of Manganese and the Complexity of Manganous Ions in Ammoniacal Solutions. Recueil Trav. chim. Pays-Bas **44**, 520—527 (1925).

10. Dolejšek, V. and J. Heyrovský: The occurence of Dvi-manganese in Manganese Salts. Nature (London) **116**, 782—783 (1925).

11. Emelianova, N. V.: Researches with the Dropping Mercury Cathode. Part VII. Nickel and Cobalt. Recueil Trav. chim. Pays-Bas **44**, 528—548 (1925).

12. Gosman, B. A.: Researches with the Dropping Mercury Cathode. Part XI. Influence of anions. Recueil Trav. chim. Pays-Bas **44**, 600—607 (1925).

13. Herasymenko, P.: Researches with the Dropping Mercury Cathode. Part IV. Changes in Overvoltage with the Concentration of Hydrions. Recueil Trav. chim. Pays-Bas **44**, 503—513 (1925).

14. — Reduktion der Uranylsalze an der tropfenden Quecksilberkathode (tschech., R.). Chem. Listy Vědu Průmysl **19**, 172 (1925).

15. Heyrovsky, J.: Beitrag zur Analyse des Indiums (tschech., R.). Chem. Listy Vědu Průmysl **19**, 168—174 (1925).

16. — Researches with the Dropping Mercury Cathode. Part I. General Introduction. Recueil Trav. chim. Pays-Bas **44**, 488—495 (1925).

17. — Researches with the Dropping Mercury Cathode. Part III. A Theory of Overpotential. Recueil Trav. chim. Pays-Bas **44**, 499—502 (1925).

18. Heyrovský, J. and M. Shikata: Researches with the Dropping Mercury Cathode. Part II. The Polarograph. Recueil Trav. chim. Pays-Bas **44**, 496—498 (1925).

19. Podroužek, W.: Researches with the Dropping Mercury Cathode. Part X. Some organic bases. Recueil Trav. chim. Pays-Bas **44**, 591—599 (1925).

20. Sanigar, E. B.: Researches with the Dropping Mercury Cathode. Part VIII. The Electrolysis of some complex cyanides. Recueil Trav. chim. Pays-Bas **44**, 549—579 (1925).

21. Shikata, M.: The Electrolysis of Nitrobenzene with the Mercury Dropping Cathode. Part I. The Reduction Potential of Nitrobenzene. Trans. Faraday Soc. **21**, 42—53 (1925).

22. — The Electrolysis of Nitrobenzene with the Mercury Dropping Cathode. Part II. The Influence of the cathodic Potential on the Adsorption of Nitrobenzene. Trans. Faraday Soc. **21**, 53—61 (1925); J. agric. chem. Soc. Japan **1**, 533 (1925).

23. Smrž, J.: Researches with the Dropping Mercury Cathode. Part IX. Tin. Recueil Trav. chim. Pays-Bas **44**, 580—590 (1925).

1926.

24. Dolejšek, V. u. J. Heyrovský: Über die Anwesenheit des Dwimangans in Mangansalzen (tschech., R.). Chem. Listy Vědu Průmysl **20**, 122 (1926).

25. Heyrovský, J.: The occurence of dvi-Manganese (at. No. 75) in Manganese salts. Nature (London) **117**, 16 and 159 (1926).

26. — et B. Souček: Le potential électrolytique de l'amalgame de fer. C. R. hebd. Séances Acad. Sci. **183**, 125—128 (1926).

27. — Analyse mit der tropfenden Quecksilberkathode (tschech., R.), Chem. Listy Vědu Průmysl **20**, 122—130 (1926).

28. Prát, S.: Die Anwendung der polarographischen Methodik in der Biologie. Biochem. Z. **175**, 268 (1926).

29. Shikata, M. and I. Tachi: Reduction Potential of Isovaleraldehyde. Proc. Imp. Acad. (Tokyo) **2**, 226—228 (1926). Ber. ges. Physiol. exp. Pharmakol. **38**, 622 (1926); Mem. Coll. Agric., Kyoto Imp. Univ., chem. Ser. **4**, 9—19 (1927).

1927.

30. Dolejšek, V. u. J. Heyrovsky: Über das Vorkommen von Dvimangan in Manganverbindungen. Recueil Trav. chim. Pays-Bas **46**, 248—255 (1927).

31. Emelianova, N. V. u. J. Heyrovsky: Untersuchungen über Maxima der Stromspannungskurven von Nickelsalzlösungen (tschech., R.). Rozpravy II. tř. Čes. Akademie **36**, No 47 (1927) item Bull. int. Acad. Sci. Bohême **28**, 182 (1927).

32. Heyrovský, J. u. R. Šimůnek: Das Wesen der Anomalien von Kučeras Elektrokapillarkurven (tschech., R.). Rozpravy II.

tř. Čes. Akademie **36**, No 47 (1927) item Bull. int. Acad. Sci. Bohême **28**, 38 (1927).

33. HEYROVSKÝ, J.: Reduktion des Sauerstoffes an der tropfenden Quecksilberkathode (tschech., R.). Časopis československ. Lékárnictva **7**, 242—252 (1927).

34. — Sur la méthode analytique d'électrolyse avec la cathode à gouttes de mercure. Bull. Soc. chim. France **41**, 1224—1241 (1927).

35. SHIKATA, M.: Researches on the electrolytic potentials of organic compounds. Part I. General introduction to the polarographic method. Mem. Coll. Agric., Kyoto Imp. Univ. No **4**, 1—8 (1927).

36. — and I. TACHI: Researches on the electrolytic potentials of organic compounds. Part II. Reduction potentials of isovaleraldehyde. Mem. Coll. Agric., Kyoto Imp. Univ. No **4**, 9—18 (1927).

37. — — Researches on the electrolytic potentials of organic compounds. Part III. Reduction potentials of pyridine. Mem. Coll. Agric., Kyoto Imp. Univ. No **4**, 19—33 (1927). Chem. News **137**, 126 (1928).

38. — — Researches on the electrolytic potentials of organic compounds. Part IV. Reduction potentials of nicotinic acid. Mem. Coll. Agric., Kyoto Imp. Univ. No **4**, 35—48 (1927). Chem. News **137**, 133—134 (1928).

39. — — and N. HOZAKI: Applications of the polarographic method. Part I. Application on the analysis of abnormal mineral constituents. Mem. Coll. Agric., Kyoto Imp. Univ. No **4**, 49—57 (1927).

40. — Applications of the polarographic method. Part II. On copper complex salts. Mem. Coll. Agric., Kyoto Imp. Univ. No **4**, 59—74 (1927).

41. — and K. SHOJI: Applications of the polarographic method. Part III. Application to the microanalysis of reducible substances in fermentation products. Mem. Coll. Agric., Kyoto Imp. Univ. No **4**, 75—91 (1927); J. agric. chem. Soc. Japan **5**, 212 (1929).

42. SOUČEK, B.: Elektrolytische Potentiale der Amalgame von Eisen, Kobalt und Nickel (tschech., R.). Rozpravy II. tř. Čes. Akademie **36**, č. 21 (1927) item Bull. int. Acad. Bohême **1927**, 4.

1928.

43. EMELIANOVA, N. V. and J. HEYROVSKÝ: Maxima on Current-Voltage Curves. Part I. Trans. Faraday Soc. **24**, 257—267 (1928).

44. HERASYMENKO, P.: Maxima on Current-Voltage Curves. Part II. Trans. Faraday Soc. **24**, 267 (1928).

45. — Electroreduction of Uranyl Salts by Means of the Mercury Dropping Cathode. Trans. Faraday Soc. **24**, 272 (1928).

46. HERASYMENKO, P.: Wasserstoffüberspannung und die Reduktion von Oxalsäure an Quecksilberkathoden. Z. Elektrochem. angew. physik. Chem. **34**, 129—136 (1928).
47. — Die Reduktionspotentiale der Malein- und Fumarsäure an einer tropfenden Quecksilberkathode. Z. Elektrochem. angew. physik. Chem. **34**, 74—78 (1928).
48. PRÁT, S.: Die Polarographische Methode. Handbuch der biologischen Arbeitsmethoden, Abt. III, A, II, S. 1413—1442. 1928.
49. — The Resorption of Lead by Plants. Preslia. Bull. Soc. Chim. Botan. Tchécoslovaque **6**, 72 (1928).
50. SHIKATA, M. u. I. TACHI: Die Reduktionspotentiale von Ketogruppen im Zusammenhang mit der Molekularkonstitution. Bull. agric. chem. Soc. Japan **4**, 44 (1928).
51. — and M. WATANABE: On the reduction potentials of Nitrophenols (japan., R.). J. agric. chem. Soc. Japan **4**, 924 (1928).
52. TAKAGI, S.: The Electrodeposition of Indium with the Dropping Mercury Kathode. J. chem. Soc. London. Febr. **1928**, 301—306.

1929.

53. DEMASSIEUX, M. et J. HEYROVSKÝ: Étude de quelques complexes par la méthode polarographique. Bull. Soc. chim. France **45**, 30 (1929).
54. — — Contribution à l'étude du Chrome trivalent. J. Chim. physique **26**, 219—223 (1929).
55. DILLINGER, M.: P. S. D. M.[1] Kathode. Part VII. A study of the maximum of current occurring in electrolysis of mercuric cyanide solutions. Collection[2] **1**, 638—647 (1929).
56. — Untersuchung der Strommaxima bei der Elektrolyse von Quecksilbercyanid (tschech., R.). 8 p. Rozpravy II. tř. Čes. Akademie **39**, No. 51 (1929) item Bull. int. Acad. Bohême 1929.
57. HERASYMENKO, P.: The adsorption phenomena displayed in anodic oxidation of fumaric acid (ukrain., R.). Ukrainisch. chem. J. **4**, 439—455 (1929).
58. — J. HEYROVSKÝ and K. TANČAKIVSKY: Maxima on Current-voltage curves. Part III. The Electrolysis of mercury salt solutions with dropping and steady mercury cathodes. Trans. Faraday Soc. **25**, 152—160 (1929).
59. HEYROVSKÝ, J. and S. BEREZICKÝ: The deposition of radium and other alkaline earth metals at the dropping mercury cathode. Rozpravy II. tř. Čes. Akademie **38**, No 8 (1929) item Collection **1**, 19—46 (1929) item Chem. News **138**, 180 und 195 (1929).

[1] Abkürzung von "Polarographic Studies with the Dropping Mercury".
[2] Abkürzung von "Collection of Czech. Chemical Communications".

60. HEYROVSKÝ, J. and R. ŠIMŮNEK: Electrolysis with a mercury Cathode. Part II. Explanation of the Anomalies on the Electrocapillary Curves. Philos. Mag. J. Sci. **7**, 951—970 (1929).
61. KAČÍRKOVÁ, K.: P. S. D. M. Kathode. Part V. The electro-reduction of arsenious oxide in acidic solutions. Collection **1**, 477—492 (1929).
62. NEJEDLÝ, V.: P. S. D. M. Kathode. Part II. Influence of temperature. Collection **1**, 319—333 (1929).
63. PINES, I.: P. S. D. M. Kathode. Part III. Deposition of cadmium from cyanide solutions. Collection **1**, 387—391 (1929) item Chem. News **139**, 196 (1929).
64. — P. S. D. M. Kathode. Part IV. The deposition of zinc from cyanide solutions. Collection **1**, 429—442 (1929) item Chem. News **139**, 209 and 225 (1929).
65. RASCH, J.: P. S. D. M. Kathode. Part VI. Influence of fatty acids on the maximum of the current due to atmospheric oxygen. Collection **1**, 560—570 (1929); 10 S. Rozpravy II. tř. Čes. Akademie **39**, No 36 (1929) item Bull. int. Acad. Bohême **30**, 306—316 (1929).
66. SHIKATA, M. u. Y. KIDA: Studien an komplexen Salzen mittels des Polarographen. J. phys. Chem. Japan **2**, 75 (1929).
67a. — u. I. TACHI: Über den Einfluß des Ammoniums auf das Potential der Chinhydronelektrode. J. Biochemistry **10**, 115—131 (1928).
67b. — — On the reduction potential of oxygen, iron salts, hemoglobin, methemoglobin and hematin. J. agric. chem. Soc. Japan **5**, 352 (1929).
68. — and M. WATANABE: On the reduction potentials of camphor and fenchone (japan., R.). J. agric. chem. Soc. Japan **5**, 904 (1929).
69. SCHRAGER, B.: P. S. D. M. Kathode. Part I. The amphoterity of ferrous hydroxide. Collection **1**, 275—281 (1929) item Chem. News **138**, 354 (1929).
70. ŠANDERA, K. u. B. ZIMMERMANN: Polarographische Messungen in der Zuckerfabrikationsforschung. Z. Zuckerind. čechoslov. Republ. **53**, 373 (1929) item Listy Cukrovarnické **47**, 377 (1929).

1930.

71. BABIČKA, J.: Anwendung der Analyse mit der tropfenden Quecksilberkathode zur Bestimmung von Proteinen (tschech., R.). Rozpravy II. tř. Čes. Akademie **40**, No 38 (1930) item Bull. int. Acad. Bohême 1930.
72. BRDIČKA, R.: Investigations on the constitution of the aqueous pink and blue cobaltous chloride solutions. Part I. Studies of the electro-deposition at the dropping mercury cathode. Collection **2**, 489—501 (1930).
73. — Anwendung des Polarographen in der technischen Forschung (tschech., R.). Stroj a nástroj **2**, č. 21 (1930).

74. DOBRYSZYCKI, M.: P. S. D. M. Kathode. Part. IX. The deposition of zinc and cadmium from ammoniacal solutions. Collection **2**, 134—144 (1930).
75. GOSMAN, B.: P. S. D. M. Kathode. Part X. The reduction of sulphurous acid. Collection **2**, 185—197 (1930) item 12 S. Rozpravy II. tř. Čes. Akademie **40**, No 17 (1930) item Bull. int. Acad. Bohême 1930.
76. — Analysis of crude oil, its distillates and residues by means of the dropping mercury cathode method. Amer. Petrol. Inst. Bull. **10**, No 55, 24; **11**, No 53, 22.
77. HERASYMENKO, P.: Elektrochemische Untersuchungen aus dem physiko-chemischen Laboratorium des „Ukrainischen Pädagogischen Institutes" in Prag (ukrain.). **38**, 60 S.
78. — On the technique of polarographic measurements. A criticism of Mr. LLOYD's paper. Trans. Faraday Soc. **27**, 203—205 (1930).
79. — u. I. ŠLENDYK: Wasserstoffüberspannung und Adsorption der Ionen. Z. physik. Chem., Abt. A **149**, 123—139 (1930).
80. — and Z. TYVOŇUK: On the rate of formation of fumaric acid in molten maleic acid. Collection **2**, 77—82 (1930).
81. HEYROVSKÝ, J.: Über die Anwendbarkeit der polarographischen Methode in praktischer Chemie (tschech., R.). Chem. Listy Vědu Průmysl **24**, 419 (1930).
82. — and J. BABIČKA: P. S. D. M. Kathode. The effect of proteins. Chem. News **141**, 369, 385 (1930).
83. — — P. S. D. M. Kathode. Part XIII. The effect of albumins. Collection **2**, 370—379 (1930).
84. — and M. DILLINGER: P. S. D. M. Kathode. Part XV. Positive and negative maxima on current-voltage curves. Collection **2**, 626—638 (1930).
85. — I. SMOLEŘ u. J. ŠŤASTNÝ: Untersuchung der Essige mittels der polarographischen Methode (tschech., R.). (Recherches sur les vinaigres par la methode polarographique avec la cathode en gouttes de mercure.) Věstník českoslov. Akad. Zemědělské (Mitt. tschechoslow. Landwirtsch. Akad.) **6**, 490 (1930).
86. KEMULA, W.: P. S. D. M. Kathode. Part XI. Overpotential of mercury deposited from mercuric salt solutions. Collection **2**, 347 (1930).
87. — P. S. D. M. Kathode. Part XIV. A study of the discontinuities on curves obtained in solutions of mercuric cyanide. Collection 2, 502—519 (1930).
88. — Die Ursache einer Polarisation bei der Elektrolyse von Quecksilbersalzen (tschech., R.). 13 S. Rozpravy II. tř. Čes. Akademie **40**, No 25 (1930) item Bull. int. Acad. Bohême 1930.
89. — Die elektroanalytische Methode mit der tropfenden Quecksilberelektrode (poln.). Wszechswiat **1930**, No 10.

90. Shikata, M. and N. Hozaki: The behaviour of colloidal particles at an electrode. Chem. News **140**, 55 (1930).

91. — and I. Tachi: Researches on the electrolytic reduction potentials of organic compounds. Part V. Reduction potentials of ketones and their relation to their molecular constitutions. Part I. Reduction potentials of monoketones. 1—19 Mem. Coll. Agric., Kyoto Imp. Univ. No 8 (1930).

92. — — Researches on the electrolytic reduction potentials of organic compounds. Part VI. Reduction potentials of ketones and their relation to their molecular constitutions. Part II. Reduction potentials of polyketones. 21—46 Mem. Coll. Agric., Kyoto Imp. Univ. No 8 (1930).

93. Shoji, K.: Polarographische Studien über Gärungsprodukte. Bull. Inst. physic. chem. Res. **9**, 9 (1930); J. agric. chem. Soc. Japan **3**, 1126 (1927).

94. Smoleř, I.: P. S. D. M. Kathode. Part XVI. The electroreduction of acetaldehyde. Collection **2**, 699—711 (1930).

95. Šandera, K.: P. S. D. M. Kathode. Part XII. Investigations on the beginning of the decomposition of saccharose. Collection **2**, 363—369 (1930).

96. Trzebiatowski, W.: Über die polarographische Methode. Przemysl chem. No 16, 373—378 (1930).

97. Varasova, E.: P. S. D. M. Kathode. Part VIII. Maxima of current due to electroreduction of oxygen in solutions of strong electrolytes. Collection **2**, 8—30 (1930).

98. Zimmermann, B.: Methodische Bemerkungen über die Anwendung der Polarographie in der Zuckerfabrikationsanalyse. Z. Zuckerind. čecho-slov. Republ. **54**, 394—397 (1930).

99. — Einfluß der Zuckerarten und der Nichtzuckerstoffe auf das Sauerstoffmaximum der polarographischen Kurven. Z. Zuckerind. čecho-slov. Republ. **54**, 415—431 (1930).

1931.

100. Babička, J.: Polarographische Untersuchung der Pflanzenextrakte mittels der tropfenden Quecksilberelektrode (tschech., R.). Rozpravy II. tř. Čes. Akademie **41**, No 13 (1932) item Bull. int. Acad. Bohême 1931.

101. Brdička, R.: P. S. D. M. Kathode. Part XXII. A study of hydrolysis of cobaltous chloride. Collection **3**, 396—405 (1931).

102. — Elektrolyse mit der tropfenden Quecksilberkathode (tschech.). F. Richter: Lékařská chemie, Teil I, S. 242.

103. Gawalowski, K.: Étude experimentale de la lymphe. Miscellanea Dermatologica. Pragae 1931, p. 457—463.

104. Gosman, B. A.: Untersuchung des Äthers „pro narcosi" mittels einer neuen physikalisch-chemischen Methode (polarographische Studie) (tschech.). 9 p. Almanach II. sjezdu slovanského lékárnictva v Praze 1931.

105. GOSMAN, B. A. and J. HEYROVSKÝ: Analysis of Petroleum and its distillates for reducible substances and adsorbable matter by means of the polarographic method with the dropping mercury cathode. J. Amer. Electrochem. Soc. **27**, IV (1931) item Trans. electrochem. Soc. **59**, 249—271 (1931).

106. HEYROVSKÝ, J.: Sauerstoffbestimmung durch die polarographische Methode (kroat., R.). Arh. Hemiju Farmaciju (Arch. Chim. Pharmac.) **5**, 163—173 (1931).

107. — and V. NEJEDLÝ: P. S. D. M. Kathode. Part XVII. The reduction of nitric oxide and the estimation of nitrites. Collection **3**, 126—133 (1931), item The electroreduction of nitric oxide and the estimation of nitrites at the dropping mercury cathode. Chem. News **142**, 193—197 (1931).

108. — and E. VASCAUTZANU: P. S. D. M. Kathode. Part XXIV. Disappearence of adsorption currents at the electrocapillary zero potential. Collection **3**, 418—429 (1931).

109. KEMULA, W.: Polarographische Studien I. Über eine Polarisation der Quecksilberelektrode in Lösungen von Quecksilbersalzen (poln., R.). Roczniki Chem. (Ann. Soc. chim. Polonorum) **11**, 379—392 (1931).

110. — Polarographische Studien II. Über Diskontinuitäten und Maxima an den Stromspannungskurven in Lösungen von Quecksilbercyanid (poln., R.). Roczniki Chem. (Ann. Soc. chim. Polonorum) **11**, 393—406 (1931).

111. — Über HEYROVSKÝS elektroanalytische „polarographische" Methode und ihre Anwendung in der theoretischen und praktischen Chemie. Z. Elektrochem. angew. physik. Chem. **37**, 779—795 (1931).

112. — Polarographische Untersuchungen mit der tropfenden Quecksilberelektrode (poln.). Kosmos (Wszechświat) **55**, 333—367 (1930).

113. MANDAI, H.: Anwendung der polarographischen Methode in der Medizin. I. Der Einfluß von Albuminkolloiden auf das Abscheidungspotential von Metallen. Acta Scholae med. Univ. Imp. Kyoto **14**, 163—166 (1931).

114. — Anwendung der polarographischen Methode in der Medizin. II. Mikroanalyse von Kupfer. Acta Scholae med. Univ. Imp. Kyoto **14**, 167—172 (1931).

115. MAZZUCCHELLI, A.: La elettrolisa degli ossalati di cromo. Mem. R. Accad. D'Italia II, 15 (1931).

116. PAVLÍK, M.: Electrochemical and spectral investigations of nickel chloride solutions. Part I. Collection **3**, 223—234 (1931).

117. PETRÁČEK, E.: The lymph and the cutaneous diseases. Comptes rendus, VIIIe congrès internat. de dermatologie, Copenhague 1930, p. 813.

118. PRAJZLER, J.: P. S. D. M. Kathode. Part XXIII. Simultaneous estimation in the groups iron, chromium, aluminium and nickel, cobalt, zinc, manganese. Collection **3**, 406—417 (1931).

119. Rayman, B.: P. S. D. M. Kathode. Part XIX. The effect of organic dyes on the maximum due to reduction of oxygen. Collection **3**, 314—327 (1931).

120. Shikata, M. and N. Hozaki: Researches on the electrolytic reduction potentials of organic compounds. Part VII. Reduction potentials of dinitrobenzenes. Art. I. Mem. Coll. Agric., Kyoto Imp. Univ. No 17, 1—19 (1931).

121. — — Researches on the electrolytic reduction potentials of organic compounds. Part VIII. Reduction potentials of dinitrophenols. Art. II. Mem. Coll. Agric., Kyoto Imp. Univ. No 17, 21—33 (1931); J. agric. chem. Soc. Japan **8**, 1121—1128 (1932).

122. — and I. Tachi: Researches on the electrolytic reduction potentials of organic compounds. Part X. Reduction potential of azobenzene. Art. IV. Mem. Coll. Agric., Kyoto Imp. Univ. No 17, 45—55 (1931); J. agric. chem. Soc. Japan **8**, 954—961 (1932).

123. Shoji, K.: Analysis of the Ash of piker by Polarograph. Bull. Inst. physic. chem. Res. (Abstr.) **10**, 162 (1931).

124. Tachi, I.: Researches on the electrolytic reduction potentials of organic compounds. Part IX. The reduction potential of Allylalcohol and behavior of a catalyser on electrolytic reduction. Art. III. Mem. Coll. Agric., Kyoto Imp. Univ. No 17, 35—44 (1931).

125. Suchý, K.: P. S. D. M. Kathode. Part XX. Simultaneous estimation of copper, bismuth, lead and cadmium. Collection **3**, 354—366 (1931) item Simultaneous estimation of copper, bismuth, lead and cadmium by means of the polarographic method using the dropping mercury cathode. Chem. News **48**, 213—220 (1931).

126. Smoleř, I.: The electroreduction of acetaldehyde at the dropping mercury cathode. Chem. News **142**, 97—105 (1931).

127. Šlendyk, I.: P. S. D. M. Kathode. Part XXI. Limiting currents of electrodeposition of metals and of hydrogen. Collection **3**, 385—395 (1931).

128. Świętosławski, W.: Chemia fizyczna IV. Elektrochemia S. 246—258.

129. Valouch, M. A.: On the wavelength and structure of the K-absorption edge of cobalt. Collection **3**, 211 (1931).

130. Varasova, E.: P. S. D. M. Kathode. Part XVIII. An investigation of soap solutions. Collection **3**, 216—222 (1931)

1932.

131. Gambi, L. e G. Devoto: L'azione di alcune sostanze organiche nella deposizione elettrolitica dello zinco. Rend. R. Accad. Naz. **15**, 27—29 (1932).

132. DEVOTO, G. e A. RATTI: L'azione di alcune sostanze organiche nella deposizione di ioni metallici sul catodo a goccia di mercurio. Gazz. chim. Ital. **62**, 887—893 (1932).

133. GAWALOWSKI, K. u. B. GOSMAN: Ein Versuch der Proteinanalyse von Blutserum mit der polarographischen Methode (tschech., R.). 9 S. Rozpravy II. tř. Čes. Akademie **42**, No 18 (1932) item Bull. int. Acad. Bohême 1932.

134. — — Polarographische Studie der Adsorbierbarkeit von Stoffen im Blutserum (tschech., R.). 11 S. Rozpravy II. tř. Čes. Akademie **42**, No 19 (1932) item Bull. int. Acad. Bohême 1932.

135. — L'équilibre protéique dans la syphilis séorésistante. 6 p. Bull. Derm. Syphil. **1932**, No 7.

136. GOSMAN, B.: Étude du pouvoir adsorbant des charbons actifs par la méthode polarographique. Douzième Congrès de Chimie Industrielle. Chim. et Ind. **29**, No 6 bis, 199—203 (1933).

137. HERLES, F. u. A. VANČURA: Über einen polarographisch charakterisierten Bestandteil des Blutserums (tschech., R.). 4 S. Rozpravy II. tř. Čes. Akademie **42**, No 21 (1932) item Bull. int. Acad. Bohême 1932.

138. HEYROVSKÝ, J.: Sur les applications industrielles de la méthode polarographique. Douzième Congrès de Chimie Industrielle. Chim. et Ind. **29**, No 6 bis, 204—211 (1933).

139. — Anwendung der polarographischen Methode in der Mikroanalyse. Mikrochem. **12**, 25—64 (1932).

140. — Der Polarograph und seine Anwendung (tschech., 4 S. Elektrotechnický obzor **21**, 37 (1932).

141. — and I. SMOLEŘ: P. S. D. M. Kathode. Part XXX. The electroreduction and estimation of fructose and sorbose. Collection **4**, 521—529 (1932) item Chem. Listy Vědu Průmysl **26**, 479—485 (1932).

142. HOEKSTRA, J.: Onderzoekingen over de invloed van de Aard der Electroden bij Electrolyse in het bizonder bij het Neerslaan en Oplossen van Metalen. Academies Proefschrift (Dissertation) Universiteit van Amsterdam 1932.

143. ILKOVIČ, D. and G. SEMERANO: P. S. D. M. Kathode. Part XXV. Increased sensitivity of micro-analytical estimations by a compensation of current. Collection **4**, 176—180 (1932).

144. — P. S. D. M. Kathode. Part XXVIII. The evolution of hydrogen from neutral and alkaline solutions. Collection **4**, 480—491 (1932).

145. KIMURA, GEN: P. S. D. M. Kathode. Part XXIX. The electroreduction of calcium and magnesium and the estimation of calcium. Collection **4**, 492—499 (1932).

146. KOSTUK, E.: Über die polarographische Methode bei der chemischen Analyse. Bull. Assoc. Chimistes Sucr., Distill. Ind. agric. France Colonies **49**, 444 (1932).

147. MAJER, V.: Application de la Méthode polarographique pour le dosage de petites quantités d'alcalies, en particulier dans les silicates à haute teneur en aluminium. Douzième Congrès de Chimie Industrielle. Chim. et Ind. **29**, No 6 bis, 211—214 (1933).

148. PETRÁČEK, E.: Die Abspaltung des Sauerstoffs von „Ichtoxyl" (tschech., R.). Časopis českoslov. Lékárnictva **12**, 265—273 (1932).

149. PRÁT, S., J. BABIČKA u. J. POLÍVKOVÁ: Resorption von Mineralsalzen durch Wurzeln (tschech., R.). IV. The resorption of mineral salts by roots. Publ. Fac. Sci. Univ. Charles Prague No 121 (1932).

150. PROCHÁZKA, R.: Étude de processus de coagulation dans l'eau par le coagulograph. Douzième Congrès de Chimie Industrielle. Chim. et Ind. **29**, No 6 bis, 281—283 (1933).

151. SEMERANO, G.: Il polarografo, sua teoria e applicazioni, p. 207. Padova: Libreria editrice A. Draghi.

152. — Applicazioni del metodo polarografico. La riduzione della nicotina. Giorn. Chim. ind. appl. **14**, 608—617 (1932).

153. — Studi polarografici con il catodo a goccia di mercurio. I. La determinazione del potentiale di decomposizione. Gazz. chim. ital. **62**, 518—538 (1932).

154. — Studi polarografici con il catodo a goccia di mercurio. II. La riduzione dell'acetone. Gazz. chim. ital. **62**, 959—991 (1932).

155. — e G. DE PONTE: Studi polarografici con il catodo a goccia di mercurio. III. La riduzione della benzaldeide. Gazz. chim. ital. **62**, 991—999 (1932).

156. SCHMID, E. u. M. A. VALOUCH: Über sprunghafte Translation von Zinkkristallen. Z. Physik **75**, 531—538 (1932).

157. SCHWAER, L.: Reduktion der ungesättigten Säuren an der tropfenden Quecksilberkathode (tschech., R.). Chem. Listy Vědu Průmysl **26**, 485—490 (1932).

158. SHOJI, K. and M. ONUKI: The polarographic studies on the fermentation products (japan.). Bull. Inst. physic. chem. Res. **11**, 277—284 (1932).

159. ŠLENDYK, I.: P. S. D. M. Kathode. Part XXVI. The decrease of hydrogen overpotential effected by traces of platinum. Collection **4**, 335—350 (1932).

160. — u. P. HERASYMENKO: Wasserstoffüberspannung an Quecksilberkathoden in Gegenwart kleiner Mengen von Platinmetallen. Z. physik. Chem., Abt. A **162**, 223—240 (1932).

161. TOKUOKA, M.: P. S. D. M. Kathode. Part XXVII. The electroreduction and estimation of nitrates and nitrites. Collection **4**, 444—455 (1932).

162. VÍTEK, V.: Le dosage Polarographique de l'oxygène contenu dans les gaz et les eaux d'industrie. Douzième Congrès de Chimie Industrielle. Chim. et Ind. **29**, No 6 bis, 215—217 (1933).

163. ZELTZER, S.: P. S. D. M. Kathode. Part XXV. An investigation of solutions of gallium, titanium, vanadium, niobium and tantalum. Collection **4**, 319—334 (1932).

1933.

164. BABIČKA, J.: Bestimmung der Eiweißstoffe in Mehl (tschech.). 2 S. Příroda **26**, No 2 (1933).

165. BRDIČKA, R.: Polarographisches Verfolgen des Lufteinflusses auf Lösungen von Salvarsanpräparaten (tschech., R.). Časopis českoslov. Lékárnictva **13**, 51—63 (1933).

166. — P. S. D. M. Kathode. Part XXXI. A new test for proteins in the presence of cobalt salts in ammoniacal solutions of ammonium chloride. Collection **5**, 112—128 (1933).

167. — P. S. D. M. Kathode. Part XXXII. Activation of hydrogen in sulphydryl group of some thioacids in cobalt salt solutions. Collection **5**, 148—164 (1933).

168. — P. S. D. M. Kathode. Part XXXIII. The microdetermination of cysteine and cystine in the hydrolysates of proteins and the course of the protein decomposition. Collection **5**, 238—252 (1933).

169. FRANTA, J. u. B. GOSMAN: Polarographische Untersuchung von Eiweißstoffen der Augenflüssigkeit (tschech., R.). 14 S. Čas. lékařů českých No. **44** (1933).

170. — — Polarographische Bestimmung des Cystins in der Augenlinse (tschech., R.). 8 S. Čsl. Ofthalmologie **1**, No 1 (1933).

171. HAMAMOTO, E.: P. S. D. M. Kathode. Part XXXIV. The suppressive effect of certain alkaloids on the maximum on current due to electroreduction of oxygen. Collection **5**, 427—435 (1933).

172. HERASYMENKO, P. and I. ŠLENDYK: P. S. D. M. Kathode. Part XXXVI. The catalysis of the electrodeposition of hydrogen due to the presence of platinum metals. Collection **5**, 479—496 (1933).

173. HEYROVSKÝ, J.: Anwendung der polarographischen Methode in der praktischen Chemie (tschech.). Verlag Čsl. svaz pro výzkum a zkoušení technicky důležitých látek a konstrukcí. Ústav Masarykovy akademie Práce (1933), No 10, 124 S.

174. —, I. SMOLEŘ u. J. ŠŤASTNÝ: Polarographische Untersuchung der Gärungsprodukte (tschech., R.). (Recherches polarographiques des produits de fermentation.) Věstník českoslov. Akad. Zemědělské (Mitt. tschechoslow. Akad. Landwirtsch.) **9**, 599—607 (1933).

175. HOEKSTRA, J.: Über das elektrolytische Auflösen und Abscheiden von Metallen. Recueil Trav. chim. Pays-Bas **50**, 339—432 (1933).

176. KEMULA, W. and M. MICHALSKI: P. S. D. M. Kathode. Part XXXV. The electrolysis of aqueous solutions of beryllium salts. Collection **5**, 436—442 (1933).

177. MAJER, V.: Die polarographische Bestimmung der Alkalimetalle. Z. analyt. Chem. **92**, 321—351 (1933).
178. — Über den polarographischen und gravimetrischen Gesamtalkaliwert. Z. analyt. Chem. **92**, 401—405 (1933).
179. SEMERANO, G.: Il polarografo, sua teoria e applicazioni. II. edit. 243 p. Padova: Draghi, 1933.
180. — La sopratensione dell'idrogeni e i fenomeni di assorbimento al catodo a goccia di mercurio. Gazz. chim. ital. **63**, 786—801 (1933).
181. — e A. CHISINI: Influenza esercitata da sostituenti nel nucleo benzenico sull'energia di riduzione della benzaldeide. Gazz. chim. ital. **63**, 801—818 (1933).
182. SHIKATA, M. and I. TACHI: Researches on the electrolytic reduction potentials of organic compounds. Part XVI (japan.). Reduction potential of *p*-amino-azobenzene. J. agric. chem. Soc. Japan **9**, 207—214 (1933).
183. SIDERSKI, D.: Polarographie. Bull. Assoc. Chimistes Sucr., Distill. Ind. agric. France Colonies **50**, 400—411 (1933).
184. SCHWAER, L.: Polarographische Untersuchung des Reinheitsgrades einiger Präparate (tschech., R.). Časopis českoslov. Lékárnictva **13**, 213—219 (1933).
185. SHOJI, K.: Studies of the flavour of "Kasutorishochu". Sci. Pap. Inst. physic. chem. Res. No 405, 87—102 (1933).
186. TACHI, I.: Researches on the electrolytic reduction potentials of organic compounds (japan.). Reduction potential of dimethylaminoazobenzene. J. agric. chem. Soc. Japan **9**, 227—235 (1933).

1934.

187. BABIČKA, J.: Analyse der aus pflanzlichen Organen exosmodierenden Stoffe. Beih. bot. Zbl., Abt. A **52**, 485—505 (1934).
188. BRDIČKA, R.: Polarographische Mikrobestimmung von Cystin und Cystein in Hydrolysaten von einigen Proteinen. Mikrochem. **15**, 167—180 (1934).
189. — WIELANDs labiler Wasserstoff bei der schwermetallkatalytischen Oxydation von Sulfhydrylverbindungen. Biochem. Z. **272**, 104—112 (1934).
190. — Erhöhung der Reaktivität der Sulfhydrylgruppe durch Bindung mit Schwermetallen (tschech., R.). Biologické listy **19**, 154 (1934).
191. FRUMKIN, A. u. B. BRUNS: Über Maxima der Polarisationskurven von Quecksilberkathoden. Acta physicochim. URSS **1**, 232—246 (1934).
192. DUTOIT, P.: Sur le potentiel métal/solution dans les dissolvants autres que l'eau. 8 p. Actualités scientifiques et industrielles 93. Réunion internationale de Chimie-physique. 1933, XIII. Paris: Herman et Cie., 1934.

193. GILLET, A. et N. A. DE LANGERON: Les colloïdes et la couche de passage. Actualités scientifiques et industrielles **92.** 42 p. 1934.

194. HAMAMOTO, E.: P. S. D. M. Kathode. Part XLI. Microdetermination of manganese in biological material. Collection **6,** 325—338 (1934).

195. HERASYMENKO, P. and I. ŠLENDYK: P. S. D. M. Kathode. Part XL. Lowering of the hydrogen overpotential by some organic substances. Collection **6,** 204—210 (1934).

196. HERMAN, J.: P. S. D. M. Kathode. Part XXXVII. The electrodeposition of gold. Collection **6,** 37—53 (1934).

197. — The polarograph, a valuable tool in quantitative chemical analysis. Engng. Min. J. **135,** 299—300 (1934).

198. HEYROVSKÝ, J.: Über Grenzströme bei der Elektrolyse mit der tropfenden Quecksilberkathode (tschech., R.). Arh. Hemiju Farmaciju (Arch. Chim. Pharmac.) **8,** 11—17 (1934).

199. — Polarographische Untersuchungen von Mineralwässern (tschech.). Věstník balneol. a klimatol. spol. **14,** 88—94 (1934).

200. — Die Theorie der Wasserstoffüberspannung und ihrer katalytischen Herabsetzung an der tropfenden Quecksilberelektrode (russ.). Trudy jubileinogo Mendělejevskogo sjezda **1934,** 305—309.

— The theory of overpotential of hydrogen and its catalytic lowering at the dropping mercury cathode. Travaux du congrès jubilaire Mendeléev, p. 299—303. Moscou, Leningrad: Édition de l'Académie des sciences de l'URSS, 1937.

201. — Über die Anwendbarkeit der polarographischen Methode in der Pharmazie (tschech., R.). Časopis českoslov. Lékárnictva **14,** 285—289 (1934).

202. — A polarographic study of the electrokinetic phenomena of adsorption, electroreduction and overpotential displayed at the dropping mercury cathode. Actualités scientifiques et industrielles No 90. Paris: Herman et Cie., 1934.

203. ILKOVIČ, D.: P. S. D. M. Kathode. Part XLIV. The dependence of limiting currents on the diffusion constant, on the rate of dropping and on the size of drops. Collection **6,** 498—513 (1934).

204. JAHODA, F. G.: Polarographische Studie wässeriger Lösungen von Formaldehyd (tschech., R.). Časopis českoslov. Lékárnictva **14,** 225—234 (1934).

205. KEMULA, W.: Les recherches sur les „courants de saturation (diffusion)" des cations à l'aide d'une electrode à gouttes de mercure d'après KUČERA-HEYROVSKÝ. 7 p. Tomo II. Trabajos del IX. congreso International de Quimica Pura y Aplicada, Madrid 297—303 (1934).

206. — KEMULA, W. u. B. WENIGEROWNA: Polarographische Untersuchungen. Beziehungen der Grenzströme in reinen Salzlösungen an der Tropfelektrode von KUČERA-HEYROVSKÝ. Roczniki Chem. (Ann. Soc. chim. Polonorum) **14**, 406—413 (1934).

207. KOŘÍNEK, J. u. J. BABIČKA: Polarographische Analyse der Mikrobenkulturflüssigkeiten. Zbl. Bakteriol., Parasitenkunde Infektionskrankh., Abt. II **89**, 497—501 (1934).

208. LAINE, T.: On the absorption by the cut roots of plants and the chemistry of plant exudation sap. Acta botan. Fennica **16**, 64 S. (1934).

209. MAJER, V.: Schnellbestimmung des Gesamtalkaligehaltes im keramischen Material (tschech.). Stavivo **15**, 381—393 (1934).

210. MÜLLER, O. H.: Polarographic investigations of passivity. Part I. The "activation" and "passivation-potential" of iron. Collection **6**, 269—282 (1934).

211. NĚMEC, B. u. J. BABIČKA: Durch Kobalt verursachte Chlorose bei Pflanzen (tschech., R.). 28 S. Věstník Král. Čes. Spol. Nauk II tř. 1934.

212. OSTER, K.: Die gleichzeitige Bestimmung von Jod und Brom durch den Polarographen. Dissertation, Köln, 1934.

213. PECH, J.: P. S. D. M. Kathode. Part XXXVIII. The reduction of some aliphatic amines, quinolin and saccharin. Collection **6**, 126—136 (1934).

214. — P. S. D. M. Kathode. Part XXXIX. The electroreduction of some alkaloids. Collection **6**, 190—203 (1934).

215. REVENDA, J.: P. S. D. M. Electrode. Part I. Anodic polarization and the influence of anions. Collection **6**, 453—467 (1934).

216. SARTORI, G.: Application of the polarographic method to the study of complex ions. Gazz. chim. ital. **64**, 3 (1934).

217. SHIKATA, M. and E. TAGUCHI: Researches on the electrolytic reduction potentials of organic compounds. Part XI. Reduction potentials of nitranilines. Mem. Coll. Agric., Kyoto Imp. Univ. **29**, 17 S. (1934); J. agric. chem. Soc. Japan **8**, 1225—1236 (1932).

218. — and I. TACHI: Researches on the electrolytic reduction potentials of organic compounds. Part XIX. On the limiting currents of current voltage curves. J. Electrochem. Assoc. Japan **2**, 201—233 (1934).

219. — and E. TAGUCHI: Researches on the electrolytic reduction potentials of organic compounds. Part XX. Reduction potential of quinine. J. Electrochem. Assoc. Japan **2**, 234—9 (1934).

220. — and I. TACHI: Researches on the electrolytic reduction potential of organic compounds. Part XXI. On the ascending part of the current voltage curve, of electrolysis "adsorption current". J. Electrochem. Assoc. Japan **2**, 275, (1934).

221. SLÁDEK, J. and M. LIPSCHÜTZ: P. S. D. M. Kathode. Part XLIII. Specific effects of some amino-acids. Collection **6**, 487—497 (1934).

— — Polarographische Wirkungen einiger Aminosäuren (tschech., R.). 9 S. Rozpravy II. tř. Čes. Akademie **44**, No. 29 (1934) item Bull. int. Acad. Bohême Dec. 1934.

222. TACHI, I.: Researches on the electrolytic reduction potentials of organic compounds. Part XVIII (japan.). On the electrolytic reduction of camphor, again. J. agric. chem. Soc. Japan **10**, 330—336 (1934).

223. TEISINGER, J.: Blei im Blutserum (tschech., R.). Čas. lékařů českých **73**, 430—444 (1934).

224. — Eine experimentelle Bestätigung des Einflusses von Blei auf rote Blutkörperchen (tschech., R.). Čas. lékařů českých **73**, 864—870 (1934).

225. TOKUOKA, M. and J. RŮŽIČKA: P. S. D. M. Kathode. Part XLII. The salt action in the electroreduction of nitrates. Collection **6**, 339—353 (1934).

226. — — Polarographische Untersuchung über die Humussäure, Hymatomelansäure und Torf mittels der tropfenden Quecksilberkathode. Z. Pflanzenernähr., Düng. Bodenkunde, Abt. A **35**, 79—88 (1934).

227. ZLOTOWSKI, I.: Researches on cathodic polarization of metal electrodes by means of HEYROVSKÝ's and SHIKATA's polarograph. Part I. Investigation on cathodic polarization of solid metal electrodes. Bull. Acad. Sci. Pologne 115—126 (1934) item Roczniki Chem. (Ann. Soc. chim. Polonorum) **14**, 640 (1934).

228. — Researches on cathodic polarization of metal electrodes by means of HEYROVSKÝ's and SHIKATA's polarograph. Part II. Study of the overpotential phenomenon appearing in electrodeposition of metallic ions. Bull. Acad. Sci. Pologne 127—142 (1934) item Roczniki Chem. (Ann. Soc. chim. Polonorum) **14**, 651 (1934).

229. — Researches on cathodic polarization of metal electrodes by means of HEYROVSKÝ's and SHIKATA's polarograph. Part III. Contribution to the theory of overpotential of hydrogen. Bull. Acad. Sci. Pologne 143—160 (1934) item Roczniki Chem. (Ann. Soc. chim. Polonorum) **14**, 675 (1934).

230. — Untersuchungen über das kathodische Verhalten von Metallelektroden mit den Polarographen von HEYROVSKÝ und SHIKATA. Über Metallabscheidungen an einer ruhenden Quecksilberkathode (poln., R.). Roczniki Chem. (Ann. Soc. chim. Polonorum) **14**, 666 (1934).

1935.

231. Antweiler, H. J.: Die Anwendung der polarographischen Methode in der analytischen Chemie. I. Theoretische Einführung. Z. analyt. Chem. **102**, 385—393 (1935).

232. Abresch, K.: Eine neue elektroanalytische Methode der Alkalibestimmung. Angew. Chem. **48**, 683 (1935).

233. — Ein Gerät zur Alkalischnellbestimmung. Chem. Fabrik **8**, 380 (1935).

234. Babička, J.: Einfluß der Zusammensetzung der Lösung auf die Toxizität von Kupfer und Quecksilber (tschech., R.). (The influence of the milieu on the toxicity of copper and mercury.) 54 S. Spisy Přírodověd. fak. Karlovy University No. 142 (1935).

235. Bonino, G. B. e G. Scaramelli: Il potenziale di riduzione di pyrrolaldeide. La ricerca scientifica, Progresso tecn. econ. naz. 6. II (1933), 111, 180.

236. Brdička, R.: P. S. D. M. Kathode. Part LV. The influence of air on solutions of the salvarsan derivatives. Collection **7**, 457—466 (1935).

237. Burkser, E. u. N. Potapov: Die polarographische Methode (russ.). Sbornik dokladov. Izd. Org. Kom. 2-oj Vsesojuzn. konf. zav. lab. chim. prom. 1935.

238. — u. N. P. Pomanov: Die polarographische Methode. Nuee Methoden der technischen Kontrolle in Betriebslaboratorien der chemischen Industrie (russ.). Sbornik dokladov. Izd. Org. Kom. 2-oj Vsesojuzn. konf. zav. lab. chim. prom. 135—147 (1935).

239. Gillis, J. et J. Swenden: Recherches sur l'électrolyse de métaux pendant le raclage simultané, au moyen d'un diamant, de l'anode et de la cathode. Recueil Trav. chim. Pays-Bas **54**, 219—234 (1935).

240. Gosman, B. A.: P. S. D. M. Kathode. Part LVI. Investigation of the purity of ethyl ether. Collection **7**, 467—475 (1935).

241. Hamamoto, E.: On the distribution and the influences of manganese concerning the B_1 avitaminosis. J. dis. Inf. Japan **18**, 21—55 (1935).

242. Heller, K., G. Kuhla u. F. Machek: Methode zur Bestimmung von Schwermetallspuren in Mineralwässern. Mikrochem. **18**, 193—222 (1935).

243. Heyrovský, J.: Polarographie. Physikalische Methoden der analytischen Chemie. W. Böttger: Teil 2, S. 260—322. Leipzig: Akademische Verlagsgesellschaft, 1936.

244. — and D. Ilkovič: P. S. D. M. Electrode. Part II. The absolute determination of reduction and depolarization potentials. Collection **7**, 198—214 (1935).

245. HEYROVSKÝ, J. and D. ILKOVIČ: Die Bedeutung der Depolarisationspotentiale, welche aus den Stromspannungskurven mit der tropfenden Quecksilberelektrode erhalten werden (tschech., R.). Chem. Listy Vědu Průmysl **29**, 234—237 (1935).

246. — Ein empfindlicher polarographischer Nachweis der Abwesenheit des Rheniums in Mangansalzen (tschech., R.). 5 S. Rozpravy II tř. Čes. Akademie **45**, No. 8 (1935) item Bull. int. Acad. Bohême 1935.

— A sensitive polarographic test for the absence of rhenium in manganous salts. Nature (London) **135**, 870 (1935).

247. — Überspannung des schweren Wasserstoffes an der tropfenden Quecksilberelektrode (tschech., R.). Chem. Listy Vědu Průmysl **29**, 295—300 (1935).

248. — Katalysierte Wasserstoffabscheidung an der tropfenden Quecksilberkathode (tschech.). Příroda **28**, No. 8, 8 (1935).

249. — and O. H. MÜLLER: P. S. D. M. Kathode. Part XLVIII. Overpotential in heavy water. Collection **7**, 281—287 (1935).

250. HOHN, H.: Chemische Analysen mit dem Polarographen. Angew. Chem. **48**, 463 (1935).

251. JAHODA, F. G.: P. S. D. M. Kathode. Part LIV. The electroreduction of formaldehyde. Collection **7**, 415—423 (1935).

252. KOMÁREK, K.: P. S. D. M. Kathode. Part LIII. The electroreduction of ferri-mannitol complexes in alkaline solutions. Collection **7**, 404—414 (1935).

253. MAJER, V.: P. S. D. M. Kathode. Part XLVI. Current-voltage curves using small anodes. Collection **7**, 146—157 (1935).

254. — P. S. D. M. Kathode. Part XLVII. Passivation of small mercury anodes. Collection **7**, 215—227 (1935).

255. — Mikropolarographische Untersuchungen. I. Apparatur und Technik. Mikrochem. **18**, 74—88 (1935).

256. MÜLLER, O. H.: P. S. D. M. Kathode. Part L. Secondary or catalytic effects in heavy water. Collection **7**, 321—325 (1935).

257. PETRÁČEK, E.: Bemerkung zur Funktion von Endothel der Blutkapillaren (tschech., R.). Česká dermatologie **15**, No 7, 11 (1935).

258. RYLICH, A.: P. S. D. M. Kathode. Part XLIX. Electroreduction and estimation of bromates and iodates. Collection **7**, 288—298 (1935).

259. SEMERANO, G.: La riduzione della desossibenzoina e della benzoina al catodo a goccia di mercurio dei problemi ad essa relativi. Gazz. chim. ital. **65**, 273—288 (1935).

260. — (colab. T. ZICCARDI): Intensita della corrente di diffusione in relazione alla grandezza e al periodo di rinuvamento della superficie catodica. Gazz. chim. ital. **65**, 289—298 (1935).

261. Schwaer, L. and K. Suchý: P. S. D. M. Kathode. Part XLV. The electroreduction of selenites and tellurites. Collection **7**, 26—32 (1935).

262. — P. S. D. M. Kathode. Part LI. The electroreduction of some unsaturated acids. Collection **7**, 326—335 (1935).

263. Teisinger, J.: Biochemische Reaktionen von Blei im Blute. Biochem. Z. **277**, 178—185 (1935).

264. Tokuoka, M.: P. S. D. M. Kathode. Part LII. The electroreduction of benzaldehyde. Collection **7**, 392—403 (1935).

265. Varasova, E.: Die polarographische Methode (russ.). Sbornik „Sovremenije metod fiziko-chimičeskogo analiza". Vypusk II, 82—107.

266. Vítek, V.: P. S. D. M. Kathode. Part LVII. The estimation of oxygen contained in gases and solutions. Collection **7**, 537—547 (1935).

1936.

267. Brdička, R.: P. S. D. M. Electrode. Part V. The influence of circuit resistance of maxima on current-voltage curves. Collection **8**, 419—433 (1936).

268. — P. S. D. M. Kathode. Part LXI. The effect of buffer solutions on the reaction of proteins. Collection **8**, 366—376 (1936) item Rozpravy II. tř. Čes. Akademie **46**, No 25 (1936) item Bull int. Acad. Bohême 1936.

269. — and C. L. A. Schmidt: On the formation of carbamates in solutions of glycine and alanine containing sodium carbonate. Univ. Calif. Publ. Physiology **8**, No 9, 119—128 (1936).

270. — Kinetics of the reaction which takes place between iodoacetic acid and glycine. J. gen. Physiol. **19**, 843—866 (1936).

271. — Kinetics of saponification of iodoacetic acid by sodiumhydroxide and by certain alkaline buffer solutions. J. gen. Physiol. **19**, 899—906 (1936).

272. — Die Abhängigkeit der polarographischen Reaktion der Proteine vom p_H-Werte (tschech., R.). 9 S. Rozpravy II tř. Čes. Akademie **46**, No. 25 (1936) item Bull. int. Acad. Bohême 1936.

273. — Anwendung der polarographischen Methode in der Biologie (tschech., R.). Biologické listy **21**, 217—229 (1936).

274. Brukl, A. u. W. Noddack: Über die Reduktionspotentiale der seltenen Erden. Angew. Chem. **49**, 533 (1936).

275. Březina, J. and J. Heyrovský: P. S. D. M. Kathode. Part LVIII. The electroreduction of dicyanogen and oxamic acid. Collection **8**, 114—124 (1936).

276. Caglioti, V. e G. Sartori: Studio polarografico dei Complessi titano-tartarici. Gazz. chim. ital. **66**, 741 (1936).

277. MacGillavry, D.: Polarographic investigations of anhydrous acetic acid solutions. Trans. Faraday Soc. **32**, 1447—1450 (1936).

278. Gillis, J. et J. Eeckhout: Recherche quantitative sur l'échange d'ions produit par l'addition au sol négatif de AgI, de nitrates de thorium, d'hexol et de cérium. Proc. Amsterdam **39**, No 9, 1099—1103 (1936) item Natuurwetensch. Tijdschr. **19**, 49—68 (1937).

279. Gochštein, Ja. P.: Polarographische Analyse von technischem $BaCl_2$ gemäß den Vorschriften OST. (russ.). Zavodskaja laboratorija **1936**, 28—32. Chem. Zbl. **1936** II 657.

280. — Polarographische Analyse von technischem $ZnCl_2$ gemäß den Vorschriften OST. (russ.). Zavodskaja laboratorija **1936**, 158—161. Chem. Zbl. **1936** II 1979.

281. — Polarographische Bestimmung des Sulfations (russ.). III. Mitt. Zavodskaja laboratorija **5**, 1444—1447 (1936); Chem. Zbl. **1937 I**, 3835.

282. Heyrovský, J. and M. Bureš: P. S. D. M. Kathode. Part LXII. An increase of the sensitivity in the determination of the alkali metals. Collection **8**, 446—454 (1936).

283. Ilkovič, D.: P. S. D. M. Electrode. Part III. The cause of maxima on current-voltage curves. Collection **8**, 13—34 (1936).

284. — P. S. D. M. Electrode. Part IV. The measurement of the polarization capacity. Collection **8**, 170—177 (1936).

285. Jurs, P. C. and C. R. Noller: Saponins and Sapogenins. IV. The Isolation of Amolonin and Determination of the Products of Hydrolysis. J. Amer. chem. Soc. **58**, 1251—1255 (1936).

286. Kemula, W. u. E. Beer: Einfluß der Zusammensetzung der Lösung auf den Verlauf der Elektrokapillarkurven (poln., R.). Roczniki Chem. (Ann. Soc. chim. Polonorum) **16**, 259—269 (1936).

287. — u. M. Michalski: Polarographische Studien. IV. „Exaltation" der Grenzströme. Einfluß des Sauerstoffes auf die Größe der Grenzströme verschiedener Kationen (poln., R.). Roczniki Chem. (Ann. Soc. chim. Polonorum) **16**, 533—541 (1936).

288. Lhotský, A.: Polarographische Bestimmung des Acetaldehydes im Biere (tschech., R.). Zpr. úst. kvasného prům. Brno **2**, 51—55 (1936).

289. Majer, V.: Polarometrische Titrationen. Z. Elektrochem. angew. physik. Chem. **42**, 120—123 (1936).

290. — Polarometrische Fällungstitrationen mit tropfender Quecksilberkathode. Z. Elektrochem. angew. physik. Chem. **42**, 123—127 (1936).

291. Michlin, S. G.: Polarographische Bestimmung von Eisen (russ.). Zavodskaja laboratorija **1936**, 1167—1170.

292. Mohr, W. u. J. Wellm: Anwendung der polarographischen Methode auf die Untersuchung milcheiweißhaltiger Lösungen. Milchwirtsch. Forsch. **18**, 123—130 (1936). (Preuß. Vers.- u. Forschungsanstalt f. Milchwirtschaft, Kiel.)

293. Proske, G.: Anwendung der polarographischen Methode auf Fragen der Lebensmitteluntersuchung. Z. Unters. Lebensmittel **71**, 385—390 (1936).

294. Pyrkosch, G.: Licht und Transpirationswiderstand. II. Teil: Der Einfluß des Lichtes auf kolloidale Systeme. Protoplasma **26**, 520—553 (1936).

295. Roncato, A. u. B. Bassani: Polarographische Studien, angewendet auf die Biochemie. I. Allgemeines über die polarographische Methode und Bestimmung des Kupfers im Blut. Arch. Scienze biol. **19**, 541—601 (1936), Padua.

296. Salač, W.: Polarograph in der brautechnischen Analytik. Böhm. Bierbrauer **63**, 383—388 (1936).

297. Sartori, G.: Studio polarografico dei cianuri complessi di nichel e cobalto. Gazz. chim. ital. **66**, 687—692 (1936).

298. Semerano, G. e G. Bettinelli: Il potenziale eletrochimico di riduzione degli acidi maleico e fumarico. Gazz. chim. ital. **66**, 744—749 (1936).

299. — e A. Chisini: L'analisi polarografica nello studio del fenomeno di tautomeria ceto-enolica. Gazz. chim. ital. **66**, 504—509 (1936).

300. — — L'energia di riduzione elettrolitica di alcune sostanze con i gruppi atomici C=O e C=C. Gazz. chim. ital. **66**, 510—518 (1936).

301. — Ricerche polarografiche nell'industria degli zuccheri. **14** p. L'industria Saccarifera Ital. **29**, N. 5 (1936).

302. Schweitzer, H.: Polarographische Alkalibestimmung im Blutserum. Acta brevia neerl. Physiol., Pharmacol., Microbiol. E. A. **6**, No 718 (1936).

303. — u. E. Laquer: Die Reduktion von Benzophenon an der Quecksilbertropfkathode. Recueil Trav. chim. Pays-Bas **55**, 959—962 (1936).

304. Teisinger, J.: Eine rasche mikropolarographische Methode zur quantitativen Bestimmung des Bleies im Blut. Z. ges. exp. Med. **98**, 520—538 (1936).

305. — Neue mikropolarographische Methode zur quantitativen Bestimmung von Blei im Blute (tschech., R.). Sborník lékařský **38**, 28 (1936).

306. Tokuoka, M.: The polarographic determination of nitrates and nitrites. Mem. Fac. Sci. Agric., Taihoku Imp. Univ. **9**, No 6, 197—275 (1936).

307. Velich, A. u. P. Ševčenko: Beitrag zur Frage der Anwesenheit von Kupfer in Frauenmilch (tschech., R.). Čas. lékařů českých **75**, 41—59 (1936).

308. VOPIČKA, E.: P. S. D. M. Kathode. Part LX. The influence of buffers and kations in the electroreduction of fumaric and maleic acids. Collection **8**, 349—365 (1936).

309. WĘCLEWSKA, M.: Die Eigenschaften der Elektrode von KUČERA und HEYROVSKÝ (poln.). 59 S. Dissertation, Univ. J. Kazimierza Lwow, 1936.

310. WEIR, A. R.: P. S. D. M. Kathode. Part LIX. Anomalous curves of certain potassium chloride solutions. Collection **8**, 239 (1936).

311. WINKEL, A. u. G. PROSKE: Über die elektrolytische Reduktion organischer Verbindungen an der Quecksilbertropfelektrode. I. Mitt. Ber. dtsch. chem. Ges. **69**, 693—706 (1936).

312. — — Über die elektrolytische Reduktion organischer Verbindungen an der Quecksilbertropfelektrode. II. Mitt. Ber. dtsch. chem. Ges. **69**, 1917—1929 (1936).

313. — — Über die elektrolytische Reduktion organischer Verbindungen an der Quecksilbertropfelektrode. Angew. Chem. **49**, 611 (1936).

314. WULFF, P.: Anwendung physikalischer Analysenverfahren in der Chemie. Die Aufnahme der Stromspannungskurven als analytisches Verfahren, S. 193—201. München: Müller u. Steinicke, 1936.

1937.

315. ANTWEILER, H. J.: Interferometrische Beobachtungen über Strömungsanomalien an Kathoden. Z. Elektrochem. angew. physik. Chem. **43**, 596 (1937).

316. ATEN, A. H.: Das Prinzip polarographischer Messungen. Chem. Weekbl. **34**, 22—23 (1937).

317. BORCHERDT, G. T., V. W. MELOCHE and H. ADKINS: The use of polarographs in determining ketones. J. Amer. chem. Soc. **59**, 2171—2176 (1937).

318. BRDIČKA, R.: P. S. D. M. Kathode. Part LXV. A catalytic effect due to $\beta\beta$-dichloroethyl sulphide (mustard gas). Collection **9**, 76—79 (1937).

319. — Polarographic investigations in serological cancer diagnosis. Nature (London) **139**, 1020 (1937).

320. — Application of the polarographic effect of proteins in cancer diagnosis. Nature (London) **139**, 330 (1937).

321. — Serologische Untersuchung und Diagnostik mittels der polarographischen Methode bei Krebserkrankung (tschech., R.). Lékařský svět **2**, No 6 (1937).

322. — Anwendung der polarographischen Eiweißreaktion zur Diagnose der Krebserkrankung (tschech., R.). 8 S. Rozpravy II. tř. Čes. Akademie **47**, No 4 (1937) item Bull. int. Acad. Bohême **1937**.

323. — Anwendung der polarographischen Methode zur Krebsdiagnose (tschech., R.). Biologické listy **22**, 39—49 (1937).

324. BEDIČKA, R.: Mikroserologische Krebsdiagnostik mittels der polarographischen Methode. Wochenschrift für prakt. Ärzte „Medizinische Klinik" **33**, 1186—1187 (1937).

325. — u. C. TROPP: Polarographische Untersuchungen über Blutfarbstoffe und ihre Derivate. I. Mitt. Die Aktivierung von Wasserstoffsuperoxyd durch Hämoglobin und Hämatin. Biochem. Z. **289**, 301—312 (1937).

326. — u. J. KLUMPAR: Polarographische Untersuchung der Denaturation und der proteolytischen Spaltung des Eiweißes (tschech., R.). Časopis československ. Lékárnictva **17**, 234—244 (1937).

327. — Die polarographische Methode und ihre Anwendung auf Biologie. Ber. d. phys. u. med. Ges. Würzburg **60**, 36 (1937).

328. BŘEZINA, J. u. J. HEYROVSKÝ: Elektroreduktion von Dicyan, Oxaminsäure und Oxamid an der tropfenden Quecksilberkathode (tschech., R.). Časopis československ. Lékárnictva **17**, 274—280 (1937).

329. BURKSER, E. S. and S. G. MICHLIN: Influence of the nature and concentration of the electrolyte on the height of the Fe^{++} ion wave in polarographic analysis [British Abstr. A. (1937) p. 580]. Ukrainisch. chem. J. **12**, 369—373 (1937).

330. BURNS, R. M.: Electrochemical technics in corrosion study. J. appl. Physics, June 1937.

331. DYMOV, A., T. KUBIŠKINA u. P. POLIEKTOVA: Polarographische Bestimmung des Eisens (russ.). Zavodskaja laboratorija **1937**, 147; Chem. Zbl. **1938 II**, 1822.

332. ENDERS, C. u. K. THEIS: Polarographische Studien an Bieren und Melanoidinlösungen. Wschr. Brauerei **54**, 250 (1937); Chem. Zbl. **1937 II**, 3398.

333. FRUMKIN, A.: Bemerkung zur Theorie der Wasserstoffüberspannung. Acta physicochim. URSS **7**, 475—484 (1937).

334. MACGILLAVRY, D. and E. RIDEAL: On the theory of limiting currents I. Recueil Trav. chim. Pays-Bas **56**, 1013—1021 (1937).

335. — On the theory of limiting currents II. Recueil Trav. chim. Pays-Bas **56**, 1039—1046 (1937).

336. GILLIS, J. u. J. EEKHOUT: Quantitative Untersuchungen über Ionenaustausch durch das negative AgI-Sol, nach Zugabe von Nitraten des Thoriums, Hexols und Cers (holl.). Natuurwetensch. Tijdschr. **19**, 49—68 (1937).

337. GOCHŠTEIN, JA. P.: Polarographische Bestimmung der Nitrate in Anwesenheit von Sulfaten (russ.). Žurn. Prikl. Chimii **10**, 521—527 (1937).

338. — Einfluß der Konzentration des Zusatzelektrolyten auf den Diffusionsstrom des zu bestimmenden Kations (russ.). Žurn. Obšč. Chim. **7**, 789 (1937).

339. GULL, H. C.: Polarographic Analysis of magnesium alloys. J. Soc. chem. Ind. **56**, 177—179 (1937).

340. HAUROWITZ, F. (Mitarbeiter R. BRDIČKA, F. KRAUS): Die katalytische und peroxydatische Wirkung der Hämine. Enzymologia (Den Haag) **2**, fasc. 1, 9—16 (1937).

341. HELLER, K., G. KUHLA u. F. MACHEK: Methode zur Bestimmung von Schwermetallspuren in Mineralwässern. II. Mitt. Mikrochem. **23**, 78—115 (1937).

342. HERASYMENKO, P.: P. S. D. M. Kathode. Part LXVI. General formulae for the potential of electroreduction of fumaric and maleic acid. Collection **9**, 104—108 (1937).

343. HEYROVSKÝ, J.: P. S. D. M. Kathode. Part LXIX. The hydrogen overpotential in light and heavy water. Collection **9**, 273—301 (1937).

344. — P. S. D. M. Kathode. Part LXX. The hydrogen overpotential in light and heavy water and the separation coefficient. Collection **9**, 345—359 (1937).

345. — Wasserstoffüberspannung in leichtem und schwerem Wasser (tschech., R.). Chem. Listy Vědu Průmysl **31**, 440—447 (1937).

346. — Die polarographische Methode, ihre Theorie und praktische Anwendungen (russ., übersetzt von E. N. VARASOVA). 225 S. Leningrad: Onti chimteoret, 1937.

347. HOHN, H.: Chemische Analysen mit dem Polarographen, 102 S. Anleitungen für die chemische Laboratoriumspraxis, Bd. III. Herausgegeben von E. ZINTL. Berlin: Julius Springer, 1937.

348. — Die polarographische Analyse des Messings. Die Grundlagen serienmäßiger Schnellanalysen mittels Quecksilbertropfkathoden. Z. Elektrochem. angew. physik. Chem. **43**, 127—139 (1937).

349. KNOKE, S.: Die Bestimmung von ZnO in Lithopone mittels Polarographen. Angew. Chem. **50**, 728 (1937).

350. KOMAR, N.: Polarographische Bestimmung von Alkalimetallen in Mineralwässern und natürlichen Salzlösungen (russ.). Zavodskaja laboratorija **6**, 1074 (1937).

351. KRJUKOVA, T.: Polarographische Bestimmung von Blei und Arsen in Phosphorsäure (russ.). Zavodskaja laboratorija **6**, 1385 (1937); Chem. Zbl. **1939 II**, 1340.

352. KROMAN, E. S.: Vereinheitlichung der Ergebnisse der polarographischen Analyse (russ.). Zavodskaja laboratorija **6**, 1294—1295 (1937); Chem. Zbl. **1939 II**, 1340.

353. LEACH, R. H. and H. TERREY: Reactions of scandium at the dropping mercury cathode. Trans. Faraday Soc. **33**, 480—486 (1937).

354. MAAS, J.: Die polarographische Methode mit der tropfenden Quecksilberelektrode im Dienste der Pharmazie (holl.). Dissertation, Universität Amsterdam, 1937.

355. MAAS, J.: The polarographic method with the dropping mercury-electrode for the use of pharmaceutical analysis. 4 p. Acta brevia neerl. Physiol., Pharmacol., Microbiol. **7**, 140—144 (1937).

356. MAASSEN, G.: Die Anwendung des Polarographen im Eisenhüttenlaboratorium zur quantitativen Bestimmung von Cu, Ni und Co nebeneinander in Stählen. Angew. Chem. **50**, 375—391 (1937) item Physikalische Methoden im chemischen Laboratorium, S. 194—210. Berlin: Verlag Chemie, 1937. Siehe auch G. THANHEISER u. G. MAASSEN: Mitt. Kaiser-Wilhelm-Inst. Eisenforsch. Düsseldorf **19**, 27—46 (1937); Arch. Eisenhüttenwes. **10**, 441 (1937).

357. MAJER, V.: P. S. D. M. Electrode. Part VI. Simultaneous polarisation of both electrodes. Collection **9**, 457—464 (1937).

358. — P. S. D. M. Kathode. Part LXXI. Changes of polarisation when using small anodes. Collection **9**, 360—376 (1937).

359. MÜLLER, O. H. and J. P. BAUMBERGER: Oxidation-reduction potentials measured with the dropping mercury electrode. Parts I, II. Trans. electrochem. Soc. **71**, 169—194 (1937).

360. MULLI, K. u. H. WERNER: Über eine physikalisch-chemische Methode zur Wertbestimmung von Insulinpräparaten. Dtsch. med. Wschr. **63**, 1941—1943 (1937).

361. NODDACK, W. u. A. BRUKL: Die Reduktionspotentiale der dreiwertigen Erden. Angew. Chem. **50**, 362—365 (1937).

362. NOVÁK, J.: P. S. D. M. Kathode. Part LXVIII. The hydrogen overpotential in light and heavy water. Collection **9**, 207—235 (1937).

363. PAVLOV, P.: Abhängigkeit der Stufenhöhe von der Konzentration des sich abscheidenden Ions und der Zusatzionen (russ.). Žurn. Obšč. Chim. **7**, 2246 (1937).

364. — u. I. PAVLENKO: Gleichzeitige polarographische Bestimmung von Zink und Nickel (russ.). Žurn. Obšč. Chim. **7**, 2259 (1937).

365. ROSENTHAL, H. G.: Über die polarographische Bestimmung der disulfidischen und der Sulfhydrylgruppe in biologischen Substanzen. Mikrochem. **22**, 233—241 (1937).

366. SEMERANO, G. u. G. BETTINELLI: Die Dissoziation der Akonitsäure in unbeständige Moleküle CH·COOH an der Grenzschicht Quecksilber-Wasser (ital.). R. Accad. Ital., Mem. Cl. Sci. fisiche, mat. natur. **8**, 343—353 (1937).

367. — — Die elektrolytische Dissoziationskonstante der unbeständigen Säure CH·COOH und der Depolymerisationsgrad der Malein-, Fumar- und Akonitsäure (ital.). R. Accad. Ital., Mem. Cl. Sci. fisiche, mat. natur. **8**, 255—294 (1937).

368. — e I. SHIVA RAO: La microanalysa quantitativa delle miscelle degli acidi fumarico e maleico. Mikrochem. **23**, 9—16 (1937).

369. SEUBERLING, O.: Polarographische Untersuchung in Liquor cerebrospinalis mit dem Polarographen. Klin. Wschr. **16**. 644 (1937).

370. SHIKATA, M. and I. TACHI: Researches on the electrolytic reduction potentials of organic compounds. Part XII. Reduction potentials of *p*-aminoazobenzene. Mem. Coll. Agric., Kyoto Imp. Univ. No 40, 1—10 (1937); J. agric. chem. Soc. Japan **9**, 207—213 (1933).

371. STARIN, I., A. SMAGINA u. B. VEREŠČAGIN: Polarographische Bestimmung der Bleispuren (russ.). Materialy CNIGRI za 1935 g. Geochimija 38 (1937 g).

372. TACHI, I.: Researches on the electrolytic reduction potential of organic compounds. Part XIII. Reduction potentials of dimethyl-aminoazobenzol. Mem. Coll. Agric., Kyoto Imp. Univ. No 40, 10—20 (1937).

373. — Electrolytic reduction potentials of organic compounds. Parts XXIV, XXV. Standard electrolytic reduction potentials and redox potentials. Bull. agric. chem. Soc. Japan **13**, 692—697, 698—704 (1937).

374. TAUSSIG, L., J. PROKOP, O. SKALIČKOVÁ u. R. STRUBL: Polarographie der Rückenmarkflüssigkeit (tschech., R.). Sborník lékařský **39**, 113—147 (1937).

375. TEISINGER, J.: Quantitative Bestimmung der Spuren von Nitrobenzol im Blute und ihre Bedeutung bei Vergiftungen mit aromatischen Nitroverbindungen (tschech., R.). Čas. lékařů českých č. **11**, 17 (1937).

376. THANHEISER, G. u. G. MAASSEN: Die Anwendung des Polarographen im Eisenhüttenlaboratorium. Naturwiss. **25**, 426 bis 427 (1937). Bestimmung von Kupfer, Nickel und Kobalt nebeneinander in Stählen. Mitt. Kaiser-Wilhelm-Inst. Eisenforsch. Düsseldorf **19**, 27—46 (1937); Arch. Eisenhüttenwes. **10**, 441—462 (1937).

377. TOMEŠ, J.: P. S. D. M. Kathode. Part LXIII. Verification of the equation of the polarographic wave in the reversible electrodeposition of free kations. Collection **9**, 12—21 (1937).

378. — P. S. D. M. Kathode. Part LXIV. Equations of current voltage curves in the reversible electroreduction of weak electrolyte, $Hg(CN)_2$. Collection **9**, 81—103 (1937).

379. — P. S. D. M. Kathode. Part LXVII. Equation of the polarographic wave in the electrodeposition of hydrogen from strong and weak acids. Collection **9**, 150—167 (1937).

380. TROPP, C.: Die Polarographie im Dienste der Medizin. Klin. Wschr. **16**, 374—377 (1937).

381. UHL, F. A.: Die polarographische Bestimmung des Molybdat- und Phosphations. Z. analyt. Chem. **110**, 102—117 (1937).

238. USSATENKO, JU. J. u. JU. S. LJALIKOV: Polarographische Bestimmung des Kupfers in Stählen (russ.). Zavodskaja laboratorija 6, 1934 (1937).

383. VARASOVA, E.: Polarographische Analyse von Mineralien (russ.). Zavodskaja laboratorija 6, 804—807 (1937); Chem. Zbl. **1939 I**, 474.

384. WINKEL, A. u. G. PROSKE: Über physikalische Methoden im chemischen Laboratorium. XXXIII. Anwendungsmöglichkeiten der polarographischen Methode im Laboratorium. Angew. Chem. **50**, 18—25 (1937) item Physikalische Methoden im chemischen Laboratorium, 171—193. Berlin: Verlag Chemie, 1937.

385. ZADINA, R.: Bemerkungen zur Anwendung der polarographischen Methode bei der Bestimmung des Insulingehaltes in Lösungen (tschech., R.). Biolog. Listy **22**, 122—124 (1937).

1938.

386. ADKINS, H. and F. W. COX: Relative oxidation-reduction reactivities of ketones and aldehydes and applications in synthesis. J. Amer. chem. Soc. **60**, 1151—1159 (1938).

387. ANTWEILER, H. J.: Strömungen des Elektrolyten bei der Reduktion an der Quecksilbertropfelektrode. I. Teil. Z. Elektrochem. angew. physik. Chem. **44**, 831—840 (1938). II. und III. Teil ibid. **44**, 888—908 (1938).

388. — Elektrolytströmungen an den Kathoden. I. Quecksilber und Gallium Tropfkathoden. Z. Elektrochem. angew. physik. Chem. **44**, 663 (1938).

389. — Methoden zur Beobachtung der Diffusionsschicht bei der elektrolytischen Abscheidung. Z. Elektrochem. angew. physik. Chem. **44**, 719—724 (1938).

390. BERGH, F., O. M. HENRIQUES and J. SCHOUSBOE: The Prague sero reaction for cancer. Nature (London) **141**, 751 (1938).

391. — — and C. G. WOLFFBRANDT: Prague sero reactions for cancer. Nature (London) **142**, 212 (1938).

392. BERNHARD, F.: Erfahrungen mit mehreren Methoden für die Erkennung des Carcinoms durch Blutuntersuchung und für die Beurteilung des Verlaufs nach chirurgischer Behandlung. Arch. klin. Chir. **193**, 543—548 (1938).

393. BLEKKINGH, J. J. A.: De polarografische analyse van Bariumsulfaat. Dissertation Universiteit Utrecht, 1938, 105—119.

394. BORCHERDT, G. T. and H. ADKINS: Tautomerization of an optically active azomethine. J. Amer. chem. Soc. **60**, 3—6 (1938).

395. BRDIČKA, R.: The polarographic sero reaction for cancer. Nature (London) **142**, 617 (1938).

396. Brdička, R.: Die Anwendung der polarographischen Methode Prof. Heyrovskýs für die serologische Diagnostik des Krebses. Rev. Gesundheitswes. **20**, Nr. 5, 12 (1938).

397. — Recherches polarographiques sur les protéines. J. Chim. physique **35**, 89—98 (1938).

398. — Études polarographiques des protéines du sérum et leur signification pour le diagnostique du cancer. C. R. Séances Soc. Biol. Filiales Associées **78**, 54—57 (1938).

399. — Serologische Untersuchungen mit Hilfe der polarographischen Methode und ihre Bedeutung für die Krebsdiagnostik. Acta Int. Ver. Krebsbekämpfung **3**, 13—30 (1938).

400. Breyer, B.: Über den Einfluß der Kernsubstitution auf das Reduktionspotential, die Dissoziationskonstante und die Oberflächenaktivität der Phenylarsonsäure. Ber. dtsch. chem. Ges. **71**, 163—171 (1938).

401. — Bonds between drugs and serum components studies polarographically (ital.). Boll. Soc. ital. Biol. speriment. **13**, 763—766 (1938); Chem. Abstr. **1939**, 185.

402. — Coefficient of distribution between aqueous and lipoid solvents studied polarographically (ital.). Boll. Soc. ital. Biol. speriment. **13**, 766—768 (1938); Chem. Abstr. **1939**, 185.

403. Čížek, V.: Mikropolarographische Bestimmung von Jod in Anwesenheit der anderen Halogene, Alkalien und alkalischen Erden (tschech., R.). Rozpravy II. tř. Čes. Akademie **48**, No 31, 5 S. (1938) item Bull. Acad. Sci. Bohême (engl.) 3 S. (1938).

404. Engelstein, M. A.: Analyse mittels der polarographischen Methode. Zavodskaja laboratorija **7**, 889—890 (1938).

405. Felkel, R. K.: Polarographische Untersuchungen des Serums Krebskranker. Med. Klin. **34**, 840 (1938).

406. Forche, E.: Polarographische Studien, S. 1—47. Dissertation, Universität Leipzig, 1938.

407. — Vereinfachung der polarographischen Methode durch Einführung des „Stufenquotienten". Mikrochem. verb. m. Mikrochim. Acta (Wien) **25**, 217—224 (1938).

408. Frydlender, J. H.: Chromatographie et polarographie. II. Polarographie. Rev. Prod. chim. Actual. sci. réun. **41**, 513—517, 545—551 (1938).

409. MacGillavry, D.: On the theory of limiting currents. III. General solutions with excess of one indifferent electrolyte. Recueil Trav. chim. Pays-Bas **57**, 33—40 (1938).

410. Gochštein, Ja. P. u. W. A. Pokrowskij: Der Einfluß der CN'-Ionenkonzentration auf das Abscheidungspotential der Ni$^{\cdot\cdot}$-Ionen und auf die Höhe des Diffusionsstromes der letzteren (russ.). Chem. J. Ser. A, J. allg. Chem. **8**, 1465—1469 (1938); Chem. Zbl. **1939 II**, 807.

411. GRIESSMANN, H., K. KÖHLER u. W. SÖHNEL: Blutuntersuchungen für die Diagnose und zur Prognose des Carcinoms nach Operation sowie für die Behandlung rezidivgefährdeter Kranker. Chirurg **10**, 609—617 (1938).

412. HEYROVSKÝ, J.: Polarographic research on cancer. Nature (London) **142**, 317 (1938).

413. — Les applications de la polarographie. XVIII. Congrès de Chimie Industrielle à Nancy 1938. Chim. et Ind. **35**, 1043—50 (1938).

414. — and J. KLUMPAR: Bibliography of publications dealing with the polarographic method. Collection **10**, 153—173 (1938).

415. HOANG, T. N.: La réduction de l'orange à l'électrode à gouttes de mercure, étude polarographique. J. Chim. physique **35**, 345—349 (1938).

416. — La réduction de l'orange 2 et de jaune de métanie à l'électrode à gouttes de mercure. C. R. hebd. Séances Acad. Sci. **35**, 345—349 (1938).

417. HOHN, H.: Polarographische Analysen. Chemiker-Ztg. **62**, 77—81 (1938).

418. HÖVKER, G.: Die polarographische Bestimmung und Trennung von Eisen und Aluminium in Tonen. Dissertation, Universität Hamburg, 1938, 1—33.

419. ILKOVIČ, D.: Sur la valeur des courants de diffusion observés dans l'électrolyse à l'aide de l'électrode à gouttes de mercure. Étude polarographique. J. Chim. physique **35**, 129—135 (1938).

420. — P. S. D. M. Electrode. Part VII. The temperature coefficient of the diffusion currents. Collection **10**, 249—252 (1938).

421. KANEWSKI, JE. A.: Über die polarographischen Kurven (russ.). Chem. J. Ser. A, J. allg. Chem. 8 (70), 1670—1676 (1938); Chem. Zbl. **1940 I**, 2681.

422. KARSTEN, S.: The use of the dropping mercury kathode as a rapid method for the determination of soil oxygen. Amer. J. Bot. **25**, 14 (1938).

423. KEMULA, W. u. M. MICHALSKI: Polarographische Untersuchungen: Quantitative Analyse des Natriums und Kaliums. Atti X Congr. int. Chim., Roma 1938.

424. — Untersuchungen über die Grenzströme bei einigen Elektrolyten. Atti X. Congr. int. Chim., Roma 1938.

425. KIESELBACH, F.: Polarographische Dissertation, Bonn, 1938.

426. KODÍČEK, E. and K. WENIG: Polarographic Estimation of Vitamin C. Nature (London) **142**, 35 (1938).

427. KOTLJAR, A. M. and V. PODROUŽEK: Polarographic proof of proteolysis in Diagnosis with enzyme reaction. Nature (London) **142**, 872 (1938).

428. KRAUS, R. and J. V. A. NOVÁK: P. S. D. M. Kathode. Part

LXXVI. The estimation of cadmium in zinc-blende. Collection **10**, 534—541 (1938).

429. KRJUKOWA, T. A: Polarographische Bestimmung von Arsen und Eisen in Kontaktschwefelsäure (russ.). Zavodskaja laboratorija **7**, 273—279 (1938); Chem. Zbl. **1940 I**, 434.

430. LIENEWEG, F.: Verfahren und Einrichtung zur unmittelbaren Messung des Gehaltes von Lösungen an depolarisierenden Bestandteilen nach der polarographischen Methode. (Siemens u. Halske Akt. Ges. Berlin — Siemensstadt.) D.R.P. 668448, Kl. 421, Gr. 304 vom 30. IX. 1936, ausgeg. 3. XII. 1938.

431. LJALIKOV, JU. S.: Kompensationspolarographische Methode (russ.). Zavodskaja laboratorija **7**, 24—29 (1938); Chem. Zbl. **1939 I**, 1209.

432. — Schnelle polarographische Bestimmung des Eisens in Erzen und Schlacken (russ.). Zavodskaja laboratorija **7**, 395—399 (1938); Chem. Zbl. **1939 I**, 1011.

433. — u. JU. J. USSATENKO: Polarographische Nickelbestimmung in Spezialstählen. Zavodskaja laboratorija **7**, 1100—1105 (1938); Chem. Zbl. **1939 I**, 3937.

434. LOŠKAREV, M. u. O. JESIN: Polarisation bei der Entladung der Ionen des Ammoniums und seiner Alkylderivate an der Quecksilberkathode (russ.). Chem. J. Ser. A, J. allg. Chem. **8**, 510—518 (1938); Chem. Zbl. **1939 I**, 2145.

435. MAAS, J.: P. S. D. M. Kathode. Part LXXI. An empirical study of the factors of the diffusion current. Collection **10**, 42—53 (1938).

436. MATHESON, L. A. and N. NICHOLS: The cathode ray oscillograph applied to the dropping mercury electrode. Trans. electrochem. Soc. **73** (1938), being the Transactions of the Seventy-third General Meeting, at Savannah, Ga., April 27, 28, 29 and 30, 1938.

437. MNICH, E.: Über die polarographische Analyse des Messings (Bemerkungen zu der Abhandlung von H. HOHN). Z. Elektrochem. angew. physik. Chem. **44**, 132—134 (1938).

438. MORÁVEK, V., E. KILIÁNOVÁ and O. MALÝ: A contribution to the serodiagnostic of malignant tumors. Acta radiol. et cancerol. Bohemico-Slovenica **1**, 134—137 (1938).

439. — u. Ž. KRIŽAN: Polarographische Untersuchungen des menschlichen Blutserums (tschech., R.). Rozpravy II. tř. Čes. Akademie **48**, No 32, 12 (1938) item Bull. Acad. Sci. Bohême 1938 (engl.).

440. MÜLLER, R. H., R. L. GARMAN, M. E. DROZ and J. F. PETRAS: The Cathode Ray-Tube Polarograph. Ind. Engng. Chem., analyt. Edit. **10**, 339—341 (1938).

441. — and J. F. PETRAS: A rapid method for traces of metals by the dropping mercury electrode. J. Amer. chem. Soc. **60**, 2990—2993 (1938).

442. ØSTERUD, TH.: Der Polarograph, ein moderner Apparat zur automatischen chemischen Analyse. Tekn. Ukebl. **85**, 315—317 (1938).

443. PERACCHIO, E. S. and V. W. MELOCHE: The effects of solvents on polarographic wave heights. J. Amer. chem. Soc. **60**, 1770—1775 (1938), auch: Wisconsin Acad. Science, 17. IV. 1938.

444. PETERING, H. G. and F. DANIELS: The determination of dissolved oxygen by means of the dropping mercury electrode, with applications in biology. J. Amer. chem. Soc. **60**, 2796—2802 (1938).

445. PINTER, T.: BRDIČKAS polarographische Methode zur serologischen Krebsdiagnose (kroat.). Liječnički vjesnik (Zagreb) **60**, No 12 (1938).

446. PLETENEV, S. A. u. T. V. AREFJEVA: Polarographische Bestimmung von Kadmium und Kupfer in Zinksulfat. Zavodskaja laboratorija **7**, 545—547 (1938).

447. PRINSEN GEERLIGS, P. F.: Polarographische Natriumbestimmung im Blutplasma. Acta brevia neerl. Physiol., Pharmacol., Microbiol. E. A. **7**, 38—41 (1937); Chem. Zbl. **1939 I**, 4656.

448. SCARAMELLI, G.: Die Anwendung des polarographischen Verfahrens bei der Untersuchung von Transformatorölen. Atti X Congr. int. Chim., Roma 1938.

449. SCHMIDT, A.: Ein neuer Polarograph und einige Anwendungen. Z. Elektrochem. angew. physik. Chem. **44**, 699—708 (1938); Chem. Fabrik **12**, 123 (1938).

450. SEMERANO, G.: Polarographische Untersuchungen der ultraleichten Magnesiumlegierungen (ital.). Atti X Congr. int. Chim., Roma 1938; Mikrochem., verb. m. Mikrochim. Acta (Wien) **25**, 191—196 (1938).

451. — Labile organische Moleküle und Grenzflächenvorgänge. Zerfall auf CH·COOH-Säure. Z. Elektrochem. angew. physik. Chem. **44**, 598 (1938).

452. — La ricerca e il dosamento dell acido fumarico in presenza degli acidi maleico, aconitico, citraconico, cis e transaconitico. Mikrochem. **24**, 10—16 (1938).

453. — e L. SARTORI: L'analisi polarografica delle miscele degli acidi cis e trans-aconitico. Mikrochem. **24**, 130—134 (1938).

454. — — Studi sull'acido cis-aconitico. Nota I. Gazz. chim. ital. **68**, 167—173 (1938).

455. SHIKATA, M. and I. TACHI: Polarographic studies with the dropping mercury kathode. Part LXXIV. The electronegativity rule of the reduction potentials of organic compounds. Collection **10**, 368—379 (1938); J. chem. Soc. Japan **53**, 834 (1932).

456. SIEBERT, H.: Die Reduktion der Akonitsäure an der Quecksilbertropfkathode. Z. Elektrochem. angew. physik. Chem. **49**, 768—769 (1938).

437. — u. I. LANGER: Anwendung neuer Kapillaren in der Polarographie. Chem. Fabrik **11**, 141—142 (1938).

458. VON STACKELBERG, M. u. J. H. ANTWEILER: Zur Deutung der an Quecksilberkathoden auftretenden Strömungen. Angew. Chem. **51**, 176 (1938).

459. — — u. L. KIESELBACH: Strömungserscheinungen an Quecksilberkathoden. Z. Elektrochem. angew. physik. Chem. **44**, 663—674. (1938).

460. STOUT, P. R. and J. LEVY: P. S. D. M. Kathode. Part LXXII. The simultaneous estimation of nickel and zinc. Collection **10**, 136—141 (1938).

461. — — and LEE C. WILLIAMS: P. S. D. M. Kathode. Part LXXIII. The estimation of zinc in the presence of nickel, cobalt, cadmium, lead, copper and bismuth. Collection **10**, 129—135 (1938).

462. STRUBL, R.: P. S. D. M. Kathode. Part LXXV. The estimation of uranium and other heavy metals in the excess of iron. Collection **10**, 466—474 (1938).

463. — P. S. D. M. Electrode. Part VIII. Titanometry. Collection **10**, 475—492 (1938).

464. TACHI, I.: Polarographic studies of organic compounds, I. The electrolytic reduction potentials of organic compounds and their constitutions. II. The standard electrolytic reduction potential and its relation to the redoxpotential. III. On the anomalous polarogram of camphor. IV. The polarographic study of bilirubin. Mem. Coll. Agric., Kyoto Imp. Univ. No 42, 1—65 (March 1938).

465. — Untersuchungen über die elektrolytischen Reduktionspotentiale organischer Verbindungen. Teil 26. Über die Kurven: elektrolytisches Standardreduktionspotential — p_H (engl.). Bull. agric. chem. Soc. Japan **14**, 101—102 (1938); Chem. Zbl. **1939 I**, 2397.

466. — Untersuchungen des elektrolytischen Reduktionspotentials organischer Verbindungen. Teil 27. Das elektrolytische Reduktionspotential von Furfural (engl.). Bull. agric. chem. Soc. Japan **14**, 107 (1938); Chem. Zbl. **1939 I**, 3709.

467. — Electrolytic reduction potentials of organic compounds. XXVI. Standard electrolytic reduction potential-p_H curve. J. agric. chem. Soc. Japan **14**, 1286—1296 (1938).

468. TAUSSIG, L., J. PROKOP, O. SKALIČKOVÁ u. R. STRUBL: Polarographische Bestimmung von Eiweiß in der Rückenmarkflüssigkeit (tschech., R.). Časopis českoslov. Lékárnictva **77**, 1314—1320 (1938).

469. TEISINGER, J.: Mikropolarographische Bestimmung von Nitrobenzol im Blut. Mikrochem. verb. m. Mikrochim. Acta (Wien) **25**, 328—331 (1938).

470. TERUI, Y.: Bestimmung der Löslichkeit von Thalliumbromid und -iodid mittels der polarographischen Methode. Bull. Inst. physic. chem. Res. **17**, 595—601 (1938).

471. THEORELL, H.: Über die chemische Konstitution des Cytochroms. Biochem. Z. **298**, 258—260 (1938).

472. TROPP, C.: Polarographische Serumuntersuchungen in Beziehung zur Krebsreaktion von BRDIČKA. Klin. Wschr. **17**, **465**, **1141** bis 1148 (1938).

473. — Polarographische Untersuchungen über Insuline. Klin. Wschr. **17**, 465—469 (1938).

474. VARASOVA, E. N.: Dependence of the height of the polarographic wave on the concentration of the ion (russ.). J. Gen. chem. Russ. **8**, 93—96 (1938). Brit. Abstr. **1938 A. I. 135.**

475. WALDSCHMIDT-LEITZ, E.: Über diagnostisch verwendbare Veränderungen im Serum bei Krebs. Angew. Chem. **51**, **324—327** (1938).

476. WALKLEY, A.: The polarographic method as applied to the chemical analysis of metals. Austral. chem. Inst. J. Proc. **5**, No 8, 291—311 (August 1938).

477. WENIG, K. u. O. JÍROVEC: Über die polarographische Reaktion der mit ultraviolettem Licht bestrahlten Eiweißstoffe. Biochem. Z. **295**, 405—413 (1938).

478. WINKEL, A.: Die quantitative polarographische Analyse, ihre Voraussetzungen und Anwendungsmöglichkeiten. Angew. Chem. **51**, 176 (1938).

479. — u. G. PROSKE: Über die elektrolytische Reduktion organischer Verbindungen an der Quecksilbertropfelektrode. III. Mitt. Ber. dtsch. chem. Ges. **71**, 1785—1793 (1938).

480. — u. H. SIEBERT: Die Adsorption an der Quecksilbertropfelektrode im Zusammenhang mit den Maxima der polarographischen Stromspannungskurven. Z. Elektrochem. angew. physik. Chem. **44**, 127—132, 402—410 (1938).

1939.

481. ALIMARIN, I. P. u. B. I. FRIED: Über die Trennung der seltenen Erden durch Elektrolyse an der Quecksilberkathode (russ.). Zavodskaja laboratorija 8, 496 (1939); Chem. Zbl. **1940 II**, 2789.

482. BAUMBERGER, I. P.: The relation between the "Oxidation-Reduction Potential" and the oxygen consumption rates of yeast cell suspensions. Cold Spring Harbor Sympos. quantitat. Biol. **7**, 195—215 (1939).

483. BERNHARD, F.: Ziele und Wege der Carcinomdiagnose und Blutuntersuchung. Dtsch. med. Wschr. **65**, 596—599 (1939).

484. Boeke, J. u. H. van Suchtelen: Chemische Schnellanalyse mit der Quecksilbertropfelektrode und einem Oszillographen oder einer Meßbrücke als Anzeigegerät. Philips' techn. Rdsch. **4**, 243—249 (1919); auch Z. Elektrochem. angew. physik. Chem. **45**, 753—756 (1939).

485. Brdička, R.: Zur Frage nach der Natur der polarographisch feststellbaren Serumveränderungen bei Krebs. Klin. Wschr. **18**, 305—308 (1939).

486. — Critical remarks concerning the nature of the polarographic serum reactions for cancer. Examination of the polarographic test for cancer in deproteinated sera. Acta radiol. et cancerol. Bohemiae et Moraviae **2**, 7 (1939).

487. —, F. V. Novák and J. Klumpar: Critical examination of the polarographic test for cancer in deproteinated sera. Acta radiol. et cancerol. Bohemiae et Moraviae **2**, 27—41 (1939).

488. — Polarographische Reaktionen des Blutserums und ihre Bedeutung für die Krebsdiagnose (tschech., R.). Praktický lékař **18**, 370—373 (1939).

489. — Polarographische Studien mit der tropfenden Quecksilberkathode. LXXXV. Über Grenzströme der katalysierten Elektrodenvorgänge. Collection **11**, 614—625 (1939).

490. Cox, F. W. and H. Adkins: Relative Oxidation potentials of ketones. J. Amer. chem. Soc. **61**, 3364—3370 (1939).

491. Cozzi, D.: Sulla determinazione dell'acido ascorbico nei sughi di frutta. Ann. Chim. applicata **29**, 434—442 (1939).

492. — L'analisi polarografica dei metalli bianchi. Ann. Chim. applicata **29**, 442—447 (1939).

493. Davis, W. C. and D. P. Evans: The depolarization potentials of phenyl-alkyl-ketones in acid, neutral and basic media at the dropping mercury cathode. J. chem. Soc. (London) **1939**, 546—554.

494. Dobrinskaja, A. A. u. M. B. Neumann: Die polarographische Methode in der organischen Chemie. I. Elektroreduktion der Peroxyde (engl.). Acta physicochim. URSS **10**, 297—306 (1939); Chem. Zbl. **1939 II**, 2688; item (russ.) Zavodskaja laboratorija **8**, 280—283 (1939).

495. Eisenbrand, J. u. H. Picher: Über den polarographischen Nachweis von biologisch wichtigen Ketonen der Steringruppe. Hoppe-Seyler's Z. physiol. Chem. **260**, 83—99 (1939).

496. Felkel, R. K.: Erfahrungen über die polarographische Untersuchung des Serums von Frauen mit Genitalkarzinom. Zbl. Gynäkol. **63**, H. 12, 647—653 (1939).

497. Furman, N. H.: Elektrotitrationen, ein Überblick über die neuen Richtungen (engl.). Trans. Amer. electrochem. Soc. **76**, **15** (1939.) Preprint 20.

498. GRIFFITH, J. G. A., H. C. GULL and H. K. WHALLEY: Analytical chemistry in Annual Reports on the Progress of Chemistry. J. chem. Soc. (London) **35**, 380—410 (1939).

499. HANDOVSKY, H. and FR. HAUSS: Determination of rH in endocrine extracts of a protein nature. Nature (London) **143**, 283 (1939).

500. — — Le rH de quelques hormones. Bull. Soc. Chim. biol. **21**, 112—114 (1939).

501. HENRIQUES, O. M.: Über die Polarographie mit besonderer Berücksichtigung von biochemischen Untersuchungen (dän.). Kem. Maanedsbl. nord. Handelsbl. kem. Ind. **20**, 142—152 (1939); Chem. Zbl. **1940 I**, 432.

502. HEYROVSKÝ, J.: Polarographie. Chemisch-technische Untersuchungsmethoden, 8. Aufl. Erg.-Bd., herausgeg. von J. D'ANS, I. Teil, S. 75—117. Berlin: Springer, 1939.

503. — The electrodeposition of hydrogen and deuterium at the dropping mercury kathode. Chem. Reviews **24**, 125—134 (1939).

504. — Die Anwendungen des Polarographen (rumän.). Bul. Laborato arelor **5**, 22—23, 67—69, 106—109 (1939); Chem. Zbl. **1939 I**, 2253.

505. — Bibliography of publications dealing with the polarographic method in 1938. Collection **11**, 98—103 (1939).

506. — Fortschritte der Polarographie 1936—1938. Physikalische Methoden der analytischen Chemie von W. BÖTTGER, 3. Teil, S. 422—477. Leipzig: Akademische Verlagsgesellschaft, 1939.

507. — Polarographie (rumän.). Agenda Chimistului **1939**, 319—337.

508. — and M. KALOUSEK: Polarographic studies with the dropping mercury electrode. Part XI. The use of dilute amalgams in the dropping electrode. Collection 11, 464—473 (1939).

509. HOANG-THI-NGA: La réduction du jaune métanile à l'électrode à gouttes de mercure. Étude polarographique. J. Chim. physique **36**, 164—166 (1939).

510. — Einfluß der Konzentration auf das Reduktionspotential der sulphonierten Monoazofarbstoffe an der tropfenden Quecksilberkathode (franz.). C. R. hebd. Séances Acad. Sci. **208**, 1971—1981 (1939); Chem. Zbl. **1939 II**, 3401.

511. HOLLECK, L.: Die analytische Bestimmung des Europiums in Gemischen seltener Erden mit Hilfe des Polarographen. Z. analyt. Chem. **116**, 161—166 (1939).

512. — Über eine neue Umwandlungserscheinung am Samariumion in wässeriger Lösung. Z. Elektrochem. angew. physik. Chem. **45**, 249—253 (1939).

513. JURKA, E.: Polarographic studies with the dropping mercury kathode. Part LXXIX. Investigation of the simultaneous

occurrence of the two known protein effects produced in buffered cobalt solutions. Collection 11, 243—255 (1939).

514. Jühling, L., C. Tropp u. E. Wöhlisch: Polarographische Eiweißuntersuchungen II. Polarographische Untersuchungen über Zustandsänderungen des Fibrinogens. Hoppe-Seyler's Z. physiol. Chem. **226**, 210—224 (1939).

515. Kalousek, M.: Polarographische Studien mit der tropfenden Quecksilberelektrode. XII. Redoxsysteme von Kupfer-, Eisen-, Zinn-, Titan- und Chromionen. Collection **11**, 592—613 (1939).

516. Kamegai, S.: Über die polarographische Untersuchung des Eisens (japan.). J. Biochemistry **29**, 285—288 (1939).

517. Kanner, O.: Physico-chemical studies of enamel. II. Organic constituents of enamel. A polarographic study. J. Amer. dental Assoc. **26**, 598—604 (1939).

518. — and G. J. Reed: A polarographic study of insulin. Proc. Soc. exp. Biol. Med. **42**, 387—391 (1939).

519. Kárpáti, E.: Verfahren und Einrichtung zur unmittelbaren Ablesung. bzw. Auswertung polarographischer Wellen. XI. Congr. int. techn. chim. Ind. agric., Budapest, C. R. **2**, 461—467 (1939).

520. Klumpar, J.: Polarographische Studien mit der tropfenden Quecksilberkathode. LXXXII. Halbstufenpotentialwerte der Kupri- und Thalloionen. Collection **11**, 459—463 (1939).

521. Kockelmeyer, I. u. L. Hancs: Bericht über die polarographischen Konstanten der verschiedenen optischen Formen des Adrenalins, Adrenalonchlorhydrates und ihre pharmakodynamischen Eigenschaften. J. Pharmac. Belgique **21**, 305—307 (1939).

522. Kolthoff, I. M. and J. J. Lingane: The fundamental principles and applications of electrolysis with the dropping mercury electrode and Heyrovský's polarographic method of chemical analysis. Chem. Reviews **24**, 1—94 (1939).

523. — and Y. D. Pan: Amperometric (polarometric) titrations. I. Amperometric titration of Pb with dichromate or chromate. J. Amer. chem. Soc. **61**, 3402—3409 (1939).

524. Krath, E.: Polarographische Dissertation, Bonn, 1939.

525. Krjukowa, T. A.: Bestimmung der Löslichkeit von weniglöslichen Salzen mit Hilfe eines Polarographen (russ.). Žurnal fizičeskoj chimii (J. physik. Chem.) **13**, 693—700 (1939); Chem. Zbl. **1940 I**, 96.

526. — u. B. W. Kabanow: Entstehen und Aufhören einer Bewegung des Elektrolyten an der Quecksilbertropfkathode (russ.). Žurnal fizičeskoj chimii (J. physik. Chem.) **13**, 1454—1467 (1939); Chem. Zbl. **1941 I**, 1652.

527. van Laar, J. A. W.: Die Bedeutung polarographischer Untersuchungsmethoden für die Kolloidchemie (holländ.). Chem. Weekbl. **36**, 611—612 (1939).

528. Lauer, W. M., H. P. Klug and S. A. Harrison: The alleged cis-trans-isomerism of alpha- and beta-*p*-azophenol. Polarographic studies. J. Amer. chem. Soc. **61**, 2775—2779 (1939).

529. Lingane, J. J.: Polarographic current-voltage curves with dropping amalgam electrodes. J. Amer. chem. Soc. **61**, 976—977 (1939).

530. — Thermodynamic significance of polarographic half-wave potentials of simple metal ions at the dropping mercury electrode. J. Amer. chem. Soc. **61**, 2099—2103 (1939). Correction ibid. p. 3605.

531. — and I. M. Kolthoff: Fundamental studies with the dropping mercury electrode I. The Ilkovič equation of polarographic diffusion currents. J. Amer. chem. Soc. **61**, 825—834 (1939).

532. — — Fundamental studies with the dropping mercury electrode. II. The migration current. J. Amer. chem. Soc. **61**, 1045 bis 1051 (1939).

533. — and H. A. Laitinen: Cell and dropping electrode for polarographic analysis. Ind. Engng. Chem., analyt. Edit. **11**, 504 (1939).

534. Mahlo, A.: Die Bedeutung polarographischer Messungen bei chronischen Gastritiden. Dtsch. med. Wschr. **61**, 211—212 (1939).

535. Mainzhausen, L.: Die polarographische Bestimmung der Alkalien und des Calciums in den Elektroultrafiltraten basenarmer Waldböden. Bodenkunde u. Pflanzenernähr. **14**, 290—296 (1939).

536. Majer, V.: Neue elektrochemische Kurven. Z. Elektrochem. angew. physik. Chem. **45**, 253—254 (1939).

537. Meyer-Heck, P.: Polarographische Krebsreaktionen und die Messung der Sulphhydrylaktivität von Seren gegenüber Methylglyoxalase. Z. Krebsforsch. **49**, 560—572 (1939).

538. Michalski, M.: Fortschritte in der analytischen Chemie. Polarographische Analyse (poln.). Przemyśl chem. **23**, 155—157 (1939); Chem. Zbl. **1940 I**, 2034.

539. Miolati, A. u. G. Semerano: Die Reduktion der Aconitsäure an der Quecksilbertropfkathode. Z. Elektrochem. angew. physik. Chem. **45**, 226—228 (1939).

540. Müller, O. H.: Oxidation and reduction of organic compounds at the dropping mercury electrode and the application of Heyrovský's polarographic method in organic chemistry. Chem. Reviews **24**, 95—125 (1939).

541. — Polarographic investigations of reversible and irreversible oxidations and reductions at the dropping mercury electrode.

Cold Spring Harbor Sympos. quantitat. Biol. 7, 59—73 (1939).
542. Müller, O. H.: and J. P. Baumberger: The keto-enol tautomerism of pyruvate ion studied polarographically. J. Amer. chem. Soc. **61**, 590—596 (1939).
543. Neuberger, A.: Titrationen mit polarometrischer Endpunktsanzeige. Z. analyt. Chem. **116**, 1—13 (1939); auch Arch. Eisenhüttenwes. **13**, 171—174 (1939).
544. Novák, J. V. A.: Polarographische Studien mit der tropfenden Quecksilberkathode. LXXXIII. Bestimmung von Spuren Nitrobenzol in Anilin. Collection **11**, 573—579 (1939).
545. Østerud, Th.: Polarographische Bestimmung von Ascorbinsäure. Tekn. Ukebl. **86**, 216—218 (1939).
546. Perley, G. A.: Messungen mit der Quecksilbertropfelektrode (engl.). Trans. electrochem. Soc. **76**, (1939). Preprint 19. 11 S.; Chem. Zbl. **1940 I**, 96.
547. Reimers, F.: Polarographische Studien mit der tropfenden Quecksilberkathode. Mitteilung LXXX. Die polarographische Bestimmung von Strychnin in Strychnin-Chinin-Präparaten. Collection **11**, 377—390 (1939).
548. Salvarezza, M.: Determinazione polarografica dell'anidride solforosa nei mosti e nei vini. Ann. Chim. applicata **29**, 345—350 (1939).
549. Schachow, A. S.: Anwendung der polarographischen Methode zur Bestimmung von Blei und Zinn in Kaliumfluoroxyniobat und metallischem Niob (russ.). J. prikladnoj chimii **12**, 1555—1559 (1939).
550. Schaikind, S. P.: Die Anwendung der polarographischen Methode bei der Analyse von Blei und dessen Verbindungen (russ.). Chem. J. Ser. B, J. appl. Chem. **11**, 1378—1382 (1938); Chem. Zbl. **1939 II**, 3318 item Zavodskaja laboratorija **8**, 567—571 (1939).
551. Schwarz, K.: Polarographische Analysenvorschriften. Z. analyt. Chem. **115**, 161—171 (1939).
552. Sherzick, P.: Polarographische Analyse in der Plattierindustrie (engl.). Metal Ind. (New York) **37**, 565—570 (1939); Chem. Zbl. **1940 II**, 2511.
553. Spálenka, M.: Polarographic studies with the dropping mercury electrode. Part IX. Titrations with precipitations and with redox reactions. Collection **11**, 146—164 (1939).
554. Smith, E. R. and C. J. Rodden: Effects of methionine, djenkolic acid and benzylcysteine on the estimation of cystine by the dropping mercury cathode. J. Res. nat. Bur. Standards **22**, 669—672 (1939).
555. von Stackelberg, M.: Die wissenschaftlichen Grundlagen der Polarographie. Z. Elektrochem. angew. physik. Chem. **45**, 466—491 (1939).

556. von Stackelberg, M., P. Klinger, W. Koch u. E. Krath: Beitrag zur quantitativen polarographischen Bestimmung der Legierungsbestandteile in Sonderstählen. Techn. Mitt. Krupp, Forschungsber. **2**, 59—85 (1939) item Arch. Eisenhüttenwes. **13**, 249—262 (1939).

557. Stern, A., E. F. Beach and D. C. Macy: Polarographic microdetermination of cystine in protein hydrolysates. J. biol. Chemistry **130**, 733—740 (1939).

558. Stern, V. u. S. Polak: Die polarographische Analyse der Mischungen von Aldehyden und Peroxyden. Acta physicochim. URSS **11**, 797—814 (1939); Chem. Zbl. **1940 II**, 3523.

559. Strnad, F.: Polarographic studies with the dropping mercury kathode. Part LXXXI. Electroreduction of hydrogen peroxyde catalyzed by plumbous ions. Collection **11**, 391—402 (1939).

560. Sullivan, M. X., W. C. Hess and E. R. Smith: A comparison of colorimetric and polarographic methods in relation to the cystine content of insulin. J. biol. Chemistry **130**, 740—744 (1939).

561. Taboury, F. J.: Polarographische Studien mit indifferenten polierten Elektroden. Eine Analogie zwischen den Strukturen der Beilby Oberfläche und des flüssigen Quecksilbers (franz.). C. R. hebd. Séances Acad. Sci. **208**, 887—889 (1939).

562. Tachi, I.: Electrolytic reduction potentials of organic compounds. XXVII. Furfuraldehyde. J. agric. chem. Soc. Japan **14**, 29 (1939).

563. Terui, J.: Polarographic determination of lead and cadmium in metallic zinc. Bull. Inst. physic. chem. Res. **17**, 644—648 (1938).

564. Thanheiser, G. u. J. Willems: Versuche zur polarographischen Bestimmung des Vanadins und Chroms sowie die polarometrische Titration des Molybdäns in Stählen. Arch. Eisenhüttenwes. **13**, 73—83 (1939); item Mitt. Kaiser-Wilhelm-Inst. Eisenforsch. Düsseldorf **21**, 65—78 (1939); Chem. Zbl. **1939 II**, 914.

565. Thomassen, J.: Polarographische Untersuchung des Wachstumshormons, des Insulins und anderer Hormone von Eiweißstruktur. Acta brevia neerl. Physiol., Pharmacol.. Microbiol. E. A. **9**, 83—84 (1939); Chem. Zbl. **1939 II**, 2440.

566. —, E. Dingemanse u. H. Handovsky: Polarographische Identifizierung von Stoffen in Hypophysevorderlappenextrakten. Acta brevia neerl. Physiol., Pharmacol., Microbiol. E. A. **9**, 163—164 (1939).

567. Tropp, C.: Polarographische Eiweißuntersuchungen. I. Die Polarographie als Untersuchungsmethode. Hoppe-Seyler's Z. physiol. Chem. **262**, 199—209 (1939).

568. —, L. Jühling u. F. Geiger: Polarographische Eiweißunter-

suchungen. III. Albumin, Globulin, Fibrinogen und Serum. Hoppe-Seyler's Z. physiol. Chem. **262**, 225—242 (1939).

569. Vanossi, R.: Dispositif pour les mesures avec l'électrode à gouttes de mercure (Polarographie de Heyrovský). Bull. Soc. chim. France (5), **6**, 817—823 (1939).

570. Verdier, E. T.: Polarographic studies with the dropping mercury kathode. Part LXXVIII. The electrodeposition of manganese from cyanide solutions. Collection **11**, 216—232 (1939).

571. — Polarographic studies with the dropping mercury electrode. Part X. Anodic oxydation of manganous tartrate and its analytical applications. Collection **11**, 233—242 (1939).

572. Voříšková, M.: Polarographische Studien mit der tropfenden Quecksilberkathode. LXXXIV. Abscheidungs- und Reduktionspotentiale der Metallionen in ammoniakalischer Lösung. Collection 11, 580—591 (1939).

573. Waldschmidt-Leitz, E. u. K. Mayer: Erfahrungen zur polarographischen Krebsdiagnose. Hoppe-Seyler's Z. physiol. Chem. **261**, 1—19 (1939).

574. Walker, A. C. and S. P. Reimann: Polarographic studies of human blood sera. Amer. J. Cancer **37**, 585 (1939).

575. Walen, R. J. u. M. Haissinski: Ein neuartiger Polarograph mit festen Elektroden. J. Physique Radium (7), **10**, 202—208 (1939).

576. Watterman, N.: Polarographische Untersuchung von krebserregenden und nicht krebserregenden Kohlenwasserstoffen. Acta brevia neerl. Physiol., Pharmacol., Microbiol. E. A. **9**,. 143—147 (1939); Chem. Zbl. **1940**, 1941.

577. Wedemeyer, H. E. u. Th. Daur: Beitrag zur Frage der Krebsdiagnose mittels polarographischer Serumuntersuchung. Z. Krebsforsch. **49**, 10—19 (1939).

578. Zapletálek, A.: Polarographic studies with the dropping mercury kathode. Part LXXVII. A test for the presence of methylalcohol in ethylalcohol. Collection **11**, 28—37 (1939).

1940.

579. Albers, D.: Nachprüfung der polarographischen Prager Krebsreaktion. Biochem. Z. **306**, 236—244 (1940).

580. Baker, J. W., W. C. Davis u. M. L. Hemming: Reaktionsmechanismus aromatischer Seitenketten mit besonderer Berücksichtigung des polaren Effekts von Substituenten X. Depolarisationspotentiale von p-substituierten Benzaldehyden an der Quecksilbertropfkathode in saurem, neutralem und alkalischem Medium (engl.). J. chem. Soc. (London) **1940**, 692—702; Chem. Zbl. **1941 I**, 1407.

581. BAUMBERGER, J. P.: Gleichsinnige Veränderungen in Haemoglobin, Blutvolumen und Grundstoffwechsel bei Ratten mit Sarkom (engl.). Amer. J. Physiol. **129**, 308—309 (1940).

582. — The accurate determination of haemoglobin, oxyhaemoglobin and CO-haemoglobin by means of the dropping mercury electrode. Amer. J. Physiol. **129**, 308 (1940).

583. BLUMENTHAL, H.: Über die Analyse von Feinzink und Zinklegierungen. Metall u. Erz **37**, 265—269 (1940).

584. BRDIČKA, R.: Polarographie, in „Methoden der Fermentforschung" von E. BAMANN und K. MYRBÄCK, S. 580—627. Leipzig: Georg Thieme, 1940.

585. — Über Grenzströme bei katalysierten Reduktionen an der tropfenden Quecksilberkathode (tschech.). Chem. Listy Vědu Průmysl **34**, 59—65 (1940).

586. — Einige neue Erfahrungen mit den polarographischen Reaktionen des Blutserums betreffend Krebserkrankungen (tschech.). Lékařský svět **5**, 25 (1940).

587. BRUNS, B., A. FRUMKIN, S. IOFA, L. WANJUKOWA u. S. SOLOTAREWSKAJA: Über die Maxima der Stromkurven in Abhängigkeit von der Spannung (russ.). Žurnal fizičeskoj chimii **13**, 786—796 (1939); Chem. Zbl. **1939 II**, 3385.

588. CANTOR, S. M. and Q. P. PENISTON: Reduction of Aldoses at the dropping mercury electrode. J. Amer. chem. Soc. **62**, 2113—2121 (1940).

589. CHYTREK, E.: Ist die polarographische Methode spezifisch für die Erkennung eines Karzinoms? Dtsch. med. Wschr. No **43**, 1190 (1940).

590. ENSSLIN, F.: Die Analyse des Feinzinkes. Metall u. Erz **37**, 171—172 (1940).

591. GNIUBKIN, V. I., A. A. DOBRINSKAJA u. M. B. NEUMANN: Die polarographische Methode in der organischen Chemie II. Korrektion des Verlustes flüchtiger Substanzen beim Durchleiten inerter Gase durch den Elektrolyten. Acta physicochim. URSS **11**, 701—720 (1939); Chem. Zbl. **1939 II**, 2688.

592. GULL, H. C.: The polarograph, an analytical instrument of wide utility. Paint Technol. **5**, 110, 125 (1940).

593. HEYROVSKÝ, J.: Vorrichtung zum photographischen Aufzeichnen von Stromspannungskurven bei der Elektrolyse. D.R.P. 693380, Kl. 421 vom 12. 12. 1937, ausgegeb. 6. 7. 1940. Tschech. Prior. 14. 12. 1936; item, Patentamt Prag No 68945 vom 14. 12. 1936, ausgegeb. 10. 4. 1941.

594. — u. M. KALOUSEK: Polarographische Untersuchung von verdünnten Amalgamen (tschech.). Chem. Listy Vědu Průmysl **34**, 47—51 (1940).

595. Hochstein, Ja. P.: Über den Einfluß von Anionen auf die Reduktion des Nitrations an der Quecksilbertropfelektrode. Žurnal obščej chimii (J. Chim. gén.) **10**, 1657—1662 (1940); Chem. Zbl. **1941 I**, 1924.
596. — Über die Erniedrigung des Maximums auf polarographischen Kurven und über die Verschiebung von Ionenreduktionspotentialen auf der Stromspannungskurve. Žurnal obščej chimii (J. Chim. gén.) **10**, 1663—1667 (1940); Chem. Zbl. **1941 I**, 1924.
597. Holleck, L.: Besonderheiten in den Stromspannungskurven von Europiumsalzlösungen und Struktur der Lösungen. Z. Elektrochem. angew. physik. Chem. **46**, 69—71 (1940).
598. Iofa, S., A. Kolychev u. L. Shiftman: On the application of the dropping mercury electrode to the measurement of overvoltage. Acta physicochim. URSS. **12**, 231—242 (1940).
599. Kanewskij, E. A. u. L. E. Schwarzburd: Polarographische Bestimmung von Molybdän in Erzen (russ.). Zavodskaja laboratorija **9**, 283—287 (1940).
600. Kolthoff, I. M.: Amperometric titrations. Trans. Amer. electrochem. Soc. (Preprint. 78) **22**, 311—326 (1940).
601. — and Cyrus Barnum: The anodic reaction and wave of cystein at the dropping mercury electrode and at the platinum micro-wire electrode. J. Amer. chem. Soc. **62**, 3061—3064 (1940).
602. Kolthoff, I. M. and H. A. Laitinen: Amperometric Titrations. III. The location of the minimum in amperometric titrations with regards to the equivalence point. Recueil Trav. chim. Pays-Bas **59**, 922—928 (1940).
603. — — The voltammetric determination of oxygen. Science (New York) **92**, 152—154 (1940).
604. — and A. Langer: Amperometric Titrations. II. The titration of nickel with dimethylglyoxime using the dropping mercury electrode as indicating electrode. J. Amer. chem. Soc. **62**, 211—218 (1940).
605. — — Amperometric titrations V. The titration of Cobalt with α-Nitroso-β-naphthol. J. Amer. chem. Soc. **62**, 3172—3175 (1940).
606. — and C. S. Miller: Mixed potentials at the dropping mercury electrode. J. Amer. chem. Soc. **62**, 2171—2174 (1940).
607. — and Yu-Djai-Pan: Amperometric titrations VI. The titration of sulfate and some other anions with lead and the reverse titrations. J. Amer. chem. Soc. **62**, 3332—3335 (1940).
608. Kozlowa, A. A. u. M. A. Portnow: Polarographische Analyse in der Kontrolle der Zinkerzeugung (russ.). Zavodskaja laboratorija **9**, 287—292 (1940).
609. Laitinen, H. A. u. I. M. Kolthoff: Die Diffusion bei der Elektrolyse an Quecksilbertropfelektroden und an festen

Mikroelektroden (engl.). Suomen Kemistilehti **13**, 34—38 (1940).

610. LINGANE, J. J.: Influence of external resistance in the cell circuit on the Maxima in Polarographic Current-voltage curves. J. Amer. chem. Soc. **62**, 1665—1669 (1940).

611. — and I. M. KOLTHOFF: Polarographic study of the reduction of Chromate ion at the dropping mercury electrode. J. Amer. chem. Soc. **62**, 852—858 (1940).

612. MANZONI ANSIDEI, R. u. M. CARISSIMI: Über das Reduktionspotential der Deuteroxybenzaldehyde (ital.). Boll. Sci. Fac. Chim. ind. Bologna **1940**, 167—168.

613. MICHAILOWA, M. N. u. M. B. NEUMANN: Bestimmung kleiner Konzentrationen von Aldehyden und Peroxyden mit der polarographischen Methode (russ.). Zavodskaja laboratorija **9**, 166—168 (1940).

614. MULLER, E. F.: Tropfelektrode mit konstantem Quecksilberniveau nach dem Prinzip der MARIOTTEschen Flasche (engl.). Ind. Engng. Chem., analyt. Edit. **12**, 171 (1940).

615. MÜLLER, O. H.: Oxidation-reduction potentials measured with the dropping mercury electrode III. Polarograms of quinhydrone in buffered and not buffered solutions. J. Amer. chem. Soc. **62**, 2434—2441 (1940).

616. — Application of the dropping mercury electrode for the detection of intermediate radicals. Ann. New York Acad. Sci. **11**, 91—110 (1940).

617. REED, J. F. u. R. W. CUMMINGS: Die Bestimmung von Zink in Pflanzenmaterial unter Benutzung der Quecksilbertropfelektrode (engl.). Ind. Engng. Chem., analyt. Edit. **12**, 489—492 (1940); Chem. Zbl. **1941 I**, 1711.

618. REIMERS, F.: Die polarographische Bestimmung von Strychnin in Strychnin-Chinin-Präparaten (dän., R.). Dansk Tidsskr. Farmac. **14**, 65—78 (1940).

619. RIEDIGER, K.: Ein Vorschlag zur Krebsbekämpfung in Ostpreußen. Dtsch. med. Wschr. **1940**, 155.

620. SARTORI, G. u. G. GIACOMELLO: Polarographische Untersuchungen in nichtwäßriger Umgebung (ital.). Gazz. chim. ital. **70**, 178—186 (1940).

621. SCARAMELLI, G.: Über das Reduktionspotential einiger Pyrrolketone. I. Methylpyrrolketone (Acetylpyrrole) (ital.). Boll. Sci. Fac. Chim. ind. Bologna **1940**, 49—54.

622. — Über das Reduktionspotential einiger Pyrrolketone. II. 2,5-Diacetylpyrrol (ital.). Boll. Sci. Fac. Chim. ind. Bologna **1940**, 59—60.

623. — u. M. RICCIONE: Über das spezifische Unterdrückungsvermögen einiger Mineralwässer (ital.). Boll. Sci. Fac. Chim. ind. Bologna **1940**, 94—98; Chem. Zbl. **1940 II**, 2518.

624. SCHACHOW, A. S.: Anwendung der Kompensation in der polarographischen Analyse des Kupfers in Zinkblende (russ.). Zavodskaja laboratorija **9**, 293—294 (1940).

625. SCHAIKIND, S. P.: Der Einfluß des Grundelektrolyten auf die polarographischen Wellen von Kadmium und Blei (russ.). Žurnal prikladnoj chimii (J. Chim. appl.) **13**, 455—462 (1940); Chem. Zbl. **1940 II**, 3522.

626. SCHMIDT, H. W.: Polarographische Untersuchungen über Beziehungen der Ultraviolett-Strahlenwirkung zur Konzentration von Eiweißlösungen. Biochem. Z. **306**, 167—176 (1940).

627. — Polarographische Darstellung des Fällungsoptimums von Serumglobulin. Biochem. Z. **306**, 422—429 (1940).

628. — Erfahrungen zur polarographischen Krebsdiagnose in enteiweißtem Serum. Z. Krebsforsch. **50**, 390—406 (1940).

629. SEMERANO, G. u. V. CAPITANIO: Wasserstoffbindung und Oxydoreduktionspotential (ital.). Gazz. chim. ital. **70**, 490—499 (1940); Chem. Zbl. **1940 II**, 2446.

630. — u. B. POLACSEK: Die Reduktion des Diacetyls an der Quecksilbertropfelektrode (ital.). Gazz. chim. ital. **70**, 448—457 (1940); Magyar Chem. Folyóirat **64**, 75 (1938). Chem. Zbl. **1940 II**, 2004.

631. VON STACKELBERG, M. u. H. v. FREYHOLD: Polarographische Untersuchungen an Komplexen in wässeriger Lösung. Z. Elektrochem. angew. physik. Chem. **46**, 120—129 (1940).

632. STRAUMANIS, M. u. A. DRAVNIEKS: Die polarographische Analyse des Kalkspates. Z. analyt. Chem. **120**, 168—177 (1940).

Sachverzeichnis.[1]

[1] Enthält bezüglich der Frage, ob ein Stoff an der Tropfelektrode depolarisierend wirkt, auch Hinweise auf das Schrifttumsverzeichnis.

GPSR Compliance

The European Union's (EU) General Product Safety Regulation (GPSR) is a set of rules that requires consumer products to be safe and our obligations to ensure this.

If you have any concerns about our products, you can contact us on ProductSafety@springernature.com

In case Publisher is established outside the EU, the EU authorized representative is:

Springer Nature Customer Service Center GmbH
Europaplatz 3
69115 Heidelberg, Germany

Batch number: 10577917

Printed by Printforce, the Netherlands